ACRO
POLIS
衛城
出版

ACRO
POLIS
衛城
出版

ACRO
POLIS
衛城
出版

ACRO
POLIS
衛城
出版

巫師與先知

Two Remarkable Scientists and Their Dueling Visions to Shape Tomorrow's World

兩種環保科學觀如何拯救我們免於生態浩劫？

THE WIZARD

查爾斯・曼恩 Charles C. Mann

甘錫安、周沛郁——譯

and THE PROPHET

獻給羅伊

——只有四個字，

因為就算寫一千字也不夠。

他們永遠意見不合是正常的，
因為他們講的事情不同。

——羅伯特·海布諾爾（Robert Heilbroner）

目次

四大元素

兩個人

一個未來

原書附件

推薦序／林益仁

我很喜歡查爾斯．曼恩（Charles C. Mann）的文字。主要的原因是，他的行文之間充滿了一種跨域導讀的知識深度與樂趣，不管是從科學啟導人文，或是從人文反思科學的題材，他總是能處理得相當到位。其次是，他撰寫的主題剛好是我長期研究的課題，也就是貫穿於自然、社會、文化與歷史的生態文明發展的思維。他是一位撰寫科普文類的資深作者，也是重量級的《科學》（*Science*）學術期刊特約記者。不久前，衛城出版的編輯希望我為他二〇一八年出版的書《巫師與先知》寫推薦文。能夠介紹心儀作者的中文版譯書，我當然是義不容辭，當然也因為之前曾寫過他《一四九三》與《一四九一》兩書中文導讀的緣分。

在這本書中，曼恩以威廉．佛格特（William Vogt）和諾曼．布勞格（Norman Borlaug）這兩位美國科學家兼社會倡議者為主角，再度運用引人入勝的文筆展開他細膩的人文考察與生態反思。在自然中，人類這個物種究竟何去何從？以及這個物種所牽動的普世影響，例如當今熱議的「人類世」主題，究竟人們又該如何看待？這一直是他寫作的主軸。不同的是，在《一四九三》與《一四九一》中，他所關切的是由歐洲崛起的現代文明與衝擊，也就是「人類世」的可能起源，然而在本書中，他則是處理在二十世紀開端，初嘗「人類世」後果的兩種回應之間的衝突與對話。針對這兩種截然不同的路線，他分別用佛格特與布勞格這兩位人物來作為代表。

這兩個人物，前者是與被譽為「生態良知」的李奧帕德（Aldo Leopold）同時代的學界摯友，而後者則是因為推動「綠色革命」而得到諾貝爾經濟學獎的農業專家。對於人類的未來，特別是在人與自然的關係之間，前者像是先知一般不斷地提出警語，倡議要用減法的生活方式來善待自然環境，可說是當代環境主義的先驅。而有所不同的是，後者卻像是巫師大肆地推銷著科學的進步觀念，並且不斷展示像是綠色革命等傲人的農業成果。曼恩透過他優異的歷史爬梳功力，在本書中不僅展現這兩個互相鬥爭的路線其背後意識形態的差異，更重要的是有血有肉地描述了當時先知與巫師成長的時代背景和生活狀態，以及兩者短暫且實際的交鋒，讀來非常有故事情節且富饒趣味性。

其實，若深讀下去便會知道，作者並非要將先知與巫師對立。誰對誰錯不是他真正關心的事，因為他真正關心的是，人類究竟何去何從？在本書中，他用土、水、火、風來表達人類在自然中隨時遭遇在糧食、水源、能源以及氣候上的挑戰，並且讓先知與巫師的觀點在此間交織、衝突與對話。曼恩的真正用意應該更深層，用他不斷在書中引用著名的演化生物學者琳恩·馬古利斯（Lynn Margulis）的觀點來說，究竟人是否異(或是優)於其它生物，可以逃脫悠悠的演化長河選擇淘汰的機制呢？畢竟，不管是巫師或是先知都還是意圖改變人類命運的其中一員而已。這個發問，跳開以人為中心的思維，觸及了深層的宗教與哲學探問，亦即人在自然中的存在與位置。

此推薦文，我希望表達自己在閱讀此書上的樂趣並非只是止於書摘。第一，書中所觸及的人物，如：李奧帕德、尤金·奧登（Eugen Odum）、朱利安·赫胥黎（Julian Huxley）、卡爾·梭爾（Carl Sauer）、馬古利斯、約翰·梅納史密斯（John Maynard Smith）、恩斯特·邁爾（Ernst Mayer）等，都是我在當研究生時，閱讀生態、演化、文化地理等教科書中的理論大師。但在本書中，作者卻能把他們描述得活靈活現，讓書中主角互有交往的情節，讀來格外有趣，也很佩服。我說的有趣，是如果當時我們在閱讀這些艱深的理論時，老師們也可以還原一下這些人的時代背景，像作者一樣娓娓道來他們的八卦與故事的話，該是件多有意思的學習啊。

第二，其實本書所論及的主題正是在臺灣也爭吵不休的生態難題。原來臺灣農業的工業與化學化問題其實也跟美國的綠色革命有關，所以作者所講的歷史故事不僅僅只是發生在地球的另一端而已，它還跟我們密切有關。所以，與其一下子進入環保意識形態的價值爭辯，本書的敘事應該可以提供較軟性的脈絡與情節討論素材，畢竟人們還是喜歡聽故事，而不喜歡辯論的。

第三，臺灣的食品安全、核電、風電、水源、藻礁與氣候變遷等議題，已經嚴重到涉及公投的政治層次，但是整個社會對議題的瞭解似乎還很表面。是否背後也摻有巫師與先知的矛盾情結，或該如何抉擇，這本書的歷史故事應該提供了絕佳的反思與學習的機會。

最後，在閱讀這本帶有強烈傳記性的生態反思作品時，不知什麼原因，我的腦海中不時出現我的恩師林俊義教授所寫的自傳《活出淋漓盡致的生命》。在自傳中林老師活脫地展現出在臺灣民主轉型中，生態先知與巫師對壘的諸多情節，更有趣的是他用的教科書就是曼恩講到的一些人物，如奧登的《生態學基礎》（*Fundamentals of Ecology*）以及邁爾的《邁向一個新的生物學哲學》（*Toward a New Philosophy of Biology*）即是。我衷心地希望更多臺灣的生態人物故事也能躍然於作者的筆法與反思之中，當然更重要的是先來讀讀這些書。

（本文作者為臺北醫學大學醫學人文研究所副教授）

推薦序／詹順貴

這是一本非常有趣的書，作者以威廉．佛格特（William Vogt）與諾曼．布勞格（Norman Borlaug）二人對於未來人類不得不面對的基本問題——人類如何在資源有限的地球綿延不斷地生存？——所提出的解方卻是南轅北轍為經，再以此二人生平或前後相關的人與事件為緯，來書寫本書。不僅如此，作者還藉由佛格特和布勞格的觀點，討論人類所面臨的食物、水、能源和氣候變遷等四大挑戰，內容可說是故事性與知識性兼具。不管你是支持環境保護優先或經濟發展優先，又或是思考著，明明目的都是為了讓我們生活得更好的經濟發展與環境保護，為什麼注定只能對撞而不能平衡互補？這本書都非常值得一讀。

佛格特（代表先知形象）認為人類的富庶是建立在對自然生態過度掠奪之上，不可能持久，因而主張若不減少消耗，地球生態系將難以負荷不斷增長的人口與慾望，此舉將使全球生態系崩潰，最終人類也將滅絕。他在《生存之路》（*The Road to Survival*）一書中，提出承載能力（carrying capacity）的概念，並認為任何物種都不可能長期超越環境的承載能力。這個觀念至今仍廣受使用。另一方面，瑞秋．卡森（Rachel Carson）的《寂靜的春天》（*Silent Spring*）、麻省理工學院教授丹尼斯．米道斯（Dennis

Meadows）率十六位專家完成的《成長的極限》（*The Limits to Growth*）等傳世名作都有佛格特理論的影子，可說是現今環境保護主義的鼻祖。至於布勞格（代表巫師形象）則是一九六〇年代結合高產量農作物品種研發和農業技術，提升全球穀物產量，讓幾千萬人免於餓死的綠色革命（Green Revolution）靈魂人物。布勞格當年成功讓墨西哥、印度、巴基斯坦的小麥產量倍增，更於一九七〇年獲得諾貝爾和平獎，之後仍繼續在亞洲和非洲推廣綠色革命，因此是「科技樂觀主義」（technooptimism）的代表。該觀點認為只要科技創新，人類就能一再突破困境。從以上摘述，可知這二位雖不為大眾熟悉但都可被稱作是大師級的人物，如何深深影響二十世紀人類社會、生態知識、環保運動與政治議程。

現在大家朗朗上口的「永續發展」，其實正是這二位大師看到以及想要解決的問題。一九八七年聯合國世界環境與發展委員會發表《我們共同的未來》（Our Common Future）報告，提出「永續發展」概念——既能滿足當代的需要，而同時又不損及後代滿足其需要的發展模式。雖然該概念仍是從人類中心主義觀點出發，但一九九二年聯合國地球高峰會通過「二十一世紀議程」（Agenda 21），並發表「里約宣言」（Rio Declaration）後，更進一步定義了「永續發展」旨在以平衡方式發展並兼顧經濟發展、社會成長與環境保護等其他方面。其中所稱的「平衡方式」，早已經被納入佛格特的生態承載能力概念之中。

二〇一五年九月二十五日聯合國發展高峰會議發表「翻轉我們的世界：二〇三〇年永續發展方針」（Transforming our world: the 2030 Agenda for Sustainable Development）。該方針提出十七項永續發展目標與一百六十九項細項指標，呼籲不分高、中、低收入的所有國家，都應當共同採取行動（至於已開發國家需承擔更多責任），致力於消除貧窮，並發展對策因應氣候變遷與環境保護，以達到國家繁榮與永續發展的目的。這其中不僅蘊含了平等、包容、和平、分擔與合作等精神，更可看出已將這二位大師的理論、解決問題方式（減量消費與科技創新）整合納入其中。

在普遍估計全球人口至二〇五〇年將達一百億的情況下，屆時需要多少土地來供新增人口居住與配套公共設施使用？又需要增產多少糧食來餵養這些人口？而這些新增糧食是否只靠農業的第二次、第三次綠色革命即能滿足？還是需要更多土地來增產？況且，這麼多土地要從哪裡來呢？以上種種問題極可能是接下來我們必須面對的急迫問題。本書雖然沒有提供解答，需要大家體悟與選擇解決路徑，但也因此衷心希望人們都應拋開門戶之見、意識形態之爭，一起為人類生存、也為地球生態的穩定攜手合作。

此外，筆者也是一位已有二十五年資歷的賞鳥人士，經由賞鳥、愛好大自然而長期投入環境保護運動，看到佛格特的賞鳥、協助鳥類生態調查與出版鳥類圖鑑，更倍感親切。

（本文作者為環保法律師、本全律師事務所所長）

推薦序／溫麗琪

近半世紀以來，氣候變遷已在國際社會中成為方興未艾的議題。對人類過度生產消費的經濟行為，進行省思與嘗試修正，也是目前國際政治經濟角力的談判場合。然而，氣候變遷像是溫水煮青蛙，很少讓我們有生命受威脅的立即性感受。加上這兩年的新冠疫情在人類歷史上，是可以大書特書的災難事件，恭逢其時的我們，首先看到了國外封城後對環境的解放，例如喜馬拉雅山線再現、威尼斯水域變清澈、野生動物重返各地公園停車場等。此外，在經濟與生命安全受到嚴重衝擊下，新冠疫情促使人類去反省與環境應有的聯結性，而這本《巫師與先知》正好可以提供一個完整的思考。

這本書從介紹二十世紀中前期，威廉．佛格特（William Vogt）及諾曼．布勞格（Norman Borlaug）兩位美國著名學者對攸關人類生存議題，尤其是糧食生產力提升方式，持不同態度作為開場：一位以考量大自然乘載能力的限制性為發展策略，也就是被歸類為「先知」派；至於另一位以提升科技效率來解決人類所面臨困境，則被歸類為「巫師」派。對畢生從事環境經濟研究的我而言，這兩位都是先知先覺，都是人類發展史上的偉大貢獻者。而這兩位先知先覺的理念思辨，其實也延續了二十世紀初期對環境與發展的兩種基本論述：人類究竟是該對自然資源減少使用並加以保存（Preservation），或是該有效利用自然資源並加以復育（Conservation）。本書作者接續這兩位大師的出發點，以各種資料與各方專家的觀點來探討過去、現在及未來人類生存困境，如糧食生產、水資源保育、能源使用、氣候變遷等諸多議題；內容精彩，令人目不暇給。

有趣的是，從書名無法猜測葫蘆裡賣什麼藥；唯有在閱讀之後，才知道這本書是人類對環境生態的全面反省，更是橫跨了三個世紀（十九、二十、二十一世紀）、在世界領導強權的美國境內，環境生態哲學思潮演變的總集合，可謂是科普書籍中內容豐富的巨著。本書作者查爾斯．曼恩為專業科學記者，對環境強烈關懷下，將許多資訊的來龍去脈完整蒐集，寫出令人敬佩的熱情投入與努力成果。雖然內容可能有點艱澀或技術性，但仍可引導普羅大眾細細思考，人類該如何面對多變的自然環境。從另一方面而言，這本書用不同角度去清晰探索環境倫理，對於環境相關專業的學生或老師而言，也是一本值得參考的書籍。

（本文作者為中華經濟研究院綠色經濟研究中心主任）

前言

每位父母親一定都記得自己第一次抱小孩的那一刻。那個皺巴巴的小臉蛋從醫院的毯子裡探出來，是個全新的生命。我伸出雙手，把女兒抱在懷裡，心情激動得幾乎沒辦法思考。

女兒出生之後，我到外面走走，讓她們母女倆休息。當時是清晨三點，新英格蘭地區的二月底。人行道上結著冰，天上飄著冷冽的毛毛雨。我走下人行道，腦中突然迸出一個想法：女兒到我這個年紀時，全世界將會有一百億人。

走到一半的我突然停了下來，我在想：這怎麼可能？

我跟所有父母親一樣，希望孩子長大之後過得平安順遂。但在醫院停車場裡，這個願望突然變得不大可能實現。我想著：一百億人就有一百億張嘴巴，要怎麼讓他們有東西吃？要怎麼讓兩百億隻腳有鞋子穿？還有要怎麼讓一百億個軀體有地方住？這個世界有足夠的空間和資源，讓這麼多人好好生活嗎？我是不是把這個孩子帶到一個崩壞的時代？

我剛開始當記者時，曾經浪漫地想像自己是歷史的見證者。我想紀錄這個時代的重大事件。但我真正開始工作時，才發現有個顯而易見的問題：所謂的「重大事件」是什麼？我的第一篇稿子其實只是一張嚴重車禍照片的說明，當然不是重大事件。但重大事件的標準是什麼？幾百年之後，歷史學家認為現在最具意義的事件會是什麼？

長久以來，我相信答案是「科技新發現」，我想瞭解治療疾病的方法、電腦運算能力的提升、揭開物質和能量的奧秘。但後來我發現，真正重要的不是這些知識，而是它們帶來的影響。一九七〇年代我念高中時，全世界大約有四分之一人口生活在饑餓中，以聯合國偏好的說法是「營養不足」。現在，聯合國指出這個數字是十分之一[1]。這四十年來，全球平均壽命延長了十一年以上，貧窮地區的提升幅度最大。亞洲、拉丁美洲和非洲有數千萬人從貧困躍升中產階級。在人類歷史上，這麼大的生活提升可說前所未有，是這個世代和前一代人的重大成就。

但這樣的成就既不均衡也不平等。世界上有幾千萬人稱不上富足，還有幾百萬人依然貧窮。儘管如此，以全球總共一百億人來看，福祉提升確實無可否認。美國賓州工廠的工人和巴基斯坦的農民或許仍感到辛苦和不滿，但以過去的標準而言，他們也是有錢人。

現在全世界大約有七十三億人口。人口統計學家大多認為，二〇五〇年時全球人口將達到或接近一百億人。到這個時候，人類這個物種將到達替換水準（replacement level），也就是平均每對配偶的後代數目僅僅足以取代本身，所以人口可能會開始減少。經濟學家表示，世界發展應該會一直持續下去，但可能很不平均，也可能很緩慢。意思是說女兒到我這個年紀的時候，全世界一百億人中將有相當可觀的比例是中產階級，工作、房子、汽車、精巧的電子產品、偶爾吃幾次美食，都是富裕階級想要的。（誰不想啊？）雖然從歷史上看來這些人大多數將如願以償，但我們的孩子未來面對的工作依然十分艱鉅。幾十億個工作、幾十億棟房子、幾十億輛汽車，還有幾十億又幾十億頓美食。

我們能提供這些嗎？這還只是一部分問題，真正的問題是：我們能夠提供這些，但不造成其他損害嗎？

孩子慢慢長大，我趁報導工作之便，有時會和歐洲、亞洲及美洲各地的專家對談。多年以來，隨著對談次數越來越多，我發現我提出問題時得到的回應大致分成兩類，可以分別用二十世紀的兩位美國人來代表（至少我這麼覺得）。這兩位都不是大眾熟悉的名人，但其中一位經常被稱為二十世紀最重要的人物，另一位則是二十世紀影響最深遠的文化與知識運動的主要發起人。這兩位都體認到下一代即將面對的基本問題，並試圖加以化解。這個問題就是：如何繼續生存到下個世紀，而且不造成全球性的大災難？

這兩位彼此不算熟識。就我所知，他們只見過一次面，也不大關注彼此的工作。但他們以不同的方式創造了心智藍圖，供世界各地研究機構理解環境難題。可惜的是，他們提出的藍圖彼此抵觸，因為他們對生存問題提出的答案大相逕庭。

1 以絕對值而言，這個進步幅度其實沒那麼大，生活在貧困中的人口仍然多達數億。此外，近年來，饑荒人數甚至上升了一些。研究人員對這樣的逆轉看法不一，可能是長期問題，也可能是動亂（亞洲西南部和非洲部分地區）和商品價格下跌這類使國家收入減少所造成的短期波動。儘管如此，二十一世紀出生的孩子生活在貧困中的機會仍然比歷史上其他時代來得低。

這兩位分別是威廉・佛格特（William Vogt）和諾曼・布勞格（Norman Borlaug）。

佛格特出生於一九〇二年，曾經提出現代環保運動的基本概念。此外，罕布夏學院著名的人口統計學家貝琪・哈特曼（Betsy Hartmann）支持所謂的「災難環境論」（apocalyptic environmentalism），也就是主張人類必須大幅減少消耗，否則地球生態系將難以負荷不斷增長的人口和欲望，而這個主張的奠基者正是佛格特。當時佛格特在他的暢銷書和演講中強烈主張，富裕不是人類最大的成就，反而是最大的問題。他說，人類的富庶是暫時的，因為它建立在我們由地球超量掠奪的基礎之上。如果繼續下去，全球性災難將無可避免，甚至可能導致人類滅絕。他的名言是：「**減量！減量！否則全球都將受害！**」

布勞格比佛格特晚出生十二年，後來成為所謂科技樂觀主義（techno-optimism）或豐饒主義（cornucopianism）的代表。認為科技只要運用得當，就能協助人類走出困境。布勞格舉例說明這個概念，成為相關研究中的主要人物。這些研究在一九六〇年代帶來綠色革命（Green Revolution），結合高產量農作物品種和農業技術，提升全世界穀物產量，讓數千萬人逃過餓死的命運。對布勞格而言，富足不是問題，而是解決方案。人類必須更富有、更精明、更有知識，才能創造解決環境難題的科學。他的口號是：「**創**

佛格特，攝於一九四〇年。

新！創新！這樣全球才能安居樂業！」

布勞格和佛格特都認為自己是面對地球危機的環保人士。他們都和其他人合作，這些人的貢獻雖然重要，跟他們相比卻遜色不少。不過他們兩人的相似之處僅止於此。對布勞格而言，人類的聰明才智是解決問題的唯一方案。有個例子是這樣的：他主張運用綠色革命的先進方法提升農地平均產量，農民就不需要耕作那麼多農地——研究人員稱之為「布勞格假說」（the Borlaug hypothesis）。佛格特的看法則正好相反。他表示，解決方法就是縮小規模。與其種植更多穀物來生產更多肉類，人類更應該如他的支持者所說的：「降低自己在食物鏈中的位階。」如果少吃一點牛肉和豬肉，珍貴的農地就不需要用來餵養牛和豬，以此減輕地球生態系的負擔。

我把這兩個觀點的支持者設想成巫師（Wizard）和先知（Prophet）。巫師施展科技解決方案，先知則極力譴責肆意妄為的後果。布勞格是巫師的代表，佛格特在許多方面則是先知的領導者。

布勞格和佛格特幾十年來從事同樣的工作，但極少互相致意。一九四〇年代中期他們第一次見面，後來以意見不合告終。就我所知，他們之後沒有再交談過，也沒有通過信件。他們都曾在公開演講中提過對方的概念，但從來沒有提過名字。反而佛格特曾經斥責這些科學家「善於哄騙」，而使問題越演越烈。同時，布勞格則嘲笑反對者是「守舊派」（Luddities）。

現在兩人都已經作古，但他們的門徒依然彼此敵視。的確，巫師和先知間的爭論越來越激烈。巫師認為先知強調減量的說法是知識詐欺、是對窮人冷漠，甚至是種族歧視（因為世界上最貧窮饑餓的人是非白種人）。他們指出，支持佛格特的說法是走回頭路，只會越走越窄，最後導致全球貧窮。先知直指巫師相信人類資源永不匱乏的說法不用腦筋、對科學無知，甚至受貪婪驅策（因為守住生態底線可能影響企業獲利）。他們指出，支持布勞格的說法最多只能延後末日到來，但不可能避免，因為這是環保人士所說的「生態滅絕」（ecocide）。人身攻擊越來越激烈，環境對話也變質成各說各話。這或許沒什麼關係，但現在談的是人類後代的命運。

巫師和先知不是兩個壁壘分明的陣營，而是連續體的兩端。理論上，兩者之間仍然有交集。一個人可以在某方面支持佛格特的減量，而另一方面卻支持布勞格的擴張。有些人相信應該這麼做。但這種分類方式面臨的考驗不是它是否完美（因為當然不是），而是它是否有用。就實際上而言，環境問題的解決方案（或可能的解決方案）只會採取其中一種方式。如果政府說服民眾花費大筆金錢，採用先知倡導的高科技隔熱材料和省水管線翻修辦公室、商店和住宅，這些民眾將會拒絕支持巫師的新型核能電廠和大規模海水淡化設備。但反過來，這些人若支持布勞格而改購買產量超高的基因改造小麥和稻米，同樣也不會因此而支持佛格特，丟掉牛排和豬排，改吃比較環保的素漢堡。

此外，由於牽涉範圍太大，所以不可能很快改變。如果選擇巫師路線，基因改造作物不可能一夜之間完成培育和測試。同樣地，碳隔離技術和核能電廠也不可能馬上建造起來。先知路線——例如種植大量樹木來吸收空氣中的二氧化碳，或是讓食物供應來源脫離工業化農業——同樣需要很長的時間才能看

布勞格，攝於一九四四年。

到成果。因為難以回頭，所以朝某個方向發展的決策很不容易改變。

最重要的是，佛格特陣營和布勞格陣營間的衝突加劇，主要原因不是事實，而是**價值觀**。雖然兩人極少承認，但他們的主張都立足在隱含的道德和精神觀點上，也就是世界觀以及人類在世界上的地位。結合經濟和生物的討論之後，成為「應當」和「應該」的耳語。一般說來，佛格特和布勞格的支持者表達這些觀點的方式比他們兩人更明確，但這些觀點從一開始就已經存在。

先知認為世界是有限的，而人類受環境限制。巫師則認為可能性無窮無盡，人類是精明的地球管理者。一方認為成長和發展是人類的命運和福氣，另一方則認為穩定和維護是我們的將來和目標。巫師認為地球是工具箱，裡面的東西任我們取用；先知則認為自然界代表至高無上的秩序，不應該恣意干擾。

兩種觀點之間的衝突不是善與惡的衝突，而是對良好生活的不同看法，以及重視個人自由和重視所謂「連結」的倫理秩序的衝突。對布勞格而言，二十世紀末資本主義的整體樣貌，以及為大企業所掌握的熱絡全球市場，在道德上可以接受，不過需要不斷修正。資本主義強調個人自主、社會和實體流動以及個人權益，引起相當大的共鳴。佛格特的想法則不一樣。一九六八年他去世之前，相信西方式的消費社會有根本上的錯誤。我們必須以規模更小、更穩定的群落生活，以更親近地球的方式，控制全球市場的開發狂熱。消費社會擁護者所宣揚的自由和靈活只是幻影，如果脫離大自然離群索居，個人權利完全沒有意義。

這些爭執源自存在已久的對立。伏爾泰（Voltaire）和盧梭（Jean-Jacques Rousseau）曾經爭論自然定律是否確實是人類的指引。湯瑪士・傑佛遜（Thomas Jefferson）和亞歷山大・漢彌爾頓（Alexander

Hamilton）曾經爭執理想的公民模範是什麼。羅伯特・馬爾薩斯（Robert Malthus）曾經嘲笑基進哲學家威廉・哥德溫（William Godwin）和尼可拉斯・狄孔多塞（Nicolas de Condorcet）宣稱科學能克服物質世界限制。著名的達爾文支持者湯瑪士・亨利・赫胥黎（Thomas Henry Huxley）和牛津主教山繆・韋伯佛斯（Samuel Wilberforce）曾經爭論生物定律是否真的適用於有靈魂的生物。原始荒野擁護者約翰・繆爾（John Muir）曾經與倡導由專家團隊管理森林的吉福德・平肖（Gifford Pinchot）針鋒相對。生態學家保羅・埃爾利希（Paul Ehrlich）和經濟學家朱利安・賽門（Julian Simon）曾經爭論聰明才智是否能克服匱乏。對哲學家及評論家路易斯・曼佛德（Lewis Mumford）而言，這些爭執其實都是千百年來兩種技術的競爭：「一種是權威式，另一種是民主式。前者以制度為中心、強而有力，但本質上不穩定，後者則以人為中心，力量較弱，但資源豐富也比較耐久」。這兩者的重點都是人類與自然界的關係，至少部分是如此──也就是說，這兩者爭論的是人類的本質。

布勞格和佛格特也處於這個爭議的兩方。他們都相信地球生物中只有智人（*Homo Sapiens*）能透過科學理解世界，這種經驗知識能引導社會邁入未來。但兩人的看法從這裡開始分歧，一位認為生態研究已經透露地球無可逃避的限制，並指出如何在限度內生活。另一位則認為科學能告訴我們如何突破其他物種面臨的障礙。

佛格特和布勞格哪一方正確？到底我們該腳踏實地，還是不顧後果冒險一試？究竟該減量還是增加生產？

選擇巫師還是先知？對於已經十分擁擠的世界而言，這是最重要的問題。無論如何，我們的子孫都必須回答這個問題。

這本書不是環境難題的徹底研究。我會略過世界上的許多地方，甚至不探討許多議題。畢竟這些主題太複雜龐大，無法在一本書裡談完——至少在一般人能讀完的書裡談不完。所以我只探討兩種思考方式，兩種對於未來的看法。

這本書也不是未來的藍圖。《巫師和先知》不會提出計畫、不會指出明確的行動綱領。這種反感有一部分反映作者的看法：在網際網路時代，自命為權威，提出建議的人已經太多。我相信，單純描述看到的狀況，會比試圖告訴別人該怎麼做來得更有說服力。

在第一章中，我將拉大視野，探討生物學談到的物種演化軌跡，也就是問為什麼我們認為智人**還有**未來。生物學家告訴我們，只要有機會，任何物種都會過度擴張、過度生產和過度消費。無可避免地，這些物種最後將遭遇障礙、一定會導致慘痛後果，而且這類狀況通常及早發生比較好。從這點看來，佛格特和布勞格都一樣被誤導了。這裡我想問，我們是否有理由相信這兩位科學家都錯了。

接著我會把眼光轉向佛格特和布勞格本身。從佛格特出生在原本是市郊的長島開始，到差點死於小兒麻痺症，以及在秘魯外海改變生態看法的經驗。在他的生平第一部分，我將結束於他一九四八年發表《生存之路》（*The Road to Survival*）。這是現代第一本談到人類即將滅絕的書籍。《生存之路》的用意是警告世人，以客觀科學為本，但也談到我們應該如何生活——此書是一種道德證言。佛格特首先提出現代形式的環境保護主義，也是二十世紀唯一長久存在的思想體系。

布勞格的故事開始於他誕生在愛荷華州的貧窮農業村落。後來亨利・福特（Henry Ford）發明成本低廉、價格平實的耕耘機，取代他在農場的工作，讓他幸運地得以脫離永無止境的辛苦勞動。他進入大學，辛苦地撐過經濟大蕭條時期，後來在一連串意外下加入後來掀起綠色革命的研究計畫。二〇〇七年，當布勞格九十三歲時，《華爾街日報》（*The Wall Street Journal*）在社論中說他「挽救的生命可說史上無人能出其右，可能多達十億人。」

到了本書中段，我將邀請讀者透過佛格特和布勞格的眼光，觀察人類面臨的四人挑戰：食物、水、能源和氣候變遷。我有時候把這些挑戰視為柏拉圖（Plato）的四大元素：土、水、火、風。土代表農業，也就是怎麼讓全世界都有東西吃。水指的是飲用水，和食物一樣重要。火指的是能源。而風指的是氣候變遷，是人類渴求能源的副作用，可能帶來極大的危害。

土：大多數農藝專家認為，如果現今的趨勢持續下去，二〇五〇年時收成必須提高百分之五十以上。以不同假設建立的模型預測結果各不相同，但都認為需求增加的原因包括人口增加和富裕程度提升。除了少數例外，民眾變得富裕時會消費更多肉類。為了生產更多肉類，農民必須種植更多穀物，而且產量必須提高許多。為了滿足這些需求，巫師和先知提出的方法大不相同。

水：雖然地球表面大多被水覆蓋，但可用的淡水只有不到百分之一，而且需求正在持續增加。由於全球的水有將近四分之三用於農業，所以食物需求增加必然會提高淡水需求。許多水資源研究人員認為，全球有多達四十五億人早在二〇二五年就會缺水。和食物一樣，布勞格的支持者多半以同一方式回應這個憂慮，佛格特的支持者則以另一種方式回應。

火：預測明日世界需要多少能源必須先做出幾項假設，例如目前有十二億人無電可用、未來將會有多少人有電可用，以及這些電力從何而來（太陽能、核能、天然氣、風力、燃煤等）。然而，每次我試圖估計未來的能源需求，主要原因都是人類將需要更多能源，而且會多出許多。因應方法同樣取決於詢問對象是布勞格的支持者還是佛格特的支持者。

風：在這四者之中，氣候變遷最不一樣。其他三個要素（食物、淡水、能源）都代表人類的需求，氣候變遷則代表這些需求所導致的負面結果。前三者都為人類服務：食物在餐桌上供人類食用、水從水龍頭流出供人類取用、暖氣和空調在家中讓人類感到舒適。氣候變遷的效益——也就是避免未來發生問題——則是看不見的。社會的動盪通常讓其中的成員經歷艱苦的改變，但常常也因為一點好運，而沒有造成太大影響或什麼值得注意的事；溫度沒有大幅提高，海平面也沒有明顯上升。難怪巫師和先知對因應方法意見不同！

氣候變遷還有另一點和其他要素不同。大多數人都同意，富裕人口增加將使食物、飲水和能源的需求隨之提高。但有少部分人認為氣候變遷不存在或不能歸因於人類活動，或者認為氣候變遷影響極小，不需要擔憂。雙方爭論十分激烈，某一方往往會說：「如果他相信這個說法，那就是對方的人，他說的一切都是錯的！」為了避免這種結果，我把關於氣候變遷的討論分成兩部分。在第一部分，我請氣候變遷懷疑論者（暫時）接受氣候變遷確實是未來的問題，以便觀察布勞格和佛格特兩人的支持者如何解決這個問題。而在附錄中，我將說明懷疑論者的說法有哪些方面可能是對的。

這本書要提出的問題不是「我們如何因應這四個挑戰？」而是「一個佛格特或布勞格的支持者會怎麼面對？」最後我將談到他們的晚年，兩人的狀況都令人傷感。本書最後將回頭探討我們為什麼相信人類將能延續下去，甚至再度興盛，以帶有哲學意味的方式結束本書。

《巫師和先知》談的是知識分子對各種選擇的看法，而不是看特定某個狀況下會有什麼結果。這本書探討未來，但不提出預測。

我大學時讀過兩本佛格特支持者的經典著作，分別是生態學家保羅・埃爾利希的《人口炸彈》（*The Population Bomb*, 1968），以及一個電腦建模團隊所撰寫的《成長的極限》（*The Limits to Growth*, 1972）。《人口炸彈》的開頭是一句響亮的宣言：「養活全人類的戰爭已經結束了」。但接下來狀況越來越糟。埃爾利希在一九七〇年向CBS新聞（CBS News）表示：「未來十五年內，終結即將來臨。我所謂的『終結』是地球供養人類的能力完全崩潰。」《成長的極限》還抱持一點希望。這本書指出，如果人類徹底改變習慣，就可能避免文明毀滅。這些研究人員指出，否則的話，「未來一百年內就會到達地球的成長極限。」

這兩本書讓我嚇壞了。我成了佛格特的支持者，相信人類如果不立刻回頭，就會萬劫不復。許久之後，我發現先知的恐怖預言有許多並未成真。饑荒發生於一九七〇年代，如同《人口炸彈》的預測。這十年內，印度、孟加拉、柬埔寨、西非和東非地區都深受饑荒問題所苦，但死亡人數遠遠不及埃爾利希預測的「數億人」。英國發展經濟學家史提芬・德弗羅（Stephen Devereux）指出，這段時期大約有五百萬人死於饑荒，其中大多數死於戰爭而非環境耗竭，一般認為這個說法相當可信。事實上，饑荒和過去相比並沒有增加，而是越來越少。一九八五年也沒有發生埃爾利希所謂的地球崩潰，不過確實發生了難以彌補的嚴重損失。同樣地，埃爾利希曾經在一九六九年警告，殺蟲劑將導致心臟病、肝硬化和癌症大規模流行而造成大量人口死亡，但這些最後都沒有發生。農民還是持續在田地裡噴灑殺蟲劑，可美國人平均壽命並沒有「在一九八〇年時縮短到四十二歲。」

一九八〇年代中期，我開始擔任科學記者，認識許多巫師類型的科技，越來越欣賞這些科技。我轉而成了布勞格的支持者，對以前深信的災難狀況嗤之以鼻。我認為人類的聰明才智能讓我們度過難關，就如同過去一樣。就以往經驗而言，想太多似乎顯得過度悲觀。

然而現在因為擔心孩子，我猶豫了起來。我寫這本書時，女兒已經進了大學，正要踏進競爭更激烈、爭議更多的未來，更接近超越社會、有形和生態的界限。

一百億富裕的人口！這個數字前所未有，困難也是前所未見。我的樂觀或許和以前的悲觀同樣沒有根據，可能佛格特確實是對的。

因此我在這兩端之間擺盪。星期一、三、五覺得佛格特是對的，二、四、六又覺得布勞格對，至於星期天我就不知道了。

我撰寫本書的目的是滿足自己的好奇心，看看是不是能提出一些方法，給孩子們參考。

一個定律

第一章 物種狀態

特別的人

故事從一個畫面開始。有個人單獨站在城市附近的土地上。這個人三十歲，正要開始發現自己的抱負。他的名字叫做諾曼．布勞格，也就是書名中的「巫師」。他最大的優勢是能力傑出，足以勝任困難的技術工作。這片位於墨西哥市附近的土地已經遭到嚴重破壞，布勞格被指派任務，要在這片土地上種出一些東西。對布勞格可能認識的大多數人而言，這個任務和地方似乎偏遠又無足輕重，但巫師布勞格將扭轉這個看法。

當時是一九四六年四月，第二次世界大戰結束後的歡天喜地。北美和歐洲地區大多數人的目光完全集中在衝突過後鋪天蓋地的變化，包括核子時代揭開序幕、冷戰開始、殖民帝國解體等等。認真工作的布勞格沒有注意到這些，因為他工作的地方不容易看到報紙和聽收音機。他每天只能盯著奄奄一息的小麥。多年之後，或許有人會說他在那裡開始的工作比報紙上任何事件都重要得多。

現在這片土地上出現另一個人。這個人是書名中的「先知」，年紀比布勞格大十二歲，淺色頭髮，藍色眼珠。他走路時一拐一拐，是小兒麻痺的後遺症。他的名字是威廉．佛格特，同樣即將發現自己的抱負，或者應該說他終於**確定**了這些抱負。

布勞格的計畫根據地在一所大學裡，位於墨西哥市東邊的查賓戈（Chapingo）。這所大學原本是片莊園，從落後的鄉間私人產業變成熱鬧的當代國家象徵，雖極力追求現代化，但經費嚴重不足。這裡最著名的是墨西哥知名畫家迪亞哥．里維拉（Diego Rivera）的一排壁畫，用色相當鮮豔。佛格特當時在度蜜月，和新婚妻子一起參觀這些壁畫。但他同時也在工作場所裡漫步，因為他是泛美聯盟（Pan American Union）保育部門主管。他感興趣於農業以及農業對地景的影響。

這個時候，這片土地只有布勞格和三名墨西哥籍助手幾個人而已。佛格特當天有大半時間花在這裡。他既好奇又愛聊天，當然會走向卡其衣褲和靴子上滿是塵土的工人，問他們在校園邊緣這片占地六十五公頃的貧瘠小麥和玉米田裡做什麼[1]。佛格特並不知道，這個瘦削沉默、表情不多的人，後來將成為國際上歷久不衰的科技萬能象徵，佛格特也將認為這個人的想法可能危害人類生存。同樣地，布勞格也沒有料想到，這個走路一拐一拐、帶著新婚妻子的訪客將引發一場運動。布勞格將會視這場運動為人類福祉的公敵，甚至是一場騙局。依據當時留下的證據，佛格特在這裡時說的話不多。有人猜想他正在注意和傾聽布勞格解說自己的想法。

一開始就是這樣，他們兩人看著城市附近這片遭到破壞的土地。他們後來的人生從這裡開始，從

1　墨西哥的玉米有多種顏色，多半是乾燥後磨成粉食用，和美國常見比較甜的黃色玉米不同。

他們眼中所見以及心中所想出發。許多事從查賓戈發出先聲，擴及全世界，朝以往和未來延伸數十年，影響從未聽過布勞格或佛格特的幾億人口。但它的開端就是這裡：兩個人、一片惡地，以及鄰近的城市。

被西班牙征服之前，查賓戈和墨西哥市分別位於湖泊兩端，這片湖泊直徑超過三十英里，漁產豐富，周圍是富足的村莊。這片大湖邊緣有好幾百個稱為奇南帕（chinampa）的人工島。奇南帕由湖底淤泥堆積而成，功能是農地。這裡一年可以收成好幾次，是全世界產量最大的農場。但現在這些都已經過去。好幾個世代因長年管理不當使湖水乾涸，導致奇南帕消失，也使肥沃的土壤乾裂又毫無生機。

佛格特和布勞格負有同樣的任務：運用現代科學的發現，讓墨西哥逃過貧窮和環境惡化的命運。但在一九四六年的墨西哥，這個期望似乎遙不可及。的確，佛格特和布勞格都認為未來狀況會越來越糟。

不久之後，他們兩人將會發現，墨西哥面臨的挑戰其實是全人類的挑戰。當時只有佛格特和布勞格等少數人隱約看到，人類今天將面臨多麼龐大的考驗。現在我們更接近二〇五〇年，到時全世界人口數將達到一百億。但他們對原因的看法不同，所以設想的因應方法也不同。

佛格特看到城市越過乾涸的湖泊，吞沒僅存的田地和溪流，說：「趕快減量！我們不能讓人類破壞自己賴以維生的自然系統！」布勞格看到這片土地上孱弱的小麥和玉米田，則說：「我們該如何讓民眾有機會繁盛起來？」佛格特想保護土地，布勞格則想提升人的能力。

哪個想法是對的？對佛格特而言，遍布墨西哥中部乾旱山丘上的玉米和小麥田是瘟疫，最後必將導致毀滅。他希望農業更具永續性、更節約土地，讓民眾不再使用這些脆弱耗竭的土壤。可以想見，當他知道布勞格想開發新品種玉米和小麥以利於人類使用這些土地時，會有什麼反應。在佛格特看來，這就像提著汽油救火。

後來的批評者把佛格特這類人稱為「抱樹者」（tree-hugger），說他們是新宗教的使徒，是盲目崇拜自然的非理性狂熱。在佛格特的評價中，他只是站在生態學（或說他心目中的生態學）傳統的角度發言。這個全面性的觀點試圖把人類放進主宰萬物的自然定律框架中。這個觀點問道：我們該怎麼生活在世界上而不逾越界線？即使是問這樣的問題，也必須重新整頓社會。

相反地，布勞格則站在遺傳學的觀點發言；這個學科試圖把生物分解到最小單位，並加以駕馭，為人類謀求福利。至於談到佛格特的自然界線時，該觀點會問：我們該怎麼讓這些界線一起躍進？批評者認為這種說法是「科技樂觀主義」（techno-optimism），提倡「科技發展帶來拯救」，並指出巫師支持者宣揚的經濟體制根本沒有能力供養地球上的生物。自然界最清楚這件事！其他做法都是傲慢和愚蠢。

有人希望他們兩人像亞伯拉罕・林肯（Abraham Lincoln）和史提芬・道格拉斯（Stephen Douglas）一樣面對面辯論，但沒有成功。然而佛格特造訪墨西哥後幾個月，卻開始試圖阻撓布勞格。

由於佛格特的大力提倡，墨西哥政府實施了新的土壤和水保護法。但他認為應該可以做得更多，同時他的經費也越來越少。佛格特的雇主是泛美聯盟，但他在墨西哥的工作的經濟來源是幾個經費拮据的保育團體，包括紐約動物學會（New York Zoological Society）、國際鳥類保育委員會（International Committee for Bird Preservation），以及美國野生動物研究所（American Wildlife Institute）等。他認為，拯救世界需要更強的金援。

相反地，布勞格的經費來自位於紐約的洛克菲勒基金會（Rockefeller Foundation），而該基金會一向是全世界最大的民間慈善機構。一九四六年時的洛克菲勒基金會就像現在的比爾蓋茲基金會（Bill & Melinda Gates Foundation）一樣，是國際知名的慷慨捐贈之象徵。佛格特似乎一輩子都在找錢，為他的重要工作爭取經費。布勞格踩進他的地盤、關心同樣的問題，背後又有強大的金援，但路線居然跟他完全相反，肯定讓佛格特很不是滋味。

即使佛格特和妻子在瓜地馬拉待了一個月，後來又轉往薩爾瓦多和委內瑞拉，他還是草擬了好幾次給洛克菲勒基金會的信，最後終於在一九四六年八月二日寄出。這封信的署名者是泛美聯盟總幹事李歐・羅威（Leo Stanton Rowe），但完全由佛格特撰寫。這封信有個微妙的任務，就是巧妙但清楚地指出洛克菲勒基金會：(1) 每件事都做得不對，以及 (2) 應該讓佛格特負責扭轉這一切。這封信優雅地讚揚基金會對抗疾病的光榮歷史，接著話鋒一轉：「（貴基金會投入）數百萬美元用於降低死亡率，換句話說就是增加人口，但很少想到如何養活這些人。」這麼說是因為洛克菲勒基金會在墨西哥支持種植更多小麥和玉米。但這封信提到，提高農業和工業產量並非解決之道，因為這兩者需要的資源「都在流域、原料和購買力遭到破壞後消失殆盡。」佛格特相信，僅是提供更好的工具，只會讓人更早達到極限。如果池塘裡只有十條魚，要解決魚的數量不足問題，方法不是用捕撈效果更好的網子。

相反地，我們真正需要的是改變人類和自然的關係。人類如果瞭解自己所處的生態系的價值，社會就會完全改觀。過去，墨西哥市可以在不正確的世界觀下存在，但不久之後將不容許我們犯錯。墨西哥市正在快速擴大，未來幾十年內，狀況一定要改變。佛格特說：「整個西半球應該沒有什麼問題比它更重要或更迫切。」

他寄給基金會的信開頭是一段延續到今天的長篇大論。

世界是個培養皿

「胡說！」我聽到琳恩・馬古利斯（Lynn Margulis）這麼說。但她說的也可能是「亂講！」或其他更尖銳的詞。

馬古利斯是專精於細胞和微生物的研究人員，也是二十世紀後半最重要的生物學家，曾經協助重新整理生物分類樹（tree of life），並說服其他生物學家，生物分類樹包含的界不只兩個（動物界和植物界），而有五甚至六個（植物、動物、真菌、原生生物以及兩種細菌）[2]。直到二〇一一年她去世之前，都跟我住在同一個鎮上，我偶爾會在街上碰到她。她知道我對環境議題感興趣，也很喜歡刺激我。她有時會喊：「嘿，查爾斯，你還在保護瀕危物種嗎？」

馬古利斯不為欠缺思考的破壞辯護，而且她一直認為環保人士關注鳥類、哺乳類和植物，正足以證明他們忽視了演化最大的創造力來源：細菌、真菌和原生生物的微觀世界。她經常告訴民眾，地球生物有百分之九十以上是微生物。可怕的是，我們體內的細菌數量跟細胞一樣多！

微生物的能耐遠超過我們這些笨拙哺乳類動物的想像：它們能形成龐大的超級菌落、無性生殖、和差別極大的物種交換基因、執行人類在大型實驗室裡才做得到的許多化學作用等……花樣繁多又令

2「界」的定義仍有爭議。我在這裡提到的「兩種細菌」是「bacteria proper」和「archaea」即「古菌」。古菌的形體和細菌一樣，但生物化學路徑不同。「原生生物」是其他各種生物的總稱，包括變形蟲、黏菌和單細胞藻類等等不屬於動物、植物、真菌、細菌或古菌的所有生物。病毒通常不包含在這些生物中，因為病毒結構太簡單，生物學家不把它們視為生物。

人驚奇。微生物改變了地球的面貌，可使岩石粉碎，甚至產生我們呼吸所需的氧氣。馬古利斯經常告訴我，跟這種能力和多樣性相比之下，貓熊和北極熊只能算是小角色。牠們或許好玩有趣，但**重要性**不大。

我從來沒有跟她提過我對佛格特和布勞格這兩人在墨西哥相遇時的想像，但我很確定她會怎麼說。她曾經告訴我，智人這個物種格外興盛，而興盛的物種最後一定會毀滅自己，這是生物界不變的法則。馬古利斯所謂的「毀滅自己」不一定是滅絕，有可能只是發生非常嚴重的災難，讓人類遭逢巨變。她應該會說，布勞格和佛格特或許想阻止人類毀滅自己，但其實他們只是不願意承認事實罷了，畢竟無論是保育或科技都沒辦法扭轉生物學上的事實。

馬古利斯對我解釋這些概念，同時提到她心目中的科學英雄，俄國微生物學家格奧爾基·高斯（Georgi Gause）。高斯是個奇才，生於

馬古利斯，攝於一九九〇年。

一九一〇年，十九歲就發表第一篇科學論文（而且還是發表在生態領域首屈一指的《生態學》（*Ecology*）期刊）。相較於當時蘇聯政府能提供他少少的經費而言，高斯和佛格特一樣渴望獲得洛克菲勒基金會的經費。為了爭取基金會的肯定，他決定進行幾項實驗，並把實驗結果放在經費申請文件中。

高斯很清楚該怎麼做。一九二〇年，美國約翰霍普金斯大學生物學家雷蒙．珀爾（Raymond Pearl）和洛威爾．李德（Lowell Reed）提出描述美國人口成長率的數學方程式。他們的主張幾乎完全以理論為主。而且他們依據自己的生物學知識，假設成長率應該是什麼樣子，讓假想曲線符合人口普查資料中的美國實際人口狀況。結果兩者十分吻合，這讓珀爾和李德相信他們真的有了重大發現。珀爾格外興奮，因為他當時正以果蠅進行平行研究，把雄果蠅和雌果蠅放進裝滿食物的瓶子，觀察幾代之後會生出幾隻果蠅。實驗結果看來相當接近美國人口普查資料，因此他覺得自己發現了同時適用於瓶子中的果蠅和北美地區人類的通用法則。他說：「多樣性最高的生物，族群成長遵循規律的典型路徑。」

擅於自我宣傳的珀爾在十多篇論文和三本書籍中提到這個新法則。但這輪宣傳沒能阻止批評者攻訐他的觀點。批評者指出，珀爾從一開始就假設自己的假說是對的，再尋找符合假說的資料，找到之後再宣稱他的假說獲得證實。珀爾的反對者指出，這個過程少了最重要的一步：證明沒有其他假說也與資料相符。更糟的是，這個法則本身也不盡理想——珀爾必須動手調整數字，使它看起來正確。

為了超越珀爾以取得洛克菲勒基金會的補助，高斯打算以一系列果蠅實驗來確保成果。他很快就發現，果蠅一直飛來飛去，很難計算數量。為取得更好的結果，高斯決定改為研究微生物。微生物可在顯微鏡玻片上四處移動，很容易計算。

以今天的標準看來，高斯的方法本身非常簡單。他把〇．五公克燕麥（只有一丁點）加入一百毫升水中（大約三盎司），煮沸十分鐘做成培養液，把培養液過濾到容器中，加水稀釋，再把稀釋液慢慢倒進平底小試管。他在每支試管放進五隻尾草履蟲（Paramecium caudatum）或貽貝棘尾蟲（Stylonychia mytilus）這兩種單細胞原生動物，每支試管一種。接著他把試管放置一個星期後觀察結果。觀察結論後來寫成厚達一百六十三頁的書籍《生存的競爭》（*The Struggle for Existence*），發表於一九三四年。《生存的競爭》現在被視為科學界重要著作，成功結合生態學實驗和理論。但是這個成果仍然沒讓高斯取得經費。洛克菲勒基金會以這位二十四歲的學生沒沒無名而拒絕他的申請。此後二十年，高斯沒有再造訪美國，他在這段期間聲名大噪，但已經離開微生物生態學領域，轉而研究抗生素。

當時高斯在試管裡所觀察到——同時也是珀爾透過理論探討——的現象，通常能以一個圖形來描述。圖形的橫軸是時間，縱軸是原生動物數量。如果稍微斜著看，會覺得這個曲線像是壓扁的S形，所以科學家通常把這個曲線稱為「S形曲線」（*S*-shaped curve）。一開始（也就是這個S形曲線的左端），原生動物數量增加得相當慢，曲線由左向右緩緩上升。但後來曲線到達反曲點，突然朝上猛衝，數量大幅增加。急速增加的趨勢一直持續，後來食物開始缺乏，到達第二個反曲點，原生動物開始死亡，成長曲線變得平緩。最後曲線開始下降，數量逐漸減少到零。

多年前我看過馬古利斯在課堂上以普通變形桿菌（Proteus vulgaris）的縮時影片說明高斯的研究結論，而這種桿菌通常位於腸道內。她說，對人類而言，普通變形桿菌最出名的是偶爾造成院內感染。普通變形桿菌單獨存在時，大約每十五分鐘分裂一次，產生兩個個體。馬古利斯打開投影機，螢幕上出現一個小點，是普通變形桿菌。小點在淺圓形玻璃培養皿裡，底部有一層淡紅色的養分膠。學生們吸了一口氣。在縮時影片中，菌落似乎在搏動，每幾秒鐘就加大一倍，不斷向外擴散，最後細菌填滿整個螢幕。她說，僅僅三十六小時，這個細菌就能讓整個地球蓋上一層厚達三十公分的單細胞生物。再過十二小時，活細胞球將和地球大小相仿。

馬古利斯說，這種狀況其實不可能出現，因為競爭生物和資源缺乏會讓大多數普通變形桿菌無法繁殖。這就是達爾文傑出的物競天擇學說。生物都有個共同目標：盡可能大量繁殖，運用一切方法確保本身在生物界的地位。此外，所有生物的繁殖率都有極限，而這個極限就是生物一生產出後代數量的最大值。（她在課堂上說，以人類而言，最大繁殖率大約是每一代二十個小孩。臘腸狗的可能最大繁殖率是三百三十隻左右，每年三窩，每窩十一隻小狗，共繁殖十年左右）。物競天擇讓每一代只有某些成員可達到這個繁殖率。許多個體無法繁殖，演化過程就此告終。馬古利斯說：「物競天擇其實就是差異化生存。」在人體內部，普通變形桿菌的數量受棲地大小（內臟分量）、養分來源限制（食用蛋白質），以及其他競爭微生物影響。在這些限制下，其數量大致維持穩定。

但培養皿中的狀況就不一樣了。就普通變形桿菌看來，培養皿起初彷彿無限大，就像無邊無際的糧食之海，沒有風暴，也沒有食物競爭。這些細菌吃飽了就分裂、再吃飽、再分裂。它們在養分膠上迅速擴散，超越第一個反曲點，比曲線左邊大幅上升。但菌落接著遭遇第二個反曲點，就是培養皿邊緣。食物來源枯竭

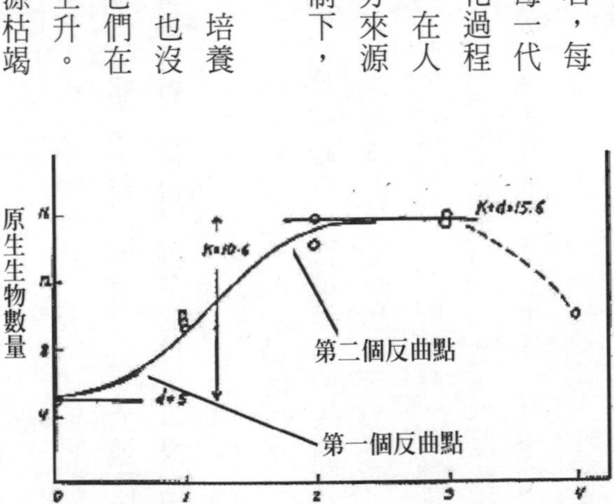

高斯的S形曲線圖之一，圖中標示經作者修改。

時，普通變形桿菌遭逢大難。

有幾個物種運氣極佳或適應能力極強，因此得以超越限制，而且至少維持一段時間。它們和高斯的原生生物一樣，是自然界中成功的故事，而培養皿就是它們的世界。它們的數量以驚人的速度增長，很快就占據大片區域，似乎沒有力量阻擋得了。後來它們遭遇障礙，被自己製造的垃圾淹沒，因缺乏食物而陷入饑餓，然後有一種生物找出方法吃掉它們。

我住在紐約市時，斑馬貽貝（zebra mussel）入侵哈德遜河下游，也就是曼哈坦島的西邊界。這種貽貝長二．五到五公分，殼上有棕色和白色交錯的條紋，每隻每年可產下一百萬個卵。這種貽貝源自歐洲亞速海、黑海和裏海使用俄語和土耳其語的周邊地區。全球化對牠而言是有利因素。斑馬貽貝藉助船底和壓艙水離開原生水域，散播到世界各地，十八世紀時歐洲就有關於它的紀錄。哈德遜河從一九九一年開始發現它的蹤跡。不到一年，斑馬貽貝在河中生物所占的比例就達到一半。在某些區域，每平方英呎多達數萬個，布滿船底、阻塞進水口，密集的條紋外殼使其他甲殼類生物窒息死亡。斑馬貽貝隨S形曲線快速增加。

接著盛極而衰，斑馬貽貝數量迅速減少。二〇一一年，也就是哈德遜河首次發現斑馬貽貝的二十年後，貽貝的存活率只有「剛入侵時的百分之一不到」（引用自一項長期研究）。斑馬貽貝和高斯的原生生物不同，沒有觸及真實的牆壁，因為真實世界一定比試管複雜得多。它們確實耗盡了食物來源，但當地的藍蟹懂得掠食這種外來生物後，它們也遭到藍蟹攻擊。它們的S形曲線波動得比高斯書中的曲線更大，但結果相同。十五年前，我到哈德遜河邊一座公園時，已經沒辦法走進河裡，因為打開的貽貝殼邊緣銳利，而且數量龐大，無法行走。但現在這座公園裡已經幾乎看不到斑馬貽貝，小孩高興地在淺灘玩水，泥沙裡有些碎殼，見證斑馬貽貝的興衰。

馬古利斯認為人類也是如此。演化論認為智人也是生物，基本上跟普通變形桿菌沒什麼不同。我們跟細菌受相同的力量主宰，由相同的過程產生，也承受相同的命運。布勞格和佛格特站在這片貧瘠的土地上，當他們看著城市時，就像站在培養皿邊緣一樣，是巫師還是先知都無關緊要。在馬古利斯眼中，智人也只是興盛一段時間的物種罷了。

蝨子和人類

人類為為何及如何「興盛」？如果興盛一定會導致自我毀滅，那麼對演化生物學家而言，「興盛」是什麼意思？自我毀滅是否包含生物圈中的其他生物？人類究竟是什麼？現在地球上有七十多億人，這些可說是最迫切的問題。

一九九九年，馬克．史東金（Mark Stoneking）收到兒子學校發出的通知，提醒家長，教室裡出現許多蝨子，因而想到一個解答這些問題的方法。史東金當時是德國萊比錫普朗克演化生物學研究所研究員，可是對蝨子所知不多。身為生物學家，他當然開始查找關於蝨子的資料。他發現，最常為人類帶來困擾的蝨子是人蝨（Pediculus humanus）。顧名思義，這種蝨子寄居在人類身上。人蝨有頭蝨（Pediculus humanus capitis）和體蝨（Pediculus humanus corporis）兩個亞種。頭蝨寄居在頭皮上，以頭皮為主食，體蝨則以皮膚為主食，但寄居在衣物上。事實上，體蝨非常依賴衣物保護，離開衣物後只能存活幾個小時。

史東金想到，我們可以藉由這兩種蝨子的差異探知演化。頭蝨可能是相當古老的害蟲，因為人類一直有毛髮可讓它寄居。但體蝨卻不一定那麼古老，因為它必須寄居在衣物上，這也表示它在人類裸體時無法生存。人類的衣物創造新的生態席位，某些頭蝨很快就取得這個席位。此時物競天擇發揮神奇的效果，新的亞種誕生了。雖然史東金不確定這是否曾經發生，但這種狀況似乎很有可能。如果他的說法正確，那麼只要找出體蝨何時與頭蝨分化，就可得知人類開始穿衣服的大致年代。

史東金在兩位同事協助下測定兩個蝨子亞種基因片段的差異。由於遺傳物質通常以恆定的速率隨機出現微小突變，所以科學家從兩個族群間的差異數量，就可得知兩者分化大概有多久。差異越多，分化時間就越長。在這個例子中，體蝨與頭蝨應該是在十萬七千年前分化。史東金認為，這代表人類也大約是從十萬七千年前開始穿衣服。

這個主題一點也不無聊，畢竟穿衣服是相當複雜的行為。衣物有實際用途：在寒冷地區可以保暖、在炎熱地區則可遮擋太陽。此外還可改變穿著者的外貌，對智人等倚重視覺的物種而言相當重要。衣物是裝飾也是象徵，讓人類脫離以往沒有自我意識的狀態（動物無論奔跑、游泳或飛翔都不穿衣服，但只有人類有「裸體」的概念）。衣物的出現代表心智開始出現變化，而人類的世界則變成一個複雜且象徵性高的人造物國度。

其實不只是衣物，在科學家努力研究下，這段時期出現許多創新發明。南非地區的人類雕刻赭石和鴕鳥蛋殼。非洲中部的人類用骨骼刻成精緻的魚叉。非洲西北部的人類製作珠飾。而與非洲東北部隔海相望的黎凡特（Levant）地區，當地人則細心埋葬死者。總而言之，他們成為了「人」。

在這些討論中，「人類」具有多重意義。第一個是科學上的意義，也就是代表智人這個雙足靈長類物種（species）相關的特質。第二個意義則稍有不同，但仍算是科學意義上的，也就是代表人（Homo）這個屬（genus）相關的特質（「屬」是關係相近的「種」的集合）。現在人屬中只有智人一個種，所以這兩個意義的區別相當小。不過三十萬年前智人出現時，這兩個意義是不同的。人屬包含散居世界各地的數個種（確實數字和接下來的考古發現一樣不確定，也如同後來人類學中的分類爭議）。智人、尼安德塔人（Homo neanderthalensis）、丹尼索瓦人（Homo denisova）、納萊迪人（Homo naledi）、海德堡人（Homo heidelbergensis）、弗洛瑞斯人（Homo floresiensis；因其身材矮小，所以又被稱為「哈比人」）全都是人類。沒有人知道這些人類相遇時會有什麼反應，無論他們是否友善、有敵意還是冷漠。這幾種古代人類當中有些曾經和我們的祖先混血，例如尼安德塔人和智人，在我們的基因中留下結合的蛛絲馬跡。但無論這些互動的順序如何，我們都已經知道結果。無論是好是壞，現在地球上都只有一種人類。

不過「人類」還有第三個意義，可用「有人性」（being human）這個詞來傳達。「人性」是讓人類成為人的特質，揉合了創造力、欲望和道德自覺。它是一種特殊的火光或精神，在生物中獨一無二。所有人類都擁有這種能量，但傑出人類的能量格外強大。這種能量讓智人相信自己十分特別，相信自己和人屬中的其他成員不同。

就我們所知，人類並非一直是第三種意義的人類。起初，人類似乎還沒有開始創作藝術、演奏音樂、發明新工具、研究行星運動，或是敬拜天球上的神祇。這些能力都是歷經數萬年慢慢累積而來。新的特點陸續出現，例如新形式的藝術和新型建築，但接著都會逐漸消失。到最後，其他人種都消失了，然而這些特質卻留存在我們心中。大約五萬年前，某種近似現代人的人類（專業用語是「具現代行為」的人類）開始散播到全世界。人類成為人之後才具有人性。此時人類真正離開非洲，征服全世界，同時把身上的蝨子帶到世界各地。

這批人類大軍彼此相仿，士兵的遺傳特質十分一致。基因的成分是DNA，它由兩條細長的繩索狀分子構成，每個分子包含兩條交纏的長鏈，形成著名的雙螺旋結構。長鏈中的每個連結稱為鹼基（base）或核苷酸（nucleotide）。每個基因由多個連結（也就是DNA長鏈中的片段）組成。單一個體或物種的所有遺傳訊息是這個個體或物種的基因組（genome）。某個人的所有鹼基和基因（也就是這個人的基因組）和另一個人的幾乎沒有差別。這樣的相似性讓遺傳學家相當驚訝，但很難精確描述。大致上來說，任何兩個人的基因組中只有千分之一的鹼基不同，就像兩本書的每一頁只有一個字母不同。以人類體內最常見的大腸桿菌而言，差異的比例大約是一比五十。依據這個數字，人類腸道內細菌的多樣性是人類的二十倍。

這樣的比較其實不夠完整。生物體內除了單一鹼基的差異，重複或已刪除的DNA片段也不一樣。這些差異比單一鹼基更大，而且通常更加重要。此外這些差異也很難量化，假如某物種的一個成員具有十個特定的基因變異，另一個成員有二十個，那麼我們到底應該依據基因變異相同而把兩者視為相同，或是依據基因變異數量不同而把兩者視為不同呢？即使如此，整體狀況依然相同：和細菌相比之下，人類在遺傳方面相似得近乎單調。細菌可能不是最理想的比較對象。細菌的遺傳多樣性太高，微生物研究者大多不願把它視為一個「物種」，因為這樣表示細菌具有單一且可識別的DNA庫。我們或許應該觀察的是比較接近人類的哺乳類。一般說來，人猿在哺乳類中的多樣性比較低，人類的多樣性又比人猿更低。非洲中部同一片山坡上的兩隻黑猩猩間的遺傳差異可能比亞洲中部或中美洲的兩個人類還大。科學家依序排列哺乳類的遺傳差異程度時，人類位於最底端，跟狼獾和山貓等瀕臨滅絕物種相仿。

遺傳一致性通常是族群數量較少的結果，因為小型群體後代的基因全都來自少數創始者。有些研究人員透過人類基因庫規模不大回推，主張人類數量曾經大幅減少，可能減少到僅有一萬人，和美國中型大學差不多（實際數量應該更多，因為這個估計值只是成功留下後代的人數）。

某個物種數量減少時，機率往往會很快地改變其遺傳組成。新突變可能出現及擴散。例如在冰河時期歐洲的一個小型群體中，某個成員的某個基因有一小段DNA受到擾亂，形成斯堪地那維亞半島大部分地區常見的藍眼珠。已經出現的罕見基因變異可能突然變得常見，使原本少見的特徵大量增加，在幾個世代內改變這個物種。此外，常見的基因變異也可能在偶然間消失。基於某些理由，研究人員經常猜測，人類DNA在短短數萬年間（這在生物史上其實非常短暫）發生前所未有的特殊狀況，使我們成為人類。變化速度越來越快，大約七萬年前或稍晚一些，人類跨出決定性的一步。

要說明這個變化造成的影響，有個方法是參考紅火蟻（*Solenopsis invicta*）的例子。遺傳學家認為紅火蟻發源於河流密布、氾濫頻繁的巴西南部。洪水沖毀紅火蟻的巢穴。自古以來，這種極為活躍的小生物演化出一種能力，把身體連結在一起，工蟻在外、蟻后在內，形成可在水面上漂浮數天之久的蟻球，藉以對抗大水。當洪水退去後，失去巢穴的蟻群很快就能回到被洪水淹沒的土地上，趁一片荒蕪之際擴張版圖。紅火蟻就像犯罪集團一樣，利用災難攫取利益。

一九三〇年代，紅火蟻進入美國，入侵途徑可能是輪船壓艙物，因為壓艙物通常是隨意挖取的土壤和碎石。一位年輕的昆蟲愛好者愛德華・威爾森（Edward O. Wilson）在美國阿拉巴馬州莫比爾（Mobile）港口發現美國第一個紅火蟻巢，後來成為知名生物學家。從紅火蟻的觀點看來，它就像來到曾經被洪水淹沒的空曠土地一樣。紅火蟻數量迅速增加，一飛沖天。

威爾森發現的第一個蟻巢很可能只有幾千隻紅火蟻。這個數目很小，足以說明瓶頸式的隨機基因變化在後續過程中所產生的影響（但證據尚未確定）。在紅火蟻的發源地，蟻巢彼此之間不斷爭鬥，使數量減少，留下空間讓其他種類的螞蟻生存。相反地，在北美地區，紅火蟻彼此合作，形成超大型棲地。多個蟻巢互相連結，綿延數百公里，消滅這片區域內的所有競爭對手。新型態的紅火蟻偶然間形成之後，只花了幾十年就征服美國南部大多數地區。

紅火蟻擴張的主要障礙是另一種入侵美國的阿根廷蟻（Linepithema humile）。阿根廷蟻一百多年前離開原生地之後，在美國、紐西蘭、日本和歐洲建立超大型棲地（歐洲棲地範圍為葡萄牙到義大利）。近年來，研究人員認為，這些地理位置沒有關聯的龐大螞蟻社會，事實上可能隸屬於同一個洲際單位。這個遍布全球的實體以不尋常的速度和貪婪占領整個地球，現在則是地球上成員數量最龐大的社會。

智人成為人時也是這麼做的。在考古紀錄中，人類出現的年代大約是三十萬年前（但實際出現的時間可能早得多）。但人類在地球上的大多數時間沒有移動，直到大約七萬五千年前，人類的足跡才踏出非洲。在此之前，只有零星少數人前往其他地方，但都不興盛，範圍也相當有限。大約七萬年前，一切都改變了。人類和紅火蟻一樣迅速擴散到各大陸。人類的足跡在一萬年內就出現在澳洲，這中間恐怕只花了四、五千年而已。馬古利斯以往不感興趣的小角色，也就是堅守家園的智人一・〇被瘋狂擴散的智人二・〇取代。無論是好是壞，有些事情發生了，而我們隨之誕生。

如果遺傳學家的說法正確，那麼最初離開非洲的人類只有數百人。有很長一段時間，他們的擴散速度遠大於人口增加速度。一萬年前，全世界大概只有五百萬人，地球上適於居住的土地大約每五平方英里一個人。在微生物統治的行星表面，智人的數量少到幾乎可以忽略。

大概也是在這個時候——一萬年前，前後約一千年左右——人類發明農業，同時到達第一個反曲點。從人類出現開始，小麥、大麥、稻米和高粱等穀類作物的野生祖先就一直是人類的食物（最早的證據出現在莫三比克〔Mozambique〕，研究人員發現古代刮板和磨臼上有十萬五千年前的高粱微粒）。在某些狀況下，人類或許曾經照料幾片野生穀類，年復一年地採收。然而儘管他們費心照料，這些植物依然沒有被馴化。依照植物學家的說法，野生穀類會落粒（shatter）——也就是穀粒成熟後會落下，因此無法有計畫地收割。直到某位不知名的天才發現不會落粒的自然突變穀類植株，並且刻意挑選、保護和種植，真正的農業才出現。早期農民起先在土耳其南部種植大片改良穀類，後來再擴大到十多個地方，創造出等待人類收割的田地。

農耕改變了我們跟自然的關係。游耕者（forager）用火改變環境，焚燒土地以消滅昆蟲和促進有用物種生長——特別是那些人類常吃的植物和吸引其他生物供人類食用的植物。儘管如此，他們吃到的東西大多仍然受限於地點、時間和季節。農業讓人類取得主控權。農場不是物種隨機出現的自然生態系統，而是井然有序的群落，專門用來養活單一物種——人類。農業出現前，美國中西部、烏克蘭和長江下游河谷是昆蟲和青草的棲地。人類為了掌握土壤和水而大舉剷除許多物種，改換成玉米、小麥和稻類後，這些地區成為糧倉。對馬古利斯的細菌而言，培養皿是分布均勻的養分來源，供它們隨意取用。對智人而言，農業把地球變成了培養皿。

就像縮時影片一樣，我們在這片剛開發的土地上分裂增殖。瘋狂擴張的現代人類，亦即智人二·〇，只花了五萬年就擴散到全球各地。而智人二·〇A——A代表農業——更只花了五萬年的十分之一就征服了地球。

從農業問世開始，農民就會把糞肥和堆肥加入土壤，促進植物生長。農民本身不清楚箇中原因，但主要理由是因為糞肥和堆肥補足重要的植物養分，也就是土壤中的氮，因而有助於作物生長。但這種為土壤補充營養的方法有其缺點。大多數地方肥料來源有限，如果從其他地方運來，價格將變得十分高昂。

二十世紀初，弗里茲・哈伯（Fritz Haber）和卡爾・博施（Carl Bosch）兩位德國化學家發現製造化學肥料的重要步驟。突然之間，農民只要走進店裡，就能買到各種肥料，由工廠大量生產、價格低廉，而且產量龐大。即使哈伯和博施的發現一般被稱為哈伯法（Haber-Bosch process），且也的確徹底改變了地球的化學組成，然而他們並未因此獲得應有的名聲。農民在田地裡施用大量化學肥料，使全球土壤和地下水的氮濃度提高。現在人類食用的作物中，有將近一半依靠化學肥料所提供的氮生長。但有另外一種說法是哈伯和博施讓人類以同樣面積的土地多養活三十億人。

化學肥料造成的影響不止於此。布勞格和其他那些一九五〇及六〇年代的植物育種專家改良的小麥、稻米和玉米，其產量亦大幅提高（但玉米提高程度較低）。抗生素、疫苗、消毒藥劑和水處理廠擊敗危害人類的細菌、病毒、真菌和原生生物。這些都讓人類對地球更加予取予求。

人類的成長曲線陡然上升，從地球取用的資源年年增加。經常被引用的一群史丹佛大學生物學團隊所提出的估計指出，人類消耗「目前地球生態系淨初級生產量（net primary production）的百分之四十」，也就是全世界生產的陸地動植物的百分之四十。這個估計值提出的時間是一九八六年。而十年之後，史丹佛大學的另一個團隊指出，這個數字已經提高到「至少百分之三十九至百分之五十之間」（雖然有其他人指出這個數字接近百分之二十五，但以單一物種而言仍然非常高）。二〇〇〇年，化學家保羅．克魯岑（Paul Crutzen）和生物學家尤金．斯托梅（Eugene Stoermer）把我們這個時代命名為人類世（Anthropocene），代表智人已經成為主導地球的關鍵力量。

我們很容易想像馬古利斯肯定會對上述那些說法大翻白眼。就我所知的各方面而言，這些說法都完全沒考慮到微觀世界的龐大影響力。不過她對最重要的概念沒有異議：智人已經成為興盛的物種。

如生物學家所預測的，興盛將使人類個體數目增加，起先速度緩慢，接著依循高斯的S形曲線，變得越來越快。我們在十六或十七世紀達到曲線中最陡的部分。依照高斯的理論，成長將以瘋狂的速度持續下去，最後耗盡培養皿中的養分，到達第二個反曲點。在此之後，人類將短暫陷入互相競爭的惡夢，死者比生者更多。王者被打倒時，手下也不能倖免。我們可能在情急之下食用地球上大多數哺乳類動物和許多植物。在這種狀況下，地球早晚會再度成為微生物的樂園，如同地球史上大多數時間一樣。

馬古利斯認為，如果有人不這麼認為的話，那麼不僅可笑，而且也很奇怪。要避免自我毀滅，人類必須做一件相當違反自然的事，也是其他物種從沒做過、也不可能做的事——限制自己的成長（至少在某些方面如此）。無論是關島的棕樹蛇、非洲河流裡的布袋蓮、澳洲的兔子，或是佛羅里達州的緬甸蟒蛇都曾十分興盛，最後超過環境負荷，使其他生物無法生存。沒有生物會自己走回頭路。哈德遜河裡的斑馬貽貝開始缺乏食物時，並沒有停止繁殖。紅火蟻瘋狂擴張領域時，也沒有聲音提醒牠們考慮未來，智人又怎麼可能會這麼做呢？

這個問題很奇怪！經濟學家經常談到「貼現率」（discount rate），意思是人類總是重視接近、具體和立即的事物，而忽視遙遠、抽象和未來的事物。我們比較在意眼前馬路上的紅燈壞了，而不在意車臣、柬埔寨或剛果明年的社會動盪。演化學家認為這樣有其道理，因為現在我們在損壞的紅燈前丟掉性命的可能性遠高於明年死在剛果。但現在我們要求政府注意幾十年、甚至幾世紀後才會到來的地球極限，以貼現率而言，政府不注重氣候變遷也是可以理解的。從這個觀點看來，我們有什麼理由認為智人不會踏上貽貝、蛇和蛾的路，而能逃脫所有興盛物種的命運呢？這就是布勞格和佛格特各自提出的方法。

對馬古利斯這樣的生物學家而言，他們一向主張人類只是整個演化過程的一部分，所以答案相當清楚。她和其他生物學家認為，所有生物基本上都相同；所有物種都希望繁殖得越多越好，這是牠們的目標。而我們也遵循生物定律，增殖到最大可能數量，即使得消耗大量地球資源也一樣。最後，依據相同的定律，我們終將自我毀滅。布勞格和佛格特在培養皿邊緣大聲疾呼，或許也在試圖力挽狂瀾。

從這個觀點看來，「我們是否注定會毀滅自己？」這個問題的答案是肯定的。說我們可能是某種神奇的例外，其實並不科學。我們為什麼**有可能**會不一樣？有**任何**證據能證明我們與眾不同嗎？

兩個人

第二章 先知

氮的大躍進

南太平洋有一大片信風和海流，在紐西蘭和南美洲西岸之間逆時針循環流動，稱為南太平洋環流（South Pacific Gyre）。沿南美洲海岸行進的環流又稱為洪堡海流（Humboldt Current）。這道海流的風幾乎終年不息，沿海岸吹拂，吹走溫暖的表面海水，帶起下方較冷的海水。由下方湧起的海水含有豐富的養分，包括落在外海並沉到海底的有機物質。營養豐富的海水餵養大批浮游生物，而浮游生物又成為大批魚群的食物，尤其是鯖魚、沙丁魚和秘魯鯷（許多種鯷魚之一）。洪堡海流在許多方面是全球最豐饒的海洋生態系。

陸地難以企及海洋的豐饒。在東邊，安地斯山阻擋溫暖潮濕的風從巴西吹向海岸；在西邊，洪堡海流十分寒冷，上方的空氣難以攜帶水分。秘魯海岸位於這兩大屏障之間，因為乾燥而一片荒蕪。許多地方每年的雨量不到二十五公釐。秘魯外海的三十九座島嶼也同樣貧瘠，炎熱、面積狹小又極度缺水，極不適合人類居住。但洪堡海流擁有豐富的秘魯鯷魚和沙丁魚，所以海鳥特別喜歡這些島嶼，數千年來一直棲息在這裡。這些海鳥和其他生物一樣，也會排出廢物。這些乾旱的島嶼雨量極少，難以溶解這些廢物。一段時間之後，鳥類的排泄物，也就是鳥糞，堆積到厚達四十五公尺。

這些鳥糞倉庫臭氣衝天，跟車站廁所相差無幾，這是因為鳥糞成分中六分之一是尿酸，而尿酸也是人類尿液的主要成分。農民幾千年前就知道，在土壤中添加人類或動物的尿液和糞便有助於作物生長。在過去，歐洲人經常使用人類排泄物、木炭和石膏混合製成乾糞（poudrette）。而其他土壤添加物包括灰燼、堆肥、來自屠宰場的血液，以及黃豆豆渣製成的豆餅（特別在中國地區）。要到十九世紀中期，科學家才知道這些東西有益於作物的原因，是它們可增加土壤中的氮。不久後，一位秘魯的化學家告知政府，鳥糞含有大量的氮，秘魯這些堆滿排泄物的貧瘠島嶼，頓時成了堆滿黃金的庫房。

有幾袋秘魯鳥糞運到歐洲，被農民拿來撒在田地裡，農民發現收穫增加，因而要求更多鳥糞。這是史上第一款高效能商用肥料。歐洲船舶大舉湧向貧瘠的秘魯沿岸，裝滿古老的排泄物。為了滿足需求，秘魯首都利馬（Lima）給予歐洲公司鳥糞開採特許權。這些公司盡一切手段快速地淘空這些島嶼，從中國運入奴隸來負責開採。南美洲鳥類透過亞洲奴隸的雙手，促進歐洲作物生長。鳥糞粉末含有大量有毒的阿摩尼亞和氯化鉀，奴隸雖然以衣物遮蓋臉部，卻依然大量死亡。與此同時，秘魯政府趁機大賺特賺。這些島嶼儘管面積狹小，卻占秘魯政府總收入的四分之三。為了在鳥糞交易上分一杯羹，西班牙於一八六四年從秘魯手中奪下最重要的幾個島嶼。英國和美國害怕鳥糞來源斷絕，威脅報復西班牙。但在最後一刻，肥料掀起的世界大戰還是沒有爆發。

這套瘋狂的系統完全仰賴製造鳥糞的鳥類，其中最主要的是南美鸕鶿（Guanay cormorant）。這種鳥類翅膀和頸部很長，背部是黑色，胸部是白色，眼睛周圍是橙紅色，像蒙面俠的面罩一樣。鸕鷀這種生物相當吵雜，喜好群居的程度超乎想像，牠的棲地大多集中在海上，形成數百公尺見方、看來像木筏的黑色鳥群。鳥類學家羅伯特・庫什曼・墨菲（Robert Cushman Murphy）曾於一九二〇年代走遍秘魯各地，見過鸕鷀返回家鄉的景象：「密密麻麻的鳥類，像一道河流一樣，低空飛過海浪上方，每一群要花上四到五小時才能通過某個地點，連好奇的觀察者最後都覺得無聊。」一片排泄物紛紛落了下來。墨菲寫道：「鸕鷀實際上是把魚類變成鳥糞的機器。」一隻鸕鷀每年大約能生產十六公斤的鳥糞。

鸕鷀數量在十九世紀末開始減少。到了一九〇六年，鸕鷀數量少到讓鳥糞產業感到恐慌，因此秘魯政府向美國一位漁業科學家尋求建議。這位科學家建議秘魯政府把這些島嶼和周邊海域劃為保護區，保護秘魯鯷和鸕鷀。秘魯政府依照建議於一九〇九年把島嶼劃歸為國有，由新成立的鳥糞管理公司（Compañía Administradora del Guano）負責管理，禁止閒雜人等進入這個地區數個月，並且設有武裝警衛駐紮在主要島嶼上。這些措施是史上最初的永續管理計畫。這些措施確實有用，但後來還是失效。到了一九三〇年代，鳥類數量再度快速減少。憂心的鳥糞管理人員再度向美國尋求協助。

曾經見過「鳥類河流」的墨菲是當時世界上首屈一指的南美海鳥專家，鳥類管理公司當然就教於他。那麼他有沒有興趣研究這些鳥究竟發生什麼事呢？很遺憾，墨菲回絕了，因為他很滿意自己在紐約市美國自然史博物館的館員職務，但他推薦了一個剛好失業的朋友。公司採納了墨菲的建議，於是這位朋友坐船從紐約出發，於一九三九年一月三十一日到達鳥糞島嶼，而這位朋友便是威廉・佛格特。

從現在的觀點看來，佛格特不太可能獲得研究偏遠海島鳥類數目變化的工作機會。當時他三十六歲，是個頭髮濃密、聲音宏亮、擁有銳利的藍色雙眼，而且還自信到有點傲慢的美男子。但他沒有生物學術背景或學歷——沒錯，他刻意避開數學課，大學裡的理科科目也只是勉強及格。他不會西班牙文，甚至從來沒出過國。他沒看過南美鸕鶿，連一頂遮陽帽都沒有。他主修法國文學，卻來觀察鳥類，還跟一群鳥類學家成了朋友，其中也包括墨菲。他被前兩個工作解雇，至於接受這個鳥糞工作的部分原因是別無其他選擇。

以上這些都正確，但不公平。佛格特不是失業的鳥類愛好者，而是感受到一個使命最初的悸動，這個小火花未來將成為熊熊烈火。在此之前幾年，他認為人類對自然界的想法有些錯誤，至少美國人對美國東部是如此。佛格特希望成為一名專業的生態學家，而為了讓大眾聽到他的聲音，他開始進行一項能為他取得博士學位的驚人研究，即使他從未為這項研究而參加過任何課程。在他和鳥糞管理公司簽下的合約到期之前，他有三年時間完成這些事。

佛格特到達後不久為鳥糞管理公司拍攝的宣傳照。

儘管不大可能，但他最後成功了。雖然沒有取得博士學位，甚至沒有發表研究成果，但這位業餘科學家花在偏遠島嶼上的時間，讓歷史學家葛瑞格里．庫希曼（Gregory Cushman）讚述為「運用生態學理論的進展漂亮地解決實際問題（……）是現代環境思想裡其中一個重要的支柱。」佛格特在秘魯的經驗將形成他對世界和人類地位的看法，也就是一個**極限**的觀點。這些經驗將讓他形成先知的核心思想：人類沒有特權，不可能逃脫生物基本限制。

改造世界！這件事成為他的目標，並令人敬佩地一心一意追尋這個目標。改變大眾的想法，不斷宣揚這個想法。他大聲疾呼多年，但去世時認為沒有人聽到，認為自己失敗了。回頭看來，這個想法令人吃驚。他的作品成為現代環境保護主義的開端，是二十和二十一世紀不朽的知識和政治思想。

孤單的樂趣

佛格特應該會同意一切都從鳥類開始，但他的想法也來自小時候在長島中部的家。他常說他出生在另一個長島，這個長島有田園和牧場，沒有「汽車、機場、蚊蟲防制委員會、購物中心、大告示牌，以及熱狗店」（這段文字和其他類似文字，都摘自他的文件中未發表的自傳靈感筆記）。曼哈頓距離長島只有三十幾公里，但小佛格特每年只有在拜訪聖誕老人時才看得到它。商店裡擁擠的人潮讓他害怕（有一段早年記憶是他被擠到電梯最裡面），只有回到家才覺得安心。

佛格特的童年在米尼奧拉（Mineola）、花園城（Garden City）和漢普斯泰德（Hempstead）這三個彼此相連的小村莊裡度過。他住在花園城中心的連棟房屋裡，距離火車站兩個路口。花園城是富有的紡織品商人建造的社區，擁有火車站、四家商店、高聳的美國聖公會教堂和附屬學校，以及豪華的花園城大飯店，由著名建築師史坦福．懷特（Stanford White）設計。花園城北邊是郡市集場地，裡面有跑馬場和馬探。南邊是幾間住宅，不久後就被農場和牧場取代。西邊是大教堂，好幾英畝的草地由教會婦女團體負責照料。東邊是向北通往米尼奧拉再到長島北岸的鐵路支線。鐵軌另一邊是綠金色的漢普斯泰德平原，連綿不絕的蝴蝶、鳥類和帶穗花的青草。後來他提到，這片廣闊的原野給他「內布拉斯加平原新居民那種無邊無際的感受」。這個男孩怕生又孤獨，經常在田野裡走上好幾個小時，跟他作伴的只有奶奶養的聖伯納犬。

田野可能是他逃離過往壓力的地方。佛格特的父親（名字也是威廉．佛格特）是肯塔基州倉庫文書職員的兒子。這家人相當優秀，是積極進取的德國移民。但老佛格特選了不同的道路，他風趣迷人，不受世俗束縛。他在美西戰爭期間進入海軍醫療部隊，退伍後在美國占領下的古巴流浪。一九〇〇年八月，他和兩個海軍同袍來到紐約。他們到達後幾個小時，就在人稱「腰內肉」（Tenderloin）的曼哈頓紅燈區喝得爛醉之後遭到逮捕。老佛格特被釋放之後，很快就找到工作和未婚妻。這個工作是在米尼奧拉一家藥局當職員，而未婚妻則是來自花園城的高中學妹，名叫法蘭西絲．貝爾．道提（Frances Bell Doughty）。芬妮（大家都這麼叫道提）當時才剛滿十八歲。老佛格特很喜歡藥劑業（當時是銷售效果不明的專利藥），所以跟朋友借錢，在一九〇一年初開設自己的藥局。當年萬聖夜，他和芬妮在芬妮母親家迅速低調地結婚，唯一的賓客是新娘的母親。芬妮就此輟學。他們結婚後六個半月，小佛格特於一九〇二年五月出生。十二天後，這位興高采烈的父親失去蹤影。

原因是老佛格特的一位朋友兼經濟來源來訪。小佛格特誕生後十一天，這位朋友來到老佛格特的藥局收取二十美元。老佛格特向朋友解釋他必須到紐約市拿錢，請朋友幫忙看店。第二天清晨，老佛格特沒有告訴芬妮就坐渡輪到曼哈頓，當天晚上沒有回家，隔了一天也沒有回來。

同一天早上，一位名叫瑪麗·申克（Mary Schenck）的女性駕著馬車到她哥哥位於長島北岸的房子。後來她也前往曼哈頓，沒有跟家人提過她的計畫，包括富有的肉商先生和三個小孩。當天晚上她也沒有回家，再隔天也沒有回來。

申克的先生當然相當擔心，問朋友有沒有看到她。依據《布魯克林鷹報》（*Brooklyn Daily Eagle*）的說法，有人說「年輕的佛格特（按：原文如此）和申克太太同時不告而別，一定不是巧合，申克先生應該深入瞭解」。

朋友說對了。老佛格特很早就對這位有錢、覺得生活無聊、渴望冒險的女性感到興趣。他已經向申克太太取得《鷹報》所謂「可觀的款項」。他們兩人失蹤後一星期，有人在紐約市看到他們。後來又有人在華盛頓特區看到他們。為了償還老佛格特的債務，警方扣押他的藥局，拍賣藥局裡的物品。

同年十月，申克太太回到家裡，求先生復合。老佛格特帶她從紐約到哈瓦那，所有費用都由申克太太支付。她在古巴花光所有的錢，從老佛格特的觀點來看，她的魅力也到此為止。他毫不遲疑地離開申克太太，她則隻身回到長島。不久之後，老佛格特寫信給岳母克拉拉·道提（Clara Doughty），要張回家的票。

克拉拉·道提是十七世紀牧師法蘭西斯·道提（Francis Doughty）的後代。當時的英國國王把現今紐約皇后區法拉盛大部分地區授予法蘭西斯，後來小佛格特宣稱，這塊地就是一九六四年世界博覽會的場地。位於花園城東邊的道提農場屬於道提家族五代之久。克拉拉工作認真，擔任郵政局長二十二年從來沒有度過假。芬妮懷孕時，克拉拉曾經大力協助他們結婚。但現在克拉拉也受夠了，沒有回女婿的信。老佛格特相當氣憤，寫信給芬妮說他再也不會離開古巴。這是他最後一次跟家人聯絡。五十年後，他的兒子難以原諒，因此跟別人說自己出生沒多久，父親就去世了。

芬妮因此陷入困境。由於法律上她還是已婚身分，依據當時的法律，她沒有正式身分可以賺錢或擔任兒子的監護人。但要正式離婚相當困難，因為在紐約要合法結束婚姻，唯一的方法是通姦。老佛格特已經失去聯絡，所以除非申克太太願意出面，否則芬妮無法證明老佛格特通姦。我們可以想像芬妮和母親施加了多大的壓力，迫使申克太太於一九〇八年三月出現在佛格特夫婦的訴訟中。申克太太在法庭上完全失憶，她想不起認識老佛格特多久、他們去過哪裡，以及做過什麼。但她明確承認通姦。兩個月後，申克的先生訴請離婚。

這樁緋聞發生時，小佛格特出生才十二天，但到他七歲時仍然餘波蕩漾。以二十世紀初的半鄉間村莊而言，整件事當然成為村子裡茶餘飯後的話題，不僅讓家族蒙羞，也讓小佛格特遭到嘲笑。

要瞭解一個人的思考方式，最容易想到的辦法就是從這個人的早年生活尋找解釋。過度詮釋的風險肯定存在，但我們很容易想像得到，一個帶著緋聞印記的小男孩一定沒有玩伴，只能把自然界當成慰藉和意義的來源。無論如何，二十世紀反對人類過度繁衍的傑出人物其早年生活環境就是如此。

父親離開後不久，佛格特和母親就搬進位於花園城的外祖母家中。這家人的經濟相當拮据，但其實並不貧窮。除了克拉拉擔任郵政局長的薪水，芬妮也擔任兼職職員，後來還任教於私人幼兒園。雖然因為緋聞而缺少朋友，佛格特依然認為那段時間很快樂。生活在一屋子女性中的童年田園時光，周圍是「幾乎看不見邊際的青草」。他後來寫到，一個人漫步在漢普斯泰德平原上：

> 我體驗到孤單的樂趣，不受干擾地觀看、嗅聞和傾聽。雖然每次時間不算很長，但單單這幾個小時，就能讓我一輩子對開闊的鄉間變得更敏銳，讓我享受風和天空、平原、山脈、森林和海洋。

這段田園時光並沒有延續下去。一九一一年，佛格特的母親和地毯襯墊業務員路易斯．布朗（Lewis Brown）結婚。新家位於布魯克林區東南部工業區改成的住宅區。這塊區域夾在兩條大街之間，佛格特不喜歡的條件一應俱全：吵雜、擁擠，四周都是柏油路。他才剛搬來不久，就在公園裡被人「拿刀指著」，然後被搶走「所有財產，總共一毛七分或二毛七分」。

弗拉基米爾．納博科夫（Vladimir Nabokov）說過：「如同絕大多數文學性傳記的開頭一樣，這個小男孩酷愛看書。」佛格特也不例外。他很早就學會閱讀，在布魯克林區時藉想像自己在其他地方尋求慰藉。他對厄尼斯特．湯普森．西頓（Ernest Thompson Seton）的動物故事格外有共鳴。西頓文筆多愁善感又神經質，遠不及成熟洗鍊。即使在當時，他筆下動物擁有的能力也讓科學家感到焦慮，例如狐狸毒死被圈養的後代，不讓牠們生活在束縛中，以及能數到三十和依照領導者指令行進的烏鴉等。佛格特回憶，這些故事「激發了我的想像力，因為它們的作用其實跟我那個世代剛出現的博物學家一樣」。

佛格特心裡惦記著西頓的動物寓言集，在城市裡尋找少許自然的氣息：史泰頓島的沙灘、帕利塞茲公園裡的橡樹和山核桃樹林、溫徹斯特郡的酪農場，這個郡緊靠紐約市北邊，他的繼父在這裡長大，還有他的表兄弟在長島經營的養雞場。不過，佛格特最常參與的活動是西頓自己的美國童軍（the Boy

Scouts of America）——西頓是創辦人之一，也是美國童軍第一任總會長。佛格特在作品中提到：「我年齡還不到就擔任講師，後來很快就成為小隊長，而且早在年齡足夠之前就開始管理童軍團，此後就一直在管理某些團隊。」一九一六年八月，佛格特是健康又有領導才能的十四歲男孩，把可用的時間都放在森林裡，在童軍營地染上脊髓灰質炎。

那年夏天，接觸傳染且無法治癒的脊髓灰質炎病毒（polio virus）侵襲美國。單單紐約市就有將近九千人罹患，其中有四分之一死亡。由於兒童罹患這種疾病的比例特別高，因此又被稱為小兒麻痺症（infantile paralysis）。為了防止感染，紐約市關閉學校、戲院和遊樂場。有許多小男孩被送來佛格特的營地——位於哈德遜河谷的里名營地（Camp Leeming）——以躲避小兒麻痺症。但當時已是青少年的佛格特卻感染這種疾病。後來佛格特寫道：

> 當地衛生官員跟許多人一樣急著想把我弄走。我家人同意把我送到紐約，官員也答應用救護車送我去。但他沒有履行承諾，營地醫師讓我坐在他的腿上，在一輛一九一六年產的汽車裡，在一九一六年的馬路上行駛八十公里。我到達當時還是紐約市隔離醫院的維拉派克醫院時，大部分路程都在汽車後座上下顛簸個不停，狀況非常糟，他們還打電報給我母親，說我可能活不到第二天早上。

佛格特活下來了，但臥床長達一年。這是當時治療脊髓灰質炎的標準方法。附近地方圖書館一位年輕館員聽說他足不出戶，送他一本傑克·倫敦（Jack London）的《白牙》（*White Fang*）。納博科夫或許已經發現，另一類常見的文學萌芽故事，就是一個小孩因病難以外出活動，因而走進書的世界——例如黎曼·法蘭克·鮑姆（Lyman Frank Baum）、伊莉莎白·畢夏普（Elizabeth Bishop）、胡利歐·科塔薩爾（Julio Cortázar）、三島由紀夫和維吉尼亞·吳爾芙（Virginia Woolf）都是如此。依照這個典型模式，《白牙》讓佛格特閱讀傑克·倫敦的其他作品，接著又讀其他作家的作品。從懸疑小說到蕭伯納（George Bernard Shaw）、從羅素（Bertrand Russell）到屠格涅夫（Ivan Turgenev），這個男孩一小時又一小時地讀下去，沉浸在各種作品中。他後來表示，不間斷地閱讀影響了視力，厚厚的眼鏡「相當值得」。他說，這位圖書館員是「一生中對我影響最大的女性」。

他逐漸康復後回到學校，但「仍然非常遲鈍」。他用枴杖撐著身體，繼續爬山。他走阿第倫達克山脈的白臉山時，毫不在意自己爬陡峭的山路時相當吃力。長年少用虛弱的左腿，導致他的脊椎側彎。肺部也相當虛弱，有時感到呼吸困難。但他不喜歡別人說他很勇敢。

佛格特是家中第一個完成高中學業，也第一個進入大學的成員。他的學校是位於紐約市北邊十三公里的聖史蒂芬學院（St. Steven's College）——一九三四年以創辦人約翰·巴德（John Bard）改名為巴德大學。布魯克林區一位牧師很讚賞他的童軍領導能力，幫他申請了獎學金。為了逃避數學和理科科目，佛格特選擇主修法國文學，專攻劇場和寫作。他高中時曾經擔任文學社社長，在當時則參與編輯聖史蒂芬學院的文學雜誌，撰寫詩和小說，曾經贏得大學詩歌獎。

寫詩沒辦法支付房租，所以他畢業後擔任保險調查員，同時兼職撰寫劇評。在保險業工作不久後，就因為能力不足被上司辭退。佛格特寫道：「接下來我編輯紐約戲劇聯盟（New York Drama League）的刊物，幾個月後成為聯盟的執行秘書。」他的職位聽起來很高，但薪水不高。佛格特拚命努力但沒什麼成果，反倒是利用閃亮的藍眼珠、有磁性的男中音，和引人同情的跛腿，他得到好幾個出版和劇場之間的工作。一九二八年，他擔任以男生為主要讀者的新月刊的編輯。但不巧在出刊之前，該雜誌被併入現代漫畫書的前身，漫畫小報《笑畫》（*The Funnies*）。佛格特因此失去工作，而他當時才剛剛結婚。

一九〇三年四月二十七日，裘安娜·瑪麗·阿爾勞姆（Juana Mary Allraum）出生在南加州。半年後，她的雙親結婚。但不久後，她的父親逃走，沒有留下音訊。裘安娜的母親很窮，但還是讓她進入洛杉磯州立師範學校，也就是現在加州大學洛杉磯分校的前身。她轉學到加州大學柏克萊分校之後，開始對戲劇感到興趣。裘安娜嬌小活潑、聰明又極具適應力，轉來沒幾個星期就取得「柏克萊女神」（the Berkeley Parthenaia）的重要地位。「女神」源自古希臘的戶外選美，是每年

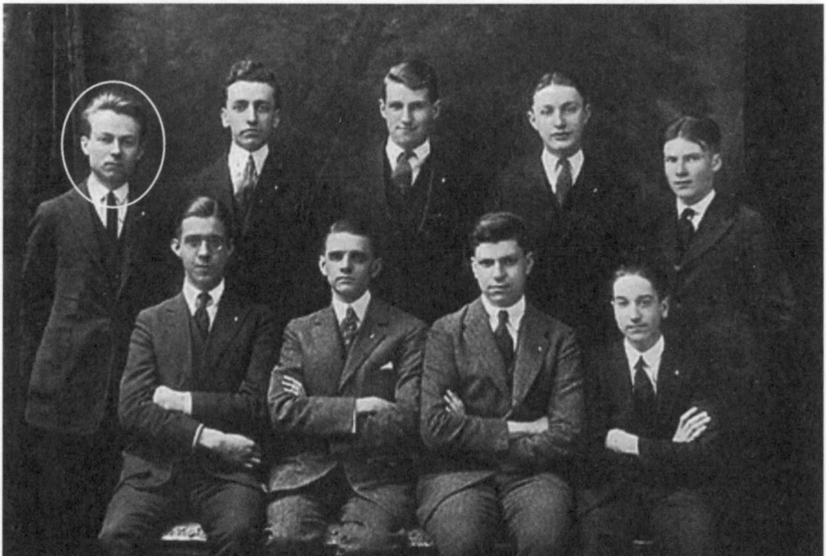

佛格特（圈起處）曾經擔任布魯克林曼紐爾高中文學雜誌《書寫》（*The Scribe*）社長。

最盛大的社交活動，幾百名女學生裝扮成仙女、精靈和其他神話角色，在校園裡跳躍嬉戲。當時裘安娜裝扮成處女之神瑪爾佩莎（Marpessa），被好色的太陽神看上。裘安娜穿著有點暴露的服裝，兩次出現在《舊金山紀事報》（*San Francisco Chronicle*）的頭版。裘安娜畢業後跟母親一起搬到紐約市，想成為演員。可以想見，抱負遠大的女演員認識了兼職劇評。一九二八年七月七日，兩人結婚，搬進哈德遜河旁一棟小平房，距離他們兩人熱愛的百老匯劇場大約三十公里。

裘安娜．阿爾勞姆，攝於一九二二年。

「捕蚊拍」

鳥類學在科學史上算是非主流學科。物理學和化學從業餘興趣轉變成一般大眾難以從事的職業時，鳥類學家還在號召大眾協助。由於鳥類學家自己無法追蹤且記錄幾百萬隻鳥類，所以必須藉助業餘賞鳥人的力量。雙方可說是一拍即合。根據佛格特的回憶，當時「大家還把非常活躍的賞鳥者當成怪人」。美國鳥類學家聯合會（The American Ornithologist's Union）甚至允許業餘愛好者成為正式會員，請他們提供現場觀察報告，而聯合會的專家們則相對提供鼓勵和名額，這樣大概可以稍稍安慰受傷的專家自尊。

佛格特就是這樣的業餘人士。因為行動不便，所以他在聖史蒂芬學院時，把長途健行的熱情轉移到不那麼辛苦的賞鳥上。畢業之後，熱情轉變成接近癡迷，他幾乎天天到哈德遜河邊或公園報到，總是把望遠鏡黏在臉上。他小時候對山水的熱愛似乎都集中在鳥身上。熱情讓佛格特進入美國自然史博物館（American Museum of Natural History），他在這裡結交了幾位研究者好友，包括館內的鳥類研究員法蘭克・查普曼（Frank Chapman）、美國系統化賞鳥先驅路德洛・葛利斯康姆（Ludlow Griscom）、演化生物學界名人暨鳥類學家恩斯特・邁爾（Ernst Mayr），以及對佛格特最重要的科學家，造訪鳥糞島的羅伯特・庫什曼・墨菲。從大學時代賞鳥到跟邁爾和墨菲一起執行鳥類田野研究，就像從小鎮管弦樂團跳到和維也納愛樂一起演出一樣。佛格特很興奮能走進科學的核心。（誰不會興奮呢？）相對地，兩位研究人員也找到一位沒受過科學訓練但精力無窮，而且願意不拿薪水的助手。工作機會源源不絕：倫敦林奈學會（業餘自然史研究團體）秘書、紐約科學院編輯、奧杜邦學會審稿等，佛格特隨時都為新工作做好準備。

佛格特一位最好的朋友，藝術系學生羅傑・托瑞・彼得森（Roger Tory Peterson），也是業餘人士。彼得森的父母是貧窮移民，從小就對鳥類相當著迷，主要是因為他們倆在一起的時間可以暫時逃離他父親喝醉酒時的吵鬧。彼得森十七歲時中斷高中學業，搬到紐約市。他在布朗克斯一個賞鳥社團認識佛格特。有一次散步時，彼得森從幾乎聽不見的片段鳴聲聽出是松金翅雀（pine siskin），讓佛格特大感驚奇。佛格特問他是怎麼做到的？答案是彼得森歸納出一套規則，能快速且輕易地分辨各種鳥類。佛格特告訴彼得森應該撰寫一本關於這套技巧的書，而且拍胸脯保證他一定能讓這本書出版。

彼得森畫了幾百張素描，描繪他觀察到的鳥類特徵。他是新手作者，把佛格特當成靈感來源、重要支持者和編輯。這本指南書完成時，佛格特迫不及待地想把它賣出去。

> 我再次證明，缺乏業務能力已經是我這輩子的特質。我帶著手稿和素描跑遍紐約所有知名出版社。每家出版社都說這本書不會暢銷。

最後波士頓的霍頓米夫林出版社（Houghton Mifflin）以少許預付款和很低的版稅收下了這本書（因為圖片很多，所以發行成本提高）。彼得森的《鳥類圖鑑》（*Field Guide to the Birds*, 1934）題獻給佛格特，讓一個世代的兒童認識身邊的環境，有很長一段時間還是霍頓米夫林出版社有史以來最暢銷的書籍。

佛格特在鳥類領域崛起，而他的太太則在劇場領域努力。裘安娜循傳統路線慢慢往上爬，從地方戲院到外百老匯小型戲劇，最後登上百老匯的大戲院。她的第一場百老匯大型表演是喬治・考夫曼（George S. Kaufman）和亞歷山大・沃考特（Alexander Woollcott）的作品《狹路》（*The Channel Road*），該劇於一九二九年十月十七日開演。她首度登臺後十二天，股票市場崩盤，經濟大蕭條隨之降臨。美國就業市場以恐怖的速度萎縮，其他已開發國家的就業市場也同樣如此。家庭難以繼續購買物品和服務，美國各地企業紛紛破產。劇場業同樣受創嚴重，裘安娜事業上的希望也成為泡影。

佛格特的劇評收入也因為相同的理由而減少，但鳥友救了他。鳥友支持他擔任瓊斯海灘州立鳥類保護區（Jones Beach State Bird Sanctuary）主任，附屬於長島南端新成立的公園。這個公園由二十世紀紐約市的「總工程師」羅伯・摩西斯（Robert Moses）所創立，隸屬於一個頗具雄心的計畫，希望把長島變成供紐約市中產階級家庭遊玩的地方。這片廣達一百六十公頃的保護區，其目標是讓都市人體驗大自然的美妙。

佛格特和裘安娜一起住在保護區內原本的獵人小屋，他接受邁爾的建議，藉由新工作進行研究。這位科學家曾說，即使業餘研究者也應該會「有疑問」。他計算鳥蛋和孵化的數目、紀錄交配儀式（並且曾經以北美鷸的求偶行為研究獲獎）。他調查了保護區內的兩百七十個鳥類物種或亞種。墨菲經常過來拜訪。他是長島的第四代居民，對瞭解和保護童年時期看過的生物很有熱情。一九三二年冬天，他和佛格特一起目睹令人驚訝又傷心的景象：好幾百隻短翅小海雀（dovekie）被冬季強風從海上吹來。這種黑白相間的海鳥長約二十公分，像絨毛玩具一樣渾圓蓬鬆，通常在北極才看得到。這些筋疲力盡的小鳥從天空落下，掉在長島各處的住宅和院子裡。墨菲整個研究生涯從來沒看過這種景象。小鳥不只落在長島，也落在紐約市的街道上，再沿著海岸向南擴散，遠達佛羅里達州。他們兩人召集數百名業餘人士，在美國鳥類學家聯合會的期刊《海雀》（*The Auk*）上報導短翅小海雀大量死亡的事件。這篇報導發表於一九三三年七月，是佛格特首次出現在同儕審查的科學期刊上。

短翅小海雀通常大群聚居在北極圈島嶼可以保護牠們的懸崖上。佛格特和墨菲不解，這些小鳥為什麼會離開冰天雪地的家園，出現在數千公里之外？這些短翅小海雀的原棲息地是否遭到破壞，因此不得不盲目地尋找新的繁殖地點？他們想知道，短翅小海雀大量死亡是不是「某種罕見的集體精神病（herd psychosis）」，因為數量過多而導致「倉促遷移」？

這個說法陰鬱又神經質，但佛格特本身就是陰鬱又神經質的人。瓊斯海灘保護區的主要保護目標就是長島的原生鴨類，尤其是當地獵人特別喜歡的黑鴨。許多鴨類在瓊斯海灘比以往更常見。但佛格斯猜想，這種增加現象不是因為保護區在他的照顧下有所改善，而是因為牠們生活範圍內的其他地方正在惡化。保護區內鳥類數量增加就像疫情肆虐時期醫院患者增加一樣，一點都不值得高興。佛格特向《紐約時報》（*The New York Times*）表示，整體而言，黑鴨數量「少得相當不妙」。

對佛格特而言，鳥類數量減少的原因相當明顯。長島是北美地區最先大規模都市化的地方。佛格特小時候的風景（他認為這片風景千百年來改變極少）被地產開發商夷為平地：花園城住處門外廣闊的草地被分割成一塊塊，用來建造上班族住宅；大教堂花園變成高爾夫球場；土地上開出一條條高速公路。就連鴨類也受到池魚之殃。佛格特發現這些都是他老闆一手造成的，因此稱他為「推土機重劃者摩西斯」。

更糟的是，佛格特雖然以能力優異聞名，但還是丟了工作。摩西斯以每年一美元向鄰近的牡蠣灣鎮租用保護區土地。為了維持瓊斯海灘所需的經費，他在通往瓊斯海灘的公路上收費。牡蠣灣鎮民突然必須付費才能進入以往免費的海灘。由於感到不滿，牡蠣灣鎮議會於一九三五年五月二十日撤銷租約並將保護區關閉。佛格特的工作因此結束，但鳥友再次拉了他一把。

一九三四年，投資銀行家及業餘鳥類學家約翰．貝克（John H. Baker）出任美國國家奧杜邦學會（National Association of Audubon Societies）會長。該學會是美國許多以奧杜邦為名的州立和地方賞鳥團體的聯合組織。他的領導和籌資風格直率強勢，買下《禽鳥學》（*Bird-Lore*）期刊，讓它成為奧杜邦學會的官方刊物，並邀請佛格特擔任編輯。佛格特在經濟大蕭條最嚴重時失業，所以高興地接受這個工作，再次回到曼哈頓。裘安娜決定復出，在皇后學院教授講話技巧，同時在哥倫比亞大學教育學院攻讀碩士學位。

佛格特很快就大力整頓《禽鳥學》，找來新的插畫者和作者，例如他的朋友彼得森和墨菲，以及美國荒野運動發起人奧爾多．李奧帕德（Aldo Leopold）等。佛格特在辦公室裡是個很有魅力的人物：身高一百七十八公分，體重八十公斤，表情動作十足，把柺杖當成演員道具。他總是相當忙碌，向當地奧杜邦團體演講、出版約翰．詹姆斯．奧杜邦（John James Audubon）的《美國鳥類》（*Birds of America*）後非常成功，同時協助整理學會的年度鳥類繁殖調查。這份調查工程浩大，由好幾千名業餘賞鳥人士前往北美各地隨機選擇的地點，觀察鳥巢和雛鳥並提出結果。此外他還成立了鳥類保護委員會，保護李奧帕德畫中的白頭鷹。佛格特轉換不同的工作時，得知鳥類數量減少的地區不只是長島，而是整個美國東岸。數量減少的原因很多，但他認為主要原因是蚊蟲防治。

蚊蟲防治是瘧疾防治的另一種說法。瘧疾現在只發生在貧窮炎熱的地區，但在一九三〇年代，瘧疾患者數量龐大，遍布世界各大洲，只有南極洲例外，單單北美地區就有五百萬病例。瘧疾的病原是一種透過蚊子傳播的單細胞原蟲。由於這種原蟲沒有藥物可以治療，所以研究人員認為對抗瘧疾的最佳方法，就是消除蚊子賴以繁殖的濕地。歷史學家戈登．派特森（Gordon Patterson）指出，第一次世界大戰期間，美國東部各州的工人挖掘水道，排乾池塘和沼澤，接著在水中噴灑重油或殺蟲劑，消滅剩餘的孑孓。派特森在《蚊蟲聖戰》（*The Mosquito Crusades*, 2009）中表示，經濟大蕭條時期，美國政府接手這個行動，挖掘水道成為無業游民立即可做的工作。數千名新上任的蚊蟲戰士挖掘數萬公里長的排水道並噴灑殺蟲劑。許多水道挖得非常快，連當地政府都不知道有這些水道，因此要求聯邦政府進行調查，找出這些水道。

長島是這次亂糟糟聖戰中的焦點。蚊蟲防治行動展開後，佛格特出生的納索郡（Nassau County）的草地和沼澤被挖出一千六百多公里的水道。長島上比較貧窮的地區和鄉下的蘇佛克郡（Suffolk County）

則等到一九三四年美國聯邦政府提供經費後才開始挖掘水道，但蚊蟲戰士補回了損失的時間。把水排乾和噴灑殺蟲劑破壞了大片鳥類棲地，因此蘇佛克郡實施新計畫，在水道交錯的沼澤中挖掘池塘，希望找回失去的鳥類。

佛格特大感震驚。他小時候的草地已經埋在大馬路和市郊開發案底下，而現在蚊蟲軍團正在瓜分剩餘的土地。他開始把奧杜邦的工作當成扭轉現況的機會。他於一九三七年撰寫〈土地的渴望〉（Thirst on the Land）這本小冊子，號召奧杜邦學會成員反對蚊蟲防治。這本小冊子的筆調相當聳動：蚊蟲防治計畫「幾乎等於政府投資的破壞性火箭」。計畫不斷擴張，「有如土地的丹毒（erysipelas；某種導致皮膚潰爛的感染症）」。但在誇張的語句之下，〈土地的渴望〉確實有先見之明。佛格特預測到，後來和他成為好友的瑞秋・卡森（Rachel Carson）在《寂靜的春天》（*Silent Spring*, 1962）中所提出的那有名的主張。

令人驚訝的是，〈土地的渴望〉再度提出一八六〇年代獨具創意的地理學家喬治・帕金斯，馬爾希（George Perkins Marsh）的概念：風景和生活在其中的物種具備淨化水質、分解廢物、養育作物、容留野生動物、調節氣溫等各種有用的功能，這些功能不需任何代價，但取代成本相當高——現在這些功能稱為生態系服務（ecosystem service）。依照佛格特的想法，如果拿蚊蟲防治的經濟效益和生態成本比較，那麼蚊蟲防治是失敗的。排乾的沼澤無法儲存和過濾暴雨雨水，為了取代沼澤，城鎮必須建造堤防、水庫和水處理廠。佛格特主張，如果考慮堤防、水庫和水處理廠的成本，原本的沼澤通常比排乾後的新生地更有價值。因此政府應該保留沼澤，而不應該為了消滅蚊蟲而破壞沼澤。

聯邦蚊蟲防治官員受到批評刺激，於一九三八年三月，在第三屆北美野生動物研討會槓上佛格特和他的新戰友，美國生物學調查局研究員克萊倫斯・柯譚（Clarence Cottam）。許多田野生物學家和土地管理官員也參與這場研討會，而柯譚在許多蚊蟲防治官員面前斥責他們的計畫「輕率且方向嚴重錯誤」。佛格特批評得更厲害：「每條排水道都奪走土地賴以維生的血液，浪費你我的大量金錢、消滅野生動物。我認為『**說蚊蟲防治計畫亂搞一通**』並不為過」（逐字稿原本就以粗體標示）。蚊蟲防治官員氣急敗壞地抗議，但與會者沒有人支持他們。

儘管（在他看來）贏了這次辯論，佛格特仍然不滿意。挖掘水道和噴灑殺蟲劑依然持續進行。他告訴李奧帕德等朋友，真正需要的是動員奧杜邦成員，發起大規模反排乾運動。在科學家建議下，數千名激進的賞鳥者可以組成環境預警系統：一群具備科學知識的業餘人士和瞭解政治狀況的科學家攜手合作，挺身維護大自然。佛格特正在摸索如何把奧杜邦學會從中上階級愛好者變成現在這個影響層面極廣的大規模環保組織——這絕對是領先時代的一步[1]。

佛格特認為，《禽鳥學》期刊可以當成發起這個行動的工具。月復一月、一期又一期，佛格特不斷批評美國政府破壞濕地、汙染河川和過度使用殺蟲劑——「堅持讓毒藥遠離餐桌」。後來，一切都變成環保行動的焦點。但這份雜誌從目擊難得一見的愛斯基摩杓鷸（Eskimo curlew）的故事變成大聲抱怨地產大亨，卻讓讀者感到驚愕。佛格特的朋友羅傑・托瑞・彼得森後來寫道：「讀者想看的是開心、知

1 以往的環保團體完全不是佛格特設想的樣子。最古老的環保團體——現在稱為法國國家自然及適應保護學會（Société Nationale de Protection de la Nature et d'Acclimatation de France）——一八五四年成立於巴黎。這個學會致力於保護稀有動植物，尤其是鳥類。瑞典（成立於一八六九年）、德國（一八七五年）和英國（一八八九年）也有類似的學會。其他團體把眼光放在個別景觀，例如英國國家信託（British National Trust，成立於一八九五年，目的是保護英國的湖區）和法國景觀保護學會（Société pour la Protection des Paysages de France，成立於一九〇一年）。在佛格特的時代，美國最大的保育團體山岳協會（Sierra Club）專注於中上階級商務人士的戶外休閒活動。

識和娛樂，而不是碎碎念。」他甚至記得《禽鳥學》曾經在一個月內刊登了一篇「文章是關於麝田鼠在數量壓力下的自殺傾向，另一篇文章則描述鷓鴣在冬季求生的困難，還有一篇文章談到毒藥的生態效應——整本雜誌都瀰漫著死亡和破壞」。

也難怪奧杜邦會長貝克會要求佛格特改變風格，但佛格特卻認為他是怕激怒學會的金主。然而貝克或許只是擔心佛格特嚇跑會員或因為屬下沒有商量就擅自改變《禽鳥學》的焦點。在對抗蚊蟲防治計畫、經營《禽鳥學》和跟貝克之間劍拔弩張的三重壓力下，佛格特因為「神經耗弱」而入院。當他康復之後，被派特森比喻為「簡直像海燕一樣」的佛格特想到一個計策。他利用屬下對貝克頑固領導風格的不滿，想從中獲利，因此計畫發起罷工，並認為董事們將因此逼貝克辭職。但貝克攔截到這次計畫的隻字片語，並於一九三八年底把這次衝突送往董事會評議。佛格特立刻被開除，四個月後，他到了秘魯。

鳥糞先生

剛剛進入鳥糞管理公司的佛格特，主要工作地點在秘魯西南方外海約二十一公里的欽察群島（Chincha Islands）。這個群島包含三個島嶼，毫不意外地稱為北欽察、中欽查和南欽察。每個島嶼直徑不到兩公里，周圍是三十多公尺高的懸崖，表面完全被鳥的排泄物覆蓋，只有一大片光禿禿的灰白色鳥糞荒地。在這層鳥糞上面是數以百萬計的南美鸕鷀，不到一平方公尺可以擠下三個巢，尖銳的鳥嘴守護著鳥糞坑裡的蛋，坑裡鋪著羽毛。鸕鷀的翅膀沙沙作響，這個聲音乘上一百萬倍，讓人整個腦袋都跟著嗡嗡作響。跳蚤、蝨子和牛蠅四處都是，也隨處都聞得到鸕鷀的臭味。正午時分陽光很強，佛格特的攝影測光錶「經常停擺」。佛格特的頭和脖子常常曬傷，後來耳朵還出現癌症前期的腫塊。

佛格特工作、吃飯和睡覺都在北欽察島上的鳥類警衛宿舍，在外海一連待上好幾個星期，公司也在附近的濱海小鎮皮斯可（Pisco）提供公寓。他在島上的住處幾乎沒有家具，表面蓋著厚厚的鳥糞粉末，裡面有許多蒼蠅和蟑螂。鳥類在屋頂交配、爭鬥和養育後代，留下大量鳥糞，因此屋頂必須定期剷除鳥糞，以免倒塌。佛格特的「實驗室」是個只有一張破爛桌子的房間，沒有電也沒有自來水。裡面沒有其他科學儀器，只有溫度計、望遠鏡和一臺相機，全都是他從紐約帶來的（後來他連這些都沒有，還得花好幾星期等輪班人員從美國幫他帶來）。他說：「我無疑是史上少數為了科學而在肥料堆上待了三年的人。」

佛格特很喜歡這樣。他和職員相處十分愉快。他們負責做飯、打掃、安排交通、協助研究，還免費教他們的「鳥博士」（Doctor Pájaro）西班牙文——他們則稱佛格特的美國朋友們為「鳥糞先生」（Don Guano）。宿舍管理員每星期用鑄鐵鍋烘兩次咖啡豆。等咖啡香充滿整個房間，再把咖啡豆裹上一層糖和無水奶油，這是越南風味的咖啡。更讓佛格特開心的是，他在北欽察島上擁有一樣「我這輩子不大可能再度擁有的東西：個人專屬的扇貝採集地」。廚師每天做酸醃生魚、秘魯海鮮湯（美味程度足以媲美馬賽魚湯）、燉海龜、酪梨鑲大蝦和各式秘魯海鮮菜餚，讓佛格特變成最可以原諒的討厭鬼：吃貨。

更重要的是，他非常喜歡單調的海岸環境。他喜歡超級清朗的夜空、變化無窮的海洋、乾旱多霧的海岸柔和的棕色和黃色，最棒的是這片看似不宜居住的地區其實有豐富多樣的生物。他寫道：「行萬里路固然有趣，但這裡只有自然學家能充分理解和欣賞。」

天天看著這些鳥，後方襯托著灰色的天空、藍色的天空和藍色的海，通常是長滿海菜的深綠色的海，或者是鑲在洪堡洋流邊緣的沙漠和海岸山脈多變的柔和色彩，我感受得到自己在這個宇宙的一部分。我體內的東西和牠們體內的相同。牠們的新陳代謝系統裡流動著原始的分子，或許已經反覆使用了很多次。這些分子被轉移到岸邊古老的灌溉田地，經過植物和肉類，回到島上我們的餐桌上。

他可以在這個地方建立新生活，他不在乎這裡的味道。

鳥糞公司雇用佛格特來解決鳥類數量日益減少的問題。依據一位鳥類學家朋友的說法，它的目的是「提高排泄物的增加幅度」。佛格特對公司獲利提高或降低沒有興趣，這樣的態度很快就使他和主管發生摩擦。但為了理解鳥類族群數量減少，他必須研究許多不感興趣的科學問題，包括南美鸕鶿可繁殖的最高和最低年齡？影響繁殖的因素是什麼？群島是否有容量限制？想當然爾，他想用答案保護這些鳥類。

為了研究鸕鶿但不驚擾牠們，佛格特和鳥糞警衛在北欽察島上建造了一座粗麻布觀察小屋。他在小屋裡觀察「一千一百萬隻鳥糞鳥」的「愛情生活」，包括求偶、打鬥、交配、築巢和餵養雛鳥。為了避免殺死和解剖鳥類來研究寄生蟲，他只計算在小屋裡想咬他的昆蟲數量（他的衣服是白色的，很容易看出昆蟲）。在島上警衛和當地捕魚人家的協助下，他捕捉了數萬隻鸕鶿，單單一九四〇年就抓了三萬九千隻。他測量水和空氣的溫度、計算蛋的數目、測量活雛鳥和死雛鳥的體重。他採集浮游生物和秘魯鯷魚的樣本。從船上回到宿舍時，不良於行的佛格特有時還必須坐在籃子裡讓別人拉上懸崖。

一九三九年六月，佛格特依依不捨地離開工作，到哥倫比亞大學參加裘安娜的畢業典禮。裘安娜一個月後和先生一起前往南美洲時，起初相當鬱悶。她覺得秘魯：

> 是我生平看過最骯髒的地方。泥磚的顏色很髒、地面也一樣，樹木和植物都蓋著泥磚色的塵土，人的腿上、手上和臉上都積著塵土。（餐廳的）桌布很髒，建築工頭的襯衫更髒，而且都剔著牙。

不過她很快就因為住在海獅家族「睡眠、繁衍和家族間瘋了似的不和與爭鬥」的地方而愛上這個「美妙的幸運」。她和佛格特一樣，喜歡上北欽察島豐富的生態。她寫道：「我們似乎在這樣的地方觸及宇宙的神秘地點。」

偶然之下，他們夫婦在佛格特所謂「秘魯海岸生態大蕭條」開始時來到北欽察島。安地斯人很早就知道，海岸氣候每隔幾年就會大幅改變，溫暖的傾盆大雨淋著寒冷乾旱的海岸。因為這場雨通常在聖誕節前後來到，所以秘魯人稱它為聖嬰（El Niño）。一八九一年，三個秘魯人（分別是工程師、地理學家、博物學家）分別發現聖嬰的發生機制。聖嬰發生時，洪堡洋流突然減弱，溫暖的赤道水迅速湧向海岸附近，溫暖的海水使通常相當寒冷的海岸空氣溫度升高，使空氣含有更多水分，同時使沙漠海岸降下大雨。秘魯以外很少人知道這些發現，羅伯特．庫什曼．墨菲則是在一九二五年這個嚴重聖嬰現象的期間造訪秘魯，才偶然得知。墨菲蒐集自己和其他人的觀察結果，發現自己身處的氣候系統涵括太平洋大片地區，影響範圍最北可至加拿大。但最嚴重的影響發生在秘魯沿海地區，大水沖毀鐵路、淹沒農場、破壞發電廠，使城市一片漆黑，連帶造成數萬隻鳥糞鳥死亡。墨菲指出，聖嬰現象「為洪堡洋

裘安娜．佛格特戴著面罩和護目鏡，聞著幾百萬隻鸕鶿的臭味。她站在北欽察島入口的碼頭上，而腳邊的「坑」是舊鳥巢。

這是佛格特的觀鳥小屋，位於島的另一邊。在炙熱的太陽下，他在這間小屋裡度過無數時光。

COMPAÑIA ADMINISTRADORA DEL GUANO

El suscrito certifica que don William Vogt

presta sus servicios como Ornitólogo

en esta Compañia.

Lima 28 de Abril de 1941

p. Compañia Administradora del Guano

Gerente

F. BALLEN

COMPAÑIA ADMINISTRADORA DEL GUANO

GERENCIA

LIMA

由於鳥糞島管制進出，所以佛格特必須帶著特殊許可，說明他是鳥糞公司員工。

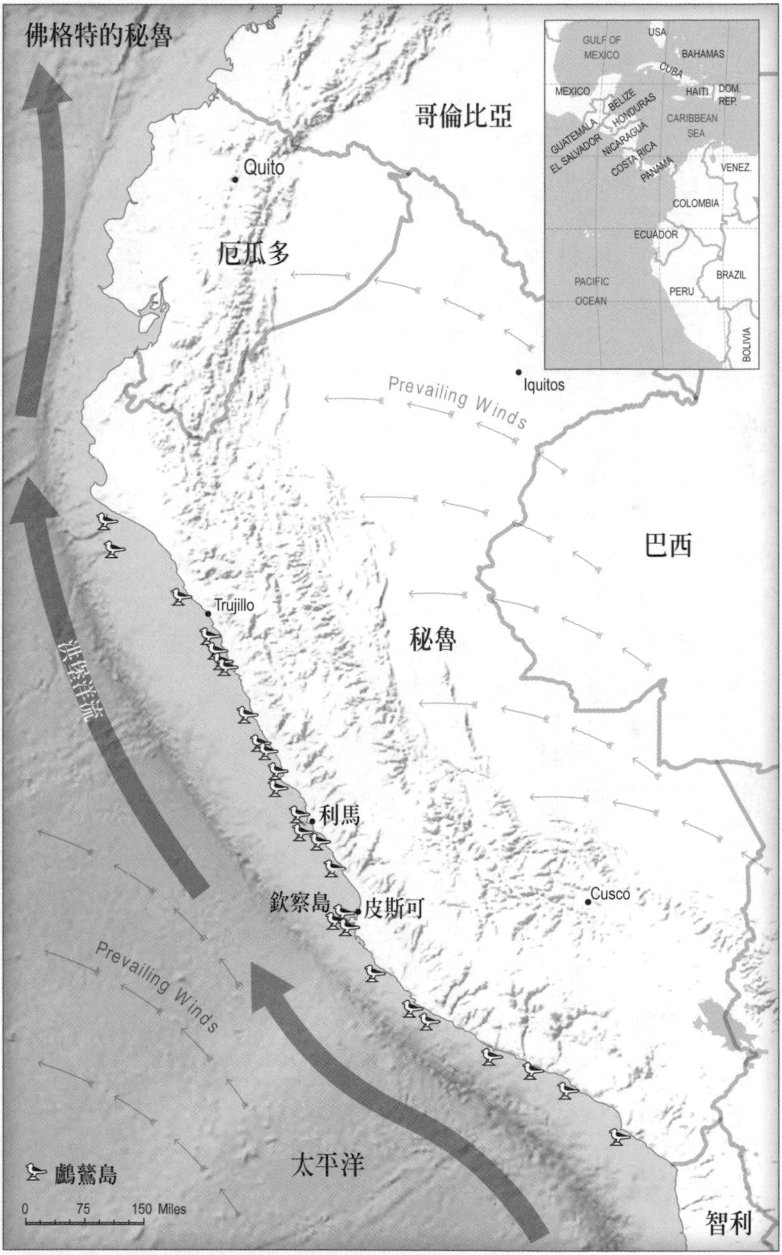

全秘魯三十九座鳥糞島的管理權幾乎全在這家公司手中。

流族群帶來疾病和死亡」。

佛格特體驗到的聖嬰現象默默地開始，大約比他到達時早一、兩個月。海水溫度從平常的攝氏十五．五度左右緩緩上升到二十五度。島上的溫度更高達攝氏五十度。一九三九年六月二日，佛格特出發參加裘安娜的畢業典禮前兩天，他估計北欽察島上占地三十五公頃的棲息地共有五百二十五萬隻鸕鶿，大約相當於芝加哥所有動物都擠在小鎮的廣場上。但他後來寫道，隔一個月他和裘安娜回去時，成年鸕鶿「**全部**都不見了」，牠們花費許多心力餵養的雛鳥則奄奄一息。這個景象撕碎了佛格特的心，甚至到了數十年後，他還無法忘記曾經走在一大群餓壞的「毛茸茸的幼鳥」中。

> 牠們拍著還沒長硬的翅膀，在這個陌生又不像鸕鶿的生物腳邊發出饑餓的叫聲（……）我們什麼都沒辦法做。討食的雛鳥一天天減少，蹣跚行走和萎靡不振的雛鳥越來越多。還有幾十萬隻虛脫、毛茸茸、已經死掉的可憐小鳥（……）從此以後，我更能理解中國和印度饑荒是什麼狀況。

成鳥到底去了哪？佛格特沿海岸搜尋了好幾星期，坐船、飛機和開車尋找鸕鶿。他透過鳥類學界尋求業餘人士協助的傳統，發動一群觀鳥者幫忙，但沒有人找到。

十月七日，幾十萬隻鸕鶿突然回來，但一星期後又消失。十月二十日，這群鸕鶿回來，二十四日又消失。十一月七日鸕鶿回來了，但幾天之後又突然消失。

一九四〇年，溫暖的海水再度到來，一九四一年又出現。海水提早出現，這時剛好鸕鶿開始築巢，所以牠們離開築巢地，沒有繁殖。鸕鶿少了整整一代，佛格特目睹了人口驟減現象。

但鸕鷀為什麼會離開？畢竟溫度提高不會直接造成傷害。如果覺得熱，牠們可以泡水消暑。鸕鷀歸返也和天氣轉涼無關，牠們也沒有罹患明顯的疾病。這究竟是怎麼回事？

佛格特認為，解開這個謎題的關鍵是少數成鳥**沒有**離開欽察群島的原因：饑餓。剩下的鸕鷀每天早上出外抓魚，但回來得比以前更晚，而且經常沒有收穫，因此無法餵養下一代。他斷定，缺乏食物的原因是聖嬰現象。表面溫暖的海水形成一片蓋子，讓寒冷的海水無法從洪堡洋流深處上升，因此導致一連串可怕的結果：冷水若無法上升，就沒有養分供應給浮游生物，秘魯鯷就沒有浮游生物可吃，鸕鷀也就沒有秘魯鯷可吃。

不過佛格特無法驗證這個想法。直到一九四〇年底，他說服鳥糞公司在多個地點用細網捕撈，測定浮游生物量。他手上可以用來檢測樣本的工具只有一樣，就是到利馬旅行時買的放大鏡。儘管器材簡陋，他仍然取得足夠的資料，瞭解真正的原因。他寫道：「一般狀況是溫度降低時浮游生物增加，反之亦然」——兩者呈逆相關。海水溫度突然上升使浮游生物「完全毀滅」。鸕鷀餓得發慌，只好四處尋找食物。

這對希望鳥糞鳥數量越多越好的秘魯政府有什麼影響？一九四一年十月，佛格特以厚達一百三十頁的報告提出他的解答。這份報告寫在他來往於島上的觀鳥小屋、外海鳥糞船和海岸觀測站之間的時候，現在看來平凡無奇，但當時這個想法帶出許多人類與自然關係的理論。這些理論大多與奧爾多·李奧帕德有關。李奧帕德在奧杜邦學會為《禽鳥學》撰文時，佛格特就認識他，後來更成為佛格特的好朋友、靈感來源和理論發聲者。

李奧帕德年紀比佛格特大十五歲，在愛荷華州柏林頓（Burlington）密西西比河旁一處懸崖上的大宅長大。他是個羞澀的男孩，熱愛打獵，喜歡帶著槍在原野和森林裡獨行。李奧帕德後來進入耶魯大學，一九〇九年畢業於森林學院，那是全美國第一個森林學院。他和許多同班同學一樣，進入美國森林局，前往新墨西哥州工作。在一場嚴重感染之後，李奧帕德不得不休養一年半，在這段期間重新思考了想法。他在耶魯大學時學到，土地管理的目標是從一定的資產中盡可能搾取某些資源。現在李奧帕德開始懷疑人類是否有能力充分理解和管理自然界的複雜因素。他開始認為人類不應該**管理**生態系，而應該加以**保護**。由於這個想法，他於一九三三年轉往威斯康辛大學麥迪遜分校、掌管美國第一個野生生物管理學術計畫的這個決定，顯得有點複雜。

李奧帕德的職業生涯正好碰上生態學這個新學科的興起。一九〇五年，李奧帕德進入耶魯的第一年，史上第一本生態學教科書出版。

佛格特的導師、好友和理論發聲者李奧帕德，攝於一九四〇年代。

這本教科書的作者是弗雷德里克・克萊門斯（Frederic Clements），他的觀念深深影響李奧帕德，又透過他影響了佛格特和全球環保運動。克萊門斯的重要著作《植物的消長》（*Plant Succession*, 1916）主張自然生態系統依循可預測的模式並會隨時間發展。克萊門斯指出，如同人類呱呱墜地時先是嬰兒，後邁入童年，最終再成為成人一樣，生態系也會經歷不同的成長階段，最後到達成熟的「高峰」狀態。許多生態學家基於這些概念，主張高峰狀態代表終極的「自然平衡」。一群物種長期維持同一狀態，改變極少，遭到干擾才出現改變。干擾有時是洪水或火災等自然事件，但通常來自人類，而且往往具破壞性。

同意克萊門斯這派的生態學家相信，這個群落中的每個物種都已經透過適應來占據特定的生態席位——也就是單單由這個物種扮演的角色。主宰席位間關係的因素包括可用資源，也就是佛格特後來所謂的「生物潛能」（biotic potential），以及有形環境造成的限制，也就是「環境阻力」（environmental resistance）。生物潛能和環境阻力永遠互相對立，一者提高，另一者就降低。高峰群落就像數個作用力彼此互相抵消，讓整個複雜多樣的結構大致保持均衡。

這個說法在某些方面出自古希臘人。古希臘人認為自然界是由神祇維持的均衡。克萊門斯以現代說法表達這些概念，主張自然群落的運作類似某種「超生物體」（superorganism），各個物種彼此間的關係就像動物體內的各個器官。人類消滅某個物種或破壞其棲地時，就是破壞這個超生物體的重要器官。人類破壞自然界的平衡，進而可能破壞整個群落。

克萊門斯許多同事反對他的想法，但效果有限。英國生態學家查爾斯・艾爾頓（Charles Elton）大聲疾呼：「『自然界的平衡』現在沒有，而且可能原本就不存在。」艾爾頓指出，一個物種的數量每次增加或減少都會影響其他物種，而且這些物種的數量也在不斷變化，所以生態系不會形成穩定的高峰群落，只會在持續擾動下存在——「混亂是很重要的」。艾爾頓率先研究能量如何在這些混亂的群集中流動。然而，儘管艾爾頓堅持探討「超生物體」這件事情過於玄妙又沒有意義，克萊門斯還是很快就把他的能量概念納入自己的理論中。克萊門斯表示，能量在穩定的生態群落中活動，就像血液在動物體內流動一樣，它的流動維持超生物的生存。儘管一再受到艾爾頓和他支持者的強力批評，克萊門斯認為自然系統自給自足且動態穩定的理論依然是生態學領域的主流。

在威斯康辛州，李奧帕德實際上試圖調和克萊門斯和艾爾頓。李奧帕德原本和克萊門斯一樣，相信生態群落是類似生物的「集體總和」(collective total)，其中所有組成物種都具有「某種效用」(some utility)。不過他也和艾爾頓一樣，開始不贊同生態系「通常穩定不變」(normally static)。李奧帕德反而認為生態系應該隨時間而持續改變。不過依據李奧帕德的一個基礎概念，這類改變的速率和範圍通常有限，因此生態系可維持其基本特質。人類群落即使居民來來去去，仍能保持其重要特質，同樣地，生態群落的物種數量即使有起有落，只要變化不太快或太大，也能維持其基本性質。李奧帕德表示，人類行動通常太快速也太笨拙，因此很容易破壞生態系的基本性質和功能。

李奧帕德不算克萊門斯支持者，也不是艾爾頓支持者，他專注於實際的景觀管理，而非抽象的科學。他相信真實的資料，也認為道德和精神對生態學十分重要。他經常覺得他的同事沒辦法理解他。他很高興地發現佛格特也很愛思考。這兩個人之間差別很大：李奧帕德態度溫文，深思熟慮，永遠有禮、拘謹，有時有點冷淡，動作敏捷，非常不喜歡遠離他的五個孩子(他們後來全都成為生物學家和保育人士)。佛格特則急躁誇張，時常言語尖酸，經常不修邊幅但打扮有點浮誇，即使兩腿始終不良於行，但喜歡漫遊，也從沒想過生小孩。然而在內心深處，這兩個人是同類，朝相同的目標前進。想當然爾，他們成了筆友，書信在秘魯和威斯康辛州之間來來去去。佛格特從秘魯回到美國時，李奧帕德意料之中又高興地發現他和佛格特「即使多年不見，看法仍然相同」。他向一個朋友開玩笑說，佛格特「是我的思想的最佳代言人」。

佛格特雖然為鳥糞公司撰寫和簽署報告，但這份報告看起來像他們兩人的共同作品。這份報告指出，公司如果想提高鳥糞產量，就應該留意避免干擾自然過程，例如捕撈秘魯鯷導致其數量減少等。任何激烈改變都會擾亂現有的生態關係網，降低生物潛能。因此佛格特相信，秘魯的鳥糞經營者應該讓島嶼維持在最佳的高峰狀態。實際上，這代表島嶼應該盡可能回歸歐洲人來到前的原始荒涼狀態，佛格特相信這樣的狀態曾經存在。

舉例來說，佛格特建議鳥糞管理公司消滅島上非原生的老鼠、貓和雞，並且停止殺害原生的薩多荷蜥蜴（saltojo lizards），因為這種蜥蜴的食物是攻擊鳥類的昆蟲。此外，公司還應該禁止飛機低空飛過，因為飛機的噪音會驚擾鸕鶿，使牠們「瘋狂逃離，往往使蛋和雛鳥飛出鳥巢」。由於島嶼表面在開採前已經變得平坦，因此佛格特建議公司用炸藥重新炸平島嶼，增加可築巢的地點。此外他也認為可以在沿岸地區建造人工繁殖區，取代被人類活動破壞的島嶼。

但針對聖嬰現象，公司應該……什麼也別做。聖嬰現象期間，鸕鶿離開築巢地，不繁殖後代，數量減少，鳥糞產量也隨之減少。但佛格特認為這些損失其實不是問題。這些都是自然變化，規模和範圍都有限。這些變化是安全機制，不是風險——是特徵而不是瑕疵。

在這個世界上，死亡和生命同等重要。在沒有（聖嬰現象）的時期，鳥糞鳥數量每年大約增加一

儘管秘魯十分努力，鳥糞交易依然於一九五〇年代大幅萎縮，原因是過度開採和化學肥料。現在，秘魯所有鳥糞島共有約四百萬隻鳥類，比十九世紀時的六千萬隻減少許多。從藝術家黎光頂（Dinh Q. Lê）二〇一四年拍攝的這些照片（上圖為中欽察島，下圖為北欽察島）可以看到，這些島嶼現在大多已經化為沙漠。秘魯政府放手不管，希望有一天能夠恢復原貌。

倍。如果沒有其他因素限制數量，西岸不久之後就沒有空間和食物，不只是對鳥類而言（……）對我而言，這樣的失序在生物學上是必要的，對鳥類本身而言更加重要。

的確，誠如佛格特所主張，試圖以人為方式使鸕鶿數量超過其高峰值，只會在下次聖嬰現象來臨時造成更高的死亡率。鳥糞產量短暫提高，但長期結果一定比人類不刻意增加鸕鶿數量時更少。最後，佛格特告訴鳥糞管理公司，秘魯不可能「提高鳥糞的增加率」，只能「協助大自然保護物種間的平衡」。秘魯必須遵守生態限制。

遵守生態限制！佛格特鬱悶地告訴李奧帕德，他必須「強迫」他的上司「接受這個看法」。後來他也對許多人這麼做。

殘破的大地

報告定稿已經完成，四十歲生日逐漸接近，佛格特必須做出與人生有關的決定。他進行研究時，心裡逐漸浮現一個計畫：他想以還不完整的鳥糞鳥資料取得博士學位，或許可以到威斯康辛大學投入李奧帕德門下，不需要上課（或是盡可能少上課）。這個學歷可以幫助他朝動員保育力量邁進一步，但撰寫論文可能需要好幾年。他到底是該留在秘魯完成研究，還是直接到威斯康辛州念博士？佛格特正在加緊做出決定，因為一九四一年十二月，日本偷襲珍珠港。

佛格特很愛國，希望在戰爭中盡一份力量，但卻擔心年齡太大又行動不良。讓他驚訝的是，美國國務院要他離開鳥糞公司，藉助他在科學界的門路和現在已經很流利的西班牙文，前往智利、哥倫比亞和厄瓜多等地，報告這些國家對德國和日本的支持程度。佛格特立刻答應。裘安娜則受命在大使館雞尾酒會中找出希特勒的粉絲。佛格特為了找出納粹分子，到拉丁美洲扶輪社演講、和秘魯農業和貿易官員密切來往、訪問厄瓜多學者、走訪智利的國家公園，並和裘安娜一起參加了無數次晚宴。在這段期間，他決定到威斯康辛州和李奧帕德一起研究。令人高興的是，李奧帕德還幫佛格特取得研究員職位。為了準備重開研究，佛格特於一九四二年五月二日回到美國。

他們花了一個星期向華盛頓方面報告在拉丁美洲所發現的「刻意布建的納粹分子」。美國陸軍情報部門和國務院相當讚賞，要他們夫婦在那裡執行更多情報工作。佛格特無法拒絕，所以他們到達美國後兩個星期，又回到南美洲跑了三個月。佛格特難過地寫信給李奧帕德說，他沒辦法到威斯康辛州了。

再蒐集一輪資訊之後，美國國務院為了表示感謝，於一九四三年八月任命佛格特為新成立的泛美聯盟保育部主持人。泛美聯盟位於華盛頓特區，一八九〇年為推動西半球合作而成立，戰後改組為現在的美洲國家組織（Organization of American States）。在奧杜邦學會的激勵下，聯盟大多數成員都於一九四〇年簽署致力於保護瀕臨絕種動植物的華盛頓公約（Washington Convention）。這個條約是提倡生物多樣性價值的先聲。它不具約束力，沒有規定必要行動，也沒有成員違反條款時的相關規定。泛美聯盟設立保育部的用意是監控條約相關事件。提供經費給保育部的美國國務院希望由美國公民主持，而佛格特就是少數有拉丁美洲生活經驗又懂西班牙文的美國生態學家。佛格特是納粹獵人，擁有良好的反法西斯資歷，在一九四三年時的華盛頓特區是必要條件。他被指派的任務是研究氣候、資源和人口與經濟發展間的關係。

研究過秘魯島嶼上的海鳥之後，佛格特被要求把眼光轉移到整個西半球的人類身上。但他不認為這個轉變很大。他相信，生態學可提供基本的知識架構，可以瞭解小島上的鳥類，也可瞭解大陸上的人類。生態學讓他瞭解，這兩個物種都是生態系的一部分，生態系則受生物定律主宰和環境塑造。瞭解這些規則及估量環境，我們就能理解未來，這就是他想做的事。

接下來五年，佛格特走遍西半球全部二十二個獨立國家。他一次次地飛到各個城市、到高級餐廳用餐、住在舒適的殖民地飯店，最後離開市區——為了尋找殘破的景象。墨西哥被沖蝕的丘陵、阿根廷遭到毒害的河流、委內瑞拉荒廢的漁場、薩爾瓦多和宏都拉斯乾涸的地下水層。更嚴重的還有森林砍伐。美洲各地的森林不斷消失，助長沖蝕；而沖蝕又造成洪水，沖毀田地，迫使農民開墾新的土地。

佛格特在和李奧帕德討論時，吸收李奧帕德的學說，認為文明依靠健全的生態系支持，生態系則依靠土壤。土壤是地球表面極薄但十分豐饒的外皮，可以說是人類活動的基礎。佛格特前往美洲各地時，看到這個基礎處處都被沖蝕，每個國家都有土石流沖刷坡，從密西西比河上游到巴塔哥尼亞的生態系都變得貧瘠。不久後他就相信，這些破壞已經無法修復。

佛格特在墨西哥待了十個月，大多和裘安娜一起，依照墨西哥農業部的要求，為墨西哥學童撰寫保育指南，並且辛苦地靠楞杖和支架走遍二十六座國家公園。雖然統計數字指出墨西哥是拉丁美洲最富裕的國家，放眼望去卻是滿目瘡痍：貧窮的自耕農挖著耗竭的土壤，砍下僅存的林木劈成木柴。佛格特說：「除非徹底改變土地利用模式，否則墨西哥大部分地區將會在一百年內變成沙漠。」一九四四年十一月，佛格特交給墨西哥政府一份「機密備忘錄」，詳細交代他的工作。這份備忘錄一開始就直言不諱：

墨西哥這個國家已經病了。它賴以生存的土壤正在迅速流失（……）它的森林（……）遭到破壞的速度遠比復原的速度快得多（……）它的生態，也就是各項環境因素的相互關係，已經完全失去平衡，許多重要的土地價值已經耗盡。結果，生活標準持續降低，災難則近在眼前。

殘破的景象不只限於墨西哥。佛格特為每個造訪過的國家撰寫報告。他指出，瓜地馬拉只是縮小版的墨西哥：「這裡同樣沒有什麼值得樂觀之處。」智利是森林砍伐的嘉年華會：「許多智利人認為（……）森林是敵人，必須用盡一切方法消滅。」委內瑞拉的狀況「日漸嚴重」。哥倫比亞「狀況同樣糟糕」。從空中看來，厄瓜多「看來彷彿得了某種可怕的皮膚病」。

對佛格特而言，薩爾瓦多是這個問題最鮮明的例子，預示了世界許多地區未來的狀況。佛格特相信，這個全美洲最貧窮、人口最稠密的地區「危機已迫在眉梢」，其他地區則只是逐漸接近中。他堅定地認為，在薩爾瓦多，人口成長加上「天然資源破壞速度逐漸加快，尤其是可供耕作的土地」。該國的人民和資源就像在同一條鐵軌上快速相對前進的火車。「薩爾瓦多必須採取行動，而且立刻就要開始。」他說，如果再不行動，貧窮、政治動盪和環境毀滅的未來將無可避免。

佛格特認為，助長西半球環境惡化的元凶是**消耗**（consumption）。人類永無止境地滿足需求，劫掠自然。消耗來自兩個因素，其中之一是人口成長。新的人口增加了土地需求。舉例來說，墨西哥夫婦的小孩數平均為六個以上，而且還在增加中。第二個同樣糟糕的原因是企圖提高經濟成長。

雖然自亞當斯密（Adam Smith）以來的經濟學家都提倡經濟成長，但各國政府通常比較注重提升國家安全或維持經濟穩定。的確，有些思想家擔憂不受限的成長將導致財富集中的壟斷現象，有些則主張，在歐洲和北美地區已開發的成熟經濟體中，經濟不可能持續擴張。經濟大蕭條時期，美國許多新政計畫其實是在抑制生產，希望藉由刻意製造短缺來提高農業收入。政府付錢給農民銷毀數百萬英畝棉花田和大量豬隻。有些官員或許受英國經濟學家約翰・梅納德・凱因斯（John Maynard Keynes）影響，大力反對這種「匱乏經濟學」（scarcity economics）——這詞係來自歷史學家羅伯・柯林斯（Robert M. Collins）的說法。第二次世界大戰助長了他們的聲勢，因此美國為了求勝而極力提高生產。一九四六年的就業法案正式提出這個轉變，宣告美國政府將「盡力提升就業、生產和購買力」。西方其他國家受美國的例子激勵，也把經濟成長視為高於一切的社會目標。當時的美國總統杜魯門表示：「政府和企業必須持續攜手合作，創造更多工作機會和生產。」

佛格特聽到這些宣言時覺得相當可怕。他主張，生態定律十分明確：「收支一定會平衡」。杜魯門要求「更多生產」，是刻意打破收支平衡。佛格特說「經濟成長狂人」向滋養他們的自然系統宣戰，而且他們對這場戰爭毫無概念。

一九四五年五月，佛格特在讀者眾多的週刊《星期六晚間郵報》（*Saturday Evening Post*）上撰寫〈和平桌上的饑餓〉（Hunger at the Peace Table），首次公開提出他的看法。〈饑餓〉一文發表在太平洋戰爭的最高峰，對未來絲毫不抱希望，因為作者認為未來同樣一片黑暗。文中提出先知的中心思想：人類「也是地球上的生物，但很容易忘記這點。『你本是塵土』和『凡有血氣的，盡都如草』這幾句話並非出自科學家之手，但非常符合生物學。」佛格特指出，低等生物耗盡資源時，就會發生不好的後果，人類也是一樣。這篇文章提出許多過度耗竭的例子，大多取自佛格特行走拉丁美洲各地的經歷。但當時他挑動人心地把話題轉向美國當時的敵人日本時，卻主張：「許多人針對日本的侵略行為提出解釋，」但是「誰能否認是人口壓力引發爆炸呢？」佛格特主張，除非人類控制對生產和消費的胃口，「否則不可能有和平」。十幾位美國參議員對他的說法感到憂心，要求跟佛格特見面。一九四五年八月，日本遭到核子武器攻擊後，大眾對他的說法更感興趣。整個城市瞬間夷平，使人類即將毀滅自己的警告越來越可能成真，讓人不寒而慄。

但無論當時或現在，很少人像李奧帕德和他的學生一樣，體認到保護土地的重要程度高於一切。知識讓他們覺得高處不勝寒，在這個人人不願睜開眼睛的世界上，只有他們看得清楚。周圍人人都只顧自己的事，彷彿腳下的地面沒有消失一樣。多麼愚蠢！多麼浪費！他們簡直跟原生動物一樣，渾然不察行為的後果。

> （李奧帕德後來寫到，）生態教育的懲罰是我們在滿目瘡痍的世界上會過得相當孤獨。一般人看不到土地受到的傷害。生態學家必須狠下心來，說服自己這些科學結果事不關己。否則就像醫師一樣，看到一個群落已經出現死亡的徵兆，但仍然相信自己很好，而且完全不想知道真實狀況。

應該怎麼敲響警鐘？這個是最迫切的問題。佛格特、李奧帕德和朋友們認為自己是仁慈的陰謀者，致力於喚醒追求成長而使自己趨向毀滅的世界。但他們的努力沒有什麼效果。他們的聲音太小，淹沒在戰爭和消耗的嘶吼中。人類毫無自覺地淹沒世界，無知的潮水漫向培養皿邊緣。

馬爾薩斯插曲

佛格特的看法被視為「馬爾薩斯派」。這個詞現在已經成為過度行為的代稱，但原本的意思是湯瑪士．羅伯特．馬爾薩斯牧師（Thomas Robert Malthus）提出的理論。佛格特有些看法和馬爾薩斯相同，所以說佛格特是馬爾薩斯派是正確的。不過這個其實沒什麼**意義**，馬爾薩斯的看法隨時間而改變，「馬爾薩斯派」有時只代表出於他的筆下。

馬爾薩斯是出身劍橋大學的神職人員，聰明瀟灑，可惜有明顯的語言障礙（他先天顎裂，當時無法治療）。他出生於一七七六年，很晚才結婚，有幾個小孩，經濟負擔一直相當重。他擁有史上第一個大學經濟學學位，也就是說，他是全英國，可能是全世界第一個經濟學家。他當時還年輕，渴望出名。他發現在家鄉薩里（Surrey）很難有機會，因此跟父親起了爭執。他的父親丹尼爾．馬爾薩斯（Daniel Malthus）支持自由思想，相信人類可以建立烏托邦，但兒子最終不同意。《人口論》（*An Essay on the Principle of Population, as It Affects the Future Improvement of Society*, 1798）在作者三十二歲時匿名發表，造成很大的震撼。馬爾薩斯後來發表第二版，內容長達第一版的五倍。馬爾薩斯這時比較有信心，所以這個版本有署名。

馬爾薩斯的主張其實相當簡單：

如果沒有獨身、晚婚或節育等因素抑制人口，人口將持續增加，最後難以維持生存。但人類的繁殖衝動十分強烈，某些地區的人將放棄限制，毫無節制地生育。這種狀況發生時，人口將膨脹到無法餵養。此時疾病、饑荒或戰爭將會發生，殘酷地減少人口，直到人口與維持生存的方式達到平衡——

此時人口又會再度增加，重新開始另一次循環。

馬爾薩斯更詳細的論證是這樣的——

他表示，假設現在英國農民每年的收成是X百萬噸。那麼我們假定，如果英國把現有的森林改成農地，同時提高肥料使用效率，這樣將可在二十五年內使收成加倍，也就是英國的年產量將達到$2X$百萬噸。但馬爾薩斯寫道，即使下這麼大的功夫，「也不能期望」再過二十五年收成能**再**加倍，達到$4X$百萬噸。「我們最多只能預期第二個二十五年的增加量等於現在的產量」。也就是收成可從$2X$增加到$3X$百萬噸。如果英國的收成每二十五年都能增加X百萬噸，那麼七十五年後就可生產$4X$百萬噸，一百年年後可生產$5X$百萬噸，一百二十五年後可生產$6X$百萬噸，以此類推。就數學說來，這類從一、二、三、四到五的規律增加稱為**算術**或**線性**成長。

接著馬爾薩斯探討人口增加的速率。他知道人口成長最快的國家是美國。美國最傑出的人口學家是賓州學者班傑明．富蘭克林（Benjamin Franklin）。早在一七五五年，富蘭克林就研究了當時還是英國北美殖民地的人口。依據馬爾薩斯的說法，富蘭克林主張這個地區的人口「不到二十五年就增加一倍，已經持續超過一個半世紀」。換句話說，如果現在美國的人口是Y百萬人，二十五年後將是$2Y$百萬人，五十年後是$4Y$百萬人、七十五年後是$8Y$百萬人，以此類推。這類從一、二、四、八到十六的增加方式稱為**幾何**成長。

簡單計算一下就可知道，幾何成長（一—二—四—八—十六）的速度一定比算術成長（一—二—三—四—五）來得快。馬爾薩斯指出，人類繁衍是幾何成長，其他生物則是算術成長。如果任由人口成長，糧食供給最後一定會不足。

馬爾薩斯同意，人類可以採取所謂的「預防抑制」(preventive check)措施，也就是降低生育率，避免以最大速率繁衍。這類措施包括獨身、節育、晚婚、降低薪水(讓適於生育者難以負擔生養花費)，以及提高教育程度(馬爾薩斯認為這樣可讓夫婦瞭解生育的風險)。但預防抑制難以實行、花費龐大又不受歡迎，所以民眾通常不會採用，人口也因而暴增。

這種狀況發生時，就會發生「積極抑制」(positive check)。積極抑制和預防抑制相反，不是降低生育率，而是提高死亡率。積極抑制起先是社會動盪，接著發生「流行病、傳染病和瘟疫」。假如這些事件減少的人口仍然不足，「接下來將會發生大饑荒，藉由重擊使人口和糧食達到平衡」。

馬爾薩斯認為，人性永遠瀕臨大災難。要永遠戰勝剝奪是不可能的，繁盛、敏捷注定都會消失。他說：「痛苦和恐懼痛苦是自然定律必須且必然的結果。」儘管立意良善，但慈善也幫不上忙。幫助窮人只會使嬰兒更多、饑餓更嚴重。聰明或美德無法勝過生物法則。「我們不可能在不同地區壓低痛苦水準，因為壓低只會使其他地方的痛苦水準提高。」

這篇論文造成很大的震撼。這篇論文思路堅定清晰、簡鍊坦率，似乎指出明天會更好的希望都是空想。以往的思想家也曾經提出這些概念，但馬爾薩斯發表的時機恰到好處。一七九〇年代英國受歉收所苦，因此導致糧食暴動。愛爾蘭和印度發生叛亂，軍隊在海地戰敗，鄰近的法國也經歷恐怖統治和自大的獨裁者興起。馬爾薩斯灰色的作品正適合這個陰鬱的時代。

英國經濟逐漸復甦，帝國開始擴張時，馬爾薩斯並沒有歌頌大好的時代，而是預言大好時代不可能長久。無論是進步主義者、保守主義者，還是國家主義者都不喜歡他的理論。不可避免地，攻擊目標從馬爾薩斯的理論轉到馬爾薩斯身上。詩人山繆·泰勒·柯立芝(Samuel Taylor Coleridge)批評他是「不值一顧的混蛋」。後來成為桂冠詩人的羅伯特・騷塞（Robert Southey）說他是「笨蛋」和「呆子」，還嘲笑馬爾薩斯支持者是「月經汙染清除者」。古怪的是，馬克思說馬爾薩斯是「抄襲大師」，更奇怪的是，波西・比希・雪萊（Percy Bysshe Shelley）則說他是「太監和暴君」。柯立芝談到馬爾薩斯的信念時說：「我打從心底**譴責**他。我全心全意、整個靈魂都反對這些說法！」

儘管如此，這些說法都保留了下來，尤其是在生物學領域啟發了查爾斯・達爾文（Charles Darwin）和阿弗列德・羅素・華萊士（Alfred Russel Wallace）這兩位演化論的創造者[3]。達爾文和華萊士分別發現，如果族群持續瀕臨資源用罄邊緣，其成員一定會陷入「無盡的競爭、物種對抗物種、個體對抗個體」。在這個「生存競爭」中，

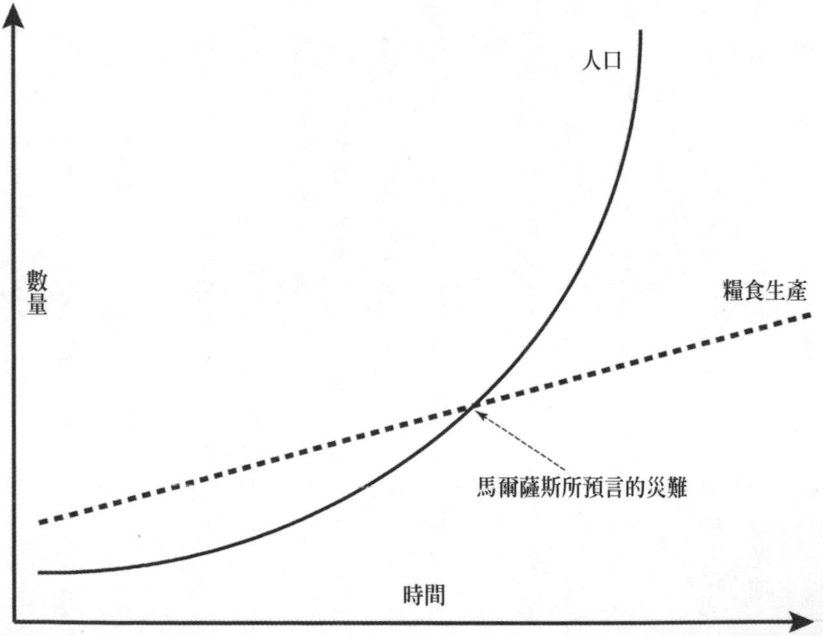

馬爾薩斯的主張通常以一張圖概括呈現。圖中的糧食生產以線性成長，人口則以幾何成長。這兩條線將互相交叉，啟示錄的四騎士[2]隨之降臨。

每個生物存活的機會並不相等，適應較差者被淘汰的機率較高。大致說來，這場自然戰爭的勝利者是適應最佳的物種。一段時間之後，物種會逐漸演化，變得更適合環境。

達爾文、華萊士和馬爾薩斯造成極大的衝擊。他們的理論很快就擴展到經濟學和生物學以外，成為社會模型。有些思想家認為演化是帶來進步的競爭過程，同時將它視為支持自由市場的理由。有些人則認為人類各民族為資源而爭鬥，為本身的群體尋求勝利，逾越界線的其他民族則必須阻擋在外。

十九世紀末，歐洲和北美社會在世界各地占領殖民地。這些地區許多人依據達爾文和馬爾薩斯的理論，斷定這些勝利代表白人天生比較優越。他們認為，所有人類族群的身體和精神特質各不相同，有些族群比較優秀，而贏得生存競爭的族群擁有較佳的特質。這些人宣稱，歐洲殖民亞洲和非洲的原因是種族優越性，而不是其他因素。

但這種自大的推論方式難以令人信服。歐洲人和美洲人坐擁帝國，害怕權力被大群低等生物奪走。許多人疾呼因繁榮而變得遲鈍的富裕國家，若容許少數民族恣意生育，將改朝換代。歐洲人和美國人生育率過低，被形容成整個西方正在「種族自殺」（race suicide）。

這些人之中最具影響力的是一九二〇年暢銷書《有色人種對抗白人世界霸權的狂潮》（*The Rising*

2 譯註：啟示錄四騎士分別為：瘟疫、戰爭、饑荒和死亡，此處作者用來影射災難。

3 達爾文和華萊士分別提出物競天擇的演化理論，但現在達爾文囊括大部分榮耀，部分原因是他在篇幅很長的書中提出詳細的例子，這點與華萊士不同。

Tide of Color Against White World-Supremacy）的作者洛斯羅普・斯托達德（Lothrop Stoddard）。斯托達德的父親是著名攝影家，讓數百萬美國中產階級觀看到遙遠地區人民的影像。斯托達德本身成為狂熱的反移民分子，要求美國政府關閉邊界，禁止其他國家人民進入。他在《狂潮》中寫道：「如果不改變目前的趨勢，我們白人終將滅亡。」白種人消失「代表擁有最傑出的創造力、過往成就最大、未來最具希望的種族消失，同時把實現人類最高期望的能力一起帶進墳墓。」文明（斯托達德指的是白人文明）必須「完全適應，否則**終將消失**」。

《狂潮》只是警訊之一。第一次世界大戰後，人口過剩的警告充斥出版界，迅速流傳到歐洲和北美各地，包括麥迪遜・格蘭特（Madison Grant）的《偉大民族的消逝》（*The Passing of the Great Race*, 1916）、詹姆斯・馬尚牧師（James Marchant）的《生育率與帝國》（*Birth-Rate and Empire*, 1917）、艾德萊恩・莫爾（Adelyne More）的《不受控制的生育或繁殖力與文明》（*Uncontrolled Breeding Fecundity Versus Civilization*, 1917）、艾德華・莫瑞・伊斯特（Edward Murray East）的《站在十字路口的人類》（*Mankind at the Crossroads*, 1923）、艾德華・艾爾斯華茲・羅斯（Edward Alsworth Ross）的《只剩立足之地？》（*Standing Room Only?*, 1927）、華倫・

斯托達德，攝於一九二一年。

湯普森（Warren S. Thompson）的《世界人口的危險地點》（*Danger Spots in World Population*, 1929）、艾蒂安・德內里（Étienne Dennery）的《百萬亞洲軍團及其為西方帶來的問題》（*Asia's Teeming Millions and Its Problems for the West*, 1931）。

令人驚訝的是，掀起這股恐慌浪潮的都是著名知識分子。伊斯特是美國哈佛大學植物遺傳學家，湯普森是世界第一所人口研究中心的主持人，德內里是著名的巴黎政治研究所經濟學家。格蘭特是紐約知名律師，曾與美國總統老羅斯福（Theodore Roosevelt）來往密切。艾德萊恩・莫爾——英文「多加一行」（add-a-line more）的諧音——是英國語言學與哲學家查爾斯・凱・奧格登（Charles Kay Ogden）的筆名。馬尚是英國國家公共道德委員會主席，以反對不純淨思想聞名。羅斯是美國威斯康辛大學社會學家（曾在史丹福大學因為要求美國海軍「炸掉所有載日本人到美國的船，不要讓他們站上美國的土地」而被開除），連自由記者斯托達德也擁有哈佛大學博士學位。

更令人驚訝的是，這些種族恐慌論者也是美國新保守運動的領導者。這些高級知識分子害怕高貴優越的白人遭到低等人類威脅，也認為高貴優越的荒野遭到這些人類威脅。他們支持由專家管理資源，也發現保護森林和清理人類基因庫沒什麼不同。

格蘭特就是個例子。他出身新英格蘭的上流家庭，在有角塔的豪宅長大。他是布朗克斯動物園（Bronx Zoo）的共同創辦人，主持加州紅木森林保護工作，協助建立美國國家公園制度，是防範北美野牛滅絕的重要人物，撰寫的生態學教科書啟發了李奧帕德。此外他也投注數十年時間，希望崛起的下層階級不要進入他的特權階級——事實上他撰寫《偉大民族的消逝》正是為了譴責「權力從高等民族轉移給低等民族」。格蘭特最熱情的粉絲是阿道夫・希特勒（Adolf Hitler），（格蘭特宣稱）他曾經寫粉絲信給他。《偉大民族的消逝》是納粹取得政權後第一本出版的外國書籍[4]。

保育工作的精英形象根深柢固，數十年後，左派人士依然嘲笑生態問題是右派轉移注意力的手段。即使到了一九七〇年，學生民主會（Students for a Democratic Society）仍然指責史上第一次地球日是華爾街試圖轉移大眾對階級戰爭和越戰的注意。左派記者史東（I. F. Stone）說這次全國性大遊行是「虛晃一招」（snow job）。

佛格特、李奧帕德和許多同伴其實不是精英主義者，事實上，他們還出力讓環境問題從右派轉換成左派。儘管如此，他們的知識框架和種族恐慌論者有許多共同點，而且常以現在看來令人不舒服的言詞駁斥非白人。舉例來說，佛格特曾經公開嘲笑「落後族群」的「隨性繁殖」和「恣意交配」——他曾譏諷印度人民生育就像「鱈魚一樣不負責任」。但這些保守主義者極少宣稱某個民族或文化比較優越。佛格特同樣也是如此。他不迴護同胞，對「美國人到外國搞破壞」、打著「不容質疑的自由市場」的旗幟破壞外國土地，更對剝削外國人民的「掠奪者」和「寄生蟲」格外深惡痛絕。在他看來，「我們血脈相通」。

格蘭特，攝於一九二五年左右。

最重要的是，佛格特和斯托達德、伊斯特和希特勒等好友都把人視為生物單位，跟細菌和果蠅一樣受相同的定律主宰（斯托達德曾經寫過：「大自然不可能改變，沒有生物不受自然定律主宰。就算是原生動物或半神人，如果違反這個定律，都一樣會死。」）人類、鸕鶿和秘魯鯷魚，和小海雀、北美鷸和蚊子一樣，都是演化的參與者、基因的驅動器，環境限制決定這些生物在世界上的歷程。這些概念（和種族理論科學家的概念不同，但同樣認為人的命運由生物學決定）存在佛格特的心理背景中，在他把眼光從鳥類轉向人類時，形成知識工具的一部分。

生存之路

一九四五年夏天，佛格特的人生出現重大改變。他取得發聲的新機會，同時有了新的旅途伴侶。這個發聲機會是撰寫書籍的邀約，伴侶則是第二任妻子瑪喬莉・伊麗莎白・華萊士（Marjorie Elizabeth Wallace）。佛格特的書籍將首次傳達現今的環保運動的知識架構。現在這些概念已經深入人心，許多人不認為僅僅只是概念，或者說已經成為習慣。他說，如果沒有第二任妻子，就不可能有這些成就。

瑪喬莉・華萊士出生於一九一六年，在加州聖馬提歐長大，父親是英國人，母親是美國人。她和裘安娜一樣進入柏克萊，吸引了年輕、聰明又敏捷的社會學者喬治・戴維羅（George Devereux）。他們

4 希特勒以耶魯大學歷史學家提摩西・史奈德（Timothy Snyder）所說的「十九世紀認為人類活動可視為生物學的陳腔濫調的極端表達方式」，把人類視為一群基因不同的民族為生存而競爭。希特勒呼應馬爾薩斯的說法，堅稱「（任何民族）無論如何提高土地的生產力〔……〕對土地而言不成比例的人口〔……〕依然存在」。結果，希特勒和其他民族領袖的責任是「讓人口和土地面積重新達到可接受的比例」，也就是攫取更多地球有限的資源，供給自己不斷增長的民族。

在一九三八年瑪喬莉畢業後不久結婚，婚後轉往麻州伍斯特一所精神醫院，戴維羅在這裡研究精神病，撰寫莫哈維印地安人研究，同時發生外遇，而瑪喬莉則在波士頓大學完成碩士論文。一九四三年，戴維羅獲得在懷俄明州的工作，比較接近他的研究主題。瑪喬莉則回到加州，認識了早她十四屆的佛格特；佛格特正試圖說服華特・迪士尼（Walt Disney）製作關於土壤的動畫片，但沒有成功。當時佛格特與瑪喬莉顯然開始交往。在此之前，裘安娜已經在拉丁美洲獨自生活將近兩年，在各個大使館間刺探納粹傳言。兩個月後，裘安娜回到內華達州雷諾市，完成這裡出名迅速的離婚程序。一九四六年初，瑪喬莉也來到雷諾市，理由也和裘安娜相同。瑪喬莉聲請和戴維羅離婚，到達法院取得法院命令後，也在同一天和佛格特結婚：當天是一九四六年四月四日。

新婚的兩人飛到墨西哥市，佛格特造訪洛克菲勒基金會資助的新農業計畫，這個計畫是布勞格的。關於這次造訪的紀錄非常少，現在知道的是佛格特十分驚訝。他贊同洛克菲勒基金會「運用我們龐大的能力生產糧食，讓世界恢復繁榮」。但他後來表示「非常重要的是，我們必須瞭解這是緊急措施，而且不要增加數百萬人」。佛格特相信，洛克菲勒基金會資助布勞格的計畫是錯誤的一步。

佛格特夫婦訪問洛克菲勒基金會計畫後，第二天飛到瓜地馬拉，度過為期一個月的蜜月。佛格特夫婦加緊提出環境報告給抱持懷疑的中南美洲官員，彷彿想補回這一個月的停頓。佛格特沒有會見官員時，就沿著崎嶇的道路深入偏遠的鄉村，這對不良於行的腿和瘦弱的胸部而言相當辛苦。到了晚上，疲累的佛格特躺在床上，口述筆記和信件讓瑪喬莉寫下，直到深夜。其中有一封信給洛克菲勒基金會，希望他們改變作法。在薩爾瓦多，他的旅館郵件裡有一份書籍合約。紐約一家出版社邀請他撰寫一本關於環境的書，希望促成「大進步」。佛格特雖然疲累但非常高興。他從一九三〇年代中就一直想寫書，而且真的有聽過他演講的出版社提出過合約，但他一直忙於工作和奔波。現在泛美聯盟似乎可以給他足夠的時間，他終於能夠公開發聲。

出版佛格特作品的人是科幻作家威廉・史龍（William M. Sloane），曾在亨利赫特出版社（Henry Holt publishing company）擔任編輯，一九四六年三月和其他四位老員工一起離開，成立威廉史龍聯合出版社（William Sloane Associates）。這家出版社位於沒有電梯的樓房的三樓，資金也有限。史龍自己債務纏身，連日用品都快買不起。佛格特以前沒寫過書，也不出名。雖然他經常前往各地，而且白天工作非常忙碌，但他個性易怒又傲慢，不接受修改。儘管如此，史龍依然把希望押在他身上。佛格特的書是史龍出版社最初發行的書。

讓佛格特驚訝的是，他發現自己竟然與他自己的同事處於友善的寫書競爭中，這位同事是費爾菲・奧斯朋（Fairfield Osborn）。奧斯朋和佛格特不同，是傳統的上流社會保守人士。他的父親是富有的古生物學家，曾經主持美國自然史博物館和紐約動物學會，叔叔是大都會藝術博物館館長。這兩兄弟是滿足的頑固者，奧斯朋的父親為《偉大民族的消逝》撰寫的序十分傑出。奧斯朋在華爾街待了十六年，退休後把心力轉到保育方面。他和父親一樣主持過紐約動物學會。他的主要工作是經營布朗克斯動物園，發揮了極高的才能。他受邀演講時經常帶著松雀鷹，放出一籠蛾，讓松雀鷹在聽眾頭頂捕食這些蛾。

奧斯朋認為，第一次和第二次世界大戰都是因為環境惡化而引爆，歸根結柢，這兩次戰爭都是資源戰爭。他想說，當時的人類「發生了兩項嚴重衝突，不只是新聞報導的那一項。另一場戰爭（……）很可能導致比濫用核子武力更嚴重的災難。這場戰爭是人和自然的衝突。」奧斯朋希望能事先防範進一步的破壞，因此於一九四八年和李奧帕德以及佛格特合作，成立史上第一個全球生態組織：保育基金會。在此同時，他也開始寫書「證明人類是地球生態系的一部分，不是能提供自然過程取代方案的聰明物種」。

如果佛格特因為要和更富有、社會地位更高的奧斯朋競爭而氣餒，他也不會表現出來。書信來往於兩人之間，奧斯朋的信來自亮麗的紐約第五街動物學會辦公室，佛格特的信來自拉丁美洲的旅館或泛美聯盟辦公室。奧斯朋讚揚佛格特和李奧帕德給了他正確的「解決問題的哲學方法」。佛格特則告訴奧斯朋，他的手稿讓他手不釋卷，「直到凌晨兩點才看完」。他的恭維也很有作家風格：「我看你的作品時，不只一次自言自語：『我怎麼沒想到這點……』。」最後這兩本書在一九四八年分別出版，相隔不到幾個月。奧斯朋的《被掠奪的地球》（*Our Plundered Planet*）出版於三月二十五日，佛格特的《生存之路》出版於八月五日。

這兩本書都非常成功。《被掠奪的地球》重印八次，翻譯成十三種語文。《生存之路》是每月選書俱樂部（the Book-of-the-Month Club）的主要選書；這個俱樂部專營書籍訂購服務，每個月主動寄送書籍給全美各地約八十萬名會員——也寄送《讀者文摘》（*Reader's Digest*），這是全世界流通量最大的雜誌，專門刊載濃縮版書籍，供世界各地一千五百萬訂戶閱讀。《路》翻譯成九種語文。佛格特獲得克蘭布魯克科學研究所和伊茲哈克．華爾頓聯盟的獎項。此外還有二十六所大學在幾星期內把這本書改編為教科書（後來有更多所學校跟進）。

這兩本書甫出版皆獲得一面倒的好評：《舊金山紀事報》說《被掠奪的地球》是「本世紀對人類最重要的警訊」。《波士頓環球報》（*The Boston Globe*）則說佛格特的書「具爭議性、令人激動、令人沮喪，但仍然懷抱希望」。對《星期六評論》（*Saturday Review*）而言，《路》是「美國迄今在保育方面（或說沒有這方面）最具說服力、刺激性和知識性的書籍」。《華盛頓郵報》（*The Washington Post*）尤其熱情：

> 許多人一輩子都沒有足夠的食物（……）我們生活在借來的時間裡，正確說來是生活在逐漸消逝的資本上（……）這本書無疑是一九四八年最重要的書，也是史上最傑出的作品之一。

對佛格特而言，最重要的應該是來自個人的祝賀。道地的鳥人羅傑・托瑞・彼得森一直對佛格特把眼光放大的決定感到懷疑。現在彼得森說，《路》是佛格特所有研究的最高峰。羅伯特・庫什曼・墨菲的妻子葛蕾絲談到先生時寫道：「你的書是新的聖經。」李奧帕德起先說佛格特的書籍大綱「非常傑出」。現在他告訴佛格特，《路》是「我看過人類生態學和土地利用領域最清楚易懂的分析。」

但佛格特的看法廣為大眾所知時，他也遭到指責。全世界最暢銷的《時代》（*Time*）雜誌批評：「真正的科學家都對《生存之路》抱持懷疑看法。」某個匿名書評寫道，佛格特的「信條」每個面向不是錯誤、曲解就是無法證明。」《路》倡導節育，所以遭到羅馬天主教會譴責；這本書支持國家調節，所以受到保守派人士批評；此外它也抨擊資本主義，因此遭到企業團體反對（《讀者文摘》濃縮本刪去了佛格特對自由市場的批評）。不過最強大的不滿來自左派。《國家》（*Nation*）雜誌指責這本書「毫不關心」、「前後不一」、「大聲疾呼」「做不到的事情」，並說佛格特的生態學證明了「科學面對迫切的現代問題時顯得左支右絀」。在巴黎舉行的世界共產黨員高峰會上，一位蘇聯小說家譴責《路》「完全是使美國人墮落的惡劣方法」，因而博得喝采。《被掠奪的地球》也同樣糟糕。這位小說家宣稱，讀佛格特和奧斯朋的作品已經使「犯罪率激增」。

可以想見的是，這兩本書在某些方面相當類似，而且兩者都指責新的化學藥劑DDT。它們聯手創造了新的文學類別──「憂心的全球現狀報導」。這兩本書首先把我們對生態的憂心描繪成全地球的單一問題，罪魁禍首就是人類。它們指出這個問題是互相關聯的世界性問題，而不是地區或國家問題，進而主張生態問題必須以統一的全球行動來解決，由全球的專家管理，例如佛格特和奧斯朋這些人。

佛格特和奧斯朋首先向廣大的群眾提出一個想法，這個想法後來成為環保思想的基礎：資本主義和人類數目增加帶動的消費，是世界上大多數生態問題的終極原因，只有大幅降低生育率和經濟活動，才能防止世界性災難。

在這兩本書中，《路》造成的影響比較大。這本書成為現今環保運動的藍圖，超出作者本身的預期。此外，這本書也啟發了《寂靜的春天》的作者瑞秋・卡森和寫下《人口炸彈》的保羅・埃爾利希，這兩本書是一九五〇和一九六〇年代最重要的環境議題書籍。歷史學家艾倫・柴斯（Allan Chase）曾經寫道：「《生存之路》的每個主張、每個概念、每個建議都將成為廣島後世代受過教育的美國人的共同看法。」佛格特的概念「未來數十年將不斷重複和重新提起，同時一再出現在書籍、文章、電視評論、演講、文宣、海報，甚至別針上。」

影響有一部分源自佛格特引人注意的刺耳聲調。奧斯朋和他都指出「美國做生意的方式」從清教徒移居美洲時代就不斷破壞土地。但只有佛格特把整個美國歷史都描述成「破壞過程」，殖民開拓者「砍伐、燃燒、排乾、挖掘和開槍」，從大西洋一路前進到太平洋。他大聲譴責：「我們的先人是有史以來最具破壞性的人類。他們進入有史以來最富饒的寶庫，幾十年內把數百萬英畝土地變成一片荒蕪。」佛格特和出身華爾街的奧斯朋不同，他蔑視資本主義，想像批評者正在嚎啕大哭。

「自由企業讓美國成為現在的樣子！」生態學家或許會嘲諷地贊同道：「沒錯。」自由企業必須為森林破壞、野生動物消失、山脈受損、大陸侵蝕和洪水肆虐負起大部分責任。自由企業不瞭解生物物理學，也不負起社會責任。

明天如果生態崩毀，後天將導致核子戰爭。他警告，如果人類繼續忽視生態現實：

人類不大可能長久逃避戰爭的死亡從天而降。這種狀況發生時，依據某些權威專家的估計，人類至少有四分之三可能消失。

《路》提出的基本信念現在已是相當常見的思考方式，也就是「環境保護主義」（environmentalism）。環境保護主義不只是單純體認到不應該汙染鄰居的水井或破壞禿鷹的巢。大多數狀況下，這些體認可以視為財產權的功能。汙染水井時，汙染者事實上是不經所有者許可而取得井水（更精確地說是取得水的使用權）。禿鷹也是被強迫脫離其所有者，也就是大眾。相反地，環境保護主義是政治和道德運動，以關於自然和人類地位的信念為依據。

環境保護人士希望阻止汙染水井和保護禿鷹的巢。但他們不把井水視為財產，而是有其本身價值的自然循環，必須加以維護。禿鷹本身是生態系的一分子，生態系的完整性相當重要，應該加以保護。關於世界運行的看法一定會談到世界上良善和重要的東西。環境保護主義主張，要擁有良好的社會和生活，就必須尊重自然法則。李奧帕德首先提到這個概念。他在他最受讚揚的散文〈土地倫理〉（The Land Ethic）中提到：「如果一件事能維持生物群落的完整性、穩定性和優點，這件事就是對的，如果不能，這件事就是錯的。」

《生存之路》有兩個重要創新。第一個創新如同環境歷史學家保羅．沃爾德（Paul Warde）和斯維克．索林（Sverker Sörlin）所指出，是提出「環境概念」。古老的「環境」概念至少可追溯到古希臘時代，代表影響人類生活和性格（當時這麼認為）的外在自然因素，包括氣候、土壤、高度等等。因此舉例來說，希波克拉提斯相信肥沃且灌溉良好的地區產生的人類「豐滿、表達能力不佳、濕氣重、懶惰，而且通常膽小」。希波克拉提斯在地中海邊長大，宣稱這個環境產生的人類高大、美麗、聰明，就像他自己和讀者一樣。這個概念的各種衍生概念一直延續到二十世紀。

在這個脈絡下，「環境」代表影響人類的地方類型，例如森林、海岸、沼澤等等。如同沃爾德和索林所強調的，佛格特改變了這個詞的意義。在《生存之路》中，「環境」的意思不是影響人類的外在自然因素，而是受人類影響的外在自然因素。佛格特認為不是自然塑造人類，而是**人類塑造自然**，而且通常是負面的。他說的「環境」不是特定的地方，而是整個地球；以往是指區域狀況在過去和現在對人類的影響，現在則是指人類對整個地球的影響，關注的是未來。

賦予單字新的意義似乎既學術又抽象，但結果卻不是如此。一個事物有名稱之前，無法討論或有意識地採取行動。巴西教育家保羅．福雷勒（Paulo Freire）曾經寫道：「人類命名世界，從而改變世界。」沒有「環境」，就沒有環境運動。

在《路》的第二個重要創新中，佛格特以單一概念總結人類和全球環境的關係，也就是「承載能力」

（carrying capacity）。這個概念十分重要。現今遍布全球的環境運動有兩個重要概念，其一是智人和其他物種一樣受生物定律主宰，第二個概念則是一項定律：任何物種都不可能長期超越環境的承載能力。

「承載能力」這個詞創造於十九世紀初，起先代表一艘船可裝載的貨物量。一段時間之後，這個詞變成某種載具可運輸的貨物重量或容量，例如一組騾隊能運進山區的日用品量。一八八〇年代，這個定義擴大成一塊牧地上可放牧的動物數量。李奧帕德約略是在一戰期間於美國森林局的放牧動物處（Forest Service's Office of Grazing）工作時看到這個概念，他把這個概念從放牧地上的牲口轉移到森林裡的狩獵動物上，把承載能力當成基本生態工具。他在自己寫的教科書《狩獵管理》（*Game Management*, 1933）中主張，土地管理人員的工作是「提高生產力」，也就是改變土地，使土地達到最大承載能力。

佛格特在《路》中以公式定義承載能力：B－E＝C。在這個方程式中，B是生物潛能，也就是理論上這片土地「生產植物，提供遮風避雨、衣物，特別是食物」的能力。E是環境阻力，也就是理論生物潛能的實際限制。實際承載能力C永遠不會等於理論生物潛能，因為環境阻力永遠存在。因此B－E＝C。佛格特主張人類使環境惡化（我們只有一個環境！），因此全世界的E都在升高。結果C（地球支持人類生活的能力）逐漸降低。

佛格特以承載能力改寫馬爾薩斯的理論。依據哈佛大學歷史學家喬伊絲・卓別林（Joyce Chaplin）的觀察，馬爾薩斯在論文中並未提出證據，證明農業收成只能以算術成長。的確，馬爾薩斯的理論可以重新詮釋成一個物種（人類）以幾何方式繁衍，但其他物種（農作物）則否。沒有明確理由支持這個說法，證明人類在這方面和其他物種不同。我們還記得，馬爾薩斯證明人類繁衍速度極快的證據來自富蘭克林的文章。但卓別林指出，富蘭克林也在同一篇文章中指出，他相信植物和人類繁衍的速度相當，和馬爾薩斯的論點正好相反。

佛格特沒有提出理由，解釋農作物的繁殖力為什麼一定低於人類，而是以承載能力來重新思考這個爭議。承載能力是任何物種都不可能越過的界線。佛格特承認，科學家確實能運用科技大幅提高收成，使收成超過人口成長。但提高農業產量的短期成功將造成長期災難。人類可能超越地球的承載能力，如此將摧毀支持人類的生態系。承載能力不可能避過。人類必須減少數量和消費，停留在世界的承載能力之內，否則人口過多造成的生態災難將代替人類強制執行。最後，如同生態學家及社運人士保羅·埃爾利希（Paul Ehrlich）後來所指出的，「最後的勝利者一定是自然」。

佛格特的主張在直覺上相當有力，但知識層面上站不住腳。加州大學柏克萊分校地理學家納森·塞爾（Nathan Sayre）曾經指出，承載能力原本是可以測定的具體性質。如果一艘船的承載能力是X噸，那麼除非這艘船重建，否則X這個數字不可能改變。但承載能力的概念擴大到其他運輸方式，又擴大到放牧地和森林等環境，最後擴大到整個地球時，就難以提出明確數字了。我們不清楚生態系的承載能力是不是可測量且不會改變的實體，或者是否有具意義的上限。一個概念即使在小尺度下適用，擴大到全世界時也可能失效。

一個生態系的承載能力是碰巧適用於許多狀況的經驗法則，還是反映有形現實的生物定律？一個環境的生物潛能是固定的絕對極限、大自然設定的值，還是會隨時間改變、進而受人類影響的性質？

佛格特沒有回答這些問題。但在他撰寫《路》的同時，喬治亞大學生態學家尤金·奧登（Eugene P. Odum）在史上第一本廣受採用的生態學教科書《生態學基礎》（*Fundamentals of Ecology*, 1953）中提出了答案。奧登指出，承載能力的確是物理定律決定的明確數字，而且可以實際測定。奧登在《生態學基礎》

中舉出高斯等人發現的S形成長曲線，主張承載能力就是圖形中最高的部分，「超過後即無法明顯增加的最大值」。環境限制無法忽視或克服。培養皿的側壁確實存在，而且無法越過。

哈佛大學生態學家詹姆斯．馬雷特（James Mallet）在二〇一二年寫道，奧登對承載能力的定義在當時相當新穎，現在「每本教科書上都有，每一代大學部的學生都會學到」。我也是其中之一。我大學時在他的教科書第五版學到承載能力，發行於一九七一年；二〇〇九年他去世後發行的第五版，則出現在我女兒的高中生物教室裡。

現在，全球承載能力概念已經演變成「星球限度」（planetary boundaries）概念。二〇〇九年，二十九位歐洲和美國科學家在一份極具影響力的報告中指出，這些限度設定了「讓人類能安全地生存下去」的環境條件（這份報告於二〇一五年更新）。這些科學家指出，為了防範「非線性的突發環境變化」，人類不可逾越九個全球限度。因此我們不可

一、使用過多淡水；
二、讓過多肥料的氮和磷進入土地；
三、過度消耗平流層中具保護功能的臭氧；
四、過度改變海洋的酸性；
五、讓農業占用過多土地；
六、使物種滅絕速度過快；
七、讓過多化學物質進入生態系；

八、讓過多煙灰進入空氣；以及

九、讓過多二氧化碳進入大氣。

這些研究人員提出限度的明確數字。舉例來說，上層大氣中的臭氧（三號限度）不應該少於工業時代前的百分之九十五。我省略這些數字的用意是強調這些基本主張和佛格特當時一樣簡單。只要在這些限度之內，人類可以自由發展。如果超出限度，也就是超越承載能力，問題就會接踵而來。

佛格特希望「聰明、具文化素養，但不懂或只略懂生態學和保育的人」讀他的書，但讀者數目遠超出他的期望。他的概念定下未來數十年環保運動的基調，並且被後來的世代接受和重新呈現。減少消費！消除毒素！關掉空調！多吃食物鏈低層的東西！減少和回收廢棄物！保護生物多樣性！住在接近土地的地方！保護地區群落！小就是美！這些都源自佛格特呼籲減少土壤負擔和與自然合作，不要讓自然負荷過重。

佛格特和許多支持者一樣，相信他倡導的低調、關注當地、以社區為主的生活是充分認知環境限度（必須尊重全球承載能力）和人類限制（缺乏生態交互作用知識）後的合理結果。但這些作法也和良好生活的概念密不可分。批評者常用「抱樹」（tree-hugging）這類形容詞嘲笑這種生活方式，但支持者則說這種生活方式是「永續」（sustainability）。

佛格特的理想社會是一群遵循生態規則、自給自足的公民。這個想法出自湯瑪士・傑佛遜，他認為美德源自農莊，而非市場和城市。我們可以說傑佛遜的這些看法認為鄉村高於城市、農作高於工業、綿密地區連結高於行動自由、節約獨立高於財富和商業。同時我們也可以說佛格特對良好生活的想法相當接近他搬到布魯克林後失去的童年田園情景。不過這裡必須指出，有些人認為在地球上安居樂業的目標能以不同甚至相反的方式達成。如同漢彌爾頓說傑佛遜的想法太過陳腐，這些人認為和自然共存的最佳方法是聚居在大城市裡（據說使用的資源比分散的地區群落更少）、提高生產力（因為土地上耕作的人更少、提高每人的平均產量），並且成長得更興旺（因為社會富裕後更有能力清除環境問題）。

這些主張（也是巫師和先知間的基本爭議）沒有很快地成形，部分原因是佛格特的生活依然不穩定。他撰寫《生存之路》時，李奧帕德計畫聘請他擔任生態經濟學家，這是威斯康辛大學新設立的職位，可能也是全世界第一個同類職位。但在《路》出版前幾個月，一九四八年四月，李奧帕德幫忙鄰居撲滅矮樹叢火災時心臟病發去世。佛格特的工作機會也因而泡湯。

牛津大學出版社剛剛同意發行《沙郡年紀》（*A Sand County Almanac*, 1949），後來這本書成為李奧帕德的重要著作。佛格特銜哀前往紐約向出版社確認，李奧帕德的兒子魯納（Luna）有能力編輯手稿（佛格特也會過目）。佛格特的書在理念上受惠於李奧帕德，《沙郡年紀》同樣也受惠於佛格特，並且在封面印上佛格特的熱情推薦。儘管李奧帕德文筆優美，這本書一開始並未引起注意。但在一九六〇年代，這本書成為環保經典著作，賣出數十萬本，也讓新世代認識佛格特的承載能力和全球限度理論。

李奧帕德去世後兩個月，為了宣傳《生存之路》，佛格特在《哈潑雜誌》（*Harper's Magazine*）發表書摘。這篇文章在洛克菲勒基金會的曼哈頓總部引發大地震。文中隱晦但相當清楚地指責基金會在墨西哥的計畫，這項工作與一個人有關，這個人便是諾曼・布勞格。

第三章　巫師

更多

多年之後，布勞格獲得諾貝爾獎時，將會回顧他帶著懷疑到達墨西哥的日子。他原本要到墨西哥的中央高地培育具抗病能力的小麥，但一九四四年九月他抵達之後，才發現他很不適合執行這個工作，就跟佛格特出發前往秘魯時一樣不適合。他沒有在同儕審查的學術期刊上發表過論文，也從來沒有接觸過小麥，甚至從來沒培育過植物。近幾年來，他沒做過植物研究。自從取得博士學位，他就把時間都花在檢驗工業用的化學物質和材料上。他從來沒離開過美國，也不會講西班牙文。

工作設施同樣不行。布勞格的「實驗室」是沒有窗戶的焦油紙小屋，位於查賓戈自治大學一片占地六十五公頃、遍布矮樹叢的乾地上（「自治」代表這所大學擁有法律權限，可自訂課程而不受政府干擾。查賓戈是這所大學所在的村莊名稱，位於墨西哥市郊）。儘管富裕的洛克菲勒基金會提供布勞格資金，但無法提供科學儀器或機器。第二次世界大戰期間，這類設備僅供軍方使用。

布勞格小時候在貧窮的家族農場田地上工作。他覺得這個工作沉悶乏味，很想離開。在墨西哥，他又回到手工具和耕作動物的世界。白天時，酷熱毫不留情，到了晚上，寒冷潮濕的風又會從山上吹來。附近沒有旅館，所以布勞格只能睡在小屋的泥土地上。晚餐是一罐燉菜，用玉米軸升起的火加熱。蒼蠅隨時飛來飛去，老鼠在黑暗中跑過他的睡袋。水必須用水桶提來，雖然他一定煮沸過後才喝，但還是經常生病。

最糟的是，他非常擔心自己根本不適合這個任務，他後來提到，他覺得來到墨西哥是個嚴重的錯誤。他想藉由工作協助餵飽饑民，這個志向從青少年開始慢慢成形，連他自己也沒察覺到。但他害怕他從第一步就注定失敗。他嘗試過的全都不成功，植物死亡，他也跟主管處不來。從離開家族農場後所經歷的那段迷惘時期之後，他就沒這麼困惑過。

儘管有這樣的預感，他還是成功了。從墨西哥這片被忽略的土地開始的工作，將一路擴散到全世界，改變從玻利維亞到孟加拉等世界各地的生活。他將受到頌揚和譴責，但連對手也肯定他徹底改變人類的前景。他的支持者說他讓十億人免於饑餓，但他一向否認這個數字。

布勞格和佛格特的相似點不大明確。布勞格從未寫過宣言，不願扮演理論家和倡導者的角色，而以自己的人生當成例子，成為一種思想方式的象徵——也就是巫師。至少對於巫師們而言，他的成功證明科學和科技只要運用得當，就能讓人類邁向繁盛的未來。對於如何存活的問題，他的工作哲學是：聰明工作、提高產量、與大眾分享。它說：我們可以為所有人建立富足的世界。伴隨這個世界而來的種種——例如巨大的建設、花園中不停運轉的機器、夜空中人造光源的強光等——都應該勇敢地接受，不應該懼怕。

如同各種象徵一樣，布勞格的科學使徒形象既簡化事件，同時也釐清事實。但這個形象依然呈現了他的某些部分——包括他的堅持、他確信邏輯、知識和努力最後一定會有結果。布勞格的形象一直是號召的呼聲。我認識許多人曾經受他啟發。我問這些人對未來有什麼看法，他們的回答都不一樣，但通常最後會說：「換作布勞格會怎麼做？」

諾小子

諾曼．布勞格漫長的一生住在外國數十年，但愛荷華州始終是他的家。祖先的犁頭征服了那裡的大片雜草。巨大的獨立岩石散落各處，是古代冰河留下的遺跡。直到十九世紀中期，非原住民才大批來到這個地區，來自挪威的移民歐勒．歐爾森．戴布維格（Ole Olson Dybevig）和妻子索維格．湯瑪斯達特．林德（Solveig Thomasdatter Rinde）也在其中。歐勒生於一八二一年，在全世界第二長的松恩峽灣（Sognefjord）的某個轉彎處長大，他生活的幾個農場小得不足以稱為村莊。那裡的土地有美麗富庶的田園，位於平靜的河流上方，但屬於戴布維格家族的不多，而且田地遭到馬鈴薯疫病侵襲。小他四歲的索維格出身附近農場，家裡同樣貧窮。一八五四年，距離他們結婚不到兩星期，他們出發前往美國。他們在途中把姓改成布勞格（Borlaug），希望讓美國人比較好念。這是他們家鄉的地名，但他們終身沒有再回到那裡。

布勞格夫婦在威斯康辛州短暫停留後繼續西行，到達密蘇里河岸。印地安人一直在爭奪這塊區域，因為達科塔州的蘇族被美國國會和當地政府欺騙多年。一八六二年，達科塔族強力反擊。他們在盛怒之下殺害數百名移民，並在一連串戰鬥中打敗當地民兵，最後被美國陸軍擊潰。歐勒和索維格夫婦逃過屠殺，駕著篷車到達愛荷華州東北部的梭德（Saude）。

梭德聚集了大約四十個農耕家庭，有一家商店、一家飼料廠、一家非全職打鐵店、一家合作乳製品廠，以及兩座教堂。布勞格夫婦到達時，那裡的樹比現在多，有橡樹和白楊，但緩坡和現在一樣一路延伸到地平線。我在冬天日落一片金黃時造訪這個地區，可以想見布勞格夫婦一定也看到這樣的景象，一片曾經冷清空曠但充滿希望的土地。

新來的居民用原木建造小屋，再用泥土填補縫隙，種植苜蓿、小麥、玉米和燕麥，養幾頭乳牛，讓狗自由奔跑。當地有一半居民是挪威人，其餘大多是捷克人，當時的說法是波希米亞人。族群之間關係友善但疏遠。我在梭德跟三位在挪威族群中長大的長者聊天，他們的家長都說過不要跟波希米亞女孩交往。

每個族群星期天都會到各自的教堂聚會。挪威人到路德會、波希米亞人到天主教會。在挪威人的教會裡，男性坐一邊、女性坐另一邊。牧師戴著白色褶領和黑色緞質聖帶。禮拜採取挪威方式，直到一九二〇年代初才改變。聖誕節時，會眾在教堂入口放一棵樹，在樹枝綁上點燃的蠟燭。禮拜結束後，大家一起拆禮物。

布勞格夫婦選擇梭德的原因是關係緊密的挪威人族群，而不是土地。這裡土壤淺薄，排水也不良。潮濕助長作物病害，稈銹病（corp diseases）經常侵襲小麥，當地農民大多放棄種植，布勞格家也是如此。土壤貧瘠，所有人都貧窮，許多人因而早逝。單單一八七七年，挪威教堂就舉行過三十次喪禮，占挪威人總數的百分之九。二十世紀初，梭德的人口慢慢流往附近最大的城鎮克雷斯科（Cresco）。梭德太貧窮冷清，距離市場也太遠。

布勞格家沒有人長時間離開。歐勒和索維格夫婦的五個小孩一生大多住在與他們步行可及的距離之內。二十世紀剛開始的幾年，老三奈爾斯（Nels）劃定最大的土地，廣達六十七公頃。一九一三年八月，第二個兒子亨利．奧利佛（Henry Oliver）首先結婚。亨利的妻子克拉拉．瓦拉（Clara Vaala）在十幾個農場以外長大。

七個月後，亨利和克拉拉的第一個孩子諾曼．恩斯特．布勞格（Norman Ernest Borlaug）於一九一四年三月二十五日出世。這個孩子的雙親住在奈爾斯家附近，和亨利的兩個弟弟住在一起。收割時節，整個家族一起工作，包括歐勒和索維格所有的孩子、他們的後代和家人。三十多個布勞格家族成員唱著挪威歌曲，在田裡費力地使用借來的裝備。日落之後，他們聚在一起吃晚餐，又累又餓、用身體讓房子裡溫暖起來。馬鈴薯來自奈爾斯的田地，牛肉是自己養的，自己做的麵包、水煮蛋、用歐勒果園的蘋果做的派。大家都不叫這個嬰兒「諾曼」，而叫「諾小子」（Norm boy）。這個孩子八歲時，全家人（這時還有兩個妹妹）才搬到一公里外自己的家裡。這棟從希爾斯－羅巴克（Sears, Roebuck and Co.）郵購目錄訂購的現代住宅第二〇九號（價格為九百八十一美元）屬於方正又齊全的風格——建築史專家稱為四方屋（foursquare）——強調堅實的美國價值。這棟房子雖沒有隔熱層和管線，但風不容易吹進來。

梭德與世隔絕的程度現在很難想像。這裡挪威家族關係十分緊密，諾小子的雙親即使從來沒去過挪威，英語的挪威腔仍然相當重。那裡沒有電話、收音機和電視，完全沒有任何傳播媒體，唯獨奈爾斯訂的《克雷斯科公論報》（*Cresco Plain Dealer*）。這份八頁的週刊只報導當地新聞，幾乎不提外界。在寂靜的冬日夜晚，諾小子和妹妹們會坐在戶外，身上裹著毯子，等著聽密爾瓦基的火車開進克雷斯科。他說：「這個時候我們才覺得自己是世界的一分子。這些音波是我們跟世界唯一的連結。」（這句話和其他引言都摘自布勞格的口述歷史訪談）。

沿著梭德的泥土路走五公里，可以到達社區學校，這是一棟單間教室的白色建築。這棟房子建造於一八六五年，照明依靠油燈，暖氣來自球形暖爐。一排排陳舊的課桌前是石造黑板，旁邊是一座書架和一本字典、一套百科全書和幾本舊童書。房子外面是兩間廁所，一間男生一間女生。諾小子從一九一九年秋天開始在這裡接受教育，很快就發現父親名字的縮寫刻在桌子上。整所學校只有一個老師，八個年級，總共十到二十個孩子，擠在長八．五公尺、寬七．三公尺的空間裡。所有學生都是白人，這個郡有將近一萬四千名居民，只有四個是非裔。早上一開始是大聲唱《愛荷華之歌》（Iowa Corn Song）：

我們來自愛荷華、愛荷華
全世界最棒的一州
每個人都充滿喜悅
我們來自愛荷華、愛荷華
那兒高高的玉米高高長！

當暴風雪來襲時，學生得趕緊回家，途中努力對抗強風。而當布勞格第一年面臨冬季時，有一次暴風雪來得太快，孩子們還來不及穿上外套，風雪已經襲來。他們用手臂遮住臉，年紀較大的男孩在前面開路，五歲大的諾小子跟在後面。

我們艱難地在一片白茫茫中前進，朝著風傾斜上半身，冰雨遮蔽了視線，在深及腰部的雪中努力掙扎。我當時很慘。冰冷的空氣穿透衣服〔……〕雪黏在臉上、手套和外套上，融化在靴子裡的雪使雙腳麻木，我開始跌跌撞撞。我很快就不行了〔……〕當時我只能做一件事：我躺下來，哭著在大自然賜予的柔軟白色壽衣裡睡了過去。後來有一隻手拉開我的頭巾，抓住我的頭髮，把我的頭拉了起來。我眼前是一張因為生氣和恐懼而緊抿嘴唇的臉。那是我（十二歲）的堂姊希娜（Sina）。她喊：「醒過來！醒過來！」開始打我的臉，一面喊著：「醒過來！醒過來！」

這個小男孩一邊啜泣，一邊讓希娜帶他回家。布勞格蹣跚地走進大門時，他的祖母剛把麵包拿出烤箱。他因為表現出軟弱而有點不好意思，所以坐了下來。一片麵包出現在他面前，熱烘烘地連奶油都融化了。「我五歲差點丟掉小命的那天，我奶奶做的麵包是全世界最美味的食物。」

沒有上學時，布勞格家的孩子就做家務，天沒亮就要起床，一直做到日落以後。男孩除草、挖馬鈴薯、擠牛奶、堆疊乾草、搬柴提水、餵雞、牛和馬。女孩照料菜園、整理洗衣板、打掃房子、縫補衣物、做飯。辛苦永無止境，但鮮少有人抱怨。布勞格家耕作是為了自給，想活下去就沒有其他選擇。

諾小子認真工作但不覺得開心。他特別討厭收割玉米。玉米必須一支支割下，剝去外皮，再丟進推車。銳利的葉子劃破手套和衣物，一天下來，小男孩身上都是刮傷又流血。根據長期同事及布勞格

布勞格夫婦（右下圖）於一八五四年移民到愛荷華州。他們的孫子亨利（上圖右側男士）於一九一三年結婚，和妻子的妹妹夫婦一起舉行婚禮。七個月後，諾曼（左下圖，與妹妹帕瑪和夏綠蒂合影）出生。

布勞格童年世界的焦點是家裡（右中圖，至於左圖則是臥室）、教會（上圖，照片前景為布勞格家族墓地）和學校（右下圖）。最近的克雷斯科鎮在二十一公里外，每年只會去一兩次。

傳記作者諾爾．維特梅爾（Noel Vietmeyer）表示，愛荷華州一個擁有十六公頃玉米田的家族（在當時相當普遍），每年秋天必須人工收割五十萬支玉米。布勞格告訴維特梅爾，這是「兩個月的地獄生活」[1]。

諾小子認為自己是工人，不是學者，但祖父奈爾斯熱切相信教育。他自己只受了三年教育，但敦促兒子亨利念到六年級。現在奈爾斯堅持孫子應該念更多書。他告訴小男孩，「你一定要受教育！知識是你唯一的保障！現在填滿你的腦袋，以後才能填飽肚皮！」諾小子知道自己會和亨利一樣當個農夫，教育改變不了什麼，但他還是乖乖做了作業。

到了七年級，他有了新老師：十九歲的希娜．布勞格，就是那位當年在暴風雪裡救了他的堂姊。諾小子八年級結束前幾星期，希娜主動告訴諾曼的雙親，他們的兒子應該去念克雷斯科的高中。對亨利和克拉拉而言，這個決定相當為難。克雷斯科距離梭德二十一公里，距離太遠，無法通學。如果諾曼去念高中，家裡不只失去一個勞動力，還必須付房租和伙食費。奈爾斯對教育的看法在他們心裡迴盪，但最後布勞格夫婦還是決定把兒子送去克雷斯科。

奈爾斯和亨利買了曳引機之後，布勞格不需要擔憂家裡少了他的勞動力。這部福特森F型曳引機是曳引機中的T型車：設計簡單、構造結實，吸引許多人購買這類以往抱持懷疑的機器。布勞格曾經指出，這部曳引機的四汽缸二十馬力引擎「不需要每天餵三次燕麥就能工作」。鋼鐵打造的機身不需要

1　維特梅爾的書一開始是代寫自傳，後來轉變成三冊的自行出版傳記，內容中有許多引言應該出自布勞格，但其實摘自起初的代寫手稿。雖然不確定布勞格是否曾經說過這些，但他施加了大量編輯管制，所以這本書看起來相當接近布勞格的自傳。我偶爾會從其中摘錄布勞格的「引言」，相信讀者們會瞭解這些引言出處不明。

擦油、刷洗或梳理。像亨利的這類小型農場，將近一半土地用來供應牲口飼料，再用牲口耕作其餘土地。傳記作者維特梅爾寫到，亨利從此不再需要耕作動物，所以賣掉大部分牛和馬，在牲口原本的放牧地上種東西，又從燕麥改種玉米。在產量提高之後，錢賺得更多，因此能買更多肥料和更好的種子，再進一步提高產量。最後，亨利的收成提高到四倍，而且就在同一片土地上。收入提高讓他更無後顧之憂地送小孩去念書。

亨利．福特宣傳新曳引機時宣稱：「人減去機器只是奴隸，人加上機器就是自由人。」幾十年後回顧F型曳引機時，布勞格完全同意這點。他說：「我脫離永無止境的苦工，等於從奴役中解放。」

二壘手

克雷斯科跟梭德比起來算非常大：全市居民超過三千人，從鄉間通勤來此工作的超過好幾百人。布勞格沉醉於克雷斯科的規模、旺盛的活動力，以及更廣闊世界的感覺。道

愛荷華州克雷斯科，攝於一九〇八年。

路兩旁種著榆樹，而鋪著石板的街道帶著他經過高聳的教堂、冒著煙的工廠和擁擠的牲畜圍欄。諾小子眼花撩亂地走著，看見一個又一個城市才有的奇景：醫院、法院、歌劇院、銀行。豪宅的主人是真正的百萬富翁、是一家銀行的總裁。當然還有高中！這所學校成立於克雷斯科角逐郡政府所在地的狂熱年代，是一棟帶有羅馬風格的三層樓巨大建築，擁有厚重的石造地基和高大的尖頂。學校裡的九年級有八十八個人，比梭德全校學生總數的五倍還多。

布勞格仍然是個認真的學生，但其餘時間全都花在田徑上。儘管體格瘦削——身高一百七十七公分、體重六十三．五公斤——但他每年秋天都打美式足球，升上高年級後還成為隊長。到了冬天，他就練摔角，雖然前兩年因為長癤子而大多無法參加比賽。但是他最愛的還是棒球。後來在一次機緣下，爺爺奈爾斯買了一台收音機，用裝在屋頂的小風車供電，這個機緣和購買曳引機同等重要，因為芝加哥的WGN電台會轉播芝加哥小熊隊的比賽。布勞格在暑假中收聽比賽，突然有個野心。他說：「芝加哥小熊隊的二壘手，這是我的目標。」但可惜的是，克雷斯科沒有高中棒球隊，因為球棒、球和手套都太貴了。

布勞格經常匆促決定目標，不管合不合理，就堅持不懈地達成這個目標。他憑著一股衝勁，決定自己組織棒球聯盟，讓地方社區的孩子和另一個社區比賽。梭德的挪威人（二壘手布勞格是隊長）和史皮爾維爾（Spillville）的波希米亞人比賽。雖然他們在牧牛地上打球，用麻布袋當成壘包，但比賽很快就吸引來觀眾。布勞格升上高年級時，梭德—史皮爾維爾棒球對抗賽已經成為史皮爾維爾每年美國國慶的固定慶祝活動。

布勞格低年級時，克雷斯科換了新校長。大衛・巴特馬（David C. Bartelma）高大強壯又熱情，曾經是一九二四年奧運美國摔角隊候補隊員。想當然地，他接手了克雷斯科摔角隊。他是有熱情、喜歡變化的教練，經常要隊員「善用上帝賜予的天賦，如果不這麼做，就不用比賽了」。在激勵之下，布勞格升上高年級時，克雷斯科以八比〇獲勝，布勞格在全州大賽中獲得第三名。儘管成績斐然，布勞格仍然瞭解自己不可能進入小熊隊，因此決定像巴特馬一樣成為老師和教練。巴特馬曾經就讀位於西達佛爾斯（Cedar Falls）的愛荷華州立師範學院。一九三二年五月畢業後，諾小子也決定進入這所大學，並且為了存錢而打零工一年。

布勞格去上大學前一星期左右，一輛奇怪的汽車停在亨利和克拉拉家門前，車上坐著喬治・卓別林二世（George Champlin Jr.）。卓別林剛從克雷斯科畢業，是該校歷史上最優秀的美式足球隊的中衛，同時身兼籃球隊隊長以及校報編輯。而現在他則是明尼蘇達大學明星跑衛。就梭德而言，就好像教宗突然來訪一樣。

卓別林剛被美式足球教練指派尋找新鮮人球員。他從巴特馬那裡聽說布勞格，所以建議布勞格考慮明尼蘇達大學。布勞格回憶，當時他說：「明天早上跟我一起回去，你不會有損失的。」

「要去做什麼？我下個星期五就要去愛荷華州立師範大學了。」

「我可以幫你找工作付房租和伙食費。」卓別林說，如果布勞格不滿意，他還可以「搭便車回來再去愛荷華州立師範大學」。

布勞格又衝動地答應了，沉睡的希望在他心裡重新燃起。明尼蘇達大學有實力堅強的棒球隊，和愛荷華州立師範大學不同。如果他能在隊裡取得一席之地，或許能進入大聯盟。他丟了幾件衣服到袋子裡，第二天早上和卓別林一起離開。

他在明尼亞波里斯（Minneapolis）和卓別林以及另外兩個克雷斯科人一起住在小小的宿舍裡。卓別林幫他找了小餐廳服務生的工作。布勞格的薪水是每小時一頓免費餐點。卓別林也幫布勞格找到另一個泊車工作。這個工作沒有薪水，但小費可以自己收下。加上布勞格的積蓄，餐廳工作的餐點和泊車工作的錢，夠他吃飯、租房子，以及支付第一年的學費。布勞格興奮地寫信給愛荷華州立師範大學，說他不去西達佛爾斯了。

不過布勞格必須等到月底通過入學測驗，才能開始上課。為了打發時間，他白天在市區到處走。明尼亞波里斯對克雷斯科而言，就像克雷斯科對梭德一樣，居民有七十五萬人！這個城市——其實是明尼亞波里斯和聖保羅（St. Paul）兩個城市的聯合都會區——的規模相當驚人，更驚人的是看到經濟大蕭條的影響。梭德沒有受到這次災難波及，因為那裡大多數人是自給農民，和金錢經濟關係不深。然而一九三三年秋天，明尼亞波里斯已經深陷這波經濟衰退之中。街道兩旁有許多搜刮一空的房子；人行道上有許多無家可歸的人包著毛毯——至於那些連毛毯都買不起的人就用報紙裹住身體。布勞格後來知道，這些人有許多是失去土地和牲口的酪農。

鄉村的危機已經累積很長一段時間。第一次世界大戰期間，美國政府要求農民盡量生產牛奶以供應部隊所需，而且以高價支付購買。在龐大誘因下，許多農民增加牲口數量，投資購買新曳引機和擠乳機，新的安全法規又要求他們購買殺菌設備。產量提升，負債也隨之增加。戰爭結束後，牛奶價格滑落，但負債沒有減少。後來經濟大蕭條來襲，價格再度價跌。牛奶生產廠商賣越多虧損越多。抵押品落入銀行手中，迫使農民離開土地，範圍廣達俄亥俄州到內布拉斯加州。流離失所的家庭最後來到明尼亞波里斯。

威斯康辛州東部於一九三三年五月掀起牛奶罷工。示威者推翻牛奶車，毆打試圖販賣牛奶的「破壞者」。警察和國民兵部隊護送牛奶，用棍棒、長槍和催淚瓦斯突破農民封鎖。美國聯邦政府開始控管全美農產價格，但不規範乳品和肉類產業。規模較小的區域性組織——實質上的聯合壟斷——訂定價格底限，以保護乳品和肉類生產者。後來這項措施失敗，價格持續滑落，動盪也持續升高。

芝加哥於一九三三年九月中爆發牛奶戰爭。零星的暴力事件最遠達到明尼亞波里斯，年方十九的布勞格也親眼目睹。當時他穿過一片已經關閉的工廠，看見一群憔悴又穿著破爛的人圍著一排牛奶車，阻止牛奶車前進。保護牛奶車的人身上背著球棒，而示威者大聲譴責他們。布勞格發現叫罵的人不全是農民，其中有些只是饑民，那些餓壞了的男女老少，因為需求而接近瘋狂。他回憶：「突然有個攝影師想爬上車以拍攝更好的畫面。他的三腳架和腳穿破車頂的帆布，全部摔了下來。」警衛「毆打他，破壞他的相機，事件就這樣爆發」。

暴力事件彷彿是個訊號。警衛衝向示威者，棍棒一陣落下，流著血的人慘叫著倒下。有些人抓住車上的牛奶桶，把桶子拉到地上，牛奶灑滿路面的石頭。布勞格當時嚇壞了。接著牛奶車突然前進，駛向人群，許多人邊喊邊後退。驚恐的混亂讓布勞格緊緊貼著工廠外牆。他看不清楚，但聽得到貨車引擎發出聲音，穿過人群。他從沒聽過這樣的呼嘯聲。情勢緩和之後，他驚嚇地穿過打鬥範圍，跑回宿舍。傷者躺在地上，沒人處理。

他想他應該做些什麼。這些饑民隨時可能毀滅世界，但又誰能怪他們呢？他後來表示，使他成為巫師的工作大概就從這時開始展開。一切都起於他在街上親眼見到的可怕的饑餓。

「我只是喜歡戶外」

這場暴動過後，他的人生一點一滴地改變。布勞格參加美式足球隊的選拔，立刻知道自己不夠高大，不符合球隊要求。他也參加了摔角隊選拔，發現明尼蘇達大學只有一位不很專業的兼任教練，而且每星期只練習一、兩個小時而已。後來布勞格也沒通過大學入學考試。

布勞格氣餒地準備搭便車回家，卓別林卻拉他到大學招生辦公室，問職員有沒有什麼課程可以給他朋友參加。幸運的是，這所大學剛剛為失學且程度不足的年輕人設立短期大學，而且亟欲招生。布勞格悶悶不樂地註冊了這個他覺得是「不適者集中站」的課程。他下定決心要進入正式大學，所以上課非常認真，成績優異，因此獲准轉學。獲准轉學時，學校要他選擇主修。布勞格選擇了森林學，他後來承認，原因是他「只是喜歡戶外」。

明尼蘇達大學森林學院成立於一九〇四年，是美國歷史最悠久的森林學院之一。明尼蘇達州有規模龐大的森林產業，需要學校提供學有專精的員工。因此，學院課程幾乎完全以原木管理為主。學生學習如何使用測量員的經緯儀、建造伐木道路、植物和小樹種植，以及木材產品分級等。他們學習不把森林當成野生生態系統，而要當成生長緩慢的農場，也就是生產木材的生物工廠。樹木是作物，每片土地適宜種樹，而種植是為了採收。在幾小時外的威斯康辛州，李奧帕德在上課時談到保育倫理，教土地管理者認識生態系。在此同時，明尼蘇達的森林系完全沒有關於保育或生態學的課。更讓李奧帕德支持者難以想像的是，這裡也沒有關於土壤的課程——整體而完全的觀點在這裡顯然不存在。

布勞格自己也不大可能獲得整體的觀點，因為他太忙於工作了。為了賺錢繳學費和付房租，他每週工作四十小時以上，穿梭在大學實驗室管理工作、在聯誼會會所端盤子（原本的小餐廳已經關門）以及在停車場泊車賺小費之間。由於花在賺錢上的時間非常多，所以布勞格不得不在一年級時放棄大學棒球隊。他告訴傳記作者維特梅爾，繳回球隊制服「是我這輩子最困難的決定」。他依然留在大學摔角隊，因為需要的時間比較少。但布勞格開心的是，他說服大學聘請新教練，是他在克雷斯科的教練巴特馬。巴特馬來到之後，這支隊伍進步神速，布勞格也進入前十名準決賽——並且於二〇〇二年進入美國國家摔角名人堂（the National Wrestling Hall of Fame）。

儘管十分努力，布勞格還是捉襟見肘。但森林管理者需求龐大，因此他可以「先離開學校賺夠錢，讓我可以回來念書，而且生活得好一點」。整體而言，他打算在森林投下一年半的時間，經常花好幾個星期單獨待在森林裡。一九三七年的整個夏天，他都在愛達荷州對抗森林火災。十二月他畢業後，美國森林局提供工作機會，他立刻就接受了。念森林學院總算有了成果。一九三八年一月十五日，他有了穩定的工作。他不用被迫回到梭德務農。他滿心歡喜地開著借來的車子回到明尼亞波里斯。他終於有了穩定收入；他終於可以結婚了。

布勞格離開梭德之後，不到幾星期就認識他的未婚妻。瑪格麗特・葛蕾絲・吉布森（Margaret Grace Gibson）也是那家小餐廳的服務生。瑪格麗特一頭黑髮、個性直率，擁有蘇格蘭祖先白皙帶點雀斑的膚色。她的父親湯瑪士・藍道爾・吉布森（Thomas Randall Gibson），一八六五年生於格拉斯哥（Glasgow），很小就移民到紐約上州。一九〇三年和同樣來自蘇格蘭移民家庭、三十一歲的伊莎貝拉・斯金恩（Isabella Skene）結婚。當時開墾者被奧克拉荷馬州剛興起的石油產業和無主的土地吸引（這個州大多來自開放原住民保留區），因而大量湧入。一九一〇年，吉布森家搬到奧克拉荷馬州美德福（Medford）。這個成長迅速的小鎮鄰近堪薩斯州邊界，該處原本是印第安切羅基族（Cherokee）的土地。他們搬來一年後，美德福大部分地區毀於大火。火災後六個星期，老六也是最小的孩子瑪格麗特於一九一一年八月三十日誕生。

從第一次聊天，瑪格麗特就被沉默結實的布勞格吸引，覺得他在女性面前的羞澀很有趣。瑪格麗特是布勞格的初戀。她和布勞格一樣出身貧窮家庭，難以支付學費。布勞格有機會就從會所偷帶食物給她，但她還是經常沒吃晚餐。就她而言，當布勞格的大衣被偷，因此必須穿著薄夾克度過明尼蘇達州的冬天

布勞格曾是大學摔角選手。

時，她感到很害怕。而只剩半年就要畢業時，瑪格麗特輟學了。她哥哥比爾是明尼蘇達同學會刊編輯，幫她找了校對工作。瑪格麗特自己也希望有一天能完成學業。

他們決定延後婚期，等經濟穩定再說。由於森林局的工作算很穩定，所以布勞格從愛達荷州回來之後立刻求婚。他們決定下個星期五結婚，也就是一九三七年九月二十四日。比爾出借起居室給他們舉行婚禮，布勞格的妹妹坐火車前來。諾曼和瑪格麗特沒錢度蜜月，所以只能安慰自己說，他們不久後就能住在洛磯山脈壯麗的景色中，而這就是很棒的蜜月了。結婚當晚，諾曼搬進妻子的住處。這是一間單房間公寓，有一張沙發床，共用浴室在走廊上。

三個月後，布勞格畢業原本應該是個圓滿的結局，但這時森林局來了一封信。信上說預算緊縮不得不裁撤了他的工作。布勞格如果重新應徵，這個夏天或許可以找到工作。但這正是布勞格最不希望碰到的狀況：結婚之後沒有明確的經濟來源。瑪格麗特說她的薪水足以供應兩人的生活。她提議，在等待森林局回音的期間，布勞格不妨去念一學期的研究所課程。

她說，布勞格說不定可以跟史泰克曼一起工作。

「消滅這種邪惡的灌木」

布勞格四年級的某一堂課上，老師分發被真菌感染的木材樣本，要同學仔細觀察。學生低頭看顯微鏡時，一個中年男子抽著煙斗衝進教室。布勞格後來回憶，他沒有自我介紹也沒有解釋，就開始問學生問題：

他的問題不是（關於）我們正在觀察的樹木真菌，而是木材的結構和樹的品種、這是什麼和那是什麼和為什麼，同時開始進行初步博士考試〔……〕他先從我隔壁的同學開始，弄得那位同學一頭霧水，接著開始問我。我完全不知道這個人是誰，但也我開始猜想。他離開之後，整個班級都不知道這是怎麼一回事，我猜想他就是史泰克曼博士。

布勞格的猜測是正確的：這個叼著煙斗的人是艾爾文．查爾斯．史泰克曼（Elvin Charles Stakman），後來將成為他的朋友並帶來深遠的影響。史泰克曼和布勞格一樣出身於美國中西部內陸地區的貧窮家庭，在明尼蘇達大學取得學位。他成為這所大學剛成立的植物病理學系的第一批教授。布勞格遇見史泰克曼時，他是校園傳奇人物。史泰克曼富有魅力、有企圖心、少見地謙遜，不把科學視為無趣的知識探索，而是造福人類的一種工具，或許也是**唯**一的工具。他常解釋說，所有科學的價值不一定相同，如同他說：「植物學是最重要的科學，植物病理學則是它最重要的分支。」

在實驗室被史泰克曼拷問之後，布勞格修了一堂他的課。史泰克曼特別喜歡這堂課的主題，是侵襲小麥的黑稈銹真菌（the black stem-rust fungus）。稈銹病如今很少出現在農業領域之外，但它曾經是全人類最可怕的夢魘，數千年來曾經造成多次饑荒。布勞格非常清楚，一八七八年一場稈銹病爆發，使他的祖父母無法再種小麥。一九〇四年和一九一六年的大流行，在美國中西部和歐洲北部造成嚴重災情。史泰克曼對抗這種真菌已經超過二十年。多年之後，布勞格也將加入抗銹部隊，並且來到墨西哥市外這片荒原上。

長久以來，稈銹菌傳播迅速又難以阻止，因此羅馬人將它視為疫神，以鐵銹色的狗獻祭祈求平安。幾百年後，科學家才發現稈銹病的病原是真菌，而不是超自然力。「真菌」這個詞讓稈銹菌聽起來似乎很簡單，但其實稈銹菌是十分複雜的生物，是演化伎倆的重大成就。琳恩．馬古利斯有一次眼神散發光芒地告訴我：「總共有**五**種孢子繁殖法！有什麼理由不喜歡呢？」在她看來，真菌遠比小麥有趣得多。

感染稈銹菌的小麥植株會出現無數鐵銹色的小斑點，像天花患者一樣，每個斑點包含數千個孢子。孢子直徑僅千分之一公釐，肉眼無法看見。極小的風就能把孢子隨稀薄的水氣帶到大氣高處。它們充滿在空氣中，擴散數公里之遠。環境歷史學家加奈特．凱爾福特（Garnet Carefoot）和艾德加．史普拉特（Edgar Sprott）寫道，狀況較好的時候，「全世界產生的稈銹菌孢子比全世界海灘上的草葉或沙粒，或是宇宙所有星系的恆星還多。」凱爾福特和史普拉特確實有點誇張，但事實也的確超出我們的想像。史泰克曼曾經估計，一英畝「中度感染稈銹病的小麥」可產生五十**兆**個孢子。

稈銹菌的生命過程相當複雜，至少包含四個發展階段。對人類影響最大的是侵襲小麥的階段，但對真菌而言最重要的階段則是寄生在另一種完全不同的植物：歐洲小檗（European barberry）。小檗是大約和肩膀同高的多刺灌木，小小的紅色莓果可做成酸味果醬。歐洲移民帶這種植物橫渡大西洋，散播到美國和加拿大各地。在小麥上，稈銹菌以無性方式製造孢子，孢子長成與親代基因完全相同的真菌。但在小檗上，稈銹菌產生雄性和雌性兩種不同的孢子，兩種孢子結合產生與親代基因不同的孢子。史泰克曼某些較早的研究證明了這種兩性繁殖方式可快速產生新的基因變化組合，讓稈銹菌擁有幾十種不同的品系，每種品系各有不同的能力。

在北美和歐洲比較寒冷的地區，這種真菌在小麥田裡無法度過冬天，所以有兩種回歸侵襲作物的方法。第一種方式出現在墨西哥或非洲北部等地，這些地區天氣不夠寒冷，無法凍死真菌。持續不停的風把孢子從溫暖的感染庫吹到北方比較寒冷的地區。春末溫度上升時，孢子可度過這段旅程，寄生在幼小的小麥植株。黑稈銹菌的學名是「Puccinia graminis」，從南到北的傳播途徑稱為「稈銹菌公路」（Pucinia highways）。第二種侵襲方式則出現在比較寒冷的地區。當初冬天氣轉為嚴寒之前，這種真菌產生寄生在小檗上的孢子。這種孢子可度過冬季。初春時，小檗上的孢子萌芽，散播到小檗的葉子和莖各處，穿出表面，產生另一種孢子。這種孢子能感染小麥。經由空中的稈銹菌公路和透過小檗傳播的兩種孢子分進合擊，侵襲北方的農場。

一九一六年，稈銹病肆虐北美地區，收成減少將近三分之一，麵包價格隨之飛漲。一年後，美國加入第一次世界大戰。美國政府擔憂食物短缺，因此立刻援助農業生產。美國政府大力鼓勵農民：多耕作一些土地！多收成一些小麥！海報上寫著：食物將打贏這場戰爭。史泰克曼成為戰時植物病理委員會主持人。他用這個新管道發送一項訊息：稈銹菌是美國穀物最大的威脅，最好的對抗方法就是消滅小檗。

美國部隊開往海外時，史泰克曼說服美國政府，讓他執行全美小檗根除行動，這是大規模環境管理行動的先驅。這次行動的目標是徹底根除這種植物，從科羅拉多州到維吉尼亞州、從密蘇里州到北達科塔州。幾十萬份文宣、海報和傳單把小檗形容成「壞蛋」、「威脅」、「危險的外來敵人」。小冊子要求農民把「這種邪惡的灌木一律消滅」。美國政府新聞稿甚至宣稱小檗是「親德的」（pro-German）。男童軍、教會會眾、美國未來農民會（Future Farmers of America）、聯邦人員、小學生，全部都受命搜尋、挖除和毒殺小檗。「稈銹病剋星」（Rustbuster）團體甚至還發獎牌給通報鄰居有小檗樹叢的兒童。稈銹病正義魔人用曳引機扯下小檗，在地洞撒鹽或倒煤油，殺死殘餘的根部。十二年內，小檗消滅大行動在美國十七個州消滅了一千八百多萬叢小檗。

剷除小檗消滅了稈銹菌的有性生殖，減緩稈銹菌演化出新品系的步調。在此之前幾十年，植物育種專家已經培育出抗稈銹病的小麥，但發現稈銹菌只要一兩年就能適應這些小麥，並恢復侵襲能力。剷除小檗可使這種真菌的演化機制停滯。小檗剷除行動達到頂點時，史泰克曼主持一個研究團隊，培育出新的抗稈銹病小麥。這種小麥稱為「柴契爾」（Thatcher），於一九三四年問世。沒有小檗協助，稈銹菌無法征服這種小麥，而且延續將近三十年之久。

對史泰克曼而言，小檗剷除行動證明了科學改善人類生活的強大能力。這次行動成為未來的參考，一九四三年他被要求到墨西哥發展科學化農業時發揮了效用。這個要求來自美國副總統亨利．華萊士（Henry Wallace）。華萊士在愛荷華州長大，父親是美國農業部長，從小就做育種實驗，自己發現混種優勢（hybrid vigor）現象，就是某些混種生物因為混合兩親的基因遺傳而超越親代。華萊士博學又古怪，曾經編過家族報紙、研究基督教神秘主義，在統計學和經濟學方面貢獻卓著，同時親身測試各種流行飲食。他在大學時曾經好幾個星期只吃黃豆、瑞典蕪菁、玉米和奶油做成的糊過活，因此病得相當嚴重，不得不輟學休養。有時他只吃柳橙或喝牛奶，或是實驗性的牲口飼料。

美國政府科學家於一九一八年成功培育出第一種混種玉米。華萊士研究他們的結果，進一步發展，並且於一九二六年成立公司，這家公司後來成為混種玉米的重要供應商：杜邦先鋒公司（Pioneer Hi-Bred）。儘管華萊士個性古怪，小羅斯福（Franklin Delano Roosevelt）總統依然於一九三三年任命他為農業部長，他父親也曾擔任過這個職位。七年後，羅斯福總統選擇華萊士擔任副總統。羅斯福於一九四〇年十一月再度當選總統後，華萊士到了墨西哥，開自己的車以保持低調。這次訪問相當危險，墨西哥正陷入左、右派之間的衝突。右派法西斯分子在美國大使館前示威，還攻擊就職車隊；同時，華萊士每項行動也都伴隨著左派分子的死亡威脅。不過他依然希望這次造訪能緩和美國和墨西哥間的緊張關係。

就職典禮過後，華萊士和即將上任的墨西哥農業部長馬蒂．戈梅茲（Marte Gómez）花了三個星期探視鄉間村莊，華萊士堅持以極端不流利的西班牙文跟農民講話。他看到這裡的農民以削尖的木棒栽種、用手除草、自己把收成背到市場，感到十分震驚。對深信基督教慈悲訊息的華萊士而言，顯然應該幫助他們。他和戈梅茲談過後發現，美國政府直接協助墨西哥會被視為北方佬（Yankee）擅自干涉，因此在政治上無法接受，但間接協助又是另外一回事。回到美國後一個月，這位副總統請洛克菲勒基金會主持人前來開會。

洛克菲勒基金會成立於一九一三年，創立者是標準石油公司老闆約翰．洛克菲勒（John D. Rockefeller Sr.）

一九一八年左右，史泰克曼正在檢視小麥苗。

和他的兒子小洛克菲勒（John D. Rockefeller Jr.）。基金會的初期捐贈基金是一億美元，當時這個數字可說前所未有，因為美國聯邦政府的年度預算還不到十億美元。洛克菲勒基金會的初步行動是成立通識教育委員會（General Education Board，簡稱GEB）。這個委員會曾經在美國南方宣揚更好的農耕技術，例如防止棉子象鼻蟲（boll weevils）和其他棉花害蟲散播的方法等。由於GEB計畫相當成功，所以美國國會於一九一四年以它當成模範來建立全美推廣代表網。推廣人員是技術人員，負責把最新的農業研究成果傳達給當地農民（這個網或至今依然存在，而且是美國農業系統中相當重要的部分）。一九三〇年代，長年派駐墨西哥的大使要求洛克菲勒在墨西哥設立GEB。基金會主管拒絕了，原因是擔憂墨西哥長年以來一直很反對美國的干涉。現在華萊士要求基金會重新考慮。華萊士說，如果玉米收成能夠提高，「對墨西哥國民生活的助益將會比其他措施更大。」洛克菲勒基金會是民間機構，只能低調進行，以避免政治紛爭。

焦慮的基金會主管向專家尋求建議，加州大學柏克萊分校地理學家卡爾．梭爾（Carl O. Sauer）是其中之一，研究拉丁美洲已有數十年。梭爾告訴基金會，這麼做的發展潛力「非常大」，但風險也很大。五千到一萬年前，墨西哥中南部的當地天才以另一種小得多的野生植物培育出史上第一種玉米，這種植物稱為大芻草（teosinte）。從此以後，印地安農民培育出數千種玉米，各有不同的口味、口感、色彩和適合的氣候和土壤種類。紅色、藍色、黃色、橙色、黑色、粉紅色、紫色、乳白色，還有彩色，墨西哥玉米多樣的色彩反映這個國家多樣的文化和環境區域。墨西哥小而多變的土地正好和美國中西部廣闊單一的玉米田完全相反。

玉米屬於開放授粉，花粉散播得又遠又廣（相反地，小麥和稻通常是自行授粉）。風通常會把花粉從一小片墨西哥玉米田吹到另一片，所以品種會不斷混合。一段時間之後，不受控制的開放授粉會形成同質性相當高的幾個玉米族群。但這種授粉方式其實並非不受控制，因為墨西哥農民會在下一季仔細選擇該播下的種子，而且通常不會選擇明顯的混種。因此玉米品種中同時有穩定的基因流和抵消這個基因流的力量。這片在農民個人選擇下維持大致平衡的基因海不只是墨西哥的資源，也是全世界的資源。它是地球上最重要的一種糧食作物的基因寶庫。

梭爾的確同意協助這些維護基因資源的農民是好事，但如果這樣會破壞他們的生活方式，降低玉米的多樣性就不好了。他大聲呼籲：「美國許多積極的農藝學家和植物育種人員大力推展美國商業產品，可能永久破壞本地資源。」此外他還指出：「除非美國人瞭解這點，否則最好完全退出墨西哥。」

梭爾的警告言猶在耳，所以基金會派遣三位科學家前往墨西哥，分別是專精於拉丁美洲玉米的哈佛大學植物遺傳學家保羅．曼格斯多夫（Paul C. Mangelsdorf）、康乃爾大學土壤專家理查．布萊德菲爾（Richard Bradfield）和對墨西哥這個稈銹病大陸寶庫一直很有興趣的史泰克曼。他們三人於一九四一年夏天在墨西哥停留六個星期，研究從格蘭河（Rio Grande）到瓜地馬拉邊界的玉米田。他們看到的是人類的災難：所有希望都被大規模地剝奪。他們後來寫道：「絕大多數墨西哥人吃得不夠、穿得不夠、住得也不夠。墨西哥人普遍的生活水準低得可憐。」而且狀況越來越糟。一九四〇年，墨西哥種植玉米的面積超過一百萬英畝，但收成比一九二〇年時少了三分之一。在此同時，人口卻增加了五百萬人以上。

布萊德菲爾、曼格斯多夫和史泰克曼表示，洛克菲勒基金會的立場是提供協助。協助是好事，也很「親切有理」。基金會可以派遣研究人員駐紮在墨西哥，提供「一點明智的建議」給墨西哥剛成立的農業研究團隊。這些研究人員可以仿照美國的推廣制度，把研究成果移轉給農民。

這三位科學家在墨西哥採取的行進路線和兩年後佛格特夫婦的路線相當雷同。這兩組人都在報告中提到嚴重貧窮和遭到侵蝕的土地，但兩者對解決方案的想法卻完全不同。對佛格特而言，基本問題是土地退化，所以主要解決方案是減少土地負擔。相反地，這三位科學家認為墨西哥的問題從根本上來自缺乏知識和工具。這兩種方法南轅北轍，也是巫師和先知之間的分野。

但與此同時，這兩份報告也有令人意外的相同點：它們都不打算理解墨西哥農民如何陷入這些困境。墨西哥於一八二一年取得獨立時，這個新國家大多數的人民是沒有土地的小農，終日在大莊園裡耕作，狀況跟奴隸不相上下。後來狀況更加糟糕：獨裁者波費里奧・迪亞斯（Porfirio Díaz）在一八七六到一九一〇年的統治期間，把財富和土地集中在數百個特權家族、外國公司和天主教會手中。後來血腥內戰爆發，最終於一九一七年制訂新憲法，承諾重新分配土地。然而一開始打算要實現承諾的措施卻引發有錢人和教會激烈的抵抗，迫使政府退讓。但當新總統拉薩羅・卡德納斯（Lázaro Cárdenas）於一九三四年上任後，政府再度嘗試分配土地。卡德納斯政府從莊園取得將近兩千零二十萬公頃土地，授予農民共同經營的村社（ejido）。其中約一百六十萬公頃的地主是美國企業，因此點燃墨西哥市和華盛頓特區之間的外交爭端。地主一如往常展開反擊，甚至密謀政變和暗殺。有些人相信村社將被迫接受不良土地，例如那些太乾或地勢太陡而導致無法耕作的土地。一九四〇年，一萬一千個新村社開始耕種十年所前留下的將近一百萬公頃土地，我們不難想見其結果有多麼糟糕，因為侵蝕和土壤耗竭十分嚴重。那些佛格特視為因高出生率而導致的必然惡果大多伴隨絕非無法避免的政治事件。史泰克曼、曼格斯多夫和布萊德菲爾認為貧窮源自於缺乏取得知識的管道，但其實這只是因為富有的上流階層極力把持地位的結果。

三位科學家向洛克菲勒基金會提交報告後數個月，日本突襲珍珠港。美國開始動員時，南邊有個鎮靜又繁榮的鄰國似乎成了很大的優點。為了協助戰事，基金會同意參與以往極力避免的事務。史泰克曼被詢問是否願意主持這項工作時，他相當猶豫，畢竟他已經被美國植物病理學戰時委員會（the War Emergency Committee of the American Phytological Society）選入特別小組；軍方要求這個小組防止真菌和黴菌破壞太平洋戰區中的裝備。史泰克曼因而推薦他的學生喬治．哈拉爾（J. George Harrar）。「荷蘭人」哈拉爾身材瘦小、西班牙文流利，既好鬥又有魅力，但他是個奇特的人選；因為他是城市小孩，從來沒在農場工作過，也沒研究過玉米（跟史泰克曼一樣，他其實是小麥疾病專家）。儘管如此，這個選擇仍然相當正確。哈拉爾友善的堅持非常適合執行墨西哥官員、美國研究人員和當地農民之間的雙語協商。最後，哈拉爾在墨西哥的工作十分成功，他也於一九六一年升任基金會理事長。即使如此，他一開始還是花了將近一年的時間，才取得雙方政府的必要許可。

這個計畫承擔著互有重疊的多方期望。墨西哥官員希望這項計畫協助墨西哥現代化，但也擔憂它帶來的政治衝擊；特別是這項計畫不能被當成是允許美國控制重要經濟命脈的手段。為了平息這些憂慮，哈拉爾同意這項計畫只在墨西哥市西北邊高地的巴希奧（Bajío）實行。巴希奧從殖民時期起就是墨西哥的農業中心，但現在極度貧窮且生產力低落。同一時間在美國，洛克菲勒基金會的主管、研究計畫科學家和某些政治人物（尤其是華萊士）希望這項農業計畫能夠減輕饑餓狀況。不過美國官員大多把它視為協助墨西哥穩定政治、防範動亂威脅越過邊界的機制。科學家、基金會官員和政治人物都希望它能逼退共產黨所宣稱的，貧窮國家的貧困和饑荒都是西方資本主義所造成的主張。這項計畫實行時，史泰克曼、布萊德菲爾和曼格斯多夫問：「現在人類最大的敵人是什麼？」

顯然是饑餓，畢竟人餓肚子時什麼都沒辦法做；而那些因饑餓而造成的整體需求、因人口不斷擴大而需索無度的壓力，以及民眾不顧後果的動盪，都讓人們走投無路，以至於接納新的政治思想或許還能夠有所斬獲。但這些政治思想的目的不是創造個人自由，而是破壞自由（……）另外那些住在亞洲和其他地區的好幾千萬人是否將成為共產信徒，部分取決於共產世界或自由世界是否能實現承諾。雖然饑餓的人民受承諾誘惑，但民心確實能以實際行動贏得。因為共產主義對吃不飽的人民做出誘人的承諾，所以民主不只要提出等價條件的承諾，還必須比共產主義給得更多。

雖然這項計畫的重點是增進玉米產量，但史泰克曼巧妙地取得許可，以一小部分資源達成次要目標：也就是攻擊美國邊界以南的稈銹病庫。如果史泰克曼能在墨西哥培育出具抗病性的小麥品種，這種真菌將失去其支援基礎。它將無法再經由稈銹菌公路前往美國。由哈拉爾主持，名稱平淡無奇的「墨西哥農業計畫」（Mexican Agricultural Program）便於一九四三年二月展開。

然而計畫進行得百般不順。這個由研究人員和技術人員所組成的小型洛克菲勒團隊謹記梭爾的批評，決定改良當地玉米品種，讓巴希奧農民依照原來的方式種植。一旦這些品種培育出來之後，他們會和墨西哥的農業研究人員合作，散播這些品種。可是墨西哥科學家卻另有目標──那就是現代化。他們自己想要擁有具備超高產量的雜交品種、商業化的高產量農場。例如美國中西部就是良好的典範：單一種植且品質最佳的混種玉米田。墨西哥科學家決心消除內陸地區「受汙染的」雜亂玉米。對這些墨西哥的研究人員而言，洛克菲勒計畫的協助方案看來可笑甚至無禮，因為這些「美國佬」

妄想用美國早已放棄的二流方法搞定墨西哥；那些棱爾口中所讚美的墨西哥小農應該要到工廠就業，製造貨品供應中產階級的消費者。所以不要再用木棒挖土了，因為我們要的是現代科學！就美國科學家看來，墨西哥人是在追求妄想。即使墨西哥的貧困農民有辦法購買和種植混種玉米，墨西哥也沒有足夠完善的市場讓他們銷售。歷史學家凱琳．馬契特（Karin Matchett）指出：「實際上，這次嘗試合作的計畫讓參與的各方都不高興。」

由於墨西哥官員不合作，玉米研究人員無法把他們的研究進展推廣給鄉村農民，然而這卻是計畫中的重要部分。在被要求展示成果的壓力下，這幾位科學家最後放棄鄉村貧困農民，改以棱爾所反對的大型商業農場為目標。這個計畫開始十年後，顯然沒有達成原本的目標，雖然洛克菲勒基金會的人大多平心以對。事後看來，讓大家真正驚訝的是，史泰克曼的稈銹病計畫的確成為改變世界的成就。史泰克曼和其他人一樣驚訝。但他在明尼蘇達州有其他工作，因此把防治稈銹病的責任交給哈拉爾，而哈拉爾又移交給當地人員。其中一名當地人員就是布勞格。

在巴希奧

布勞格和史泰克曼的第一次接觸不怎麼愉快。他依照瑪格麗特的建議，詢問史泰克曼是否可以研究森林病理學幾個月，同時等待愛達荷州的工作確定下來。在布勞格的記憶中，史泰克曼回答：「念一、兩個月填補空檔，等下一個工作嗎？」他告訴布勞格，研究所「不像小說可以說讀就讀、說放就放。你必須對這件事認真一點，年輕人。」此外他也不贊成森林病理學這個主題，布勞格不應該把自己限定在單一學科。如果布勞格選擇一般作物科學，史泰克曼可以提供助教獎學金讓他支付學費。這個職位的工作是計算玻片上有多少稈銹菌孢子。布勞格接受了他的條件。他後來花了很多時間數孢子，最後右眼視力還因此受損。

愛達荷州的森林局工作最後沒有著落。但布勞格研究了梣葉槭（box elder）的真菌疾病，並於一九四一年取得碩士學位。他完成碩士學業後沒有依照原訂計畫立刻找工作，而是開始準備攻讀博士。在博士論文中，他研究侵襲亞麻的土壤真菌。這個主題的吸引力包含三方面：第一，史泰克曼取得經費補助這項研究。第二，這種真菌和他已經研究過且成果頗豐的梣葉槭真菌有關。第三，這個主題和小麥或稈銹病無關。由於史泰克曼已經有很多學生研究這小麥和稈銹病，所以布勞格覺得自己一定會被埋沒。史泰克曼翻了翻白眼，但還是接受了布勞格的決定。布勞格發現史泰克曼在叼著雪茄的直率外表下，還算是個十分親切的人。即使史泰克曼對學生要求很高，但學生需要時一定會出手協助。他常說眼界要放大，儘管有點不安，但確信布勞格的確學到了有關小麥的知識。

在系館旁邊的田地裡，史泰克曼有十六公頃的染病小麥，準備讓我們跟黑穗病、痂皮病、稈銹病、稻熱病、疫病、腥黑穗病、凋萎病、白粉病等疾病對抗。每個星期六下午，學生和教職員走過這些病得奄奄一息的植物。史泰克曼每停在一株植物旁邊，我們就開始爭論這是什麼病。這個過程有時長達好幾小時，有時非常激烈。這就是他的風格。他的實驗室和教室是既充滿火光又開放的知識論壇。

不過開放還是有限度的。布勞格念大學時修過一般通識教育課程，包括英美文學、實用心理學等，甚至有一門課叫做「如何研究」。進了研究所之後，這些都改變了。除了旁聽一學期的初級法語外，布勞格沒修過植物學和植物病理學以外的課。他沒學過生態學、農藝學、土壤科學、水文學、地理學、農業經濟或歷史。令人驚訝的是，布勞格也沒修過植物育種的課，即使美國最著名的植物育種專家赫伯特．海耶斯（Herbert K. Hayes）就剛好在明尼蘇達大學教書。布勞格和佛格特一樣成為科學家，但佛格特鑽研的生態學和布勞格的植物病理學大不相同。

李奧帕德和他支持者所實踐的生態學有一項任務：全面研究物種間的交互作用，藉以保護生態系的完整性。植物病理學的任務則完全不同：消除任何妨礙人類滿足需求的害蟲和疾病。佛格特的生態學注重謙卑和極限，而布勞格的植物病理學則是「擴張」（extension）的方法。找出研究主體、反覆進行實驗，盡可能推廣結果。史泰克曼告訴他，這就是知識造福人類的途徑。

布勞格遵循這些原則，蒐集了一千多個真菌感染亞麻樣本。他從這些樣本取得純培養菌，再注射到裝滿消毒土壤的四吋罐子裡。在他博士論文所提到的十幾次實驗中，他在打過預防針的土壤裡種下二十種亞麻，企圖尋找能抵抗真菌的品種。結果沒有一種亞麻有免疫力。研究雖然還沒完成，但他不得不放棄，因為他接受了一個工作。

一九四一年十月，史泰克曼找他來。等在史泰克曼辦公室裡的是布勞格大學時的教授。他已經離開明尼蘇達大學好幾年，在德拉瓦州威明頓（Wilmington）的杜邦化學公司（E. I. du Pont de Nemours）主持實驗室。他現在回到明尼蘇達州，帶了個問題問布勞格：想不想接他在杜邦的位子？這個職位的年薪是兩千八百美元，比瑪格麗特的校對薪水多出許多。史泰克曼告訴布勞格，他可以在一個月內完成研究，搬到德拉瓦州，利用晚間完成論文。

但布勞格不大確定。杜邦公司成立於一八〇二年，一開始是幫軍方製造炸藥，而最近則是開發出尼龍、嫘縈和奧綸等人造纖維。一個農業科學家到那裡能做什麼呢？此外，布勞格仍然希望住在洛磯山脈西部的森林裡。但當他跟瑪格麗特提到這個工作機會時，她的反應相當直率：我們還有其他選擇嗎？其他公司可沒有這麼積極地找他。一九四一年十二月一日，諾曼和瑪格麗特離開明尼亞波里斯，開著他們唯一的財產：一輛向瑪格麗特父母買來的一九三五年產的龐帝克轎車。

當時開車到威明頓需要將近一星期，大部分是有車輪痕跡的鄉間道路。諾曼和瑪格麗特看見街上有激動的群眾。布勞格問路人發生什麼事，路人回答：「珍珠港被轟炸了！」布勞格從來沒聽過珍珠港，他困惑地繼續開向德拉瓦州。第二天，十二月八日是他到杜邦的第一天，當時他才知道原來美國參戰了。

布勞格和佛格特一樣，想為國家盡一分力。但他加入陸軍的申請被拒絕了。軍隊對二十七歲、已婚、視力又不好的人沒興趣。無論如何，他很快就被戰時人力委員會歸類為「對戰事十分重要」的那一類，而他也必須確定杜邦公司的細菌培養不落入納粹破壞分子手中。因

瑪格麗特和諾曼，攝於新婚時期。

此布勞格事實上已經成為美軍的一員。

布勞格守護杜邦公司的培養皿後，還有許多任務。他測試了偽裝塗料的耐久性；檢驗淨水藥品消滅病原體的效果；開發噴在口糧紙箱上的藥劑，讓紙箱拋在海水中也不會損壞；他建造高溫高溼的「叢林室」，評估黴菌侵蝕軍服的速率；他還研究電子裝備的防護包裝。此外他更發明新方法，防止保險套包裝受黴菌侵襲。[2]

布勞格對感情相當壓抑，但對家人除外。他沒有留下日記，私人信件也極少。和佛格特一樣，我們必須從少許證據裡推測他的想法。他當時似乎已經察覺到，測試塗料無論對戰事多有幫助，依然算不上是有企圖心或能為他獲得什麼地位。當他在一九四二年的植物學會議上見到史泰克曼和哈拉爾，而他們跟布勞格談到墨西哥的工作時，這個工作在他耳裡聽起來成功機會雖不大但卻很有趣，

2 布勞格很早就試過殺蟲劑Dichloro-Diphenyl-Trichloroethane，簡稱ＤＤＴ。維特梅爾指出，布勞格說大英帝國化學工業（Imperial Chemical Industries，簡寫為ＩＣＩ）於一九四二年提供ＤＤＴ樣本給杜邦，ＩＣＩ本身則由蘇聯取得，蘇聯的來源則是被俘虜的德國士兵。俄國發現這些戰俘帶著殺蟲藥粉，所以身上沒有虱子。這種藥粉就是ＤＤＴ，一九三〇年代由瑞士的嘉基（Geigy）染料公司開發，再賣給納粹德國。布勞格用花園害蟲來測試這種藥粉。多年來，布勞格告訴維特梅爾：「我的手和衣服上到處都是這種藥粉，接觸程度跟全世界任何人一樣多。但當時和後來對健康都沒有不利的影響。我也看不出環境受到傷害的證據〔……〕所以我一直對現在宣稱ＤＤＴ造成的災難感到懷疑。」布勞格說的被俘虜的德國士兵的故事可能是假的。研究殺蟲劑的波士頓大學歷史學家艾德蒙·羅素（Edmund P. Russell）告訴我，他從來沒聽過這件事。有書面證據支持的真實歷史是嘉基公司自己出售ＤＤＴ樣本給美國政府。布勞格在杜邦可能曾經用過這些樣本，但或許記錯來源。如果維特梅爾引用的內容沒錯，布勞格後來對ＤＤＴ影響抱持的懷疑應該源自這項工作。他很聰明，但宣稱他的個人經驗證明ＤＤＴ沒有危害，就和宣稱隔壁老王吸了五十年菸身體都很好，所以吸菸不會導致肺癌一樣。

而且說不定還能改變數百萬人的生活。那麼布勞格對這個工作有興趣嗎？他回覆說，我沒辦法離開現在的工作，因為我「對戰事十分重要」。哈拉爾覺得他的聲音裡有點遺憾：布勞格看起來是厭倦了杜邦公司。

史泰克曼事後還是持續跟布勞格談到墨西哥農業計畫。這個計畫現在找不到人，因為史泰克曼和哈拉爾跟許多科學家商談，結果不是年紀太大就是很難合作，或是很可能惹火墨西哥人。相反地，布勞格年輕、願意冒險，而且非常親切。除了缺乏這個研究主題的專業知識和沒有相應的學術地位外，其他方面都是最佳人選。其他人選落空後，布勞格的優點顯得更明顯。一九四三年六月，哈拉爾再度詢問布勞格是否願意負責稈銹病工作。這次，布勞格在詢問妻子的意見後同意接任。他告訴哈拉爾，如果洛克菲勒基金會沒有要求他加入墨西哥農業計畫，他會申請海軍的委員會。在確定要去墨西哥後，布勞格離開杜邦公司、安排交接、與墨西哥方面簽署合約、取得相關簽證和戰時許可，以及在墨西哥市成立辦公室，這一系列手續讓布勞格、哈拉爾和基金會花費了一年以上，非常考驗布勞格的耐心。他終於在一九四四年九月十一日啟程前往墨西哥。瑪格麗特當時懷著第二個孩子（第一個孩子諾瑪珍〔珍妮〕於一年前出生），所以留在威明頓，生產後再去會合。

布勞格第一次接觸這個計畫時相當震驚。世界上最大的慈善機構歷經兩年的規畫和協調，在墨西哥市北邊的偏僻郊區成立了小小的總辦公室。市區有幾間房間，係借自洛克菲勒基金會另一個規模大上許多的對抗瘧疾計畫。另外在市區東邊一小時車程的地方有六十五公頃矮樹叢生的貧瘠土地，位於查賓戈自治大學內。總辦公室有四位墨西哥農業計畫的美國全職人員，分別是布勞格、哈拉爾、知名玉米育種專家艾德溫·威爾豪森（Edwin Wellhausen），以及剛從康乃爾大學畢業的土壤科學家威廉·柯威爾（William Colwell）。市區辦公室人員只有一個收發人員，而負責這個計畫最有價值的實體資產竟然是一條可打到美國的電話線。查賓戈試驗場沒有溫室或實驗室，甚至連一塊「農地」也沒有。布勞格的第一個任務是劃定田地、道路和（未來的）灌溉管的界線。

部分說來，基金會認定小型研究團隊只需要向墨西哥人推薦優越的美國方法，就可以產生很大的影響。一九四四年的春天，哈拉爾在查賓戈的一片土地種植最先進的美國混種玉米、小麥和豆類。布勞格十月到達後看到結果。這三種作物都因為疾病、昆蟲和提早結霜而幾乎死光。雖然有幾株小麥活了下來，但產量幾乎等於零。因為某些原因，北方品種無法承受南方的條件。布勞格告訴維特梅爾：「這是我們第一次體認到在墨西哥種植作物可能和我們預期的不同。我們原以為種子的表現和在美國一樣，但突然之間，我們似乎不應該這麼有自信。這地方比我們想得更狡詐。」哈拉爾要布勞格開車到距離城市更遠的地方，尋找土壤較好的農場，向地主取得種植許可，試著再種一些小麥。

布勞格依照哈拉爾的要求做了，但他知道自己準備不夠。他後來說：「我非常害怕，因為我生病了，病了大概三個星期或一個月，像遊客一樣什麼事都沒幹，而我的嚴重程度是其他人的兩倍以上。我很確定，到達後的第一個月我想了很多次，如果我可以回去做杜邦的工作，我就會馬上離開這裡回杜邦。」

來自威明頓的壞消息更是雪上加霜。一九四四年十一月九日，瑪格麗特生下有脊柱裂的男孩。這種先天缺陷是脊柱沒有完全閉合，在嬰兒下背部形成腫塊，使脊柱裸露在外。狀況嚴重時，腦脊髓液流動受阻，甚至可能致命，這個小男孩就是屬於重症（現在脊柱裂通常可以被治癒）。瑪格麗特一直沒有抱到孩子，訪客只能隔著玻璃看著身上插著管子，反應遲鈍的小嬰兒。布勞格回到威明頓時，告訴妻子他打算辭去計畫工作，回到杜邦，但瑪格麗特反對。根據維特梅爾的記述，瑪格麗特當時說：「我的先生有未來，但我的孩子沒有。你回去，我可以的時候就過去。」聖誕節後兩天，布勞格難過又自責地回墨西哥。

隔年二月，醫師要瑪格麗特為了女兒趕快離開。她帶著珍妮坐上火車南下。諾曼在市中心找了一間公寓。瑪格麗特藉著清掃和布置公寓排解心情。珍妮第一次有了自己的臥室。他們全家都很喜歡透過窗戶照進來的陽光、忙碌的城市生活，還有充滿辣椒、吉拿棒和墨西哥香料巧克力氣味的市場。但一想到他們的第二個小孩還是令人感到沉重。

工作是很好的慰藉。一九四五年三月，哈拉爾向洛克菲勒基金會表示，他沒辦法同時主持整個計畫又和布勞格合作培育抗稈銹病小麥。至於史泰克曼也沒辦法接替這個工作。所以儘管經驗不足，西班牙文也不通，布勞格還是得接手小麥計畫——而哈拉爾可以偶爾從旁協助。

巴希奧農民大多數栽種小麥的時間是十月或十一月，距離冬季結霜還有幾個星期。此時，種下去的種子會長到大約十到十二公分高，並馬上進入冬眠以度過寒冬。當過完冬天溫度升高時，小麥會再度開始生長、開花及結出麥粒，到了春末或初夏時便可以收割。以這種方式生產的小麥稱為「冬麥」。在世界上其他地區，農民還會栽種「春麥」。春麥在春天播種，秋天收割。冬麥品種必須接觸一段時間的寒冷天氣才會開花，這個過程稱為「春化」(vernalization)。但春麥品種不需要接觸寒冷天氣就可開花。冬麥產量通常比春麥高，營養也比較豐富。但春麥可種植在那些冬季過冷、過乾，或不適宜種植冬麥的地方。此外，春麥也生長得比較快，農民收割後可在同一片田地種植另一種作物（例如玉米或馬鈴薯）。

巴希奧高山谷地的條件對冬麥而言不大理想（冬季寒冷乾燥），但很適合栽種春麥（夏季溫暖多雨）。儘管如此，由於稈銹病發生在夏季的雨中，所以這裡的農民很少栽種春麥。冬麥可在春季稈銹病肆虐前收割。即使有這樣的預防措施，稈銹菌每年依然可使收成減少五分之一。布勞格瞭解到，在墨西哥種植小麥，基本上就是稈銹病管理工作。

布勞格不確定該怎麼進行下去，所以決定前往墨西哥市西南邊的高原，尋找可抵抗稈銹病的當地小麥品系和耕種方法。他於一九四五年三月出發，當時剛接手小麥計畫不久。但令人氣餒地是，他看到的當地小麥品種和洛克菲勒基金會科學家種植的小麥，同樣都很容易受到疾病侵襲。農民在同一片田裡栽種高和中等高度、紅色和白色麥粒、早熟和晚熟等許多品種，希望其中有些能躲過真菌侵襲。他們播種時比較稀疏，拉開植株間的距離，希望減慢稈銹病的擴散速度。但神奇的是，布勞格發現有些農民拒絕灌溉，「以便減少稈銹病造成的損失」。稀疏播種、種植隨機混合的品種，以及刻意造成乾旱都是很不好的方法，因為這就像為了防止心臟病發而餓死自己一樣，但他也不是不能瞭解何以墨西哥農民會這麼做：畢竟有些農民的田地灌溉良好，種植密集均一的高產量品種，然而當稈銹病一來，收成就全部消失。

布勞格和兩位墨西哥研究助理走遍村莊，採集大約八千個看來互不相同的小麥穗（代表可能是不同的品種）。回到查賓戈，他們用人工方式取下麥粒。一個小麥穗通常包含十二至十四個小穗（spikelet），每個小穗包含二至四顆種子。因此布勞格握有大約十萬顆的種子庫。協助的美國政府官員又送來六百多個外國小麥品種給這個計畫，另外再加碼一萬顆種子。他們三人把每個品種的每一批放在做好標記的封套裡。這個計畫將在農民不播種的春天把八千六百個品種全部種下，觀察稈銹病如何侵襲它們。

他們希望其中某些品種有抗病性，這樣布勞格便可用這些品種為基礎，培育更優異的品種。[3]

布勞格和墨西哥同事設備不足，必須借用耕耘機和用人力犁土。他們在腰間綁上帶子，輪流拉犁，一個人在後面控制方向。布勞格的兩位助手是佩佩・羅德里格茲（Pepe Rodríguez）和荷西・蓋瓦拉（José Guevara），兩個人都在查賓戈主修農藝學。在當時，他們的高學歷相當突出，因此身分高於鄉村農民。他們堅持穿著西裝和光亮的皮鞋來上班，也拒絕弄髒雙手。但布勞格跟他們一起拉犁、看著他們穿著深色西裝在墨西哥市的豔陽下辛苦地前進，犁使塵土飄散在空中，反而獲得一種惡作劇的快感。最後，羅德里格茲和蓋瓦拉不得不像布勞格一樣穿上工作服。卡其褲、綁帶靴和沾滿汗水的棒球帽成了這個計畫的制服。他們三人於一九四五年四月開始工作。他們為八千六百個品種各開墾兩行，總長超過八公里，共十一萬株，而且全部都是人工種植。此外他們在另一片較小的田地種植史泰克曼和艾德加・麥克法登（Edgar McFadden）送來的另外九十九個小麥樣本。麥克法登是位於德州的美國農業部育種專家，可是布勞格從沒見過他。

布勞格剛剛種完小麥，威爾豪森就要布勞格在巴希奧建造玉米育種園區。他們於五月到達巴希奧，在瓜納華托（Guanajuato）州塞拉雅（Celaya）市外的山坡工作。雨季剛剛結束，山丘在不尋常的熱浪中顯得垂頭喪氣。而塞拉雅市的發電廠也在這時故障。布勞格和威爾豪森沒辦法在燠熱、黑暗又沒有電扇的餐廳吃飯，只能用玉米軸升起的火自炊，再用同一盆火燒開水。布勞格回憶，儘管有預防措施，他還是生病了。白天他在熱烘烘的山坡上種玉米，然後蹣跚地回到旅館，「全身疼痛，因為噁心而昏昏沉沉」。

更糟糕的是貧窮。布勞格一輩子都很窮，但一向不愁吃穿。他在巴希奧第一次見識到極度的匱乏。

女性步行數公里到汙染的水井提水，男性沿用自古以來的方法，用木造鋤頭翻土、用鐮刀除草；自來水是遙遠的夢想；而在富裕地區的孩童經常死於只能算是小問題的疾病。他一次又一次地目睹人民被當權者摧殘，只能死守著被布勞格視為不理性的信仰。如果布勞格說要提供鐵製的犁和鋤頭，他們會說金屬會吸取土壤的「熱」。如果他提到肥料，他們會說這是政府對付農民的陰謀。每段對話都像跑進充滿困惑和絕望的荒野。

布勞格大半輩子除了離開農場很少有其他想法。然而現在在巴希奧，有些更大的東西在他心裡翻攪著，他寫信給瑪格麗特說：

> 我看到的這些地方重重打擊我的想法：這些地方非常貧窮、令人沮喪；而土地極度缺乏生命力，植物也只能勉強存活。它們沒有真正長大，只是掙扎著活下去。土壤中的養分極少，小麥只結出幾粒麥子〔……〕你能想像一個貧窮的墨西哥人努力供養全家人嗎？我不知道怎麼幫助他們，但我們總不能什麼都不做。

「我們總不能什麼都不做。」畢竟布勞格和佛格特一樣都懷著使命感，而他也憑著這股力量努力了一輩子。佛格特的想法最初在長島萌發，一九四三和一九四四年在墨西哥鄉間成形。大約在同一時間

3 小麥分成好幾種，包括麵包小麥（最常見）、杜蘭小麥（用來做義大利麵食）和二粒小麥（比較古老的小麥，也可用來做麵包）。這些小麥雖然是不同品種，但為了簡化全部稱為小麥。

和同一地點，布勞格的看法也越來越清晰；他的想法最初發生於經濟大蕭條的食物暴動，最後在巴希奧變得更加具體。

但這兩個人由相同的狀況得出不同的結論。他們對於哪些要素是主體或背景的看法不同。佛格特認為背後和腳下的土地是故事的主角，也是問題和解答的根源。他從生物學的角度觀察，認為基本問題是承載能力；人類和各種生物都必須適應。

相反地，布勞格認為農民是核心主角。他們的苦難不是源自超越土地的容量，而是缺乏工具和知識。有了化學肥料、先進的灌溉技術和最好的新種子，他們就能改變土地，提高土地生產力，讓自己更富裕。適應這個世界將是人類的災難，人類必須遵循更有用的原則重建世界。

對布勞格而言，他在巴希奧看到的辛苦民眾就像在明尼蘇達州暴動的農民，因為需求和無助而接近瘋狂。解決方法相當直截了當：增加收成。增加食物代表增加財富，也代表減少饑餓和貧窮。佛格特和布勞格都沒有想過，他們的理論造成的影響將如何擴散到世界各地。

穿梭育種

一九四五年的春末和夏季，布勞格每天都和幾千個小麥品種相處，爬過一行行麥苗，尋找象徵稈銹病的粉泡。如果在葉子或莖上看到粉泡，就立刻拔起來丟掉。檢查完十一萬株麥苗後，又要重新開始。

雖然他在查賓戈多了兩個助手（哈拉爾堅持新助手必須是女性，這在當時是打破傳統的創舉），這項工作似乎還是永無止境。如果每個人檢查每株小麥需要十秒鐘，五雙眼睛和手還是需要兩個星期才能完成一次檢查。這樣的速度無法及早發現稈銹病，所以他們拉長工作時間。

為了省下從公寓到查賓戈這一個半小時的通勤時間，布勞格在研究小屋的泥土地上放了一個睡袋。一陣子之後，他不再受「rodeodore」的騷擾，這種「小蒼蠅吸我們的血吸到飛不動，然後我們看著牠滾下手臂，掉在地上。」他不再受熱和塵土以及飲用水的味道困擾，因為這些水是用燉牛肉空罐燒出來的開水。他不再受一個星期回去看瑪格麗特和珍妮時才能洗澡和換衣服困擾。羅德里格茲和蓋瓦拉有時會住在他那裡（當時女性不准睡在田裡）。日出前還很涼爽時他們便會起床，在微光中趴在地上，尋找稈銹菌。每次一定都會有所斬獲，這表示小麥數目隨夏天過去而逐漸減少。

事實上是減少到幾乎全滅。稈銹菌毀滅了來自巴希奧的八千個品種，以及墨西哥和美國政府送來的六百個品種。第二片較小的田種植史泰克曼和德州育種人員提供的九十九個小麥樣本長得稍微好一點。有四種沒有染上稈銹病，兩個人各兩種。布勞格和助手種在田裡的十一萬株小麥最後只剩下這四排。洛克菲勒基金會的專家再次失敗。

這幾個月，布勞格認真拔除染上稈銹病的小麥，也有很多時間可以思考。他沒有記下自己思考些什麼，但觀察他的行動、閱讀後來的訪問內容以及爬梳他同事的論文，或許可以追溯他當時的想法。

他當時想的是（我個人認為）哈拉爾錯了。史泰克曼、洛克菲勒基金會從上到下，還有梭爾也都錯了。他當時想的是洛克菲勒基金會的計畫不會成功，因為它造成的影響太小、花的時間也太長。

洛克菲勒基金會接受委託，和巴希奧的農民合作提高收成。但他們是全墨西哥最貧困的人民，土地退化的程度也最嚴重。提高生產力對他們有益，這是好事。但土地太過貧瘠，即使收成提高到三倍，對整個國家的幫助也不大（很小的數字乘以三還是很小）。除此之外，墨西哥基礎建設落後，巴希奧增產的穀物無法從高原運送到其他地方。這就像試圖輔導土壤貧瘠又沒有鐵路的梭德農民，來解決整個美國的問題一樣。巴希奧的農場或許繁榮起來，但墨西哥還是需要進口玉米和小麥。

他認為比較好的方式是提高全國的產量，以整個墨西哥為目標，不要只注意巴希奧。依據維特梅爾的說法，布勞格認為目標應該是「讓每個人有東西吃，不是只讓饑民吃到東西，應該以餵飽全體民眾為目標。」收成不只要餵飽墨西哥的每一個人，還要出口到其他糧食短缺的國家。

天啊，這個目標似乎不大可能達成。墨西哥有高山、沙漠又有濕谷，生態複雜多樣。為了培育適合各種氣候和土壤的小麥，布勞格必須在不同的地方實施計畫。這個計畫沒有人員和經費做這些，而且布勞格想，即使有人有錢，整個過程也太慢。依據經驗，小麥育種人員需要收成十至十五次來選擇、測試和傳播新品種。這個過程沒辦法加快，農民一年只能種一次冬麥或春麥。但洛克菲勒基金會沒辦法等十五年，農民**現在**就需要幫助。

在田地裡，布勞格想出一個解決方案。他告訴哈拉爾，他想把兩種育種方法結合起來。一種方法困難但傳統，另一種方法同樣困難但和傳統完全不同。第一種傳統方法是大規模雜交育種，也就是讓許多個品種雜交，希望產生適合的新品種。從遺傳上看來，大規模雜交等同於一次射出許多支飛鏢，相信單靠機率一定會有飛鏢射中紅心。大規模雜交通常是人手眾多的大型實驗室的專利。但若是布勞格這種小型團隊，就必須得自己播種和照料幾千株小麥，分別收集每株的花粉，以人工授粉的方式，一株株分別收割，再種下去觀察雜交結果。

哈拉爾憂慮布勞格的團隊的資源和人手是否足夠，不過認為這樣的程序是可行的。但他大力反對布勞格另一個打破傳統的方法，這方法通常被稱為「穿梭育種」(shuttle breeding)。

穿梭育種的用意，是利用墨西哥從南部半熱帶到北部半乾旱綿延三千公里的多變地形，加快雜交速度。這片遼闊的土地有三個主要小麥產區，分別是墨西哥中部的巴希奧（洛克菲勒基金會在這裡工作）、索諾拉（Sonora）州比鄰加利福尼亞灣的太平洋海岸平原（the Pacific Coastal Plain），以及巴希奧北邊面積較小的拉古納（La Laguna）。布勞格的想法是在這三個地區中挑兩個來執行計畫，分別是巴希奧（和鄰近的查賓戈）和西北方一千一百公里遠的索諾拉。

十一月收割後，布勞格帶著僅存的四個品種到索諾拉，在那裡和其他許多栽培種一起培育，產生既可以抵抗稈銹病（和這四個品種相同）又能生產大量穀物（和其他沒有染上稈銹病的品系相同）的新栽培種。到了四月，他收割最好的小麥，帶到巴希奧，在那裡進行第二次雜交。巴希奧夏天潮濕，就像植物病菌的培養室。布勞格可以從第二代篩選，除去可能染上病毒、細菌和各種真菌等稈銹病以外的疾病的小麥。十月時，他收割第二次種植時抗病性最強的種子，再帶到索諾拉種植第三次，找出產量最大的小麥。在巴希奧種植的第四代將接受仔細檢查，確保這些高產量小麥仍然保有抵抗多種疾病的能力。布勞格相信，到了第六代就能讓農民進行田間試驗。藉由在索諾拉和巴希奧之間來回種植，能抵抗稈銹病的新品系將可在五年內培育完成，是一般時間的一半（不過他有一句話沒提到：瑪格麗特必須單獨帶女兒半年之久）。

布勞格選擇索諾拉不是隨便選的。鄰近海岸的索諾拉州陽光充足、土壤肥沃，是數項大型新灌溉工程的地點。那年夏天，布勞格取得車票，前往距離加利福尼亞灣五十公里、索諾拉州的第二大城，奧伯瑞岡（Ciudad Obregón）。奧伯瑞岡和海灣之間有灌溉的稻田和小麥田大約有六萬公頃左右。這片土地位於亞基河（Yaqui River）三角洲，數百年來因為洪水氾濫而變得相當肥沃。這個地區和巴希奧一樣苦於稈銹病侵襲，但布勞格認為，農民如果能獲得抗稈銹病的小麥，小麥產量就能超越巴希奧。如此一來，索諾拉將可成為全墨西哥的穀倉。

但哈拉爾不贊成這個想法，因為墨西哥政府明確規定洛克菲勒基金會只能在巴希奧工作。即使基金會獲准在索諾拉工作，布勞格的方案也違反植物育種的金科玉律：育種人員必須在準備種植的環境中培育新品種，新品種才能充分適應這個地區。因此冬麥不能在只種植春麥的地方培育，反之亦然。在氣候大不相同的索諾拉和巴希奧之間嘗試這種方法，結果只會更糟。

布勞格堅持要這麼做，畢竟亞基河谷的灌溉工程已經開拓出這麼好的農地，他沒辦法忽視。他承諾完全獨立進行這項工作，基金會不需要提供額外經費。對布勞格而言，這個想法的可行性，也就是可以

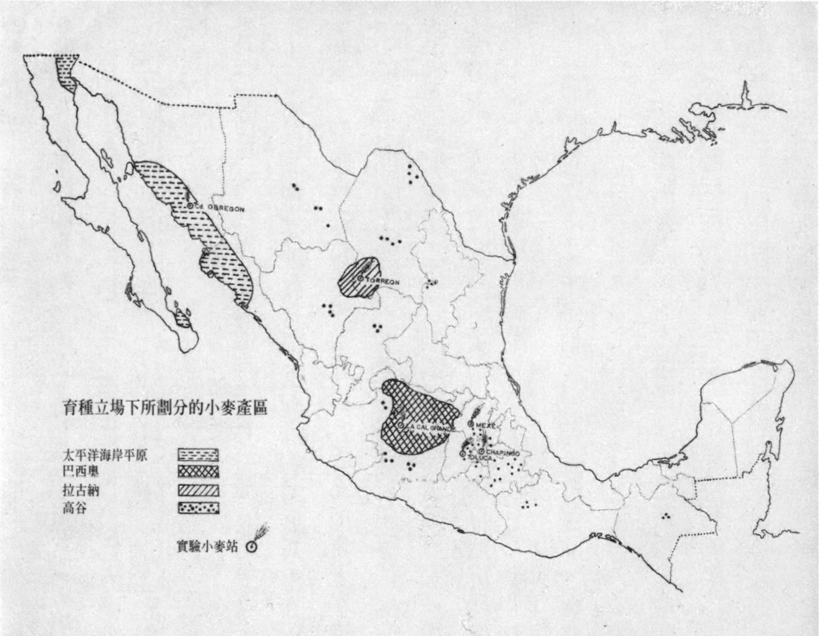

一九五〇年代初墨西哥農業計畫地圖中所標註的小麥產區。

加快速度的優點，絕對比是否把小麥種在對的地方還要重要。

重視忠誠的哈拉爾當然希望部屬服從他，並將以全力支持作為對部屬忠誠度的回報。然而布勞格的堅持讓他大為光火，可他的地位也岌岌可危，因為洛克菲勒基金會的玉米計畫成效不佳，開除布勞格也將使計畫陷入危險。最後，哈拉爾勉強同意讓布勞格在索諾拉嘗試一季，但前提是他不能使用計畫經費，而且不能讓有關當局知道這件事。不過他們之間的關係依然逐漸冷淡，而且永遠沒有恢復。

當年稍晚，一架搖搖晃晃的六人座飛機帶著布勞格來到位於亞基河谷邊緣的奥伯瑞岡。市區外二十公里有個廢棄的農業試驗站，布勞格打算以這裡當作基地。他沒有汽車，所以搭便車從機場到試驗站。他的行李裡有衣服、很多豆子和燉菜罐頭，以及前一年工作的全部成果：四個抗病品種和新品系的幾千顆種子，新品系是他隨便挑選的，就像他第一次造訪索諾拉時從荒廢田地收集種子那樣。

這個一九三八年建立的牲畜試驗站現在一片狼藉：「窗戶破了，屋頂破爛到極點，機器全部都壞了，家畜和所有東西不是賣掉就是死掉，或者兩者都是，根本就是一場災難。」布勞格在荒廢的儲存小屋上方的空間，用兩支桿子和一塊布架起床鋪。這裡沒有電、沒有電話也沒有自來水，昆蟲、老鼠和雨水透過破窗隨意進入。這個試驗站沒有工作人員，只有一個兼職工友。布勞格用玉米軸生火，加熱一罐豆子，然後上床睡覺。

隔天早上他巡視整個試驗站。占地一百公頃的實驗田地和牧地長滿雜草和灌木。他需要設備來清理和整地。他沿路步行前往各個農場，用零碎的西班牙文敲門詢問能不能借用曳引機幾天。鄰近的農民不解又猜疑，不想把貴重的機器借給不認識的美國佬，這個傢伙自稱是研究人員，但穿著像個工人。布勞格當天下午回到試驗站時心裡生氣、身上曬傷，而且兩手空空。

第二天他徘徊在荒廢的建築間，尋找設備。他找到壞掉的鏟子、生鏽的耙子，還有古老的木製耕耘器，要用騾子拖拉的那種。工友來上班時，布勞格帶他到田裡，大多靠比手畫腳溝通。布勞格把繩子綁在身上，指指那個犁，接著開始拖拉耕耘器翻土，年邁的工友歪七扭八地控制方向。在查賓戈，布勞格還可以和其他成員互換工作，但現在只能完全靠他，工友年紀太大，沒辦法拖犁。經過的人都停下來看他們兩個工作。布勞格不理他們，繼續賣力拖犁。中午他已經筋疲力竭，他放下犁，拔起剛剛翻起的土中的雜草，種下小麥，一直工作到日落。到了晚上，他生起火，打開一罐豆子，搖搖晃晃地上了吊床。

人工翻土到第三天時，隔壁農場主人過來找他。布勞格停止拖犁，不懂他為什麼穿得那麼漂亮。後來他想到當天是星期天，那個人剛從教堂回來。那個人問道，你為什麼這麼做？你為什麼在主日還像騾子一樣工作？布勞格試著解釋，隔壁農場主人半懂半不懂地聽著這個可憐的外國人穿著骯髒的衣服、講著蹩腳的西班牙文。最後他告訴布勞格，他可以在週末借曳引機給布勞格。

曳引機幫助相當大，即使只能用一段時間也好。此外他還認識當地一位美國移民，願意開車載他進城購買日用品。聖誕節時，布勞格已經種了兩公頃，他後來估計大約是十四萬株小麥。他飛到墨西哥市看家人，最先聽到的消息是兒子已經在巴爾的摩的醫院裡去世。他把悲傷拋到腦後，盡可能多陪伴瑪格麗特和珍妮。他也試著修補和計畫辦公室的關係。哈拉爾雇用了更多人，包括林務人員喬・魯波特（Joe Rupert），他是史泰克曼的學生，布勞格在明尼蘇達州時與他是點頭之交。他後來跟布勞格成為好友，不久後搬進布勞格公寓的空房間，在布勞格回索諾拉時幫忙瑪格麗特。

回到試驗站後，布勞格發現種子已經發芽，小麥也可以開始異花授粉（cross-pollination），而小麥花——稱為小花（florets）——則一群群生長在小穗上。小花和大多數花一樣，本身具有雄性和雌性兩種生殖器官。雄蕊從小花中央的細柄向上生長，頂端的小囊中含有花粉。雄蕊下方細小的短絲是雌性的柱頭，底端是子房。柱頭發育到可開始繁殖時，生化訊號會使雄蕊頂端爆破，形成金色粉霧，釋出類似孢子的花粉。在小麥等開花植物中，每顆花粉含有一個生殖細胞和一個營養細胞。生殖細胞產生兩個精細胞，營養細胞則在花粉停留在柱頭的葉狀體時開始運作。花粉在這裡產生向外延伸的柱狀構造，稱為芽管或花粉管，負責攜帶精細胞。落在柱頭上之後一小時內，花粉粒的芽管就會穿入柱頭下方的子房。子房內是含有卵細胞的胚珠。雄性和雌性機制結合產生種子，就是農民收成的麥粒。

由於精細胞和卵細胞都來自同一株植物，所以新種子的基因會和雙親相同。為了創造新品種，植物育種人員必須讓小麥無法自體受精。實際上，布勞格必須因此在太陽下坐在自製的小凳子上，撥開每個小穗裡的每朵小花，用鑷子小心地拔起含有花粉的雄蕊丟棄。每株小麥的每個雄蕊都必須拔除，以確保效果。現在整片田地的小麥都是雌性——或著我們也可以說這些小麥全都去勢了。而現在它們只能靠其他小麥的花粉來受精。

下一步是把攤平的紙筒放在已經全是雌性的小麥穗上方。放好之後，布勞格摺起紙筒頂端，讓花粉無法進入。每袋小麥都必須做標記和紀錄。所有工作必須在卵細胞受精到雄蕊釋出花粉之間這幾天完成。

幾天之後，等小麥手術完成復原，布勞格再從沒剪過的小麥品種剪下小花。他再打開去勢麥穗的紙筒，放入另一個品種的小花，揉捻小花，讓它釋出花粉，再重新封起紙筒。小麥上的每個小穗接受的花粉必須相同，不能讓其他花粉進入。再過幾天之後，他取下紙筒，讓受精的小花產生麥粒。小麥成熟後，他收割下來，分別包裝每株小麥的種子並做好標記，最後再全部送到巴希奧，進行相同的程序。可能性幾乎是無限多，但出現得相當慢。雜交後第一代的特質通常介於雙親之間。但育種人員如果讓後代結合，第二代中會有許多個體具有兩個完全相同的重要基因，外觀會開始和原來的小麥不一樣。重要的正面或負面性狀可能呈現，雜交到第三代或第四代時，這些性狀會進一步放大。如果有一株小麥具有特別優良的特質，就需要在田間試驗開始前加以研究和大規模育種，這些都需要時間。布勞格穿梭育種的用意就是加快這個過程。

令人振奮的是，最終在索諾拉進行的初步育種相當成功。四個抗稈銹病品種的種子產生出挺過稈銹菌年度肆虐的小麥。當年秋天，布勞格有了兩公頃被飽滿的麥穗壓彎的小麥。接下來布勞格必須收割小麥，運到巴希奧進行下一次雜交。飛行奧伯瑞岡和墨西哥市的小飛機沒辦法運送數百公斤小麥。一九四六年四月，布勞格飛到墨西哥市，哈拉爾不情願地允許他借用洛克菲勒基金會計畫唯一的交通工具：一輛福特小貨卡。

當時墨西哥市和索諾拉間的山路沒有柏油。司機必須走兩線道高速公路從首都朝西北方開五百公里到瓜達拉哈拉（Guadalajara），再朝北開將近一千公里；途中必須通過矮樹叢、穿越沙漠、涉水通過河流，大部分路程必須自己帶著汽油。這段路程太過艱苦，因此布勞格決定繞路而行，先從墨西哥市開到德州艾爾帕索（El Paso），穿過大半個亞利桑那州，從諾加列斯（Nogales）回到墨西哥，接著朝南開三百公里，穿過矮樹叢到奧伯瑞岡。為了輪流開車，他找了室友魯波特和哈拉爾新聘請的查賓戈大學畢業生塞奧多洛·安奇索（Teodoro Enciso）。

他們三人把裝備搬上貨車，共有兩部破爛的小型打穀機、四條備胎和一疊當成床墊的麻袋，就上現代科技問世之前，像布勞格這樣的小麥育種人員必須種植數千個不同的品種，希望機運能產生適合的品種。每一株小麥必須以人工檢視是否具有需要的特徵，例如較早開花或疾病抵抗力等。接著育種人員再讓這些變種雜交，產生兼具兩種優良性狀的小麥。

要讓兩種小麥交配，育種人員先用鑷子拔起花藥（圖右），製造「全雌性」的小麥。接著用小信封蓋在已去勢的小麥，阻隔其他花粉。

在此同時，育種人員剪下另一株小麥的小花，打開蓋住小麥的信封，接著揉捻小花，釋出花粉，讓小麥受精。受精的小花將會變成種子，也就是小麥粒。

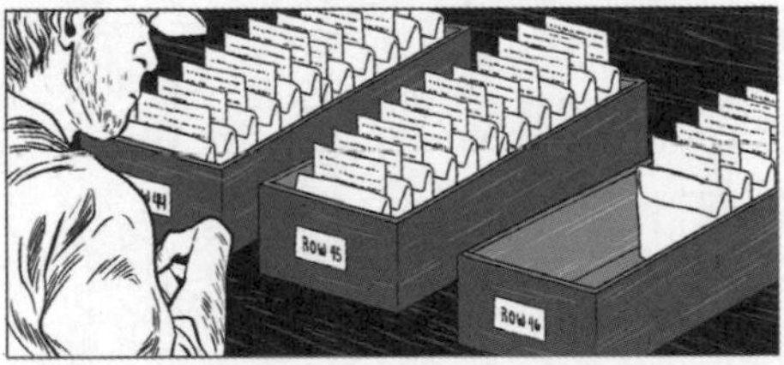

每株小麥分別收割，麥粒分別放在信封內，標註關於親代的資訊。這些種子將在下一季種下，如此不斷循環下去。

育種人員培育出擁有所有需要特性的小麥品種之後，工作仍然沒有結束。品種必須持續依據各種狀況、新的害蟲和病原，以及新的耕作技術而隨時調整。這個工作或許十分繁瑣，卻是現代世界的基石。

Leland Goodman

路朝北走。他們開了三天崎嶇道路，到達艾爾帕索邊境，美國海關人員把他們攔下，表示墨西哥政府車輛不准進入美國。布勞格告訴他，兩國已經同意允許公家車輛自由進出邊境。海關人員表示貨車可以進入，但裝載的貨物不能通過。為了確保研究人員不能非法賣出裝備，他們必須卸下機器、備胎和麻袋，找有擔保的貨運公司把物品運到諾加列斯。

布勞格生氣了。拖得越久越可能失去收成。即使麥粒狀況不錯，他還是需要收割、揚淨、曬乾和打包，測定每個小穗的重量和特質，並趕在冬季來臨前，即時送到巴希奧播種。他們三人匆忙地從諾加列斯趕到亞基河谷。小麥還可以收割，布勞格也鬆了一口氣。

布勞格、魯波特和安吉索不想再跟美國海關爭論，所以決定帶著小麥回墨西哥。他們必須開車越過沿西馬德雷山脈側面而下的河流，在春雨中這是最大的危險。他們三人既辛苦又疲累地越過山脈，接著前往巴希奧和查賓戈種下第二代。

一九四七年七月，曾經協助培育混種玉米和小麥、廣受敬重的明尼蘇達大學植物育種專家海耶斯前來訪問小麥計畫。海耶斯參觀查賓戈後，非常驚訝地發現畢業於明尼蘇達大學的布勞格打算在兩個不同的高度和氣候的地方培育同一種小麥，因為這完全違反植物學的基本教條。布勞格如果修過植物育種課程，他就會發現每本教科書都有這句名言，包括資深作者海耶斯的經典著作《作物育種》（*Breeding Crop Plants*）。

但這是布勞格的地盤，而海耶斯只是訪客。可是同年十月，哈拉爾要他和魯波特到辦公室時，他不知道他將面臨更難抵擋的批評。哈拉爾表示，經費已經捉襟見肘。儘管布勞格在索諾拉花費非常少，但洛克菲勒基金會其實是在支付其他人的薪水幫布勞格工作，協助他一意孤行，追求違反科學原理的個人想法。因此穿梭育種必須喊停。布勞格後來表示，當時他的聲調非常不近人情。布勞格再次提出他的主張：巴希奧太過貧窮，無法解決墨西哥的小麥問題。哈拉爾則回應道，即使如此，但這就是墨西哥政府要我們做的事。布勞格後來回憶，當時他這樣回答：

「以現有的水設施和土地資源而言，這樣做相當於把我一隻手綁在背後，我什麼都沒辦法做。如果這個決定不會改變，那麼你最好找別人來做這件事，因為我（只）會做到有人來接替為止。如果魯波特想在我走出這扇門時接下這個工作，我覺得現在就可以這麼做了。」我還沒走到門邊，喬就站起來說：「我也一樣。」然後我們就走出去了。

布勞格怒氣沖沖地大步走進他的辦公室，而魯波特緊跟在後。布勞格看到辦公室裡有一疊郵件，他生氣地把郵件都掃到地上，這時才發現其中一封信是農業試驗站旁邊，那個曾經借他曳引機的農場主人寫來的。布勞格驚訝地發現，裡面有一張給哈拉爾的信，信件一開始是向洛克菲勒基金會道賀：

這大概是墨西哥史上第一次有科學家試圖幫助我們農民（……）但洛克菲勒基金會這麼優秀的團體為什麼不給予人員足夠的工具和機器，讓他們好好努力呢？為什麼他必須像乞丐一樣借用工具來種植新的小麥品種呢？

另一封在給布勞格的信上，那位農民寫道：「現在該有人幫你在組織內部奮戰了！」

布勞格和魯波特突然覺得很愧疚，因為他們才剛剛辭職。他們走進一家小酒館，喝得幾乎不省人事。當天晚上他們搖搖晃晃地回到家時，瑪格麗特生氣地不准他們進門。走廊充滿他們的爭吵聲，瑪格麗特在公寓裡吼叫，布勞格在走廊大吼，魯波特懦弱地不敢出聲。布勞格後來說，當時簡直像在演喜劇。最後瑪格麗特開了門，第二天清早，布勞格宿醉又羞愧地溜出公寓。

我一走進辦公室，發現史泰克曼坐在裡面，抽著菸斗。史泰克曼幾時早上七點就到辦公室過？之前沒有，之後也沒有。史泰克曼接著說：「你們太幼稚了！」

他告訴布勞格，他要看看他可以幫忙什麼。為此，布勞格在查賓戈待了一天。但是光看到他的小麥長得很好，對事情沒有多大幫助。他回來之後到哈拉爾的辦公室，史泰克曼也在裡面。哈拉爾連頭都沒抬，只說「回索諾拉去。」布勞格知道他一定看過那位農民的信了。然而玉米計畫仍有許多問題亟需被解決；即使洛克菲勒基金會打算合作的農民不是他們，而且這個計畫應該也行不通，但現在已經無法忽視這群似乎相當支持玉米計畫的農民了。

布勞格再次坐上貨車翻越山嶺。雖然土石流還是把他困在山上好幾天，但他整個冬天都在索諾拉工作，而且大多數時間是一個人。他的新小麥有些似乎很能抵抗稈銹病。當年春天，他向索諾拉農民展示了新種子。可是他好像被潑了一盆冷水，因為展示會當天只有幾個人出席，其中一個正是寫信給哈拉爾的鄰居。大部分農民沒有像布勞格那麼有熱情，有些人甚至還大聲奚落他。沒有一個人用他提供的免費種子。

綠色革命

當時植物育種還是未知技術。有幾位實驗室研究人員開始猜測DNA這種分子是否在遺傳和繁殖方面扮演某些角色，但這個想法並沒有受到實用科學領域的賞識。即使是這些穿著實驗衣的研究員，也不知道互相作用的基因位於糾結纏繞的DNA中，而DNA再聚集成細胞核中的染色體。現在這些都是小學自然課程的基礎知識，但布勞格在墨西哥工作時還不知道。現在我們耳熟能詳的DNA和「基因」這些詞，從來沒出現在他的報告或工作筆記過。

布勞格對遺傳的分子基礎知識瞭解不多，所以他只關注植物的實體特徵，包括莖的粗細、葉片數目和開花時間等等。因此他可能會把具抗病性的「雄性」植物的花粉給高產量的「雌性」植物（或者反之）。或是讓生長快速但容易感染稈銹病的植物和生長緩慢但具抵抗力的植物配對，希望後代能兼具兩種優良性狀，而不是兩者都沒有。在這兩個例子中，他都必須等植物種在田裡後才能知道結果。

更糟的是，小麥的基因數目大約是人類的四倍，其中許多有多個交互作用形式。對育種人員而言，這麼龐大的基因多樣性既蘊含希望，也帶來挫折。就好的一面而言，這表示小麥擁有許多遺傳寶物，也就是隱藏在其中的珍貴基因。但壞的一面就是要找出這些珍貴基因，就好比大海撈針。

即使布勞格的雜交試驗成果不錯，培育出能抵抗稈銹病或產量高的小麥，但他完全不知道這些性狀是否能傳給下一代。可觀察到的實體性狀大部分和多個基因有關，例如與人類眼珠顏色有關的基因就有大約十五個。如果有交互作用的有益基因沒有一起全部傳給下一代，或是育種人員無意中引入其他可能抵消有利效果的其他基因，或甚至是環境條件改變和正確基因沒有開啟，那麼需要的性質可能就會消失。因此育種人員只能藉由大規模雜交來處理這樣的不確定性——簡單來說就是亂槍打鳥，希望可以打中幾隻。

布勞格的運氣不錯，他後來說這是「機緣巧合」。小麥和許多植物一樣，以計算白天長度的生理時鐘控制生長。以冬麥來說，它們一直休眠到當生理時鐘「發現」白天變長，代表溫暖的春季天氣接近，因此「知道」這時候結霜的危險大致過去，可以放心開花。對白天長度的敏感度稱為光周期性（photoperiodicity）。小麥有好幾個基因與光周期性有關，其中最重要的基因稱為「Ppd-D1」。布勞格把小麥從索諾拉移到巴希奧時，等於不自覺地在進行實驗，觀察他培育的品種中是否有些不受Ppd-D1控制。

偶然之下，有些品種的確不受這個基因控制。在許久之前的遺傳意外中，某種韓國小麥的一小段DNA脫離基因，破壞Ppd-D1的精細運作，就像拆去電腦中的某個小晶片可能擾亂它的功能一樣。同樣幸運的是，這個突變的基因恰好一代代傳了下來。遺傳學家認為最後到了某個義大利育種人的田地中，後來又到達肯亞，在那裡被德州育種人員收集，後來無意中又傳給布勞格。Ppd-D1基因失效的小麥稱為「光周期無感（photoperiod-insensitive）小麥」，其實只是生理時鐘無法辨識時間的委婉說法。這類小麥不會等待白天變長，而會盡快發芽長大。

光周期性就是海耶斯認為作物必須在種植當地育種的原因。在一個地區培育的植物，生理時鐘已經適應這個地區，移動太遠將會因而紊亂。海耶斯和哈拉爾告訴布勞格，他的穿梭育種實驗結果會使小麥死光時，他們的說法也的確沒錯——畢竟對一般小麥而言確實如此。不過布勞格的小麥並非全都是一般小麥；固執的無知反而讓他發現，他用肯亞小麥雜交的後代中有些是光周期無感小麥，無論什麼時候種植都會生長。他藉助這次好運培育出比一般快上兩倍的小麥，可接受的條件範圍也比其他品種更大。

他很快就會需要更多好運。他用四種能抵擋稈銹病的小麥和幾百種小麥相互雜交，成功產生五個光周期無感、抗稈銹病、產量又高的新品種。幾位索諾拉農民儘管有些懷疑，但還是試了這幾種小麥，沒想到收成因此增加將近一倍。其他農民聞訊也立刻跟進。索諾拉的農民早已受益於改良的灌溉技術，讓他們能耕種更多土地；而在採用布勞格的抗稈銹病種子後，產量更進一步大幅提升。

布勞格逐漸接近目標，但他沒辦法高興，因為他無時無刻不在擔心這場勝利可能只是暫時的。隨著越來越多農民種植新品種，兩個問題開始浮現。

第一個問題是「倒伏」(lodging)。為了達到最大產量，新品種的養分需求高於貧瘠的墨西哥土壤的供應能力。索諾拉的農民添加化學肥料時，以肯亞為基底的新品種反應非常好，結出的麥穗十分巨大。或著其實應該說反應太好：布勞格小麥的麥穗比它打算取代的傳統小麥大上許多，在強風中很容易傾倒，像骨牌一樣一株壓倒一株。倒伏可能造成大災難，因為彎折的莖無法輸送剛長出的麥粒成熟所需的水和養分。新品種產量十分大，但受風雨影響的程度也遠大於傳統品種，隨便一陣強風就可能吹毀整片麥田。

為了防止倒伏，布勞格必須用莖（專業術語是「麥稈」）短而堅硬的品種培育小麥，以便支撐更多麥粒。其實培育較矮的小麥或許是雙贏。這樣可防止已經結出的麥粒倒伏，也代表小麥不需要花費過多能量來製造無法食用的麥稈。較矮的小麥獲得來自太陽的能量和較高的小麥相同，但能把更多能量輸送給麥粒。一片矮小麥田能供應的糧食比高小麥田更多。

可惜的是，可用的矮小麥種不容易找到。較高的小麥比較容易獲得陽光，也比較容易生長和繁殖。

相反地，較矮的基因使小麥在演化上居於劣勢，因此不受歡迎。要培育較矮的小麥，布勞格必須和物競天擇對抗。

讓狀況更加棘手的是第二個問題：美國出現更強的稈銹菌新菌株。第一次世界大戰之後，史泰克曼就培養一群農民，把自己田裡的稈銹菌樣本寄給他。如同現在醫學研究人員監測流感新菌株的發展，史泰克曼則是監控稈銹病新菌株出現。他在明尼蘇達州的學生讓每個樣本感染十二個標準小麥品種，比較它們和其他知名品種的效果。一九三八年，一位農民從紐約一片逃過剷除行動的歐洲小檗上取得稈銹菌樣本，並寄給史泰克曼。這種稈銹菌在檢驗中很快就讓十二個標準小麥品種全部死亡。美國農業部（The United States Department of Agriculture，簡稱USDA）研究人員自己進行實驗，「確定當時美國和加拿大種植的所有商業小麥品種全都可能受害」。就算是布勞格在墨西哥培育的所有品種也一樣。

對農民而言，幸運的是這種稈銹菌新菌株（在史泰克曼的稈銹菌小種〔race〕目錄中稱為十五B）似乎不容易散播。它足以致命，但傳染力不算特別強。史泰克曼觀察十五B超過十年，它在這段期間的分布範圍僅限於剩餘的幾叢小檗周圍；而他也很擔心它的危害會突然加劇。到了一九五〇年，他擔心的事果然發生，十五B幾星期內爆發並蔓延到整個美國小麥帶。大家都無法解釋這個改變；有可能是突變、累積到超過一定限度、適宜的天氣狀況……等，無論是什麼原因，幾十年來對抗稈銹病的進展即將化為烏有。

史泰克曼和USDA伙伴大感驚慌，於十一月舉行史上首次國際稈銹病研討會。布勞格參加了這次研討會，並提出墨西哥工作報告。與會者決議在七個國家成立稈銹病計畫，未來幾年內將可提供對抗稈銹病的重要工具。但這項工具短期內無法改善狀況。就在研究人員開會時，十五B已經沿稈銹菌公路向南快速移動，越過格蘭河。布勞格知道已經受稈銹病肆虐的巴希奧很快就會遭到更嚴重的侵襲，現在狀況很好的索諾拉也會被擊潰。在富裕的美國，十五B將導致歉收和農民生活困難；至於在貧窮的墨西哥鄉間，它更將會導致營養失調和嚴重破壞。

一九五一年四月，墨西哥首次發現十五B小種，當年夏天已經擴散到巴希奧。為了避免災難，布勞格在墨西哥中部設立大型苗圃，測試十五B對六萬六千個小麥品種的影響程度，其中六萬個是他自己的成果，五千個是USDA從世界各地採收來的小麥品種，另外一千個則是美洲各地的其他品系。這項工作相當龐大，但他現在有了更多幫手。多年以來，墨西哥農業計畫訓練出五百多名年輕研究人員，並留用了其中十幾位。儘管有這些人協助，結果依然令人憂心。這麼多小麥品種中只有四種能抵抗十五B，其中大多和布勞格使用的肯亞品系有關。此外，這四個品種都不矮，所以對解決其他問題沒有幫助。六萬六千個品種中有幾種麥稈較矮，但其餘部分同樣較小，包括頂端結出麥粒的小穗。體型較小、收成也較少。而且這幾種較矮的小麥也無法抵抗稈銹病。

同年夏天，布勞格一方面更仔細地觀察前一年的候選品種，同時測試USDA收集來的三萬個小麥品種。這項工作規模更大，但成果更少。USDA收集的小麥全都被十五B擊垮，包括擁有矮麥稈的品種。前一年可能具稈銹病抵抗力的所有品種，也在某個生長階段染病死亡。布勞格的研究團隊現在開始測試數萬個小麥品系對十五B的反應。存活下來的品種只有兩個，而且都是原先四個存活品種的後代，分別是肯塔納四十八號（Kentana 48）和萊爾瑪五十號（Lerma 50）（號碼是這個品種首次出現的年度）。萊爾瑪五十號抵抗力強，但做出來的麵包很不好吃。在它和比較適合用於烘焙的小麥配對成功之前，墨西哥農民必須先種植肯塔納四十八號，因為他們沒有其他選擇；畢竟暫時只有這種小麥能抵抗稈銹病，維持收成。但只有單一品種供全國使用，這樣顯然不是長久之計。

現在回想起來相當驚人，哈拉爾和曼哈坦的洛克菲勒基金會主管當時決定擴大墨西哥農業計畫的規模。玉米育種專家威爾豪森重新啟動布勞格的玉米事業，建立高科技設施，培育適合墨西哥狀況的美國混種玉米。梭爾曾經對這類工作提出警告，畢竟這正是墨西哥研究人員和政治人物想要的。但這個計畫最大的成就是布勞格的小麥。曾經抱持懷疑態度的哈拉爾則成為忠實支持者。哈拉爾忽視新品種可能受稈銹病危害，只看到初步成功，就主張墨西哥農業計畫應該擴大到其他國家，甚至其他大陸。基金會最終同意了，同時還升任他為計畫主持人。

為了開始擴大工作，哈拉爾到了印度。布勞格的前室友魯波特則到了哥倫比亞。布勞格被派到阿根廷，同行的還有USDA研究員波頓．貝爾斯（Burton B. Bayles）。一九五二年十一月他們兩人到達阿根廷後，很快就難過地發現阿根廷也受到稈銹病侵襲。布勞格情緒大壞。他告訴貝爾斯，糟糕的是他測試後只發現兩個品種可能抵抗十五B。但當年春天，又一個稈銹菌新菌株（在史泰克曼的稈銹病目錄中稱為「小種四十九號」）出現在巴希奧。到了八月，肯塔納四十八號和萊爾瑪五十號顯然都無法抵抗四十九號，肯塔納大概比萊爾瑪略遜一點。現在布勞格手上完全沒有能抵抗稈銹病攻擊的品種了，他也還沒找到同時具有矮莖和一般小穗簇的品種。歷經十年以上辛苦地研究，布勞格的計畫最終依然失敗收場。

科學生涯成功的必要條件，是熱切地喜愛鑽研全世界百分之九十九．九的人都覺得無聊的主題跟相關的枝微末節。貝爾斯和布勞格在南美洲大草原上旅行時，不斷思考稈銹菌的突然改變。他們想過一個又一個可能性；基本問題幾十年前就已經知道：能抵擋某種稈銹菌的小麥一定會受另一種稈銹菌危害。布勞格問，我們是否可能創造出「複合」小麥，也就是同時具有多種抵抗力的品種。如果把對十五B免疫的小麥品系和對其他小種免疫的品系配對會有什麼結果？貝爾斯告訴他，標準答案是小麥太複雜了，他每次讓一種品系和另一種品系配對時，基因重組都可能掩蓋他前次配對時引出的優良性狀。如果育種人員同時讓許多品系雜交，這種可能性更會大幅提高。每次投擲飛鏢都可能抹消前幾次投擲的結果。布勞格又問，執行真正的大規模試驗加上極高的選擇度是否可能克服這個問題——這意味著每次進行數萬次雜交試驗、年復一年地做下去，工作量將十分龐大。布勞格回憶，當時貝爾斯說：「說不定會剛好讓你碰上。」

在這段期間，貝爾斯告訴布勞格，他有位在華盛頓州立大學工作的同事奧維爾．沃爾格（Orville Vogel）也在實驗矮種小麥。這種小麥就是諾林十號（Norin 10），來自在戰後日本工作的美國農業研究員。一般小麥的高度大約和較高的男性相當，這位研究人員寫信給沃爾格說，諾林十號的高度大約只到膝蓋，「真的超矮，簡直像長在地下一樣！」布勞格從阿根廷回來後，立刻寫信給沃爾格。沃爾格性情隨和又大方，喜愛研究和動手，在農耕設備發明和植物育種方面都很出名，當然樂意分享這種奇特的日本小麥。第二年夏天，一個仔細包裝的信封寄到墨西哥，裡面有八十顆種子，其中六十顆是原始的諾林十號，另外二十顆是沃爾格自己的實驗性雜交試驗的成果。

一九五三年十一月，布勞格在索諾拉種下諾林十號。根據沃爾格表示，諾林十號同時具有矮莖和一般大小的小穗簇，正是他想找的樣子。不過這種矮種小麥確定無法抵抗十五B。新的稈銹菌侵襲時，它們就像火焰中的小木柴一樣，還沒有結出麥粒就全部陣亡。布勞格沒有新的諾林十號可用，唯一的矮種基因來源也跟著結束。在此同時，他進行的其他幾千次雜交都沒有產生矮種小麥。

在試驗站外，肯塔納依然能抵抗十五B。在莫名的幸運下，小種四十九號當年大多消聲匿跡。至於在北方，十五B對美國中西部小麥農民造成黑色風暴事件（Dust Bowl）。[4] 以來最嚴重的災害。這兩者遲早都會來到索諾拉。布勞格的準備時間有限，而且他剛剛損失一個育種季節（以及手上所有的諾林十號），完全沒有成果。

第二年春天，布勞格回到墨西哥市和家人團聚。他鬱悶地到查賓戈進行下一次大規模雜交。這時洛克菲勒基金會已經建造新大樓讓他們工作，還在使用的焦油紙小屋傾斜地靠著大樓。他走進小屋時，看到沃爾格寄來的種子，跟其他幾十封郵件一起用圖釘釘在牆上。但讓布勞格真正驚訝的是，裡面竟然還有八顆諾林十號。

足足八顆種子！他還有機會種出矮莖小麥，但它們必須能抵抗稈銹病才行。他小心翼翼地把種子分別放在八個罐子

矮小麥和一般小麥差別相當大。如同這張一九五七年拍攝於索諾拉的照片所示，兩片相鄰小麥田的種植時間相同。

裡，放在新大樓地下室的生長燈下。每個罐子都包著細紗布，阻隔稈銹菌的孢子。他天天探望這八株小麥，看著它們發芽長大——但其實只會長到六十公分高而已。他小心控制燈光，讓矮莖小麥和其他品種同時開花。他讓矮莖小麥和抵抗力最強的肯塔納和萊爾瑪這兩種新小麥配對。這兩種小麥也種在地下室包著紗布的罐子裡。夏天結束時，他由這次雜交收穫大約一千顆種子。

他把這些種子裝進袋子，帶到索諾拉，種在空地上。沒有生長燈、沒有包紗布，只有一千株小麥。它們是肯塔納、萊爾瑪和諾林十號配對的結果，種在試驗站後面的一片田地裡。這些小麥大多很矮，如同遺傳學家說的，矮基因是顯性。但稈銹病很快就掃平了幾百株；更糟的是，剩餘的小麥有許多沒有結果。不過仍然有大約五十株小麥抵擋住稈銹病、高度只到布勞格的大腿，而且結出了麥粒。這幾株小麥其他方面看起來都很好。每株小麥不僅結出的麥粒比一般品種更多，而且農民說「分櫱量相當多」（tillered profusely），但每個穗的小穗都比一般品種更多更大。

歷經這麼多失敗之後，狀況突然完全反轉。機運終於站在他這邊，他突然射中好幾次紅心，成功來得和失敗一樣迅速又出乎意料。這五十株矮小麥結出幾百顆種子，剛好夠進行下一次雜交試驗。布勞格因為屢次失敗而格外謹慎，所以沒有告訴主管他在做什麼。他到了查賓戈，種下這些種子，把它們培育成能抵抗十五B、四十九號和其他各種稈銹菌的小麥；接著又回到索諾拉，重複相同的程序。

4　編按：黑色風暴事件，又稱「骯髒的三〇年代」（Dirty Thirties），係一九三〇年代發生於北美的一系列沙塵暴事件。由於美國西部草原於三〇年代的氣候較為乾燥，再加上農地缺乏灌溉以及長期被大面積翻耕，裸露的乾燥土壤被大風吹起，而形成大型風暴。最終，多處農地被毀，小麥產量也銳減。

現在要測試磨粉品質。可以想見，大自然沒那麼容易被馴服，矮小麥儘管具有許多優點，但種子鬆散、乾扁、蛋白質也低，麵粉品質極差，所以他還必須針對磨粉品質進行培育，接著是口感，或許還包括色澤。整個過程又花費了五年，但小麥高度依然很矮、分櫱量多，但至少不會倒伏，麥粒不僅產量大，而且逐漸可用。

一九六〇年，布勞格團隊準備展示這個新品種。每年四月收割之前，索諾拉試驗站會舉行參觀日，讓當地農民看到科學家究竟在做些什麼。曳引機拖著一車車訪客穿過田地，停在十幾個試驗站前，研究人員和工作人員站在圖表板前，準備說明他們的工作。矮種小麥種在訪客從路上看不到的田地裡，準備當成驚喜。布勞格知道飽受倒伏困擾的農民立刻就能瞭解矮小麥的優點。不過他不希望他們拿走種子，因為這個新品種產生的麥粒磨粉品質不佳。為了不讓農民接近田地，試驗站裡年輕的墨西哥農藝專家阿弗雷多・賈西亞（Alfredo García）要曳引機司機停車時不要讓訪客下車。布勞格後來回憶，說明會那天

> 我站得遠遠的，看著第一批車停下。當第一輛車停下時，上面大概有六個人，（賈西亞）朝曳引機司機比手勢，把這輛車前進一點，讓他帶其他三輛車進來，然後他會要訪客不要下車。但就在他跟曳引機司機講完話後，他看了看四周，我想那片（矮小麥）田裡大概有五十個農民，正在拔起麥穗，指這個指那個。這時情況開始變得一團混亂。（賈西亞）大發脾氣，他失去控制，開始咒罵。這完全是真實演出，因為有些小麥就這樣被拿走了。

布勞格知道，這些種子不可能追回來了。它們下一季就會被種下，收成後再拿去磨粉。如果磨坊老闆因為小麥品質不佳而拒收，這將成為墨西哥農業計畫的大災難。他相當確定再過一兩年，這種小麥就能做成很好的麵粉。他認為關鍵是說服磨坊接受這種小麥，儘管當時它還不夠理想。此時的布勞格已經取得信任，即使在首都也有一些支持者。他已經學會說不大流利的西班牙文，必要時態度相當堅定，但不至於用手指戳別人的胸口，強勢地表達想法。他拜訪磨坊，告訴磨坊主人，下次收成時會收到來自索諾拉品質不佳的小麥，請他們盡可能或「務必」要買下來，因為這樣對整個國家有利，吸收損失是愛國的表現，而且這種狀況最多只會有一、兩季而已，因為他會在這段期間改良矮小麥（他沒說錯，品質較佳的品種於一九六二年問世）。

與此同時，他其實也非常高興。賈西亞在參觀日上大吼大叫、徒勞無功的怒氣是成功的配樂。在遙遠的地方，布勞格和墨西哥團隊創造出世界前所未有的東西：全方位小麥。它不高、產量大又抗病，可以種在墨西哥任何地方，無論該處的土壤是肥沃或是貧瘠，產量其實都不錯。農民只要準備水和肥料，小麥就會長得很好，而且保證豐收。肥料可以是牛糞、鳥糞或工廠製造的化學產品。雨水或來自水泥灌溉渠道的水也都可以。但這些都不重要，因為真正重要的是，他認為倉庫入口的物料和種植量比以往更大的小麥將可消除數百萬人的饑餓。

新品種小麥不能永久解決農民的問題，因為新的稈銹菌變種和其他害蟲會繼續出現，所以小麥育種人員必須繼續創造新品種對抗它們。那些隱藏在新品種基因裡的未知不良性狀早晚會出現在田裡——科學家稱為殘餘異質接合性（residual heterozygosity）——所以育種人員必須想辦法消除這類狀況的效應。新品種在某些地方生長狀況不佳，包括異常炎熱、異常潮濕，或是土壤被金屬或鹽分汙染的地區。

育種人員必須為這些地方開發新品系，所以布勞格和團隊成員仍繼續創造新的品種。

後來布勞格將會把這些新的高產量種子當成套件的一部分，其他部分包括足夠的養分（也就是大量肥料）和水管理（大多代表細心灌溉）。這個包含種子、肥料和水的套件，令人意外地就像那些戰後來到醫師辦公室裡的抗生素：一種遠方科學家的產品，在任何地方、任何時間都能發揮神奇的功效；在愛爾蘭消滅細菌的效果和在印尼一樣。布勞格可以把這個小麥套件帶到世界上任何地方。種子、肥料和水的實際運用方式必須隨當地狀況調整，就像製藥公司依照當地喜好，把萬用抗生素包裝成針劑、藥丸、藥水或鼻噴劑，但重點是這個套件的內容適用於任何地方。

這個套件是可立即使用的完整解決方案。只要打開，產量就能大幅提升。農民再也不用擔心當地品種或特定土壤狀況，甚至不用擔心天氣（如果有灌溉系統的話）。只要依照適用於任何地方的指示，每個人使用這個套件都能得到良好的結果；「它讓農民不再受土地束縛」，或者可以說朝這個目標邁進了一大步。

美國中西部的農民一向擁有優勢：地形均一平坦、表土深厚，而且氣候變化小。一千英里之內，相同的小麥或玉米可以栽種在任何地方。相同的作物可以一英里又一英里地種下去，相同的麥莖朝向地平線以外的地方搖曳。而如今，墨西哥或其他國家也可以如此。育種中心可針對每個地區開發作物，它能把全世界變成愛荷華州。

一九六八年，美國一位援助官員以「綠色革命」來形容洛克菲勒基金會的套件，布勞格在澳洲舉行的小麥研討會上發表勝利演說。他說，二十年前，墨西哥農民每公頃大約可收割一百四十公斤小麥，現在這個數字已經提升到每公頃四百六十公斤，同一片土地的收成增加到三倍多。他說，印度的例子也一樣。第一波綠色革命的小麥在一九六四至一九六五年間的種植季節於印度試種，結果相當成功，因此印度政府第二年擴大試種面積到兩千八百公頃，現在種植總面積已經接近兩百八十萬公頃；巴基斯坦的狀況也相同，而且這還沒有計入亞洲各地種植的綠色革命稻米。

當然，事情並非永遠一帆風順。一九六八年，綠色革命被批評為環境、文化和社會三重破壞。但布勞格沒有理會這些批評，亞洲和拉丁美洲政府也是如此。在墨西哥，洛克菲勒的計畫已經改成永久性研究機構，稱為國際玉米及小麥改良中心（International Maize and Wheat Improvement Center），西班牙文縮寫是CIMMYT，由威爾豪森擔任第一任總執行長。CIMMYT和馬尼拉的國際稻米研究所（International Rice Research Institute）合作，這個機構的經費來自福特基金會（Ford Foundation），但仍以布勞格的工作為架構。現在全世界共有十五個類似的中心，都隸屬於國際農業研究諮商組織（Consultative Group for International Agricultural Research，縮寫為CGIAR），該組織雖然對全球農業十分重要，但卻很少人知道。

布勞格同樣不出名，即使一九七〇年獲頒諾貝爾獎後也一樣。但他和綠色革命已經成為某一類科學家、記者和環保人士的典範。布勞格的套件象徵著克服人類所面對的環境困難，必須以科學指引生產力的思想。一九六八年那一天，布勞格說：「我們的文明是史上第一個立足於科學和科技的文明。為了不斷進步，我們科學家〔……〕必須認知及因應人類不斷改變的需要和需求。」他說，世界的未來必須依靠科學，以及由科學家引導的政治人物。這種科學精英觀點和佛格特的想法相同，但布勞格堅持的是希望擁有更多，而非呼籲減少。

布勞格終其一生都在低頭努力工作。他相信認真理性的工作最後一定能達成目標，畢竟他無法理解世界上竟然有人不這麼想。

四大元素

第四章　土：食物

「一個人口為目前五十至六十倍的世界」

佛格特的讀者中有一位是數學家華倫・韋弗（Warren Weaver），是洛克菲勒基金會自然科學部門主任。韋弗企圖心強、多才多藝，認為科學和科技只要謹慎運用，就可以改善全人類的生活，所以他離開學術界，於一九三二年進入基金會。他很有先見之明，認為生命科學的核心是即將起飛的分子生物學（molecular biology），這個名詞也是韋弗自己創造的。他在洛克菲勒基金會有如分子生物學電影的製作人，負責遴選科學家，並提供經費給後來發現DNA和RNA的重要研究。一九五四至一九六五年間，有十八位科學家以分子生物學獲得諾貝爾獎，其中十五位的經費由洛克菲勒基金會的韋弗提供。

韋弗在生物領域的成就同樣令人激賞。當時的美國副總統亨利・華萊士要求洛克菲勒基金會改善墨西哥農業時，華倫力勸主管接下這項任務。為了報答他的支持，華倫被指派主管墨西哥農業計畫。理論上，他的工作中有一小部分是擔任布勞格的主管。

一九四八年七月，柴斯特・巴納德（Chester Barnard）出任基金會董事長。巴納德是退休電信公司主管，曾經撰寫管理學經典著作。他走馬上任後幾星期，《生存之路》出版。巴納德快速瀏覽了這本書。他嘲笑佛格特對「從私有財產到教宗和共產主義等所有事物」的「謾罵」。但他也發現自己無法忽視佛格特宣稱人類已經超過地球的承載能力。洛克菲勒試圖改善衛生和食物供應的努力，會不會反而使人口增加，導致生態末日提早到來？巴納德擔憂《路》可能「激起」他所謂對基金會的「褻瀆批評」，因此要求韋弗調查這件事。此外他特別問道：「就（佛格特的）非難而言，我們該如何證明墨西哥農業計畫的必要性？」

韋弗相當忙碌。即使在發起分子生物革命和準備綠色革命時，還提出機器翻譯的重要概念、和克勞德・夏農（Claude Shannon）一起撰寫資訊理論的奠基著作《通訊的數學理論》（*The Mathematical Theory of Communication*）、提出複雜性理論（complexity theory）的基本概念，同時把研究《愛麗絲夢遊仙境》（*Alice in Wonderland*）的寫作手法當成業餘愛好。幾個月後，他終於讀完佛格特的書，同時還讀完奧斯朋的《被掠奪的地球》。一九四九年七月，他提出長達十七頁的機密報告總結心得。這份報告不大正式，甚至有點唐突，看起來不像公司備忘錄，反而像很長的電子郵件。儘管如此，它仍然是史上**第一份**現代巫師信條的聲明。

韋弗表示，佛格特在《生存之路》中的警告是「誇大其詞」、「就算時機適當也不算正確」；這些警告過於「拘泥在過去的傳統模式上」。他表示，環境問題必須以新的方式思考，並且提出一種思考方式——這種思考方式的出發點不是從生物學，而是物理學和化學。

韋弗表示，人類要生存下去，只有一個基本需求，就是「可用的能量」（usable energy）。這些能量分為兩種形式，分別是供人體使用的能量（換句話說就是食物和水），以及供應日常生活需求的能量（也就是為交通工具提供動力、為建築物提供冷暖氣，以及生產水泥和鋼鐵等重要原料）。韋弗估計，「美國平均每人每天消耗三千大卡食物（以及）十二萬五千大卡的熱和動力」。

這十二萬八千大卡能量只有一個來源：「核裂解」（nuclear disintergration）。韋弗這個說法包含太陽產生日光以及核能電廠的核反應；後者極具吸引力，但一九四九年時，核能技術仍然十分尖端神秘，韋弗認為「現時難以對核能提出實際預估」。因此他（至少暫時）忽略核能電廠，只說它們「可能會很重要」。

不過韋弗**可以**提出一些與太陽有關的意見。原則上，太陽投射到地球的能量足以（應該是遠超過）供應所有人類每天所需的十二萬八千大卡：「如果我們能運用所有太陽能，單單美國一地就可供應目前全地球人口四十倍的能量。」當時的全球總人口是二十億人左右，因此韋弗的意思是以能量而言，美國的理論承載能力是八十億人左右。

八十億人的限制從來沒有到達過，因為沒有人想住在這麼擁擠的國家，但韋弗認為從這些面向來思考會很清楚。它指出以生態承載能力看待人類困境是錯誤的。地球的實際承載能力非常大，多達兩百億人以上，因此不具意義。真正的問題不是人類即將超越自然限制，而是人類不知道如何多取得一些大自然給予的龐大能量。

韋弗，攝於一九六三年。

要駕馭這些能源需要新科技，但人類一旦懂得如何「直接使用」太陽（或核能），人類未來幾千年的熱、空調、運輸、電力鋼鐵、水泥和其他需求全都可以滿足。韋弗認為，在這方面，佛格特可說大錯特錯。

第二種食物能量的狀況則完全不同，而且更加複雜難解。韋弗承認，我們或許應該認同佛格特在這方面的警告。食物能量來自植物，包括直接（人類食用植物）和間接（人類食用以植物為主食的動物）。植物的能量則來自太陽，由光合作用負責轉化。

一九四九年時，沒有人知道光合作用如何運作。接近兩百年前，在英國工作的荷蘭醫師及生物學家詹・英格豪斯（Jan IngenHousz，或拼作「Ingen-Housz」）曾經提出，植物以某種方式吸收日光、水和二氧化碳，將之轉化成根、莖、葉。不過這項科學研究在英格豪斯之後陷入停頓。幾十年又幾十年過去，光合作用依然是個黑盒子。植物吸收日光、水和二氧化碳後逐漸長大。內部作用則不明瞭。科學家測定植物吸收的太陽能和相應的成長，大致計算出植物實際使用的能量，答案是不算很多。韋弗表示，光合作用「整體效率一定小於百分之〇・〇〇〇二五，也就是十萬分之一的四分之一！」這樣的效率的確是差得驚人。

然而其好的一面則是改良潛力非常大。韋弗指出，理論上，光合作用效率應該可以提升至──

> 四十萬倍左右（……）如果有效率更高的方法把太陽能轉化成食物──就算我們講保守一點，效率如果達到百分之一就好──那麼只要有德州百分之一的面積，每天就能生產三千大卡食物供應目前全球人口的五十或六十倍。

韋弗知道，研究人員仍然難以改造光合作用，所以他提出困難但看來比較實際的方法：開發「海洋的食物生產潛力」、控制農地的降雨量、選擇和改造細菌——他稱之為我們的「小僕人」——「形成人類可當成食物的分子聚結體」。但從他的觀點看來，這些點子都只是暫時措施，真正通往未來的途徑是取用太陽能或核能等新的能量來源，以及改造光合作用來生產更多糧食。

韋弗沒有公開發表他的點子。他的回憶錄也塵封在基金會的文件庫中，現在存放在洛克菲勒基金會一處地下室中。他改造光合作用的夢想被遺忘將近六十年之久，在韋弗曾經資助的分子生物學家後代和全球最大的洛克菲勒慈善基金會繼任者的努力下才重見天日。

這個構想捲土重來時，將會捲入巫師和先知間對未來世界糧食供應的爭議。到時人口（幾乎一定）會更多也（可能）更加富足，所以許多人認為二〇五〇年時收成必須加倍。有些研究者認為這個數字太過誇大，增加百分之五十就已經足夠。不過無論是何種狀況，問題是該怎麼達成目標？

巫師認為答案大多是新科技，也就是基因工程。改造光合作用可展現它的潛力：深入生命的核心，確保數億人類能生活得更好。相反地，先知認為改造光合作用是在生態上愚蠢地追求成長和積聚，最後將導致毀滅。在他們看來，基因工程和韋弗的想法都有相同的缺陷：以為複雜的世界可以濃縮成少數幾個實體要素，可以隨意量度和操縱。

這個概念的行話是「化約主義」（reductionism），它的地位引起許多爭論，農業是其中之一。在本書的這個部分，我將說明佛格特陣營和布勞格陣營對食物、水、能源和氣候變遷等未來四大挑戰的看法，這四者正好對應柏拉圖的四種元素。這幾個主題差異相當大，但巫師和先知在每個主題中都將舊有的爭論改頭換面。舉例來說，在農業領域，基因工程爭議其實源自一個看似難以理解的問題；這個已有將近百年歷史的問題爭執異常激烈，就是如何以適當方式供應植物養分，尤其是氮。這個問題又與另一個更古老的爭端有關，就是對生命本質的爭議。

N的故事（天然版本）

「那麼，生命到底是什麼？」

這是一八二二年雪萊去世前最後一首詩〈生命的凱旋〉（The Triumph of Life）的最後一行。雪萊沒有完成這首詩就去世了，所以我們無從得知現存的草稿是否是他的最終想法。但我們現在看到的版本文字優美但意念雜亂，生命是神秘又讓人振奮的精神，又殘酷地摧毀這個精神。我念大學時有一門課指定讀這首詩，對這首詩的矛盾大惑不解。後來我理解到，許多人都和雪萊有一樣的困惑。他寫這首詩時，科學家也開始爭論生命的定義。

在古代，生命通常被視為一種本源或要素。中國稱為「氣」、奈及利亞稱為「ase」（靈力）、波里尼西亞稱為「mana」（超自然力）、在北美的阿爾岡昆文化稱為「manitou」（神靈）、希臘稱為「pneuma」（靈氣）、遙遠的星系稱為「Force」（原力）。很久以前的思想家會說，有生命的生物和無生命的物體都由物質構成。但生物會進食、繁殖、依據意圖行動，還能做上百件無生物做不到的事。古人理所當然地會想像有某種特殊的非物質能量在活組織中流動及維繫生命，藉以解釋有生命和無生命的區別。缺少這個要素，生物體只是一具機械，而不是生物。

對亞里斯多德而言，植物是特例。他十分好奇植物沒有任何可見的攝取食物機制就能生長，因此提出植物取得養分的方法，是透過根吸入腐植質，也就是腐化的動植物物質。腐植質可提供養分給植物的原因是它和植物一樣含有靈氣。雖然亞里斯多德的假設現在看來明顯有問題（例如根不會吸入腐植質），但他的想法在西方一直流傳到十八世紀，被創立農業化學的瑞典化學家約翰・戈特沙爾克・瓦勒里烏斯（Johan Gottschalk Wallerius）發揚光大。瓦勒里烏斯在這個領域第一本重要著作，一七六一年的《基礎農業化學》（*Agriculturae fundamenta chemica*）中宣稱，活的生物受生命特有的內在能量驅動。他把這種能量稱為「世界的精神」。其他思想家採用的名稱各不相同，包括生命之火、活動本源、生命力（或維持原本的拉丁文形式「*vis vitalis*」）。無論叫什麼名稱，它也是腐植質的特質，因為腐植質曾經有生命，而且依然保有這種維繫生命的驅動力。

與過去決裂的情況相當少見，但卡爾・史普倫格爾（Carl Sprengel）發動了一場決裂。史普倫格爾一七八七年生於德國，十五歲就開始農藝學研究，可以說是奇才。他在哥廷根大學擔任教授時，於一八二〇年代進行一連串細心實驗，分析腐植質的化學組成，斷定從亞里斯多德到瓦勒里烏斯的所有人都錯了，植物吸收的是腐植質中的各種養分，而不是吸收腐植質。這表示腐植質不具有獨特的生命靈力，只是一堆礦物質和鹽分，其中有些對植物生長很有助益。為了推廣這些發現，史普倫格爾於一八三〇年代寫了五本教科書。

當時德國最著名的化學家是尤斯圖斯・馮・李比希（Justus von Liebig）。李比希企圖心強、富個人魅力又好爭論，是教育創新者、科學夢想家，也是狡猾的騙子。他的博士論文是假造的，一系列實驗當然也不例外。儘管如此，他的名聲仍然相當響亮。一八三七年，不列顛科學協會（British Association for the Advancement of Science）甚至捨棄英國科學家，委託李比希撰寫有機化學發展現況報告。三年後，這位傑出科學家交出的報告主題稍有不同，是他以往從未研究過的農業化學。他的結論和史普倫格爾十分雷同，但只有不經意地提到史普倫格爾先前的研究。史普倫格爾曾經對此提出抱怨，但李比希的名氣卻反而讓他的理論因為被竊取而沾光。這個轉折尤其不公平的是所謂的「李比希最低量定律」（Liebig's Law of the Minimum）：植物需要許多種養分，但生長速率受土壤含量最少的養分限制。

大多數狀況下，這種養分是氮。乍看之下，氮成為限制因素的說法似乎很奇怪，世界上的氮比碳、氧、硫和磷的總和還多。不過可惜的是，百分之九十九以上的氮是氮氣。氮氣（化學式是N_2）由兩個氮原子構成，這兩個氮原子結合得十分緊密，植物無法分解使用，因此植物只能從比較容易分解的化合物吸收氮。

氮在土壤中主要由微生物負責固定。有些微生物分解有機物，讓氮可以再度利用。有些微生物，例如生活在大豆、苜蓿、扁豆和其他豆類根部周圍的共生細菌，則可直接把氮氣固定在植物能吸收的化合物中（有少量氮由閃電固定。閃電把空氣珠的氮分子分開，和氧結合成可溶於雨水的化合物）。農民在田地裡加入灰燼、血液、尿液、堆肥和動物糞便，就是在提供食物給負責固定氮的細菌。李比希的研究成果指出，在田地裡傾倒人工製造的氮化合物（也就是化學肥料）也是為了相同的效果。

李比希雖善於逢迎，但頗有遠見，已經預見新的農耕方式，把農業當成化學和物理學的分支。在這套方法中，土壤只是基底，發揮固定根部所需的物理特質。對農業而言，真正重要的是植物生長所需的化學養分：氮、鉀、磷、鈣等等。如果農民需要，可以把種子種在沒有腐植質的土壤裡（例如沙地），再灑上專家配製的水和化學物質，種子同樣可以發芽長大。依照歷史學家理查・懷特（Richard White）

的說法，農場將是生物機器。如同時鐘一般精確的新農業，將成為受人類駕馭的能量和物質流。生命力、生質和靈氣不僅無關，而且不存在。作物和土壤是沒有人性的物質，是以化學配方優化的一堆分子，而不是流動及具有能量的整體。用現在的話來說，李比希朝以農藥主導的工業化農業邁入第一步，可說是早期的巫師思想[1]。

當時最知名的肥料來源是秘魯的鳥糞。由於需求導致價格提高和供應減少，注意力逐漸轉向硝酸鈉（$NaNO_3$）。硝酸鈉由一個鈉原子、一個氮原子和三個氧原子構成，彼此結合得不算緊密，可讓植物吸收到氮。世界上最大的硝酸鹽礦藏位於智利北部的沙漠中。這裡雖然幾乎從不下雨，但經常飄著來自太平洋的毛毛雨。這片毛毛雨非常稀薄，每年不到二十五公釐，但含有來自洪堡洋流的養分，餵養供鸕鶿食用的秘魯鯷魚。其他養分隨塵土從天上落下和隨地下水湧出。由於幾乎沒有降雨沖去殘餘物，因此沉積物會隨時間逐漸累積，最後形成一片長六百四十公里、寬十九公里、厚二．七公尺的天然肥料層。全世界爭相使用這片肥料。智利生產的硝酸鹽成為包裝肥料（當然啦，還有炸彈）的主要成分。加拿大曼尼托巴大學的瓦克拉夫．斯米爾（Vaclav Smil）在他撰寫的氮用途演變史中曾經提到，二十世紀開始時，運往美國的硝酸鹽有將近一半用於製造炸藥。

李比希，繪於一八四六年。

一八九八年，英國化學家威廉・庫魯克斯（William Crookes）提出警告，指出氮即將用盡。庫魯克斯是委託李比希撰寫報告的不列顛科學協會新任主席。他在就任演講中特別強調歐洲日常食用的麵包。他說「全世界的麵包食用者」每年增加六百萬以上。為了養活這些新的麵包食用者，農民必須開墾新的土地，或是使用更多肥料，在現有的土地上生產更多穀物。庫魯克斯認為，這兩條路都不可行。適合的土地大多已經開墾，而肥料需求增加將「在數年內」用盡秘魯鳥糞和智利的硝酸鹽。庫魯克斯預測，一九三〇年代，世界小麥供應「將會嚴重不足，因而造成大蕭條」。庫魯克斯希望科學能拯救麵包食用者。

他的願望果然實現了，科學確實挽救了世界——或著說，至少挽救了一陣子。

N的故事（合成版本）

庫魯克斯公開發表警告後六年，一家奧地利化學公司委託德國化學家弗里茲・哈伯研究化學肥料。更精確地說，這家奧地利公司要哈伯研究的是合成氨。研究人員幾十年來一直相信，只要能製造氨，就能用它製造化學肥料。化學肥料可在工廠中生產，不需要從地面挖出再遠渡重洋。從化學上說來，

1　李比希當時還想開肥料公司，希望藉助他的概念獲利。他的名聲吸引了金主，並於一八四五年設立工廠。但奇怪的是，他起初拒絕在產品中添加氮，堅持植物吸收大量氮的途徑是腐敗的根和葉片釋放在土壤中的氨（NH_3）。氨其實應該是氣體，上升到空中後溶於雨水，再大量落到地面。李比希說，以氮而言，糞肥和其他傳統肥料既「不必要」又「多餘」，它們供應的是鉀和磷等其他限制性養分。李比希不願意在產品中添加氮，代表他的產品沒有效果。他堅持拒絕測試，代表他沒有發現產品沒有效果，只能讓客戶發現。等到他承認氮是關鍵因素時，他和金主已經虧損許多錢。後來他宣稱自己一向肯定氮的重要地位，但已經無法挽回頹勢。

氨（NH_3）相當單純：三個氫原子和一個氮原子，排列成近似金字塔的形狀。氫和氮通常都是氣體形式 H_2 和 N_2。理論上我們應該能把氣態的氮和氫分解成單一的氮原子和氫原子，再把這些原子當成建構單元，結合成的 NH_3。不過如同植物無法分解 N_2 一樣，人類製造合成氨的努力也失敗了。

「失敗」在這裡的意思是「沒有設計出可用的工業方法」，但化學家其實**老早就**做出合成氨，只不過僅限於在極高的溫度和壓力下，以成本高昂的實驗方法合成罷了。但即使在這些極端條件下，這個化學反應依然需要「催化劑」，也就是促進化學反應進行但本身不變的物質；而催化劑就像恣意穿越馬路的行人，來車閃避不及造成車禍後卻毫髮無傷地離開。但和造成混亂的行人不同的是，催化劑是協助數千種化學反應順利進行的重要物質。

好幾種金屬可當成製造氨的催化劑。在適當條件下，金屬可吸收氫氣和氮氣，分解成獨立的氫原子和氮原子。自由的氮原子能輕易和氫原子結合，形成氨分子。新生成的氫氮鍵結釋出的能量協助氨分子脫離——化學術語是「脫附」（desorb）——金屬表面，進入空氣中，金屬本身則沒有變化。

哈伯自己嘗試過。他和前人一樣，發現讓高溫高壓的氫氣和氮氣通過鐵、錳和鎳等金屬上方可產生可測得的少量氨，比例大約是原始氣體的萬分之一。哈伯讓氫氣和氮氣重複循環，可以非常緩慢地把大部分氮轉換成氨。但如同他向奧地利方面報告的，這個過程太費時費力且不符成本，就像投下數百萬美元建造柳橙汁工廠，但每天卻只能生產一小匙果汁一樣。

不久之後，幸運之神化身為聰明但尖酸的物理學家瓦爾特．能斯特（Walther Nernst）現身。能斯特以實驗研究化學反應中的熱效應，於一九〇七年斷定哈伯估計的氨產量高出太多。即使哈伯認為自己的數字相當保守，估計值依然高出接近四倍。哈伯重做早前的實驗，這次得出的結果比較接近能斯特的數字。哈伯懊惱地承認失誤。能斯特尖酸地公開嘲笑哈伯的研究成果「極不精確」，並說這個結果「讓哈伯誤以為氮和氫可以合成氨」。如同專研氮用途的歷史學家維克列夫・斯米爾（Vaclav Smil）所指出，這點說的完全不對。哈伯早就斷定我們**不可能**固定氮，和能斯特的說法恰好相反。不過這麼做仍然讓人難堪。

哈伯決心扳回面子，重新著手研究氨。但這次他找到新的門路：全世界規模最大的化學公司巴登苯胺和蘇打水廠（Badische Anilin- und Soda-Fabrik，簡稱BASF）。眼前的基本問題是氫和氮在高溫高壓時合成氨的效率最高，但這些條件提高了合成的成本和難度。BASF協助哈伯打造更好的設備和研究更好的催化劑。一九〇九年七月二日，哈伯終於達成重大突破，他把高溫氣體連續打入設備五小時，「持續產生

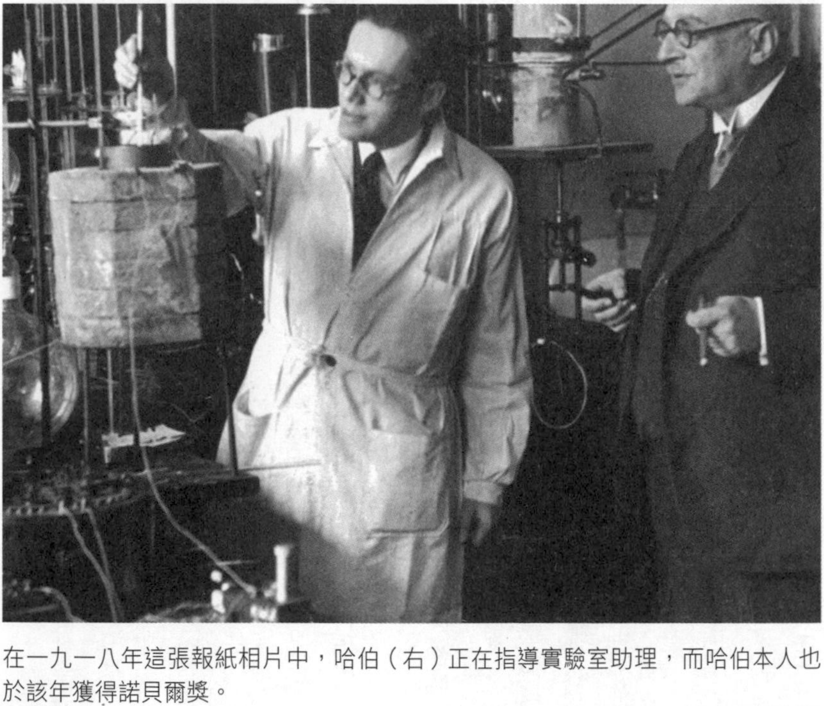

在一九一八年這張報紙相片中，哈伯（右）正在指導實驗室助理，而哈伯本人也於該年獲得諾貝爾獎。

液態氨」。

哈伯的實驗模型只有七十五公分高，對商業化生產而言容量太小。他使用的催化劑是鋨和鈾，也不適用於商業化生產，因為鋨的全球年供應量不到一百一十三公斤，鈾也相當危險，不僅有放射性，而且很容易與氧和水反應後爆炸。儘管如此，他還是證明大量合成氨是可行的。

BASF指派化學工程師卡爾・博施負責提升哈伯製程的規模及尋找成本合宜的催化劑。博施同樣為固定氮投入多年時間。他得知哈伯已經達成目標時，毫不遲疑地向公司表示應該採用對手的設計。打造製造氨所需的高壓槽十分困難，因為博施失望地發現，氫會滲入槽壁和鋼鐵中的碳結合，降低鋼鐵強度。同時博施成立團隊，測試數千種化合物，尋找更好的催化劑。最後發現最好的催化劑是鐵混合少許鋁、鈣和鎂。最終，BASF第一座氨工廠終於在一九一三年完工啟用。

五年後，哈伯以合成氨獲得諾貝爾獎，而博施和主要助手則於一九三一年以開發「化學高壓法」（chemical high pressure methods）獲得諾貝爾獎。氨合成的成本依然相當高昂，化學肥料無法真正普及，直到一九三〇年代才改觀。儘管如此，這兩座諾貝爾獎仍然實至名歸，哈伯法可說是二〇世紀最重要的科技發展，也是史上最重要的發現。哈伯法改變了土地和天空，重新塑造海洋，並且大幅改變人類的命運。德國物理學家馬克斯・馮・勞厄（Max von Laue）說得最中肯：哈伯和博施讓人類得以「用空氣生產麵包」。

全世界的化學肥料現在幾乎全都以哈伯法生產。未來學家拉梅茲・納姆（Ramez Naam）曾經指出，全世界用於生產化學肥料的工業能源略多於百分之一。值得注意的是，納姆表示：「這百分之一大約是全世界可種植的糧食的兩倍。」一九六〇年到二〇〇〇年間，化學肥料使用量增加了百分之八百左右，其中約有一半用於種植三種穀物，分別是小麥、稻米和玉米。有些人對這個數字的解讀是認為，這完全是因為布勞格和助手培育新品種的小麥、稻米和玉米，加上使用哈伯和博施的研究成果所產生的成就。

提升糧食供應量同時造成人口增加。斯米爾計算，哈伯法肥料負責供應「將近全世界人口百分之四十五的主要糧食」。大致上，這等於養活大約三十二．五億人。超過三十億男女老幼，以及超乎想像的眾多夢想、恐懼和探索，全都因為二十世紀初的兩位德國化學家才得以存在。

人工固定氮影響的深遠程度難以想像。想想看有多少人因而不致餓死，有多少人因而獲得成功的機會，有多少人原本只能希冀溫飽，但因而得以創造傑出的藝術作品和科學研究成果。日本、瑞士和美國伊利諾州的粒子加速器、《百年孤寂》（*One Hundred Years of Solitude*）和

博施（左）由瑞典王儲古斯塔夫手中接過一九三一年的諾貝爾化學獎。

《分崩離析》（*Things Fall Apart*）、疫苗、電腦和抗生素、雪梨歌劇院和史蒂芬・霍爾（Stephen Holl）的聖伊納爵教堂等等，有多少人直接或間接受益於哈伯和博施？如果沒有巫師的成就養活這些創作者，其中又有多少能夠存在？

但有利就有弊。近六十年來使用的肥料中，有百分之四十左右沒有被植物吸收，而是流入河水或化成氮氧化物進入空氣；另外一些流進河流、湖泊和海洋的肥料仍然是肥料，促進海藻、雜草和其他水中生物生長。這些生物死亡之後落到海底，成為微生物的食物。食物供應量增加，使微生物迅速增長。微生物呼吸耗盡淺水的氧，導致大多數生物死亡。有農業逕流的地方，死亡區域特別多。每年夏天，來自美國中西部農場的氮經由密西西比河流進墨西哥灣，於二〇一六年造成面積接近一萬八千平方公里的缺氧區。第二年，孟加拉灣出現更大的缺氧區，面積高達六萬平方公里。

汽車引擎更是火上加油。汽車燃燒時的副產品把氮氣轉換成各種氮氧化物（化學式是NO_x）。氮氧化物進入大氣同溫層，與具有保護作用的臭氧結合。臭氧可阻隔有害的紫外線，保護地球上的生物。臭氧和氮氧化物結合將會失去作用。在地面，NO_x也會造成汙染。無用氮的總成本估計每年多達數千億美元。科學作家奧利佛・莫頓（Oliver Morton）指出，如果沒有發生氣候變遷，氮帝國的擴張將成為人類最大的生態隱憂[2]。

回歸定律

作用一定會造成反作用——某些人**贊成**就有另一些人**反對**。李比希所提出的原始巫師工業化的農業遠景，把農場視為生物機器，因而促使原始先知觀點成形，試圖找回他捨棄的生靈。反對者認為現代化支持者宣揚的成就是走回頭路，新里程碑都是廢墟。他們如果讀到韋弗的宣言，一定會從第一頁開始大力反對：農業不只是「可用的能量」，因為在他們看來，現代化支持者忘記了生質，也就是靈氣（pneuma）。這個理論的許多層面都大錯特錯，反對者相信，這個錯誤造成的影響將在時間和空間中迴盪。

英國萊斯特大學歷史學家菲利普．康佛德（Philip Conford）表示：「文化運動的開端一向難以精確得知。」康佛德在他的有機農耕史中主張，對李比希式農業的反彈最可能始於一九二〇年代，當時哈伯肥料開始普及到全世界。非洲、德國、英國和美國掀起反對聲浪，但最主要的反對力量來自南亞地區，這裡的反對者從小型傳統農家獲得啟發，布勞格後來也試圖加以現代化。

最初的反對陣營中包括後來的少將羅伯特．麥卡里森（Robert McCarrison）。麥卡里森在北愛爾蘭長大，取得醫學學位後投身軍旅。一九〇一年，他到達當時是英屬印度最北端的巴基斯坦。當時他二十三歲，沒學過流行病學、公共衛生或環境科學。儘管如此，他仍然對這些領域貢獻甚大，發現疾病的環境原因（帶細菌的昆蟲、缺乏維生素等）和防治方法。後來他成為殖民地營養研究主任，一直到一九三五年退休為止。

麥卡里森因為醫師工作走遍巴基斯坦北部各地，其間到達伊斯瑪儀派穆斯林（Ismaili Muslim）聚居的罕薩河谷（Hunza Valley），「他們的食物只有穀類、蔬菜和水果，以及定量的牛奶和奶油，節慶時才

2 令人困惑的是，一氧化二氮（N_2O）不屬於氮氧化物（NOx），因為一氧化二氮多了一個氮，所以化學性質和NOx不同，化學家把它歸在另一類。

有羊肉，一直延續到現在」。罕薩人是極佳的身體樣本：「體格的完美程度和少有疾病兩方面都無人能及」。麥卡里森在這裡的七年期間「從未見過消化不良、胃或十二指腸潰瘍、盲腸炎、黏液性結腸炎和癌症病例」。罕薩人壽命「長得出奇」的原因不是教育和富裕。他們都不識字，而且十分貧窮，大多養不起狗。麥卡里森開始相信，他們身體健康是因為飲食的緣故。

麥卡里森發表於一九二一年的研究後來形成新的科學類別：孤立地區長壽且精力充沛的貧窮民眾相關研究。在加彭地區，奧果韋河（Ogowe River）附近的傳教士、美國西南方的人類學家、南非的金礦管理人員、因紐特（Inuit）村莊中的醫師，都發現偏遠地區族群少有癌症、冠狀動脈疾病、糖尿病以及其他被稱為「文明病」的慢性疾病。罕薩人儘管貧窮、衛生條件

麥卡里森（左起第三位，一九二六年拍攝於工作坊參觀活動中）雖然是大英帝國的公僕，但相信亞洲農耕方法優於歐洲。

極差又缺乏醫療照護，卻比英國人更健康。麥卡里森因此推斷，大概是因為英國工人階級吃喝的罐頭肉類、加糖的茶和鬆軟的白麵包，其中所含有的維生素比罕薩人飲食少得多。

一九二〇年代初，麥卡里森認識巴嘎瓦圖拉．維瓦納斯（Bhagavatula Viswanath）和蘇亞納拉亞那（M. Suryanarayana）兩位印度農業化學家。他們任職於印度南部孔巴托的研究機構，工作是比較化學肥料和天然肥料[3]。化學肥料有地位崇高的李比希支持，天然肥料則是數千年來南亞地區為土壤補充養分的選擇。李比希相信，只要添加物的養分相同，化學肥料生產的穀物和天然肥料種出的穀物就應該完全相同。他認為，化學肥料實際上應該更好，因為科學家可以針對各地土壤開發獨特配方，讓農民擁有更多控制權。為了檢驗傑出前輩的理論，維瓦納斯和蘇亞納拉亞那在同一塊田裡使用化學肥料和天然肥料種植小麥和小米，再以化學檢驗種出來的穀物。

麥卡里森很有興趣，指出真正的問題不是不同穀物的化學組成，而是食用時的品質。他衝進公司，占用一間實驗室，把兩個人的實驗用小麥和小米餵給大鼠和鴿子。吃天然肥料的動物長得強壯健康，吃化學肥料小麥和小米的動物則有營養失調問題。他推斷天然肥料中含有某些李比希不知道的東西。麥卡里森於一九二六年發表這個發現，把自己列為作者，囊括大部分功勞。

後來他更進一步研究，而這一步已經跳脫那兩位不情願的共同作者維瓦納斯和蘇亞納拉亞那所提出的概念。一般而言，下一步應該是找出天然肥料中的特殊養分，再把這些養分加入化學肥料中。但

3「糞肥」通常被視為動物糞便，通常是牛糞、馬糞或人糞，但糞肥其實有棕糞肥（動物糞便）和綠糞肥（會埋回土中的作物殘餘或覆蓋作物）兩種。本書中的糞肥則包含兩者。

麥卡里森有宗教皈依經驗，就是那種「靈光一閃」、改變一生的時刻。他認為真正的問題是李比希化約主義的觀點讓土壤被動地儲存化學養分。

一九三六年，麥卡里森在一系列演講中說明反對陣營的思想體系。他表示，「成分完整的食物」是身體健康最重要的決定因素。成分完整的食物中最重要的部分是植物，包括水果、蔬菜和全穀類。他表示，因此這些植物的營養價值取決於種植方式。李比希在這方面的說法不正確，化學不是唯一的關鍵。要栽種出最好、營養最充足的作物，農民必須（以現代說法是）避免把土地視為化學物質庫房來有效管理，而應該視為交互作用複雜的生命系統，善加重視和維護。這個系統的各部分都與整體有關，但其中最重要的是土壤。

> 地力耗竭將導致一連串惡性循環：牧草地品質惡化、吃草維生的牲口品質惡化、牲口提供給人類的食物品質惡化、人類耕種的植物性食物品質惡化，最後造成人類和動物營養不良及相關疾病。養活人類、植物和動物的食物產自地球，我們也必須歸回構成人類和動植物的物質，地球才能繼續生產那些滿足我們需求的食物。

土壤！沒錯，就是土壤！土壤吸收植物殘骸和動物排泄物，將可成為活躍的循環網，滋養以它為生的動植物。農民不應該試圖在實驗室裡複製這個系統——因為這種做法注定失敗——而應該讓土壤生態系用腐植質自然創造出來，亞洲農民已經這麼做了幾千年。

另一位住在印度的英國人亞伯特．霍華德（Albert Howard）和麥卡里森有相同的想法。霍華德出生於一八七三年，在英國西部邊緣的農場長大。與犁和鐮刀為伍的早年經驗，讓這個從未做過農事的實驗室常客產生強烈的懷疑。在此同時，霍華德本身又擁有堅實的學術背景：英國皇家科學院（Royal College of Science）的一流學位，在劍橋攻讀農業科學也是全班第一名。

一九〇五年，霍華德進入印度北部普薩（Pusa）剛成立的農業研究所。新婚妻子嘉柏麗（Gabrielle）則是出身劍橋的植物生理學家，和他一起前往印度。霍華德夫婦成為人生和實驗室中的同伴，但亞伯特比較出名——就當時男尊女卑的觀念而言相當自然。他們分別及合作培育新品種小麥和菸草、研究根系分布、開發新的耕耘機，以及供應超級健康的食物和舍房給公牛，但不接種疫苗來預防疾病。嘉柏麗從一開始就要求亞伯特周詳思考，觀察不同研究領域之間的關聯。一九一八年，他們的觀念相當清楚：「土壤、植物和動物的健康互有關聯，因此肥沃的土壤是提高作物產量的關鍵，而施肥則是土壤肥力（soil fertility）的關鍵。」（這段話係引自萊斯特大學歷史學家康佛德的作品。）

在實用層面上，霍華德最重要的貢獻應該是開發印多爾堆肥製程（Indore process of composting）。印多爾（Indore）位於他們工作的印度中部。麥卡里森專注於研究土壤添加物，尤其是天然肥料，霍華德則致力於製造堆肥，以細菌和真菌分解農業和家庭廢棄物，把氮固定在可用的氨和硝酸鹽。印多爾製程則是先把細菌和真菌加入廢棄物，再以五比一的比例混入灰，並定時翻動，讓原料接觸氧，提高氮的固定效果。時至今日，大規模製造堆肥時仍然使用霍華德的方法，僅有少許修改。

其他人原本專注於製造堆肥，包括著名的法國小說家維克多．雨果（Victor Hugo）。雨果打破所有敘事規則，在他的偉大小說《悲慘世界》（*Les Misérables*, 1862）劇情最高潮時硬生生中斷，以整整十五頁的篇幅談巴黎下水道系統，吊足讀者胃口。巴黎下水道把大量排泄物排到河中，再讓河流帶到海裡。

雨果聲稱，這些排泄物應該用來給田地施肥：「因為世界上最肥沃、最有效的天然肥料出自人類。」鳥糞生意——居然還要千里迢迢地漂洋過海！——簡直是洲際笑話。

我們投下大筆金錢，讓輪船到南極開採海燕和企鵝的糞便（作者註：雨果大概是這麼寫的，雖然有些出入），把我們手中的無數財富丟到海裡〔……〕好好利用城市，一定可以成功使平原豐饒。如果我們的黃金是穢物，那麼我們的穢物就是黃金。

雨果呼籲更廣泛地使用堆肥和天然肥料，最後也得到其他作家呼應，雖然他們都欠缺他的文采。不過雨果和後繼者影響都不大，下水道繼續把黃金穢物沖進水中。要不是霍華德的妻子嘉柏麗於一九三〇年突然去世，他的研究成果可能依然不受注意。

霍華德喪偶之後辭職回到英國，哀傷地在花園裡晃蕩。他覺得自己的事業已經結束，但其實是邁入更活躍的新階段。回到英國後不久，他和與嘉柏麗同樣傑出的妹妹露易絲（Louise）結婚。露易絲出身劍橋，是和平主義者及女性選舉權支持者，教授過古典文學，成為維吉尼亞．吳爾芙（Virginia Woolf）小說中的人物——在實際生活中，她擔任過吳爾芙的先生李奧納德（Leonard）的編輯助理——並且在瑞士的國際勞工組織主持農業部門。霍華德開始走遍世界，推廣印多爾製程和其他技術。

霍華德說：「自然界所有農耕的基礎」是回歸定律（Law of Return）——「所有可用的植物、動物和人類廢棄物都會如實地回歸土壤。」細菌、昆蟲和鳥類死亡時，身體回歸土壤，提供養分給其他生物，牠們的廢棄物也會。人類也一樣，必須把生存後留下的物質歸還地球。社會忘記這個簡單的規則時，文明將會崩壞。我們依賴植物、植物依賴土壤、土壤又依賴我們。回歸定律體現了一項獨到見解，就是萬物彼此互相影響。

麥卡里森傳播的訊息一向大致相同，但霍華德創造新詞的巧思，而且喜歡以令人愉悅的極端惡毒態度推廣自己的想法，他太太露易絲說這是「友善的殘酷」（amiable brutality）。他出版於一九四三年的《農業聖經》（*An Agricultural Testament*）經常被譽為有機運動的奠基之作。霍華德在這本書中不僅大力讚揚堆肥，同時批判「NPK心態」——這個名稱取自化學肥料中的氮、磷、鉀三種主要成分。他不僅批評科學家極少踏足田地，還公開說這個可憐的怪人是「實驗室阿宅」，在「過時的研究機構」裡「想學的東西越來越多、但內容越來越少」。他不只大力責難化學肥料過度使用，還聲稱化學肥料有毒：「化學肥料緩緩毒害土壤生命，是降臨在農業與人類身上最大的災難。」

霍華德成為規模不大但極具影響力的運動核心。該核心的影響力部分源自許多成員是貴族基督徒，認為工業化農業將危害社會和神聖秩序。最有名的代表人物包括曾任紐西蘭總督的布萊德斯諾勛爵（Lord Bledisloe）；推展腐植質、反閃族的英國人民黨創辦者貝福德公爵（Duke of Bedford）；出版《關注土地》（*Look to the Land*）

有機農業先鋒（左起）：霍華德爵士、鮑爾福夫人和諾斯伯恩勛爵。

一書的作者，同時也是最為人所知的諾斯伯恩勛爵（Lord Northbourne）。而霍華德本人也於一九三四年獲得爵位。的確，英國首屈一指的農業革新組織土壤協會（Soil Association）有許多名流人士，因此早期集會簡直像《唐頓莊園》（*Downton Abbey*）裡的豪宅派對，只不過討論的大多是天然肥料和蚯蚓。

這幾方面的典範，是霍華德的信仰導師、土壤協會創辦人和主席、《活土壤》（*The Living Soil*, 1943）的作者鮑爾福夫人（Lady Eve Balfour）。鮑爾福的背景揉合金錢、權力和神祕：她的祖父或外祖父有一方是印度總督，另一方則是社會知名的神祕學者及作家。她的父親是愛爾蘭布政司，當時她叔叔擔任英國首相。鮑爾福夫人受深刻但風格特殊的基督教信仰啟發，提倡「靈性和道德復興」。在這些行動中，照料土地是重要關鍵。她表示，藉由「服事上帝，服事土壤、彼此服事」，窮人也可晉身「演化的下一階段」，創造「上帝在地上的國」。

大西洋彼岸也出現類似的運動。這個運動同樣受霍華德和麥卡里森啟發，而且有許多支持者受基督教思想影響，但這個運動一點也不貴族，它的核心人物是僅能勉強餬口的創業者、出版商、劇本作家、園藝理論家、食物實驗者和反疫苗支持者傑若米·羅德爾（Jerome Irving Rodale）。一八九八年，羅德爾出生在紐約市的猶太街，小時候體弱多病，經常頭痛和感冒，家族也有先天性心臟問題。他當過會計師和稅務審計員後，和兄弟一起創辦電子設備公司，營運狀況不錯。經濟大蕭條來襲時，羅德爾兄弟把工廠遷到賓州農村。傑若米回到寧靜的鄉間之後，有許多時間可以運用。他在興趣驅使下成立出版公司，發行關於禮貌、幽默和健康的小冊子。

一九四一年，羅德爾在雜誌上讀到關於霍華德的文章。當時他還為頭痛和感冒所苦，而且害怕自己心臟不好。但他心想，節食或許有用。科學家可能覺得好笑，但他反而覺得這個點子很合理。他在好奇之下讀了《農業聖經》。數年前他曾經聽過麥卡里森演講，所以已經有了準備。現在霍華德的書透過他的眼睛進入心中，像火一樣在心裡熊熊燃燒。他立刻跟霍華德聯絡。他在附近買下一座六十英畝的農場，開始依照回歸定律耕作。他讀了更多霍華德等人的作品，例如鮑爾福夫人、諾斯伯恩勛爵、萊諾・皮克頓（Lionel Picton）——《堆肥通訊》（*The Compost News Letter*）編輯——和麥卡里森等。羅德爾非常喜歡麥卡里森的作品，因此也寫了關於罕薩河谷的推廣書籍，但他其實從來沒有離開過美國。一九四八年，羅德爾出版公司（Rodale Press）發行《健康的罕薩人》（*The Healthy Hunza*），比《生存之路》還早四個月。當時羅德爾正在大肆慶祝作物豐收和自己健康狀況改善。

羅德爾去世於一九七一年，過程頗具戲劇性。當時他正參加電視談話節目，談話中他宣稱「我這輩子從來沒覺得這麼好過！」又給主持人吃他用尿煮的特製蘆筍，但卻於幾分鐘之後心臟病發去世。想當然這件事遭到許多人嘲弄，但他留下龐大的遺產，而且他比其他同樣有心臟病的手足多活了二十年之久。

羅德爾讀過霍華德的書後，把他的概念重新包裝成另一篇文章〈現今的作物不適合讓人類食用！〉（Present Day Crops Unfit for Human Consumption!），刊登在他的雜誌《事實文摘》（*Fact Digest*）中。這篇文章造成極大的騷動，使羅德爾不得不停掉《事實

羅德爾

文摘》，改創辦新雜誌《有機農耕與園藝》（*Organic Farming and Gardening*）。後來他發現，有意願購買有機食物的人比有興趣自己種植的人多得多。一九五〇年，他再創辦《防護》（*Prevention*）雜誌，把有機食物推廣給消費者，「使有機運動盛大更盛大」。此外，諾斯伯恩勛爵於一九四〇年發明「有機農耕」一詞。羅德爾在雜誌封面寫上大大的「有機」字樣，把這個詞從與生物有關的中性單字變成「生機」（life-giving）食物的標籤，意味著揚棄工廠生產的化學物質。它是用來打擊工業化農業的工具。一九四八年，《有機農耕與園藝》共有九萬個付費訂戶。羅德爾去世時，訂戶數成長到五十萬。《防護》的訂戶數更超過一百萬。儘管羅德爾地處偏僻，而且幾乎拒絕所有主流廣告，仍然建立起規模龐大的信仰帝國[4]。

「化腐泥為神奇」

這些強勢的運動最終還是造成反彈。農業官員、農耕協會、化學公司和大學研究人員大力譴責霍華德和羅德爾數十年之久。堪薩斯州一所農業學校的院長在廣受引用的批評中說：「半真半假、偽科學和感情用事」。羅德爾的支持者是「遭到誤導的邪教」，完全背離科學。加州農業官員輕蔑地說有機運動根本「危言聳聽」。「化學肥料有害嗎？答案是否定的！」工業界也不允許殺蟲劑遭到反對。美國最大的農業雜誌《鄉村紳士》（*The Country Gentleman*）則稱有機運動的支持者是「各種昆蟲的毒藥」。趕飲食流行的呆子！騙子！神經病！——羅德爾和他的支持者受到各式各樣的謾罵，但他反而自豪地說：「我捅到了馬蜂窩。」

有些批評有其道理；像實驗室阿宅這類研究人員則指責霍華德過度誇大自己的例子，而且講得相當實在。霍華德斷言「化學肥料產生的一定是化學養分、化學食物、化學動物、最後產生化學男女」——科學家聽到肯定會翻白眼，「一定」？霍華德「證明」了嗎？而且「化學動物」和「化學男女」到底是什麼？

更糟的是，在批評者眼中，有機運動完全無視於成本。肥料化學家唐納・霍普金斯（Donald Hopkins）指出，要用堆肥生產足以供應幾百萬人的糧食，將會「消耗十分龐大的勞力、運輸和規畫」。這些成本將大幅提升糧食價格，對收入有限的民眾而言相當可怕。「李比希信徒」生產的糧食或許有點「化學」，但可以讓艱苦的窮人日子好過一點。

最重要的是，反對者指控霍華德和支持者的立論基礎是靈性而不是科學、是空想而不是實驗數據。在他們眼中，霍華德的「極端主義觀點」重新提出早就被拋棄的古老思想，認為腐植質充滿特殊的生命力。批評者嘲笑，他們宣稱的農業革新只不過是一種右翼神祕主義，批評者稱之為「化腐泥為神奇」（muck and magic）。

同樣地，有些批評則是中肯的。鮑爾福夫人曾經說過「自然界中的生存原理〔……〕生命本身的成分，生命充滿動物或植物身體中成千上萬的細胞。」說法確實和亞里斯多德的靈氣（pneuma）沒有差別。霍華德狂熱宣揚腐朽的植物和動物物質（「輝煌的森林腐植質」），並稱之為「植物生命的開端，也是植物和人類生命的開端」時，務實的研究人員很難受得了。

4 除了霍華德在北美和歐洲掀起的土壤運動，德國也出現另一場土壤運動。這個運動的核心人物是發起人智學（anthroposophy）運動的奧地利哲學家、社會改革者和基督教神祕主義者魯道夫・斯坦納（Rudolf Steiner）。人智學的元素之一是從精神帶動的土壤還原，與霍華德的有機運動源頭不同，但目的卻驚人地雷同。雖然斯坦納的運動擴散到世界各地，但後來對德國以外的有機運動影響卻相當小。

不過在其他方面，雙方的衝突顯得荒謬可笑。霍華德堅決相信自然秩序有其限度，我們不能超越。但他讚揚腐植質的生命特質時，提到土壤生物群落、植物根部和周圍泥土間活躍的關係，以及腐植質的實體結構（腐植質和土壤粒子緊密結合形成鬆散且透氣性高的土塊，而這些土塊中有許多空隙可保留水分，防止水分流失），這些說法都相當真實，李比希形成化學農業的基本構想時還不知道這些。霍華德認為農耕工業化將使鄉村人口減少和破壞舊有生活方式的說法也相當精準，但他的反對者對於這件事的意見和他相反。他對土壤的擔憂似乎很有先見之明，聯合國糧食與農業組織二〇一一年一項重要研究指出，全世界可耕作的農地中，多達三分之一有土壤劣化（degraded）問題。

工業化和有機農業支持者都同意，土壤必須提供養分給植物，尤其是氮。差別在於李比希相信化學肥料可提供這些養分。他們認為，工廠生產的氮原子和牛拉出來的氮原子一模一樣。相反地，霍華德則相信我們應該透過自然系統中的回歸定律來提供養分。起初這兩種觀點似乎有機會調和。工業化農業支持者可以考慮使用腐植質，腐植質支持者也願意用化學物質來補充地力。但後來終究沒有實現。雙方互相對立，最後漸行漸遠。

早在一九四〇年，諾斯伯恩就說有機和慣行農法間的衝突將會「激烈地持續數個世代」。霍華德是這場戰爭中的大將，一位信徒稱他為「戰陣中的先鋒」。羅德爾說這場戰鬥是「化學主義對上有機栽培主義」（chemicalist versus organiculturalist），他很願意請纓上陣。他在《有機園藝》（*Organic Gardening*）第一期中宣布「革命已經展開」，還特別把「革命」大寫，強調他是認真的。雖然這份雜誌虧本多年，但羅德爾是為了未來而做。麥卡里森、霍華德、鮑爾福、諾斯伯恩，以及其他許多人大力支持。他們參與的這場戰爭不僅持續到二十一世紀，而且在基因改造作物問世後變得更加激烈。

慢動作

想像一九四〇年佛格特在鳥糞島上：這可以算是氮運用史上的一個註腳。當時哈伯法問世已經三十年，BASF等化學公司也投下資金。但天然肥料仍然相當重要，秘魯因此聘請外國生物學家加以保護。令人驚訝的是，科學家、企業界或有機支持者都不清楚在土壤中添加氮**為什麼**如此重要。直到佛格特離開秘魯後許多年，研究人員才找出答案：氮在光合作用中十分重要。

光合作用不管怎麼說明，聽起來都很難懂。光合作用把來自下方的水和來自上方的日光和二氧化碳混合起來，也把土地和天空連結起來。每片農場田地上的作物都是儲存起來的空氣和日光，田地周圍的樹木和鄰近池塘裡的藻類也是：風景裡的每個綠色小點都是不停運作的光合作用工廠。科學作家奧利佛·莫頓（Oliver Morton）曾經說，這個喧嚷的工廠一旦停擺，「攸關我們的一切也將陷入停頓」：也許地球仍會存在，但將失去綠意。

氮在植物中的主要用途是製造rubisco酵素，這種物質是複雜光合作用中的核心角色。酵素是生物催化劑，就像哈伯法中的鐵一樣，可促進生化反應發生，但本身在反應後不會改變。目前已知的酵素有數萬種，單單BRENDA酵素資料庫[5]中就有八萬三千種之多。酵素對所有生物的每個細胞都十分重要，肉眼看不見但作用相當劇烈，每秒可催化數千次反應，有些甚至可使反應速度提高數十億倍。

5 編按：原文全名為The Comprehensive Enzyme Information System，簡稱BRENDA，是一個酵素的電子資料庫，於一九八七年在德國生技研究中心成立，目前位於德國境內布朗施維格（Braunschweig）。

rubisco酵素是光合作用的重要催化劑，它的分子就像募兵人員，帶領志願者加入軍隊後又回到自己的工作，把空氣中的二氧化碳帶進激烈的光合作用中，再回頭進行其他工作。rubisco酵素這個名稱是一九七九年在玩笑下問世的，近似於化學式核酮糖—1，5—雙磷酸羧化酶／加氧酶（ribulose-1, 5-bisphosphate carboxylase/oxygenase）的縮寫，念起來很像某個早餐穀片廠牌。rubisco酵素的催化作用是光合作用的限制步驟，意思是整個光合作用過程的速率取決於rubisco酵素的作用速率，而rubisco酵素的反應步調就是光合作用的步調。

不過以生物學標準而言，rubisco酵素遲緩、懶散又被動。一般酵素每秒可引發數千次反應，rubisco酵素每秒只參與二至三次反應，是目前所知效率最低的酵素之一。韋弗抱怨光合作用效率太低時，其實是在抱怨rubisco酵素太懶散。多年以前，我曾經為雜誌文章訪問過生物學家，沒有人為rubisco酵素說過好話。一位研究人員說它「應該是全世界最差、最沒效果的酵素」。另一位則說它「算是比較差的演化產物」。

rubisco酵素不僅緩慢，而且笨拙。二氧化碳（CO_2）是兩個氧原子夾著一個碳原子，形成一直線。氧氣（O_2）則是兩個氧原子組成，結合方式和二氧化碳同樣是直線。畫成圖看來是這樣（見下圖）。或許可以這麼說：rubisco酵素一直在尋找兩端是兩個氧原子的直線分子。但多達五分之二的狀況下，rubisco酵素抓到的不是二氧化碳而是氧，並試圖把氧放進無法使用氧的化學反應中。為了去除不需要的氧，植物演化出另一個輔助過程，把氧送出細胞，讓rubisco酵素能繼續尋

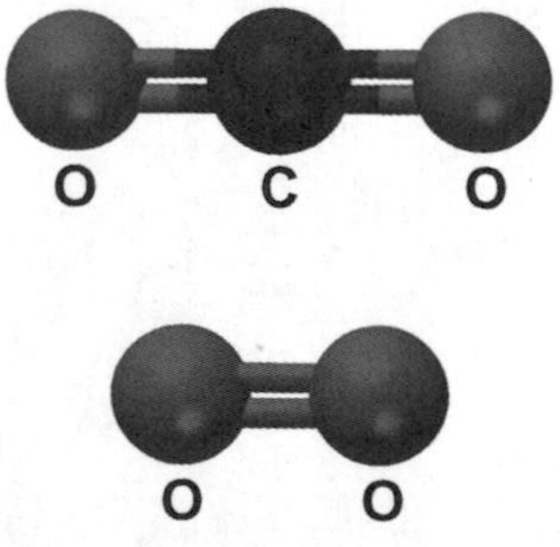

二氧化碳（上）和氧（下）

找二氧化碳。

張冠李戴很浪費能量，況且rubisco酵素還經常錯抓氧分子，使光合作用的最大效率降低接近一半。溫度越高，rubisco酵素辨識氧和二氧化碳錯誤的頻率就越高，所以這個問題在熱帶比較涼的地區更明顯。但即使在涼爽氣候下，就算rubisco酵素能正確辨識氧和二氧化碳，小麥收成也只能增加五分之一。

為了克服rubisco酵素的怠惰和笨拙，植物做了許多努力。許多植物葉片有多達一半的重量是rubisco酵素，所以它常被稱為全世界最多的蛋白質。一項估計指出全世界所有植物和微生物中的rubisco酵素可讓全球每個人分到五公斤。這個生物鏈看來相當清楚：氮增加⇓rubisco酵素增加⇓光合作用提升⇓植物生長更好⇓農場生產的糧食更多。

研究人員於一九五〇年代初發現rubisco酵素，後續問題立刻出現：科學家是否能開發出擁有效率更高的rubisco酵素的植物？是否能藉此為一百億人口的未來世界培育生長更快、產量更大、肥料需求更低的小麥、水稻和玉米？植物學家立刻著手研究。

他們的研究結果簡單說來是：

> 不行——我們沒有任何方法可以改良rubisco酵素。

而完整的答案是這樣的：

rubisco酵素的歷史和光合作用同樣久遠。光合作用大約於三十五億年前出現在單細胞的藍綠藻（cyanobacteria）體內。中間有超過十億年間，藍綠藻順利地不斷繁殖，但後來有一個藍綠藻恰好被某種微生物——可能是原生動物——吞噬。這類狀況其實稀鬆平常，畢竟原生動物本來就常把藍綠藻當成食物。但這次原生動物讓藍綠藻保持原狀（至於怎麼做就不清楚了），在它的細胞壁內繼續生存。除此之外，這個原生動物還學會如何駕馭——有時稱為「役使」（enslave）——藍綠藻的光合作用能力幫它工作。這個改造過的原生動物繁殖時製造子細胞，藍綠藻也跟著繁殖。這兩種生物形成長期共生關係。

這種共生關係可說絕無僅有。在三十五億年漫長的歷史中，原生動物和藍綠藻幾兆兆次的交互作用裡，這種狀況只發生過一次。但這次事件造成極大的影響，植物因此誕生。幾十億年來，藍綠藻捨棄許多原始特質，變成葉綠體，成為植物細胞內自由漂浮、進行光合作用的物體。現在植物細胞內往往有多達數百個葉綠體，全都是遠古時代那個藍綠藻的後代。

當俄國生物學家於二十世紀初提出這個說法時，惹來許多人訕笑。植物細胞裡有十億年歷史的共生生物？這個理論聽起來像差勁的科幻小說。一九五〇和六〇年代，研究人員才發現葉綠體自己有另外的DNA、另外的基因、另外的蛋白質製造過程。它們像微小的外來生物，有自己的歷史和目標——至少對琳恩．馬古利斯而言，這個老說法突然變得沒那麼瘋狂了。她在一九六七年的重要論文上提出古老共生關係的證據。她指出，許久以前共生事件的結果不只有葉綠體，還包括細胞原生質內的其他器官，尤其是負責調節能量流動的粒線體。事實上，有些共生的原生動物和藍綠藻本身也被其他更大的生物吞噬，形成新的共生關係。這類共生關係相當少見，但構成了地球生物的發展途徑。當時有十五家期刊拒絕刊登馬古利斯的論文，但最後被《理論生物學雜誌》（*Journal of Theoretical Biology*）接受；而現在這篇論文已被視為一篇經典文章。

這樣的懷疑乍看之下似乎有其道理：藍綠藻通常有數千個基因，控制生物所需的所有分子，葉綠體的基因則不到兩百五十個，而且無法單獨存活。這兩種東西怎麼會有關係？答案是從古至今，藍綠藻的基因大多從葉綠體轉移到細胞核，其中也包括某些製造 rubisco 酵素的基因。rubisco 酵素包含兩個大型次單元，兩者大小不一：較大的次單元由葉綠體中的基因控制，較小的次單元由細胞核中的基因控制[6]。

持續交換基因讓rubisco酵素在許多方面逐漸演化。現在它至少有四種主要形式，每種形式又有數種次形式，以及看來很像rubisco酵素但已經轉變為其他功能的「類rubisco酵素蛋白質」。不過儘管有這些改變，每一種rubisco酵素在避免錯抓氧的能力上還是不高於原始rubisco酵素。在這方面來說，三十五億年來的演化完全沒有任何進展。

珍．朗黛爾（Jane Langdale）說明道，演化要表達的似乎是「精確和速度兩者不可兼得」：如果rubisco酵素能更精確地分辨二氧化碳和氧，速度將會更慢；但如果它每秒鐘催化更多次反應，錯誤也隨之變多。她說：「看來兩者之間有某種平衡，這個平衡幾十億年來都沒有明顯改變。」

朗黛爾是英國牛津大學植物科學系分子遺傳學家。我訪問她時，她剛剛開始負責改造rubisco酵素的重大工作：八個國家的科學家合作改造水稻內的光合作用方式。這可能是植物科學界有史以來規模最大的計畫，這個被稱為「C4水稻聯盟」（C4 Rice Consortium）的計畫以改造光合作用行動試圖實現韋弗的未來願景——拓展李比希的夢想。對朗黛爾而言，要養活未來擁擠富裕的世界，這項行動是必要的。這項行動的用意是帶動第二次綠色革命。但從另一面說來，C4水稻聯盟卻也是霍華德和羅德爾最不樂見的。

6　許多研究人員對基因遷移概念抱持懷疑，直到二〇〇三年在菸草中觀察到這個現象後才改觀。在形成菸草花粉的劇烈DNA交換中，大約一萬六千分之一的花粉粒會有少量葉綠體DNA進入細胞核DNA。葉綠體DNA片段通常不包含完整基因，但偶有例外。如果有完整基因，這粒花粉生成後代的細胞核DNA中很可能擁有這個基因。二〇〇二年，德國一個研究團隊比較現代藍綠藻DNA和阿拉伯芥（*Arabidopsis thaliana*）細胞核中的DNA，斷定阿拉伯芥的細胞核基因組大約有五分之一源自其葉綠體。

特別的水稻

綠色革命有兩個主要分支。其中之一直接源自布勞格的研究，以墨西哥的國際玉米和小麥改良中心（西班牙文為Centro Internacional de Mejoramiento de Maíz y Trigo，簡稱CIMMYT）為基地，這個研究機構的前身是墨西哥農業計畫（Mexican Agricultural Program）。另一個分支源自他在菲律賓的研究，總部是菲律賓的國際稻米研究所（International Rice Research Institute，簡稱IRRI）。國際稻米研究所的構想出現於一九五〇年代初。當時韋弗和哈拉爾到亞洲各地，看看亞洲國家是否支持以墨西哥小麥計畫為藍本的稻米研究。有五、六個亞洲國家承諾支持這個新計畫，但都要求必須位於它們的領土內。IRRI首任所長羅伯特·錢德勒（Robert Flint Chandler）惋惜地說：「這個回應澆熄了由多國提供經費設立研究中心的希望。」洛克菲勒中心不願意獨自提供整個計畫的經費，因此便擱置計畫。但為了讓這個構想捲土重來，哈拉爾和錢德勒造訪福特基金會。汽車先鋒亨利和艾德瑟·福特（Edsel Ford）去世後，在遺囑中捐贈大筆金錢給這個基金會，使它握有的資金僅次於洛克菲勒。這兩個基金會一個出錢、一個出力，聯手在菲律賓大學捐贈的土地上建立IRRI。寬闊又現代化的園區於一九六二年成立。

當時亞洲地區至少有一半處於饑餓和貧困中，許多地方的農田荒蕪或變得貧瘠。剛剛脫離殖民地的各國政府正在對抗共產暴動，最受注目的暴動在越南。美國領袖相信，共產主義的吸引力在於它承諾更好的未來。因此，華府希望證明資本主義最有利於發展。他們希望讓最優秀的研究團隊透過IRRI引進現代化稻米農業，藉以改變東亞和南亞地區。歷史學家尼克·庫拉瑟（Nick Cullather）說這是「糧食的曼哈頓計畫」。

從一開始，IRRI的培育專家彼得．詹寧斯（Peter Randolph Jennings）和張德慈培育稻米的標準是布勞格的小麥：其特徵是對肥料反應良好、光周期感度低、抗病、矮株。這項工作對他們而言和對布勞格一樣艱鉅，但他們有後繼者優勢。拜布勞格之賜，他們知道自己的目標，而且這個目標曾經有人達成。此外他們還發現自己運氣不錯。詹寧斯說這「純屬幸運」。

來自臺灣的張德慈帶了三種臺灣米到菲律賓，這三個品種都是矮株，但產量小又不抗病。詹寧斯讓它和高株熱帶品種混合，希望產生比較優良的混種。這個工作規模比較小，只有三十八個混種。後來詹寧斯回憶，結果「看來很糟」。親代最差的特徵全都出現，高株、產量低（大多數完全不結實），而且容易患病。這群結果極差的混種總共生產一百三十公克稻米，詹寧斯把這些稻米和其他種子一起種下。在某些後代中，矮株特徵再度出現，有些似乎比較能抵抗真菌。這些後代再混種及收成後，繼續把收成的種子種下。在下一代中，第二三三列有一株似乎完全符合要求。這一株的代碼是IR8-233-3，這株幸運水稻生產的稻穀被送到南亞和東亞各地試驗農場繁殖和種植。這次成功相當驚人。布勞格的小麥收成可提高二至三倍，但這種新水稻更厲害。巴基斯坦某次試驗的產量高達當時平均值的十倍。這個新品種稱為IR-8，於一九六六年初公開上市[7]。

IR-8是綠色革命稻米陣營的基礎。無論大國還是小國、資本還是共產，各層面都熱烈歡迎，連越戰的交戰雙方也一致接受。當時的美國總統詹森（Lyndon Johnson）於一九六六年秋天訪問IRRI的一片

7　綠色革命水稻和小麥產生矮株的基因變異——術語稱為對偶基因（allele）——的功能彼此相關：水稻基因發生隱性突變，使水稻製造生長的吉貝素（gibberellin）過少；而小麥的顯性突變使小麥的吉貝素生成量相同但反應降低。在這兩種狀況下，植株生長速度都會大減。

IR-8稻田，誇張地用手指捏碎土壤，同時承諾將「對饑餓擴大宣戰」。詹森政府寄望這種「神奇水稻」能讓農民邁向富裕，藉此贏得越南民心，因此在南越各地設立IR-8展示點。美國直昇機在越南村莊上空散發宣傳IR-8的傳單。一位訪問者寫道，西貢官員「揮著IR-8的傳單跑來跑去，就像紅衛兵拿著毛語錄一樣。」北越的反擊方式則是散播謠言，說IR-8是美國毒害村民的陰謀。然而北越在越戰中獲勝後，神奇水稻成為新政府粗暴的農村重建計畫的重要項目。到一九八〇年，東亞和東南亞地區大約有百分之四十稻米出自IRRI。十二年後，比例更高達百分之八十。

IR-8和布勞格的小麥一樣，是「套裝」中的重要部分。這個「套裝」包括灌溉和化學肥料。一九六一和二〇〇三之間，亞洲的灌溉面積成長超過兩倍，從七千四百萬公頃增加到一億六千四百萬公頃。肥料用量成長到二十倍，從四百二十公噸增加到八千五百萬公噸。結果導致地下水層枯竭、肥

建築師勞夫．沃克（Ralph T Walker）表示，現代主義的IRRI園區完全由進口建材建造，象徵「慷慨傳授專業知識給落後民眾」的「新式帝國主義」。

料逕流、水中死區、土壤泡水、社會動亂，以及亞洲稻米產量增加到接近三倍。雖然亞洲人口激增，但平均攝取熱量仍然增加約百分之三十。幾十億個家庭有了更多食物、更好的衣物、有錢可以上學；首爾和上海、齋浦爾（Jaipur）和雅加達，各式亮麗的摩天大樓、高級飯店、霓虹燈點綴擁擠的街道——而這一切的基礎都是在實驗室中培育的稻米。

研究人員相信，到二〇五〇年，這個狀況一定會再次發生，這是一百億人口的世界的第二次綠色革命。身為記者，我從一九九〇年代初開始斷斷續續地報導人口和農業消息。在這段時間裡，我見過的農業研究人員中，沒有人不擔憂未來。IRRI研究人員保羅．魁克（Paul Quick）不久前告訴我：「我們不確定是否能滿足這些額外需求，以及是否能在不傷害環境或經濟的前提下達成。」

收成必須增加多少？一般預測認為到二〇五〇年時，全世界糧食產量必須提高百分之五十到百分之百。但實際上沒有人確定，因為沒有人知道二〇五〇年全世界的富足程度，以及二〇五〇年全世界中產階級想吃什麼。最不確定的部分是乳酪、乳品、魚以及肉類等動物製品在飲食中所占的比例有多少。以往，富足程度提高必定使肉類食用量增加、穀類和豆類減少（但有些證據指出在極端富足時，肉類攝取量反而減少）。環境研究學者瓦克拉夫．斯米爾指出，二十世紀初，全世界穀類收成只有百分之十用於餵食動物，大多是在農村提供勞力的馬、騾和牛。但二十一世紀初，這個比例大幅提高，但確切的提高幅度則很難計算。斯米爾估計大約是百分之四十，其中絕大多數用於餵養乳用和肉用動物。

生產一公斤牛肉、豬肉或雞肉需要多少穀物？我撰寫這本書時，附近的小農場提供了一個答案：零。這個農場有十五頭乳牛和十幾頭豬，食物來源全都是休耕的田地和下腳料（包括剩餘或有損傷的農產品、拔除的雜草、採收後的豌豆和豆類藤蔓等）。然而，供應肉類給一般超市的工業化農場所提供的答案則完全不同，而且複雜得多。美國中西部養牛業者買進體重約三百公斤、吃牧草長大的小牛，餵食青貯料（剪下的草和苜蓿、小麥和採收後的玉米株）和釀酒穀物（玉米、稻米或大麥，用於提供澱粉，製造啤酒、酒精或高果糖玉米糖漿等產品）。養肥小牛的飼育場周圍是酒精和玉米糖漿工廠，像眾星拱月一樣。結果上，這些家畜成為整個穀物產業的重要元素，但真正吃下的穀物其實比我們所想的少。

肉類消費量每增加一些，穀物產量就會提高許多。但確實提高幅度沒那麼簡單。以牛肉而言，可能造成影響的因素很多，包括酒精補貼、玉米糖漿價格（和它所取代的糖價），以及牛皮、牛骨、牛脂肪（飛機潤滑油的成分之一）、角質（由牛蹄提煉，用於滅火器泡沫）以及其他肉類副產品的需求。豬肉、雞肉和養殖魚類的狀況也一樣複雜。不過無論狀況如何，如果未來剛邁進富足的數十億人和現在西方人一樣喜歡吃肉，未來農民面臨的工作就會相當吃重。一九六一年到二〇一四年間，全世界肉類產量提高到超過四倍。如果要再提高四倍，全世界穀物收成必須加倍。

計算結果指出，要在二〇五〇年讓穀類產量加倍，則每年產量必須提高百分之二．四。可惜現在的產量還差得遠；二〇一三年一項廣受引用的研究指出，全球小麥、稻米和玉米產量每年增加約百分之〇．九到百分之一．六，大約只達到目標的一半，某些地區甚至完全沒有提高。美國內布拉斯加大學產量專家肯尼斯．凱斯曼（Kenneth G. Cassmann）多年前告訴我：「嗯，現在兔子越來越少。」

從邏輯上來說，要提高現有收成只有兩個方法。第一是增加**實際**產量——也就是農民生產的產品，而有些農民技術比較比其他農民還要精良。如果有更好的設備、材料和技術指導，農民可以讓收成更接近理論最大值。另一個方法是提高**可能**產量，也就是理論最大值（the theoretical maximum），這樣應該也能提高實際產量[8]。

綠色革命採取雙管齊下的方式：農民耕作更多土地、擴大灌溉範圍、使用更多化學肥料，提高實際產量；在此同時，布勞格的後繼者、IRRI和CIMMYT的研究員則培育高產量矮株品種，大幅提昇小麥和稻米的可能產量。這些品種把光合作用的能量和肥料提供的養分輸送給穀粒，收穫指數（harvest index）——也就是穀粒在植株質量中的比例——大約是百分之五十，接近以往數字的兩倍（但玉米不能矮化，因為較矮的玉米被遮蔽的部分太多。因此科學家改為培育可種植得較為密集的品種）。這兩種方法融合的結果就是綠色革命。

但現在的狀況不同：農民無法耕作更多土地。在亞洲地區，所有可以耕種的土地幾乎都已用完。的確，當城市擴張到鄉間時，農地來源可能也會**減少**，肥料也無法再增加，到處幾乎都已經使用過度（只有非洲少數地區除外）。灌溉面積也很難再擴大。可以灌溉的土地大多已經有灌溉設施。實際產量要提高一些當然可能，但科學家大多認為必須提高可能產量，所以問題又回到rubisco酵素上。

前面已經提過，大自然不可能發展出效率更高的rubisco酵素。但演化開發出可能的解決方法——也就是C４光合作用。C４光合作用的名稱源自參與作用的分子具有四個碳原子，相當直截了當。它完

8　這裡我過度簡化了，其實還有第三個選擇。以全球而言，為供應人類食用而生產的食物有四分之一以上流失或浪費，包括留在田地中、因存放不當而受損、包裝時遭到破壞、在運輸時腐壞、在市場中被丟棄，或是直接被消費者拋棄的。明確總量取決於對「浪費」的定義以及測定方式，因為每項研究對浪費的定義和測定方式都不一樣。在富有地區，浪費大多源自民眾沒有食用自己購買的食物。相反地，貧窮國家中的損失集中在田地、存放和運輸。減少浪費顯然可以降低提高收成的需求，可惜不容易做到。在貧窮國家要做到這點，必須大幅改善農業基礎建設，但經費有限的國家難以投入大筆資金這麼做。在富有國家要減少流失，需要改變大量忙碌人民的行為，同樣難以做到。這兩件事都應該努力，但進展可能相當緩慢。

全改變了整個葉片結構，這些變化雖然肉眼無法看見，但對植物的影響相當深遠。

一般光合作用是包含兩個階段的循環。第一個階段中，葉綠體吸收太陽能，用來把水分子分解成氫原子和氧原子。由於這個結果使用日光，所以又稱為「亮」反應。氫原子在第二階段登場，這時氧原子離開細胞，進入空氣[9]。在第二個階段中（也就是「暗」反應），當初在第一個階段產生的氫與 rubisco 酵素所捕捉到的二氧化碳中的碳結合，產生化合物 G3P。最後再由其他細胞機制分解並組合成構成植物的糖、澱粉和纖維素。在一般光合作用中，這兩個階段（亮反應和暗反應）發生在葉片表面下的一層細胞中。在這層光合作用細胞中產生的多餘氣體和糖、澱粉和纖維素被送入葉片內部。氣體向上穿過細胞內部空間，到達葉片表面的小孔，其他物質則向下進入內部細胞，再進入葉脈和植物其他部分。

相反地，C4 植物把光合作用一分為二。亮反應，也就是葉綠體吸收太陽能後分解水分子的反應，和一般光合作用一樣發生在葉片表面附近。但吸收二氧化碳的暗反應有點不同：二氧化碳進入 C4 葉片時，不是由 rubisco 酵素抓取，而是由另一種酵素抓取，用來製造蘋果酸（malate）——就是這種分子具有四個碳原子。蘋果酸再進入葉片內部稱為維管束鞘（bundle sheath）的特殊細胞。

維管束鞘細胞位於葉片內部深處，包裹在葉脈周圍的活組織內。在 C4 光合作用中，維管束鞘細胞是 rubisco 酵素產生作用的場所。由於它位於葉片內部，所以空氣中的氧無法輕易進入。同時，進入細胞的蘋果酸釋出二氧化碳。維管束鞘細胞缺氧又充滿二氧化碳，就像孕育出光合作用的古代大氣一樣。三十多億年前，地球大氣的二氧化碳濃度是現在的一百倍，而且幾乎沒有氧氣。因為氧非常少，所以 rubisco 酵素無法分辨二氧化碳和氧並不造成問題。維管束鞘細胞中的氧非常少，rubisco 酵素不容易把氧錯認為二氧化碳，所以 C4 光合作用的效率高出許多。開花植物中只有百分之三是 C4 光合作用植物，但在陸地光合作用中所占的比例卻高達四分之一。

觀察剛剪過的草，就可看出C4光合作用的影響。剪草後的幾天之內，草地上的馬唐草（crabgrass）會迅速生長，比其他草長得更高——溫帶地區通常是藍草（bluegrass）或狐草（fescue）。長得很快的馬唐草是C4光合作用，草坪草是一般光合作用。小麥和玉米也是如此；把這兩種植物同時種在同一個地方，玉米很快就長得比小麥高。玉米是C4光合作用，小麥則不是。除了生長較快，C4光合作用植物不需要花費水在製造氧的反應上，也不需要製造那麼多rubisco酵素，所以需要的水和肥料更少。此外，這類植物也耐高溫，因為C4光合作用在熱帶地區特別普遍[10]。

令人驚奇的是，C4光合作用出現了六十多次，而且彼此完全無關。玉米、風滾草（tumbleweed）、馬唐草、甘蔗和百慕達草（Bermuda grass），這些不同的植物都自己演化出C4光合作用。許多不同物種發展出相同的性狀，代表許多植物已經「預先適應」（pre-adapted）生成這種性狀。可能在它們的DNA中，有某個位置是產生這種性狀的基因開關。

這個說法的進一步證據是有些物種介於兩者之間，也就是整株植物有些部分進行一般光合作用，有些部分進行C4光合作用。玉米就屬於這類中間物種：它的主葉片是C4，但穗軸周圍的葉片則兼有C4和一般光合作用。如果同一個基因組可以控制兩種光合作用，代表兩者差異沒那麼大，因此只要擁

9　第一個階段釋出的氧是光合作用的必要成分。它不是rubisco酵素抓錯分子而釋出的氧。

10　有一位學者指出：演化曾經衝動地創造出第二種rubisco酵素替代方案，稱為景天酸代謝（crassulacean acid metabolism，簡稱CAM）：這種代謝以不同的方式分離亮反應和暗反應，且大多出現在仙人掌和鳳梨等旱地植物中，但CAM在本書中不重要。

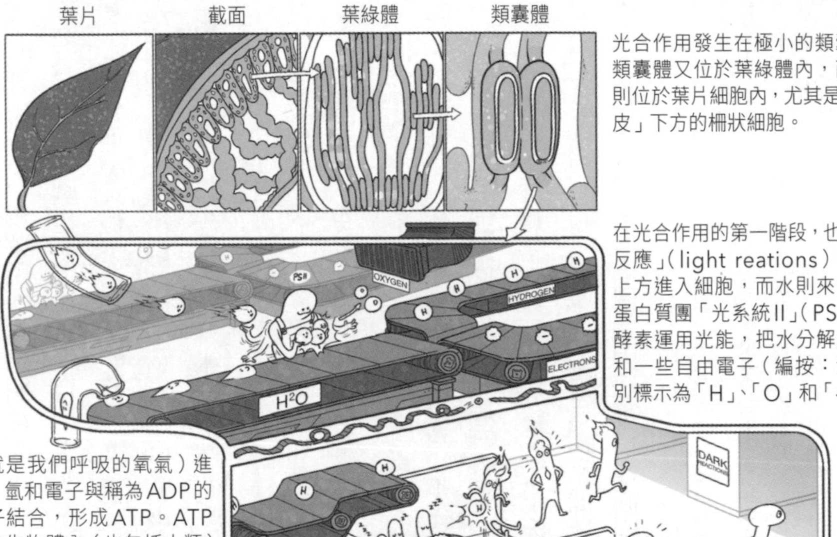

光合作用發生在極小的類囊體中，類囊體又位於葉綠體內，而葉綠體則位於葉片細胞內，尤其是葉片「表皮」下方的柵狀細胞。

在光合作用的第一階段，也就是「光反應」（light reations）中，光從上方進入細胞，而水則來自根部。蛋白質團「光系統II」（PS II）中的酵素運用光能，把水分解成氫、氧和一些自由電子（編按：漫畫中分別標示為「H」、「O」和「-」）。

氧（也就是我們呼吸的氧氣）進入空氣。氫和電子與稱為ADP的沉睡分子結合，形成ATP。ATP在大多數生物體內（也包括人類）負責輸送能量。在ADP獲得能量後，則進入光合作用的第二階段「暗反應」（dark reations）。

ADP在暗反應中碰到rubisco酵素。這種酵素負責抓取二氧化碳分子（編按：漫畫中標示為「CO_2」），把它和具有能量的ATP和其他化合物結合起來，形成含碳的G3P（編按：即甘油醛—3—磷酸，）。細胞把G3P當成糖（編按：即漫畫最下格中，輸送帶上的深色塊狀物）的基本成份，用來供應植物生長。

糟糕，rubisco酵素動作慢又笨拙，經常把氧當成二氧化碳，讓細胞浪費能量排除多餘的氧。但它的工作通常足以產生G3P，並把ADP送回光反應，讓循環重新開始。

有分子生物工具，或許就能讓兩者互相轉換。

將近一百位農業科學家組成的國際聯盟著手進行不亞於登陸月球的植物探索計畫，希望把水稻變成C4植物，使它生長更快、水和肥料需求更少，可耐受更高的溫度，以及生產更多稻米。C4水稻聯盟的經費主要來自比爾蓋茲基金會，是全世界規模最大的遺傳工程計畫。但「遺傳工程」其實不足以傳達這個計畫的雄心，因為這些研究者的開發目標和一般基因改造生物相比，就像波音七八七和紙飛機一樣天差地遠。

新聞報導中的遺傳工程大多是孟山都等大公司把取自其他物種的基因物質置入作物中。最典型的例子是孟山都的抗年年春黃豆（Monsanto's Roundup Ready soybean）。這種黃豆是把在加州廢水池中發現的細菌的DNA置入黃豆，使黃豆在葉片和莖中產生某種化學物質，藉以抵抗孟山都銷售極佳的除草劑年年春（Roundup）。這種外來基因讓農民可在田地上放心噴灑年年春，除去雜草，但不用擔心傷害黃豆植株。除了能製造這種無味、無臭、無毒的物質——名稱相當冗長的「蛋白質5—烯醇丙酮酸莽草酸—3—磷酸合酶」（5-enolpyruvylshikimate-3-phosphate synthase，簡稱EPSPS），抗年年春黃豆植株理論上和一般黃豆完全相同。

C4水稻聯盟的目標在規模和過程上都不一樣。他們不是改變個別基因，以便銷售自有產品的企業，而是希望改變生命最基本的過程，把結果推展出去。他們沒有把其他物種的基因置入水稻，而是希望開啟水稻中已有的DNA，創造產量更高的新物種——一般水稻（*Oryza sativa*）將成為新水稻（*Oryza nova*）。（或著研究團隊也可能使用取自相似物種的基因，這些基因類似水稻基因，但技術上比較容易控制。）

我造訪IRRI時，有好幾十人在做科學最擅長的事：把問題分成好幾部分，接著各個擊破。有些人用培養皿讓稻穀發芽，有些人在現有的水稻品系中尋找可能有幫助的偶發變種，還有一些人在研究模式生物，這是稱為狗尾草（*Setaria Viridis*）的C4物種。狗尾草生長比水稻快，而且不需要種在水田中，比較適合在實驗室中研究。有些實驗測量光合作用化學物質、不同品種的生長速率、生化標記的傳輸等變化。十二位穿著白袍的女性在長桌上一顆顆篩選稻種，而其他工作人員在戶外照料稻田。現代生物學的各種裝備一應俱全：平面螢幕、嗡嗡作響的冷藏庫和冷凍庫、桌上放滿重組藥品的燒杯、貼在白板上的呆伯特（Dilbert）和XKCD漫畫、來自各國的研究生在食堂聊八卦、整排冷暖氣機在窗外轟轟作響。

細胞的光合作用機制由數十個、甚至數百個基因控制。這個計畫從一開始就令人質疑我們是否能妥善改造這麼多個DNA。已經問世的遺傳工程相關技術很多，但當時最常用於水稻、小麥和玉米等穀類植物的技術，是用數千個金或鎢微粒轟擊植物胚胎（葉、根、莖的前驅細胞，這裡是由種子取出，在培養皿中培養）。這些微粒表面帶有包含所需基因的DNA片段。生物學家驚奇地發現在某個過程中，有幾個微粒穿透細胞壁，以適當的方式擊中細胞核，使細胞核（正確說來是細胞核中的DNA）接納新的DNA片段。來自微粒的DNA偶爾會出現改變，開啟新的基因。這種方法很粗糙，因為它以隨機方式插入DNA，效果卻無法預測。它一次可能只插入一個基因，而沒有人知道是否能以這種方法改變多個基因，最後得到一致的結果。二〇一二年，美國哈佛大學和加州大學柏克萊分校科學家發表新的基因編輯技術（clustered regularly interspaced short palindromic repeats，簡稱CRISPR），據稱能控制得更精準，立刻引起C4水稻聯盟的注意。

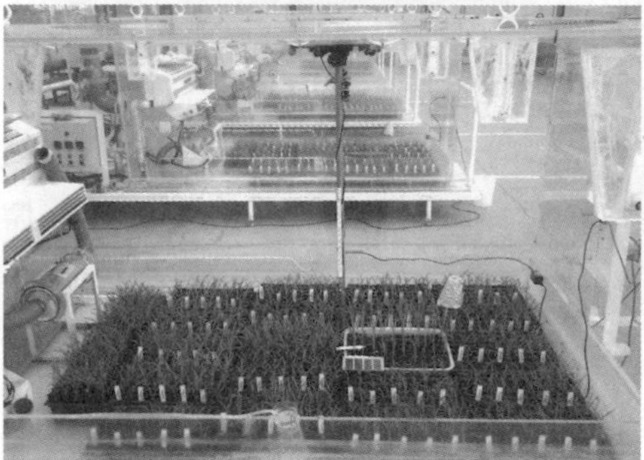

雖然植物育種從布勞格至今已經有相當進展，仍然是相當耗費勞力的冗長過程。在IRRI，稻穀在空調箱中發芽(左下圖)，再以人工種植在溫室中(上圖)。IRRI研究人員現在仍然以人工篩選收成的稻穀，跟布勞格團隊在索諾拉和查賓戈的工作一樣(右下圖)。

這個計畫有兩個主要目標：(1) 找出並開啟形成C4光合作用實體構造（維管束鞘細胞和包裹它們的葉脈網）的前驅基因，以及(2) 找出並開啟產生參與C4光合作用的物質——也就是製造蘋果酸的酵素和參與反應的其他分子——的前驅基因。就某種意義而言，他們打算同時創造競技場和場上的選手。初步研究指出，在葉片構造中扮演重要角色的基因大約有十多個，另外還有十個基因在生化方面的角色同等重要。天啊，要正確改變這些基因，產生C4生物，本身就已經夠難了，但還只是第一步而已。可能更加困難的下一步，是培育能讓光合作用產生的額外生長量加在穀粒上，而不是根部或莖部的水稻。在此同時，新品種還必須抗病、容易栽種，以及滿足數十億亞洲人的口味要求。

計畫主持人朗黛爾對我說：「我想可能會成功，但或許會失敗。」她很快就指出，即使C4水稻遭遇無法克服的障礙，它也不會是生物界唯一不亞於登陸月球的計畫。其他計畫像是固氮玉米、可在鹹水中種植的小麥、強化的土壤微生物生態系等，這些想像力所及之處都可以發展[11]。這些想法成功的機率或許不高，但全都失敗的可能性也一樣很低。

康德間奏曲

抗議行動來得令人驚訝。來到舊金山東邊約五十公里的布倫伍德（Brentwood）鎮的社運人士人數不多。沒有人想到他們會在晚上走進草莓田，破壞兩千兩百株幼苗。栽種這些草莓的是加州奧克蘭的先進遺傳科學公司（Advanced Genetic Sciences）。公司研究人員發現被破壞的植株還活著，所以種了回去。第二天晚上，警衛坐在白色廂型車上看守草莓田。抗議者偷偷接近這輛廂型車，刺破它的輪胎。

第二天，一九八七年四月二十四日，穿著防護衣的技術人員在重新種下的草莓上噴灑細菌。

這種細菌是丁香假單胞菌（Pseudomonas syringae）。在一般環境下，這種細菌存在植物葉片上，吸收塵土和雨水中的養分。它和各種細菌一樣，表面有保護層；這個保護層含有一種蛋白質，這種蛋白質和水產生的作用對農民十分不利。液態水不容易變成冰，必須冷卻到冰點以下才會自然凝結。但如果水中有物體——科學家稱為冰核（nucleus）——幫助水分子形成結晶，水就會快速結冰。丁香假單胞菌外層的蛋白質大小和形狀正好是冰核的絕佳人選。因此表面有細菌的植物比沒有細菌的植物更容易凍傷。依據當時的估計，每年丁香假單胞菌導致的凍傷對美國農民造成的損失大約是十五億美元。加州大學柏克萊分校研究人員運用遺傳工程技術使製造這種表面蛋白的基因停止作用。位於奧克蘭的先進遺傳科學公司想把這種被改造過後的細菌變成產品，讓農民用來保護田地。這家公司於一九八三年宣布要計畫把這種無霜（ice-minus）細菌噴灑在加州鄉間的草莓田和馬鈴薯田，藉以進行測試。他們希望這種改造細菌數量能超越導致結冰的細菌，轉而防止植物凍傷。它將是史上第一次野放基因改造生物——同時引發一場持續至今的爭論。

這次實驗已經取得重組DNA顧問委員會（Recombinant DNA Advisory Committee）許可；這個委員會設立於一九七五年一次科學研討會之後，是美國國家衛生院轄下的半官方機構。科學家發現我們

11 其實還有其他方法可以改良光合作用。植物可把多餘能量轉化成熱發散出去，也就是能量流失在光合作用中。當日光因為雲和黃昏而變暗，或是植物葉片籠罩在其他植物的陰影下，或作物被鄰近作物遮蔽時，植物可以關閉這個發散機制。但這個調整過程很慢，而且經常發生，因此可能使小麥的光合作用減少五分之一，玉米則可能減少十分之一。二〇一六年，美國伊利諾大學研究團隊證明，我們理論上可以加快這個反應，藉以彌補一些損失。

現在能操縱ＤＮＡ，改變不同物種間的基因之後，召開了一連串會議，而這個研討會本身就是這串會議的最終結論。這次研討會在加州蒙特瑞半島（Monterey Peninsula）上的阿西洛馬（Asilomar）中心舉行，計有來自十三個國家總共一百四十五人與會，且前來採訪的十六名記者都同意等會議結束才發布新聞。在長達三天的爭論中，他們盡可能評估風險，同時提出避免方法。最終，研討會主辦人保羅・柏格（Paul Berg）在研討會結束前作出一個宣言，而這個宣言其實可以用一句話總結：「在有異議的狀況下，有些實驗應該進行，有些實驗則不應該進行。」完整的阿西洛馬聲明後來才發表。現在全世界大學和政府都把這個宣言當成生物技術規範——舉例來說，美國就成立了重組ＤＮＡ顧問委員會。

除了記者、兩位律師和一位科學史專家之外，阿西洛馬研討會中所有成員都是分子生物學家，並沒有邀請任何倫理學、公共衛生、人文科學，甚至生態學或農業科學等其他生物學分支的專家；政治人物和公民團體都沒有出席，也沒有任何民眾參與。在開幕演講中，研討會共同主席，ＭＩＴ的大衛・巴爾提摩（David Baltimore）排除了「對會議不重要的主題」。他說，這類主題包括「對與錯的複雜問題」和「政治動機的複雜問題」。從科學家的觀點看來，不討論這些主題對結果沒有影響。重組ＤＮＡ顧問委員會之下的研究持續進行，幾乎沒有限制。新的生物科技公司超過兩百五十家，許多公司由科學家創辦，運用各種新發現。這項成果也獲得獎項肯定——巴爾提摩在一九七五年獲得諾貝爾獎。科學家指出，在這些活動中，遺傳工程沒有傷害任何人，甚至沒有任何人感到不快。

社運人士傑若米・瑞夫金（Jeremy Rifkin）和三個環境團體於一九八三年十一月提出訴訟，阻止無霜試驗。他表示，阿西洛馬研討會和隨後設立的重組ＤＮＡ顧問委員會的成員幾乎全部是生物學家，因此不具判定環境危害的「跨學科能力」（interdisciplinary capability），也無法評估對大眾造成風險的道德性，所以這項實驗應該馬上停止。

要擊退瑞夫金相當容易。他從越戰時期投入社會運動，喜歡攻擊「大老」，例如牛頓、馬克思、亞當斯密、培根、笛卡兒和達爾文等。在瑞夫金的思考模式中，這些人創造重視效率、輕視同理心和精神的世界觀。他曾經告訴記者，這些大老的門徒「把所有生物從物質簡化成能量，再簡化成資訊，創造效率極高的活工具，可能是微生物、植物、動物，甚至人類。」瑞夫金自己沒有科學專門知識，但以散播研究人員覺得荒謬的恐懼聞名。舉例來說，他反對無霜實驗時宣稱「自然形成的冰核細菌被風吹到上層大氣時，可能成為影響全球大氣的因素」，「重組DNA的突變細菌」可能改變全世界的天氣型態。這些說法完全錯誤，丁香假單胞菌在空氣中無法存活，也不會被吹到上層大氣，更不會影響氣候。

儘管如此，瑞夫金有些地方仍然是對的。在無霜訴訟中，法院「明確地」同意瑞夫金：專家委員會沒有考慮到「各種環境影響的可能性」。後來先進遺傳科學公司停止實驗，進行環境評估，測量噴灑時的風傳播型態；至於美國環保署（Environmental Protection Agency）也自己進行審查。加州大學柏克萊分校研究人員檢視無霜菌對六十七種當地植物的影響，包括測試地區種植的重要作物。這項實驗初次獲得核准後四年，再次獲得核准進行（實驗成功，但產品最終沒有上市）。

這些評估都沒有讓瑞夫金相信無霜菌是安全的——對此，他始終反對到底。瑞夫金認為**任何**基因改造產品都不可能完整測試，也不可以釋出，而多數民眾依舊無動於衷。布倫伍德的地方行政人員、環境團體和瑞夫金一起反對無霜菌；這些抗議者們試圖破壞草莓田，後來又破壞另一次測試的馬鈴薯田。實際上，這些行動都是在表示：「我們不相信你們這些穿實驗衣的，因為意外惡果的例子實在多不勝數。」美國國內和國際機構都配合瑞夫金的指揮。歐洲、亞洲、拉丁美洲和非洲部分地區已經禁止種植基因改造作物。

為了扭轉民眾的不信任感，科學界一再提出聲明，強調基因改造食物的安全性。基因改造支持者的名單簡直像全球科學研究名人錄，包括美國科學促進會董事會（American Association for the Advancement of Science board of directors，於二〇一二年提出）、世界衛生組織（於二〇〇五年提出）、德國科學院（German Academy of Sciences，於二〇〇六年提出）、歐盟（於二〇一〇年提出）、美國醫學會（American Medical Association，於二〇一二年提出）、英國政府（於二〇〇三年提出）、澳洲和紐西蘭政府（於二〇〇五年提出）、三位英國分子生物學家（二〇〇八年）、三位美國農藝學家（二〇一三年）、美國國家科學院、工程學院和醫學院（U.S. National Academies of Sciences, Engineering, and Medicine，於二〇一六年提出）等。

這些行動完全失敗。一九九九年一項蓋洛普（Gallup）民意調查指出，只有稍多於四分之一的美國民眾認為基因改造生物（Genetically Modified Organisms，也就是社運人士常簡稱的「GMO」）生產的食物不安全。過了十六年、在十多篇論文發表之後，皮尤研究中心（Pew Research Center）發現恐懼實際上增加了。現在有百分之五十七的美國民眾認為GMO不安全，有百分之六十七認為科學家不清楚健康風險。歐洲地區的不信任程度更高。無霜菌爭議發生時，記者史蒂芬·霍爾（Stephen S. Hall）表示：「這個持續多年的爭議中最諷刺的部分是，這些優秀人才能研究出改變世界的科技，卻找不出方法平息大眾對它的恐懼。」

研究人員覺得這發展很令人生氣。大眾為什麼不理會最瞭解這種科技的人相信它有用又安全？畢竟科學家們也吃這些食物。可是他們把這個問題純粹當成「風險」看待，然而一般大眾更在乎的卻是「公平」——講得更嚴重一點是平等。實驗室裡的科學家問的是：這個方法可行嗎？但實驗室外的大眾問的是：這麼做對嗎？

美洲和北美人身為消費者時不敢吃GMO食物，但成為患者時反而願意把GMO當成藥吃下去：基因改造大腸桿菌為糖尿病患者製造胰島素；基因改造的烘焙酵母製造B型肝炎疫苗；基因改造哺乳動物細胞為血友病患者製造第八血液因子，以及為心臟病患者製造組織胞漿素原活化劑。儘管社運人士偶爾反對這些藥品，但他們的行動沒有擴大。反應如此兩極並不是因為大眾太笨，而是因為兩種狀況在道德上的成本效益考量結果不同。在這兩種狀況中，科學家都向非科學家保證出現不良副作用的機率很低，但使用合成胰島素的糖尿病患者本身受益，卻足以抵過任何風險，就算是血友病和心臟病患者也是一樣。反過來講，住在草莓田和馬鈴薯田周圍的加州民眾完全沒有受惠於無霜菌測試。從他們的觀點看來，他們被要求接觸未知的危險，獲得利益的卻是數百公里外某些有錢的創投家；**任何**風險不論多麼微小，都會使他們受害。從康德（Immanuel Kant）時代以來，凡是把一個人或一群人當成他人純粹牟利的工具，這種做法都會被哲學家視為是不道德的。

一般說來，GMO可以降低農藥、勞力或倉儲成本，也可以協助開發中國家的大規模農民降低成本和減少工作。但對於同樣這些國家裡，那些到超市購買農產品的中產階級而言，GMO所提供的實際效益卻很小。這些食物外觀或口味沒有更好，似乎也沒有比較便宜，就算那些穿實驗衣的宣稱風險很小，但他們為什麼要承擔**任何**風險？

在那些既是消費者同時也可能是農民的貧窮地區中，問題顯得更加複雜，畢竟降低農民的成本同時也會降低消費者的成本。我們暫且假設C4水稻具備朗黛爾等科學家期望的所有條件——產量高、抵抗力強、效率高又好吃。以柬埔寨的自給農民村莊而言，如果（假設真的）每個村民都能取得需要的水、肥料和授信，這種稻米將可讓他們直接受益。在這些前提下，C4水稻或許是對抗饑餓和營養不良的高效能武器。但在富足的加州，這種稻米的效益就沒那麼明顯。加州中央谷地的農民收成雖有可能增加，但也可能會把剩餘的收成賣出，而當地糧食價格卻沒什麼改變。搞不好C4水稻對加州最大的效益反而是增加州政府的所得稅收入——就算不挖苦，但這方案也不足以促使許多人採用。

問題是，如果比較富裕的國家拒絕接受某種創新，可能會造成負面印象，使鄰近的貧窮國家難以接受。如果富裕國家禁止這種創新，這樣的印象甚至可能成為經濟傷害。如果C4水稻無法出口，希望賺更多錢的農民就不會有意願種植；而中產階級的消費者拒絕為有錢的公司冒風險，也因此就斷了遠方貧困農民改善生活的希望。只能說，權衡相對優缺點已經是科學範疇以外的道德考量了。

除了對錯之外，還有關於好壞的爭論。布勞格代表的巫師陣營一再宣稱GMO是養活未來世界的重要途徑，他們認為GMO等同於大規模農業。但先知卻認為大規模工業化農業將導致未來世界步向危險，所以拒絕重要創新讓大規模農業繼續發展。因此GMO成為更讓人覺得強烈不安的對象，更讓人強烈地憂慮自己將成為龐大經濟綜合體的小螺絲釘，而且這個經濟綜合體還壓根不在乎民眾最高利益。先知看到遼闊的農場，看來十分空曠，只有巨大的機器，永無休止地生產蛋白質和碳水化合物，送到工廠加工；他們害怕這些東西代表的未來生活。他們不希望早餐這麼貼近個人的東西脫離自己掌握，陷入企業資本主義控制。全世界所有科學報告都消除不了先知內心的這種感覺，而這種根深柢固的不安也一直存在著。

樹木與塊莖

有一段很長的時間，洛伊德·尼可斯（Lloyd Nichols）在芝加哥歐海爾機場（O'Hare Airport）的機坪地勤工作。之後，他工作的航空公司被另一家併購，然後又跟另外一家航空公司合併，這讓他的同事經常被裁員。他在航空產業的未來顯然相當有限，而他告訴我時，現在回想起來，這很可能和他投注在花園上的心思有關。

尼可斯一向喜歡照料植物和動物。隨著時間過去，花園規模越來越大。他早上到機場前會花幾小時翻土，回到家後又除草到天黑。他聽說新品種或新作物時，就會試著種種看。洛伊德需要更大的空間，所以一九七七年帶著太太朵玲（Doreen）和小孩搬到伊利諾州西北部馬倫哥（Marengo）一片四百公畝的土地上，其中一百六十公畝當成花園，當時他才三十三歲。

他每天花一小時來回，每星期五天，就這樣通勤了幾年。這段時間他一直想辭職當自給農民，類似像走進花園，摘些萵苣、櫛瓜或番茄，一小時後在餐桌上享用新鮮蔬果。洛伊德和朵玲種了一些蘋果和杏桃樹。他的產量很快就超過家人的食用量，所以他把多餘農產品裝上貨車，帶到芝加哥附近剛設立的農民市集銷售。最後他還買下附近的土地拿來種菜。不久之後，他就有了一些在芝加哥高級餐廳當主廚的顧客。所以當航空業的混亂讓他失業時，他心想，好吧，或許可以試試做這個。

他們一家人週末分頭帶農產品到不同的農民市集銷售。但隨著銷售量上升，洛伊德家裡人手吃緊，最後必須顧人來幫忙——接著他必須顧更多的人來幫忙那些來幫忙的人。我造訪那裡時，尼可斯農場已經擴大到兩萬多公畝，有八棟農舍，裡面放置以太陽能板和風力發電機供電的冰箱。這個農場雇用了十一個全職無休的工作人員和三十多名按季節排班的員工。他們種植的作物大概有一千多種。有一面牆上是手寫表格，列出所有作物和目前的栽種紀錄，其實就是非數位形式的試算表。

尼可斯開著某種高爾夫球車帶我參觀農場。他顯然也是那種擁有無限精力和熱情的人。當我想在顛簸的車裡快速記筆記時，他以更快的速度滔滔不絕地講著。他說他小時候看父親的《防護》（*Prevention*）雜誌時就知道羅德爾和霍華德，也多少依據他們的理論耕作，因為他喜歡讓作物在肥沃的土壤裡長大。但他不願意說自己的農場是有機農場，也不想取得有機認證，因為他不喜歡讓什麼標準委員會告訴他該怎麼做；他說：「如果我需要用某種化學藥劑，即使不在他們的許可清單內，只要對植物好，我就會用。」

起伏和緩的土地上散布著作物，頌揚育種人員的技術，包括十一種花椰菜、十二種青花菜、十三種萵苣、十四種瓜類。各種生菜在陽光下閃著亮光。南瓜長得和大型狗一樣大。金盞花、美人蕉和胡蘿蔔、雞冠花、彩葉草和綠葉甘藍。尼可斯告訴我，他有一段時間不種馬鈴薯，因為他認為大眾只會購買不知名的大袋馬鈴薯。現在他種了二十三個品種的馬鈴薯。最重要的地方是他的蘋果園，裡面共有三百多個品種。他說他真的很喜歡蘋果，「連酸蘋果都愛」。

我被這裡迷住了。尼可斯和他的農場實在很有趣。我在加州、路易斯安那州、麻州和北卡羅萊納州造訪過的人和地方，還有到印度、泰國和巴西等地看過的農場，大多剛剛成立不久，也都是這個樣子；主人的熱情非常平易近人又深具感染力。

不過他們在現在和未來食物系統中扮演的角色就沒那麼外顯了。尼可斯極力維護土壤的肥沃程度和土壤支持的農場生態系健康，這一定可以激勵佛格特。但在此同時（尼可斯馬上就指出），他的食物比工業化農場生產的超市食物貴。他就像訂製家具師傅一樣，只能為有限的顧客製作美麗的東西。巫師會同意這樣沒有錯，但不要期望這種方式能在養活一百億人的任務中扮演重要角色。如果我們應該思考如何讓全球收成加倍，就不應該把心力放在精品農場上，無論它有多迷人。不過這只是我的想法。

「有機」這個形容詞可能不適用於尼可斯農場這類事業，因為它們並非完全遵守正式認證規則。更重要的是這代表它們是「自然」（natural）的，而不是依據科學資料建造的場所。要經營這類農場，必須具備植物、生化、土壤、經濟、法律、文化等多方面不斷交互作用和改變的知識。這樣的結果產生一種奇特的世界性實體，同時受當代科技和它們（大多）反對的化學公司產品影響。

尼可斯帶我去造訪他的鄰居哈洛德．海因堡（Harold Heinberg）。海因堡擁有略大於五百公頃的小麥和玉米田。至少就我這個外行人看來，他的作物相當漂亮。我走在玉米田間時，尼可斯和海因堡躲在穀倉的陰影下，開心地聊著。他們是交情不錯的鄰居，但兩人的農場算是在不同的國度。尼可斯農場有四十幾個工人和一千個品種的作物，而海因堡農場卻只有一．五個工人——他兒子是卡車司機，沒有工作時才會來幫忙——作物品種只有兩種。實際做事的是總值一百多萬美元的農業機械和一連串化學藥劑，每種藥劑都依照精確的時間表施用。海因堡讓我走近他放置拖拉機、收割機、脫粒機等機器的倉庫。這些複雜精細的機器展示了巫師的高超技巧。有些機器的輪胎跟人一樣高。一張工作檯上擺著滿是灰塵的筆記型電腦，開著試算表，這個資料庫跟尼可斯倉庫裡的試算表沒什麼不同。

這兩個農場裡哪個生產力比較高？巫師和先知對問題的看法不同，所以答案也會不一樣。對巫師而言，這個問題代表：哪個農場平均面積生產的熱量比較多（依照韋弗的說法，是「可用能量」比較多）？有許多研究團隊試圖估計有機農法（organic agriculture）和慣行農法（conventional agriculture）的相對貢獻。這些問卷最後集中起來加以評估，這個程序也有許多困難（研究人員採用不同的「有機」定義，比較各種農場，並把各種成本納入分析中）。儘管如此，我知道的資料總結都指出，如果都把它們放在一起比較的話，霍華德式農場整體單位面積生產的糧食少於李比希式農場，有時只少一點，有時則少許多。巫師表示，二〇五〇年的世界應該如何選擇已經很明顯了：如果農民必須生產兩倍的糧食來養活一百億人，採用《農業聖經》的方法應該很難達成。

先知對這個說法惱怒地拍著額頭。對他們而言，若完全以生產熱量（可用能量）評估農耕方式，正好展現了化約思考的缺陷。這種思考方式不考慮過度施肥、棲地減少、集水區惡化、土壤侵蝕和硬化，以及殺蟲劑和抗生素使用過度造成的損失，不考慮鄉村聚落的破壞，也不考慮糧食是否美味和營養。這就像完全以油耗率評估汽車，但不考慮安全、舒適、可靠性、廢氣，以及民眾買車時可能考慮的其他因素一樣。

困難的是這兩種主張各有道理。實際上，兩者的歧見在於農業的本質以及最好的社會形式。對布勞格而言，農耕是一種有用的苦工，應該盡可能地簡化縮減以求最大化的個人自由。布勞格自己的人生就是個例子：他的家庭買進拖拉機，讓農場機械化之後，他才能脫身到學校上學，進而改變世界。農場是個跳板，是重要的基地，但也是羅網。霍華德式的農場或許相當近似自然生態系，但同樣陷在其中，無法超越它的極限。

相反地，對佛格特派而言，農業的重點是維持生態群集和人類聚落，這些群集從一萬多年前第一個高斯反曲點以來就一直撫育著人類。農業或許是苦工，但也強化人類和地球之間的連結。這兩種主張就像歪斜線，根本不在同一個平面上。

對此，巫師想說的其實是「且慢」：單位面積熱量**才是**最基本的東西！要記得民以食為天！畢竟要養活一百億人的世界，一般農業種植的玉米是不夠的，必須像海因堡農場那樣的工業化營運才能提早適應改變。只要能改用新種子、加買機器，就可以提高產量了。對生態惡果的擔憂是誤解，新科技一定能解決或避免這些惡果。對聚落和連結的擔憂都不重要——就像貝爾托・布萊希特（Bertolt Brecht）的《三分錢歌劇》（*The Threepenny Opera*）裡說過：「先吃飽再來談對錯」。

先知卻堅持這麼說不對：就算霍華德式農業有能力因應這些壓力，但有機農民也擁有大刀闊斧的替代方案——馴化新的穀類物種、混合一般作物和野生相近物種，甚至改種全新的作物。

小麥、水稻、玉米、燕麥、大麥、裸麥和其他常見穀類是一**年生**（annual）植物，每年都必須重新種植。相反地，曾經占據美國中西部、澳洲和歐亞大陸中部大草原的野生草本植物則是**多年生**（perennial）植物。這類植物年年夏天重新長出，時間可長達十年之久。多年生草本植物擁有深入地下的根系，所以能緊抓土壤，不像一年生草本植物那麼依賴地表的雨水和養分。多年生植物不需要在春天長出新的根，所以會比一年生植物更早從土中露出，生長速度也更快。此外，它們冬天不會死亡，所以秋天仍會進行光合作用，但一年生植物的光合作用則會停止。多年生植物的實際生長季節也比一年生植物還長。可是多年生植物不是沒有缺點：它們把較多的光合作用能量用於生長根部，用在繁殖的能量則較少，所以種子既少又小；相反地，一年生植物用在根部的能量較少，投注在穀粒的能量較多，正符合農民的需求。

為了響應洛克菲勒基金會計畫的小麥品種蒐集行動，羅德爾集團的研究機構——羅德爾研究所（Rodale Institute）——於一九八〇年代初期在北美地區採集了三百份中間偃麥草（*Thinopyrum intermedium*）樣本。麥草是一般小麥的多年生近親，是歐亞大陸中部的原生植物，一九二〇年代中期引進西半球，當成農用動物的飼料。羅德爾研究所的佩姬・沃岡納（Peggy Wagoner）和美國農業部研究人員合作種下樣本、測定產量、混合產量最高的幾個品種。這項工作進度緩慢，因為麥草是多年生植物，需要的評估時間不只一季，而是好幾年，所以不可能執行穿梭育種。二〇〇二年，羅德爾和沃岡納把棒子交給堪薩斯州的土地研究所（Land Institute）。土地研究所是非營利農業研究中心，專注於以仿照自然生態系的過程取代慣行農法。這個研究所和其他研究人員合作，一直在研究麥草。這種新作物因此有「堪薩麥」（Kernza）這個商業名稱。

馴化麥草和改造C4水稻一樣，是個就算花費數十年仍然可能無法符合發起者期望的追

土地研究所研究人員傑瑞・葛洛佛（Jerry Glover）沖去一株中間偃麥草（A）根部的泥土後拿起來，展示多年生植物緊抓土壤的能力。相反地，旁邊的一般小麥（B）的根網就小得多。

尋。和現在狀況差不多，即便需要，分子生物學工具也可能幫助不大，因為工作太過複雜。土地研究所一位研究人員跟我說過，麥草「已經完全過時」。麥草粒的大小大約是小麥粒的四分之一，有時更小，但麩皮比大麥更厚。麥草和小麥不同的是，前者會長成一大片暗沉濃密的葉子遮蓋田地，而這層厚厚的植被可以保護土壤和防止雜草生長，但同時也會降低產量。為了讓麥草符合農民的需求，育種人員必須使種子增大及改變植株結構。在育種過程中，他們還必須消除麥草倒伏的習性（野生植物習慣逃避太陽直射，往往會在田地的明亮光線下倒伏）。土地研究所希望在二〇二〇年代培育出適合種植在田地、穀粒有小麥一半大的麥草，但卻沒有十足的把握。

馴化麥草是長期工作。許多人曾經嘗試走捷徑：培育麥草和一般小麥的混種，希望結果能兼具小麥又大又多的穀粒和麥草的多年生特質與抵抗力。這兩個物種通常能產生可存活的後代，因此蘇聯時期的生物學家努力數十年，希望培育出可用的混種。最後他們在一九六〇年代放棄，同時間北美和德國規模較小的計畫也宣告失敗。土地研究所、澳洲和美國太平洋西北地區的研究人員在科技新發展的支持下，於二十一世紀初重起爐灶。當我造訪華盛頓州立大學的史蒂芬．瓊斯（Stephen S. Jones）時，他和同事剛剛為這個新混種提出學名，稱為「*Tritipyrum aaseae*」（為了表彰穀類遺傳學先鋒漢娜．艾斯〔Hannah Aase〕而以她命名）。要做的工作還有很多，瓊斯說他希望我外孫出生時，可以吃到用這種麥做的麵包。他說：「問題還沒解決。」全世界的人口正逐漸步向最高峰，速度緩慢但卻難以遏止。

非洲和拉丁美洲研究人員聽說這些計畫時，感到十分困惑（其實是其中某些人）。位於布吉納法索（Burkina Faso）沙黑爾（Sahel）地區的抗旱常設跨國委員會（Permanent Interstate Committe for Drought Control），裡頭的研究人員艾維姬．伯托尼（Edwige Botoni）告訴我，多年生穀物很難解決這個問題。

她走遍撒哈拉沙漠邊緣地區，聽說許多解決邊際地區人民糧食問題的想法。她說，方法之一是模擬奈及利亞和巴西等熱帶地區。溫帶地區農民大多種植穀類，而熱帶農業則多半種植塊莖和樹木，這兩種植物生產力都高於穀類。

木薯（cassava）的塊莖又稱為樹薯（manioc），是世界十大重要作物之一，在非洲、拉丁美洲和亞洲都有許多人種植。奈及利亞是全世界最大的生產國。木薯是塊莖而不是穀類，因可食部分長在地下，所以無論塊莖長到多大，植株都不會倒伏。以單位面積而言，木薯收成量遠高於小麥和其他穀類。狀況最好時，木薯農民每公畝可收成將近三百萬公斤，超過小麥平均產量的五十倍。不過這樣的比較並不公平，因為木薯塊莖含水量大於小麥粒，但即使考慮這點，單位面積木薯生產的熱量仍然大於小麥。伯托尼說：「我不知道為什麼沒有人考慮這個替代方案，這看來比培育新品種容易多了。」12

樹木作物也是如此。尼可斯種了一百多種不同的蘋果。成熟的麥金塔蘋果樹每年可生產一百六十至兩百五十公斤蘋果。果農每公畝通常種植八百至一千棵果樹。狀況好的時候，每公畝可生產一千四百至兩千六百噸水果，但同樣面積的小麥產量卻大約只有六十噸。同樣地，蘋果含水量也比小麥高，雖沒有高出**那麼**多；木瓜的產量更大，某些堅果類也是。

這是否代表我主張全世界的農民都應該捨棄小麥、水稻和玉米田，改成木薯、馬鈴薯和地瓜田，或是改種香蕉、蘋果和栗子樹？當然不是。因為我要講的是，佛格特派有很多方法可以因應未來的需求。雖然這些替代方案確實困難，但C４水稻代表的布勞格派方法同樣也很困難。佛格特派最大的障礙是另一件事：勞工。尼可斯的農場需要很多工人，類似的農場也都需要。

尼可斯的鄰居海因堡可以運用伊利諾州和美國聯邦政府提供的許多獎勵和補助，包括土地稅優惠、折舊寬減額、作物補助等。不過尼可斯卻沒辦法取得這些，因為他種的作物大多不在州政府的適用作物清單內，而在清單內的作物面積又不足以取得補助。就官方的法規而言，他的農場有跟沒有差不多。他告訴我：「我經營這個農場四十多年來從來沒有接受過補助勘查。」他指出，許多補助的用意是推廣取得機械，而不是勞工。即使他可以用特別的低利率貸款購買聯合收穫機，但卻不能用來雇用人類。

這些政策並非偶然，因為第二次世界大戰結束之後，各國政府大多刻意引導勞工離開土地（但共產中國一向例外）。農事被視為「落後」和「不具生產力」。他們的目標是讓農場整併和機械化，藉以提高收成和降低成本，尤其是勞工成本。那些農地裡不再需要的大量農場工人可以遷移到城市，在工廠裡獲得薪水更高的工作。理論上，留下的農場主人和新來的工廠工人都會賺得更多，前者可種植更多更好的作物，後者則可在工業界取得薪水更高的工作。整個國家也將受益：工業和農業產品出口量增加、城市裡食物更便宜、勞工來源充足。

當然這也不乏缺點：開發中國家的城市出現大批離鄉背井的家庭。但在許多地方，包括大多數已開發國家，農村人口大幅減少。舉美國的例子來說，勞動力受農業雇用的比例從一九三〇年的百分之二十一．五減少到二〇〇〇年的百分之一．九。與此同時，農場數量則減少將近三分之二。現有農場的平均面積增加將近三分之二，所以農場主人更專注於出口到世界市場。因為政策鼓勵大規模工業化生產，加上增加出口的法規依然有效，所以尼可斯這類農民可以說是逆勢而行。

對佛格特派而言，最好的農業應該要最重視土壤，但當大量種植單一作物時，這個目標卻很難達

12 以北方來說，和木薯相當的作物是馬鈴薯。二〇一六年美國平均馬鈴薯產量是每公畝四百八十九公斤，是小麥的十倍以上。

成。不過像尼可斯這樣種植多種作物時，一定需要更多人來照料，所以尼可斯把食材賣給富有的饕客，用來雇用更多勞工。因此要真正推展這種農業，必須讓父母和祖父母已經離開鄉村的人回流。但若要讓這些工人擁有不錯的生活，還將必須進一步提高成本。在某種程度上，借助可以節省勞力的機械化是可行的，但就我訪問過的小農都認為不可能把勞動力縮減到大型工業化農場的程度。因此，鼓勵運用勞工的法律制度必須徹底改寫，整個系統才可能成長。可是這麼龐大的社會協調改變不容易達成。

即使如此，一切都可能隨水而去。

第五章　水：淡水

番茄

一九八〇年代初，一位編輯大膽起用一位新進作家，同時委託我撰寫一篇關於番茄加工業的報導。我對這個主題一無所知，但忘了對編輯強調這點。美國加工番茄的產地大約有十分之九集中在加州。當我到了加州和攝影師彼得．曼澤爾（Peter Menzel）見面時，我幸運地發現，彼得相當熟悉番茄產業。接著我們便開他的貨車到加州的中央谷地；老實說，雜誌打電話給我之前，我從沒看過或聽過這個農業天堂。

編輯認為不起眼的番茄已經成為巨大科技產業的主要商品，而接下來的事實證明他的想法是對的。我們看到龐大的儲藏暨加工廠房，裡面有縱橫交錯的輸送帶，運送著一條條紅色的番茄河通過先進的感測器。根據一位管理員的介紹，育種員創造出外皮超厚的番茄，且即使它們從胸口高度落到地面、通過機器也不會損壞。另一位管理員帶我們到高科技實驗室，裡面播著聲音很大的騷莎音樂，戴著面罩的女性正在試喝番茄汁。這位管理員解釋這裡播放的音樂，也提到這裡所有的工人都是來自墨西哥的非法移民。我和彼得在田間驚奇地看著巨大的採收機像搖晃的船，邊移動邊採收番茄。兩側有輸送帶運轉著，許多男女在機器間走動為了尋找番茄。每當小飛機飛過頭頂時，工人會丟下採收機，趕緊跑到鄰近的樹蔭下。一位主管說，他們害怕那是移民警察的飛機，畢竟勞工在這裡是個大問題。

番茄可說是小小的加味水球。我這次造訪加州時，天氣又熱又乾，白天氣溫高達攝氏三十七度，萬里無雲。農場外的土地十分乾燥。我開始好奇灌溉番茄的水從何而來，然後彼得問我有沒有看過《唐人街》（*Chinatown*）這部電影，特別是裡面提到加州人為了搶水而殺人？原來裡面講的是真的。

加州的水果、蔬菜和堅果產量冠於北美所有地區，其中大多栽種在中央谷地。這片谷地長約七百二十公里，西邊是海岸山脈，東邊是內華達山脈。谷地底部是不透水的岩石。長年以來，山脈不斷受到侵蝕，一層層粉土、碎石、沙和黏土填入谷中，深度超過數千公尺。融化的高山雪水流進沉積物，在不透水的岩石中無處可去。有些水最後從谷地邊緣流出，形成溪流，其餘的水則儲存在地下。二十世紀初，有人發明深井鑽挖機，讓農民可以任意抽取地下水用來灌溉。但短短幾十年內，他們過量抽取地下水，導致中央谷地許多地區水源枯竭，有些地區像沉船一樣下陷，而另外一些地方則較嚴重，其地下水位甚至降低超過九十公尺。

農民理所當然地要求協助。加州州議會於一九三三年提出僅次於長城的史上最大基礎建設計畫。未來四十年，中央谷地計畫（Central Valley Project）將集中及輸送全加州三分之二的逕流。這項計畫將以超過一千五百公里的大型運河和水道、二十多座大型水壩和新水庫，以及二十座龐大的抽水站，改造兩大河流系統。當然，州政府本身無法支付這些費用，所以中央谷地計畫啟動後兩年由華府接手進行，最終加州才得以在一九六〇年代執行加州水資源計畫（State Water Project）。這個計畫規模同樣很大，包含二十一座水壩和總長一千一百多公里的運河，把水從加州北部送到中央谷地以西，距離墨西哥邊界不到八十公里的地方。

以上這些消息，是彼得和我開著車在炎熱的谷地中行進時告訴我的。我問道，加州怎麼會使用這麼多水。他指了指車外。我們正好經過一大片水田。從地平線這頭到那頭，全都是淺淺的水池，裡面長著翠綠的稻苗。就我的印象而言，我幾乎看得見水離開地面、淹沒天空。

我嚇了一跳。他們花了這麼多錢，從幾百公里外送來這些水，難道就讓它這樣蒸發掉？

他點點頭。

這樣不是瘋了嗎？

他說，對稻農而言不是。

兩百七十五公里的球體

科幻小說裡有個比喻是來自其他星球的訪客初次來到地球。坐在太空船裡的外星人經過其他行星時沒什麼興趣。海王星和天王星這類結冰的大行星和土星和木星等氣體大行星在太空中太常見了。火星和小行星這類岩石行星也是。後來這些訪客看到地球就嚇呆了，因為地球表面有一層水。

地球有大約四分之三的表面有水，其中包括水和冰，此外雲也是另一種形式的水。科學家熱烈爭論這些水從何而來，以及其他行星為什麼沒有水。但毫無疑問的是，水——也就是H_2O——是地球上十分常見、甚至可能是最常見的分子。因此水資源不足似乎有點奇怪，畢竟水既然這麼多，為什麼還會缺水？

理由是地球上有百分之九十七．五的水是鹽水，不能飲用、有腐蝕性，甚至有毒。其餘的水有三分之二以上封存在兩極冰帽和冰河中，大多位於南極。剩下的水，包括地球所有湖泊、河流、沼澤和地下水，只占全部的百分之一以下；理論上的全球淡水總量就是這麼多。若把這些水集中起來，可以形成直徑兩百七十五公里的球體。不過事實上這個數字估計得太多了，因為有九成的水是地下水，無法取得也無法使用。

我們不容易得知人類已經用去這個球體中的多少水，原因是水流難以測量和水的使用難以定義。一九九六年一項常被引用的研究指出，人類已經用

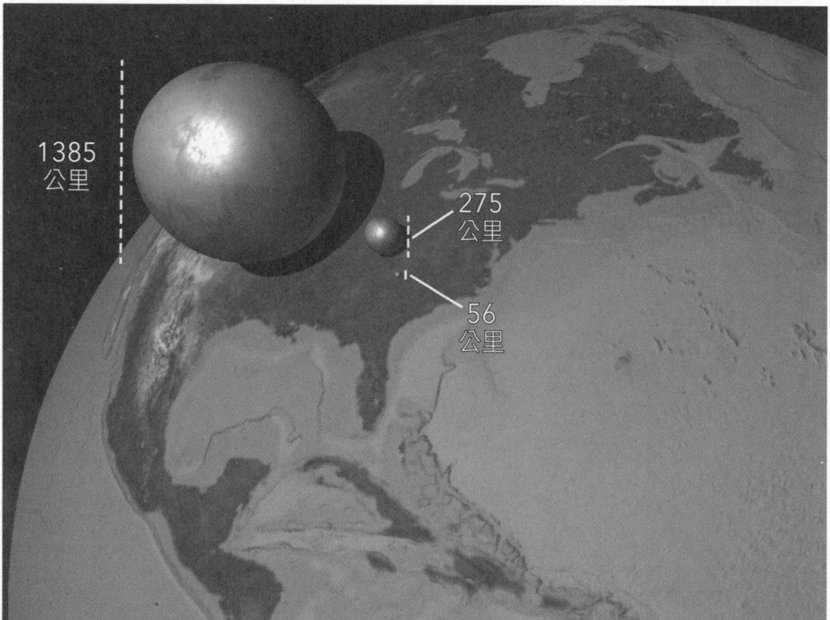

儘管水隨處可見，但全球總供應量（大球）其實不如想像的多。淡水總供應量（中球）更少，而且大多封存在冰河或地下，難以取得。一百億人口的世界可取得及使用的淡水是圖中的小球。

去全世界可再生淡水的三分之一。環境歷史學家約翰·羅伯特·麥克尼爾（John Robert McNeill）曾估計，這個數字到了二〇〇〇年是將近百分之四十。當年，知名俄國研究者伊格爾·希克洛馬諾夫（Igor Alekseyevich Shiklomanov）發表的數字小得多，僅有百分之十二。無論多少，這個數字還是很多，畢竟剩餘的水還必須滋養其他物種、提供空氣、分解廢棄物，以及生產糧食。

位於加州的水資源研究機構太平洋研究所創辦人彼得·葛立克（Peter Gleick）指出，無論如何，全球數字其實不重要。他告訴我：「如果看有多少水可用，總量其實還是超過我們的用量。真正的問題是美國西部、中東地區和非洲和中國部分地區缺水，加拿大和挪威則完全不缺水。」巴西的人口是印度的六分之一，擁有的水卻超過印度的四倍。總供應量對兩個國家而言是完全足夠的，但就個別來說，水資源卻無法共享。

我們小時候都學過，淡水有水循環（hydrologic cycle）。這個循環的開始是海洋和湖泊中的水蒸發；水蒸發後進入空氣，冷卻後凝結形成雲。最後雲產生雨和雪落到地面，而地面的水可能再度蒸發進入大氣、進入河流和溪流再流到海中，或是滲入土中成為地下水。

河流和地表水循環得比較快，大約是數星期或數個月。地下水循環得比較慢，大約是數年或數十年。無論哪種方式，經濟學家都以**流量**（flow）來描述淡水，這是能以時間測定的值（以河流而言是每天多少公升）。透過窗戶照射進來的日光、水力電廠提供的電力、長在田裡的小麥、吹過小麥上空的風，都可以算是流量。相反地，大理石、黃金和煤等資源都是**存量**（stock），存量是固定的。如果我們打開水龍頭，讓水流進桶子。離開水龍頭的水是流量，桶子裡的水則是存量。

這兩者的差異看來似乎很學術，但影響相當大：存量每使用一次，供應就會減少一些。從礦場開採一噸大理石，礦場中的大理石就會減少一些。持續不斷開採，存量就會減少。存量減少，開採成本提高，價格通常也會提高。人類的因應方式是尋找其他供應來源（新礦場）、尋求替代方案（室內設計師用花崗岩取代大理石製作流理臺面），或發明成本更低的材料使用方法（例如大量製造大理石臺面，藉以降低成本）。問題通常會自我改正，只是效果不佳又緩慢。

流量就不一樣了：日光或風這類流量不受人類活動影響。無論我們在屋頂上安裝多少片太陽能板來吸收日光，都不會對我們明天的太陽造成影響。但其他流量——專業術語是「臨界區資源」（critical-zone resources）——則可能耗盡。我們來看看典型的臨界區流量：迴游產卵的鮭魚。在鮭魚的迴游路線撒下網子，鮭魚就會自己游進網中。只要我們每年撈捕的鮭魚數量不超過當年新生鮭魚存活的數量，就可以永遠撈捕下去。無論人類持續撈捕多少年，供應量都不會減少。不過如果有一年網子放得太久，一網打盡所有鮭魚，以後就不能繼續捕魚了。撈捕最後一條魚和第一條魚一樣容易，撒下網子的成本不會因為供應量減少而提高。就臨界區流量而言，狀況通常維持不變，到最後才突然改變。

破壞流量的因素往往和破壞存量相當不同。要破壞鐵礦礦床很不容易，但或許你也曾聽說過毒性化學物質外洩，從中我們知道只要稍有疏忽，整條河就會瞬間遭到汙染。破壞水流的後果往往格外嚴重，因為水大多無可取代。如果一條鮭魚迴游路線中斷，至少還有其他鮭魚溪流和其他魚類，況且人類就算沒有鮭魚也能活下去。但我們天天都必須喝水；可口可樂、奇揚地紅酒、蘋果汁、阿夸維特蒸餾酒其實都是有味道的水。每個月有幾百萬個家庭必須付水費，但不會有人說：「天啊，水費好貴又沒必要，這個月還是不要喝水好了。」

地下水損傷需要的時間比河流長，但同樣容易遭到破壞。最重要的地下水來源是含水層（aquifers），也就是具滲透性、可吸納水分的地下岩層，例如加州中央谷地一層層的粉土和沙所形成的含水層。而世界規模最大、從南達科他州綿延到德州的奧加拉拉（Ogallala）含水層也由類似的沉積物構成。含水層也可能由石灰岩和白雲石等海綿狀的多孔岩石構成；水緩緩滲入含水層，在其中流動的速度同樣緩慢。舉例來說，奧加拉拉含水層北部的水流，每天大約只行進十五到三十公尺。挖幾個水井不會影響水流，因為水仍然能在其中流動。但如果抽取超過限度，就會造成負面影響，原本在水壓作用下分離的粉土和砂粒，會突然受壓而失去滲透性。水流受阻，而且通常無法回復。

汙染則更令人擔憂。農民在作物上噴灑殺蟲劑和除草劑，殘留藥劑溶解在雨水中，雨水滲入地下水，同時帶進化學藥劑，化學藥劑成為水井中的有毒添加物。歐洲環保署（European Environment Agency）指出，幾乎所有歐洲國家和前蘇聯共和國的地下水都遭到硝酸鹽、重金屬或有害微生物汙染。有些汙染物一段時間之後可以濾出地下水，但汙染大多是永久性的。人類從沿海含水層中抽取過多地下水時，海水將會進入含水層。海水含有大量鹽分和礦物質，密度比淡水高，一旦進入海水層後就無法排除。從美國緬因州到佛羅里達州、阿拉伯海岸、雅加達市郊（其都會區人口超過一千萬人）、地中海各地和許多地區的地下水層都面臨類似的威脅。

這記者有時會把缺乏吸引力的報導稱為「瞌睡新聞」（MEGO）[1]，水質問題就是典型的MEGO。這類報導雖然無聊，但對我們（包括人類跟環境）影響極大。位於斯里蘭卡，和國際稻米研究所（IRRI）

1 編按：「MEGO」為英文「My Eyes Glazed Over」的字首字母縮寫，字面意思為「讓眼神呆滯」，而在新聞業界中，則用來比喻那些「讓人看了犯睏、哈欠連連的無聊報導」。

與國際玉米和小麥改良中心（CIMMYT）關係密切的國際水資源管理研究所（International Water Management Institute）指出，現在地球上大約有三分之一的人沒有足夠的淡水來源，原因包括水質不安全、費用太高，或是無法取得。然而有問題的不只是貧窮國家，因為這個研究所還預測，到二〇二五年，整個非洲和中東地區、接近整個中美洲、南美洲和亞洲，以及北美許多地區也會無水可用或負擔不起水費。缺水人口可能多達四十五億人。

這類報告的重點通常是供水。這其實可以理解，因為大多數人居住在都會區，如果自來水遭到汙染，民眾將會受害。但淡水大多用於灌溉，依據聯合國糧食和農業組織的資料，比例接近百分之七十。民眾直接使用的則只有百分之十二，包括飲用、烹調、清洗等，其餘都是工業使用）。人類歷史上大部分時間，農業嚴重缺水的影響不大，水足供所有人使用。但現在人口大幅增加，家庭和農業的用水需求彼此衝突。

城市和農業的用水問題都很難解決，但後者可能更重要、花費更高，而且當然更加棘手。家庭用水服務需要的水量較小，而且因為民眾聚居在城市中，平均每人的基礎建設花費較低。相反地，農場需要的水較多，分散的面積也更大。城市中的水輸送到家庭和公司，多餘的水和廢水可以集中再利用和進行處理。相對地，農場的水灌溉在田地裡，多餘的水會滲入地下或蒸發到天空中，很難收集再利用。

預防農業耗損的花費相當高昂。灌溉的主要途徑是運河，運河中的水可能因為滲出河底、在輸送中蒸發，以及在河道匯集處濺出而耗損。經驗上，灌溉用水的損耗接近三分之二，而且通常更多（不過這個數字並不精確，因為有些「耗損」的水流到鄰近田地或滲回河流，所以這些水仍然發揮了效用而不真的算是耗損）。要減少中央谷地計畫的這類大型耗損，必須重新鋪設及遮蓋長達一千六百多公里的大型運河——更別提這工程對田地中的耗損完全沒有幫助。農民不可能支付這筆錢，這些花費將會轉嫁到其他人身上，不是增加稅收，就是提高糧食價格。

如果全球富裕程度持續提高，會有更多人想使用洗碗機、洗衣機和其他用水家電。在此同時，繁榮程度提升（先前曾經提過）代表必須增加糧食生產，甚至必須加倍。糧食增加代表無可避免地必須使用更多水來種植作物，如果還考量肉類消費量提高的話，結果更是如此。水資源專家預測，在一百億人口的世界中，水的需求可能比現在提高百分之五十。可是這些水要從哪裡來？新的來源不容易尋找。尚未開發的湖泊和河流相當少，含水層也逐漸枯竭。減少浪費和鼓勵節約，藉以延長現有水源壽命也同樣困難。更糟的是，氣候變遷使冰河縮小和溪流乾涸。

和糧食的狀況相同，布勞格的門徒採取某種方式來因應這些憂慮，而佛格特的門徒則採取另一種方式。這些方式稱為「水的硬路徑」(the path of hard water）和「水的軟路徑」(the path of soft water)，選擇何種方式將影響未來世代的生活。許多地方都曾經發生軟硬之爭，但在中東和加州地區特別明顯。前者人口快速增長和政治情勢緊張，因此水資源問題也可能是全世界最嚴重的問題。後者如果是一個國家，將是全世界前十大經濟體，水資源問題的規模可能最大。

肥沃月彎

破舊的別克牌汽車行駛在墨索里尼高速公路（Mussolini Highway）上，穿過突尼西亞和利比亞，前往埃及。開車的是美國土壤保持局（U.S. Soil Conservation Service）副局長華爾特．克雷．羅德米爾克

（Walter Clay Lowdermilk）；陪同者包括他的妻子，同時也是一名社運人士及衛理公會宣教士伊內茲、十五歲的兒子和十一歲的女兒、來當保母的十幾歲的姪女、一位助理，以及一隻不聽話的狗。這隻狗是在阿爾及利亞的市場買來，準備陪伴小孩的。神奇的是，他們就是一組美國科學考察隊的所有成員。

羅德米爾克一家人於一九三九年一月到達開羅，打算穿越西奈半島（Sinai Peninsula）前往當時英國治理的巴勒斯坦。有人建議他們不要依照這個計畫走，因為巴勒斯坦人反抗英國統治已經三年之久。儘管英國政府血腥鎮壓了暴動，半年以來依然沒有旅客穿越西奈半島。沙漠中的村莊被摧毀，雙方都在捕捉的遊牧民族，也會劫掠倖存者。有些人會在路上的石塊底下埋設土製地雷。羅德米爾克決定無論如何都要繼續行程。他解釋，他的家人都會平安，因為別克跑得比騎駱駝追他們的人快。此外他們會注意地雷，例如繞過路上

羅德米爾克考察隊在敘利亞陷在爛泥中。

的石塊而不要移動它。巴勒斯坦貝爾謝巴（Beersheba）哨站的士兵看到別克從沙漠開來時大吃一驚。羅德米爾克告訴他們，我們是來看「聖地」的[2]。

羅德米爾克沒有三思而行，反而因此成就了重要事業。他從小就離開亞利桑那州的老家，在密蘇里州自立更生到高中畢業。一個朋友告訴他，有個以英國大亨塞西爾．羅德（Cecil Rhodes）命名的獎學金計畫，供外國學生到牛津大學讀書。羅德米爾克立刻斷定羅德獎學金就是他的未來。他放棄科學，專心學習獎學金規定的拉丁文和希臘文。後來他取得羅德獎學金，到牛津念書，又放棄古典文學，轉而攻讀森林學。他回到亞利桑那州後取得森林局的工作，和奧爾多．李奧帕德成為朋友。羅德米爾克前往牛津之前，在教會認識牧師的女兒依內茲．馬克斯（Inez Marks）。後來她在中國傳教，也是社會改革者，設立女子學校及反對纏足。依內茲短暫回到美國時，羅德米爾克開車到加州，隔了十一年才再度見到她。四十八小時後，羅德米爾克向依內茲求婚。依內茲準備回中國，所以華爾特辭去森林局的工作，和她一起前往。他學了中文，單獨沿黃河旅行三千兩百公里，在旅程中獲得許多啟發，理解歷史的發展路線和文明的興起和衰落。

沖蝕是最關鍵的因素，而侵蝕的原因就是水。為了種植糧食，社會必須妥善運用雨水或建造灌溉設施。但中國兩者都沒有：雨水直接流下山坡，把表土沖進河流，再流到海中；灌溉水道裡的水蒸發

2 這個地區的地名爭議相當大。我的「巴勒斯坦」指歷史上的巴勒斯坦，也就是一九二二到一九四八年英國統治的地區。「巴勒斯坦自治區」指一九四八年聯合國大會決議第一八一號劃定的非猶太人居住區。這項決議把巴勒斯坦分成以色列和巴勒斯坦自治區兩個實體，雙方都不承認這項決議劃定的邊界。

消失，留下鹽分，毒害土地；雨水落下時沒有儲存起來，任由田地乾涸。後來羅德米爾克還把原因指向過度放牧（尤其是羊，他因而開始厭惡羊），但其實造成災害的元凶大多是水。人類沒有能力管理水資源，幾千年來毀滅了無數個社會。

中國內戰迫使羅德米爾克於一九二七年離開中國。他和妻子當年雖然差點逃不出來，但他保護土壤和水的熱誠沒有因此消失。他和反沖蝕人士休．漢蒙德．班奈特（Hugh Hammond Bennett）協助設立土壤保持局，這可能是全世界第一個對抗沖蝕的中央級機構，當時由班奈特擔任局長，但他們兩人相處並不和睦。一九三八年，農業部長亨利．華萊士指出，如果土壤局能更深入瞭解過去的土壤問題，對未來的規畫會更完善。羅德米爾克把握這個脫離班奈特工作的機會，決定到歐洲、非洲北部，尤其是中東地區調查當地土壤。羅德米爾克和他妻子都是虔誠的基督教徒。造訪肥沃月彎（Fertile Crescent）——從地中海西岸到伊拉克的底格里斯河和幼發拉底河，也就是亞伯拉罕的應許之地——是他們長久以來的夢想，現在這個夢想有機會實現了。

羅德米爾克期待看到摩西在約旦河東岸山丘上看到的景象：「一片美地，那地有河、有泉、有源，從山谷中流出水來。」他期待看到黎巴嫩茂密的香柏林，《聖經》中形容它們「滿了汁漿」（祂的形狀如利巴嫩，且佳美如香柏樹）。他也期待看到巴比倫這個「最美麗的城市」，它的空中花園（Hanging Gardens）是古代七大奇觀之一，國王尼布甲尼撒二世（King Nebuchadnezzar II）建造了「大運河」、「把充沛的水輸送給所有的人」，同時以「來自利巴嫩山的巨大香柏樹」建造「壯麗的宮殿和神殿」，表面是「光芒四射的黃金」。

然而，羅德米爾克看到的是一片幾乎沒有樹木的荒野：貧瘠的土壤、無人問津的廢墟、零星矮小的植物、處於「貧窮、無知和骯髒」的拮据牧羊人，「巴比倫的空中花園現在是一堆堆含鹽分的廢墟」。肥沃月彎已不再肥沃，奶與蜜之地也早就乾涸。曾經提供木材，用以建造船隻和聖地各個城市的廣大森林，現在只有三片小小的香柏樹林，最大的也只有四百棵樹。因為沒有馬路，羅德米爾克一家人只能順著油管，穿過敘利亞前往巴格達。羅德米爾克心想，美索不達米亞最大的城市竟然只是個「髒亂的地方」，是「一個廢墟」。但巴比倫現在的確就是這樣！他在提交給土壤保持局的行程報告中寫道：「它的財富、建築、人口、成就和光榮墮落至此！人類就只能做到這樣嗎？七千年文明的結果就是這樣？」

羅德米爾克當然知道是怎麼回事。他說，肥沃月彎的繁榮取決於如何管理幾條主要河流的水，包括東邊浩大的底格里斯河和幼發拉底河，鄰近地中海較小的約旦河和利塔尼河。他說，公元前五千年左右，古代美索不達米亞社會開始開鑿灌溉用運河，運河促進農業發展，使這些周邊的社會繁榮起來。在尼布甲尼撒國王的時代，運河往深入乾燥的土地各處。可惜的是，這些河流來自山上，流下山時夾帶大量粉土。湍急的河流進入灌溉運河時，水流速度降低，懸浮的粉土沉澱在運河底部，最後使運河淤積。若要疏浚運河必須挖出粉土，羅德米爾克說明：「就必須派一群奴隸日夜不停地挖起運河中的粉土。」這些奴隸就是《舊約》中的以色列人。即使羅馬和後來的拜占庭入侵者取得領土，但仍持續疏浚運河。後來阿拉伯遊牧民族帶著伊斯蘭教來到這裡，「遊牧民族鄙視耕作土地、討厭樹木，喜歡依靠牲口和劫掠定居地區生活。」最終水基礎建設廢棄不用、堤壩遭到沖蝕、洪水沖去表土、運河乾涸，只剩鹽分留在土壤中，在夜裡閃閃發亮。羊啃吃剩下的東西，沒有人試圖讓土地復原。羅德米爾克把活動停滯歸因於「狂熱的穆斯林盲目相信，一切都是『阿拉的旨意』」。

現代考古學家認為他的想法大多不正確。灌溉系統的建造速度不如羅德米爾克所想的快，大概只有在耶穌降生時才達到最高峰，然而當時沖蝕已經相當嚴重。肥沃月彎各地社會砍伐森林，用於建造城市，尤其是用在生產青銅和鐵的工廠。少了樹木，山丘便無法保有水，洪水便輕易沖毀下游的運河。《聖經》中那個建造雄偉巴比倫城的民族，同時也是一手破壞了巴比倫城的元兇，而伊斯蘭教和羊造成的影響很小。沒有人試圖復原土地的原因並不是遊牧民族，而是位於遙遠的伊斯坦堡，那個從十五世紀到第一次世界大戰前統治這個地區，且完全以定居性的方式存在的鄂圖曼帝國（Ottoman Empire）。這個帝國透過官僚制度從這個地區搾取財富，但卻不願意投資。然而，羅德米爾克有一點說對了：讓肥沃月彎變成沙漠的事實，主要還是因為人類沒有能力管理水資源。

歐洲猶太人逃出法西斯的魔掌，大量進入巴勒斯坦地區，單單一九三五年就超過六萬人。阿拉伯居民對移民潮反應十分激烈，而英國政府認為他們之所以反彈，有一部分源自這個地區缺乏資源。移民人數已經超過巴勒斯坦地區的吸收能力（absorptive capacity，也就是承載能力），而吸收能力的限制因素是水。英國專家主張，當地水源無法承受大量移民湧入。在這片乾旱又有沖蝕問題的地區，灌溉充足的農地相當少，因此來到此地的猶太人利用充沛的金錢資源取得土地，必定會造成「眾多失去土地的阿拉伯族群」。猶太復國支持者（Zionist）派出水檢驗人員，宣稱他們發現的水比英國允許的取水量多出許多。但倫敦忽視報告內容，於一九三九年限制猶太移民每年不超過一萬五千人。

「不行！」羅德米爾克大聲抗議。英國這樣是走回頭路！新的猶太人屯墾區是整個幽暗地區唯一的亮點！猶太復國者村莊合作社位於一片荒蕪之中，合作農場栽種最新培育的作物品種，在乾燥高溫下也能長得相當好。農場投下獲利，購買先進的鑿井設備，建立小型產業，包括木工和油漆商、糧食處理廠、建材工廠。對羅德米爾克而言最重要的是灌溉和土壤保持計畫，這是他在「二十四個國家中」見過「最了不起的」計畫。他說，如果英國不限制移民人數，而願意增加人數的話，巴勒斯坦將可供「至少四百萬來自歐洲的猶太難民在此生活」。

羅德米爾克在土壤保持局那幾年經常和農藝學家爭執——他經常稱他們為「植物人」(plant man)。農藝學家認為要使遭到破壞的土地恢復生機，主要方法應該是植被復原（revegetation），也就是在土壤表面種植多種緊抓地面的植物，以具吸收性的覆蓋物保護土壤。對原始巫師羅德米爾克而言，工程應該是第一要務：首先必須以水壩、抽水站和管路，從水量充沛的地方輸送到缺水的地方；同時，獲得這些水的土地則必須改變地形，避免溢流和沖蝕，最後才能種植植物。這些工作的規模應該盡可能擴大，以縝密的計畫規畫整個地區，而不是以小規模方式一塊塊田地進行。

羅德米爾克表示，巴勒斯坦是實施變革性水利及電力工程的「大好機會」。這個地區的北邊有水，每年降雨量接近一千公釐，又有約旦河流入加利利海（Sea of Galilee），然而卻缺少適合耕種的土地。而在南邊兩百公里左右，內蓋夫沙漠（Negev Desert）有適合耕種的土地，但相當缺水，既沒有湖泊，年降雨量又少於一百公釐。羅德米爾克指出，如果把水從北邊輸送到南邊，將可為農民灌溉一千兩百萬公畝良田。

而加利利海又經過約旦河谷流進死海，死海是一座低於海平面四百三十公尺的鹹水湖。所以如果把加利利海大部分的水送到南邊，就必須供應其他的水給死海。哪來那麼多水呢？有個顯而易見的解決方案，是把地中海水淡化（desalinated）後送入約旦河谷。羅德米爾克指出，送入河谷的水可以用來推動渦輪發電，足以供應給「遠超過百萬人」。水和電可以透過場區管理和造林計畫輔助；而且這項工程還可由死海提煉礦物。

羅德米爾克行程即將結束時，第二次世界大戰爆發。他被捲入戰事，又為健康問題所苦，直到一九四四年才發表他的聖地水資源構想。他的作品《巴勒斯坦：應許之地》（*Palestine: Land of Promise*）出版後，美國大眾才開始瞭解德國猶太人的險惡處境。好巧不巧，這本書帶來好消息，彌補了集中營的壞消息，因為這本書指出「希望在巴勒斯坦」。那裡的猶太屯墾區位於「極度衰弱」的地區，是「當今最值得注意的現象」。他們證明，只要運用適當的科技，貧瘠的土地也能綠意盎然。羅德米爾克指出：「自古至今，水一直是主要問題。但在這個機器時代，有更多方法可以幫助我們達成目的。」他的巴勒斯坦計畫中的水壩、輸送水管、「大型水庫或人工湖」、「鑽通高山的」隧道等，都證明「現代工程」和「科學農業」都可「把荒地變成田地、果樹林和田園，供應人口眾多的繁榮聚落」。

早在多年之前，猶太復國人士塞奧多・赫爾澤（Theodor Herzl）、萊維・艾西柯爾（Levi Eshkol）、艾隆・艾隆森（Aaron Aaronson）和辛查・布拉斯（Simcha Blass）等人就曾經提出羅德米爾克的構想，但一直要等到《巴勒斯坦：應許之地》後，才為他們爭取到西方國家的廣泛支持。美國小羅斯福（Franklin D. Roosevelt）總統於一九四五年春天去世時，可能也在讀這本書。儘管如此，英國認為花費過於龐大，而且難以管理，因此拒絕羅德米爾克的計畫。以色列建國之後實行了這些計畫。以色列領導人認為他們別無選擇，畢竟以色列建國後不到五年，就有七十五萬難民來到以色列。與吸收能力有關的爭論逐漸白熱化。從特拉維夫沿地中海岸通往鄰近西奈半島的內蓋夫的輸送管路首先完工。一九五六年，以色列承諾實行羅德米爾克提出的北水南運計畫，命名為「國家水資源輸送計畫」（National Water Carrier）。

從當時到現在，國家水資源輸送計畫都像巫師一般，展現科技的高超能力。幾千名工人在加利利海邊緣挖掘長七十五公尺、高十八公尺的地下抽水站。三部巨大的抽水機二十四小時運轉，抽起數百萬噸的水，穿過周圍的山丘，送到將近三百公尺外剛完工的約旦運河。這條運河深三公尺、寬十二公尺，在經過一連串水庫、運河和抽水機等重重關卡後，把水送進直徑二．七公尺的輸水管，最後送往八十多公里外的以色列南部，載送至為這條人造水路所特別建造的灌溉網終點。這個工程花費相當驚人，以平均每人計算，國家水資源輸送計畫花費比美國建造巴拿馬運河還高。

以色列國家水資源輸送計畫。

羅德米爾克於一九六四年受邀參加這項計畫的落成典禮，後來也在以色列待了六年。他認為接下來一定會有規模更大、成就更高的計畫，所以以色列的水資源技術將使肥沃月彎改觀。以色列已經在討論使用核能抽取紅海的水來補充死海。水壩、水庫、運河、輸送管、淡化廠和抽水站以先進的感測器和電腦監測，構成遍布整個地區的水資源網，可把大量的水從水量充沛地區送到缺水地區，希望能緩和政治衝突。

然而實際上並非如此，因為阻力隨即出現。

花園城市裡的水

尤斯圖斯・馮・李比希和以色列汙水處理政策的關係很少人瞭解。在上一章我們看到這位重要的化學家最著名的成就便是把農業轉化成為植物提供氮、磷、鉀等各種化學物質的過程，但李比希也發現，農民同樣透過收穫的穀物、蔬菜和水果等，把施用的化學物質輸送到城市中。城市人排出養分，累積成汙染或排入河中。為了把這些化學物質回歸土壤，李比希寫道：「每個大國的土壤擁有者應該聯合起來，建立貯存槽，把人類和動物的排泄物集中起來。」

有位仔細的李比希書迷叫卡爾・馬克思（Karl Marx）。馬克思指出，李比希提到養分從鄉村運送到城市，其實就等於人和土地之間的「分裂」，使城市人生活在有毒的汙物中，同時剝奪農場土地的繁殖力。馬克思指出，城市和鄉村必須合而為一，農業和工業必須聯手保護土壤！雖然馬克思把分裂歸因於資本主義，而不是把分裂視為工業化的副作用，但他還是說對了一些部分。設計師暨社運人士威廉・莫利斯（William Morris）等一票作家、無政府主義者暨地理學家彼得・克魯泡特金（Peter Kropotkin）、社會主義者暨科幻作家艾德華・貝拉米（Edward Bellamy）等人接納他對李比希的詮釋，而貝拉米又把這些說法告訴年輕的英國職員埃伯尼澤・霍華德（Ebenezer Howard）

霍華德（和上一章提及的有機倡導人士亞伯特・霍華德〔Albert Howard〕沒有關係）移民到美國，在內布拉斯加州當農民但不成功，所以五年後又回到英國。他在倫敦擔任國會職員，閒暇時經常和無政府主義者、社會主義者和其他自由思想者來往。霍華德逐漸相信，讓城市和鄉村重新結合在一起，是改善人類處境的重要關鍵。一八九八年，他發表《明日：通往真正改革的和平之路》（*To-Morrow: A*

Peaceful Path to Real Reform），這是他最先出版的著作。四年後出版的修訂版書名改成《明日的田園城市》（*Garden Cities of To-Morrow*）。《明日》系列改變了城市的概念，它對都市規畫的影響就好比《生存之路》對環保主義一樣，總結並演繹各家思想，最後形成運動。埃伯尼澤和佛格特一樣匯集了許多思想，這些思想現在看來相當傳統，很難想像它有明確的起源。此外，霍華德雖然也和佛格特一樣已經快被遺忘，但其實現今都市規畫者的開放空間和連結性等視覺化語言，大多出自他的筆下。

霍華德的書籍把李比希、馬克思和後繼者的學說濃縮成短短幾頁，針對結合城市和鄉村生活提出具體的計畫，同時既保護又平衡人類與社會和自然之間的關係。土地不再被劃分為擁擠、髒亂、文化豐富的城市和地廣人稀、疏離、精神乾涸的鄉間，兩者將以一塊塊聚落（也就是書名中的花園城市）和其間的綠帶（green belt）結合在一起。民眾可居住在開闊的鄉間、小城鎮或大城市，彼此近在咫尺。他在書中以粗體字強調：「城鎮和鄉村**必須結合**，這樣令人愉悅的結合將帶來新希望、新生活核心的文明。」眼光犀利的讀者應該會注意到，這位原始環保人士建立的學說基礎，經常使後繼者被批評為「都市擴張」（suburban sprawl）。

霍華德相信，歐洲城市的水資源問題證明「我們的社會生活有根本上的重大錯誤」。相對地，他的花園城市用水效率高、成本低，而且環保。這類城市有三個平行的用水系統，第一個負責從鄰近的供水站輸送飲用水；第二個負責集中雨水和廢水，用風車輸送到貯存槽，供農業和公共工程使用；而第三個則負責集中汙水用於回收，如同李比希原先的構想。分離水系統（the seperate water systems）的概念其實不算新穎，羅馬皇帝奧古斯都就曾經建造專用輸水道，用於輸送非飲用水來灌溉花園和供應龐大的人造水池，而且還在池中舉行過模擬海戰當成娛樂。羅馬採用平行水網路的用意是避免因為觀賞模擬海戰的休閒目的妨礙正常供水。霍華德把這個構想再推進一步，希望運用廢水嘉惠社會。

霍華德創立社團，希望實現他的想法。這個團體很快就發現，建造全新的城市花費十分高昂。此外，同時具備理想主義思想和新住民的地方相當少，其中之一是位於地中海濱的雅法（Jaffa），也是猶太人遷徙到巴勒斯坦時最初的目的地。雅法在古代是港口，至少

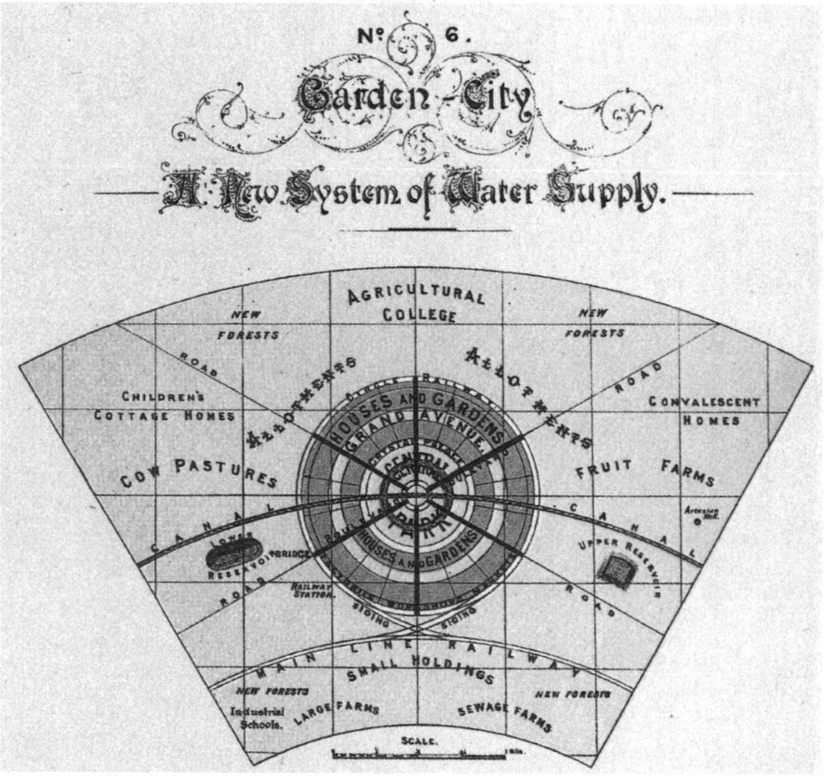

在霍華德的花園城市中，雨水和廢水都集中在貯存槽中，再以風車抽入流經城市運河，供噴泉、公園和農業使用。（編按：兩個儲存槽各位於同心圓城市左右兩端，且上方皆有運河〔Canal〕）

七千年前就開始有人居住。從陰暗狹窄的街道和開放式下水道，可以看出它的歷史悠久。新住民遠從歐洲來到這裡，都不想住在過去的髒亂中，因為他們想建立更乾淨、現代、充滿陽光和清新空氣的家園。德國的猶太復國領袖支持這個計畫，所以他們建立了明日的花園城市。

雅法各處五六個猶太屯墾區以霍華德的構想為藍圖。多年來，移入這些屯墾區的猶太人很多，原本的郊區村莊擴大成特拉維夫（Tel Aviv）市，雅法也併入其中。突然之間，其他新猶太屯墾區也依據霍華德的構想建立。一九五六年，大特拉維夫自治區同意了霍華德的提議，承諾回收廢水和汙水。

現今的汙水處理程序包含三個步驟，每個步驟的精細程度越來越高。第一道主要處理程序是把汙水放進大水槽，讓最需要排除的固態物質沉到底部，再把這些汙泥取出後掩埋（有些例外用來製造肥料）。第二道處理程序是在依然很髒的水中加入細菌，分解剩餘的有機物；而當這些細菌分解完汙物之後，也會沉入底部，之後再取出。第三道處理程序則通常是以氯或紫外線殺菌，之後就可排入河流或海洋。由於這些處理程序成本都很高，所以各國政府通常只有在大眾壓力下才會願意實行。

特拉維夫周圍的自治市（起先是七個，後來隨計畫增加到十八個）同意執行傳統的第一道和第二道處理程序，但決定不進行第三道處理，而把第二道程序後的水送到數公里外的沙丘區。一層層細緻緊密的沙子位於海岸含水層上方——更精確地說，是位於從以色列大部分海岸到尼羅河口的沙岩含水層上方——而廢水則送到沙丘上剛完工的水池。在經過半年到一年內，水會緩緩穿透沙子，再穿透一層沙岩，最終到達地下三十公尺以下時，可補充含水層。含水層中的水可再經過八十公里的輸送管，送到內蓋夫的水庫，供應灌溉使用。至於一些灌溉水會再滲入地下，補充海岸含水層。

測試五年後，第一批水於一九七七年送入實驗充水池。但政治衝突使擴大方案延後了十年以上，一直要到一九八九年，處理後的廢水才送到內蓋夫。此時以色列各地都已開始採行這個構想。法律規定所有城鎮都必須把汙水轉化成灌溉用水，以符合霍華德提出的平行水資源基礎建設。這麼做的優點相當明顯：汙水和雨水不同，因為流量和北極星的方位一樣都是持續不變的。由於農民的水資源需求隨季節改變，因此平行基礎建設中要包含水庫來儲存處理後的水，以備不及之需。為了讓兩個供水網分離，新的供水網必須從零開始。依據研究以色列水資源運用的《拯救水資源危機》（*Let There Be Water*, 2015）作者賽斯．席格（Seth M. Siegel）指出，目前以色列的廢水每年大約有百分之八十五（約超過四億公升）用於灌溉。

回收利用汙水，是位於加拿大渥太華國際發展研究中心（International Development Research Centre）自然資源經濟學家大衛．布魯克斯（David B. Brooks）所提出的水資源管理「軟路徑」[3]的例子。軟路徑也是先知傾向採取的途徑；而與它相對的自然是「硬路徑」，也就是巫師採取的途徑。硬路徑同時也是羅德米爾克和以色列國家水資源輸送計畫採取的途徑，走的是傳統的方式：以集中的基礎建設收集、輸送和處理水資源。這種途徑需要龐大的混凝土建物、巨大的引擎、由上而下的規畫，以及大規模地景改變。硬路徑要問的是：我們要如何取得更多水？它以增加供應量為最優先考量，源自對乾淨淡水的需求無窮無盡的想法。太平洋研究所（Pacific Institute）的彼得．葛立克（Peter Gleick）指出，採取硬路徑這個想法的結果就是「用來收集、儲存和輸送更多淡水逕流的水壩、水庫和輸水管，將會越來越多。」

硬路徑因為成本更低的水泥和化石燃料問世而得以實現，為大量民眾生產飲用和灌溉用水。如同化學肥料發明一樣，改造用水系統大幅改變了日常生活的樣貌，讓今日大都市居民的生活在清潔程度、健康和舒適等方面都優於祖先。但它也從河流和湖泊抽水，導致生態系的破壞，並使世界各地的地下水位降低。

相反地，軟路徑是新概念；它的特色是分散、效率高和富有教育意義。布魯克斯和一位共同作者於二〇〇七年說道，軟路徑「抽取『新』的水，更有效地運用現有來源，同時改變習慣和態度。」它可消除浪費並提高系統效率，而且也能更有效率地使用水資源，遠比建造巨大的工程更容易、花費也更少。

硬路徑的巫師問：我們要如何取得更多的水？軟路徑的先知問的是：究竟為什麼要用水來做這件事？在美國西南部等乾旱地區，中產階級家庭每天用在草皮的水多達四分之三，而硬路徑支持者尋找來源來供應他們。如果發生旱災，他們也贊成限水，例如效率更高的灑水器和規定停水日等，但這些只會被視為是暫時措施，而不是長期解決方法。軟路徑支持者則認為目標是更漂亮的造景，並主張把草皮改成需水量較少的旱地栽植。把草皮改種其他植物是典型的軟路徑解決方案：效率高、配合當地需求、從下到上、低科技。它透過節水，試圖把缺乏特色又單一的草皮景色變成具有地方特色的當地植栽。

軟路徑如同霍華德對農業的願景，重點在於極限和價值，所以布魯克斯說它是「人類對永續未來的願景」。就某個層面而言，軟路徑要改革習慣制度，但歸根究柢，它是在大自然中人類地位的願景。相對地，硬路徑支持者則認為科技賦予人類責任：我們能任意搬移 H_2O 分子，滿足我們的需求。軟路徑支持者認為這種程度的控制是虛幻的，合作與調適才是正確的生存之道，而不是指揮和控制。

3 布魯克斯借用「軟路徑」這個詞的來源是能源倡導者艾莫瑞・羅文斯（Amory Lovins）。關於羅文斯請參閱第六章。

然而麻煩正是如同葛萊克所說的：「我們無法同時採取兩種路徑。」實際上，節水將使提供更多水顯得沒有必要，反之亦然。同時實行兩種路徑需要關注和經費，但在各種需求紛擾的世界中，這些都很難取得。

水資源管理機構於一九八〇和一九九〇年代採取軟路徑方法時，以色列就發生了這類衝突。除了規定廢水回收之外，管理人員也要求農民停止栽種棉花這種需水量較高的作物。他們規定使用低流量灑水器和兩段式馬桶（有大小兩種沖水量）、提高水價、在學校實施水資源教育計畫，教孩子珍惜水，教室裡的海報也告訴孩子「每滴水都珍貴」——以色列祖克曼水資源研究所的諾亞·魏斯布洛德（Noam Weisbrod）曾告訴我：「如果我洗澡洗太久，小孩就會大喊『爸！你讓加利利海的水變少了！』」公共事業在每個水錶裝置行動電話，隨時回報異常流量，防止漏水。

值得注意的是，以色列提供獎勵給改用滴灌法的農民，而這種方法是用穿有小孔的水管供應精確且調整過的小水量。理想上，滴灌法能以植物的根能吸收的適當速率供水。這種方法的發明者是以色列工程師辛查·布拉斯（Simcha Blass），灌溉相同數量植物所需的水只要一般灌溉法的一半以下。然而，滴灌法也是聽起來簡單，但實際上很難達成的一種構想。要從小孔流出定量的水，整條水管的水壓必須完全一致，這在工程上是一大挑戰。如果水管位於地下，和根部密切接觸，必須防止小孔被沙土堵塞，或被向水生長的根部鑽入。以色列第一個滴灌法機構於一九六六年成立，到一九九〇年代，以色列已經有一半農場採用這種灌溉方法。

硬路徑支持者嘲笑這些措施是OK繃，只能治標而不能根治缺水問題。缺水分為兩個部分：自然的和政治的。自然缺水是這個區域經常發生旱災和地下水存量不足；至於政治上的缺水，則是有敵意

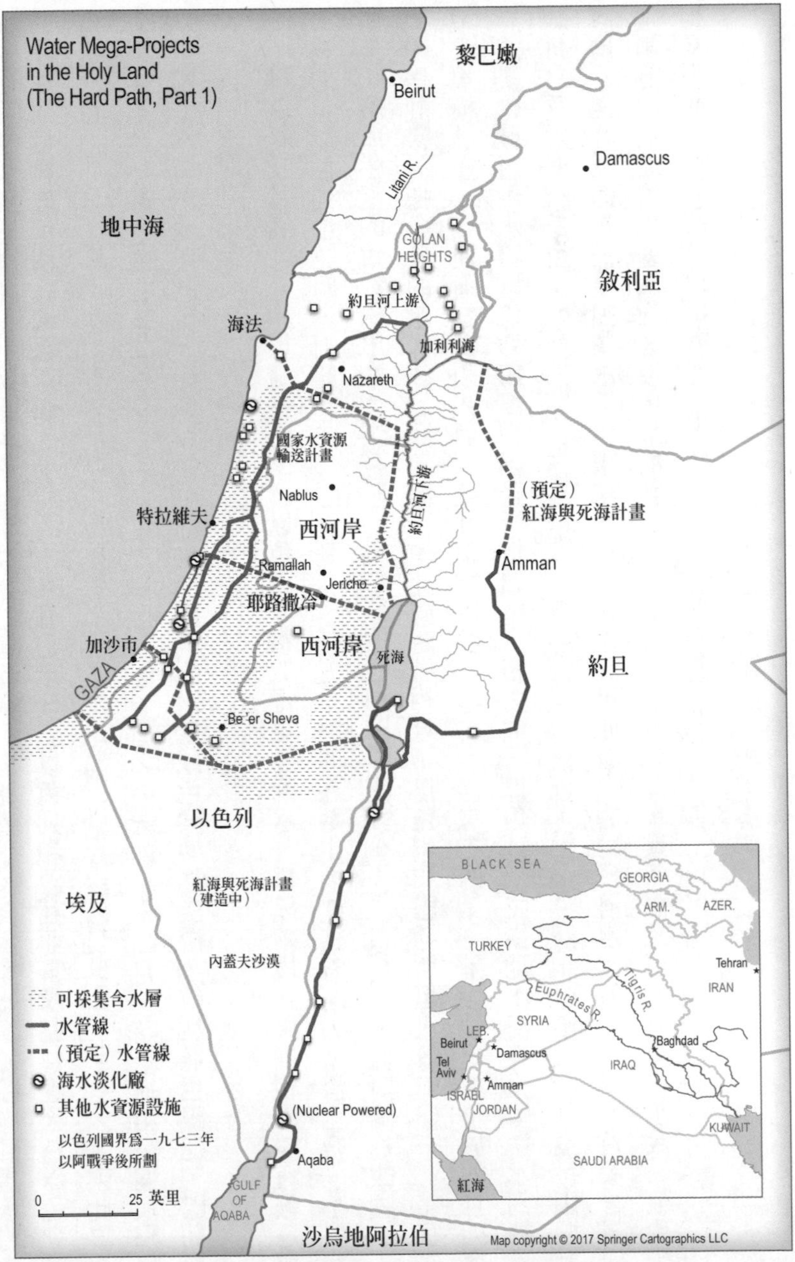

聖地水資源大計畫（硬路徑第一部分）。

的阿拉伯鄰國可能覬覦以色列的某些水資源。這些鄰國一向激烈地反對國家水資源輸送計畫，將它視為非法政權竊取這個區域水資源的手段。一九五〇年代，以色列和敘利亞軍隊就曾經因為以色列執行這項計畫而開火。國家水資源輸送計畫促使埃及召開第一次阿拉伯高峰會（Arab Summit），因此導致巴勒斯坦解放組織（Palestine Liberation Organization）成立。一九六四年十二月，該組織第一個攻擊目標就是國家水資源輸送計畫。從此以後，約旦把更多的水從以色列轉往上游，敘利亞也跟進。巴勒斯坦人一再要求取得更多的水，而外交官則提議以色列以水換取和平。

硬路徑支持者認為由於這些原因，以色列必須取得更多的水，單靠兩段式馬桶和學校海報是遠遠不夠的。以色列也認同，因此於二〇〇五到二〇一五年之間在地中海建造五座大型淡化廠。基於這幾座淡化廠所生產的大量飲用水（相當於以色列全國需求的百分之八十），以色列據此討論修改國家水資源輸送計畫，把多餘的水送往加利利海。在此同時，約旦、以色列和巴勒斯坦人於二〇一三年宣布一項大規模計畫——連通紅海和死海。該計畫即將於二〇二一年完工的第一階段中，把位於約旦死海海岸的淡化廠將供水給以色列南部和巴勒斯坦領土。相對地，以色列也將從地中海淡化廠送水到缺水的約旦首都阿曼（Amman）。紅海淡化後的廢水鹽分太高，不能排入環境已經相當脆弱的紅海，因此計畫將廢水送往死海，補足因為水壩和國家水資源輸送計畫而減少的約旦河水。但在科學家首次警告連通這兩個海造成的生態風險之後，這項計畫縮小規模。儘管如此，這三國政府的官員告訴我，他們仍然相當高興。他們認為自己改變了現狀，而不只是玩弄規則。

經濟間奏曲

在獨裁體制中，都市規畫比在民主體制容易。上海從十三世紀建立以來，一直位於黃浦江西岸。東岸是餵養這個大城市的農場和田園。到了一九九三年，中國政府開始對這樣的配置感到不滿意。所以中國政府夷平農場和田園，成立經濟特區，同時急躁地立刻著手設立新的浦東市。浦東現在擁有世界第二、第九和第二十三高的大樓，居民超過五百萬人，大多是中產階級，居住在仿地中海式房屋裡，和橘郡（Orange County）裡頭許多購物中心一樣孤立。

建設開始後一年，我碰巧造訪上海。某天傍晚，我因為好奇而過了江，想看看狀況如何。我走到當時規模不大的施工區邊緣，朝東看向未來將成為浦東市的地方，那是一片看不到邊緣的稻田和菜園；有電可用的居民似乎很少，夜裡只看得到幾盞燈。十五年後，我回到相同的地點，發現這個城市已經接近芝加哥的兩倍大，燈光也早已蓋過星光。

快速都市化是這個時代的特色。一九五〇年，全世界居住在城市的人不到三分之一。依據聯合國的預測，到二〇五〇年，這個數字將接近三分之二，同時全世界人口將增加到三倍以上。一九五〇年，居住在市區的人有七億五千萬。人口專家預測，到二〇五〇年將有六十三億人，超過八倍以上。大多數狀況下，農民能滿足都市人口增加的需求，種植更多糧食，運送到剛擴張的城市。可是水的狀況卻比較差，開羅、布宜諾斯艾利斯和聖安東尼奧、達卡、伊斯坦堡和太子港、邁阿密、馬尼拉、蒙諾維亞、孟買和墨西哥市，全都大幅擴張，而且全都無法滿足對大量乾淨水源的需求。

供水給城市必須具備四項基本功能：淨化送入系統的水、輸送到家庭和商業用戶、淨化家庭和商業用戶排出的水，以及維護管線、抽水機和水廠的供水網。這些工作說來簡單，但實際上相當複雜。建造和管理一套供水系統，能滿足每天早上大量馬桶沖水和淋浴的需求，又不會在晚上讓使用者無水可用，的確這也是讓工程師相當頭痛的成本和技術挑戰。但如果城市像浦東這樣迅速成長，挑戰自然會變得更大。由於需求持續增加，因此必須增加新供水，同時管理舊供水。

但許多現代城市無法滿足居民用水需求的主要原因不是成本和技術問題。最大的障礙一直是社會科學家所謂的治理性和一般人所謂的腐化、效率低落、能力不足以及漠不關心。在漏水方面，法國城市供水因漏水流失的比例有五分之一；美國賓州的城市接近四分之一；南非夸祖魯—納塔爾（Kwazhulu-Natal）省的城市更超過三分之一。在汙染方面：印度許多城市供水遭到嚴重汙染，因此疾病造成的生產力損失高達印度全國GDP的百分之五；北美地區有超過三十個城市沒有妥善檢驗水中的鉛含量，包括著名的夫林特（Flint），由於地方政府、州政府和聯邦政府官員失職，當地居民多年以來必須喝瓶裝水。而橫跨以色列和巴勒斯坦領土邊界的阿奎弗山（The Mountain Aquifer）則是兩國各大城市最重要的水源，但兩個國家卻一反常態地合作汙染這個水源，類似狀況還有很多。

沒有建造適當城市供水系統的政府所在多有，因此在一九九〇年代，世界銀行和國際貨幣基金會等組織開始主張把水資源管理交給民間，而其中最重要的例子是中國。二〇〇二年，上海市政府把浦東市供水系統的擴建和營運業務交給法國威立雅（Veolia）集團。威立雅開始變得十分忙碌，因為它們取得兩億四千三百萬美元和浦東市自來水公司五十年百分之五十的股權。在浦東市的最初五年，威立雅鋪設將近一千五百公里大型水管、讓三十萬棟新建築連接不斷成長的供水系統，同時也建造汙水和水資源處理廠，雇用七千名當地工人。此外該公司建造新的辦公大樓，並在九樓設立中國首創的客戶服務中心，穿著威立雅粉藍色制服的客服小姐提供二十四小時的全天候服務。我造訪那裡時，一位職員自豪地介紹系統控制中心，室內有兩百四十吋的超大螢幕，顯示浦東市每個供水點的即時狀態。

威立雅的歷史遠比我們從名稱所能想像的更久遠，也更奇特。該公司創立於一八五三年，創立者是法國最後一位皇帝拿破崙三世和許多法國貴族，資金來自羅特希爾德男爵（Baron de Rothschild）和查爾斯・拉菲特（Charles Lafitte）。該公司當時稱為通用水務公司（The Compagnie Générale des Eaux），是皇帝現代化計畫中的重要成員。CGE取得數十年期的合約，負責擴建、現代化及營運法國各大城市的供水系統，成為國家基礎建設的一部分。一家民間企業獲得政府委託，負責首都的供水系統。

一九八〇年代，該公司突然驚覺現代金融市場前景看好，同時發現可以運用由數百萬自來水用戶取得的收益併購其他公司，其中大多屬於比做水管獲利更高的產業，例如出版社、軟體公司、唱片公司、電視公司和製片公司，公司的執行長也順勢搬進價值一千七百五十萬美元、位於紐約公園大道上的樓中樓公寓。然而這個龐大的集團很快就瓦解，執行長也被迫離開，終於在二〇一一年因侵吞公款而被判有罪。在此同時，律師和財務專家像禿鷹一樣蜂擁而至，把公司生吞活剝。威立雅集團在困境中重新出發，成為全世界最大的民間水資源服務公司，經營十九個國家的水系統，其中也包括中國。

威立雅集團在浦東營運順利，也證明了民間企業的能力。要把水輸送到這麼多新建築，需要極為傑出的組織才能勝任，但讓西方人難以想像的是，即使在優異的組織裡所供給的水，依然必須煮沸過才能喝（不過中國人已經習慣了，本來就不認為自來水可以生飲）。為了讓威立雅回收成本，上海市逐步提高水價。雖不至於讓浦東的新富階級心痛，但卻也足以讓他們不會整天開著水龍頭浪費水。威立雅在上海的主管告訴我：「這個模式相當獨特，讓公有事業兼具民間的效率。」他提到，他花了很多工夫來理解為什麼有人對自來水民營化感到憤怒。他的上司，現在擔任威立雅總裁的安東尼．費雷羅（Antoine Frérot）也是如此。費雷羅告訴我：「民營企業比較擅於生產汽車，自來水也一樣。」威立雅和其他跨國水公司（姑且稱為「大型水公司」）提出的論點十分近似基礎經濟學。曾經在世界銀行擔任資深水資源顧問長達十年的約翰．布里斯科（John Briscoe）跟我提過一種版本。布里斯科的牆壁上貼著經濟學家肯尼斯．伯爾汀（Kenneth Boulding）寫的打油詩，其中有幾句是這樣的：

> 水是政治、是宗教，
> 水是每個人的目標……
> 水是悲劇、是喜劇
> 可水絕對不是單純的經濟問題。

布里斯科說，伯爾汀的詩的確表達了一些東西。世界上許多水資源問題來自於各國政府把水當成「共有財產，取之無盡，用之不竭」，因此浪費了許多水。同樣糟糕的是，水不需要成本，加上各國政府無法收回擴建用水網的成本，因此更不願意這麼做。至於公用事業也因為相同的理由而無意修理漏水的管線。布里斯科表示，世界各地「都有這類經費嚴重不足、效率即為低落的公用事業，服務品質也極低。他們收取的費用不足以妥善經營整個系統，現有的系統只能限量供水，排在最前面的當然是社會菁英。」

大型水公司主張，把水輸送到民眾家中的最佳方法，就是採行市場機制。缺水時提高水價，讓供給與需求定律來決定！如果大眾需要充沛又乾淨的水，那就進一步提高價格，市場總會自己找到用戶希望和支付能力之間的平衡點。如果水公司沒有達成品管承諾，消費者可以換其他公司來做。競爭將使公用事業轉趨合理。

然而，自由市場的基本假設是各家各戶有能力支付水費，而且可以接受它的價格。我造訪位於中國西南方、擁有一百五十萬人口的柳州市時，瞭解了這個假設可能造成什麼結果。柳州市迅速工業化時，周圍的工廠越來越多，生活水準同時提高，吸引更多居民，也汙染以往的水源柳江。本世紀初，柳州市政府瞭解必須建立市供水網，包括汙水處理廠。柳州市無法支付這些花費，因此於二〇〇五年向世界銀行貸款一億美元，接著和威立雅簽訂三十年合約，由該公司派出建築工人。營運公司當然必須回收投資，威立雅因此提高水價。

柳州舊城區位於柳江大轉彎處。最北端是破舊的公共廣場，鄰近地圖上標示的「毛巾廠」——這個名稱來自現代化前位於此地的毛巾工廠，現在已經停業。當地居民大多數仍然居住在以前的工廠宿舍中，至少當時他們是這麼說的。其中許多人已經退休，有些人以前是農民，被迫離鄉背井，到城外的工廠謀生。他們都不富有，都很在乎自來水價格。我在毛巾廠廣場漫步的幾小時內，發現有至少五、六個人的水費支出占他們收入的四分之一以上。

大一經濟學無法直接套用在這些地方。而距離毛巾廠幾條街之外，一位名叫魏文方的老人向我招手。他聽說我問到關於水的問題，很想提出一些看法——我覺得他和其他居民一樣，很想跟我朋友兼翻譯喬許講話；喬許碧眼高大，會說漢語，在當地相當少見。根據魏文方的說法，一九七五年之前，柳州的水是免費的，只要拿桶子到柳江打水就好。當時甚至可以直接看到河底！他講這些時帶著誇張的手勢。但現在他每個月必須支付將近十美元的水費，超過他的退休金的四分之一，而且現在水質還比以差很多。我問他省水是否可以省錢，他哈哈大笑後說，這裡每個水錶涵蓋六十至七十戶，其中很多戶住著不只一家人，所以總水費由所有居民平均分攤。他也說：「根本不可能省水，你自己省水也沒用，整個柳州市都是這樣。」

合約中成立柳州自來水公司，由威立雅和柳州市共同持有，股份分別是百分之四十九和百分之五十一。依據我和民眾的談話看來，民眾並不瞭解它的含意。有些人說持有百分之五十一股份代表實際掌管的是政府，有些人則擔憂整個方案是官員推卸責任的手段，因為他們雇用外國公司來建造水廠，而不是阻止擁有政治力量的工廠老闆汙染河水。這是人類長久以來無法自制的小小例子。魏文方說：「可以喝的水很多，大家都知道這不是問題。」

三個R

這座設施龐大、蒼白又吵雜；它夾在州際高速公路和太平洋之間，位於鄰近發電廠的陰影下。這個廠區分成三部分，每個部分是一個單調的金屬和玻璃方盒子，看起來像郊區的汽車經銷商。三個部分中最大的是面積跟美式足球場相當、天花板高達九公尺的巨大空間；空間裡充滿大型抽水機的運轉聲，所以工人都戴著工程帽和抗噪音耳機。看不到盡頭的一排排長二．五公尺的灰色管線透過藍色軟管連接白色粗管。白色粗管連接更大的管子，再通到十六公里長的地下暗管。這座設施位於加州南部的卡爾斯巴德（Carlsbad），以廣受愛戴的前市長命名。這座設施歷經十七年的法律和政治爭議，終於在二〇一五年十二月啟用，為五十萬人提供淡水。它是西半球規模最大的海水淡化廠，每天處理的海水將近兩億公升。

卡爾斯巴德於一九九八年提議淡化海水，原因是當地人口和經濟逐漸成長，官員擔憂用水不足。這個城市位於從科羅拉多河與加州南部間的輸水管路末端，因此當地政府擔憂，如果供水量不足，最末端的用戶將無水可用。卡爾斯巴德這項計畫等於獲得用之不竭的水源：太平洋。這項計畫將可測試巫師解決問題的方法：超越當地生態限制，一舉解決用水需求。

海水中含有大約百分之三．五的鹽，其中大多是食鹽。最常見的淡化方法稱為逆滲透（reverse osmosis）。逆滲透的原理相當簡單，但做起來相當複雜，因為必須迫使海水通過有小孔的薄膜，小孔直徑十分細小，只能讓水分子通過，而比較大的鹽分子則無法通過。困難之處在於薄膜必須強韌，可承受持續的壓力，但又必須很薄，至少得讓水分子

美洲地區規模最大的卡爾斯巴德海水淡化廠，啟用於二〇一五年。

能通過。至於另一個困難之處則是如何推動馬達，抽取幾億公升的海水通過薄膜。卡爾斯巴德淡化廠提供當地用水的百分之十，但成本高達百分之二十五。建造費用約為十億美元。

卡爾斯巴德的逆滲透裝置由ＩＤＥ科技公司設計。ＩＤＥ是以色列政府於一九六〇年設立，全名是以色列淡化工程科技公司（Israel Desalination Engineering Technologies）。它是以色列首任首相大衛·班古里安（David Ben-Gurion）設立的特別計畫，用意是讓以色列脫離對約旦河的依賴，不用再與約旦和敘利亞爭奪水資源。ＩＤＥ工程師原本打算讓海水結冰後產生淡水，但發現成本高到無法實行，接著嘗試各種淡化方法。他們的淡化成果優異，取得幾項合約，在沒有其他水源的地區建造淡化廠，例如西班牙的加納利群島（Canary Islands）和伊朗幾個偏遠的空軍基地。即使如此，實用的淡化作業依然相當遙遠。

一九六六年，以色列邀請加州科學家錫尼·洛布（Sidney Loeb）到貝爾謝巴（Beer-Sheva）的班古里安大學訪問一年。洛布於一九四一年取得工程學士學位之後，就一直在業界工作。因為覺得休息不足，所以他四十歲時辭職，到加州大學洛杉磯分校讀研究所。UCLA的科學家和以色列的研究人員一樣，一直在尋求實用的淡化方法。洛布和來自加拿大的學生史林瓦沙·索里拉金（Srinivasa Sourirajan）也加入這項研究。他們於一九六〇年首先成功開發出逆滲透技術——所謂「成功」是指在實驗室中可行，不是可以應用在實際生活中。但索里拉金不久後就遭遇簽證問題而返國，留下洛布繼續研究，不斷修改最重要的滲透膜。一九六五年，這項技術已經有相當進展，洛布建造美洲地區第一座商業用逆滲透廠，位於聖華金谷（San Joaquin Valley）中人口約有六千人的科靈加（Coalinga）鎮。由於這裡的地下水含鹽量極高，居民只能購買水車送來的飲水。這套設備體積不大，可以放進村中的消防站，提供該鎮約三

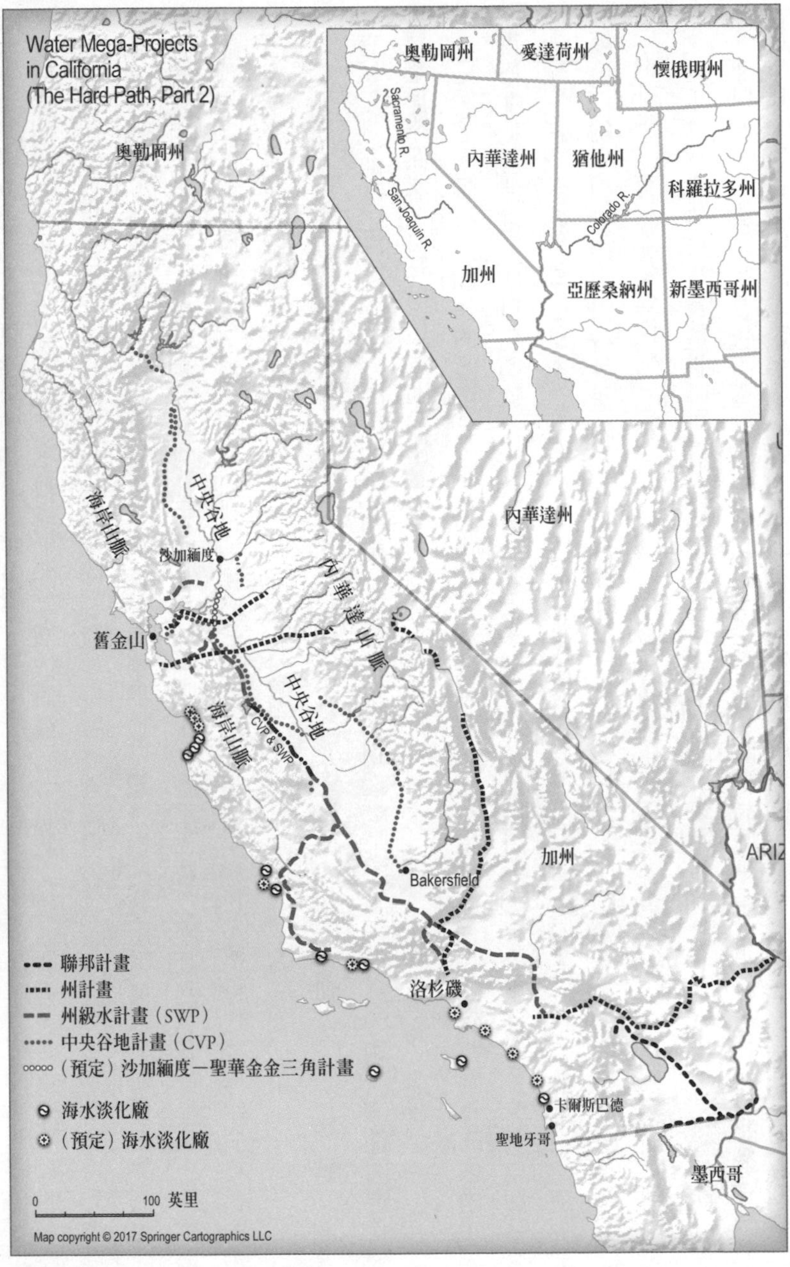

加州水資源大計畫（硬路徑第二部分）。

分之一的飲用水，由科靈加唯一的消防員負責管理。

成功為洛布帶來的獲利不多——科靈加的水價依舊很高，而北美其他地區大多有更便宜的水源。但科靈加的逆滲透廠在以色列卻獲得迴響，他受邀教授逆滲透課程，並在內蓋夫沙漠南邊的合作農場建造逆滲透廠。合作農場的居民擔憂水中有太多化學物質，起先拒絕飲用這種水。所以大學派出醫師向農民說明：由於合作農場過度抽取地下水，剩餘地下水中的礦物質已經高到具有毒性。合作農場成員幾經考慮下，還是接受了這種水。現代淡化產業儼然誕生，時至今日，全世界運作中的淡化廠超過一萬八千座。而這個領域還在成長，但同時也引起許多爭論。其中最大的爭議就在加州。

加州原本就經常發生旱災，但進入二十一世紀後更加頻繁。從二〇〇七到二〇一七年間只有一年沒有旱災，而從二〇一一到二〇一四年間是一千多年來加州最乾旱的時期。巫師和先知都同意首要之務是幫加州保水，但其他想法則南轅北轍。

巫師把矛頭指向加州的水壩。由於加州水壩規模相當小，不足以儲存加州偶爾降下的大雨，因此不得不在乾季洩洪。所以巫師陣營的做法是擴大水壩，以及挖出將近三十公里長的水壩，以儲存來自沙加緬度河（Sacramento River）的水。長期計畫是投下數十億美元挖掘五十五公里長的地下通道，把沙加緬度河的水引到中央河谷計畫和加州水資源計畫。最重要的是，加州地區需建造二十多座大型淡化廠（但計畫沒有全部受到採納）。巫師主張，淡化廠必須趕快興建，大眾才能開發未來關鍵時刻需要的技術，成本會隨經驗逐漸降低，就像太陽能的例子一樣。

巫師進一步表示，尋找更多的水對農業格外重要。如果全世界必須生產更多糧食（可能多達兩倍），而加州擁有優質的土壤和溫暖的氣候，將很有可能達成這個目標。況且，如果想以C4水稻或其他超高產量的穀類來提供這些糧食，那加州就更需要水來灌溉。農場使用的水已經多達加州的五分之四，大幅增加農業生產力代表也得增加供給，就長期而言，這意味著必須進行海水淡化。巫師結論道，這是超越地區限制的終極方法。

至於先知則反對這些說法。他們指出，淡化廠將導致海洋生物死亡，排放物將汙染海洋，同時提高公用事業費率，而這些都是因為大企業不想受軟路徑束縛。因此先知的眼光看向水資源回收、雨水收集、草地及花園灑水規則、漏水追蹤、汙水回收、家電及設備效率標準、水井管制（鑽挖幾乎完全不受規範，導致地下水耗竭）等種種小規模改變即可促使民眾和商業用戶改變習慣，提高用水效率。這些方法濃縮起來就是三個R：減量（Reduce）、再利用（Reuse），和回收（Recycle）。

這些方法有許多方面皆適用於城市，但先知認為軟路徑還同時適用於農業。加州有一半以上的農場和古代肥沃月彎一樣採用淹灌法，也就是讓田地淹在十多公分深的水中。若改為灑水則可省下大量的水，因為如果在土壤仍然濕潤時停止灌溉，就可以省下更多水（讓人難以相信的是，加州農場即使下雨時仍然持續灌溉）。如果調整農民種植的作物，就像以色列停種棉花一樣，將可進一步省水。舉例來說，美國大多數杏仁種植在聖華金谷大約四百座大型農場中，用水量大約占加州供水的百分之十。此外，加州仍是美國最大的紫花苜蓿產地，用來製造牲畜飼料。這些飼料大部分送往能自己種植的其他州，小部分外銷到太平洋對岸。在此同時，用於種植紫花苜蓿的水超過加州所有家戶的總用水量。除此之外還有很多。

發生在加州的爭議也將出現在世界各地。由於硬路徑這種巫師陣營的通用解決方案不受當地條件或知識影響，它自然會促成廣闊的大片田地，這是集中化生產的願景。採用軟路徑的社會將促成多個採用滴灌法和多種作物的小型農場，也就是先知偏好的有人居住、互相連通的空間。一方重視自由，另一方則重視溝通。一方把自然視為工具，視為可自由取用的原料，另一方則相信每個生態系都有內在的完整性，因此即使必須限制人類活動，也應該加以保護。這兩種選擇形成截然不同的生活方式。表面上看來是爭議實際問題，其實爭議的正是心中的理想主張。

第六章　火：能源

皮托爾

先是油井，接著是酒吧和妓院，再接下來是一片荒蕪。

一八五九年，美國第一口成功的油井在賓州泰特斯維爾（Titusville）開挖。六年後的一八六五年一月，在十三公里外皮托爾溪（Pithole Creek）附近幾乎杳無人煙的山坡——就在我站的地方——發現了**更多**石油。幾星期內，開挖的新油井多達幾十座，從河邊一路攀高的山坡上噴著石油。貨車用拼湊的桶子裝載大量石油，一輛接著一輛，沿著泥濘的道路離開城鎮。如果有一輛貨車陷在泥巴裡，後面的貨車可能就會卡住好幾天。有些人利用水淺、岩石多的皮托爾溪運送石油；他們建造水壩攔住水流，把油桶堆在木筏上，再破壞水壩，讓木筏順水流下。由於木筏經常翻覆，在河岸撈取原油甚至成為一門賺錢的生意。

朝四周放眼望去，這裡沒有樹木可以建造油槽、油桶和運油道路，以及人口多達一萬五千人的石

在皮托爾鎮短暫的全盛期，大街（上圖）仍然泥濘又破爛。現在（下圖，拍攝地點相同）幾乎完全看不出這裡曾經是世界第一座石油新興城鎮。

油新城市。這裡憑空出現，是世界上第一個石油新興城鎮。它沒有法律地位，也沒有正式名稱和城鎮特許狀等，只有石油，以及多到滲出地表、厚達三十公分的油泥混合雪和排泄物——這個城市沒有下水道——淹沒所有平面。民眾多半把這個新聚落稱為皮托爾。報紙稱之為油鄉（Oil-Dordo）或石油地（Petrolia），但無論叫什麼名字，都代表採油熱。整棟建築在幾天內蓋起來，就算失火燒掉，之後還會再重建。石油滲入一般水井，皮托爾的消防隊員灑水灌救多次火災之後，才發現自己根本就是提油救火。一位發明家還曾經抓住機會，開發出有輪子的消防挖泥船，一次挖起幾百公斤泥巴拋向火焰。但這位發明家藉火災展示發明時不幸掉進機器裡，一起被拋到火上。

一八六五年八月，皮托爾第一次發現石油後七個月，運作中的油井超過三百座，還有好幾百座油井正在建造中。民眾瘋狂買賣鑽油用地，揮舞著大筆現金。空氣中充滿煙霧灰燼，還有人民追逐金錢的低吼聲。大量性工作者湧入城中，成群結隊地走過第一街。流鶯和嫖客相信榮景會永遠持續下去，最後改變世界。

同一個月，一口大油井停止出油，其他油井也跟著停擺，石油已經慢慢枯竭。對顧客心情最敏感的妓院老闆立刻離開根據地，其他沒那麼敏感的生意人隨後離開。到一八六六年春天，已經有幾十座建築閒置。即使皮托爾才剛滿周歲，卻已經崩毀。一八七〇年，這裡的居民只有兩百八十一人，八年後，有人以四．三七美元買下整個鎮。

今天，皮托爾原本的建築已經不復存在。我造訪時走在曾經是街道的小路，穿過曾經很值錢的空地。手印路標指向已經消失的建築：旅館、律師事務所、銀行；山上還有一所開放時間不定的小型博物館。石油時代似乎曾經降臨又匆匆離開。

短暫而銅臭的繁榮，接著迅速崩毀，皮托爾的居民當然沒想過他們的未來會是這樣（至少大部分沒有）。走過這裡的廢墟，我忍不住想到工業時代是否就是皮托爾的縮影：迅速消失的大筆財富，多半在揮霍中消失，全世界燃料供給耗盡時注定走向終點。

我開車到皮托爾時，公事包裡裝滿科學家、石油公司和跨國公司的報告，有一份論文滿是圖表和圖形，預測明天和明天之後的世界需要多少能源。我電腦裡的硬碟裝了更多估計結果。從二〇一三到二〇三五年增加百分之三十七、從二〇一四到二〇四〇年增加百分之三十七、從二〇五〇年增加百分之六十一，在二〇五〇年時增加百分之百。每個預測的數字都不一樣，但都指出能源需求增加有時候很快，有時候則非常快。

那麼，如果需要的供給沒有出現時又會怎麼樣？如果一百億人的世界突然短缺能源呢？答案不難想像：工業化文明會在嚴重打擊下崩潰。成為石油投機客的皮托爾民眾，也都認為自己會創造繁榮永續的未來。幾個世紀之後，我們的後代回顧現在，會不會同樣奚落我們對未來不負責任？

奇怪的森林

化石燃料可以算是古代的光。遠在三億年前的石炭紀（Carboniferous epoch）時，奇怪的森林遍布全世界。許多森林的主要物種是巨大又有粗毛的鱗木（lepidodendrons）：這種樹木的主幹表面有鱗片，高三十公尺，頂端是青草狀的樹葉。有些森林大多是卡車大小的木賊屬植物和高度跟住宅大樓相仿的蕨類；雖然這些生物完全不像我們所知地球上的樹木，但它們和現代的樹木一樣是光合作用的產物，換句話說，它們是有機電池，儲存來自太陽的能量。石炭紀期間，全世界的陸塊移動形成一整片龐大的超級大陸，中間被山脈和巨大多水的盆地分隔。整個森林倒下，在盆地中形成缺乏空氣的淤泥。現在的植物死亡時，會被真菌分解，釋出儲存在其中的太陽能。但在石炭紀時，大多數真菌顯然還沒演化出分解木質素（lignin）的能力，而木質素是一種強韌的化合物，讓植物的莖顯得強固粗壯。這些鱗木、木賊屬植物和蕨類埋在接近完全無氧的淤泥中，真菌分解得十分緩慢，或甚至沒有，因此腐敗速率極低，形成泥炭層（layers of peat）。幾億年來，泥炭被地球的緩慢活動壓碎和加熱，變成煤炭。同一時期，地球不斷地壓碎和加熱海底一層層的浮游生物、藻類和其他海洋生物殘骸，形成黏稠的油、氣體和其他化合物，總稱為石油。在這些壓碎的叢林和海床中，光亮又暗沉，太陽能在裡面等待著，凍結在時間中，準備隨時釋放。

目前已知人類最早使用化石燃料的紀錄是在中國燒煤取暖和煮食，年代大約是公元前三千四百年，可是煤不容易點燃。所以人類發現砍伐周圍的森林，甚至用草和糞便當成燃料，都比到遙遠的煤礦挖煤來得容易。不列顛地區是世界上最早其森林完全消失的地區，又有容易取得的煤礦礦藏，所以不列顛人也是最早燒煤的民族。紀錄顯示，至少早在十三世紀亨利三世（Henry III）統治時，這種黑色燃料就是鑄鐵廠、石灰窯和釀酒廠鍋爐的能量來源。當時的煤大多品質差、雜質多，產生的煙霧毒性極強，所以讓亨利三世的皇后埃莉諾（Eleanor of Provence）無法忍受，因此逃離瘋狂燒煤的諾丁漢（Nottingham）。儘管汙染極高，英國和歐洲北部其他地區依然使用化石燃料，因為那裡樹木極少，所以沒有替代方案。到了十八和十九世紀，蒸汽引擎、煉鐵高爐和水泥窯大幅提高能源需求，這個選擇反而發揮了效用。起先是新的煤礦，接著是石油和天然氣。

化石燃料的影響大到難以描述。能源有許多種（包括太陽能、風力、水力和地熱），但現代能源絕大多數來自化石燃料（包括煤、石油和天然氣）；化石燃料也改變了日常生活，把人類生活安康的要素隨時間變化的狀況畫成曲線，例如長壽、營養、收入、死亡、整體人口等。但是幾乎所有要素在過去幾千年間的水準都很低，只有當十八和十九世紀的人類懂得運用煤、石油和天然氣中的太陽能之後，水準才突然提高。美國加州大學戴維斯分校經濟歷史學家葛瑞里·克拉克（Gregory Clark）寫道：「一八〇〇年時的一般人過得不比公元前十萬年時的一般人好。而的確在一八〇〇年時，世界上大多數人比他們的祖先還窮。」化石燃料帶動的工業革命改變了這種狀況，甚至可以算是永久的改變。

在化石燃料問世之前，即使是最富有的家庭，在天冷時也會受凍。一位一六九五年二月造訪凡爾賽宮的訪客看到客人穿著毛皮和國王一起用晚餐，而在國王的餐桌上，皇室水杯表面上有一層冰。一個世紀之後，湯瑪士·傑佛遜擁有豪宅蒙蒂塞洛（Monticello）、全美國最棒的葡萄酒收藏，以及全世界最豐富的私人藏書，後來更成為國會圖書館的基礎。但是蒙蒂塞洛冬天非常寒冷（室內僅有攝氏零下十二度），連傑佛遜的墨水都在瓶子裡結冰，讓他連寫信抱怨天氣太冷都沒辦法。

傑佛遜去世後一個世紀，這些生活基本面向都已改變，至少西方的中上階級是如此。人類歷史上第一次有許多人的住所有暖氣，包括臥室；第一次能讓每個房間都有照明。中央配管突然變得可行，因為建築內部溫度較少低於冰點，所以管路較不容易破裂。就比較大的範圍來看，化石燃料照亮了街道、帶動鐵路和蒸汽輪船，讓鋼鐵和水泥能大量生產，也為工業社會提供了基礎。一八六〇年，拉爾夫·沃爾多·愛默生（Ralph Waldo Emerson）驚嘆道：「煤是可攜帶的氣候，每籃煤炭都是能量和文明。」的確，大家都看得出這點，像愛默生這類受過教育的十九世紀西方人更知道，他們正生活在前所未有的富足時代。二十一世紀的後代比所羅門王想像得更富有。為了躲避寒冷，人類以前必須砍伐樹木，堆起巨大的木柴堆；但現在幾十億人只要按下開關，就有暖空氣灌進房子。一般美國汽車的馬力高達難以想像的兩百匹，這相當於每個人都有兩百匹馬可供驅策，但不需要餵食、不需要看獸醫，更不需要清理排泄物。

這些受過教育的西方人也瞭解，他們的財富和舒適都源自大量使用化石燃料，所以西方政治家和商人一個多世紀來經常擔心能源供應能否延續。早在一八八六年，這樣的恐懼就已公開出現。賓州地質學家喬瑟夫．萊斯利（Joseph Peter Lesley）在一次眾所周知的演講中表示，出現在皮托爾的「石油和天然氣的神奇能力」只不過是「迅速消失的短暫現象」。可是過不到幾年，他又宣告「我們的下一代只能困難地抽取油渣」。化石燃料時代最初且壽命最長的產物，就是這個時代將會迅速結束的恐懼。

前兩章探討糧食和水這兩個相關的主題，說明布勞格陣營的巫師和佛格特陣營的先知如何達成為一百億人口的世界提供這兩樣物資的任務。這一章和下一章也將探討兩個相關的主題，但這兩者的關係不大相同。這一章探討「能源供給」：一百億人生活的世界是否有足夠的能源，讓每個人享有舒適的現代生活？下一章的主題可以稱為「能源副產品」，也就是使用大量能源對環境的影響。目前為止最大的影響是氣候改變，至少現階段有可能是如此。我之所以這樣劃分探討內容，是因為不論把焦點放在能源供給或能源副產品，都將左右我們對世界的看法。

巫師和先知對能源的看法不同，就像他們對糧食和水的看法也不同。巫師支持大規模、高科技、使用高濃度能量來源的集中式電廠（煤、石油、天然氣、鈾），而先知則寄望於小規模、分散式、低衝擊、使用擴散性能量的社區或家庭規模般的設施（日光、風、地熱）。先知宣揚這種從下到上的觀點已有一個半世紀，而且熱切地期盼它的勝利。儘管如此，大規模的巫師型公用事業往往擁有強大的經濟優勢，使其他先知觀點毫無發揮的機會，唯獨少數幾個例外中，特別是在民眾大量消耗能源而產生副產品時，先知型的分散式太陽能和風力發電才有一決雌雄的機會。

目前全世界能源有百分之八十以上來自化石燃料，而化石燃料全部都採自地球[1]。換句話說，人類可以使用的化石燃料全都已經存在，只差從地下抽出。相反地，糧食每季從土壤中長出來，淡水則可持續抽取，但僅限於河流、湖泊和地下水層蘊含的水量。理論上說來，我們可以開採出全世界可使用到的所有煤炭，儲存在倉庫中，石油和天然氣也是如此。但糧食就不可能這麼做，因為我們不可能在一季種出一百年的糧食。水也是如此：全世界絕大部分的淡水不是大氣中的水氣，就是經地球過濾後儲存在內部而無法開採，或者就算能開採，也一定會破壞原先維持這些水的自然系統，導致仰賴這些系統的生物無法繼續生存。

以經濟學術語來說，如同我在前一章曾經提到，糧食和水可以想成是「流量」，精確地說是臨界區流量（critical-zone flow），而這種流動的量必須維持。相反地，化石燃料像是固定的「存量」。雖然很少人爭論糧食和水的流量可能中斷，而且可能會造成可怕的影響，然而從皮托爾到現在一個半世紀以來，許多人開始爭論世界上的化石燃料存量是否充足。

化石燃料將會用罄的想法，現在稱為「石油頂峰」（peak oil），代表全球石油產量很快就將到達最高峰，接著逐漸下滑。相信文明將邁向能源災難的信念已經深植在文化中，在歷史上來來去去，就像一波波恐慌。一次又一次、十年又十年，各國總統、首相和每個黨派的政治人物都預測世界很快就會沒有石油和天然氣可用。然而，一次又一次、十年又十年，新供給持續被發現、舊礦藏又擴大。就這樣，民眾忘記了憂慮，直到下一次警訊或災難預言再度出現。

如果恐懼沒有造成損失，那還不打緊，然而事實並非如此。對用罄的恐懼已經出現超過一世紀，促使帝國主義攻擊、加深國家間的敵意、煽動戰爭和反叛，它導致無數人喪生。同樣有問題的是石油頂峰造成一套完全錯誤的自然系統思想，而這種思想不斷妨礙環境進步，它提出的論述導致環保人士迷途多年。經常有人說未來將被能源缺乏危機毀滅，但恐怕我們的子孫將要面對的問題則反而是能源過於充沛。

石油恐懼

即使安德魯·卡內基（Andrew Carnegie）不認為自己是這裡最聰明的人，他一定也這麼表現出來了。卡內基精明無情，貪婪和慷慨兼具，一向以眼光遠大、超越他人自豪。他晚年成為史上最富有的人，但當他首先看見石油頂峰的後果時，卻只是個成功的二十六歲鐵路主管。

一八六二年，卡內基巡視賓州油田，感到相當驚訝；當時他說，這股熱潮不可能持續下去。卡內基和一個朋友決定設立公司，藉由即將來到的崩潰獲利。卡內基在自傳中回憶，他的伙伴「提議挖個能

1　核能電廠在全球能源供應中的比例略多於百分之五，而再生能源略低於百分之五，其餘是生質燃料，包括木柴、煤炭、乙醇（原料是玉米和甘蔗）、生質柴油（原料通常是蔬菜油）等。最重要的再生能源是太陽能、風力和水力。我把重點放在太陽能而非風力，原因是它最受先知青睞（無論是對是錯），而且許多論證同樣適用於風力。我沒有討論水力，因為現在缺乏適合又尚未利用的河流；所以它的發展空間有限。

容納一千桶石油的池塘，做成油湖〔……〕依照我們當時的預期，不久後的未來，石油來源將會消失，到時就能派上用場。」到那個時候，卡內基跟他朋友就發了。

他們兩人籌了四萬美元（現今幣值大約是一百萬美元）租下一塊油田，挖了一個大小相當於六個奧運游泳池的坑洞，裝滿石油，等著末日降臨。然而這個油池會漏油，而且還漏了很多。卡內基和伙伴發現如果乾等到石油末日，他們的油恐怕也會跟著一滴不剩，因此他們不得不把油賣出。但跟預期的完全相反，他們的油田上的油井持續生產石油，反而讓他們獲利不少。這兩個人從四萬美元賺到數百萬美元。卡內基後來說，這是他這輩子最划算的投資。

其他石油業者沒有被卡內基的錯誤嚇倒，依然預期末日即將來到。當時賓州擁有西方世界僅有的一片已確認的大規模油田，而石油業界最大的標準石油公司（Standard Oil）的地質學家向總部報告，找到另一片類似油田的機率只有百分之一。能源公司當時的普遍想法認為，容易開採的石油即將消失。所以當有人告訴美國第一位煉油業者，標準石油公司的約翰．阿契博德（John D. Archbold），說奧克拉荷馬州可能發現石油時，他不屑地回答：「你瘋了嗎？」

標準石油公司的想法有先見之明但又被誤導。賓州石油產量確實於一八九〇年達到高峰，接著逐漸下滑，但油井一直沒有完全枯竭。不過有新油田出現在印第安納州、俄亥俄州、奧克拉荷馬州，尤其是德州。一九〇一年，一組人員在德州西部墨西哥灣附近鑽到黑金。石油噴到四十五公尺高，每天可生產十萬桶，一口油井比賓州任何一口都大。工人在超乎想像的黑雨中手舞足蹈，花了九天才控制住石油噴泉，此時新的皮托爾——也就是德州波蒙（Beaumont）——儼然誕生。和皮托爾不同的是，波蒙生產石油的時間長達數十年。

每個新發現都比前一次更大，但每次似乎只是更加重了危機感。即使在德州噴出石油時，當時的美國總統老羅斯福（Theodore Roosevelt）於一九〇八年邀請全美國四十六位州長前往白宮，公開指稱化石燃料和其他天然資源「即將耗竭」，是「國家當前最嚴重的問題」。後來羅斯福總統要求美國地質調查所（U.S. Geological Survey）測定美國國內石油蘊藏量，這算是史上第一次蘊藏量的分析。這次分析的結論發表於一九〇九年，結果十分引人注目：如果美國繼續維持「目前的產量提升速率」，「明顯的產量降低」將「在幾年內出現」。產量將在一九三五年降到零，調查所一再重複這項預測，年年都在報告中提及，持續將近二十年之久。

雖然調查所不知道，但大西洋對岸的地質學家同樣提出警告。英國最先工業化，也最早瞭解自己對化石燃料的依賴（當時還是

波蒙首次發現石油後兩年，景色從牲口稀疏的牧場和稻田變成櫛比鱗次的油井。

煤），他們害怕煤炭枯竭。因此早在一七八九年，當英國還只有幾百具燃煤引擎時，威爾斯工程師約翰·威廉斯（John Williams）就警告，煤炭來源很快就會消失，到時候「這個繁榮和幸運的島嶼，其富足和光榮也將隨之消失。」

威廉斯的大膽預測引發長達數十年的爭議。爭議的一方是單純的樂觀者，大多是科學家。其中最引人注目的是英國著名地質學家羅伯特·貝克威爾（Robert Bakewell）。他於一八二八年宣稱，英國的煤炭礦床將可持續兩千年。另一方則是悲觀者，大多是經濟學家，其中最著名的是年輕英國學者威廉·史坦利·傑文斯（William Stanley Jevons），他以長達三百八十頁的《煤炭問題》（*The Coal Question*, 1865）詳細說明我們「為何不可能長期維持煤炭消耗量現今的增加速率」。

貝克威爾主張，若企業界使用煤炭的效率持續提高，如此將使國家的煤炭供給維持更長久。但傑文斯則指出貝克威爾是錯的；他以現在所謂的「傑文斯悖論」（Jevons paradox）說明，效率提升將會降低煤炭的能源成本。成本降低將鼓勵民眾用得更多，最終導致英國煤炭蘊藏量減少得更快。從哲學家約翰·史都華·彌爾（John Stuart Mill）到未來的首相威廉·葛萊斯東（William Gladstone）等，許多名人都支持這些悲觀看法，因而呼籲節約用煤。英國傑出物理學家克耳文爵士（Lord Kelvin）甚至於一八九一年宣布，傑文斯悖論確實沒錯，全世界的「煤礦蘊藏量確實越來越少，而且減少得不慢。」

英國的煤炭產量如同傑文斯預測，於一九一三年達到最高峰，但全球蘊藏量持續攀升，短缺並未發生。這個令人開心的結果造成的影響不大。可是倫敦再度受化石燃料惡夢的困擾，只不過這次不是煤炭，而是石油。發出警訊的是第一海軍大臣溫斯頓·邱吉爾（Wiston Leonard Spencer-Churchill）。精力異常充沛的邱吉爾在一九一一年就任之後便著手將英國的海軍現代化。當英國才剛剛把整個艦隊從不穩定的風力轉換成穩定的煤炭動力後，邱吉爾又馬上宣稱英國海軍將再一次進行改革。由於燃燒一磅石油產生的能量接近同量煤炭的兩倍，因此燃油船艦的航行距離大概是大小相仿的燃煤船艦的兩倍。石油的能量密度較高，代表它是最好的化石燃料。

英國石油產量不多，因此英國官員擔憂這樣將使艦隊太過依賴外國。邱吉爾於是在一九一三年告訴英國國會，當前最好的解決方法是「擁有或控制至少一定比例的天然原油來源，而這些石油恰好可供應我們的需求」。英國政府隨即買進現今英國石油公司（British Patroleum）百分之五十一的股份，這家公司擁有「在當地」開採石油的權力，而這個地方就是伊朗（當時還被稱為波斯）。

一九〇一年協商取得的初始特許權條款對英國非常有利，伊朗方面相當後悔。為了防止異議，英國短暫取得伊朗政府的控制權，更在一九一九年試圖把協議延長到永久，因此造成伊朗當地的暴動。兩年後，英國發起軍事政變，促成新國王登基。新國王公開宣示將讓伊朗免除外國影響，同時私下保證不會停止供應這群外國人石油。

伊朗不是石油恐懼中唯一的焦點。第一次世界大戰期間，英國、法國、義大利和俄羅斯等四國擬定計畫，企圖瓜分有德國和奧匈帝國助陣的鄂圖曼帝國。除了位於重要戰略位置的鄂圖曼帝國首都伊斯坦堡（當時還被稱為君士坦丁堡）外，最有價值的戰利品就是現今伊拉克、科威特、巴林和沙烏地阿拉伯的產油區。這些地區在一連串秘密會議中分配給各方，但美國拒絕這項交易，因為這項交易把伊斯坦堡讓給莫斯科。在爭吵中，希臘趁機入侵鄂圖曼帝國，無意中引發革命，創造了現在的土耳其。歐洲無意干涉，因此放棄他們對鄂圖曼中心地區（現今的土耳其）的設計，集中在過於偏遠、革命軍難以防守的產油區。直到一九二八年，各方才對採油權取得共識，最終英國贏得最大的部分。

現在看來，瘋狂追逐中東石油的行為似乎跟現實有點脫節。當時有兩個國家的石油產量最大，美國占三分之二，蘇聯占五分之一，而這兩國都以持續提升的速率發現石油。從一九二〇年到一九二九年間，美國原油消耗量雖然持續提升，但蘊藏量也幾乎跟著加倍。與此同時，俄羅斯的石油業儘管在一九一七年因爆發革命而停擺，但蘇聯早期依然振作起來，一九二〇年代產量提升到接近爆發前的四倍，而新油源也不斷出現。舉例來說，委內瑞拉石油產量在一九二〇年幾乎為零，可到了一九二九年時卻增加到每天五十萬桶的產量。石油可說是淹沒了全世界。

儘管如此，西方各國政治人物仍然持續宣揚石油即將枯竭的危機。我搜尋一九二〇年代的報紙時，找到超過一千篇文章預言即將發生「石油危機」、「石油荒」或「石油短缺」。其中有些文章提到石油公司高階主管對末日預言感到困惑。但整體而言都不樂觀。一九二三年《洛杉磯時報》（*Los Angeles Times*）疾呼：「美國即將面臨石油來源嚴重短缺，可能威脅整個國家的經濟結構。」一年後，《休士頓郵遞新聞》（*Houston Post-Dispatch*）預測「兩年內將出現石油荒」。《布魯克林鷹報》一九二五年指出「十五或二十年內石油將會耗竭」。至於一九二八年一項長達二十篇的通訊社研究更大膽指出，「現在已經沒有藉口假設未來會有充足的石油來源」。

悲觀預測的聲浪確實造成影響：美國和歐洲強權爭相掌控中東、拉丁美洲和非洲等地的每滴石油。從這些地區近八十年的歷史看來，這些行動很難視為長期成功：伊朗、委內瑞拉和奈及利亞的政變和失敗、一九七三和一九七九年的石油危機、失敗的「能源獨立」計畫、伊拉克、科威特和敘利亞的戰爭等，這些糟糕的關係揉合了憤怒和依賴，即使持續了九十年也幾乎沒有什麼改變。一再出現的石油高峰恐慌往往被視為全球關係結構的基礎，就像重力定律主宰地球環繞太陽運行一樣。

儘管還有許多因素——當然，也包括宗教——造成這一系列的國際情勢，但如果石油高峰概念從來沒有出現過，搞不好世界會更好。不過這樣的幻想或許有點不切實際。但末日支持者的說法會不會是真的，只是講得太早了一點？畢竟地球是有限的，能提供的能源一定也是有限的。預言化石燃料將會用罄不是很合理嗎？

「反過來的大燈罩」

一八六六年六月，法國中部土爾（Tours）一位高中數學老師在裝滿水的小型金屬容器裝上玩具蒸汽引擎。這位老師和技工朋友合作，把這具裝置放在凹面鏡前。凹面鏡把日光聚集在容器上。一小時後，水開始沸騰。蒸汽噴出，帶動蒸汽引擎，這位老師歡呼道：「這次成功超乎我的預期。」這是史上第一次太陽能演示：把太陽的能量轉換成機械力，執行有用的工作。

現在這位數學老師成了歷史人物，但未來他仍然可能會在教科書中占有一席之地。他的名字是奧古斯丁—伯納．慕修（Augustin-Bernard Mouchot），一八二五年出生在巴黎東南方的村子，是貧窮鎖匠的六個小孩中最小的一個。辛苦受完教育後，慕修成為老師，在偏僻地區換過一地又一地，在過程中取得數學和物理學的專業學位。一八六〇年，他在法國西北部教書，強大的想法促使他開始數十年的追尋。

法國的中上階級和英國中上階級一樣，瞭解自己的富足必須依靠煤炭提供的能量。但是法國和英國不同，煤炭產量相當小，因此必須以高價進口。許多法國人害怕外國不賣煤炭給法國，但更怕的是可能未來某一天連外國煤炭礦床也將耗盡。慕修當然也不例外，所以他在宣言中警告，如果這一天真的來臨，法國工業將不再擁有「帶動大幅成長的資源，到時該怎麼辦？」他突然發現了解決方案：「太陽！這個強大的暖爐隨時可為工業用途提供熱能。」

慕修當然不是最先發現可以運用太陽能的人。兩千多年前，中國建築師就把門窗設計面向南方，好讓陽光能在冬天時照進室內，讓寒冷的室內溫暖起來。遠在幾千公里之外，希臘學者也教導門徒相同的建築原理。根據太陽能年代史學家約翰．裴林（John Perlin）所言，後來的羅馬人其實也這麼做。當我撰寫這部分時參考了他的作品，他提到羅馬人為了讓公共浴室溫暖起來，會刻意在浴場南面做出很大的窗戶，例如龐貝城的熱水浴室（caldarium），其窗戶規格為兩百公分乘上三百公分。

歷史學家曾經把羅馬滅亡後的歐洲時代稱為黑暗時代（the Dark Age），但現在我們知道，當時的學問和藝術並未中斷，反而相當興盛，只不過太陽能的運用則接近停止。有錢人不再把別墅和豪宅南側的牆上裝上玻璃窗，窮人也不再把小屋建造成運用陽光的座向——在這意義上來說，黑暗時代還真的挺黑暗的。直到文藝復興時期，歐洲人才再度利用太陽熱能，在溫室建造玻璃牆。而到了十八世紀，自然科學家試圖探討「何以陽光透過玻璃照進房間、馬車或其他地方時，這些空間會比較溫暖」的事實。這段話出自一七八四年製作史上第一個「暖箱」（hot box）的瑞士科學家奧拉斯—貝內迪克特．德索敘爾（Horace-Bénédict de Saussure）。暖箱是個木製小箱，以軟木隔熱，頂端是玻璃板。德索敘爾把

慕修

一碗水放在暖箱裡，在晴朗的夏日白天放在室外。令人驚奇的是，水竟然很快就開始沸騰。

將近一個世紀之後，慕修親身嘗試德索敘爾的想法：用鏡子聚集陽光。當然，人類以前就曾經用鏡子聚集陽光，例如早在三千年前，中國農民就用小鏡子點火。但慕修更進一步；他首先用日光和鏡子使水沸騰，再用蒸汽推動引擎。

慕修的初步成果吸引許多人注意，因此得以參與重要的軍方研討會。經過三年斷斷續續的的研究，他做出實際模型，並用玩具蒸汽引擎實驗。他十分興奮，於一八六六年九月向拿破崙三世皇帝展示他的發明。不久後，慕修就開始撰寫例行的自我推銷書籍。

當時慕修轉往土爾一所更上流的高中任職，並且與校方協商減輕教學負擔，好讓他能投入較多時間研究鏡子。由於沒有家人或朋友的負擔，他把所有時間都花在實驗室裡。一八七〇年，他在巴黎市中心的杜勒麗花園（Jardin des Tuileries）建造兩公尺高的太陽能引擎。路人對這具引擎不需要任何可見的燃料大感驚奇——一具靠陽光推動的發動機！也難怪群眾對此十分興奮。

可惜慕修運氣不佳，在他展示這具機器後幾個月，法國對普魯士宣戰。一連串軍事失利後，德國軍隊肆虐巴黎，拿破崙三世逃離。太陽能引擎在混亂中消失無蹤。

慕修個性十分頑強，又組裝了一具太陽能引擎，並於一八七四年安裝在土爾圖書館前。這具引擎的鍋爐圍著圓錐形的鏡子，把熱集中到每一面。一位熱情的記者說它「凹面對著天空」。附屬機構讓鏡子隨著太陽移動。在炎熱晴朗的白天，這套設備每小時可煮沸五公升水，足可推動半匹馬力的發動機。雖然這次示範十分成功，吸引許多人圍觀，但慕修也發現太陽能的限制。

的確，日光既充足又免費，不過只能算是斷斷續續的流量，而不是可靠的存量。慕修的引擎在夜間或陰天就會停擺，但法國的天空經常陰沉。即使有陽光，這種鏡子也相當昂貴。一位持懷疑態度的工程師在評論慕修作品時指出，讓一馬力的蒸汽引擎運轉，需要「大約兩公斤煤」。換算下來，若要以太陽帶動同一具引擎，慕修就需要大約三十平方公尺的鏡子；若是讓工廠規模的機器運轉，則需要數百面大鏡子，成本十分可觀。此外，雖然許多人預測未來將短缺燃料，但法國工業界卻不這麼想。當時巴黎已經和倫敦簽署貿易協定，而英國這位貿易夥伴產的煤相當充沛。

慕修亟欲挽救他的作品，因此提出運用太陽能的新理由：成為帝國主義的工具。一八七〇年代，法國征服阿爾及利亞，打算派出數千名開墾者到沿岸新建的村莊。這項占領行動因為能源問題受阻，不只殖民地需要的煤幾乎完全得從地中海對岸進口，而且也沒有鐵路可以把煤從港口運到新的法國村莊去。慕修斷言，太陽能可把阿爾及利亞變成法蘭西帝國的生產助力。之後他取得法國政府補助前往殖民地，測試太陽能灌溉抽水機和太陽能蒸餾廠。在沙漠中，第一次染病讓他幾乎全盲，而第二次發燒使他幾乎全聾。可是他不顧痛苦，堅持撰寫展示計畫的報告。皇天不負苦心人，這份報告讓殖民地政府非常高興，並令他帶著太陽能引擎，在一八七八年的巴黎世界博覽會上代表阿爾及利亞。慕修謙虛地稱這具裝置擁有「古今以來全世界最大的鏡子」，甚至可以供應電力給冷凍庫，而這點讓觀眾驚奇不已。用太陽的熱製造冰塊！慕修在博覽會中贏得金牌獎，雖然他幾乎看不見也聽不到，但還是不妨礙他成為法國榮譽軍團的一員。

兩年後，他在自己的聖戰中投降。擊敗他的不是盲聾，而是煤炭。歷史學家估計，一八〇〇年間全英國的蒸汽引擎加起來總共可提供五萬匹馬力。到了一八七〇年，這個數字大幅躍升到一百三十萬匹馬力以上，足足增加了二十六倍。這種增長的幅度，使得沒有人再有興趣乾等太陽能支持者擺弄那些一旦碰上雨天就變成廢鐵的鏡子。而慕修試圖說服大眾放棄屬於穩定存量的煤，改用不穩定流量的日光，大眾當然不會有興趣[2]。

不過有其他人繼承了太陽能理想，其中最著名的是設計了美國海軍第一艘鐵甲艦莫尼特號（Monitor）的瑞典裔美籍工程師約翰・艾瑞克森（John Ericsson）。一八六八年，慕修第一次展示後四年，艾瑞克森針對即將降臨的「煤礦耗竭」提出解決方案，也就是利用「太陽光擁有的高熱」。八年後，艾瑞克森在他的自我宣傳書籍中表示，他已經開發出七種太陽能引擎，但不會給任何人看。他還說，這些引擎是真正的「太陽發動機」，同時嘲笑慕修的引擎「只是玩具」。

我們當然有理由質疑具備工程才華，但同時也是霧件（vaporware）始祖的艾瑞克森，是否真

2　慕修晚年相當淒涼。他退休金不多，又不善理財，因此財產被債權人查封，最後於一九一二年落寞地去世。

一八八二年在巴黎的展示中，慕修的助手用太陽引擎帶動印刷機。

的曾經做出太陽能機器；畢竟他一向神秘兮兮，不讓訪客進入實驗室，通常連發明贊助者也不能看他的發明，而且經常發表從來沒有出現過的新突破。一八八八年，另一次搶先發表之前，他心臟病發突然去世。一則很有戲劇性的訃聞中則說道，這具引擎「最後一分鐘仍然縈繞在他心中」，而且「去世前的他雖然只能低聲講話，但他要求總工程師靠近他，以告訴他打造機器的最後指示，並且要求他保證工作會持續進行。」

艾瑞克森雖沒有當成太陽能發明家，卻看到真正的未來，並透過宣言和文章廣為流傳。他宣告，未來將和日光本身一樣潔淨明亮。未來的世界不會有煙囪或有毒的火爐，或是陰暗的煤礦。各地聚落乘著免費太陽能燦爛的浪潮，以數百萬具太陽能引擎取得暖氣和照明。未來將會是一個全球富足的新時代！一切都來自駕馭用之不竭的陽光，而這個濫觴後來更成為一九七〇年代先知們群起集呼的口號：潔淨、平價、分散式發電、光和熱都由社區、農場和工廠自己生產和分配。

沒有正式學位的環保人士艾莫瑞·羅文斯（Amory Lovins）首先提出現代版的艾瑞克森先知遠見。一九七六年，羅文斯在《外交》（*Foreign Affairs*）期刊上發表文章，提出能源的「軟路徑」。二十年後，這個概念啟發水資源擁護者，提出水的「軟路徑」。羅文斯表示，硬路徑是由龐大的整合設施分配不斷增加的能量：龐大的電廠、龐大的管線、龐大的運油工具。一切都巨大、脆弱又破壞生態，一切都需要壓迫性的技術官僚體制來控制。相反地，軟路徑是由再生能源網從下到上生產能量：小規模、有彈性，尊重環境極限，促進社區控制和民主。羅文斯理所當然支持軟路徑。

這些想法吸引許多人注意，卻也引起能源公司那些高級主管們震驚的激烈反彈。但坦白說，羅文斯或艾瑞克森提出的想法都不算新穎，因為他們的軟路徑遠見其實是有著數千年歷史的能量系統：幾千年來每個家庭一疊疊的木柴被轉換成一面面的鏡子（艾瑞克森），或風車和太陽能板（羅文斯）。長期來看，唯一的創新是巫師提出的反面看法，最初由十九世紀初期的弗里德瑞克．溫瑟（Frederick Winsor）所提出。

溫瑟半是天才、半是騙子。他協助創立了現代生活不可或缺的機構：電力公司。他出生於德國布倫斯威克（Braunschweig），一八〇二年在巴黎看到實驗性瓦斯燈，立刻迷上了它（當時的瓦斯是在無氧爐中加熱煤炭製成的「煤氣」，是甲烷、氫氣和一氧化碳組成的易燃氣體）。他拋下大筆債務，移民到英國，把非常德國的名字弗里德利希．阿布瑞契．溫澤（Friedrich Albrecht Winzer）改成十分英國的弗里德瑞克．溫瑟，並同時瘋狂地著手進行「秘密」實驗，一有機會就公開發表。他說，他的工作是「各國富人最能獲利的來源，是全球歷史上最賺錢的」。溫瑟善於諂媚、吹牛和自誇，經常跟伙伴鬧翻，也對金錢漫不經心，所以即使在最成功的時候，他還是必須舉債度日。儘管如此，他仍然改變了世界。

溫瑟首先發現能源和水一樣，可從相當於水井的集中地點經由管線流出。所以他建

艾瑞克森堅持他的太陽能引擎設計（圖為一八七六年的插圖）完全沒有參考慕修的設計。

造管線網，從大型中央工廠送出瓦斯；同時，他可以藉由能源收費，監測用戶的使用狀況，一旦用戶沒有付費，就可以切斷供應。經過多次法律和金融爭端，溫瑟的瓦斯燈和焦炭公司（Gas Light and Coke Company）於一八一二年開張，硬路徑從此誕生。八年內，這家公司透過總長將近兩百公里的倫敦街道總管供應瓦斯給大約三萬盞燈，而競爭對手也不意外地隨之出現。一八二五年，英國每個大城市都有超過一家以上的瓦斯燈公司。至於其他國家很快也出現類似的公司，舉例來說，美國第一家瓦斯燈公司在一八一六年成立於巴爾的摩。數十年之後電力普及，發明者沿用溫瑟的模型，創立高科技的聯合公司，透過電線（其實也是管線）供應電力給遠方的用戶。

能源對現代生活十分重要，因此電力公司扮演的角色在政治上也變得異常重要；許多政府把它視為國家的重要工具，而有些國家甚至以重重法規滿足本身需求。無論哪種方式，電力公司都成為當代風景中的顯著特徵。就經濟上而言，巫師式的硬路徑、集中化和規模擁有極大的優勢，因此推廣先知式那種以分散式電力系統為主的努力幾乎完全沒有效果。

不可否認地，太陽能的夢想曾經有一度相當普遍。一位受艾瑞克森啟發的發明家於一九〇一年在加州帕沙迪納（Pasadena）的鴕鳥養殖場使用太陽能。麻州一位教師於一九〇三年撰寫太陽能教科書，可能是史上第一本這類書籍。費城有一位工程師於一九〇六年建立太陽能灌溉廠。但慕修和艾瑞克森最後也最重要的繼承者，是一位堅持的葡萄牙神父，名叫曼努爾·安東尼奧·戈梅斯（Manuel António Gomes），因為身高過人而被稱為「喜馬拉雅神父」（Father Himalaya）。

一八六八年，喜馬拉雅神父出生在貧窮的家庭，成為神職人員無非是為了薪水。這位博學的神父自學化學、生物學和光學，據說發明了第一臺比旋轉式蒸汽引擎（dynamite）更安全且更有威力的爆發式蒸汽引擎（himalayite）。他對其他太陽能先鋒很有意見，因為他們的反射鏡跟隨太陽移動的方式不夠精確；如果沒有對準太陽，位於中央的鍋爐就會在鏡面上投出陰影。相反地，喜馬拉雅神父的第一具太陽能引擎避開了這兩個問題，它的加熱能力甚至足以讓鐵融化。然而，它的效果太好反而是個問題，所以當他向高興的群眾展示第二具原型機器時，助手由於操作錯誤而把自己燒熔了。可是喜馬拉雅神父沒有灰心，決定打造會自動跟隨太陽的新機器，希望可以在不需要人的情況下自動操作。

一九〇四年，太陽熔爐（Pyrheliophoro）在聖路易世界博覽會發表。它的反射裝置由六千一百一十七面手掌大小的鏡子組成，裝置在十三公尺高的鋼鐵框上。太陽熔爐聚集光的效果極強，讓《紐約時報》的記者害怕地指出，連十二公尺外的鳥都死於高熱。它

一九〇四年這張照片中的喜馬拉雅神父的太陽熔爐代表第一波太陽能行動的高峰和終結。

可產生攝氏三千八百度的高溫，是當時地球上最高的溫度。有興趣的商人湧向喜馬拉雅神父，但他堅決拒絕他們的勸誘。他說：「太陽能機器還沒有達到工業程度。我不能為了成立公司而說謊，因為不說謊就沒辦法（成立公司）。」

最終，他把太陽熔爐帶回葡萄牙，但發現支持者已經消失，因為和法國一樣，當時葡萄牙也有煤炭過剩的問題。同一時間，有一家英國公司取得電力供應專賣權，建造大規模燃煤電廠，所以喜馬拉雅神父宣傳以反射鏡在社區生產免費電力的艾瑞克森式願景時，並沒有得到迴響。太陽能研究起於化石燃料用罄的焦慮，現在焦慮既然已經消失，那大眾對它的興趣也隨之消失。

哈伯特的惱怒

十足的理想主義者馬里昂．金恩．哈伯特（Marion King Hubbert）相信科學的力量能引導全體人類。這位一九三〇年代初期的哥倫比亞地球物理學家和其他人合作創立技術專家公司（Technocracy Incorporated），推動成立由無所不知、極度理性的工程師和科學家——就像哈伯特本人一樣（哈伯特擁有芝加哥大學的大學、碩士和博士學位）——組成的政府。技術專家信徒認為世界由能量流和礦物資源掌控，所以社會應該以這樣的理解為基礎。技術專家不希望經濟隨愚蠢、狂熱的供給與需求節奏起舞，而希望它隨永恆物理學定律所控制的能量來支配。

身著紅灰配色的技術專家制服且政治中立的專家們，將計算每個國家的年度能量產量，再平分給所有民眾，每個人每個月可以分配到若干焦耳或千瓦時（度）。民眾如果想買東西，例如襯衫，可以查詢客觀的、由技術專家計算的等價能量表上的價格。這套制度的領導者是總工程師（Great Engineer），負責監督新國家北美技術國（North American Technate），包含北美洲、中美洲、格陵蘭和南美洲最北端。未來不再有自私的商人和短視近利的政客肆無忌憚地榨取資源，因為北美技術國將會以穩定、有效率又合理的方式治理國家。實用技能和硬科學受到鼓勵，法律、政治、人文學科和所謂的「心智生命」將被打入冷宮。哈伯特花費超過十年，努力實現這個願景。

哈伯特是出身於德州中部的貧窮男孩，一路努力向上。他在完成論文前，受邀主持哥倫比亞大學新的地球物理學計畫；這些既實務又優秀的早期成就讓哈伯特認為自己的確也算是名符其實的青年才俊。他相信他注定要為社會帶來影響，而且在這方面十分成功。哈伯特是美國最重要的一位石油科學家，建構環保運動的許多思想架構。他原本是巫師，後來轉變成先知。

哈伯特在紐約對一位住在在格林威治村且頗富魅力的遊民吸引，而這位遊民叫霍華．史考特（Howard Scott）。哈伯特傳記作者梅森．因曼（Mason Inman）指出，史考特宣稱自己是柏林－巴格達鐵路（Berlin-Baghdad Railway）主管的兒子、是君士坦丁堡失去所有財富的貴族後裔、柏林高等工業學院的優秀畢業生、戰爭期間擔任過大型硝酸鹽工廠的經理，以及具革命性的能量決定因素理論（Theory of Energy Determinants）的創造者。一則報紙爆料指出這些說法都是假的，只有最後一個可能為真。不過那些對哈伯特，或對那些被史考特所謂「資本制度將於一九四二年崩潰的末日預言」所蠱惑的幾千人而言，這些都不重要，因為史考特宣稱，技術專家受能量決定因素理論引導，將在技術國中創造烏托邦。不過史考特太晚提出這個理論，因為哈伯特認識他時，他早已經失業多年，幾乎快被趕出公寓。哈伯特最終幫他還了欠款，甚至還搬過去跟他一起住。

史考特從來沒有把他的理論寫下來，因此哈伯特受門徒的熱情驅使，於一九三四年放下其他手邊的工作，專心撰寫長達兩百五十頁的技術專家信條。這份《技術專家研習課程》（*The Technocracy Study Course*）認為全世界的商人、社會科學家、律師和教師都是騙子。這份課程指出，社會不是經濟學、心理學、文化和歷史的產物，而是受永久不變的自然定律支配。這些定律由生物學家雷蒙·珀爾和格奧爾基·高斯以瓶子中的果蠅和培養皿中的原生動物進行實驗時所發現。

珀爾把一對果蠅和以固定速率補充的食物放進瓶子，後來他發現果蠅數量增加曲線呈S形：先增加，之後逐漸趨於平緩。趨於平緩的原因是果蠅數量接近食物供應極限（高斯的原生動物的曲線幾乎相同，只是原生動物的食物來源有限，所以耗盡後就全部死亡）。史考特的偉大洞見——同時也是技術專家的中心信條——是人類的表現和果蠅完全相同，哈伯特也在《技術專家研習課程》中提到：

> 假如果蠅持續以起初的複利速率增加，那麼經過計算，我們可以得知，果蠅數量不到幾個星期將明顯超過瓶子的容量。因此我們便得知，可以生活在瓶中的果蠅數量有其限制。在達到這個數量之後，死亡率將等於出生率，族群成長陷於停頓。只要稍微思考和觀察事實，我們就會相信，

哈伯特

在煤炭、生鐵或汽車生產方面，狀況基本上沒什麼不同。

哈伯特說，那些主張經濟成長可永久維持的政治人物和經濟學家都被騙了；美國人口將在一九五〇年代達到最高峰，「應該不會超過一億三千五百萬人」，之後美國將無法容納更多新的消費者，也不需要更多消費性產品。統治階級被持續成長的幻象矇騙，而看不清這些基本的科學事實；他們衝向無可避免的災難，最後將被優秀的生態工程專家取代。這些專家具備專業知識，懂得「運用北美大陸的所有實體設備」——這些專家就是技術專家。

讓哈伯特吃驚的是，「技術專家」的想法並沒有受到支持，反而遭到嘲笑。團體分成小圈圈，哈伯特也逐漸醒悟。他的傳記作者因曼指出，當哈伯特於一九四九年「明顯喝得醉醺醺地」出現在技術專家公司位於曼哈頓的總部時，他要求知道史考特是否曾經預測資本主義將在一九四二年滅亡，但他得到的答案是「不會」。原來這一切都是謊言。而史考特早就預料到這一天，現在已經超過期限七年之久，資本主義依然存在。對哈伯特而言，史考特的預言沒有實現，已經證明了能量決定因素理論的錯誤。因曼寫道：「哈伯特從此再也沒有參加過技術專家的會議。」他的巫師生涯就此結束。

同一年，哈伯特造訪一位朋友，這位朋友正參加剛成立的聯合國贊助舉行的天然資源研討會。哈伯特在研討會上驚奇地聽到一位著名地質學家的斷言，而斷言的內容則是全世界還有一兆五千億桶可開採的石油，足以維持好幾百年的供給。哈伯特後來回想：「我差點從椅子上摔下來。我原先坐在這裡，輕鬆地跟朋友寒暄，（編按：在聽到這個斷言後）突然間只覺得我的老天！而且竟然沒有人噓他。」一兆五千億桶「多得實在太誇張了」，哈伯特在研討會結束時惱怒地舉起手說；他還說，地質學家斷言的「根本是形而上學那種不切實際的東西」。爭議越演越烈，而且最後也沒達成共識。

由於缺少石油岩層的實際理論，早期石油地質學家曾經假設石油和天然氣礦床位置一定和以往發現石油和天然氣的位置相同。或許可以這麼說：他們在尋找更多的皮托爾。但已知的這類地區相當少，因此研究人員相信石油礦床一定也是相當稀少。事實上，新的石油礦床經常出現，而且通常是不懂專家看法的石油投機客，在不正確的地方亂挖的意外結果。出現許多這類狀況之後，科學家開始相信幾乎每個地方都有某種形式的石油。著名的石油地質學家華萊士．普拉特（Wallace Pratt）在一九五二年寫道，找到石油的主要障礙反而是我們相信外面沒有石油：「通常在最後的分析中，那些最初發現石油的地方正是被人們信念遮蔽的地方。」

對哈伯特而言，這種想法完全無法理解。地球是有限的，碳氫化合物分子的數量是有限的，蘊藏的地方也是有限的。因此供給量當然有限，哈伯特從大學時代就一直這麼想。當時他猜想最重要的幾種煤炭可能會在「五十年內」耗盡。而現在，他在一兆五千億這個數字激起的怒氣驅使下，提出史上第一個正式的石油高峰產量模型。哈伯特估計，從賓州第一口油井到一九四七年，全世界共生產五百七十七億桶石油，而「其中有一半生產和使用的期間是一九三七年之後」，也就是近十年內，因此「我們忍不住問：『石油還可以用多久？』」就他看來，答案相當明顯：「任何一種化石燃料的生產曲線都是先升高，經過一或多個極大值，接著漸漸降到零。」

「漸漸降到零！」可能後果將十分可觀。哈伯特相信，化石燃料爆炸促使人口爆炸，而消耗的煤炭、石油和天然氣也將促使人口走上高斯的S形曲線；全世界石油蘊藏量當然有限，因此使用過度後將逐漸降到零。而最後的結果則是我們將會碰到所謂的培養皿邊緣。哈伯特畫出類似高斯的圖形，說明能源使用量和人口同時上升，兩者未來也一定將達到高峰。

哈伯特的看法呼應前一年出版的《生存之路》中的看法，雖然他的思考依據是實體極限（physical limits），而不是生物極限（biological limits），不過他得到的結論相同：資本家式的經濟成長不僅無法永續，還會強力促使人類超出極限，最後導致災難。他寫道：「人類文明的未來，主要取決於能否讓文化遵從那些加諸在我們極限之上的物質和能量的基本性質。」

這些說法原本可能讓哈伯特的雇主大為光火，因為這時他已經成為休士頓殼牌石油（Shell Oil）大型研究中心的副主管，雖然其實他在工作上受到的關注很少。一直要到一九五六年，當美國石油學會在聖安東尼奧舉行會議，而哈伯特在會議上說明他的想法時，狀況才改觀。哈伯特後來宣稱，他發言之前接到一通來自殼牌石油公關部門主管的來電，他記得對方驚恐地問道：「你能不能刪掉可能有爭議的部分？」哈伯特鮮少懷疑自己的能力，因此拒絕讓步。最後他告訴聽眾，從一九六五年到一九七〇年間，美國本土的原油產量將會達到高峰，而全球產量將在二十一世紀

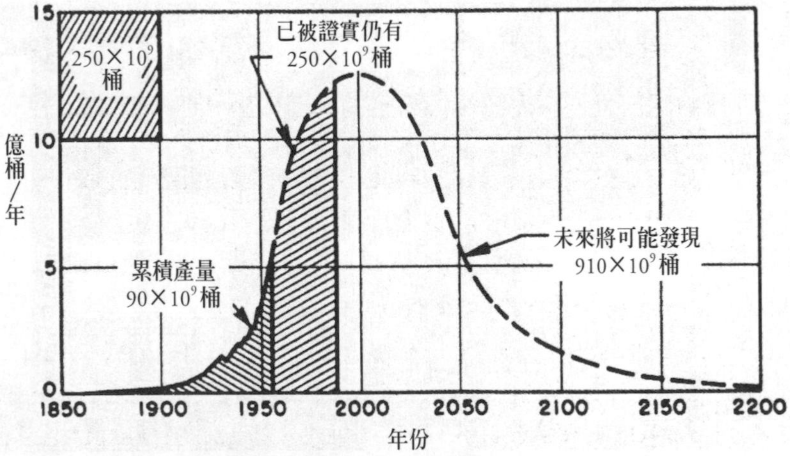

一九五六年哈伯特的全球石油產量上升與下降原始圖形。

初達到最大值。

一九六四年，哈伯特離開殼牌石油到美國地質調查所（United States Geological Survey，簡稱USGS）工作。愛荷華大學歷史學家泰勒．普利斯特（Tyler Priest）寫道，哈伯特在USGS並不得意，因為他的上司——也就是USGS所長文森．麥凱維（Vincent E. McKelvey）——對他異常挑剔。麥凱維和哈伯特一樣自詡為有智慧的傑出思想家，都希望能夠造福社會。然而他和哈伯特不一樣的地方是，他的願景光明又樂觀，是道地的布勞格陣營。這位巫師相信，人類的才智和技術能力是強大的工具，能帶領人類邁向無限富足的未來。

可以想見，這兩個人一定會有衝突。麥凱維的USGS針對美國的石油蘊藏量提出一連串極為樂觀的預測，石油業也是如此。在此同時，哈伯特則不斷放送石油即將枯竭的訊息，但都不是透過USGS發表。爭議很快就轉變為針對個人：哈伯特指控麥凱維竊取他的論文，麥凱維則指控哈伯特隱匿訊息；兩人為不同政府機構撰寫彼此矛盾的報告。最後在盛怒下，麥凱維踢走哈伯特的秘書，在那個沒有電腦的時代，這行為可以算是相當惡劣。歷史學家普利斯特指出，哈伯特反擊的方式則是在麥凱維被提名美國國家科學院和美國人文與科學院時以黑函攻擊他。

而且麥凱維的確錯了，哈伯特的估算是正確的：美國原油產量在一九七〇年達到最高峰，接著緩緩下滑；那幾年當產量下降時，自稱「哈伯特代言人」的美國前內政部長史都華．尤戴爾（Stewart Udall）更嘲笑麥凱維的研究是「過度膨脹的遠景和無際的樂觀吹出的龐大能源氣球，早已脫離真實狀況」。一九七七年，美國總統吉米．卡特（Jimmy Carter）要求麥凱維辭職。普利斯特報導，他是「調查所創立九十八年以來」第一個這樣離開的人。

阿拉伯石油危機也呼應了哈伯特的石油有限說，這對麥凱維來說更是雪上加霜。一九七三年以阿戰爭期間，由於美國支持以色列，使得阿拉伯國家抵制美國，停止生產石油四個月，嚴重的公眾危機隨之出現。民眾排隊數小時等著加油，插隊造成肢體衝突，民怨因而沸騰。對哈伯特而言，石油危機預告「石油時代的終結」。

現在歷史學家和經濟學家大多認為這次石油危機是政府政策錯誤所造成。能源分析專家麥可・林區（Michael Lynch）告訴我，阿拉伯產油國家不可能針對個別國家，因為跨國石油公司把石油和天然氣賣給掮客控制的全球單一市場，因此禁運措施只會讓全球油價同步提高，反而打擊不到個別國家。或者應該這麼說：如果美國總統尼克森（Richard Nixon）兩年前沒有透過規定美國石油和天然氣價格上限以對抗通貨膨脹，那麼阿拉伯國家就不可能以單一國家為目標進行制裁。由於禁運使然，迫使全球石油生產中斷大約一季，反而拉高全球的石油價格。而美國本土既然有石油價格上限的政策，那麼掮客就必須把石油賣到美國以外的國家，才能持續利用較高的油價牟利。可是這麼做剛好讓中度規模的全球短缺變成僅限美國才有的石油荒。

但當時的分析卻不這麼看。因為恰好在前一年，麻省理工學院的研究團隊發表篇幅極長的《成長的極限》（*The Limits to Growth*，以下簡稱《極限》）研究報告。這項研究以電腦模型預測，而根據預測，除非採取大膽措施，否則世界上的資源不久就將耗盡，導致文明崩毀。這個結果在國際間瘋傳，但這份報告中既沒有出現哈伯特的名字，也沒有出現佛格特，然而卻處處可見他們的蹤影。的確，《極限》的作者受哈伯特的石油高峰理論影響，曾經請他合作但沒有結果。最後結果彷彿是MIT團隊把哈伯特的方程式寫進電腦，再套用煤、鐵、天然氣和鋁等其他資源，所以每個圖形都呈現哈伯特風格，先走向產量高峰，接著是毀滅性的下滑。《極限》作者和哈伯特一樣，認為經濟成長和災難有直接關聯。耶魯大學歷史學家保羅．沙賓（Paul Sabin）寫道，石油危機「似乎證實了《成長的極限》的主題」。加油站的肢體衝突被視為過度消費導致危機的徵兆，而佛格特對承載能力一定有極限的看法，則成為環保思想的組織原則。

在石油危機推波助瀾下，匱乏恐懼像臭味一樣飄散到全美各地。汽油、鮭魚、乳酪、洋蔥、葡萄乾……各種物品短缺的流言都造成沒來由的短暫恐慌，甚至包含一些我們根本沒想過有可能短缺的物品。一九七三年，一位脫口秀主持人強尼．卡森（Johnny Carson）用衛生紙短缺當笑料，竟讓恐懼的消費者瘋狂購買衛生紙，造成衛生紙大恐慌。卡森的笑料影響甚至遠達日本，因為日本的紙幾乎全部從美國進口。從北海道到九州，全日本的衛生紙都被買光。接著上任的總統卡特是哈伯特派，所以他上任後不久便發表全國演說，警告地球上的石油可能「在下個十年內」用罄，也就是一九八九年；而哈伯特自己則認為會晚一點，大約是一九九五年。

相反地，面對一九七〇年代認為能源供給將會枯竭的想法，最常見的對策並不是減少用量，而是尋找更多來源。為了尋找來源，連可以被說成是美國史上最注重生態的卡特總統都支持現在看來相當欠缺環保概念的政策。尤其是他的執政團隊打算把燃煤量提高到三倍，彌補石油和天然氣的不足，但事實上煤炭更不環保。石油高峰曾經在一九二〇和三〇年代導致外交政策狀況頻傳，七〇和八〇年代則成為大煤炭的助力。此外，石油公司發現更多原油，因此到了九〇年代末，實際油價已經降低到卡特時代的一半，有時甚至低達五分之一。

這種誤解的核心是「蘊藏量」的概念。哈伯特和麥凱維都同意，石油蘊藏量是實體存量，是有限量的碳氫化合物分子。對哈伯特陣營而言，意思相當清楚：開採太多，最後就會抽光。我們可以開採多久，主要取決於這些分子的總量。但對麥凱維陣營而言，最重要的不是總量，而是開採量。

這個明顯違反直覺的想法，就好比認為石油蘊藏並不像《哈利波特》中的反派角色佛地魔那樣，可以存放一部分靈魂[3]於地下湖泊那種類似地下油槽的地方，而是一片範圍不明確的海綿狀滲透性岩石，而石油就在這些小孔裡（也可能位於一片片的頁岩之間）。此外，石油也不是均勻物質，不像佛地魔的湖裡那種黑漆漆的水，而是許多種化合物的大雜燴。各種等級的石油和乙烷、丙烷、甲烷和其他碳氫化合物混合在一起。狀態從純氣體（甲烷或天然氣）、黏稠的液體（原油）到半固體（石油的前身，有時稱為油沙）都有。這些黏液、黑漿和氣體通常處於極大的壓力下。一層層滲透性岩石讓它很難滲出到地表。可是當鑽頭鑽過蓋岩時，高壓液體和氣體就會以正統噴井的方式噴射而出。

可開採量取決於鑽挖深度、鑽挖到達區域的物質組成、該區域可能有哪些化合物，以及最重要的關鍵：必要成本和目前油價相比是否有利可圖。如果公司的工程師開發出能以更低的成本開採更多石油的新設備，有效蘊藏量就會增加。增加的不是**實際**體積，而是**有效**體積，也就是可見的未來能開採的石油和天然氣總量。

一個時常被提及的例子便是洛杉磯北方的克恩河（Kern River）油田。當一八九九年發現時，這片油田明顯蘊藏大量石油，就跟皮托爾一樣，所以石油投機客蜂擁而至，建造大量井架和鑽挖油井。

3 編按：根據J・K・羅琳（J. K. Rowling）在她《哈利波特》系列故事中的設定，一名巫師可以使用巫術殺死一個人，而將自己的靈魂撕裂成不同的部分存放於不同的物品之中，以達到不死的目的。

一九四九年，也就是離首次開採五十年後，分析專家估計它的蘊藏量還有四千七百萬桶，在石油業中相當於九牛一毛。當時看起來，克恩河油田似乎即將要下臺一鞠躬。但實際上，這片油田還有大量石油，只是剩餘的石油相當濃稠，幾乎不會浮在水上，所以沒辦法抽到地面。

到了一九七〇年代，石油工程師想到一種開採方法：朝油井灌入高溫蒸汽，軟化濃稠的石油並把它壓出岩石。這個方法起初效率極低，因為把水煮沸製造蒸汽，花費的成本往往高達採得石油的百分之四十。石油公司製造蒸汽的方法是在井口燃燒未煉製的原油，因此會把毒性化學物質釋放到空氣中。但這個極為浪費的過程卻能壓出原本似乎不可能取得的石油。再過一段時間之後，工程師瞭解使用蒸汽時如何減少浪費和汙染。到了一九八九年，克恩河油田又開採出九億四千五百萬桶石油。當年，分析專家重新估算克恩河的蘊藏量是六億九千七百萬桶。到現在，技術還在持續不斷地進步。二〇〇九年時，克恩河產量超過十三億桶，蘊藏量估計仍有將近六億桶。

與此同時，石油業仍在研究如何鑽挖得更深，開採以往無法觸及的礦床。一九九八年，克恩河附近一片油田中，有一具鑽挖機的深度超出同區其他油井數千公尺。這個深度接近五千四百公尺的油井開始噴發，石油和天然氣噴到九十公尺高，著火後燒毀整個油井。石油公司猜想，噴發即代表地下深處還有未發現的石油和天然氣。這個猜想引來各路投資人開始鑽挖，而他們也確實在地下深處發現數百萬桶石油，但這些石油含有大量的水，導致油井淹水。幾年之內，新油井幾乎全部停止開採，即使蘊藏量消失，但石油還在。

幾十年來，類似克恩河的事件在世界各地不斷發生。我一次又一次地聽到地質學家提及這個情況，因而瞭解哈伯特和《極限》的處理方法並不正確。地球的石油蘊藏量是存量；如果開採成本太高或太困難，人類可以尋找新的油田、開發更多石油開採的新技術，或是甚至是尋找以更少的成本達成相同目標的新方法。無論哪種情況，這些都代表狀況持續不斷地改變，因此我們只能預測有限度的未來。

MIT經濟學家莫瑞斯·艾德曼（Morris Adelman）寫道：「很多人問，全世界的石油供應什麼時候會耗盡？最簡單的答案是永遠不會。」這個答案表面上看來很荒謬，可持續再生的流量都有可能用盡，有限的存量怎麼可能用之不竭？但一個多世紀的經驗告訴我們是真的。就實際而言，我們只知道在可預見的將來都相當充足。換句話說，化石燃料供給沒有已知的終結；就嚴格的技術面而言，這代表它是無限的。不過除了經濟學家以外，我想大概沒有人相信這個說法。

「不是能買賣的商品」

過去的某個時候，新的電子通訊網突然間讓我們能以接近光速把資料傳送到世界各地。流行趨勢從地球一方傳播到另一方後隨即消失。全新型態的超級富翁企業家創立龐大的科技化產業。一個接著一個的媒體帝國不斷興起又衰落。

但是在一八七〇年代，電子通訊網則是電報。作家湯姆·斯丹迪奇（Tom Standage）寫道，這個「維多利亞時代的網際網路徹底改變商業行為，導致新的犯罪方式興起，同時讓使用者淹沒在資訊中。」富可敵國的企業家鋪設跨越英吉利海峽、地中海和大西洋的海底電纜。當第一條跨越大西洋電纜鋪設完成時，紐約市還為此舉辦慶祝遊行。但這條電纜的絕緣很快就失效，而其他海底電纜也有類似的問題。未來似乎暫時停頓，所以是時候需要創新的電纜技術補強了。

開發下一代電纜的工程師中，有一位是英國人衛勒比・史密斯（Willoughby Smith）。史密斯的工作是在鋪設電纜時進行測試，為了尋找適合的測試材料，他嘗試了灰色、如金屬一般的元素——硒（selenium）。可令人費解的是，他無法確定硒的導電程度：它有時和橡膠一樣阻斷電流，但有時卻又像銅一樣讓電自由流動。史密斯回憶：「晚間的高電阻到了早上只剩下一半。」他最後發現差別取決於光。硒在日光下可導電，在黑暗中則不可。史密斯非常困惑，物理學完全沒提過這種現象。

國王學院物理學家威廉・格里爾斯・亞當斯（William Grylls Adams）發現更令人驚奇的事。他於一八七六年寫道，如果把一條硒放在暗室裡，再點上蠟燭，「**就能完全靠光在硒中產生電流**。」誇張的粗體字充分表達了亞當斯的驚訝程度。在整個歷史上，人類只能依靠燃燒物質，或讓水、空氣或肌肉提供動力。然而亞當斯單單用光照射一片東西，就能創造電力。

現在看來，當年亞當斯許多同行顯然都不大相信，就連紐約發明家查爾斯・弗里茨（Charles Fritts）製作出實際可用的太陽能板後——方法是在銅片上鍍一層硒，再把銅片放在屋頂，用以產生電力——研究人員也大多依然不認同。太陽能歷史學家裴林寫道：「它看來不需要消耗燃料，也不會散發熱，就能產生電力。」弗里茨的太陽能板「似乎完全違反當時的科學概念，」聽來就像永動機一樣。亞當斯的「光電效應」怎麼可能會是真的？

直到一九〇五年，太陽能板的特殊性質才有了解釋。破解者是剛剛取得博士學位、白天在瑞士專利局工作的亞伯特・愛因斯坦（Albert Einstein）。在所有物理學家中，愛因斯坦以史上最快的速度，僅僅在當年春天便完成四篇重要的論文：第一篇說明測定分子大小的方法；第二篇針對液體中的微粒運動提出新解釋；第三篇說明狹義相對論，徹底改變科學界對時間和空間的理解；至於第四篇則解釋光電效應。

物理學家一向把光描述成波。愛因斯坦在光電效應論文中提出，光也應該視為一種封包或粒子——以現在的說法而言是光子。波把能量擴散到一片區域，而粒子則像子彈一樣，把能量集中成一個點。光粒子撞擊原子，使某些電子脫離，產生光電效應。在弗里茨的太陽能板中，日光中的光子使電子從硒跳到銅，銅和電線一樣可傳輸這些電子，因而形成電流。

由於愛因斯坦成功解釋光電效應，所以在一九二一年獲得諾貝爾獎。但弗里茨的發明僅止於實驗性質，雖然當時的光電板很炫，但卻無法使用，它只能把極小部分的太陽能轉換成電，效率過低因而沒有實用價值。布勞格在洛克菲勒基金會的主管華倫·韋弗曾經於一九四九年指出，數十年以來零星的光電研究真正取得的進展極少。四年後，貝爾實驗室物理學家戴洛爾·查賓（Daryl Chapin）測試了多款硒板；然而無論他們怎麼做，太陽能入射後轉換成電力的比例都不到百分之一，也證實了轉換效率確實很低落。但此時查賓的兩位同行卻給他看了讓人嘖嘖稱奇的東西。

卡爾文·富勒（Calvin Fuller）和傑拉德·皮爾森（Gerald Pearson）兩位研究人員曾經把貝爾實驗室一九四七年發明的電晶體從精細的實驗室原型變成可大量生產的電腦業基石。這項工作的核心是常見又成本極低的矽，是海灘沙的基本成分。矽可形成晶體，每個矽原子與另外四個原子結合，形狀與鑽石中碳原子結合成的形狀相同。高中化學指出，原子形成鍵結的方式是共用最外層電子。我們可把某些矽原子換成硼、砷、磷或其他元素的原子，在矽晶體中混入其他元素——術語稱為「摻雜」（doped）。如果這些「摻雜物」原子的可共用電子多於被取代的矽原子，晶體就會擁有過多電子。由於電子帶負電，所以晶體會帶負電。類似地，如果摻雜物原子的可共用電子較少，摻雜後的晶體就擁有「電洞」

（eletron-sized holes），也就是帶正電。這些「電洞」也像晶體中的電子一樣可以共用，因此它們也能像實體的電子一樣移動位置。

富勒和皮爾森在後一種摻雜矽（電洞過多或帶正電的晶體）上製作了一層薄薄的前一種摻雜矽（電子過多或帶負電的晶體）。這兩位貝爾實驗室的研究人員把這個小組件接上電路（其實是一圈導線）和電流計。他們打開檯燈時，電流計顯示這兩層矽突然產生電流，而照射日光時也會出現電流。所以富勒和皮爾森發現光子的力量足以穿透上層，使電子進入下層，產生通過導線的電流。他們兩人無心插柳卻創造出新型太陽能板。

查賓測試這種新的光電裝置時，發現它把太陽能轉換成電力的效率是舊式硒板的五倍，但就效率來說，還是太低。查賓開始估計，如果要供應一般中產階級家庭用電，那麼太陽能板的成本大約是一百四十三萬美元（相當於現在的一千三百萬美元），花費肯定比在整個屋頂貼上金箔還高。

研究人員曾因為經濟因素而退縮，所以大多放棄光電研究，然而一九七〇年代的石油危機卻再次燃起石油高峰恐懼，而太陽能量的應用也成為人類擺脫恐懼的曙光。這個數字看來如此龐大又如此誘人：每一秒鐘，太陽給予地球的能量高達十七萬兩千五百兆瓦（一兆瓦是日常使用最大的能量單位）。這個龐大流量有大約三分之一隨即被雲反射到太空中。其餘大約十一萬三千兆瓦（視雲層厚度而定）可供我們擷取。現在全人類總用量略少於十八兆瓦，換句話說，太陽供應的能量超過全球所有電廠、引擎、工廠、暖爐和火焰能量總和的六千倍。如果日光數十億年內都不會枯竭，那誰還在乎中東的石油？

哈伯特是太陽先鋒，但最激烈的擁護者卻在新的反文化內；這些人簇擁著太陽能設施，就像黃蜂圍繞開花的百里香。《全球概覽》（*The Whole Earth Catalog*）和《共同演化季刊》（*CoEvolution Quarterly*）等期刊則以佛格特式的說法讚揚太陽能是「軟科技」，是以「現有、易復原、適應力強，或許還討人喜歡」的科技達成小規模、分散化、個人化未來的途徑：太陽能熱水器！太陽能熱交換器！太陽能百葉窗！太陽能吹風機！太陽能建築！以上全都不受企業貪婪染指（相反地，布勞格式「硬技術」則以冒煙的燃煤電廠為代表，不僅疏遠、浪費、破壞環境，而且還非常老派）。生態保護人士巴瑞・科蒙納（Barry Commoner）宣告，太陽能**天生**具解放性：「沒有人能壟斷它的供給或規定它的用途〔……〕日光不像石油或鈾，既不是能買賣的商品，也無法讓人獨占。」

太陽能跟鄉間嬉皮一樣，都確實有幾分離經叛道的形象。現在總值數百億美元的光電產業，主要推手是五角大廈（Pentagon）和大石油公司（Big Oil）。至於太陽能板的第一次廣泛使用則是一九六〇年代時，被設計用來為軍用衛星提供電力的，因為當時人造衛星不能使用化石燃料（體積太大無法升空）或電池（在太空中無法充電）。到了七〇年代，光電材料比較便宜，但整個產業只服務於一個主要的新用戶：石油業。美國銷售的太陽能模組中，有將近百分之七十用來為外海鑽油平臺供電。

石油公司體認到太陽能對石油生產相當重要，因此自己成立光電子公司。一九七三年，艾克森（Exxon）成為全球第一家太陽能板製造商。第二家製造商則成立於一年後，是艾克森和美孚石油（Mobile）的合資公司（艾克森和美孚於一九九九年合併）。另一家大型石油公司阿科（The Atlantic Richfield Company，簡稱ARCO）則擁有全世界最大的太陽能公司，後來被專營石油和天然氣的跨國公司殼牌石油（Royal Dutch Shell）收購。之後，「全世界最大的太陽能公司」這個頭銜被英國石油公司（簡稱BP）收購。到了一九八〇年，美國前十大太陽能公司中，有六家屬於石油公司，掌握全世界大部分光電產品產量。

但何以大型石油公司不斷投資這些投資報酬率極為緩慢的技術呢？理由之一是石油高峰焦慮再度出現；雖然這個恐懼在一九八〇年代逐漸降低，但一九九〇年代再度緩慢攀升，最後被英國地質學家柯林·坎貝爾（Colin Campbell）和法國石油工程師尚·拉赫瑞爾（Jean Laherrère）公開引爆。他們在一九九八年《科學人》（*Scientific American*）雜誌一篇流傳甚廣的文章中預測，石油的好日子即將結束。這兩人宣告：「二〇一〇年前，全球石油產量將永久下滑，投入更多資金探索石油也無法改變狀況〔……〕全世界的原油是有限的，石油業已經找到其中百分之九十左右。」他們強調，即將枯竭的不是石油本身，而是「工業國家最需要的充沛又成本低廉的石油」。

如同以往的石油恐慌一樣，恐懼立刻擴散開來。美國前總統小布希（George Walker Bush）在瑞士告訴世界領袖石油供應有限。石油高峰學者馬特·西蒙斯（Matt Simons）於二〇〇五年宣告，沙烏地阿拉伯的石油正「不可逆地減少」。石油大亨及公司併購客小湯瑪士·布恩·皮肯斯（Thomas Boone Pickens Jr.）也同意這點，他更於同一年表示，全世界「碳氫化合物時代已經走到一半」。暢銷的高峰支持者詹姆斯·昆斯特勒（James Howard Kunstler）也在同時預測：「起先很慢，後來越來越快，全球石油產量將會下滑，全球經濟和市場越來越不穩定〔……〕我們將近入以往難以想像的嚴酷的新時代。」媒體也充斥各種警訊：《哈伯特的石油高峰》（*Hubbert's Peak*, 2011）、《停擺》（*Powerdown*, 2004）、《沙漠中的微光》（*Twilight in the Desert*, 2005）、《漫長的危機》（*The Long Emergency*, 2005）、《末雨綢繆石油高峰》（*Peak Oil Prep*, 2006）、《後石油時代生存指南》（*The Post-petroleum Survival Guide and Cookbook*, 2006）以及《面對崩毀：後石油高峰世界中的能源與經濟危機》（*Confronting Collapse: The Crisis of Energy and Money in a Pst-Peak-Oil World*, 2009）。

小說家唐・德利羅（Don DeLillo）曾經提出：「油價是西方世界焦慮程度的指標——從中可以看出我們有多麼焦急。」如果確實如此，人類真的非常焦急，石油恐慌已經高漲到前所未有的程度。馬里蘭大學的國際政策民意計畫（Program of International Policy Attitude）針對十六國的一萬五千人進行民調，其中有百分之七十八認為石油快要用罄。在另一項民調中，英國有百分之八十三民眾認為石油和天然氣未來可能貴到負擔不起。還有一項民意調查指出，有四分之三的美國人相信石油乾旱即將來臨。西蒙斯於二〇〇八年表示：「我不瞭解大眾為何這麼擔憂全球暖化會使地球毀滅，並敬真正會毀滅地球的石油高峰。」彷彿為了呼應他的警告，當年油價一路狂飆到史上最高的每桶一百四十七・二七美元。

對石油即將用罄的恐懼越來越高，世界各國建造的太陽能園區也越來越大。（當我寫這本書時）亞洲最大的是查蘭卡太陽能園區（Charanka solar park）。這片龐大的設施位於印度濱海的古吉拉特（Gujarat）邦一片荒地上，距離最大的城市阿默達巴德（Ahmedabad）足足有一百六十公里遠。不久前我造訪阿默達巴德時，從飛機窗戶就看得到查蘭卡園區閃著光芒。好幾十個長方形的太陽能陣列，規則得像美國中西部的小麥田，分布成廣闊的U字形，邊長大約五公里。我稍微斜眼看，告訴自己看到了電線從太陽能陣列向四周延伸：好幾億瓦從沙漠向外傳出。距離機場三十公里，有一條長八百公尺、寬三十公尺的金屬帶，這是建造在灌溉運河上的太陽能園區。阿默達巴德東南方有另一條更長的金屬帶。當飛機接近市區時，太陽能板像哨兵一樣站在每棟建築的屋頂，這是全世界邁向光明未來的重要工程之一。

古吉拉特是印度最古老文明的中心，曾經是印度人認同身分的搖籃，也是繁榮的大都會區，有許多來自亞洲各地的商人。此外它也是印度太陽能計畫的主要創始者、二〇一四年印度民選總理納倫德拉・

莫迪（Narendra Modi）的家鄉。莫迪生於一九五〇年，家裡十分貧窮，在古吉拉特邦的偏僻村莊經營茶攤。他從青少年時期開始參與政治社會運動，並於一九八七年加入印度人民黨（Bharatiya Janata Party，簡稱BJP，英譯全名為Indian People's Party）。這個印度民族主義政黨和經常攻擊基督徒、穆斯林和非印度人的本土主義者關係密切。慢慢地，他的地位逐漸提高，並在二〇〇一年十月贏得古吉拉特邦首席部長。幾個月後，古吉拉特邦一列載運印度朝聖者和社運人士的火車失火，數十人因而喪生。據謠傳，這場火災的原因是穆斯林縱火，憤怒的印度人殺害了一千多人，其中大多為穆斯林。人權團體和政治對手指控莫迪和BJP煽動攻擊。可是調查結果沒有發現實際證據，但他的名聲已經受這場暴動的影響。二〇〇五年，莫迪成為美國史上第一個因為「嚴重違反宗教自由」而被拒發美國簽證的人。

在受到這次事件的影響後，莫迪因此轉換作

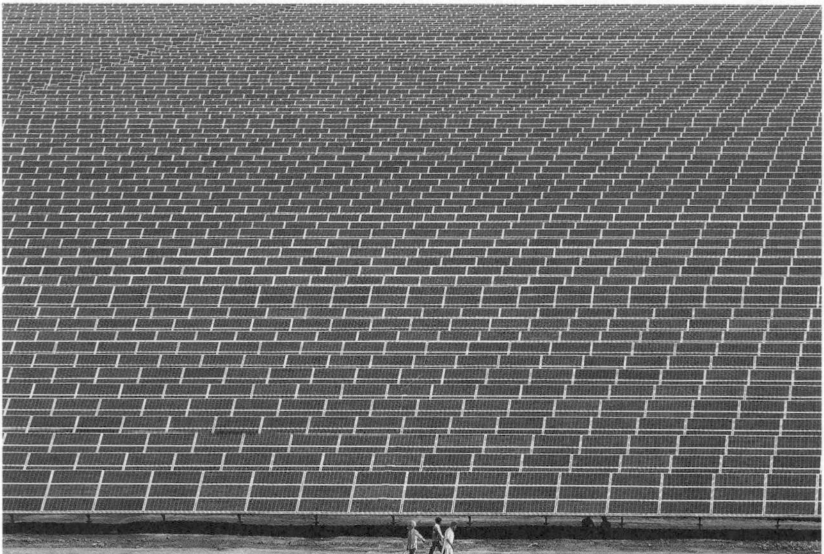

查蘭卡太陽能園區：一望無際的光電板。

風，把自己重新塑造成穿著整潔、歡迎新科技的進步人士，吸引印度本地和外國的大公司前來古吉拉特邦投資，他也一躍成為世界上最知名的太陽能擁護者。莫迪在二〇一一年發表的「綠色自傳」中宣示要把炎熱乾旱的古吉拉特邦和五千五百萬人民變成永續發展的象徵，同時增加灌溉和補充地下水層，把數千輛汽車的燃料從汽油轉換成天然氣，同時把邦首府甘地納格爾（Gandhinagar）變成「太陽能城市」。他創設亞洲第一個氣候變遷部，讓前導計畫在灌溉運河上方安裝太陽能板，防止運河的水蒸發，並在不影響珍貴農地的情況下生產電力。二〇一五年，聯合國秘書長潘基文主持運河上方工程落成典禮時表示：「我不只看到閃著光芒的太陽能板，還看到了印度和世界的未來。」

查蘭卡太陽能源區的一邊是七層樓高、表面貼著玻璃的觀景臺。我造訪這棟觀景臺時，那裡還設有宣揚光電科技新進展的看板，供路過的大眾觀看。上面寫道，目前最好的模組能把太陽能量的百分之二十轉換成電力。在實驗室測試中，有些太陽能電池的效率甚至可達到百分之四十（一般燃煤電廠可把煤炭中百分之四十到百分之四十五的能量轉換成電力）。與此同時，日光發電的成本則大幅降低；雖然精確數字很難確定，但在許多地方，建造大型太陽能電廠的成本現在已經和大型燃煤電廠相當，而且光電價格還很有可能持續下滑[4]。

4　我在這裡其實有點刻意模糊其詞，因為估計成本需取決於估算時考慮的因素。以太陽能而言，這些因素包括地點（日照隨地點改變）、光電板種類，以及可能的補助金和稅金（幾乎各種能源都有補助）。以煤炭而言，我們應該考慮二氧化碳排放成本嗎？如果要考慮，它的價格是多少？以太陽能電場而言，我們該如何處理製造、購買和裝置時的排放？還有許多其他問題。一項知名研究主張，太陽能的實際成本非常高，所以永遠不划算。另一項研究指出，燃煤汙染成本非常高，所以燃煤也不划算。不同研究的結果南轅北轍，最好的答案似乎是太陽能和燃煤在成本上都沒有明顯優勢。

我爬上觀景臺屋頂，下方的太陽能板彷彿是像一支站得直挺挺的光電大軍。當天的溫度大約是攝氏四十三度，風把塵土捲到空中，蓋在太陽能板上，所以需要陣列下方的管線把水送上來沖掉塵土。太陽能源區就好比一座電力農場，必須時常灌溉。密集的一排排太陽能板搖晃著，因嚴苛的條件和地層下陷使它們變得不整齊。至於設計和製作太陽能板的工程師都生活在溫帶國家，我懷疑它們在高溫下到底能撐多久。今天來自太陽的能量可供應全印度大約百分之一的用電。即使在古吉拉特邦也只占百分之五。在樂觀狀況下，它的比例可在二〇二二年時提高到百分之十。國家的電力公司提議在印度沙漠建立龐大的系統，在二〇五〇年把比例大幅提高到百分之三十五。

我在觀景臺屋頂試著想像慕修會怎麼看查蘭卡：他會認為應該建造這麼龐大的設施嗎？他會不會因為這些當年困擾他的問題到現在還是沒有進展而趕到沮喪？查蘭卡的光電板和慕修的鏡子一樣，只能在白天發電，而我造訪時是上午六點四十五分到下午六點四十五分。要在晚上供應電力，必須先把白天生產的電力儲存起來備用，這種方法稱為負載轉移（load-shifting）。最常見的負載轉移方法是在白天加熱液體（例如熔融鹽），晚上再用高熱液體燒水，推動蒸汽渦輪，用慕修已經驗證過的方法生產電力。二〇一〇年，印度公布七項太陽能儲存計畫，其中五項位於古吉拉特邦。只有一項已經開始動工，其他都停擺，原因是建造者發現古吉拉特邦的空氣太汙濁，原先估計可接收的太陽能足足少了四分之一之多。

比印度富裕的德國擁有七十多項能量儲存計畫，其中大約有三分之一把風力和太陽能產生的電力儲存在電瓶中，而電瓶價格和光電板一樣持續下滑。再生能源迷設想大倉庫中放滿電瓶，白天吸納多餘的太陽能，晚上釋出電能，讓電燈在夜間大放光明。但無論電瓶價格多低，這類設施都必須在發電裝置旁另外建造儲存能量的基礎設施，在可預見的將來，這類花費仍然相當高昂。現在和慕修的時代相去不遠，因為來自太陽的免費能量仍然相當昂貴。

我訪問曾經獲得諾貝爾獎，並於二〇〇九到二〇一三年擔任美國能源部長的物理學家朱棣文（Steven Chu）時才知道，即使如此估算，還是低估了再生能源的價格。說自己「強烈支持」再生能源的朱先生指出，美國新英格蘭地區、法國或中國北部等地區的天空往往一連好幾個星期都是陰天。他說：「有些時候，好幾百公里整個星期都是壞天氣或陰天。有些時候整個華盛頓和俄勒岡州整整兩個星期沒有風。但你知道嗎？即使在這些時候，我們還是需要穩定的能源。」

後來朱棣文傳了華盛頓州東部邦尼維能源管理局（Bonneville Power Administration）一座大型風電場於二〇〇九年一月的風電產量圖給我。該圖上有兩條線，一條在上方，每天都有起伏，代表這個地區的電力需求；另一條在下方，代表風電場滿足需求的比例。在那個月裡，下方的線掉到零，就沒有再上升。風整整停止了十一天。上方的線則指出民眾的需求沒有隨風停止：醫院、學校、圖書館、住宅和辦公大樓還是需要照明和暖氣。朱棣文指出，如果各國完全改用再生性能源，就必須想辦法在長時間陰天或無風時供應整個地區電力。但他也說，工程師們到現在幾乎都還沒有想到辦法，開始著手因應這個問題。慕修死後到現在已經過了一百五十年，他發現的太陽能問題至今仍然無解。

目前全球有好幾百座大型再生能源設施，但其中只有一座開始邁向支持者的願景：能二十四小時為大眾供應穩定電力的太陽能或風力設施。位於內華達州，耗資八億美元，完工於二〇一五年的新月丘計畫（Crescent Dunes projects）包含一座中央塔，周圍是一萬面鏡子，每面鏡子大小和小型房屋相仿。這些鏡子隨太陽旋轉，把日光聚焦到塔上，並於塔中放置熔融鹽。當高熱的鹽把水煮沸，便會帶動渦輪發電機，把電力輸送到拉斯維加斯以供應路燈、空調機和電視遊樂器。熔融鹽在日落後仍然能維持高溫數小時，所以晚上仍能發電，這就是夜間的太陽能。

令人驚訝的是，新月丘也遭到先知們反對。一般說來，再生能源「領袖」都認為自己的目標是建立新月丘這類大規模的集中式設施；他們是十足的布勞格派、硬路徑的「擁護者」，只是披上了太陽能的外衣。但許多甚至大多數再生能源支持者是先知，對大型太陽能和風力設施和它們預計要取代的大型煤炭和石油礦場一樣厭惡。環保團體盆地與山脈（Basin and Range）從一開始就反對新月丘，因為這座設施和喜馬拉雅神父的太陽熔爐一樣可能燒死任何接近的鳥類。盆地和山脈也反對連帶破壞脆弱的沙漠環境，因為建造新月丘必須剷平大約六．五平方公里的乾旱土地，其中包括兩種罕見甲蟲大約百分之十的棲息地，分別是新月丘「aegialian scarab」和新月丘「serican scarab」。

加州莫哈維沙漠（Mojave Desert）的大型太陽能設施也遭到類似的抱怨。山岳俱樂部（Sierra Club）和

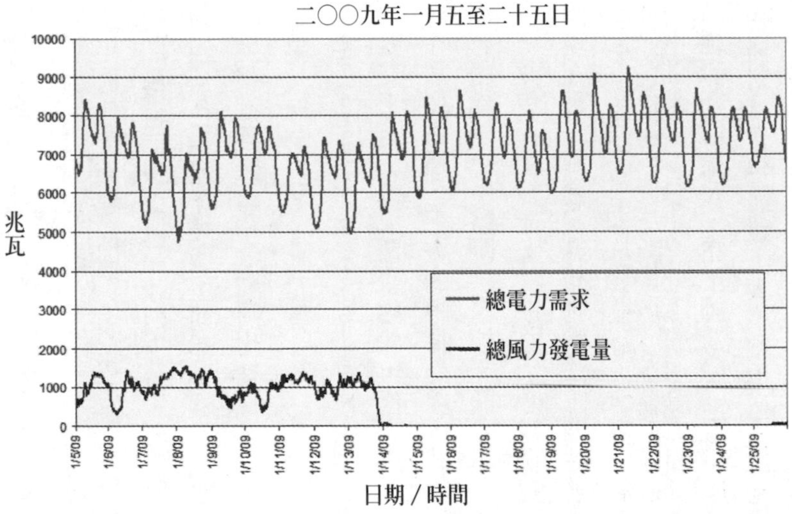

朱棣文傳給本書作者的圖。

天然資源保護委員會（Natural Resources Defense Council）於二〇一二年聯手擋下當地一項大規模太陽能反射鏡計畫。兩年後，莫哈維沙漠另一項計畫，耗資二十二億美元的伊萬帕太陽能發電系統（Ivanpah Solar Electric Generating System）開始運作，當時是全世界規模最大的太陽能反射鏡設施。這片設施占地超過十三平方公里，使許多蝙蝠因而喪命，經常遭到環保團體批評。

這些先知式的焦慮不僅限於美國一地，因為英國也有許多人反對太陽能電場，甚至是加拿大、丹麥、愛爾蘭、義大利、墨西哥和西班牙都有人反對風電場（就二十一世紀而言，牛津大學動物學家克里夫・漢布勒〔Clive Hambler〕指控，風力「對野生動物的威脅遠大於氣候變遷」）。連極度支持再生能源的德國也反對把風電從多風的北部輸送到工業化南部的必要設施。巴伐利亞邦政府也不允許建立新的高壓輸電線，而寧願回歸化石燃料。

對先知們而言，最需要反對的是這些計畫的規模。不可否認地，有些反對意見是自私地不願為大我犧牲小我，簡而言之就是「不要在我家後院」[5]。但有些意見則是源於尊重極限：例如先知認為查蘭卡這類計畫中數公里長的太陽能電池本身就會破壞自然和人類群落，所以就他們看來，工業巨人症（Industrial giantism）是問題而不是解決方案。他們忠於艾瑞克森當初的願景，主張小規模的網狀發電方式：屋頂太陽能板、空氣源熱泵、生物燃料電池、太陽能暖氣、農業或城市廢棄物製造的甲烷等等[6]。

5　編按：英文為「Not In My Back Yard」，簡稱NIMBY，通常在社會學上稱做「鄰避症候群」。

6　空氣源熱泵利用溫差，把熱從室外轉移到室內或反之。生物燃料電池利用攝食廢棄物的細菌進行化學作用，產生電力。太陽能空氣暖氣是在建築物外表裝置內部填充空氣的薄面板，吸收太陽熱能。接著把空氣直接或間接送入建築物。城市垃圾等廢棄物自己生成的甲烷可集中送往當地電廠當成燃料。

這些都必須搭配隔熱建築、安裝節能和節水裝置和設備、循環利用熱能，以及屋內安裝感測器和自動監測電力使用狀況，讓房間無人時自動關閉電燈和空調。

建造新月丘的新創公司這類巫師式再生能源支持者則嘲笑這些概念。即使在最佳狀況下，以新型再生能源電網取代現有的燃煤和燃氣電網（但舊有電網繼續運轉）的過程將相當漫長、花費高昂，即使不遭到本來應該支持的民眾反對，風險也相當大。在一百億人口的世界中堅持採取小規模方式建造，只會使難度加倍。此外，化石燃料價格已經下滑好幾十年。單從可靠的能源供給來思考，很難想像為什麼會有人想這麼做。

不過當然，問題不只是可靠的能源供給而已。

第七章　風：氣候變遷

匆匆流逝的數千年

琳恩．馬古利斯對災難定義的標準很高。多年以前，她走進一家咖啡館，我正好在那兒看書等女兒才藝課結束。我當時擔任一項科普書籍獎的評審，手上拿著一本參賽作品：《不願面對的真相》(*An Inconvenient Truth*)，這是高爾（Al Gore）對「全球暖化危機」提出的呼籲。馬古利斯拿起這本書，看著封底，而封底背景是崎嶇不平的戶外，作者站在麥克風前。她雖然什麼都沒說，但表情已經說明一切。

我開始有點警覺，問她是不是認為高爾所說的氣候變遷不算災害。就我記憶所及，她說這很糟沒錯，但還談不上是「災害」。可是在停頓了一下之後，她說氧「才是」災害。

她說的氧指的是藍綠藻演化形成光合作用後發生的大氧化事件（Great Oxidation Event）。由於行光合作用的生物遍布整個海洋，所以不斷釋出氧氣；大量的氧氣也會永久改變地球表面、海洋成分，以及大氣的運作。大多數科學家相信這些氧使全世界的陸地和海洋變得不適合絕大部分地球生物生存，馬古利斯把這次大規模死亡事件稱為「氧氣大屠殺」（oxygen holocaust）。然而過一段好長的時間之後，礦物慢慢吸收了大量氧氣，使氧在大氣中的比例維持在百分之二十一左右。這個比例剛剛好，如果濃度太高而空氣中的氧太多，一點點小火花就能讓整個地球表面燃燒起來。

對馬古利斯而言，我們可從大氧化事件學到不少：第一，認為生物不可能影響氣候的人完全不瞭解生命的力量；第二，氣候變遷的發生讓智人進入生物的大聯盟，也就是踏入由細菌、藻類和其他重要生物的領域；至於第三，則是這個物種就像叛逆的青少年一樣，不會收拾自己的爛攤子。藍綠藻把氧氣廢物不顧後果地排放到地球，這程度就好比以史詩級的規模亂丟垃圾一樣——但現在的人類排放二氧化碳的規模也差不多是這樣。

不過藍綠藻很幸運，因為它們就算被自己排放的氧淹沒，也並未造成太大的困擾。可是人類卻感受得到被二氧化碳淹沒的影響；馬古利斯一如往常冷靜地說，但這並未遏阻人類，因為她認為人類不會停止排放二氧化碳，就像藍綠藻不會停止排放氧氣一樣。如果毀滅自己是所有成功物種的宿命，那麼對馬古利斯而言，氣候變遷應該是智人達成這個目標的可能途徑。她告訴我，好處是這個影響比較有限也比較短暫。幾千年內，世界看來似乎沒什麼不同，但人類應該已經消失。

氣候變遷！在上一章中，我介紹了社會因應能源需求的兩種見解：布勞格派的巫師偏好以大型設施供應計量的電力給住宅和企業；佛格特派的先知則偏好運用再生資源、電力僅供社區自足的小規模設施。但先知偏好的太陽能和風力都不穩定，所以在經濟上還無法和化石燃料提供的電力競爭。的確，成本優勢如此之大，因此，除非有其他新因素出現，否則沒有理由改用再生能源。然而近幾十年來，毀滅性的氣候變遷恰好可以提供這樣的因素[1]。

怪人

馬古利斯認為自然定律注定讓人類毀滅自己的未來，但這個說法正確嗎？歷史對此問題的回答有兩種路線。第一種路線採取啟發的方式，由一群科學怪咖和外行人慢慢掌握目前氣候變遷的相關知識，希望能趕得及以這些知識阻止最壞的結果發生。第二種路線比較令人沮喪：由於政府機關無法面對挑戰，氣候變遷成為象徵和價值的文化戰爭主題，所以這個方法得出的結論恰好指出馬古利斯的說法正確——遲疑不決和政情緊張將讓廢棄物有機會毀滅我們。所以看起來，只剩第一種方法能讓我們依循巫師或先知的路線，針對氣候變遷採取行動。

第一種路線一開始就和大多數科學故事一樣，是某個人問了一個問題。這個人便是尚・巴普蒂斯・約瑟夫・傅立葉（Jean-Baptiste-Joseph Fourier），出生於一七六八年的勃艮第（Burgundy），是一名裁縫師的第十九個小孩。而這位裁縫師對傅立葉這位兒子人生最大的影響，恐怕是在他八歲時就去世了，所以這個小男孩和其他手足後來進了孤兒院。傅立葉相當幸運，因為當地一位有錢人提議該鎮主教讓他進入本篤會修士開設的學校。傅立葉起初想成為另一所本篤會學校的數學老師，但這樣必須先成為

1　我在前言曾經提過，我打算把氣候變遷分成兩部分討論。我希望懷疑者暫時接受氣候變遷是個問題，如此我才能探討布勞格派和佛格特派如何處理這個問題。我將在附錄中討論我們是否應該相信氣候變遷的可能影響。

本篤會修士。一七八九年十月，法國大革命爆發，傅立葉還沒來得及宣誓成為修士，反神職的新政府在首波行動中便禁止法國人成為修士。傅立葉失望地回到勃艮第，卻因為對革命不夠支持而遭到逮捕，還被判死刑。當革命領袖於一七九四年被處死時，傅立葉還在牢裡等待執行。後來他被釋放，在巴黎成為數學教授，打算以研究方程式度過餘生。但他和另外兩百名學者被拿破崙徵召，隨同他一起侵略埃及。當時科學家之所以被徵召，主要是要他們研究被征服的土地和尋找值得竊取的物品。拿破崙在開羅指派傅立葉掌管新的開羅埃及學院（Institut d'Égypte）。但傅立葉運氣不佳，因為拿破崙 (1) 發現他是能幹的管理者，(2) 在過渡期間發動政變，成為法國的獨裁者。當傅立葉於一八〇一年回家時，這位獨裁者還任命他擔任法國東南方的省長。

這個故事開始於埃及的炎熱氣候，由於當地天氣炎熱，使得傅立葉的體溫調節中樞受損，所以當他回到法國後，一直都覺得寒冷。後來他即使在夏天也穿著厚重的大衣，冬天時更完全拒絕離開火爐邊。長年體寒或許可以解釋他為何對熱傳播物理感興趣，以至於在任期之內的空檔都會花時間研究相關問題。他期許自己成為熱學理論界的牛頓，因為牛頓提出「簡單又恆久的定律」，解釋「熱如何像重力一樣滲透所有物體和空間」。他一直努力到人生結束，身體因為神經性寒冷而十分虛弱，所以經常

傅立葉，繪於一八二三年。

坐在特製的木箱中工作，只露出頭和手臂。

一八二〇年左右，傅立葉問道：日光為什麼不會使地球溫度升高到和太陽一樣熱？他知道地球會把一部分熱反射回太空，但為什麼沒有**全部**反射？而是讓地球溫暖得像金髮女孩（Goldilocks-style）那樣恰到好處，不太熱也不太冷？

四年後，傅立葉寫下結論。他指出，有三個機制可以解釋地球的溫度：首先，太陽照射在地表，使地球溫度升高；第二，地面溫度因為熔化的地心而升高，依據傅立葉的說法，地心是地球創生時留存下來的火；第三，熱可能來自外太空，傅立葉指出它來自「無數恆星」的光。傅立葉認為來自外太空的恆星熱能就像金髮女孩的帽子，包裹著地球，防止它反射太多太陽的熱。

這些說法有許多是錯的：外太空的溫度並非如傅立葉所想的「略低於兩極地區的溫度」（而是只比絕對零度高幾度），而且地心對地表幾乎沒有影響。不過，傅立葉的基本想法是對的：地球氣候是許多不斷交互作用的力形成的平衡[2]。

愛爾蘭研究人員約翰・汀達爾（John Tyndall）提出更清楚的解釋。他出生於一八二〇年，和傅立葉一樣都出身清寒。而汀達爾的父親則是一位鞋匠。儘管家裡沒什麼錢，汀達爾仍然能夠上學並成為測量員。他在學校染上沉迷於科學的病毒，這個症狀到成年時更加嚴重，他因此在二十八歲時辭去測量

2 許多人說傅立葉發現了「溫室效應」，可是這個說法不正確，理由有兩個：第一，傅立葉從來沒說過大氣像溫室，他的文章裡也沒出現過「溫室」這個詞；第二，大氣的作用也不像溫室。大氣溫度提高是因為吸收來自地表的輻射熱，而溫室溫度提高是因為玻璃阻擋暖空氣散出，兩者過程不同。我訪問過的許多科學家提到「溫室效應」是錯誤說法，所以我在這本書中避免使用。

工作，到德國進入著名的馬堡大學攻讀物理學。他也在這裡染上另一種疾病：登山。他回到英國後，在倫敦皇家學院擔任教授，並把這兩種愛好結合起來：他開始研究冰河。

在歐洲北部和美洲，地質學家都發現了位置詭異的巨大石塊、難以解釋的碎石山脈，以及被重物刮擦過的岩層。科學家慢慢相信，這些都是遠古時代規模與大陸相仿的冰河前進與後退的痕跡。要產生如此大量的冰，全球溫度必須大幅降低數千年，但沒有人知道怎麼會出現這種現象。

汀達爾開始猜測這與地球大氣肯定有關。這個時候，物理學家證實物質的溫度是平均能量的度量值，而能量則是那些組成物質的原子或分子的移動、振動和轉動。粒子運動得越快，物質就越熱。科學家還得知，原子和分子能吸收或放射光，提高或降低它們移動的能量，進而提高或降低它們的溫度。有一種光（假設是眼睛看不見的紅外線）和溫度的關係格外密切，任何溫暖或高溫的物體都會放射它（例如老派諜報片裡常見的夜視鏡就是應用紅外線）。汀達爾假設大氣吸收了紅外線，而這個現象主宰全球溫度，同時也造成冰川期。

傅立葉把空氣視為均一物質，而汀達爾則分別研究組成氣體，猜測其中有一種氣體可能吸收紫外線，使大氣溫度提高。為了解答這個問題，汀達爾把每種氣體灌入長管，每支一種，也就是一支是氮、一支是氧。管子的一端放置高熱的金屬盒，而另一端則放置熱電堆（thermopile）——這個裝置可把熱轉換成電。金屬盒會放射紅外線，透過管子傳到熱電堆，而紅外線在傳播過程中有一部分被管內的氣體吸收，熱電堆就可以把其餘能量轉換成電。被氣體吸收的紅外線越多，電流越小，汀達爾可藉此得知是哪種氣體使大氣溫度提高。

但實驗結果證明這個方法不管用。無論汀達爾怎麼做，紅外線都完全通過管子，彷彿氮或氧都不存在一樣。這兩種氣體在大氣中的比例超過百分之九十九，其餘成分只有不到百分之一。如今，汀達爾的實驗器材告訴他，大氣中百分之九十九以上的成分不會吸收紅外線。如果確實如此，則地球表面的紅外輻射絕大部分應該會像子彈穿透紙張一樣射向太空，而結果上，則應該是我們的世界將被冰封，並和月球一樣寒冷。所以問題不是冰川期為何發生，而是世界為何曾經那麼溫暖地適合生物生存。

汀達爾苦思幾個星期，就在幾乎快要放棄之際，他靈光一閃，用當時倫敦各處用來照明的煤氣做實驗。他驚訝地發現，煤氣吸收了「大約百分之八十一」管子裡的紅外線。煤氣沒有顏色，可見光能直接穿透它，就像透明窗戶一樣，但對紅外線而言，煤氣就像霧濛濛的浴室窗戶，大部分的紅外線都會被攔截下來。

汀達爾興奮地嘗試許多種氣體，包括乙醚、香水、酒精蒸汽、二氧化碳和水汽等，結果每種氣體都能輕鬆地吸收紅外線。汀達爾尤其對最後一種物質格外有興趣。他去除空氣中的水汽後，空氣可吸收大約一單位的紅外線。但一旦他把少量水汽加回空氣中，「就使吸收率提高到百分之十五左右」。這項發表於一八六一年的發現，讓汀達爾得以提出第一項大致正確的大氣物理概況。

小學生都學過，太陽放出各種光波照射地球，包括X射線、紫外線、可見光、紅外線、微波和無

汀達爾，攝於一八八〇年左右。

線電波等等；其中大約有三分之一被雲反射出去，另外還有六分之一被空中的水汽吸收，剩下還有大約一半的日光（其中大多是可見光）穿透大氣，幾乎完全被表面的陸地、海洋和植物吸收（僅有少量被反射出去）。

地面、水和植物吸收這些太陽能後自然加溫，朝空中放射紅外線。這些二次紅外線大多被空中的水汽吸收，使水汽溫度提高。水汽的重量比例通常是大氣的百分之一到百分之四（精確數字隨溫度、風和地表狀況而定），比例雖小，但造成的影響卻很大。

水汽分子吸收紅外線後，額外能量使分子進入「激發」（excited）狀態，電子形成高能量的新型態（這裡採用汀達爾看不懂的現代說法，畢竟在當時來講，電子還要過三十年之後才發現）。如果放任不管，水分子通常會在千分之幾秒內把這些能量重新釋放出來，產生紅外線。接下來，它們就像放縱過後的中年郊區居民一樣，回到比較穩定的低能量狀態。如果實際狀況就是如此，整體大氣應該不會吸收紅外線，溫度也不會受影響。但事實卻不是這樣，因為分子**沒有**被放任不管：大氣中的分子通常會和鄰近分子碰撞，頻率高達每秒一千萬次。當水分子還來不及釋出額外能量時，就會在百萬分之幾秒內和氮或氧分子碰撞幾千次。在這無數次的碰撞中，水分子會把從紅外線吸收來的額外能量轉移給氮或氧分子，使它們的溫度提高。換成另外一種說法，水汽分子就像一部機器，把紅外線能量間接傳給無法直接接收能量的氮和氧分子。

有些水汽分子確實會放射紅外線，這些紅外線向下射向地球或向上射向天空，再次被吸收後再次被接納，或是再次吸收後轉移能量，然後再再次被吸收後再再次被接納，如此不斷重複下去。此外，氮和氧分子還會經由另一個十分複雜的交互作用，把熱釋入上層大氣。當這些全部加總起來，整個系

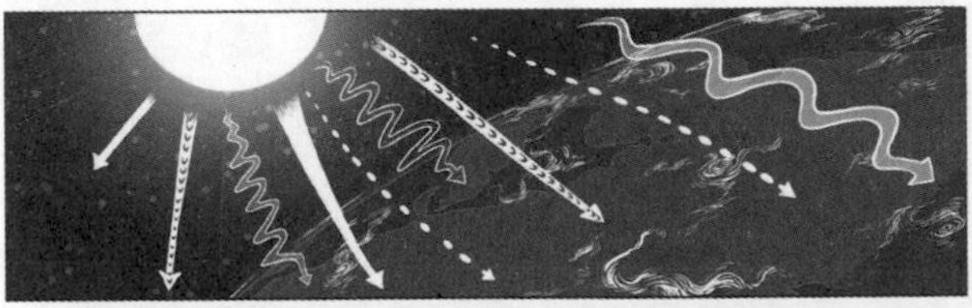

在白天，太陽不時放射各種形式的光，包括無線電波、紫外線、可見光、X射線、γ射線、微波等等，但大部分是可見光或紅外線。

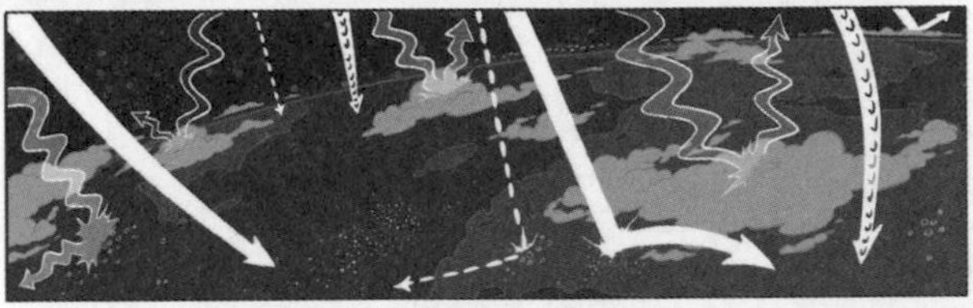

射向地球的光有將近三分之一會被雲、塵土和地球表面反射出去，而另外一些則被吸收；主要是臭氧層吸收危險的紅外線。

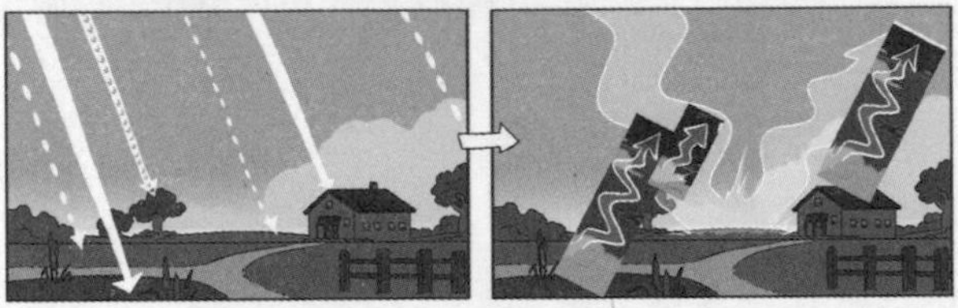

其他部分被陸地、水和植物吸收，使它們溫度提高並釋出紅外線；這樣是好事，否則地球會變得高溫難耐。

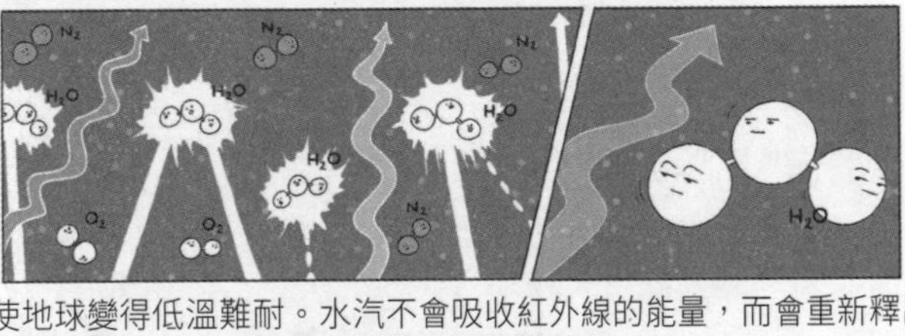

在大氣中比例超過百分之九十九的氮氣（N_2）和氧氣（O_2）不會和紅外線產生作用。但水汽（H_2O）會吸收紅外線；可這也是好事，否則紅外線能量會釋出大氣，使地球變得低溫難耐。水汽不會吸收紅外線的能量，而會重新釋出某些頻率，讓恰到好處的能量離開，防止地球大氣變得高熱難耐。

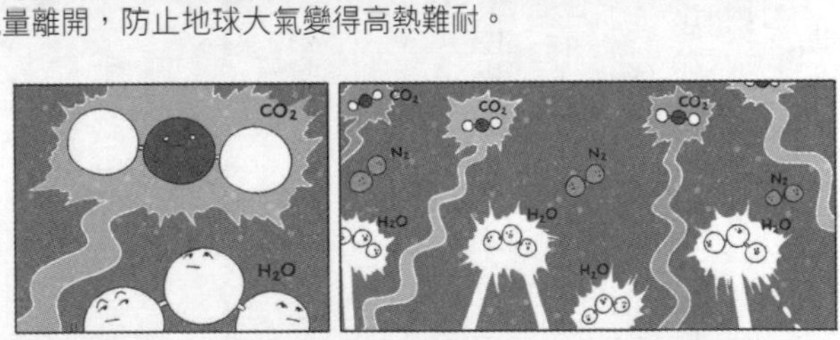

可惜的是，二氧化碳（CO_2）正好會吸收這些頻率，而這就不是好事了，因為二氧化碳關上了逃生門。雖然空氣中的二氧化碳相當少，還是會讓地球慢慢暖化。

統最後會把紅外線能量慢慢儲存在大氣中，讓地球溫暖得恰到好處，同時把適量的能量發散到外太空，防止地球過熱。汀達爾發現，這樣就可以解答傅立葉的問題。水汽是控制氣候的總開關。他認為，冰川期一定是因為水汽改變而出現，若用汀達爾興奮的粗體字來說明的話，這就是「**地質學家研究發現的所有氣候突變的真正原因**」。

汀達爾幾乎完全沒注意到二氧化碳，因為它在空氣中的比例太低。當時二氧化碳的體積比例只占大氣的百分之〇．〇三（這個比例從當時一直微幅上升）。如果收集一萬個潛水氣瓶的空氣，其中的二氧化碳大概只能裝滿三個氣瓶。比例這麼小的物質如同九牛一毛，很難被視為重要的大氣組成成分。汀達爾以為二氧化碳不重要，不可能有實際影響[3]。

在十九世紀剩餘的時間裡，研究者完全依循汀達爾的結論，很少人對空氣中的二氧化碳有興趣。但阿維德．霍格玻姆（Arvid Högbom）和斯萬德．阿瑞尼斯（Svante Arrhenius）就屬於這群少數人。他們都出生於一八五七年，都就讀於烏普蘇拉大學（University of Uppsala）。一八九一年，他們都進入私人智庫斯德哥爾摩學院，也就是後來的斯德哥爾摩大學（University of Stockholm）。但他們進入這裡的途徑不一樣：有魅力又有禮的霍格玻姆在烏普蘇拉大學成績非常好，取得博士學位後立刻成為教授。衝動又感情豐富的阿瑞尼斯撰寫的論文中充滿新穎但不成熟的概念，讓指導老師大為生氣，幾乎想當了他。阿瑞尼斯認為自己成績太差，學術生涯就此結束，後來兩年都住在父母家裡抱怨命運。最後他重新振作，在德國實驗室做臨時工作，同時提出一些想法，後來成為物理化學的基本概念。當這些概念發表時，阿瑞尼斯名聲暴漲，因此得以回到瑞典，和霍格玻姆一起取得智庫的工作。

地質學家霍格玻姆對石灰岩的起源有興趣。二氧化碳接觸海洋時溶化在水中，而海水中同時含有溶化的鈣；當溶化的鈣和二氧化碳結合時便形成碳酸鈣。甲殼類、珊瑚、有孔蟲（有細小外殼的單細胞原生動物，通常生活在海床上）和其他水中生物以這些碳酸鈣製造外殼。一段時間之後，當外殼堆積起來被逐漸壓縮形成岩石後，就是石灰岩。霍格玻姆發現，石灰岩是大氣二氧化碳的封存庫。不過地球上有龐大的石灰岩礦床，空氣中的二氧化碳極少。這些二氧化碳究竟是怎麼來的？

就霍格玻姆所知，最大的二氧化碳來源是火山噴發，因為火山爆發時會噴出熔融的石灰岩、煤炭和石油產生的氣體。霍格玻姆也發現，如果噴發規模非常大，可能使大氣二氧化碳濃度明顯提高。同樣地，如果沒有火山，大氣中的二氧化碳可能會非常少，因為二氧化碳會被海洋吸收，變成貝殼。他因此斷定「（二氧化碳）含量大幅改變的機率一定相當大」。以不那麼學術的說法來說的話，就是以往空氣中的二氧化碳可能比現在多得多或少得多。

阿瑞尼斯感到很有興趣。他在斯德哥爾摩取得舒適的學術工作之後，已經失去努力做實驗的興趣，只喜歡研究其他人的資料，而他也以這種研究方式提出許多關於太陽系形成過程、宇宙的歷史，以及太陽內部運作的新理論。但這些理論後來都被實際做實驗的研究者否決。阿瑞尼斯參考霍格玻姆的研究結果，想到他的二氧化碳資料是否能用來解釋冰川期。冰川會不會是因為二氧化碳濃度降低而出現？

為了解答這個問題，阿瑞尼斯決定估算濃度加倍或減半時的影響。這個計算過程相當繁瑣，因為

3 在汀達爾離世前三年，一位美國科學家發表兩頁的論文，說明不同氣體吸收太陽能的狀況。這位科學家是尤尼斯．富特（Eunice Foote），她也是一位紐約上城的女性參政支持者。我們對富特所知不多，她除了這篇論文之外只發表過一篇主題不同的文章，目前沒有發現她其他的作品。富特的研究和汀達爾的作品相似但沒那麼全面性，也沒有證據證明汀達爾知道這篇論文。

緯度和雲量不同，世界不同地區在不同時節接收到的日光量也不一樣。但阿瑞尼斯最後還是算出，從赤道到兩極總共一千公里的這塊區域每個季節接收日光的平均值。一位美國科學家測定哪些波長的光會被水汽和二氧化碳吸收，哪些波長會直接通過（波長是光波連續兩個波峰間的距離），由於不同的波長代表能量不同，所以對溫度的影響也不同；阿瑞尼斯同樣也得考慮這個因素。至於像雪、水和土壤反射光的程度也都不一樣，因此一個接著一個，毫無例外，阿瑞尼斯得把所有因素都放進計算過程中。

阿瑞尼斯，攝於一九〇九年。

他於一八九四年聖誕夜開始這次「冗長辛苦的計算」。他剛剛和實驗室助理結婚，但她卻在他埋首桌前時，懷著他的孩子離開了他，一個人到遙遠的島上生活。阿瑞尼斯計算了幾萬次後，終於在一八九五年大功告成。他向朋友抱怨：「真不敢相信這麼小的事情竟然花了我一整年時間」，但中間完全沒提到妻子。

成果和他投下的心力相比之下很值得，但不包含為此而犧牲婚姻。阿瑞尼斯相信他發現了重要事實：空氣二氧化碳濃度的微小改變可能導致冰川期。他指出，二氧化碳濃度減半（由百分之〇．〇三減少到百分之〇・〇一五）時，全世界的溫度將降低攝氏五度，這個落差足以導致冰川形成。霍格玻姆同時也指出，燃燒化石燃料一定會提高大氣二氧化碳濃度。因此阿瑞尼斯估計，二氧化碳濃度加倍將使全球平均溫度提高攝氏六度，這個落差則足以使地球大多數地區變成沙漠。

阿瑞尼斯沒有因為這個預測而感到憂心，因為他認為即使真的發生，也要好幾千年後才會提高攝氏六度。此外他住在天寒地凍的瑞典，溫度提高似乎還不錯。根據阿瑞尼斯的預測，未來「我們的後代將生活在比現在更溫暖的氣候和更溫和的環境中」。

他的同行更不憂心，因為他們覺得他根本不知道自己在講什麼。否定的主要人物之一是熟識阿瑞尼斯多年的努特・昂斯特洛姆（Knut Ångström）。昂斯特洛姆是著名物理學家的兒子，和阿瑞尼斯同時進入烏普蘇拉大學，也和他一起進入智庫。但多年交情沒有阻止他於一九〇〇年激烈批評阿瑞尼斯的研究成果。

昂斯特洛姆把焦點放在阿瑞尼斯如何說明光和二氧化碳的交互作用。高中化學教過我們，當原子吸收和放射光的時候對波長相當挑剔，只選擇某些波長，其餘一概不接受。十九世紀物理學家發現，每種物質的吸收和放射圖形就像指紋一樣，可用來辨識物質[4]。昂斯特洛府檢視二氧化碳和水汽的圖形，發現兩者吸收的波長有許多相同之處，加上大氣所含的水汽比二氧化碳多出許多，所以這些波長幾乎

4　現在我們知道這是因為電子以複雜的「軌域」（orbitals）環繞原子運行。只有當入射光波的能量正好可把電子從一個軌域撞擊到另一個能量更高的軌域時，原子才會吸收這個光波。能量太高或太低，原子都不會吸收，因為光波的能量與軌域間的能量差不同。這個現象使十九世紀的物理學家大感困擾。原子為什麼這麼挑剔？這個謎團於二十世紀初期解決後，引發了量子力學革命。

完全是被水汽吸收。因此，阿瑞尼斯整個二氧化碳理論都是錯的——「這個觀察結果不可能是阿瑞尼斯先生提出的」。汀達爾想的沒錯，影響大氣溫度的水汽和二氧化碳沒有關係。

阿瑞尼斯的二氧化碳假設似乎已被否定，因此科學家提出其他關於冰川期起源的想法。冰川期可能源自太陽亮度波動、山脈上升、大陸在地函上移動、火山灰、太陽系在太空中通過比較寒冷的區域、海流、碰撞外星冰塊等等。各家說法不一，也沒有定論[5]。一九二九年英國氣象局局長喬治·克拉克·辛普森（George Clarke Simpson）的說法算是少數共識之一：「現在大多認為，大氣中二氧化碳的變化即使確實存在，也不可能對氣候造成顯著影響。」

外行人

但蓋伊·卡倫德（Guy Callendar）不同意這個說法。卡倫德出生於一八九八年，是英國首屈一指的蒸汽工程師的兒子，在西倫敦高級住宅區裡長滿長春藤、有二十二個房間的大宅裡長大。他起先擔任父親的助手，後來繼承他的工作。他大膽又好奇，喜歡鑽研自己一無所知的領域，大氣科學就是其中之一。沒有人知道他為什麼對氣候有興趣，可能只是好奇為什麼冬天變得比他小時候溫暖。卡倫德本人則歸因於好奇：「人類正以地質時間尺度上前所未有的速度改變大氣組成，我們自然會想知道這樣的改變可能造成的影響。」

一九三〇年代早期，卡倫德開始採集氣體性質、大氣結構、各緯度的日光量、化石燃料使用、洋流活動、世界各地氣象站的溫度和雨量，以及其他各式各樣因素的資料。事實上，他的目的是為了再做一次阿瑞尼斯的計算。但這次卡倫德擁有其他優勢，畢竟阿瑞尼斯當年計算時有許多資料尚未測定，只能依靠猜測，因此他的文章滿是「因此我們可以**假設**」、「我不確定這個（因素）是否有人測定，但**也許**沒有差別」、「看來**似乎**是」、「我**個人相信**採取這種方式不會造成全面性誤差」（粗體字為本書作者自己強調）等預防性詞句。卡倫德由於多了四十年的資料可用，所以他提出史上第一份與現今相仿的大型氣候模型草圖。

蓋伊・卡倫德，攝於一九三四年。

他的工作重點是求得更精確的二氧化碳和水汽值。讀者應該還記得，地面會吸收太陽能，再以紅外線的形式放射出來；而這些紅外線能量絕大部分被水汽吸收，再轉移給大氣其餘成分。散失量正好足以防止大氣熱到難以忍受。

能量散失的機制共有兩個。第一個機制是水汽吸收能量後轉換成紅外線釋出，而其中一部分紅外線則放射到外太空（在過程中被水汽重複吸收和放射許多次，但最後還是會到達大氣之外）。第二個機制是水汽沒有**完全**吸收地球放射的紅外線，因為它不會吸收某些特定的波長。卡倫德發現，新數據指

5 今日的研究人員大多認為冰川期的原因是地球的傾斜和軌道出現少許偏移，改變日光照射地面的量和分布，導致地球變冷。

出，最重要的「窗口」出現在波長約為十微米的位置，換句話說，水汽不吸收波長為十萬分之一公尺左右的光波。至於另一個明顯的窗口則出現在四微米左右。

卡倫德同時也發現，科學家已經更精確地測定二氧化碳吸收的波長。這些波長**並沒有**與水汽吸收的波長完全重疊，因此和昂斯特洛姆的說法不僅有出入，而且還正好相反：二氧化碳吸收了某些水汽不吸收的波長，也就是說它封住了窗口。空氣中的二氧化碳越多，吸收的這種波長就越多。

在卡倫德的理論中，大氣像是浴缸。紅外線像水一樣流進浴缸。浴缸有幾個小孔，也就是水汽讓來自地表的紅外線直接通過的「窗口」。從小孔流出的水和從水龍頭流進的水大致相同，所以浴缸的水位維持不變。現在我們用口香糖堵住一兩個小孔，就好比在空氣中加入二氧化碳一樣，水位自然會上升。

從人類的觀點看來，這真的是運氣不好。如果二氧化碳和水汽的物理性質沒有重疊，如果二氧化碳不是恰好會吸收水汽不吸收的紅外線，那麼氣候研究者就不會那麼關注燃燒化石燃料。二氧化碳增加將會被視為大氣科學的冷門領域，可能就只剩書呆子才會關注。我們也可以盡情使用煤炭和石油（只要減少汙染就好），而工業文明也不會面臨生存挑戰。

卡倫德和其他人都不清楚水汽和二氧化碳彼此間的關係。二氧化碳阻止紅外線從地球向外放射，卡倫德——和阿瑞尼斯一樣——認為這是好事，他說：「平均溫度微幅提高」對寒冷地區的農民有益。更棒的是，這樣「可能會」延緩「致命的冰川再度出現」。

卡倫德提出這個主張等於告訴氣候研究學者，有個外行人在他們的領域獲得重大突破，但在此之前他們完全沒有人發現。這當然很令他們不快。雖然他的學術地位足以讓他於一九三八年到英國皇家氣象學會發表這個理論，並由六位專業氣候科學家提出評論，但他的名望不足以讓評論者把他當作一回事（即使他們肯定他的確「堅持不懈」）。在這件事發生的多年前，英國氣象局長辛普森就曾經強調二氧化碳「對氣候沒有顯著影響」，而現在他也是卡倫德的評論者之一，所以他嗤之以鼻地說，卡倫德研究成果的問題是，「不是氣象學家」就不可能對氣候研究透徹到哪裡去，更別說提出有用的結論。

評審小組的另外兩項批評更加不留顏面：第一項是卡倫德沒有證明化石燃料產生的二氧化碳為何沒有被海洋吸收，而是留在大氣中；第二項是科學家的儀器可能受鄰近的汽車廢氣、工廠、農場和發電廠影響，所以這些大氣二氧化碳測定值都不可靠。卡倫德雖然投入多年時間蒐集資料，但與會的氣象學家都「十分懷疑」這些資料的代表性。

卡倫德沮喪之餘仍然繼續研究氣候，

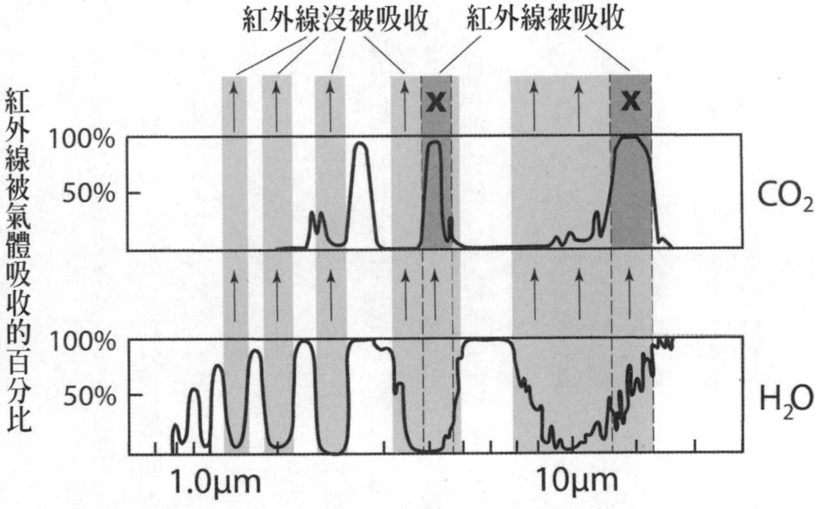

紅外光譜的波長為一微米到十微米之間。而空氣中的水汽（H_2O，圖中下半部）雖可吸收地球表面放射的大部分紅外線，不過光譜中卻有些空隙（淺色部分）不被水汽吸收，這是防止地球過熱的安全機制。二氧化碳（CO_2，圖中上半部）只吸收某些波長的紅外線，但巧的是，其中有兩個正好位於水汽的空隙（深色部分）。二氧化碳吸收水汽不吸收的紅外線，因此使放射到外太空的紅外線減少（但只有一點點）。

直到一九六四年去世為止。氣象學家慢慢開始重視他的理論，只不過這個從無視到重視的進度非常緩慢罷了。

他們不得不如此，畢竟二戰之後，許多新研究者湧入大氣科學領域，大多數的經費來自美國軍方。美軍於大戰期間採用不熟悉的輻射技術，卻收到很好的成效：例如以紅外線發送訊號和狙擊、用微波當成雷達偵測敵方飛機。為了進一步開發這些技術，軍方希望充分瞭解各種特殊的光以及它們和大氣的交互作用。一九四七年，美國戰略空軍（Strategic Air Force）總司令喬治・甘迺迪（George Churchill Kenney）將軍在MIT的演講中提到他的夢想。他說：「在紅外線以下和紫外線以上，或許會有破壞力與原子彈不相上下的未來武器，」例如「配備某種超級口哨的飛機，在繞行城市一段時間後，就能擾亂整個城市的神經系統。」更令甘迺迪興奮的是，輻射和大氣的交互作用可讓我們理解和指揮天氣：「率先懂得精確繪製氣團移動路徑和控制降雨時間及地點的國家，就能稱霸全球。」美國軍方受「氣象戰」（climatological warfare）夢想的激勵，提供經費給電腦先鋒約翰・馮紐曼（John von Neumann）的研究計畫，創造史上第一個數位大氣模擬裝置。

由於五角大廈供應的大筆經費，使大氣科學研究中心從歐洲轉移到美國——從一九五七年三位身在加州的科學家提出兩項計畫，藉以解答卡倫德的批評，就可以看出其影響。第一項計畫由聖地牙哥斯克里普斯海洋研究所（Scripps Institution of Oceanography）的漢斯・蘇斯（Hans Eduard Suess）和羅傑・雷維爾（Roger Revelle）提出。他們和卡倫德一樣是大氣科學的外行人，蘇斯是奧地利物理學家，曾經參與納粹德國製造原子彈的外圍工作，後來移民美國。至於雷維爾則是海洋學家，擔任過斯克里普斯海洋研究所所長，這個研究所是海洋領域最重要的研究機構。

蘇斯本人擁有物理學背景，所以知道剛發明的放射性碳定年技術可用來分辨化石燃料的碳和其他種類的碳[6]。雷維爾發現蘇斯的技術可用來探知海洋是否可吸收化石燃料產生的二氧化碳，如同那些當年懷疑卡倫德的批評者所想的。他們兩人合作研究，發現海洋確實可吸收大部分二氧化碳。但他們完成關於這個效應的論文草稿後才想到，海洋吸收二氧化碳後會引發其他交互作用，使海水很快地釋出原先吸收的二氧化碳。最後，海洋依然**無法**吸收煤炭、石油和天然氣產生的二氧化碳。雷維爾和蘇斯匆忙地在論文結論加上一段，說明燃燒化石燃料可能導致「一場前所未有的大規模地球物理實驗」。

但接下來的第二項計畫卻與第一項計畫互補，該計畫執行者是斯克里普斯的另一位研究人員查爾斯・基林（Charles David Keeling）。基林生於一九二八年，父親是芝加哥銀行高階主管，相信經濟大蕭條（Great Depression）的禍首是自己這些銀行從業人員。他的父親辭職後大力支持銀行改革，基林在自傳式散文裡曾經寫到他父親的改革「因此使我們家陷入貧窮，父親也因此感到憂傷。」基林原本在伊利諾大學攻讀化學，但後來為了逃避必修的經濟學而改念人文科學，他說：「我深深覺得在家裡已經接觸夠多經濟學了。」歷經一陣混亂之後，基林重拾化學，取得博士學位，卻反而愛上地質學，最後在帕

6 關於放射性碳定年法：來自外太空的高能量次原子粒子不斷打在地球上。這些「宇宙射線」打到氮原子時，強烈撞擊使氮變成略帶放射性的碳，科學家稱之為碳十四（^{14}C）。碳十四偶然會分解成氮，速率大約相當宇宙射線生成碳十四的速率。結果空氣、海洋和陸地的碳會有一定的比例由碳十四構成。植物透過光合作用吸收碳十四。動物食用植物後也吸收了碳十四。結果，世界上所有活細胞都含有一定的少量碳十四，而且碳十四都略帶放射性。生物死亡後停止吸收碳十四。由於細胞中的碳十四持續分解，所以體內的碳十四含量會以可預測的方式減少，研究人員可藉此估算這個生物生活在什麼時候。蘇斯發現，燃燒石油產生的二氧化碳幾乎不含碳十四，原因是創造碳十四的生物早在數百萬年前死亡。因此我們可以偵測化石燃料是否會把這種不含碳十四的二氧化碳排放到環境中，碳十四整體含量會比較少一點點。

沙迪納的加州理工學院（California Institute Technology）取得地球化學研究員職位。但一九五六年主管一句不經意的評語卻改變了他的一生。

基林的主管猜測水中的二氧化碳可能與空氣中的二氧化碳達成平衡——一者若增加，另一者就會很快地平衡過來。基林決心研究這個想法是否正確。他厭倦桌前工作，喜歡到戶外，特別是跑去帕沙迪納附近的山裡做測量。他驚訝地發現測量到的數據非常沒有規律，空氣中的二氧化碳有時多、有時少。基林發現他的儀器旁邊有許多「工業排放、汽車廢氣和後院焚化煙霧」，這完完全全符合那些批評卡倫德的理由。為了得知實際濃度，他必須蒐集無汙染地區的長期資料。美國氣象高層同意贊助基林到四千一百六十九公尺高的夏威夷茂納羅亞（Mauna Loa）火山測量二氧化碳濃度。這裡

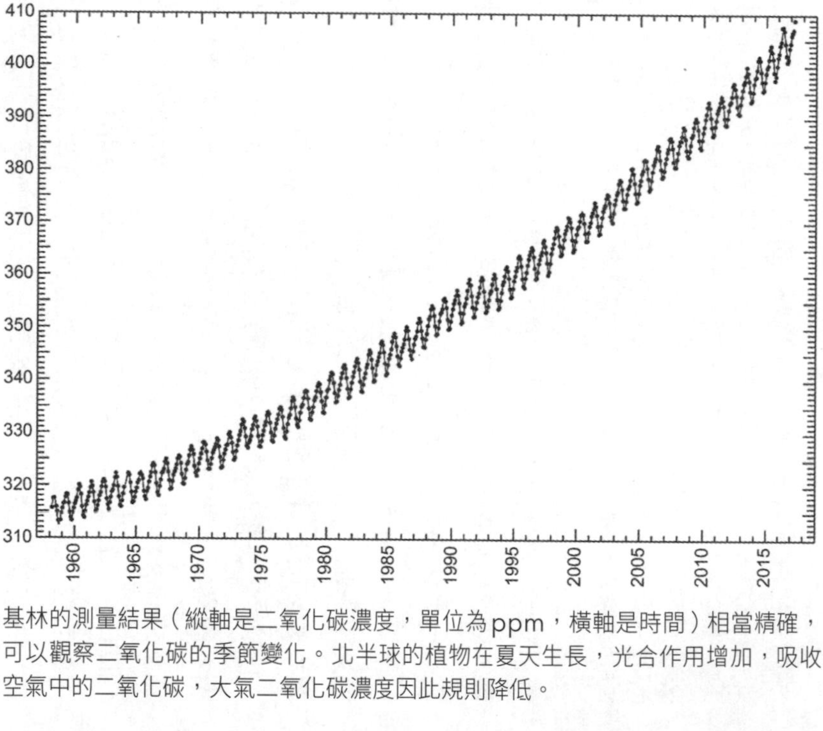

基林的測量結果（縱軸是二氧化碳濃度，單位為ppm，橫軸是時間）相當精確，可以觀察二氧化碳的季節變化。北半球的植物在夏天生長，光合作用增加，吸收空氣中的二氧化碳，大氣二氧化碳濃度因此規則降低。

持續吹著西風，最近的二氧化碳來源是數千公里外的亞洲。

在這段期間，雷維爾也得知基林的初步工作，並邀請他到斯克里普斯研究所。基林轉往那裡，建構全世界第一套高精確度氣體分析系統。他不斷改變設計，要求更多經費，因此激怒雷維爾。雷維爾認為基林只想達成不重要的精確度，無意義地拉長小數的位數。測量工作於一九五八年二月展開。兩年內，儀器指出全球空氣二氧化碳濃度在這段期間從三一三ppm提高到三一五ppm左右。

基林從一九五八年開始在茂納羅亞火山工作到二〇〇五年去世。這段時間內，大氣二氧化碳濃度提高到三八〇ppm。基林長達數十年的精細測定值，加上雷維爾和蘇斯的研究結果，讓氣候研究學者相信，大氣中的二氧化碳正在逐漸增加。

但這樣究竟有什麼影響？就絕對標準而言，二氧化碳的增加幅度相當小——只有百萬分之幾。而研究學者大多認為，溫度要到許久之後才會升高，而且應該對人類有益。雷維爾和蘇斯斷定，人類正在進行一項實驗，但認為不可能造成很大的影響。他們在論文中寫道，幾十年內，累積的資料將足以「讓我們斷定大氣中二氧化碳的濃度改變是否會有影響（**如果真的發生的話**）。」

一九五九年某個星期天，《紐約時報》報導「全世界變得稍微溫暖」，並指出科學家相信暖化趨勢「不需要擔心，也不明顯」。這篇文章出現在（紙本原文書）第一一二頁，更顯得毫不在乎。

道德間奏曲

二〇一六年春天，我朋友羅伯・迪康多（Rob DeConto）在《自然》（*Nature*）期刊發表論文。很巧的是，我們的家人在期刊發行的第二天一起吃晚餐。羅伯剛完成一個長期計畫，所以顯得很愉快，但又因為這個計畫的影響，顯得有點不安。他和他同事大衛．波拉德（David Pollard）投入多年時間觀察南極冰蓋，它是目前全世界最大的冰塊。研究者以往認為，它的體積如此龐大，對全球溫度提高的反應會相當慢。但令人驚愕的是，迪康多和波拉德發現南極受影響的程度可能比以往所想的大。

溫度提高對冰的影響包含兩方面：溫度提高的空氣使冰從上方開始融化，在表面形成水坑，而變暖的洋流則從冰蓋下方侵蝕，造成龐大的裂縫。表面的水坑可能透過裂縫流走，使裂縫變大，導致冰塊裂成不穩定的碎片，最後因為自身重量而脫落。剩餘部分被溫度較高的水和空氣包圍，所以會融化得更快，就像雞尾酒裡的冰塊一樣。如果他們的說法正確，到了二一〇〇年，融化的南極冰蓋**本身**將使海平面升高一公尺，足以淹沒邁阿密、東京、孟買、紐奧良和其他許多城市。到了二五〇〇年，升高幅度更將達到十五公尺。

每隔幾年，聯合國協助成立的國際科學機構跨政府氣候變遷研究小組（Intergovernmental Panel on Climate Change，簡稱ＩＰＣＣ）就會發表篇幅長達好幾大冊的報告，說明氣候變遷的科學研究現況。二〇一三年，它預測了海平面受格陵蘭冰川融化、北極冰蓋縮小和水溫提高時膨脹（膨脹程度相當小，但全球累積起來也很可觀）等因素影響的狀況。ＩＰＣＣ估計，這些因素總和起來，海平面將於二一〇〇年上升約七十公分。最大的冰體南極洲大致上沒有改變，造成的海平面提高程度只有二至八公分。而事實似乎也證實了這項預測，近數十年來，南極洲的冰體並沒有太多融化的跡象。而且事實上，某幾部分冰層還增大了。但ＩＰＣＣ也認為科學家必須更仔細觀察以便確定。現在迪康多和波拉德進行了這項測試，指出二一〇〇年南極洲可能解體，因此海平面上升會比ＩＰＣＣ的預測更高也更快。

我朋友告訴我：「對地球物理學家而言，現在的狀況十分驚人。我們以往相信這些系統要好幾千年才會出現這些變化。但它出現得太快，感覺相當可怕。可想見，一**百年內**就會出現真正可怕的影響。」

這便是思考氣候變遷時最困難的地方：從地質學尺度看來快得可怕的事件，就人類尺度而言卻是十分漫長。迪康多所謂「真正可怕的影響」是海岸被淹沒、島嶼消失、可怕的旱災，以及威力可能空前強大的風暴。但即使這些事件發生在迪康多擔憂的時間，即使它們發生在地質學上微不足道的某一個世紀之內，他和我還是看不到。所有讀過這本書的人都已離開這個世界，他們的小孩大多應該也是。這樣看來，有多少國家真的會對這麼長期的事件擬定應變計畫？又有幾個家庭真的會這麼做？

就短期而言，最可能受到氣候變遷危害的人，是生活在海上島嶼、地勢非常低的濱海聚落、冰天雪地的北極群落，以及在不尋常的乾旱期、森林大火周圍的居民。這些地區的居民有幾百萬人，但在全世界幾十億人中只占一小部分。氣候變遷最嚴重的潛在受害者是未來的世代，可能是未來數百年、甚至上千年。重點是我們現在的作為（燃燒化石燃料）是把問題（乾旱、海平面上升）丟給明天。一方面，迫使其他人收拾我們的爛攤子，本來就違反基本公平原則。另一方面，實際防範氣候變遷問題必須由現在的社會投資，造福久遠之後的人類，即使有些投資可能相當龐大。這就像要求十幾歲的人為自己的孫子預存退休金，甚至還得預存給其他人的孫子。我相信很少人願意這麼做。

這些人錯了嗎？我們**需要**對未來世代投下多少關注？越認真研究這個問題，就越令人感到困惑。紐約大學哲學家戴爾・傑米森（Dale Jamieson）說「氣候變遷問題遍布整個道德機制」（而另一位哲學家史蒂芬・加迪納〔Stephen M. Gardiner〕則說氣候變遷問題是「終極的道德風暴」）。主張針對氣候變遷採取行動的理由是認為我們對未來的人類負有道德責任。但這等於是要一群人為另一群和自己完全無關的人做出大幅改變。的確，另一群人「還不存在」。我們為不存在的人擬定計畫時，就會造成道德困境，因為我們無法得知這些假想的未來人類可能需要什麼。

在我們現在生活的世界中，蓄奴無論在哪裡幾乎都是違法的、女性可以投票和擁有財產，公然遵守社會階級制度將會遭到側目。但三百年前的決策者大多會認為這些發展反而很恐怖。他們假如知道未來會是這樣，搞不好也想防止這些狀況發生。

想像一下十七世紀時的曼哈頓島。假設它的原住民雷納佩人（Lenape）完全清楚未來的狀況，而且也可以決定自己的命運。在這個想像的前提下，雷納佩人知道曼哈頓島最後將成為全世界最重要的文化寶庫：大都會藝術博物館、美國自然史博物館、現代藝術博物館、紐約公立圖書館，以及林肯中心的歌劇和交響樂等，這些地方為無數人提供娛樂和教育。但雷納佩人也知道，要創造這個文化聖地，將會破壞這裡多樣化和豐富的生態系。我覺得雷納佩人應該會保留他們豐富美麗的家園。如果真的如此，現在看來他們錯了嗎？

經濟學家通常會嘲笑這類問題；他們會說，忘掉這些關於假想人類權益的哲學問題，因為這些都是家長主義式的知識分子和社會工程師「把自己的價值觀強加在別人身上」的煙幕彈——這段話出自哈佛大學經濟學家馬丁．魏茲曼（Martin Lawrence Weitzman）。經濟學家指出，我們應該看其他人怎麼**做**，並予以尊重。在日常生活中，大多數人最多只會關心未來幾年，而不怎麼考慮過於遙遠的未來。以經濟學家的術語說來，他們認為「現今效用重於未來效用」。

從技術上來說，這個概念可以用「貼現率」（discount rate）來說明。貼現率可以說是利率的逆向版本。假設我今天要買一棟新房子必須付出二十萬元，那麼如果我今天付錢之後必須等五年才能拿到這棟房子，我應該付出多少？十萬元還是五萬元？無論今天還是明天，房子都是相同的實體目標。但一般說來，必須等一段時間才能拿到的房子，價錢不可能和立刻就能拿到的房子相同，等待時間越久，願意付出的價格就越低。經濟學家通常把貼現率訂為百分之五，每等一年，價格就降低百分之五，而且以複利計算。經過計算，貼現率百分之五代表十五年後的貨物及服務價格大約是現在的一半。

氣候變遷的影響雖然顯著，對許多人而言卻很荒謬。假設貼現率是百分之五，阿根廷裔美國經濟學家葛蕾希拉・奇奇尼斯基（Graciela Chichilnisky）算出「兩百年後的地球總產出的現值是好幾十萬美元」。在經濟學上，「地球總產出」代表「全人類以及全人類的工作成果」。奇奇尼斯基指出，依據標準經濟學，要防止人類在兩百年內毀滅，全世界現在需要投資的金額「不超過買一棟公寓的錢」。

直覺上，我很難相信大多數人類會贊同人類未來的總價不超過一棟公寓。IPCC的重要人物奇奇尼斯基主張這類關於貼現率的想法不僅荒謬，而且不道德，因為它提升了「現在對未來的獨裁性」。經濟學家可能會反駁，大家**都說**自己重視未來，但根本沒這麼**做**，就算未來是自己的也一樣。而且顯而易見地，許多人（可能是大多數人）**沒有**存退休金、**沒有**買足保險、**沒有**預立遺囑，以及其他幾百件應該未雨綢繆的事，就算資源足夠也沒做。如果大眾連自己的人生都不做長遠打算，怎麼能期望大眾為好幾十年後的陌生人關注氣候變遷？

著有《來生》（*Death and the Afterlife*）的紐約大學哲學家山繆・薛富勒（Samuel Scheffler）表示沒有這麼快。人類對「個人」未來的感受和行動與對人類「集體」未來的感受和行動不同。薛富勒在書中談到另一本書：P・D・詹姆絲（Phyllis Dorothy James）一九九二年的暢銷科幻小說，曾由導演艾方索・柯朗（Alfonso Cuarón）改編成電影的《人類之子》（*Children of Men*）。這本小說和電影的設定是人類突然無法繁衍，因此面臨滅絕。薛富勒指出，在這種狀況下，至少就短期而言，活著的人不會變得更糟。夫婦沒有了未來的小孩，但沒有失去原本就有的小孩。現在不會有重大改變，失去的是我們原本就看不到的未來。

小說和電影都把這個世界描寫得脫序又絕望：人類失去未來，生活顯得毫無意義；文明衰微、失去目標、暴力幫派橫行街頭。相信「即使我們自己死去，人類的生命仍可繼續下去」的信念，反而是社會的重要基礎之一。

就邏輯上說來，《人類之子》中的孤寂相當獨特。薛富勒指出，所有人從小就知道自己會死。就個人而言，我們沒有長期的未來，因為個人滅亡是不可避免的。但每個男女老少一輩子都會親身經歷的悲劇並不會激起大眾驚慌；小報也不會大大地寫著「全世界七十三億人將在幾十年內消失」。薛富勒在《來生》中寫道，「人類可能消失的威脅」，在我們對於生命價值的信念上「遠大於我們自己的死亡」。

這個概念相當令人吃驚：對人而言，假想的未來世代之存在竟然比自己持續存在還更加重要——薛富勒對此諷刺地評論：「這是對以往所忽略的利他主義（altruism）的證據。」

這個概念的意思是，貼現率與經濟學家相反，只能解釋一部分我們與未來的關係。大眾關心未來世代；即使這個邏輯很難理解，但他們認為人類的命運比公寓重要。但試圖把這個普遍的願望轉換成特定行動則很困難。

想像一下有個道德階梯，最底下是只關心自己，接著是關心家人、關心文化或宗教，一直到關心所有文化和宗教以及未來世代。最上端是馬古利斯的關心自然秩序，自然秩序無所不包，已經沒有什麼不關心的事。有種哲學的老生常談是只關心自己無法獲得的快樂或滿足的生活，而另一種哲學的老生常談則是像聖人般高尚地關心所有生物，但要生活得好則不一定要成為聖人。

在一般大眾所主要占據的中間部分，我們很難以道德標準區分不同的位置。批評只關心自己家人或鄰居的人很容易，但在階梯上站得更高不一定更好，想想看在許多例子中，人類原本認為自己為大我的利益而努力，但最後做出很糟糕的事。如果十字軍的士兵沒有立志傳播基督福音，而是待在家裡改變自己的村莊，世界會不會比較好？或是我們來看看曼哈頓島：如果我們關心的是保存所有文化，那就應該拆掉所有大樓，把土地還給雷納佩人。畢竟西方文化的中心很多，但雷納佩人的故鄉只有一個。不過要讓住在曼哈頓島的幾百萬人搬走，一定會為群落、區域、家庭和個人造成極度的艱難和混亂。

此外，在關心階梯中踏上更高的位置則更加複雜困難。別的先不談，外國援助造成的許多負面影響已經證明，即使立意十分良善，人類也很難瞭解如何恰當地幫助另一個文化的人。現在還有造福未來人類的各種難題，這些難題本來就不可知，所以障礙變得更高。想想全世界必須採取的各種行動，幾十年又幾十年，讓人感到難以承受。這些都顯示儘管人類想踏上更高的層次，但如果留在較低較局部的層次，其實比較容易實現自己的志向。

我猜想，馬古利斯應該由生物角度探討這點。演化讓人類大腦擁有優異的工具來偵知和理解那些快速移動、顯而易見、尺度小、即將發生的風險。不過相同地，大腦很難處理緩慢、抽象、大規模且長期的問題。耐心地把錢一年年存進退休帳戶、計算應對機率不高的真實危害所需的保險，或著思考安排自己的死亡等等，這些都難以應付（至少對大多數人是如此）。氣候變遷就是這樣，而且不僅如此，它漸進、難以理解、改變世界、跨越多個世代，而且一直到跨越那條無法回頭的界線之前，我們很難感覺到。哲學家傑米森寫道：「依據大自然的設計，我們不適合解決這類問題，甚至很難察覺。」

早期氣候變遷研究人員似乎沒有想過這些，但這幾點有助於解釋後來他們的研究成果引起的反應。

「將導致大規模死亡」

有一小群氣候研究者留意到——但其實應該是雷維爾和蘇斯提出的——人類排放的二氧化碳可能影響氣候。但要弄清楚會發生什麼狀況其實相當困難，因為氣候是許多回饋機制的總和[7]。舉例來說，如果二氧化碳濃度提高會使大氣溫度提高，濕度應該也會跟著提高。一方面，較潮濕的空氣會吸收更多熱，使溫度進一步提高，這是正向回饋循環；但另一方面，較潮濕的空氣也會使雲量增加，遮蔽太陽，使溫度降回原先的水準，這是負向回饋循環。同樣地，溫度提高可能使冰川和兩極的冰雪融化，讓岩石露出。而岩石的顏色比冰雪深，所以會吸收較多太陽熱能，使溫度提高以融化更多冰雪、露出更多岩石，這是正向回饋。但源自冰川的融雪水會流到海洋，使海洋溫度降低，降低水面上方空氣的溫度，這是負向回饋。這樣的排列有無限多種，要全部列出來十分困難。

更糟的是，這些回饋循環互相作用，表示氣候可能受「蝴蝶效應」影響。這個詞現在已經成了著名比喻，意思是複雜系統中極小的變化，可能造成不成比例的重大影響。這個詞出現於一九七二年，MIT氣象學家艾德華．勞倫茲（Edward Lorenz）在研討會中問到：「一隻蝴蝶在巴西揮動翅膀時，會不會在德州造成龍捲風？」他的答案是：「**會**，其實應該說可能會。」

勞倫茲問到蝴蝶時，他製作天氣和氣候模型已有二十年之久。他最大的突破出現在一九六一年研究天氣模型時。這個模型包含十二個方程式，說明溫度、濕度、氣壓和風速等變數。勞倫茲的模型雖然十分簡陋，但他的電腦（一大堆真空管，用打孔卡片編寫程式等）計算的結果十分接近真實天氣，包括風暴鋒面移動、風力，以及溫度上升和下降。後來勞倫茲決定再做一次計算來見證。這具機器可計算到小數點以下六位，但為了簡單起見，勞倫茲只寫出前三位，例如把0.111111寫成0.111。他把這些簡化過的數值輸入機器，驚訝地發現答案和第一次完全不同。這兩次電腦計算一開始差不多，但後來兩者開始分離，最後完全不同。初始條件的少許差別也會大幅改變結果。

勞倫茲十分困惑。捨去幾位小數的改變非常小，影響應該不大。這就像他重做一次為時三天的試車，但把起始速度從每小時一百六十公里改成一百六十一公里，最後完成時間卻變成兩倍，而且路線還不一樣。所以一定是電腦有問題。

在研究一年之後，勞倫茲發現電腦沒問題，而是他的直覺錯了。他證明我們用於日常天氣的方程式，也就是描述各種對流或氣流的方程式，對微小的初始變化相當敏感。這類敏感程度不僅適用於天氣，也適用於氣候（天氣和氣候不同，天氣是每天的局部變化，氣候則是整個大氣系統）。人類幾百年前就知道，某十年可能比前十年乾燥或潮濕得多。但他們相信這些變化出自可以預測的規律循環，因素可能是太陽黑子增加和減少，或是洋流的震盪。但勞倫茲指出，氣候比較像隨機漫步的型態，是微小變化所帶動的不穩定軌跡。的確，勞倫茲無法「證明傳統觀念中的穩定、長期統計平均的『氣候』確

7　這類回饋發生的原因是系統輸出又回到系統，導致影響下次的輸出。有個例子是歌劇觀眾的喝采往往會影響演出者。如果女高音每次以高音C結束表演時，觀眾都會喝采，這位女高音或許會受到鼓勵而更常嘗試唱到高音C。回饋多到一定程度，表演將只剩亮麗的高音。這就是正回饋，正回饋會不斷加大變化，最後使它到達新狀態。如果聽眾發出噓聲，女高音可能就不會再嘗試高音C，而只採取一般唱法。回饋使變化縮小時，就是負回饋。歌手和觀眾的交互作用就是回饋循環。

實存在」。這段話出自歷史學家史賓塞．沃特（Spencer R. Weart）於二〇〇八年出版的書籍《全球暖化的發現》（*The Discovery of Global Warming*）。當時沃特解釋氣候科學家的工作：

是匯集過去天氣的統計資料，以便建議農民種植哪些作物，或告訴工程師哪種程度的洪水可能沖毀橋樑〔……〕但這類氣候學對社會的價值源自相信過去半世紀的統計數據可以完整描述未來數十年的狀況。教科書一開始就把氣候描述成一組把短期起伏加以平均的天氣資料，因此在**定義**上是穩定的。

而現在，勞倫茲挑戰了這個學科中最基本的概念。

氣候科學家於一九六五年聽到勞倫茲的概念，當時的他在科羅拉多州舉行的「氣候變遷原因」研討會上發表專題演講，這是史上第一場專門討論這個主題的科學會議。他說明他發現的不穩定現象時，聽眾立刻聯想到二氧化碳，連原本抱持懷疑的研討會主辦人雷維爾也被說服。他在總結中說，如果初始條件的微小改變可能產生龐大的長期影響，那麼大氣二氧化碳濃度的微小起伏也可能「使大氣循環從某個狀態『跳』到另一個狀態」。阿瑞尼斯和卡倫德的說法都被證實。科學共識開始形成：大氣二氧化碳濃度的微小改變可能使地球變得難以居住。基林已經證明二氧化碳濃度提高很可能使溫度提高到前所未有的程度。雷維爾後來參與美國總統任命撰寫環境汙染報告的委員會。他藉助這個職位設立關於二氧化碳的子委員會，並撰寫史上第一份關於氣候變遷可能性的政府官方報告。

但事情尚未結束。關注溫度上升本身的人很少。依據雷維爾、蘇斯、基林等人瞭解，真正重要的是溫度上升未來可能對其他事物的潛在影響，例如農業生產力、海平面、降雨模式、海洋化學成分、傳染病等。沒有人真正知道這些影響可能是什麼。氣候科學家已經做過史上最詳盡的計算，以便瞭解基本的大氣物理狀況。然而現在他們還必須加入農藝學、海洋學、疾病生態學，以及其他許多領域，工作十分龐大。

一般大眾，甚至連其他研究者都不大清楚這個過程。氣候科學是新的領域，依靠氣候研究圈外不熟悉的龐大電腦模擬進行研究。氣候研究者經常從其他學科跳進來，而且工作地點不在傳統大學而是專門機構，例如斯克里普斯研究所或聯合數值天氣預測中心（Joint Numerical Weather Prediction Unit）——一個由美國五角大廈和氣象局共同合作的機構，於一九六〇年解散——因此和學術界關係淡薄。後來全世界似乎都有這類獨立的氣象研究中心，包括挪威奧斯陸的國際氣象和環境研究中心（Center for International Climate and Enviornmental Research）、西德的伍珀塔爾氣象環境與能源研究所（Wuppertal Institute for Climate, Environment and Energy），以及由美國政府提供經費、位於科羅拉多州，並主辦「氣候變遷原因研討會」的美國國家大氣研究中心（National Center for Atmospheric Research）等機構。就他們本身而言，不少大學科學家把氣象學家視為新來乍到的暴發戶，誇大自己的重要性，以便攫取更多經費，坐飛機到處參加國際研討會和建造光鮮亮麗的實驗中心（美國國家大氣研究中心總部由著名建築師貝聿銘設計），而且經常嘲笑氣象學理論多半經不起以傳統科學的實驗驗證。氣象學家則反駁，他們沒有另一個地球可以用來檢驗氣象理論，所以只能改良越來越複雜的數學模型，因此讓圈外人更難理解。後來，氣象研究中心發表的全球暖化影響越來越誇張，有些大學經濟學家、生態學家、社會學家和歷史學家指控這些以物理學家為主的中心忽視或曲解這個主題的經濟、社會、生態和歷史等面向，讓古老的環境決定論以新面目復辟。

讓事情更複雜的是，有些氣候科學家警告全球開始「冷化」（cooling）。一九六三年，威斯康辛大學氣象學系創立者萊德・布萊森（Reid Bryson）飛到印度。飛機接近目的地時，他驚訝地發現煙和塵土完全遮掩了地面景色。煙霧來自農場燃燒田地，塵土則來自風吹過遭逢旱災的地面，此外還有印度新興工廠的燃煤煙。布萊森知道，煙、煤灰、煙霧和塵土——專業術語稱為「氣溶膠」（aerosols）——落到地面前應該會散射日光。有個明顯的問題是：這樣是否會影響天氣？在一九六八年一場研討會中，布萊森和其他人提出，人類活動製造的氣溶膠使地球變冷的速率可能比二氧化碳使地球暖化更快。二氧化碳研究者當然不同意。一如往常，暖化和冷化支持者分成兩派，都認為對方想法錯誤。

美國航太總署（簡稱NASA）的伊提亞奇・瑞索（S. Ichtiaque Rasool）和史蒂芬・史奈德（Stephen Henry Schneider）兩位科學家把氣溶膠納入二氧化碳研究模型，試圖解決這個衝突；而NASA的另一位研究人員詹姆斯・韓森（James Edward Hansen）開發出研究金星雲層的模型。瑞索和史奈德採用韓森的模型來檢視地球的煙霧層。一九七一年，他們在《科學》（*Science*）期刊上發表結論：大氣二氧化碳濃度加倍時影響很小，但空氣汙染持續增加則將「引發冰川期」。瑞索在《華盛頓郵報》上則更進一步：他向記者表示，如果空氣汙染持續增加，下次冰川期可能於「五到十年內」到來，冰河將在一九八一年開始增長。

環保運動逐漸受到大眾注目時，人類汙染阻擋太陽的印象具災難性但尚可接受，後來幾年則變得難以忍受：《科學文摘》（*Science Digest*）建議：「為冰川期再度降臨做好準備」；《國家地理》（*National Geographic*）問：「氣候究竟怎麼了？」，並引用兩位科學家的警告，宣稱如果汙染不停止，「大陸冰雪很快將會蔓延到赤道」，《新聞週刊》（*Newsweek*）則提到「越來越冷的世界」。未來學家羅威爾・彭特（Lowell Ponte）出版《冷化》（*The Cooling*, 1976），預言低溫將導致蘇聯穀物歉收，引發第三次世界大戰。喬治・威爾（George Frederick Will）更在《華盛頓郵報》（*The Washington Post*）上指出「將導致大規模死亡」，並預測全球「將在本世紀末降低二至三度」。

威爾預言大規模死亡的依據是來自於一九七四年美國中央情報局一份人口、食物和氣候趨勢報告。這份報告強調，氣候變遷討論「推測性極高」，而且「專家不會同意其中一些或甚至許多假設」。儘管如此，它只提供了一位專家的看法，就是首先提出全球冷化的布萊森。布萊森非常大力支持冷化，因此顯然沒有告訴中情局這個爭議的另一面說法。中情局就像懶惰的記者，只聽單方面說法來撰寫報告。整體來說，一九六五至一九七九年間共有七十一篇科學論文專門探討暖化和冷化的爭議。其中有七篇支持冷化，二十篇持中立態度，但有四十四篇支持暖化。中情局的資料來源布萊森顯然屬於少數陣營。

在暖化支持者中，ＮＡＳＡ的史奈德翻轉了最初的評估。為了簡化假設，他借用韓森的電腦模型把大氣視為單一均勻的空氣體。但我們知道大氣其實分成好幾層，每層的特性不同，包含對流層（從地面到高度約十六公里）、平流層（從對流層到高度約五十公里）、中氣層（從平流層到高度約一百四十五公里）等等。平流層含有的水汽比對流層少，但二氧化碳濃度大致相同。當史奈德把大氣分層納入模型後，結果改變了。現在平流層中的二氧化碳吸收了來自地面可觀比例的紅外線，使紅外線穿透對流層，射回地面，加強暖化效應。一九七四年，史奈德提出「合理的一階估計」，指出二氧化碳濃度加倍時的影響是溫度提高攝氏兩度，和他的第一個答案相差許多。

史奈德等人研究二氧化碳時，韓森和兩位ＮＡＳＡ同事正在研究另一邊的問題，也就是氣溶膠。

他們採用類似模型，以實際火山爆發的結果來驗證它的預測：一九六三年峇里島的阿貢火山（Mount Agung）噴發，造成上千人死亡，噴到天空的汙染物對氣候形成可測得的影響。模型預測與事件結果相當吻合，因此韓森和同事得以歸納出氣溶膠冷化和二氧化碳暖化兩者的相對作用。

韓森和其他氣候科學家比較冷化的影響（迅速且突然爆發）和暖化的影響（緩慢而穩定）後，相信依據伊索寓言的慣例，烏龜通常會獲勝。從長遠看來，暖化會占上風。氣候科學家並非全都相信這個說法——例如布萊森於二〇〇八年去世時還在等待冰川作用到來——但大多數已經接受。因此研究中心和政府委員會開始大力宣揚暖化。

儘管他們十分努力，氣候變遷依然無法吸引大眾注意。直到一九八八年六月二十三日，韓森在美國參議院作證時才改觀。科羅拉多州民主黨籍參議員提姆・沃斯（Tim Wirth）擔憂氣候變遷的影響，刻意把聽證會排在該市鎮於夏季平均最熱的一天。他這個做法的效果遠遠超乎預期，因為當韓森到達時，全球遭逢惡劣天氣侵襲：非洲部分地區降下豪雨、違反季節的低溫破壞歐洲收成、旱災烤焦美國中西部的作物、美國西部森林陷入火海。當天，華府遭遇史上第一高溫，攝氏三十八・三度。沃斯關掉聽證室裡的空調之後，效果更是加倍，而電視發出的光也提高了溫度。韓森講話時，汗水在他的額頭閃著光亮。他說：「一九八八年時，地球的溫度已經達到儀器測量史上的最高溫。我們有百分之九十九的把握相信，這段時間的暖化確實是暖化趨勢。」他說，二氧化碳「正在改變氣候」。

韓森坦率的言詞成為全世界的新聞標題；《紐約時報》把他的圖表放在頭版，他的樣子出現在十多個電視節目上。「**正是時候**改變氣候」這個口號把乾涸的土地、氾濫的河流，以及燠熱的城市從偶爾出現的惡劣天氣變成反烏托邦未來的前兆。此外，記者比爾・麥奇本（Bill McKibben）於一九八九年發表史上第一本氣候變遷的大眾書籍《自然的終結》（*The End of Nature*）。書名雖然不大吉利，但在全世界都是暢銷書，更重要的是，科學研究就此起飛。一九八八年之前，有同儕審查制度的期刊從來沒有在一年內刊登過二十篇含有「氣候變遷」或「全球暖化」等字眼的論文。一九八八年之後，這個數字開始攀升，一九八九年有五十五篇、一九九〇年有一百三十八篇、一九九一年有三百四十八篇、二〇〇〇年有一千三百四十篇，而二〇一五年則達到一萬六千五百七十六篇。

十分湊巧地，大氣變遷世界會議（World Conference on the Changing Atmosphere）在韓森講話後四天開始。這場會議舉行於多倫多，是史上第一場特別為全球暖化舉行的科學家和政治人

對許多政治人物而言，一九八八年NASA研究人員韓森在美國參議院作證指出，大氣二氧化碳濃度僅提高百分之一也將「改變現在的氣候」，是他們第一次驚愕地面對一個多年來爭議越來越大的議題。

物大型跨國會議。衝著韓森證詞而來的記者擁向與會者。記者們聽說這場會議將發表聲明，呼籲二〇〇五年前把二氧化碳排放量減少到百分之二十；他們聽說有頗受敬重的政治人物堅持「必須現在就採取行動」；他們聽說、寫下、並且發表。更多的標題、更多的社論、更多的末日預言，更多人呼籲我們必須開始採取行動。

儘管如此，氣候學家以外的許多人——包括物理學家、經濟學家、政治人物、地質學家，甚至連氣象學家——還是感到懷疑。對韓森等氣候學家而言，他的聲明就像一百五十年的科學爭議的最高點，最後得到高度肯定。但對政治人物而言，他的概念有點莫名其妙；一種無色無味又無毒、在大氣中占不到百分之一的氣體可能影響未來幾十年的文明，這個想法模糊、抽象又龐大，實在太難以理解，所以他們本能地反對。想當然爾，他們會想把韓森的聲明貼上一塊標籤，所以他們把它視為最新的空氣環保十字軍。

不文明、不確定

到此，我們終於來到思考氣候變遷的第二種方式：政治制度如何處理它。就某種意義上，答案很簡單：它們把它視為環保運動的合理頂點，意思是它已經成為整個歷史的繼承者——一部分也算是佛格特的歷史。

一九六〇年代晚期，現代環保運動開始起飛時，大多數人都同意，無論多不容易，都必須遏止汙染。共和黨的尼克森於一九六八年贏得幾乎導致國家分裂的大選後兩年，宣布「環境」這個「一九七〇年代的重大問題」是「超越黨派的理想」。當年的空氣清淨法案（Clean Air Act）制訂了美國排放法規，是全世界第一代空氣品質法規，而且比先前的法規更嚴格、更廣泛。美國國會以壓倒性比數通過這項法案，參議院為七十三比〇、眾議院為三百七十四比一。商業界普遍支持這項法案，煙霧蔽天的美國城市顯然對民眾有害，顯然也需要管制。一九七五年知名社會學家大衛．希爾斯（David Lawrence Sills）看到了這個共識，認為新環保運動「涵括保守右派到激進左派的各種政治觀點」。在極少異議的情況下，華府於一九七〇年代通過了二十二項重大環境法案。

不過很快地，商業利益團體就發現，這些法規只是開始。骯髒空氣之後是關於大氣的新警訊，一個接著一個；臭氧層破洞、核子冬天、酸雨[8]。一個比一個更抽象，但立即性的經濟影響卻也越來越大。感受到趨勢的工業界開始提防：起先只對抗那些少數明確只有局部危害，且感覺起來還不錯的運動，後來變成對抗那些永無止境的運動，對抗的目標越來越大、越來越遠。一連串「資本主義對決生態」的宣言，讓商業界中許多人斷定，這些運動一開始打的算盤根本就是企圖毀滅企業界。牧場主人、農人、伐木工人和礦工，只要被環保法規盯上，都有相同的結論：一群城市暴發戶一心想來破壞他們的生計，所以他們越來越抗拒。但相對地，反企業左派也更加投入。

其結果就是這整件事變得更加怪異，如同艾默里大學歷史學家派崔克．艾利特（Patrick Allitt）在他

8　一九八五年英國研究人員發現的臭氧層破洞，原因是平流層中的臭氧層出現嚴重局部萎縮，而臭氧層有吸收太陽有害紫外線的功能。核子冬天是核子戰爭可能使大量塵土和黑煙噴入大氣，遮蔽太陽，導致持續終年的冬天，就像《冰與火之歌》的讀者相當熟悉的景象。至於電廠造成的含硫空氣汙染與水汽結合後，便形成漂浮在空中的硫酸。當硫酸再和雨水混合時，便產生酸雨，落在距離遙遠的地方，最後破壞湖泊、溪流和森林。

的環保運動史書籍《危機氣候》(*A Climate of Crisis*, 2014)中所寫的，社運人士和企業主管一再抱怨對方。法規一再出現在大大小小的衝突中，例如針對空氣、水、有毒物質制訂的法規。但商業界人士經常發現，新法規的花費沒有他們想像得高，而環保人士則發現問題沒有他們想像得急迫。

艾利特指出，「環保問題儘管現實，但仍然可以加以控制」的說法，雖然歷史上看來並非如此，但各方都有許多苦衷蓄勢待發。促成一九七〇年代環保行動成功的過程——雖然過程通常不大愉快——卻在九〇年代造成政治停滯。環保議題變成政治人物號召支持者的方法，與其說是陳述政治問題和供民眾爭論的解決方案，還不如說是認同的象徵。他們號召支持者只有一個目的：從專制的自由派菁英主義或右派的貪婪手中奪回國家主導權。

對逐漸成長的反環保陣營，氣候變遷似乎只是延長那早已醞釀已久的戰爭。從歷史上看來，這點看起來無法避免。從汽車廢氣到氣候變遷的一連串反應不容易描繪，而且對世界上大多數人而言，這個危機仍然相當抽象，多半在遠方旱災和洪水的新聞報導或充滿圖表的科學研究中才會看到。

即使對科學家而言，氣候變遷也可能像水銀球一樣難以掌握。阿瑞尼斯嘗試研究大氣二氧化碳濃度加倍時，全球平均溫度會有什麼改變，現在這個值稱為「氣候敏感度」(climate sensitivity)。普遍使用化石燃料之前(大約一八八〇年之前)，大氣二氧化碳濃度大約是二八〇ppm。阿瑞尼斯其實想問的是如果這個值提高到五六〇ppm會怎麼樣。一九七九年，美國國家研究委員會(U.S. National Research Concil)也問了相同的問題。委員會的報告中預測，大氣二氧化碳濃度加倍時，將使全球溫度提高攝氏一·五到四·五度。美國國家研究委員會團隊把兩個模型的結果平均，在兩端各增加約攝氏〇·五五度的不確定空間當成估算結果。這個方式雖然比較粗糙但卻也最適合當時的狀況，不過仍不足以說服卡特政府停止提高煤炭產量。後來，其他許多科學團體試圖改進氣候敏感度估計值，其中最著名的是跨政府氣候變遷研究小組，這個小組針對氣候科學現況提出了五份重要報告，而最近的一份是二〇一四年。這五份報告都嘗試評估氣候敏感度，但可惜的是，如同經濟學家葛諾．華格納（Gernot Wagner）和馬丁．魏茲曼在他們的書籍《氣候危機大預警》（*Climate Shock*, 2015）中所指出，這份最新報告中預測二氧化碳濃度加倍造成的可能溫度升高範圍，也就是攝氏一．五到四．五度，正是它在一九七九年提出的數字。四十年來的研究沒有讓我們更精確地預測排放二氧化碳造成的影響。

這不是因為研究人員懶惰或能力不足，而是因為全球氣候是極端複雜的問題。這個系統包含許多交互作用的部分，其中許多部分如同勞倫茲的證明，微小改變可能造成大幅影響。此外，不確定性也讓政治領袖陷入困境。大多數人認為溫度上升攝氏一．五度還能忍受，但四．五度就無法忍受了。四．五度足以使兩極冰雪融化，淹沒全世界的海岸線。氣候敏感度的估計值就像對政治人物宣告，真正可怕的事可能發生，也可能不會發生。人類就像蒙著眼睛衝向懸崖，沒有人知道懸崖真正的位置或高度。懸崖當然有可能距離很遠又不算高，所以完全無害，但更有可能距離很近而且非常高。

如果問題含糊一點，那麼通用解決方案就很清楚。韓森一九八八年作證時沒有提到「化石燃料」或「石油」這些詞。儘管如此，聽證室裡的所有人都懂得他描述的氣候變遷，如果不牽扯到阿肯色州民主黨參議員戴爾．邦伯斯（Dale Bumpers）在聽證會中說的「工廠生產這些我們排放到大氣中的物質」，是不可能解決的。在世界經濟中最為重要、政治影響力可能也最大的能源產業，必須大幅改變。這些改變和挽救瀕危物種或臭氧層破洞所需要的改變不同，將會深入全球幾乎每個人的生活。

想到這些影響，邦伯斯的同事，新墨西哥州共和黨參議員彼特．多曼尼契（Pete Domenici）開始反彈。他告訴聽證會，沒有人會「搬進這樣的地區居住，除非發生災難或有決定性的證據。但即使我們這麼做，也必須有明確的遊戲規則。」他告訴委員會：「你們曾經提出明確的提案，要求進一步調查和提出行動方案嗎？」

他希望聽到的答案當然是「是」，接著是針對達成明確的目標提出具體步驟，然後評估可行性。然而他得到的答案卻不是這樣。

煤炭優先

幾年前，一個會說中文的朋友和我叫計程車在北京附近的河北省四處遊走。當時北京正在準備二〇〇八年奧運會，政府把幾十家汙染空氣的燃煤電廠和工廠遷走，其中大多數遷到河北省。後來河北省多出許多新工作機會，也多了全中國最髒的空氣。我們很好奇，想看看「中國最髒的空氣」是什麼樣子。我很想知道這句話究竟是不是誇大其詞。

我們在河北省最大的城市唐山叫了一輛計程車。當時能見度至少有四百公尺，司機說這算是好天氣。霧霾讓建築物看來像舊相片的影像。由於奧運大搬遷，以前相當貧窮的唐山成為中國首屈一指的煉鋼中心。現在市區邊緣有一大排汽車展示間，BMW、捷豹、賓士、凌志、保時捷等等，而車子大多展示在室內，因為室外的車都有一層厚厚的灰。

中國的鄉下人通常不敢跟外國記者講話，這是有理由的，因為當地官員可能會對他們不利。我們要計程車司機去找村民，目的是不要讓其他村民看到，所以我朋友充當翻譯，跳下車自我介紹，而我則躲在後座。

村民說到處都是煤炭。一位卡車司機以諷刺的得意口氣告訴我，我們吸的是全世界最糟的空氣。穿著Hello Kitty條紋襪的大學畢業生說，她每次擦臉，毛巾上都有「黑色的汙垢」。她說這些汙垢是PM二．五，也就是直徑小於二．五微米的氣溶膠，這類微粒很容易留在肺中。她說：「每個人都生病了，但政府從來不承認。」我朋友和我順路載了一個鋼鐵工人，他告訴我，唐山計畫在三十年內清除這些汙染，他說：「這裡是工業城、是煤炭城。」

從北京到上海的高速火車沿著十公尺高的高架軌道通過河北省這塊地區。在高架軌道下方，發電廠和工廠之間，有一排矮小的花木。我們在這排花木裡看到一個年邁的牧人趕著羊群吃草。他告訴我們，骯髒的空氣讓牲口生病。去年秋天和今年春天，牲口開始咳嗽，他也生病了。他有時病得很重，沒辦法起床帶牲口去看獸醫。

遭到煤炭汙染的空氣不限於中國偏遠鄉村的朦朧地點。在上海和廣州等大都市，設計師款的抗汙染口罩越來越普遍；一家叫Vogmask的口罩公司銷售的口罩可讓公司印上自己的商標，把煙霧變成宣傳品牌的好機會。我到河北省前不久，哈爾濱東北部一千萬居民遭到一波煤炭煙霧侵襲。學校停課、民眾留在家裡，高速公路因為能見度過低而關閉。我造訪河北省時拿起一份北京報紙，裡面夾著一張光面廣告，宣傳北京市「第一棟能即時控制PM二．五汙染的高科技住宅大廈」。這棟大廈的標語是：「保護您的肺，我們採取行動！」

過去幾十年來，中國讓五十多萬人脫離貧困，這個成就相當令人驚奇。這個進展的推手是工業化，而工業化的推手則幾乎完全是煤炭。中國四分之三以上的電力來自煤炭，還有許多煤炭用來為家庭提供暖氣、煉鋼（中國生產的鋼鐵占全球將近一半）和加熱石灰岩生產水泥（中國生產的水泥也接近全球的一半）。中國瘋狂追求工業化，燃燒的煤炭幾乎等於全世界其他國家的總和。

但這樣的富足伴隨著危險的後果：根據在五十多個國家、涵括接近五百名科學家的大型科學研究，中國的戶外空氣汙染每年造成約一百二十萬人早夭。一個中國、美國和以色列的共同合作研究團隊估計，消除中國北方煤炭汙染，將可使當地平均壽命延長五年以上（相反地，消滅所有癌症可讓美國或歐洲平均壽命延長三年）。二〇一三年，十名中國研究人員進行的系統性文獻回顧指出，把PM二・五降低到美國的水準，可使中國大城市總死亡率降低百分之二到百分之五。換句話說，在這些地方，呼吸導致死亡的比例高達二十分之一。

印度的狀況大致相同。印度已經是全世界成長最快的經濟體，而且即將成為全世界人口最多的國家（可能於二〇二二年）和最大的經濟體（可能於二〇四八年），而它的動力也來自煤炭——連帶地，造成的結果也相仿。周圍有許多燃煤電廠的新德里（New Delhi），空氣汙染程度據說是世界最高，甚至比中國更嚴重。依據《自然》期刊於二〇一五年刊登的一項研究指出，印度的戶外空氣汙染每年造成六十四萬五千人早夭。即使在煤炭使用量少於其他大國的美國，煤炭汙染每年仍然導致多達兩萬五千人死亡。

記住這些數字再來思考多曼尼契參議員的問題：該怎麼做？氣候敏感度的不確定性讓這個問題格外令人困惑。如果一切都沒有改變，本世紀結束前，大氣二氧化碳濃度將達到工業時代前的兩倍之多。如果二氧化碳濃度加倍將使平均溫度提高攝氏一・五度，也就是氣候敏感度估計值的最小值，那麼全世界還有好幾十年可以大幅減少化石燃料使用量，所以社會還可以從容地謹慎行動。但如果二氧化碳濃度加倍將使溫度提高攝氏四・五度，那改變勢必得快上許多，且必須大力制止化石燃料使用。這兩個路線完全不同，社會應該怎麼做才對？

經濟學家華格納和魏茲曼指出，描繪路線的方法之一是仔細觀察氣候敏感性估計值。IPCC說二氧化碳濃度加倍的可能結果是溫度提高攝氏一．五到四．五度，科學家心中的「可能」是有明確定義的。先不談複雜的數學，它的意思是科學家估計溫度提高幅度介於這兩個數字間的機率大約是三分之二，但這也代表結果有三分之一的機率不在這個範圍內。非常粗略地說，這代表不會出現明顯改變的機率有六分之一，但出現嚴重災難的機率也有六分之一——此時地球大部分地區變得幾乎無法居住。華格納和魏茲曼主張，這個微小但確切的災難發生機率就是關鍵[9]。

就個人而言，人隨時都在面對這類風險。我們知道我們面對微小但確切的機率可能遭遇個人災難：家裡被搶、車禍、罹患癌症等。為了因應這些風險，所以我們買保險。可怕但少見的問題發生時，保險可以緩和後果。我想不會有人因為買了火險但房子沒有燒掉，或是買了壽險但卻沒死而不高興。所以我們應該是很樂意投入金錢以防範災難發生的風險。

風險管理不是跑去找保險業務員簽張保單就好，這甚至也不算是最主要的部分，畢竟先安裝堅固的鎖再養條大狗，其實跟買竊盜險同樣都是在管理風險。在降低車禍造成嚴重後果的機率這方面來看，繫安全帶的效果遠比最貴的車險好。對於住在洪水頻繁地區的人而言，抽水機同樣比水災險有用。

9 這些數字從何而來？研究人員建立了五到六個大型氣候模型。這些模擬由數千個關係構成，每個關係都有不確定性度量，即以敘述說明如果X事件發生，將對Y產生大小為a、b或c的影響。研究人員執行模擬時，電腦會隨機選擇各種可能變化，也就是每個關係的每個a、b或c值，獲得所有可能結果。在這個例子中，結果為溫度上升攝氏一．五到四．五度的機率大約是三分之二。

然而，我們不會針對每種可能災難都買保險。住宅可以加強防衛來完全防盜，但對大多數住宅擁有者而言，這麼做的成本足以迫使他們放棄其他重要目標，例如準備退休金或教育費用。一般人通常會避開主要威脅，同時盡可能避免犧牲其他優點，講得老套一點就是把錢花在刀口上。最好的狀況是一個保險手段可以同時達成其他目標——系統分析專家稱之為對正（alignment）。例如防止竊賊闖入的方法之一是安裝從戶外難以打開的窗戶；而這些窗戶的密封程度高於一般窗戶，所以可以阻擋氣流，因此能讓室內更舒適，同時又能減少冷暖氣的花費。原本的安全目標與使建築物舒適和降低使用成本的目標彼此對正。另一個例子是LED燈泡：由於白熾燈泡經常因為有人把毛巾或衣物放在上面而引發火災，所以把溫度很高的一百瓦白熾燈泡換成溫度較低的十五瓦LED燈可以降低火災風險，同時減少能源花費。因此LED燈也是對正的好例子，所以建築師經常採用。

現在來看看幾個氣候變遷的數字。人類製造的氣候改變氣體有四種，分別是二氧化碳、甲烷、一氧化二氮和各種含氟氣體（這類氣體包括氫氟碳化物、全氟碳化物和六氟化硫等）。當然，其中最受注目的是二氧化碳。以單一分子而言，另外三種氣體吸收的紅外線其實更多，但它們留存在空氣中的時間沒那麼久（含氟氣體例外，不過它們的量很少）。甲烷對氣候的影響力是等量的二氧化碳的八倍，但甲烷分子通常在空氣中只會留存十至十二年。相反地，二氧化碳分子會存在數百年甚至上千年，造成不會消失的問題。

全世界的二氧化碳排放大約有百分之八十五來自化石燃料，其中大約百分之八十來自兩個來源，分別是各種形式的煤炭（百分之四十六），包括無煙煤（anthracite）和褐煤（lignite），以及各種形式的石油（百分之三十三），包括油、汽油和丙烷。煤炭和石油的使用方式不同。石油大多是個人和中小企業用來為住家和公司提供暖氣和當成汽車燃料；相反地，煤炭的主要使用者是重工業。全世界大多數鋼鐵和水泥以煤炭製造，還有百分之四十的電力出自煤炭。實際比例各地不同，但大致是這樣。中國有三分之二的能源來自煤炭，但使用者幾乎全部是大型工業設施。煤炭在美國所占的比例不到五分之一，但同樣幾乎全部用於工業。在這些國家中，石油使用的規模較小也較偏向個人。

這些石油和煤炭的使用方式影響相當深遠。石油和汽油使用比較普遍，分散在全球群眾中。全世界共有十三億輛汽車，大約有十五億戶。為了要減少汽車和家戶排放量，代表必須得改變數十億人的日常生活，這相當令人難以想像。相反地，減少全球煤炭排放只要針對三千三百座大型燃煤電廠和幾千座燃煤煉鋼和水泥工廠就可以了[10]。這項工作雖然還是相當龐大，但至少可以想像，而且可以一舉解決全世界的半數排放。這個想法的主要概念是先解決煤炭問題，如果需要的話，再走下一步。這樣可以解決微小但確切的災難發生機率。

這個想法其實不算新，因為經濟學家多年前就曾經提出過了，但這也不是「反煤炭戰爭」。舉例來說，汽車和貨車對人類貢獻很大，但也帶來致命的附帶產物，像是可怕的車禍和空氣汙染。所以為了減少這類危害，各國政府要求汽車公司加裝安全帶和觸媒轉化器。汽車公司雖然抱怨成本提高，但政府原意並不是掀起「反汽車戰爭」。

10　許多電廠包含多個發電設施，所以燃煤單位的數量大約是八千八個，其中約有六千七百個大於三千萬瓦（美國一般規模的燃煤電廠超過五億瓦）。全世界燃煤煉鋼廠或水泥廠的數量沒有明確定論，「數千座」是世界鋼鐵協會和波特蘭水泥協會的估計值。不過重點仍然是把煤炭與石油、汽油相比，而使用煤炭的設施數量相對比較少。

此外，集中處理煤炭排放比較經濟，因為可以同時解決其他問題。即使氣候變遷的危害沒有環保人士想得那麼嚴重，但煤炭排放也是相當急迫的公共衛生問題，因為防制煤炭排放可以防範每年數百萬人早夭，而且集中處理煤炭甚至還能解決其他氣候變遷問題。燃煤工廠除了把大量二氧化碳排放到空氣中，還會排放被研究人員稱為「黑碳」(black carbon）的細小煤灰；黑碳氣溶膠可飄散到高空，由於是黑色，所以照射日光後溫度會升高，同時使周圍的空氣溫度跟著升高。這些粒子也會與雲產生作用，強化它的吸熱能力。煤灰落在冰川上，形成黑色薄膜；灰色的冰無法反射日光，反而會吸收日光並加速融化。這層黑色薄膜使兩極冰雪和喜馬拉雅山加速融化。喜馬拉雅山脈的融雪水供應約十五億人使用。一個國際團隊於二〇一三年算出黑碳是第二大氣候變遷因素，僅次於二氧化碳。

就邏輯上來說，防制煤炭副作用的方法有兩個：清洗燃煤電廠或關閉電廠。大眾偏好的做法可以反映出他們是巫師還是先知、是硬路徑的布勞格派還是軟路徑的佛格特派。清除煤炭是巫師的領域，他們推崇碳捕集與封存（carbon capture and storage，簡稱CCS）技術。CCS從概念上說來相當簡單：工業界可以像以往一樣繼續燃燒煤炭，但又可以除去汙染物。他們已經有能力濾除有毒氣體，而現在，他們還可以抽取出二氧化碳再灌入地下永久封存。

最著名的碳捕集技術是胺洗（amine scrubbing）：這個方法是讓燃燒煤炭的廢氣通過乙醇胺（monoethanolamine，簡稱MEA）的水溶液。MEA不是令人愉快的物質，因為它具毒性、易燃、又有腐蝕性，而且有酸味，但它能和二氧化碳結合，讓廢氣中的其他氣體分離。這個過程可產生新的化合物，稱為MEA胺基甲酸酯（MEA carbamate）。接著，把MEA胺基甲酸酯和水一起抽入「汽提塔」(stripper）——這是一種能把溶液在其中沸騰或加壓的裝置。熱或壓力可使反應逆向進行，把原先的

ＭＥＡ胺基甲酸酯分解成二氧化碳和ＭＥＡ。最後二氧化碳噴出，就可以準備埋入地下，而ＭＥＡ則回收使用，準備和下一批煤炭廢氣結合。

擴大這個過程的規模並不容易，因為大型電廠產生大量二氧化碳，需要大型建物來捕集：高達數層樓、裝滿管線和控制閥的鐵塔。在汽提塔中持續煮沸整桶的毒性化學物質需要耗費大量能源。一般估計這樣的碳捕集技術可收集電廠碳排放量的百分之十到十五左右；而目前效率最高的燃煤電廠也只能把煤炭中不到百分之五十的能量轉換成電力，但若採用ＣＣＳ技術則代表電廠至少將多使用百分之二十到三十這種黑色的東西。因此，以這種方式減輕開採和燃燒煤炭的環境成本，反而必須開採和燃燒更多煤炭。

這些成本的工業術語是「寄生」成本（常聽到這術語的場合包括像某個能源顧問可能會這麼說：「天啊，寄生成本真多。」）封存二氧化碳的寄生成本估計值通常是每噸九十至一百美元。一座五億瓦電廠每年大約排放三百萬噸二氧化碳。計算結果指出，把全世界幾千座電廠排放的二氧化碳全部灌入地下，每年大約需要兩兆美元，還不包括一開始建造碳捕集設備的數十億美元。這些簡單計算有個很不實際的假設：所有燃煤電廠的規模都一樣、技術沒有進步、沒有經濟規模、沒有電廠改用排放量較少的天然氣等等。但以目前技術而言，碳捕集有相當大的障礙，所以這個天價成本的結論卻反而相當有說服力[11]。

11 這個方程式中的封存部分更簡單明瞭。工程師常說「自然界是概念驗證」。油田是否可以當成碳的自然封存地點？石油礦床由兩層岩石構成，下層是多孔性岩石，上層是非多孔性岩石。二氧化碳封存是開採石油的逆向操作。石油公司加壓二氧化碳，讓它通過不具滲透性的岩石，進入具滲透性的岩石。充滿二氧化碳後，入口就永久封閉，把人類對能源的執著深埋地下。原則上，二氧化碳可以封存到太陽爆炸，但實際上只需要存放一百年左右，讓二氧化碳和周圍的岩石結合，形成穩定的礦物。科學家大多相信這個目標可以達成。

巫師的CCS主張可以總結為：(1)這種技術很新，成本會降低，和太陽能發電一樣；(2)對於「希望中國、印度和其他剛剛建造數百座大型燃煤電廠的開發中國家會願意拆掉電廠而改用其他能源」，這種想法很不明智，甚至可說是很不道德的，因為這些國家沒有經濟能力這麼做。因此要減少煤炭排放，唯一的方法是CCS。

CCS對現有的燃煤電廠而言還是不夠。全世界有十億人沒有足夠的電可用，其中有三億人住在印度，占印度全國人口的四分之一，他們通常是貧窮的鄉下人，也是全世界最大的貧民窟。這些人大多用煤油照明、燒木柴或糞便煮食。許多團體試圖從煙霧估算死亡率，大約是每年五十萬至一百三十萬人，依研究者的假設而定。新德里政策研究中心（Centre for Policy Research in New Delhi）資深研究員納弗洛茲・杜巴許（Navroz Dubash）表示，供應電力給這些人「從人道、經濟和政治等各方面而言都是首要考量」。一部分結果是，印度的電力需求預估將於二〇三〇年加倍。

我們該如何提供這些電力？就目前而言，理論上是煤炭。依據世界煤炭協會（World Coal Association）指出，現在有兩千四百多座燃煤電廠正在規畫或建造中，但未來還將建造多少座則很難說。

巫師通常認為大幅增加燃煤不正確，但答案不是離開硬路徑，而是改用核能。核能電廠完全不會排碳（除了生產用於建造電廠的水泥和鋼鐵時的排碳和電廠工作人員的汽車廢氣之外），所以許多科技取向的環保人士都大力支持核能。在英語世界中，最著名的人物包括朱棣文、未來學家史都華・布蘭德（Stewart Brand）、生物學家提姆・弗蘭納瑞（Tim Flannery）、行星科學家詹姆斯・洛夫洛克（James Lovelock）、氣候研究學者詹姆斯・韓森（James Hansen）和傑西・奧蘇貝爾（Jesse Ausubel）、物理學家雷蒙・皮耶倫伯（Raymond Pierrehumbert），以及歐巴馬執政時的科學顧問，環境科學家約翰・霍爾德倫（John Holdren）。

布蘭德還告訴過我說：「如果擔憂氣候變遷，那我也算是一分子，所以核能就是最環保的替代方案。」

核能電廠建造成本非常高，但巫師指出，在燃煤電廠改用CCS技術的情況下將使建造成本大幅提高，使得新建的燃煤電廠和核能電廠的花費幾乎相同。科學家大多表示，開始運轉發電之後，核能電廠將比燃煤電廠更可靠、成本更低也更安全。但「可靠」、「成本低」、「安全」這些字眼卻有點模糊，所以讓我來解釋一下工程師和物理學家用這些詞的意義。大致上來說，這類人支持核能，所以以下所說的是對核能的正面想法。

可靠的評定方式是「容量因數」（capacity factor），也就是電廠實際以最大容量發電的時間比例。就美國燃煤電廠而言，容量因數小於百分之六十。然而核能的容量因數是百分之九十，高於其他各種能源（例如太陽能發電大約不到百分之三十）。幾十年經驗指出，核能電廠一旦開始運轉，通常相當可靠，主要停機時間是歲修。

成本低指的是每度電的價格，而眾所周知，核能的原理是讓鈾原子核分裂。原子核分裂成兩部分，同時釋出大量能量。這些能量大約是燃燒這些原子產生的化學能的一百萬倍。但由於能量密度較高，所以核能電廠生產相同電力所需的燃料比化石燃料電廠少了許多。因此，核能設施的運作成本比其他電廠低，僅高於水力電廠。目前最大的成本是建造電廠。建造完成後，實際發電成本較低。

安全的評定方式通常是「能源鏈」中的死亡人數，也就是從探勘、開採、提煉、運輸到實際發電，以及最後廢棄物處理和處置的這整個循環中有多少人從中死亡。開採鈾礦的死亡人數以及安裝太陽能板時從屋頂墜落的死亡人數（這個數字大得令人驚訝）都列入計算。瑞士最大的研究機構保羅・謝爾研究所（Paul Scherrer Institute）把這些數字相加，在二〇一六年指出核能目前造成的死亡人數比其他發電方式更少，僅略高於水力發電（風力發電的死亡人數也相當接近）。燃煤電廠正常運轉時，對人體健康的危害是三十至一百倍。核能支持者說，實際上，因為核能電廠而死亡的人只限於車諾比事件等非常罕見的意外事故（即使是二〇一一年可怕的福島電廠核心熔毀事件，也沒有人因為輻射而死亡）。可是當世界各地的燃煤電廠正常運轉時，每年卻造成數百萬人死亡。

此外，核能電廠使用的土地也比其他電廠更少。二〇〇九年大自然保護協會（Nature Conservancy）一項常被引用的美國植物研究指出，以每單位能源而言，核能電廠使用的土地大約只有燃煤電廠的四分之一，更是太陽能發電的十五分之一；至於其他科學家的結論也大致相同。由於研究者採用的假設不同，實際數字也依不同研究而不同，但就我所知的所有例子而言，研究人員都確定核能電廠使用的土地最少，這點對農地或開放空間有限的國家而言相當重要。

布蘭德以法國為例：法國「僅在二十年內就建造了五十六座反應器，供應法國所需的將近所有電力」。法國有百分之七十七電力來自核能，比例遠高於其他國家。現在依據世界銀行的統計數字，法國平均每人排放五・二噸二氧化碳，美國則是十七噸。法國於二〇〇四年停用最後一座燃煤電廠，但法國卻是全世界最大的電力輸出國；此外，家戶電費也是全歐洲最低。巫師說，這樣有什麼不好？就這方面而言，何不讓世界其他地區都跟法國一樣？

巫師通常不會貶低再生能源，只是認為太陽能和風電無法在人類生活中扮演重要角色——至少幾十年內不會。他們說可以盡量建造，但不要期望能改變現況。在可預見的將來，再生能源還不可靠（容量因數很低）、昂貴（平均每度成本太高，包括儲存在內），而且浪費土地。然而，核能現在就能派上用場：我們也許可以在目前效率最高的燃煤電廠採用CCS技術，但在其他地方則建議使用核能。[12]

毫不意外地，先知完全不同意這些說法。首先，大多數人認為CCS是騙局——是業界宣揚的空想，現在沒有、未來也不可能實現。在二〇〇八年八大工業國（Group of Eight）高峰會中，各國能源部長讚揚「碳捕集與封存的重要角色」，並承諾未來兩年內將開始建造「二十項大型CCS示範性工程」，然而最後卻沒兌現。位於澳洲的政府與能源機構組織全球CCS研究所（Global CCS Institute）指出，世界上只有一項工程已經在大型燃煤電廠實際捕集和封存碳排放；那就是耗資十一億美元的加拿大邊界大壩工程（Boundary Dam project），該工程完工於二〇一五年，花費遠超出預算，雖歷經幾次初期的困難，現在則表現的如同原先所預期的。

對先知而言更糟的是，CCS代表人類會繼續開採煤炭。現在的煤礦大多是露天礦坑（open-pit）或露天開採（open-cast），也就是在地面挖出大坑，開採地下的煤炭。另一種規模更大的削山採煤法（mountaintop removal）——如同名稱所示，是剷除整個山頭，龐大的鏟土機把廢土倒進河谷。削山採煤

12 巫師和先知大多同意節能建築、交通工具和機器可減少能源浪費。因此我不討論這個部分，因為效率是氣候對策的關鍵。因此若我們使用的能源越少，則需要改用的化石燃料也越少。

法最先出現在美國，在肯塔基州、維吉尼亞州、西維吉尼亞州和田納西州已經有大約五百處礦場。這種方法永久改變地形，同時也掩埋三千多公里溪流；要恢復部分地貌不是不行，但花費十分高昂，很難想像有誰會願意這麼做。

更令人憂慮的是，澳洲、英國、中國、印度、印尼、紐西蘭、俄羅斯、南非和美國有數千座煤礦失火，許多地方更已燃燒數十年，甚至數百年。有個惡名昭彰的例子是印度東北部賈坎德（Jharkand）邦的加里亞（Jharia）煤田。這片煤田占地四百四十平方公里，是印度焦煤的主要礦層，用於煉鋼的硬質煤炭。這裡從一九一六年開始失火，整個村莊陷入煙霧。地基淘空的鐵路陷入地下，農場和溪流隨之陷落。我造訪這個地區時，有毒的煙氣在空中閃閃發光；它們從地下的裂縫噴出，包圍殘破的建築和光禿禿的黑色樹木。傍晚，一塊塊悶燒的紅色清晰可見，彷彿燒黑的大地上散落著一隻隻眼睛，像是沒有半獸人的魔多[13]。此外，賓州森特勒利亞（Centralia）、科羅拉多州格林伍德斯普林（Greenwood Springs）、約克郡巴恩斯利（Barnsley）、內蒙古的烏達（Wuda）、印尼的東加里曼丹（East Kalimantan）等等，先知看著這些悶燒的地方，看到未來受到傷害。

至於核能，先知認為花費太高，所以不實際。喬治亞州兩座新電廠的費用太高，最後使東芝（Toshiba）的西屋電氣核能部門宣告破產。完工時的總花費可能高達兩百一十億美元，而且進度落後多年。西屋電氣另外兩座位於卡羅萊納州的電廠於二〇一七年半途停工，損失九十億美元。先知雖然同意核能電廠運轉成本很低，但不同意長期運轉省下的錢值得投入龐大的初期建造成本。

此外還有廢料問題：核能電廠產生的廢料有好幾種，其中最危險的是高輻射核廢料。高輻射核廢料大多是用過的核燃料和用過核燃料再處理過程的副產品，輻射線占所有核廢料的百分之九十九以上。

其他幾種廢料雖然數量龐大，但輻射線相當少。隸屬於聯合國，負責協調核能和平用途的國際原子能總署指出，從這個產業出現開始，全世界四百多座核能電廠總共產生約三十萬噸高輻射核廢料（而且每年增加一萬兩千噸）。以體積而言大約是十二萬兩千立方公尺，足以覆蓋整個美式足球場，深度達二・四公尺。而這些危險物質是六十多年來全世界所有核能電廠的總和。然而巫師卻不認為廢料是嚴重問題；他們主張，這些廢料可以用玻璃封存，埋在地下深處，幾世紀之後，輻射性就會衰減到百萬分之一。

對先知而言，就實際上和道德上來講，巫師這些主張都不重要。鈽和放射性碘等核廢料

13 編按：「魔多」是英國作家J・J・R・托爾金（J. J. R. Tolkien）在他史詩級的奇幻小說——《魔戒》中的一個虛構地名。魔多也被設定成是《魔戒》中的反派、黑暗魔君索倫在中土世界的領地，同時也是故事主角一行人為了要摧毀魔戒，預計前往的地方。

在加里亞煤田的燃燒區，一名女性辛苦地支撐幾乎倒塌的家。她的家是這個貧困村中僅存的幾棟房子，其他房子都已燒毀。

都極度危險，哪怕是比沙粒還少的量就足以致命，而且放射性可持續數千年。先知說，如此少量就可以這麼危險的東西有可能被微風吹走或溶於少量水中，因此幻想它們可以封存幾千年顯然不切實際。用容易發生意外的卡車或火車運輸大量這類物質更顯愚蠢——反對者稱之為「行動車諾比」（mobile Chernobyls）。最重要的是，佛格特派認為廢料處置場即使沒有外洩，對人類而言也形同永久禁區。因此，把這麼危險的東西留給後代非常不道德。

先知不贊成以核能取代煤炭，而偏好其他各種不使用化石燃料的替代方案。這類未來中最詳細的藍圖由馬克·雅各布森（Mark Z. Jacobson）和馬克·德魯奇（Mark A. Delucchi）主持的研究團隊提出，當時他們分別任職於史丹福大學和加州大學柏克萊分校。在二〇一五年發表的研究中，雅各布森、德魯奇和另外八位研究人員提出讓美國於二〇五〇年完全依靠風力、水力和太陽能發電的途徑（在此四年前，雅各布森和德魯奇曾經提出讓全世界改用再生能源的方案，但我選擇了美國的方案，因為它比較詳細，而且就我看來比較容易瞭解）。

這個先知式願景可以總結為「七不一要」：「七不」分別為不要石油、不要汽油、不要煤油、不要天然氣、不要木柴或生質爐（biomass stove）、不要核能、不要碳捕集和封存，而「一要」即是要電——後面再加上兩個星號。這個「要」是讓整個經濟體電氣化，包括現在直接使用煤炭和石油的暖氣、運輸、鋼鐵和水泥生產等經濟部門。

兩個星號代表兩個註解：第一個註解指出這個工程或許比乍看之下來的小；第二個註解則指出其實比乍看之下更大。第一個註解的意思是新的再生電廠不需要完全取代化石燃料生產的電力。引擎浪費許多能量來製造熱，所以電動馬達效率高於以化石燃料為動力的引擎，改用馬達可以減少發電容量。

此外，支持者也相信，加強建築隔熱和改良家電設備等省電方法也可進一步減少電力需求。

第二個註解是建造較小的發電容量反而需要更多電廠，因為太陽能和風力發電都不穩定。某個太陽能電場設計或許可生產一百萬瓦，但如果用戶每天都需要一百萬瓦，就必須在不同地點建造三到四座一百萬瓦電場，以確保供應無虞。

總結起來，雅各布森—德魯奇團隊估計，美國需要建造：

- 三十二萬八千具新的五百萬瓦（MW）陸域風力機（供應美國各種能源需求的百分之三十・九）。
- 十五萬六千兩百具五萬瓦瓦離岸風力機（百分之十九・一）。
- 四萬六千四百八十座五十萬瓦新的公共供電級太陽能電場（百分之三十・七）。
- 兩千兩百七十三具一百萬瓦公共供電級集光型太陽能（也就是慕修的太陽鏡）電場（百分之七・三）。
- 七千五百二十萬組五千瓦（kW）住宅屋頂太陽能發電系統（百分之三・九八）。
- 兩百七十五萬組一百千瓦商業／政府屋頂太陽能發電系統（百分之三・二）。
- 二十萬八千一百座一萬瓦地熱電廠（百分之一・二三）。
- 三萬六千零五十具〇・七五萬瓦海浪發電裝置（百分之〇・三七）。
- 八千八百具一萬瓦潮汐發電機（百分之〇・一四）。
- 三座新型水力電廠（全都位於阿拉斯加，百分之三・〇一）。

還有，美國將把所有汽車和卡車改為使用電力，所有飛機改以超冷氫（supercooled hydrogen）提供動力——同時建造地下系統，藉由加熱美國大多數建築下方的岩石儲存能量。

巫師批評這些做法太過荒謬；舉例來說，雅各布森和德魯奇提議建造數十萬組、甚至上百萬組地下儲熱系統，但最後一組都沒有建成。他們提出假設的方法是在現有的水壩加裝渦輪和發電機，生產十五倍的電力，然而水壩管理人員卻認為這不可能達成。太陽能和風力電廠占用的面積相當龐大，這個做法將把我們帶回中世紀時代——那個人類還是透過山水（也就是森林）等自然資源取得能源的時代。先知的回應是科技會進步，成本變得更低，所以核能電廠和CCS也將變得更不實際。巫師則期望單憑美國一地就可以建造一千座以上的核能電廠，而每座花費數十億美元。但這怎麼可能？誰能想像開發中國家民眾認同在自己家附近建造核能電廠跟太陽能電場呢？巫師回應道。可是民眾已經在對抗自己對土地的龐大需求了。「但等一下，」我們也許會問，以前是不是也出現過類似這種狀況？實用和成本的爭議，那永無止境的來回爭論？我們又能從中學到什麼嗎？

對曼尼托巴大學環境科學家維克列夫．斯米爾（Vaclav Smil）而言，這個爭議的棘手處反映出巫師和先知都在欺騙自己。他在電子郵件裡告訴我：「能源轉換一向很緩慢。」現代能源基礎設施累積數十年，不可能一夜之間改頭換面。在每個國家，現代電網都花費數十年建造，所以若要很快地拆除改裝，以便避免氣候變遷最壞的結果，對於能源需求仍在迅速增加的社會而言，這將是空前的挑戰。更糟的是，就他看來，大眾沒有很大的意願開始這麼做，甚至也不在乎未來可能面對的規模，「世界沒有遠離化石燃料，而是**迎向**它。」

斯米爾的經濟和科技定律主張和馬古利斯的生物定律主張相同。他們指出，我們不可能逃離定律，而定律也不會讓我們逃離災難。不過有個顯而易見的反面觀點：現在人類和以往不同，危險已經迫在眉睫。更普遍一點來說，我們無法預測長期未來，因此能懷抱希望。然而成功的機率不能合理地排除，畢竟像是瑞典從一九七〇年至今已經把碳排放減少三分之二，而且對經濟沒有明顯影響。然而，萬一斯米爾說得對呢？如果巫師或先知的行動都不夠快呢？

改造地球

下次有颶風接近紐奧良時，每個居民都會知道該怎麼做：清空冰箱。但二〇〇五年卡崔娜颶風（Hurrican Katrina）來襲時，幾乎沒有人這麼做。市內的家庭已經習慣在強烈風暴時離開幾天，再回到滿地樹枝和垃圾、可能還有幾片屋瓦的街上。可當卡崔娜颶風來襲時，洪水十分嚴重，民眾好幾個星期無法回家。這裡是路易斯安那州紐奧良（當地居民簡稱為NOLA），天氣晴朗且炎熱。由於風暴來襲，電力中斷，都會區各處有二十五萬臺冰箱變成無人照料的腐敗生物學實驗器材。儘管有人警告，但許多屋主還是打開冰箱，打開的剎那每個人都瞬間瞭解，冰箱已經不能用了。

整個秋天和冬天，回到家的人用膠帶封死冰箱，推出來放在路邊。白色金屬箱一排排放在街上，看來像墓碑一樣。冰箱上有時會用噴漆寫上諷刺標語，例如「養蛆用」、「注意：內有惡氣」、「呵呵NOLA」（這臺冰箱還被裝飾成聖誕樹的樣子[14]）。民眾有時會違反規定，把冰箱帶到很遠的地方丟棄，

14 編按：「呵呵呵」是狀聲詞，模仿聖誕老人來臨時的笑聲。

回家時還發現同一個地方也有人把冰箱帶來附近丟棄。

卡崔娜颶風在路易斯安那州南部造成將近兩千七百立方公尺廢棄物，這個數字還不包括當地二十五萬輛泡水車和其他物品。紐奧良市東邊有個老尚蒂伊（Old Gentilly）掩埋場，先前因為可能造成危害而停用，但這個掩埋場立刻重新開放，變成六十公尺高的卡崔娜山，裡面有泡水的扶手椅、壞掉的床墊、碎裂的混凝土，以及發黴的夾板。

以體積而言，冰箱在這裡面只占一小部分——四捨五入之後可能消失。儘管如此，每天仍有大量冰箱送進來。五月底時總數是大約三十萬臺。這些冰箱自己有個放置區，跟爐具和洗碗機分開，位於卡崔娜山腳下。

冰箱國度（Fridgelandia）的景象相當驚人：破爛的白色箱子，四面八方堆到上百公尺高。工作人員戴著防毒面罩和沙沙作響的危險物質防護衣，用塑膠雪鏟挖出蠕動的內容物。如果動作不

冰箱國度，攝於二〇〇五年十二月。

夠快，大群肉食性蜻蜓就會衝下來抓蛆，讓工作人員連東西都看不清楚。

我造訪卡崔娜颶風侵襲後的紐奧良之前，不知道重建洪水肆虐的現代城市必須丟棄數十萬臺冰箱，也不知道必須為建造房舍的救援人員尋找房舍。而罪犯則利用警力空檔，在水管和電纜進行更換時大量竊取。科學界沒見過的有毒菌類可能出現。市內所有當地保險公司突然立刻停擺，整個城市要花一段時間才能正常運作。

卡崔娜颶風算是中等強度風暴，但防護力不足的堤防無法抵擋。許多氣候科學家認為，政府未來幾年內必須加強海岸防護。全世界共有一百三十六個地勢較低的濱海大型城市，總人口約為五億五千萬人，全都面臨氣候變遷造成海平面上升的威脅。二〇一三年《自然》期刊一篇研究估計，如果不採取防範行動，到了二〇五〇年時，這些城市每年因為洪水造成的損失可能高達一兆美元。其他研究團隊提出的估計值也差不多高。二一〇〇年時，沿岸淹水在全世界可能造成百分之九．三的生產力損失（由二〇一五年瑞典、法國和英國的聯合研究團隊提出）。當年造成的損失可能高達兩兆九千億美元（由二〇一四年德國、英國、荷蘭和比利時的聯合研究團隊提出）。二〇五〇年可能有多達十億人面臨威脅（由二〇一二年荷蘭團隊提出）。最終於二〇一七年時，出現了測試案例，風暴在波多黎各、休士頓和佛羅里達礁島（Florida Keys）群造成洪水。

有些經濟學家認為這些數字太過誇大。的確，我為了強調危險程度，引用研究人員提出的最壞狀況。但這些經濟學家也指出，受威脅最嚴重的地區都是世界上無可取代的文化和自然重鎮。威尼斯是明顯的例子，而倫敦市中心、紐奧良和密西西比河三角洲、秘魯沿海地區的昌昌古城（Chan Chan），以及印度和孟加拉的桑達班（Sundarbans）紅樹林也是如此。

為了避免這些損害，城市必須把人口遷往地勢較高的地區，建造防護牆、運河、堤防以及防洪牆，或是兩者都做，這些都相當困難且費用高昂。平均海拔僅四公尺的上海市，是亞洲最容易受海平面上升危害的城市，一千四百三十五萬居民生活在低矮平坦的長江三角洲上。但由於上海市抽取地下水速度太快，所以近一世紀來下沉超過三公尺。與此同時，海平面逐漸上升。一九九三年，上海市建造一千年頻率的防洪牆，不到四年，洪水就淹過這道牆。距離上海市最近的高地大約在五十公里外，位於杭州市外圍，有兩百四十五萬人口。把上海市部分人口遷到這裡，等於建造第二甚至第三個杭州市。

城市以往已經習慣洪水，但地勢與密西根湖和芝加哥河水面幾乎同高的芝加哥市發現，這裡的土地太平坦、太低又太過潮濕，所以無法建立汙水系統。從一八五六年開始，芝加哥市在街上鋪設直徑兩公尺的汙水管，在周圍建造大樓。有些建築物抬高多達三公尺。最後整個城市都浮在空中。在我們的時代，威尼斯周圍建造了一道道防洪牆。這組系統於二〇〇三年開始建造，預計於二〇一九年啟用。[15]

這些城市規模都很小，讓人好奇它們以往的用途。芝加哥當初居民大約是十萬人，威尼斯和周邊群落大約是二十六萬五千人。沒有人知道芝加哥花費多少錢，而威尼斯的防洪計畫花費大約六十一億美元，當地不分男女老幼，平均每人約分攤兩萬三千美元。許多面臨風險的城市規模大得多，尤其是亞洲城市，例如曼谷、天津、馬尼拉、廣州、雅加達、臺北、孟買、達卡、加爾各答、胡志明市等。一份報告指出到二一〇〇年，東南亞地區的百年風暴造成的洪水可能危害三億六千兩百萬男女老幼。保護這麼多的人口將是前所未見的任務。

如果斯米爾說得對，全世界能源系統轉換速度不夠快，無法避免洪水侵襲城市，那到時會怎麼樣？假設斯米爾所指的狀況於二〇五〇年到來，到時人類已經減少排入空氣的碳，但減少得遠遠不夠。再假設氣候敏感度結果接近最大值，在這個狀況下，全球平均溫度將上升攝氏四．五度甚至五度（目前所知沒有什麼因素可以排除這點），我們又該怎麼辦？畢竟水面已經越來越高。

未來的領袖，無論是巫師或先知，都將面臨一連串不可能的狀況：迅速轉換全世界的能源基礎建設所需的龐大經費和心力、遷移大城市的龐大經費和心力，以及繼續留在相同道路上的龐大經費和心力。面對這個令人目眩的選擇，誰不想要逃避？為了挽救未來，有些人回顧過去——其實是兩個過去，一個是巫師偏好的過去，另一個是先知偏好的過去。

第一個過去回到一九九一年菲律賓的皮納土波火山（Mount Pinatubo）噴發。這次爆炸使數百人喪生，碎屑分布面積廣達數千平方公里，同時把氣體、塵土和灰燼噴到平流層。火山汙染的柱狀雲含有至少兩千萬噸二氧化硫，這種氣體具刺激性，而且有毒。平流層中的水汽與皮納土波火山的二氧化硫結合，形成閃閃發亮的硫酸微滴。記者奧利佛．莫頓（Oliver Morton）計算，這些氣溶膠的總和表面積大約和「一大片沙漠相仿，絕對比莫哈維沙漠大，可能比撒哈拉沙漠小一點。」這片硫酸微滴就像漂在空中的一大片白色沙漠，把日光反射回太空。兩年以來，照射到地球表面的日光量減少百分之十以上。平均全球溫度降低約攝氏〇．五五度。

對巫師而言，這些數字讓人忍不住想做一些基本計算。基林的二氧化碳測定值告訴我們，現在空氣中含有的二氧化碳略多於四〇〇 ppm。一 ppm 相當於七十八億噸二氧化碳，那麼四〇〇 ppm 乘以七十八億等於空氣中共有三．一兆噸二氧化碳。一八八〇年，人類開始大量燃燒煤炭之前，二氧化碳

15 譯註：後來於二〇二〇年正式啟用。

濃度大約是二八〇ppm。經過相同的計算，結果是空氣中共有二・一九兆噸二氧化碳。把現在的數字減去工業時代前的數字，結論是人類古怪的化石燃料消耗導致大氣中的二氧化碳增加了〇・九一兆噸。為了簡化，我們把這個數字當成一兆噸。這一兆噸的結果是全球溫度提高約攝氏〇・八度，其中大多是從一九七五年開始。再簡單計算一下：暖化攝氏一度大約相當於一・二五兆噸二氧化碳。

皮納土波火山以大約兩千萬噸二氧化硫抵消攝氏〇・五五度。再計算一次，以分子對分子而言，二氧化硫降低溫度的效果大約是二氧化碳提高溫度效果的五萬倍。

事實上，這沒有充分說明這個比較。巫師注意的地方從計算轉移到雨滴的科學。一噸的水如果是一團，表面積大約是四・六平方公尺。把這一噸水分成直徑只有百分之幾

一九九一年六月十二日，皮納土波火山。地球工程支持者主張花錢換取時間，每年把大約相當於皮納土波火山噴發的物質送入高層大氣，避免氣候變遷最壞的結果。

英吋的微滴，「總體積」仍然相等，但「表面積」則大幅增加，變成五．二平方公里。把這些微滴再分成五個完全相同但更小的微滴，表面積將接近加倍，大約是一○．四平方公里的鏡子——計算過程摘自莫頓的作品《再造地球》（*The Planet Remade*, 2016）。微滴越小，鏡面越大，鏡面越大，反射效果越強。同樣重要的是，微滴之間的距離必須夠遠，才不會互相碰撞合併成大水滴，大水滴比微滴更快落回地面。

皮納土波火山兩千萬噸二氧化硫的冷卻作用是地球物理學上的偶發事件。它形成的微滴不是最佳大小，因為地球工程師能製造更小、效果更好的微滴，只需一年內在空中噴灑幾百萬噸二氧化硫，就能達到相同的降溫目的。實際上，他們或許可以直接噴灑硫酸，而不需要讓大氣轉化二氧化硫，但原理其實相同。要達到這個目的，最直接的方法就是從地球發射特殊運輸載具，每艘載運若干數量的硫酸。

現在已經有業者執行這類服務，就是商業航空公司。新型波音七四七可載運多達六百名乘客。美國人的平均體重大約是八十公斤，為了便於計算，假設每個八十公斤重的乘客有十公斤行李，總共是九十公斤。因此一架有六百名乘客的七四七總重五十四公噸。要把兩百到三百噸的東西送上天空，每天必須飛行一百多次。現在全世界航空公司每天飛行超過十萬次。愛爾蘭廉價航空——瑞安航空（Ryanair）每天則飛行一千八百班，美國國內的阿拉斯加航空（Alaska Airlines）飛行將近九百班。要重現皮納土波火山，需要有規模為瑞安航空十分之一的航空公司，或是阿拉斯加航空的五分之一。

無論如何，阿拉斯加航空的五分之一不算很貴。二○一二年一項眾所周知的估計指出，十四架大型貨機，例如波音七四七，每年只要花費略多於十億美元，就能造出皮納土波火山。不過商業噴射機不適合飛到平流層（硫送得越高，停留在空中的時間越長）。特別設計的飛機效率更高，而且每年只需要花費二十到三十億美元。無論哪種方式，財務上都是可行的。哈佛大學物理學家大衛．凱斯（David

Keith）寫道，以十年時間反轉二氧化碳的大部分影響，「可能少於義大利政府花費六十億美元建造堤防和活動屏障，用於為威尼斯一個城市防範氣候變遷所造成的海平面上升危害。」

對關注海平面上升的各國政府而言，試用二氧化硫似乎值得冒險一試。主要想法是，如果碳排放減少得不夠快，我們或許可以持續數十年把硫酸噴灑到空氣中，換取足夠的時間完成化石燃料轉換。理論上說來，噴灑作業可以集中在兩極上空，在北極和南極冰層上方形成反射屏障。這麼做的目的不是消除所有暖化，而是削弱它的走勢，讓它減緩五分之一或四分之一，縮減到比較安全的攝氏一・六到二・二度之間。

從一九八〇年代開始，這類刻意改變地球氣候的計畫被稱為地球工程（geoengineering）。地球工程以更大的氣候變遷來對抗氣候變遷，在專門術語中稱為技術修復（technical fix）。它取代遵守自然限度的概念，改為創造由人類設定的平衡。修復天空是相當大膽的承諾，因而它是巫師夢想賦予人類權力與榮耀的終極目標。

地球工程是背負舊包袱的古老概念。古代宗教幾千年來一直宣稱能與神聖的力量協調，藉以控制天氣。科學興起使神職人員的調解角色衰微後，瘋子、偽裝者和騙徒隨之出現。十九世紀中期美國西部經常出現騙人的造雨者、利用人對旱災的恐懼銷售神祕機器、一瓶瓶廉價泡沫液體，以及寫滿欺騙無知農民的偽科學小冊子。在美國西岸，自稱濕氣促進者的查爾斯・麥勒瑞・哈特菲爾德（Charles Mallory Hatfield）花費許多年在偏遠地點建造高塔，噴灑化學藥劑。哈特菲爾德宣稱這些化學藥劑運用「細微的引力」來「吸引」雨雲。美國氣象局於一九〇五年譴責哈特菲爾德時，他漫不在乎地說：「譴責和嘲笑是懷有偏見的無知對科學啟蒙的第一個貢獻。」

最活躍的騙子應該是羅伯特．聖喬治．迪倫佛斯（Robert St. George Dyrenforth）。迪佛倫斯是工程師和專利律師，在南北戰爭中當過將軍，非常相信下雨源自打雷。在一八九一年一項由聯邦出資的測試中，迪倫佛斯和一群同樣對雨著迷的業餘愛好者試圖模擬響亮的雷聲，方法包括把炸藥貼在氣球和風箏上、在草原犬鼠的洞裡塞滿火藥、製作一排排克難的迫擊砲（用鋸短的鐵管當砲筒），以及在牧豆樹叢裡插滿炸藥，最後把這些裝置全都連接起來，同時引爆。大雨早在實驗開始前就降下，實驗結束後還在繼續下。但迪倫佛斯卻把這個結果當作成功的證明，要求美國國會提供更多經費。

正統的「種雲」(cloud seeding）實驗開始於一九四〇年代，也就是在雲中噴灑碎乾冰，促使雨滴形成。這類實驗總算終結騙徒橫行的時代，但興起了另外一種詐騙，就是過度樂觀的知識分子。例如物理學家艾德華．泰勒（Edward Teller）指出「我們可把地球表面改造成適合我們的需求」，並且提議可以用原子彈撼動頑強程度較低的石油，開鑿第二條巴拿馬運河，操作天氣型態。最令人驚奇的提議來自莫斯科，因為那裡有些俄國夢想家提出一個個浮誇、瘋狂的計謀：把煤灰投在北極冰雪上，使冰雪融化；建造通往紐芬蘭（Newfoundland）的公路，使墨西哥灣流（Gulf Stream）轉向；在剛果河上建造水壩，用來灌溉撒哈拉沙漠；把來自日本海流得溫水送到北冰洋，使冰層縮小；發射數千具裝滿鉀粉的火箭，在地球周圍形成類似土星的環，造成「永夏」。

這些異想天開中，有些提議消解二氧化碳造成的氣候變遷。起先只是粗略的想法，後來成為比較認真的提議。一九五〇年代晚期，約翰．馮紐曼半認真地提議以核子武器製造涵蓋全球的沙塵幕。這層煙幕可降低地球溫度，因為他認為地球過熱的原因是發電廠和煉鋼高爐。雷維爾沒那麼依賴炸彈，因此於一九六五年提議在海上布滿幾百萬面小鏡子，把日光反射回太空，當時沒引起多大的注意。但二〇〇六年，曾經獲得諾貝爾獎的化學家保羅．克魯岑重新提起地球工程的概念，大眾雖然不願意，卻也準備好接受這個提議。

蘇聯式熱情的時代已經過去，克魯岑的語氣一點也不得意。他在文章末尾寫道：「最好的狀況就是大幅減少造成氣候變遷的氣體排放，不需要進行平流層二氧化硫噴灑實驗。」其他巫師回應他的說法：「目前這個願望似乎很難實現。」地球工程可能是布勞格派夢想中力量和支配的頂點，但支持者卻退縮了，因為他們對地球工程的支持混雜了遺憾。剛剛提過的哈佛大學物理學家大衛．凱斯是知名的地球工程支持者，曾經把地球工程比做地球的化療，除非不得已，否則沒有人願意接受，因為這是故意讓患者生病來治療更大的疾病。依照作家艾力．肯特斯（Eli Kintisch）的說法，改變大氣或許是在適當的時間作不適當的事。

潛藏的危險很多，因為硫化合物可能和平流層的臭氧產生交互作用，而臭氧則可保護我們這些地面居民免於受到太陽紫外線傷害。硫很快就會落到地面，造成致命的空氣汙染（因此有人提議使用鈦、氧化鋁或方解石等粒子，這些物質比較昂貴，但比較不容易和臭氧產生交互作用，也不會形成酸）。平流層中的硫酸微滴反射日光，減少它進入下層大氣的能量，而能量則會影響降雨和風。氣流在地球周圍分布不均一，所以降雨變化的分布也不均一，溫度也是如此。地球工程或許可降低整體溫度，但各地狀況仍然不同——例如某些地方降雨可能太多或太少，或著某些地方的溫度可能突然走向極端。無論人類在空中撒下多少二氧化硫，二氧化碳依然存在。為了抵消不斷增加的總量，每年撒下的硫必須增加。的確，突然停止將會使結果很糟，原本暫停的暖化可能在幾個月內再度出現。

駭進星球（planet-hacking）最大的危險源自它最大的優點，就是成本低廉。經濟學家華格納和魏茲曼稱之為「自願駕駛問題」(free-driver problem)：開車成本極低，所以每個人都能嘗試看看。噴灑硫成本很低又很容易，一個魯莽的國家就能自己改造地球。此外，兩個國家也可能各自決定以互相衝突的方式改變氣候。擔憂旱災的中國可能想增加季風，害怕洪水的印度則可能想減少降雨。凱斯提醒我們：「這兩個都是核武國家。」依據《富比世》(*Forbes*)雜誌的資料，全世界有一千六百位億萬富翁，每位都能獨資贊助一種地球工程方案。一位比爾蓋茲可能贊助同一件事許多次。史丹福大學國際關係專家大衛·維克多(David Victor)指出：「只要一位孤獨的園藝愛好者，自封為地球保護者，再加上比爾蓋茲銀行帳戶的一小部分，就能獨自執行許多地球工程。」

奇異的森林

先知聽到這些想法肯定會大為光火，因為他們把氣候變遷視為超越承載能力的主要證據，所以也把以汙染對抗汙染的方向視為天大的錯誤。佛格特說，這個想法不只一開始就太離譜，而且影響未來最迫切需要的社會改革。更糟的是，地球工程使大自然的神聖性永久消失，它把數十億年歷史的真實自然世界改換成新的人工世界，表面處處都是人類斧鑿的痕跡。然而旱災、城市淹水、毀壞生態系的幽靈逐漸逼近，有些先知已經開始焦急地思考自己的地球工程——它和巫師式地球工程相同，背後推手是過去的美景。但對先知而言，這個過去相當古老，是石炭紀晚期(Carboniferous epoch)。

現代形式的動植物大多數出現在大約五億五千萬年前開始的演化大躍進。在這段時期，絕大多數時間的二氧化碳濃度都相當高，有時甚至高達現在的二十倍。以現在的標準看來，當時的世界熱得難以忍受。其中比較長的低溫期只有兩段時間，分別是我們這個時期（精確地說是近五千萬年）以及石炭紀晚期。有人想到，大型陸生植物出現在石炭紀，包括鱗木（lepidodendrons）、木賊（horsetails）、大型蕨類，以及許多現在已經消失的物種。森林長得十分茂密，從空氣中吸收大量的碳。平均溫度是攝氏二十三．八到二十九．四度到十度左右。低溫低於現在的十二．七到十五．五度，所以引發了兩次冰川期，造成大量植物死亡，也因此導致煤炭生成。

我們是否能利用自然系統——或稱為自然感覺系統（natural-feeling system）——吸收空氣中的碳？我們何不在撒哈拉沙漠和澳洲內陸沙漠這兩片全世界最大的沙漠上種滿樹，創造新的石炭紀呢？二〇〇九年，兩位NASA哥達德太空研究所（Goddard Institute for Space Studies）和一位西奈山醫學院（Mount Sinai School of Medicine）研究人員就這麼提議。實際上，這個概念很容易理解：大致說來，人類每年排放四百億噸二氧化碳，大多出自燃燒化石燃料。其中大約有百分之四十被植物、微生物和海洋吸收。森林管理人員花費幾十年測量樹木生長速率，其實就是樹木吸收空氣中二氧化碳的容量。如果有人認真看待森林管理人員的測量值，把九百八十四萬平方公里的撒哈拉沙漠全部種滿耐旱的巨桉（Eucalyptus grandus），則每年大約可吸收兩百億噸空氣中的二氧化碳，足以對氣候變遷造成明顯影響，但明確程度取決於海洋和陸生植物的反應。如果另外在面積約為撒哈拉沙漠三分之二的澳洲內陸沙漠種樹，可以吸收更多二氧化碳。

支持者說，種樹比高科技的巫師式做法簡單，風險又低。我們不需要建造花費高昂的碳捕集設施和核能電廠，而應該在赤道附近的沙漠布置成本低廉又自然的碳吸收裝置：樹木。碳吸收場中的樹木和碳捕集廠不同，是氣候變遷問題的直接解決方案。採用地球工程的方法在空中噴灑硫，將會破壞臭氧層，使世界更不適合居住。在撒哈拉沙漠、阿拉伯沙漠、喀拉哈里沙漠或澳洲內陸沙漠種樹，將使地球的這些地區更適合居住，甚至令人嚮往。這些樹木可提高濕度，因此應該也可提高雨量。現在貧瘠的土地將成為碳農地，最後成為真正的農地。

德國斯圖加特（Stuttgart）霍恩海姆大學（University of Hohenheim）的克勞斯．貝克（Klaus Becker）和彼得．勞倫斯（Peter Lawrence）指出，各種氣候變遷對策都需要已開發國家的民眾付出許多金錢。現在為這些納稅人介紹兩個替代方案：「第一個方案是採用現有但尚未嘗試且可能有害的新科技，另一個方案是在偏遠且人煙稀少的鄉村造林，而且可能有益於當地人口。」碳農業強而有力地結合利他主義以及「別在我家後院」兩大優點，從這個觀點看來，在政治上比碳捕集或核能電廠更加可行。

想知道大規模森林復育計畫是什麼模樣，可以造訪非洲的薩赫勒（Sahel）。就定義上說來，「薩赫勒」指的是撒哈拉沙漠和非洲中部潮濕森林之間的乾旱地區。這片東西走向的遼闊地帶從大西洋岸的茅利塔尼亞經過布吉納法索（Burkina Faso）、尼日（Niger）和查德（Chad），最後到紅海邊的蘇丹（Sudan）。在修辭上，「薩赫勒」代表著饑荒和沙漠化。一九五〇年代之前，薩赫勒人煙相當稀少。人口開始大量增加時，南邊比較擁擠地區的人向北遷移，進入空曠地區。他們和搬到鄉村的城市佬一樣，不知道如何改造這塊乾旱的土地。一九六〇年代，這些問題被不尋常的大量降雨掩蓋。接著發生兩波旱災，第一次是一九七〇年代初期，第二次比較嚴重，發生在一九八〇年代初期，超過十萬名男女老幼在其後的饑荒中喪生——實際人數可能更多。

在布吉納法索，援助隊員馬蒂歐．韋德拉奧果（Mathieu Ouédraogo）召集當地農民，實驗土壤還原技術，其中包含一些韋德拉奧果在學校裡讀過的傳統方法。有一種方法稱為石牆（cordons pierreux），是把大小不超過拳頭的石塊排成長長的石牆。當地稀少的降雨往往直接流過乾硬的土壤，所以土壤吸收的水分過少，植物難以存活。水被石牆阻擋時停留得更久，讓種子能在稍微適合的環境中發芽生長。後來石牆長成一排青草，讓水流得更慢。矮樹和樹木接著取代青草，葉片落下使土壤更加肥沃。幾年之內，少數幾排石塊就能還原整片田地。一般來說，貧窮的農民比較不樂於採用新技術，因為失敗的代價太大。但布吉納法索這些農民已經沒有其他希望，石塊也不需要成本，只需要人工。數百位農民疊起石牆，還原數十公畝已經沙漠化的土地。

其中有一位農民名叫雅科巴・薩瓦多哥（Yacouba Sawadogo）。薩瓦多哥很有創新頭腦和自我主張，希望和三個妻子和三十一個孩子一起在農場生活。他告訴我：「我們家從我祖父的祖父的祖父就一直生活在這裡。」薩瓦多哥在田地上排了許多石牆。此外他還在田地裡挖了幾千個三十公分深的洞，稱為土坑（zaï），這是他父母親教他的技巧。薩瓦多哥在每個坑裡撒下糞便，用來吸引白蟻。這些昆蟲在土壤裡挖掘隧道。雨水落下時，水順著白蟻通道滲入地下，而不是直接流走。薩瓦多哥在每個洞裡種樹。他說：「沒有樹木就沒有土壤。」樹木在土坑裡鬆軟潮濕的土壤裡長得很茂盛。一塊塊石頭、一個個土坑，薩瓦多哥把兩千多公畝的沙漠變成數百公里內最大的私有森林。

對我這個外行人而言，他的森林看來十分神奇：雜亂的小樹和矮樹和高及腰部的青草長在一起。接著薩瓦多哥給我看這片土地乾旱時的照片：光禿禿的紅色土壤，上面有一叢叢青草，幾叢灰土土的灌木。放眼望去幾乎看不到樹。對我而言，若有人批評他的土地看來雜亂，那就好比看到在地下室用廢棄物組裝的汽車，卻還嘲笑人家烤漆難看一樣。

薩瓦多哥家裡有一份他的森林中的樹種清單，由首都瓦加杜古（Ouagadougou）一位植物學家編寫。清單中的第一種是痲瘋樹（Jatropha curcas），這種樹矮小茂密，果實可用來製造燃料油。二〇一四年，德國研究人員在埃及勒克索（Luxor）挖掘到痲瘋樹，並測定其碳含量。他們判定一公畝痲瘋樹每年可儲存五・二噸二氧化碳。平均說來，美國每人每年排放十八・七噸二氧化碳，德國是八・九噸，印度是一・七噸。如果痲瘋樹的碳儲存能力算普通，那麼薩瓦多哥這兩千公畝的農場就相當於五百六十個美國人、一千一百七十五個德國人或六千一百六十個印度人。

可以想見，這種新技術簡單、花費便宜，普及範圍又相當廣。越多人改造土壤，土壤就越肥沃，就能種下更多樹。雨量較多也是再次生長的部分原因（但不可能回復一九六〇年代的程度）。另一個可能因素是大氣二氧化碳濃度較高，使rubisco酵素[16]更容易運作（二〇一六年一項大型研

16 編按：關於rubisco酵素與綠色革命有關的討論，請參閱第四章。

薩瓦多哥，攝於二〇〇七年。

究指出，世界上的植被地區有一半變得更茂盛，二氧化碳濃度提高是促進生長的大部分原因）[17]。但布吉納法索的還原大多出自個人努力。尼阿美（Niamey）迪歐佛大學（Dioffo University）森林管理員馬哈馬內・洛瓦努（Mahamane Larwanou）表示，布吉納法索的隔壁國家尼日操作得更加成功，而布吉納法索政府或援助機構提供的支援極少或甚至完全沒有，當地農民仍然用十字鎬和鏟子再造超過四十萬公畝森林，面積相當於美國維吉尼亞州。

薩赫勒廣大地區的農民只使用石塊和鏟子，還原了許多熱帶草原森林，就像布吉納法索這片森林一樣。比較這塊區域和幾年前的同一地點（參見圖中照片），鮮活地證明還原技術迅速改變地貌的能力。

先知型地球工程師期望的碳農場大上許多，而且位於更乾旱的地區。這類農場起先需要灌溉。許多狀況下，水必須由濱海的淡化廠供應。淡化廠起初可能使用太陽能，大約三年後可以使用樹木修剪下來的碎屑、葉片和種子。研究指出，樹木提供的能量足可提供本身需要的水，讓自己永續存在。幾十年後，碳農民將可採收樹木，改種長得更快的新小樹。這些工作花費都相當大，但所有碳矯正方法花費都相當高昂。想像使撒哈拉沙漠變得適合居住的經濟活動可以平衡一些花費，其實一點也不荒謬。

古代樹木可能經過「高溫裂解」（pyrolized），也就是在低氧環境中燃燒，產生木炭的過程。依據形成方式不同，木炭通常可保留約三分之二的碳。木炭可以磨碎後埋在地下，使土壤變得更肥沃。但構成沙漠土壤的塵土往往無法跟這些養分化學結合，所以沙漠土壤通常無法保存養分和有機物質。降水將會沖去這些物質。隨著時間過去，埋在地下的木炭慢慢氧化，提供必要的結合點。養分和有機物質「黏」在上面，為細菌、真菌和使土壤肥沃的其他微生物提供食物。適量生產和使用木炭，可大幅改良貧瘠的農地。此外它也能封存碳：根據美國康乃爾大學木炭土壤專家約翰尼斯・萊曼（Johannes Lehmann）的計算，把農業剩餘物資做成木炭，同時捕集製造木炭產生的氣體並轉化成燃料，將可抵消全世界二氧化碳產量的八分之一。如果稻田和肥料排放的甲烷和一氧化二氮等氣候變遷氣體包括在內，這個數字還會更高。上述這些技術都有可能應用在碳農場上。

巫師對這類狀況的回應通常是指出它們不可行：他們說森林會摧毀沙漠生態系，或是必須讓許多民眾大幅改變生活習慣，或著還可能形成環保帝國主義（green imperialism），迫使沙漠地區的窮人為遠方有錢人的碳排放量服務。這些批評都是依據巫師既有的概念，對先知提出的建議作不恰當的扭曲或批評。先知害怕CCS由上而下的特質和核能電廠，因為它們必須依賴未經選擇的技術專家。先知偏好森林復育，這種方法必須由下到上，而且藉助薩瓦多哥這類人自願參與時效果最高。這兩種方式都必

17 超過某個限度，高二氧化碳濃度造成的旱災、熱負荷和酵素失效等負面影響將超過它對植物生長的助益。明確限度隨物種而不同。對水稻而言，這個限度或許相當低，因為只要溫度略高於平常，水稻就無法製造具繁殖力的花粉。

須結合數百萬人的行動產生影響，或者只需要極少數人就能創造這些未來不可控制的過程。

在充滿化石燃料的世界中究竟該怎麼做？面對氣候變遷，任何選擇都必須大膽迎向未知。認為碳捕集在經濟上不可行、再生能源成本永遠太高，或占用太多土地，通常這類看法等於是表明，我比較喜歡某個做法應許的未來，所以我願意選擇這個做法帶來的未知風險，而不想選擇另一個做法帶來的未知風險。事實上，選擇取決於個人對良好生活的想法——可能是人與土地緊密連結，也可能是在空中自在翱翔。但只有個體才能做選擇；更重要的是，他們仍然有選擇，只不過，我們還暫時處於模模糊糊想像馬古利斯的說法有可能不對的階段中罷了。

兩個人

第八章 先知

午餐

一九四七年十二月二十七日早上十點整，在華盛頓特區。距離林肯紀念堂（Lincoln Memorial）一千呎左右的地方，坐落著美國國家科學院的董事會——胡桃木內裝、波斯地毯、大理石壁爐，和一幅亞伯拉罕·林肯一臉嚴肅簽署學院章程的大幅油畫。百葉窗透進微弱的冬日陽光，橢圓形長桌在光線中閃閃發亮，桌子上方有個球形的玻璃燈具、一只集燈架，燈具經過繪製，仿似一五一五年達文西筆下（或認為出自他筆下）的世界地圖。沐浴在黃色燈光下的，是一群白襯衫、黑西裝的人。他們是美國內政部、農業部、國家研究委員會的高級官員，以及兩個平民。其中一人是泛美聯盟保育組主任威廉·佛格特，他身處在這間房間裡，參與貨真價實的會前會議，周圍則是信心滿滿掌控大局的人物，他應該既緊張又暗自興奮。

至於另一人則是召開集會的人物——朱利安·赫胥黎（Julian Huxley）。赫胥黎來自顯赫的英國家庭。他的祖父湯瑪士·亨利·赫胥黎（Thomas Henry Huxley）以激烈擁護演化論聞名；他弟弟阿道斯（Aldous

Huxley）是《美麗新世界》（*Brave New World*）極富爭議的作者；而他同父異母弟弟安德魯（Andrew Huxley）是生物物理學家，之後將贏得諾貝爾獎。朱利安本人對演化理論有著重要的貢獻，在歐美各地演講，和赫伯特・喬治・威爾斯（Herbert George Wells）合著了一些生物學相關的暢銷書，並且拍攝了一部博物學紀錄片（很可能是史上第一部），贏得一座奧斯卡金像獎。他是著名的反種族歧視者，也熱衷倡導移除人類基因庫中的「劣等」元素。朱利安並且成為聯合國教科文組織的創始祕書長。而他存心一戰。

赫胥黎既溫文儒雅又強勢，而且偏好八卦，詳述了華盛頓、倫敦和巴黎運籌帷幄的密談來逗樂大家，而這些運籌帷幄關乎戰後世界的狀況。多年衝突導致大面積的歐洲和東亞土地荒廢，使得殖民帝國開始瓦解。勝利的同盟國自然打算重建殖民帝國。從前的國家若不是殖民國，就是被殖民國；不是統治、就是被統治；不是自治國家，就是殖民地。世界大戰之後，從前的權力結構似乎不再適用了。需要用不同的方式來劃分世界。新的展望中，所有國家都處於從「未開發」（例如非洲大部分地區）通往「已開發」（例如歐洲和美國）的路上。

從前，目標是為了讓帝國祖國成為最強大的政治權力，並且受殖民地供養。現在的焦點是讓所有國家的發展最大化——工業欣欣向榮、城市充滿生氣、家園富裕、充斥各種節省勞力的工具——經濟學家約翰・梅納德・凱因斯和他的信徒盛讚這種消費導向的經濟成長。這下子美國政府保證會用「一切可行的方法（……）促進最高的就業率、產量和購買力」。

哈利・杜魯門（Harry S. Truman）總統當時深信，這目標不該限於美國，因為地球上的所有人都應該過著像中產階級美國人的生活！這不只成為西方國家建立戰後秩序的道德目標，也贏得辛苦對抗共產主義的前殖民地青睞。而達到這理想狀態的方式，是帶著善意運用最新科技（發明出原子彈的物理、化學和工程學），引導成長和重建。

赫胥黎感到驚駭。在他看來，這些想法等於允許大公司利用研究者的發現，掠奪自然世界殘存的寶藏。赫胥黎和杜魯門一樣，相信科學專業能引導社會，演變成更理性、更繁榮的模樣。不過他認為應該讓自然和文明達到平衡，才能夠達成這個目標。研究者可以找出生態限制，教導政府如何在限制內生存。而赫胥黎認為，要重拾世上的生物學秩序，最主要的一個障礙是美國政府盲目促進成長的政策。科學院董事會中的官員在杜魯門政權中有一席之地，但也有同情心，而赫胥黎正是要向他們尋求建議，想知道如何在華盛頓為自然發聲。他希望從佛格特那裡得到其他的貢獻：佛格特在赫胥黎眼中，是個不為人知但有前途的官僚／鳥類學家，赫胥黎想知道佛格特是否準備踏上世界舞臺。

會後，赫胥黎和佛格特談了談。對佛格特來說，當然是令人興奮的一刻：赫胥黎擁有牛津的一級榮譽學位，和世界各地科學家人脈，還著有一系列暢銷書；和赫胥黎說話的機會，就像祕魯的欽查群島一樣遙不可及。而赫胥黎找上佛格特，是有問題要問他，關於一些可能的計畫。他們的談話沒留下記錄，不過佛格特大概說起他快出版的書，《生存之路》。不論討論的走向如何，佛格特顯然讓赫胥黎很滿意。兩人保持聯絡，有時通信，而有時則透過他們的共同友人——佛格

朱利安・赫胥黎，攝於一九六四年。

特友善的競爭對手，費爾菲．奧斯朋。

隔年，赫胥黎看著《生存之路》成為轟動的暢銷書，佛格特——奧斯朋也是，因為他也出版了一本理念相近的書打對臺——因而成為「減少人口以減少人類對地球生態系需求」的著名提倡者。赫胥黎和弟弟阿道斯也熱切相信同樣的理想，但得到的聽眾遠遠較少。相形之下，佛格特則從容自若地成為生態學的政治家。

然後一切破滅。佛格特的性格讓他有這一天，卻也毀了他——他野心勃勃、粗魯地堅持自行其事，又直覺尋求全面而戲劇化的結論。佛格特重整旗鼓，但幾年後又被撂倒。這次還有另一個更重要的原因——他僅能以生物學的角度看待人類。佛格特固執地抱著馬古利斯式的信念，認為人類無法自外於生物學法則。當我們的物種碰到培養皿邊緣時，會帶著許多事物一起毀滅。

「四萬個驚恐的人」

至少這四萬人讓他辭職。佛格特當時在為泛美聯盟工作，這是二十二個美洲獨立國家的外交論壇。佛格特在為聯盟撰寫充滿註腳的備忘錄，批評這些國家管理自然稟賦（natural endowments）的情形。然而他為數百萬讀者在媒體上重述這些批評時，情況大不相同[1]。

1　一九四八年四月，泛美聯盟改組，並且更名為今日的美洲國家組織。由於新的特許證直到一九五一年才生效，因此我在此稱該團體為泛美聯盟。

佛格特在一九四八年發表於《哈潑》雜誌的第一篇文章〈逐漸破敗的大陸〉(A Continent Slides to Ruin),為拉丁美洲地景狀態吸引的關注可以說超過他所有的學術報告。不過其中無情的言語激起了泛美聯盟的怒火。比方說,佛格特抨擊智利雖然兩年前因火災失去「二十五萬英畝」(的森林),卻沒有「僱用任何消防員或林務員」。伐木工(對佛格特來說是「木材濫伐者」)沒補種樹木,導致嚴重的侵蝕和洪水。因此,佛格特預測,「大部分的」智利在「一百年內」將變成沙漠,甚至不用一百年。

智利政府不喜歡他們雇員公開批評(嚴格來說佛格特確實也是受僱於智利政府);這也是意料中的事。智利大使向泛美聯盟的理事會抱怨。其實很簡單——大使本人就是理事會成員。大使表示,佛格特必須做出選擇:「若要繼續鼓吹,就離開聯盟。」

聯盟的祕書長亞伯特・耶拉斯・卡馬哥(Alberto Lleras Camargo)擋下了抱怨。耶拉斯是哥倫比亞前總統,但他生涯開始時,是在波哥大(Bogota)和布宜諾斯艾利斯(Buenos Aires)為專門揭發內幕的報紙報導新聞。他不願做出任何類似審查的事。此外,佛格特是能幹又勤奮的員工,他的保育報告對墨西哥、委內瑞拉、哥斯大黎加和其他成員國都很有用;智利因為佛格特的建議而在火地島(Tierra del Fuego)建立了一座國家公園。耶拉斯找到折衷辦法,拒絕開除佛格特,但要求佛格特收斂言行。

兩個月後,《生存之路》在八月上市了。佛格特知道他把焦點放在人口控制,會引發爭議。出版的幾星前,他跟一個朋友開玩笑,說到那本書可能的反應:「很多人會覺得我應該搖鈴警告,嘴裡喊著『不潔』。[2]」沒想到,這本書成為他出版商口中「年度最戲劇化、廣受討論的書」。結果產生影響國際的迴響;多年後,知名法國人口學家阿弗列德・索維(Alfred Sauvy)會想起,《生存之路》在歐洲「引發的騷動,堪比十九世紀初馬爾薩斯的《人口論》」。

佛格特和奧斯朋一舉讓公眾注意到部分科學界逐年增長的憂慮。大戰破壞環境、消耗自然資源，促使世界各地的生態學家警告汙染、森林砍伐、侵蝕和土壤劣化的問題。《生存之路》發表的一個月後，耶魯大學生物學家艾德蒙・辛諾特（Edmund Sinnott）聲稱：「人類控制自然的程度，增長得比對自己的掌控更快。今日的問題不是自然，而是人類。」

辛諾特是美國科學促進會主席，當時美國科學發展協會是全球最大、最具影響力的科學機構。對於像辛諾特這樣的科學家而言，佛格特和奧斯朋只是大聲、公開聲明他們早已相信的事，因而樂見他們的書問市。知名耶魯生態學家伊弗林・哈欽森（George Evelyn Hutchinson）主張：「有技術知識的任何人，都能瞭解這本書裡描述的危險十分真實。」

哈欽森在辛諾特主持美國科學促進會一場特別的專題研討會，在數千名科學家面前讚賞佛格特和奧斯朋。題目中明確傳達了那個會期的主題和基調——「人類有什麼希望？」根據《新共和》（*The New Republic*）週刊，會議廳的聽眾有「四萬個驚恐的人」。其實超過四萬人——奧斯朋的演說在一個熱門的全國節目中廣播，在那個電視和網路之前的年代，聽眾保證有數百萬之多。

自己的雇員成為國際騷動的焦點，對泛美聯盟這樣的外交組織來說並不樂見，然而跟他斷絕關係也不容易。喧囂愈演愈烈，在此同時，佛格特正在為聯盟組織一個大型的國際專題研討論。一九四八年九月，美洲國家可再生自然資源保育會議（Inter-American Conference on Conservation of Renewable Natural Resources）在丹佛舉辦，由杜魯門總統致辭，參與者有許多該領域的保育官員，包括佛格特在鳥糞公司

2 譯註：出自《聖經》典故，麻瘋病人在別人經過時，需要搖鈴出聲警告。

的前老闆。十三天的會期間，一千五百名研討會與會者旅行數百公里，觀摩洛磯山和北美大平原的美國保育計畫。佛格特塞進一件和他髮色一樣灰的西裝，戴著淡色護目鏡，隆隆發出男中音。他跛腳拄著拐杖，很容易辨識，宛如仁慈但憂心忡忡的神祇一樣駕御這場聚會。代表者不斷起身感謝他的努力。沒有一節提到生育控制或人口過剩——算是尊重佛格特在泛美聯盟的上司。佛格特沉浸在成功的喜悅中，說研討會「可能」會被視為「我們這十年、甚至這世紀最重要的一場會議」。

費爾菲・奧斯朋，攝於一九六〇年。

在今日廉價空中旅行和大型全球研討會的世界裡，佛格特的熱情似乎太誇張了。不過二次世界大戰之後，其實在大約十來場國際會議中，規畫了之後大部分的世界秩序。一九四五年一場那樣的會議裡，草擬了聯合國憲章。五個月後，第二場會議成立了聯合國教科文組織，推舉赫胥黎為祕書長。在那之前是在新罕布夏（New Hampshire）布列敦森林（Bretton Woods）的一場國際會議，建立了國際貨幣基金組織和世界銀行，之後在日內瓦的一場會議上簽署了關稅暨貿易總協議。要仔細討論保育，需要的會期幾乎和其他加起來一樣多，一部分是因為對這些議題的理解不足——一部分則是因為朱利亞・赫胥黎有意挑釁。

赫胥黎設法在教科文組織的範圍中偷渡了保護自然，儘管這並不符合該組織著重的教育、科學和文化。不過有個惱人的問題：「保護自然」究竟意味什麼？赫胥黎相信，杜魯門政府的觀點——保護自然是指明智地為了人類利益而利用自然——將使得同樣貪婪的老方法披上亮麗的綠色粉飾。赫胥黎本人則想要把世上最美麗的地方圍在公園和保護區裡，加以保存——讓那裡成為獅子、老虎、大象和候鳥那些奇妙生物的家園。這些區域不會有工業發展，而且完全禁止。而這不會是象徵性的微小努力，而是範圍廣闊——整片地景永遠不受人類利用。赫胥黎是機敏的政客，他知道這些概念會有阻力。

雖然讓人忍不住覺得赫胥黎對杜魯門的反應，預告了巫師與先知之間的分野，不過這麼說並不準確。當時，雙方都還未構思出自己的論點。佛格特寫了書，但書中的訊息還未普遍流行——赫胥黎呢，正在設法保護迷人的動物，而不是認為自己（先知式地）和全球生態限制有關。布勞格仍然默默無聞地奮鬥。華倫．韋弗還未開始思考竊取光合作用，更未寫出他關於「可利用能源」的巫師式宣言。傑若米．羅德爾承諾，「革命已經開始」，亞伯特．霍華德正在大力宣揚回復法則（Law of Return），蓋伊．卡倫德警告二氧化碳的事，不過很少人在聽。再兩年，杜魯門才會讓世界認識「低度開發」（underdevelopment）這個詞。更久之後（八年後），才有了第一座商用核電廠——英國溫斯蓋爾（Windscale）的卡德爾霍爾（Calder Hall）電廠。

我們或許該假設赫胥黎不自覺地將美國數十年間醞釀的爭議，帶進了國際場域。這是約翰．繆爾（John Muir）和吉福德．平肖（Gifford Pinchot）之間的爭議。兩人都是保育史上深具影響力的人物。繆爾生於一八三八年，美國內戰時曾逃避兵役，大學肄業，後來成為預測家。這個留著鬍子、衣衫襤褸的男人似乎不吃不喝，睡在他最愛的西峰岩石上。繆爾成長的過程中，「荒野」對大多人而言，是充滿危險動物的荒地，是等待征服之地。繆爾後來將這些無人區域視為精神的家園，是應該珍惜、保存的地方。繆爾表示：「在上帝的荒野中，存在著世界的希望——未受破壞、尚未收復的廣大清新荒野。」繆爾認為，真正的意義不存在於世上愈漸擁擠、吵雜、機械化的城市裡。心靈只有在未受干擾的自然，才能得到救贖。繆爾說：「荒野不可或缺。山峰和保護區的用處，不只是產生無盡的木材和灌溉用的河流，而是生命的泉源。」繆爾不懈地倡導，促使美國在一八七二年成立了全球第一座國家公園——黃石公園（Yellowstone），那裡保存下來，主要是為了保護間歇泉、溫泉和其他地理奇觀；一八九〇年則成立了全球第一座荒野公園——優勝美地（Yosemite）。不久之後，全球各地都開始成立荒野公園，許多位在歐洲殖民地；例如南非的齊齊卡馬（Tsitsikamma）正是在優勝美地成立後的幾個月設立。

平肖是美國的第一位專業林務員。他雖然敬佩繆爾，但整體而言卻將繆爾洋溢的神祕視為胡說八道。平肖追求的不是個人精神啟發，而是共同的物質利益——「最多數人最長久的最大利益」。平肖在一八六五年出生於一個富裕家庭，精於自我推銷、擅長吸取其他人的想法，將自己塑造為科學的化身（其實他在法國念了一年的森林學，卻在教授認為他準備好之前就離開）。平肖身為非正統的科學家，卻和繆爾一樣貨真價實地有遠見，聲明全世界的繁榮有賴資源永續，尤其是木材、土壤與淡水這樣的可再生資源。平肖想要保護這些資源的方式，不是保留大片大片的地域不受人類影響，而是用科學官僚的菁英幹部來經營森林和田野。平肖表示：「保育的第一原則是發展」，而發展必須從長計議「這一世代的福祉，以及之後世世代代的福祉。人類掌控了自己生存的地球。」

雖然繆爾與平肖對很多手段有共識，目標卻有分歧，兩人逐漸疏遠。老羅斯福（Theodore Roosevelt）總統是世上第一個把保育放在議程核心的領袖，曾經和繆爾一起露營，十分享受他的故事。

然而老羅斯福卻選擇和平肖合作，指派平肖為美國的首席林務員。平肖表示，他在這個職位的目標，是「藉著明智利用而永續」。

結果，繆爾對荒野之美的狂熱，和平肖管理荒野的想法，都有個黑暗面——大部分這些「未受干擾」的美國地景，其實都住著原住民。黃石公園和優勝美地趕走了住在那裡幾世紀的人，才成為國家公園。依據記者馬克・道威（Mark Dowie）的記錄，類似「以大自然之名行剝奪之實」的情事，之後就一再發生。後果時常很可怕；不只在有違道德，讓人流離失所，實際意義也是，因為這些地區受到最早的居民塑造。例如美國西部的人常常焚燒下層灌木來抑制昆蟲、促進嫩芽生長，吸引動物。為了保育森林而滅火，導致可燃材料累積，最後導致災難性的野火。同樣地，亞馬遜森林的人做出小型空地而重塑了他們的生態系，他們在空地中種滿有用的植物，用排泄物和木炭施肥，最後形成森林中最肥沃、多樣性最多的一些區域；但這些地方現在少了原住民管理，面臨劣化的危機。

「必要的智識鷹架」

平肖提出建議之後，老羅斯福在一九〇八年召開一場以美國自然資源為主題的會議，如前所述，導致了石油恐慌。平肖相信饑渴的人類事業的資源必須以全球來管理，因此敦促羅斯福召開史無前例的全球保育會議。老羅斯福同意了，然而羅斯福卸任後，繼任者威廉・霍華德・塔夫脫（William Howard Taft）取消了這個計畫。平肖在一場不智的政治鬥爭中失去塔夫脫的青睞，辭職而去。他靜待時機，直到羅斯福的遠親富蘭克林・德拉諾・羅斯福（Franklin Delano Roosevelt）——也就是小羅斯福——當上總統。平肖纏著小羅斯福總統，最後他和老羅斯福總統一樣同意舉辦一場全球資源會議，但必須等待戰爭結束。小羅斯福總統死時，戰爭乃然如火如荼。平肖努力不懈，以罹患白血病末期的八十一歲高齡，求助於小羅斯福的繼任者——哈利・杜魯門。一九四六年九月，平肖死後的一個月，杜魯門召集了一場會議。

聯合國要求教科文組織協助準備全球高峰會，然而赫胥黎不願配合平肖啟發的活動。赫胥黎展現了驚人的政治戲法，在一九四七年十二月設法爭取聯合國不甘願的成員國同意，舉辦了另一場打對臺的全國資源會議。這場會議和第一場一樣由聯合國贊助，不過由教科文組織掌控，時間、地點完全和那場會議相同。然而這場會議將宣揚比較類似繆爾版本的未來，抵制第一場會議（至少赫胥黎是這麼希望的）。赫胥黎得到首肯，興高采烈地飛去華盛頓特區。他和佛格特與美國官員碰面，正是這時的事。

赫胥黎在國家科學院的董事會裡講述他的計畫。赫胥黎不只要教科文組織安排同步進行的會議，還想建立一個平行的環境官僚體制，獨立於教科文組織，但需教科文組織調撥經費。新組織的祕書長後來指出，該組織將「把歐美已經轉攻保育的博物學家那些細小的胚胎核，整合成一個強大、持續擴張的全球『保育學家』網路〔……〕來自各行各業——有政客、經濟學家、公務員、生態學家先驅、野田工作者、律師、非政府組織負責人等等」。歐洲、北美以及從前殖民地，有成千上萬環境團體的人，不過這些團體彼此不相往來，議程狹隘。赫胥黎相信，如果他們能合作，分享訊息，拓展他們的範圍，就能以全球尺度蒐集資訊，同心協力對抗任何破壞。教科文組織的任務一向是匯聚純科學，以理解生態系和地景。而這個嶄新的平行組織則是針對保育的應用科學，保護自然系統，抵抗人類掠奪。初步的籌備會議已經舉辦了。

赫胥黎在協助建立一種新的機構——該機構是由一群在為同一個任務奮鬥的有力人士，自願任命所組成的網路。這環境機構代表著一群關切的公民，會發揮政府的一些功能，不過很少受到政府監督，顛覆了赫胥黎眼中政治領袖對於成長的破壞性成癮，同時得利於這種成癮帶來的影響力。今日，該網路的成員包括山岳協會（Sierra Club）、大自然保護協會（Nature Conservancy）、綠色和平組織（Greenpeace）、雨林聯盟（Rainforest Alliance）、世界資源研究所（World Resources Institute）、350.org、國際保育協會（Conservation International）、世界自然基金會（Worldwide Fund for Nature；在北美則稱為世界野生動物基金會，the World Wildlife Fund），以及數百個其他的地方、國家、國際團體，和無數的環境基金會、環境新聞報導團體、環境科學家與政府環境單位。雖然經常有爭執和財務危機，但這些形形色色的機構合作效率驚人。（健康與發展領域也有類似的網絡出現。）

這定義鬆散的環境機構——英國評論家有時稱之為「那堆綠色東西」（the green blob）——在程度不同的衝動之下，會進一步發起活動對抗汙染，喚醒世界面對絕種的危機，取得、保留大片的土地，並且為數百萬婦女絕育扮演了重要的角色。這些努力既被稱讚極度民主（因為代表了志願團體的觀點），又受到極不民主的攻擊，觀點不同的公民幾乎無法阻止他們的行為。不論如何，這都是獨立管理下前所未有的大規模實驗。赫胥黎的成果大大推動了這種機構的誕生。

丹佛的會議結束兩天後，創立第二個組織的會議就開始了。會議地點在巴黎東南的昔日皇家城堡楓丹白露，聚集了二十三個政府、一百二十六個自然團體和八個國際組織的代表。與會者（幾乎全是白人男性）在城堡華麗的萬柱廳（Salle des Colonnes）會面，這間長型的大廳有著黑色大理石柱，鍍金柱頂。高大窗戶外的景色是私有林，皇室要人曾經在那裡打野雉。代表們踩著鑲木地板，坐上椅子時，赫胥黎在開幕致辭中闡述了他的優先事項。對美國來說，他向平肖致意，但他擁抱的是繆爾的觀點。赫胥黎說，沒錯，自然界是人類的資源，但在利用潛力之外，自然界有著更可觀的價值。赫胥黎讚賞世上形形色色的生物，「擁有自己的權力，自外於我們，讓我們對於生命的可能性有了嶄新的認識，一旦失去絕對無法取代，也無法用人為的產物代替」。會議最後，大部分的與會者都簽署了這個機構的章程，而該機構名為世界自然保育聯盟（International Union for the Protection of Nature，簡稱IUPN）[3]。

佛格特出席楓丹白露的身分是泛美聯盟的觀察員。前往法國並不容易；佛格特在聯盟的上司不願意讓他參加無人監督的論壇，拒絕讓佛格特出席。當佛格特還在丹佛的時候，赫胥黎聯絡了聯盟的祕書長亞伯特．耶拉斯。楓丹白露的會議開始前九天，耶拉斯改變了決定。佛格特匆促飛去法國，及時抵達，主持會議的第二節。佛格特發言的文字記錄沒有留下，不過祕書總結了他的結論，一些與會者覺得像驚人的災難預示，不過《生存之路》的讀者很熟悉。佛格特指出，每一座大陸的資源都

> 受到越來越多的消費者掠奪，他們全都強化他們開發的手段，試圖補償他們先前的經濟失敗〔……〕除非消費者採用土地可用度（land use capabilitues）的理智概念，認清某些土地能輕鬆生產一些東西，換作其他地方生產，卻有耗盡資源的風險，否則人類最後會在一個受到掠奪的悲慘星球上，毀滅自己。

佛格特說，教育是關鍵，人類最終必須學會如何善待土地。如果所有人都渴望過著西方標準的生活，生態系的壓力將難以承受，所以人類必須學習環境承載力和限制。對佛格特來說，世界自然保育

聯盟最重要的任務是「推廣人類生態學的知識」。他在掌聲中結束致辭。英國代表團團長說，佛格特「切中要點」。赫胥黎附議，說人類「確實是禍害，而人類自己和大自然是首要受害者」。

議程之間，代表在走廊爭論誰該領導新的組織。由於瑞士完成了大部分的預備工作，代表們便希望有位瑞士籍主席。但英國卻反對；呼聲最高的瑞士候選人大力同情蘇聯。荷蘭同樣關切，他們認為荷蘭管理自然的長久傳統讓他們有優勢——難道他們不是已經擋住大海的侵襲好幾世紀了嗎？赫胥黎想要美國人；美國替聯合國、教科文組織和其他新的國際機構支付大部分的帳單。赫胥黎認為，讓美國公民負責，有助於確保世界自然保育聯盟得到資金；而他很可能沒錯。在他看來，最理想的候選人是佛格特——佛格特在泛美聯盟的表現可以看出，他是通過考驗的管理者，是在拉丁美洲刺探納粹的愛國者。佛格特是難得已經身為國際公僕的美國人。

最重要的是，佛格特贊同赫胥黎的概念。去聯合國教科文組織的幾星期前，赫胥黎才為該組織寫了長達六十二頁的哲學宣言。那種高雅的沉思很少和國際官僚扯上關係，其中預設教科文組織有著單一任務：「促成單一的世界文化」。赫胥黎寫道，演化生物學讓我們的物種在這大業有了「必要的智識鷹架」。人類受到科學當局引導，將能控制自己的生物與社會演化，淘汰隨機的天擇，換作有目標的人擇，以得到和平、互相關連的未來。赫胥黎表示，要達到這種「演化進展」有兩個必要的步驟：「世界政治

3 世界自然保育聯盟在一九五六年更名為國際自然資源保育聯盟（International Union for the Conservation of Nature and Natural Resources，簡稱IUCN）。今日，國際自然資源保育聯盟的成員有一千二百個政府與私人機構，協調至少一萬名無償科學家的工作。雖然國際自然資源保育聯盟遍及全球，在美國卻不出名，因為美國魚類及野生物管理局（U.S. Fish and Wildlife Service）負責了該機構在其他地方執行的許多功能。

統一」（建立適用全人類的法律），以及全球人口控制（以控制人類發展）。赫胥黎說，教科文組織應該替這兩步驟打下基礎。在這統一、自制的文明中，自然會理所當然地受到保護。

不意外的是，赫胥黎的宣言受到批評，因為聯合國會員國不希望談到世界政府的事。保守派排斥他含蓄的生育控制；左派厭惡遺傳塑造人類的概念，那樣令人想起納粹政策。赫胥黎在檯面上放棄了，但仍然深信社會應該依生物學原理而組織——不這麼做的話，可能導致環境毀壞[4]。

至於佛格特則因為赫胥黎對世界自然保育聯盟的計畫而感到不安。某方面來說，新組織是個佛格特十年前用奧杜邦學會建立的全球版。不過這組織並不是公民協會，而是政府支助的專家組成的菁英公司，運用志願團體的努力。該組織的重點是計畫，佛格特很有興趣，他在戰爭期間見識到國家動員的非凡成就。至於赫胥黎則建議世界自然保育聯盟找個瑞士主席，但直到同時舉辦的那兩場聯合國會議，才給他那個職位。然後佛格特就能角逐這個職位——希望受到泛美聯盟支持，由他們支付薪水。赫胥黎同意短暫的任期，但選了一個比利時人——尚·保羅·哈羅（Jean-Paul Harroy），他是布魯塞爾中非科學研究中心（Brussels Institut pour la Recherche Sientifique en Afrique Centrale）的祕書長，也是剛果的比利時公園園長。新組織將設在布魯塞爾，和哈羅的組織位在同一棟建築裡。

佛格特的地位剛剛提升，便搭乘瑪麗皇后號的頭等艙回到美國，這架奢華的越洋客輪在十月十四日抵達紐約。十四天後，佛格特成為另一場專題研討會的主題演講人，這場研討會辦在華爾道夫阿斯托里亞酒店（Waldorf Astoria hotel）的宴會廳，那裡是曼哈頓的裝飾藝術地標。當天講臺上除了佛格特，還有費爾菲·奧斯朋、資深總統資政伯納德·巴魯克（Bernard Baruch）、贏得普利茲獎的暢銷歷史學家伯納德·德沃托（Bernard DeVoto），以及贏得普利茲獎的暢銷小說家兼有機農民路易斯·布羅姆菲爾德

（Louis Bromfield）等人。討論主席是眾議院農業委員會（House Agricultural Committee）主席。對眾人講話的紐約州長湯瑪士・杜威（Thomas E. Dewey）是共和黨總統候選人；大選就在兩星期後。當時有些演講（包括佛格特的）廣播傳到全國各地。佛格特描述「美國處處可見不經意的態度」；所以當他得知他的話傳到了美國各地，他非常滿意。

然後，突然間，佛格特回到他在華盛頓特區昏暗的辦公室。他屈於於長官的壓力，不再在公開場合說話。首都忙著四年一度鋪張的選舉，佛格特則在辛苦地準備出版丹佛會議記錄。杜魯門在選舉中決定性地領先，讓政治賭盤分析師跌破眼鏡。華盛頓之後幾星期的慶祝中，佛格特幾乎是在暗中和赫胥黎與其他人為了教科文／世界自然保育聯盟研討會而努力（就是打對臺的第二場）。佛格特大概也得重新向妻子介紹自己最近在忙些什麼了，因為他是獨自前往丹佛、楓丹白露和紐約的。他的著作和演說造成的反應，加上可能讓自己晉升到世界自然保育聯盟的領導階層，但仍然保留他在泛美聯盟的薪水，使他默默受到鼓舞。將有一股力量教育這世界，而佛格特能幫忙。接著在一九四九年一月二十日，他聽到了哈利・杜魯門的總統就職演說。

4 赫胥黎相信社會應該由科學專業治理，這信念和馬里昂・金恩・哈伯特以及技術專家治國（technocracy）理念雷同。不過技術專家治國對赫胥黎的影響，還不如傳說科學的史達林蘇聯五年計畫。赫胥黎其實想引介史達林主義者的計畫，但扣除史達林主義本身的殘酷。

第四點計畫

杜魯門在演說中呼籲對抗共產主義。杜魯門說，這奮鬥將有四個主要的戰線，杜魯門在四點「計畫」中詳述：第一是「給予聯合國毫不動搖的支持」；第二是繼續支持戰後歐洲的復原；第三是和歐洲一起打造「強化北大西洋地區安全的聯合協議」——這努力將促成對抗蘇聯的聯盟——北大西洋公約組織（North Atlantic Treaty Organization，簡稱 NATO）。

這一切都已經是美國的政策了。但緊接著的第四點計畫則是新的，杜魯門花了更多時間講述這一點。杜魯門說：「世上超過半數的人，活在接近悲慘的狀況下。

糧食不足，罹患疾病，經濟生活既原始又停滯。貧窮是種殘缺，不只威脅那些人，也威脅了比較富裕的地區。有史以來，人類第一次擁有知識和技術，能解除這些人的痛苦〔……〕我相信，我們應該讓愛好和平的人，能得利於我們的技術知識，幫助他們瞭解他們對美好生活的渴望〔……〕昔日的帝國主義（剝削外國利益）絕不是我們的計畫。我們的展望是一個根據民主公平交易概念的發展計畫。

杜魯門說，技術導向的經濟成長，才得以帶領大家走向更美好的世界：「提高產量，是繁榮和和平的關鍵。而提高產量的關鍵是更廣泛、更有力地應用現代科技知識。」

歷史學家湯瑪士．永特（Thomas Jundt）寫道，杜魯門的第四點計畫「是美國戰後任務的開場突襲，目標是讓前殖民地國家藉著密集的經濟與技術發展而現代化」。研究者、私人團體和聯邦官員將攜手重塑新國家，使那些國家變成富裕的西式民主政體。「目標很人道」——使得貧困地區的「生活水準改善」；然而永特也寫道，那「卻也是戰略」。杜魯門希望藉著幫助前殖民地，預防那些地方落入蘇維埃的勢力範圍。

第四點計畫承諾科學驅動發展，十分激勵人心。印度、巴基斯坦、埃及、迦納、巴西和墨西哥——這些國家都將經濟迅速成長視為全國目標。墨西哥的農業學家想要最新的雜交玉米，他們則想要現代化的所有象徵——水壩、公路、煉鋼廠、發電廠、水泥工廠、紙漿與造紙廠，大學裡充滿STEM[5]教育的學生，城市裡擠滿現代主義的水泥與玻璃塊。蘇聯開始保證向盟友提供同樣的幫助，達到一模一樣的富裕，彷彿對第四點計畫的終極讚譽。

對華府官方而言，第四點計畫完全出其不意。杜魯門做出前所未有的承諾，保證促進他國福祉之前，並未諮詢過他手下任何一人，包括國務卿。結果呢，佛格特笑道，「像掀起螞蟻巢上的石板」。錯愕的官僚被人發現他們毫無主意，遇到彼此時，相問：「總統是什麼意思？這計畫有什麼不同？誰要執行？代價是什麼？」

佛格特語帶諷刺，不過他的重點貨真價實——第四點計畫史無前例，所以要怎麼做，沒人有任何頭緒。沒人知道援助只是指傳遞科學專業而已，還是說也包括轉移公民規範（西方對私有財產、有限制政府和法治的概念）之類的，因為這些也和科學專業的興起密不可分。沒人確定「發展」的重點應該放

5 編按：「STEM」為「科學、技術、工程和數學」（Science, Technology, Engineering, and Math）四個主要理工領域英文的字母縮寫。

在農業上（讓前殖民地可以餵養自己）還是工作上（讓他們能貿易、變有錢）。此外，第四點計畫並沒有預算、沒有人員，也沒有立法當局——什麼都沒有，唯獨杜魯門確信貧窮國家的經濟必須迅速成長，才能繁榮、抵抗共產主義。國務院資深人員在總統就職後的第一次會議，由這段話開始：「諸位，你們覺得總統是什麼意思？」

對杜魯門來說，要達成第四點計畫很簡單：把科學家和政策制定者放在一起，重啟曼哈頓計畫（Manhattan Project），就是建造原子彈的那個計畫。（華倫．韋弗當時剛寫下他關於「可用能源」的巫師式宣言，應該會同意杜魯門的想法。）而這過程的初始步驟，是聯合國的資源會議——《紐約時報》在一篇文章中描述多國「前衛」的科學家準備會議，稱之為「全球打擊需求的第一役」：「這些技術專家日復一日把越來越多的圖表、地圖和藍圖送到聯合國總部，打造科學武器，讓聯合國達成總統協助低度開發國家的『大膽新計畫』。」

「**科學武器！**」這一切聽在佛格特耳裡，令他又驚又恐，赫胥黎、奧斯朋和世界自然保育聯盟的其他人也一樣。有點沒想到的是，另一名異議者是吉福特．平肖的遺孀，柯奈莉亞．平肖（Cornelia Pinchot）。一九四九年五月，她寫了一封優雅的短信給杜魯門，信中告訴他，會議計畫幾乎和實際的保育無關，「忽略了召開會議的根本目的」。奧斯朋也私下寫信給杜魯門，表達他的擔憂。而他和佛格特與赫胥黎合作準備教科文組織打對臺的會議；和第一場一樣，也排定於八月。

佛格特向來不是會迴避擴音器的人，他在《週六晚間郵報》（*The Saturday Evening Post*）公開痛批第四點計畫；這本雜誌曾在四年前摘錄過他的著作。文章的題名為〈來檢視一下我們的聖誕老人情結〉（Let's Examine Our Santa Claus Complex），暗示了他的態度。佛格特寫道，杜魯門想幫助人，但那些人窮歸窮，卻傲然獨立。然而在國外，「美國人炫富無禮」，卻會使得援助對象「憎恨我們幫倒忙，恨到訴諸暴力的程度」。第四點計畫會讓貧困的國家背負高額債務。更糟的是，會導致瀕危的地景受到「破壞性開發」。「如果第四點計畫導致土壤侵蝕、森林和土壤肥力受到掠奪；破壞集水區，迫使地下水位下降，讓保護區滿是（水壩）（……）消滅野生動物和其他自然之美，那我們將不會是行善的合作者，而是技術破壞者。」

對個人而言，這篇文章並不明智。泛美聯盟的反應即時又負面。拉丁美洲成員痛恨佛格特形容他們的公民「受到古老的迷信和信仰宰制」；而資助佛格特保育單位的華盛頓官員不喜歡他譏笑美國。「無禮又傲慢。」這篇文章還在報亭，聯盟祕書長耶拉斯就告訴佛格特，他生硬的免責聲明（本文不代表泛美聯盟的觀點）還不夠。耶拉斯雖然受到這樣的挑釁，仍然若無其事地告訴佛格特，「出書作家的活躍生涯，和泛美聯盟一個部門的主管職有抵觸，容易產生各式各樣的衝突」。

巫師與先知

四星期後，原本受到平肖啟發、由杜魯門提出的聯合國會議在長島的成功湖（Lake Success）舉辦，所在的聯合國臨時總部曾是一間陀螺儀工廠。那裡離佛格特的出生地——花園市不過八公里。令人忍不住猜測他對一個致力於散布工業繁榮的會議辦在那裡作何感想；正是工業繁榮破壞了他年少時的鄉村景色。這場聚會的官方名稱是聯合國資源保育與利用科學會議（United Nations Scientific Conference on the Conservation and Utilization of Resources），但卻以簡寫聞名——UNSCCUR（念作〔un-sker〕）。第四點計畫敲響了警鐘。來自五十二國，超過一千一百名正式發表人、與會者和觀察員代表著數十個學術團體、政府機構和私人團體，周圍是宛如海王星外古柏帶（Kuiper belt）一般的幾千名聯合國人員、記者、低階外交官、下屬和各式各樣的馬屁精，以及維安人員。沒有任何代表來自蘇聯或衛星國家。

美國內政部長朱利斯・克魯格（Julius Albert Krug）發表了UNSCCUR的開場演說。「現在開啟保育的新時代，正是時候，」他說，「這是因發展和善加利用全球人類資源而神聖的時代。」克魯格讀過佛格特和奧斯朋的書，嗤之以鼻。他說：「我毫不懷疑科學家與工程師能找到答案、發展食物、燃料和材料，滿足全球愈漸增加的人口所需，並且大幅改進生活水準。但卻有些人『擔憂』全球人口增長，導致目前我們生活方式似乎不可或缺的一些儲備越來越少，對此，我不贊同。」這裡的「有些人擔憂」，指的就是坐在旁聽席的佛格特和奧斯朋。幾分鐘後，聯合國經濟事務部（Department of Economic Affairs）部長安東・戈戴特（Antoine Goldet）承諾，「馬爾薩斯的教誨將受到質疑」。

會議記錄洋洋灑灑八大卷。那麼多人在成功湖（Lake Success）討論那麼多議題，難免意見分歧。比方說，奧斯朋發表一場演說，堅持人類必須和環境建立「嶄新而明智」的關係（記得嗎？地球環境是佛格特和奧斯朋介紹的新概念；正是在這些談話之中，可以看到這概念逐漸清晰起來），此外還有其他的關切。儘管如此，就像歷史學家永特指出的，布勞格的信條是主流——科學和技術妥善應用時，能讓我們順利生產，脫離環境的煩惱。UNSCCUR的討論聚焦在開採油頁岩提煉石油、大量噴灑殺蟲劑、更有效率地從熱帶森林伐採木材、更便宜地當造合成肥料、控制植物繁殖、擴張核能，以及其他一堆技術解決辦法。

會議中典型的人物是史丹佛大學礦物科學院（Stanford's School of Mineral Science）的院長阿維爾・

佛格特出生的村莊——花園市——鄰近一波讓長島風景從佛格特幼時的田野森林（上圖，該村落於一九〇五年左右），變成一片中產階級房地產（下圖，一九三〇年代的花園市）的郊區化中心。二十一世紀，全球各地都發生驚人的迅速變遷，成為開創環境運動的一大動力。

厄文・萊沃森（Arville Irving Levorsen），他吹捧世上的石化燃料取之不盡的好消息。萊沃森說，尚未發現的石油儲備「是目前年產量的五百倍之多」。唯有社會不再尋找石油，才可能發生石油短缺，而唯有他們未能以『自由企業（利潤激勵）系統』組織自己，才可能發生這種事。」這一節的會議激怒了馬里昂・金恩・哈伯特，導致公然爭執，最後他則用佛格特的方式描述了生產高峰。不過很少與會者注意哈伯特的異議，或奧斯朋或任何其他人的異議。閉幕致辭將會議總結為傳達「人類能確保現在與未來能從地球資源得到更大收益的方式」。UNSCCUR成了巫師思想首度亮相的舞臺。

佛格特坐在第一場會議的聽眾席，但到了第二場會議，他卻在講臺上。第二場會議的規模比較小——來自三十二國、各種機構和私人團體的一百七十三名代表。受吸引去成功湖的人之中有些熟面孔，像是羅伯特・庫什曼・墨菲、恩斯特・邁爾、法蘭克・達玲（Frank Darling）、奧爾多・李奧帕德之子史塔克（Starker），以及克萊倫斯・柯譚，他是佛格特在反蚊蟲控制辯論的同伴），以及IUPN大部分的領導階層——西方保育界的菁英。朱利安・赫胥黎並未出席；他被擠出教科文組織，一部分是因為他想建立世界自然保育聯盟的動力刺激了敏感的聯合國。總共十一節會議中，有三節是佛格特主持，超過其他人的場數，而且他名列會議的四名會務委員。會議的正式名稱是國際自然保育技術會議（International Techincal Conference on the Protection of Nature），自然贏得了自己的縮寫：ITCPN。

UNSCCUR和ITCPN這兩場會議在聯合國所在的同一間舊工廠中舉辦。一場的代表在走廊上匆忙地和另一場的代表擦肩而過，但他們身處在兩個不同世界。UNSCCUR代表著對自然的「利用」，而ITCPN則代表著對自然的「保護」。UNSCCUR看著工業化的影響，說道：「**對，不過放聰明點**。」ITCPN看著同樣的影響，說道：「**不，還有更好的辦法**。」UNSCCUR是條難走的路；ITCPN則是輕鬆的路。UNSCCUR有經費，也有官方的關注，以及制度化的力量。ITCPN則有熱忱和叛逆的能量，以及總體化的意識形態。如果說UNSCCUR是巫師式宣言，ITCPN就闡釋了先知的觀點。雙方都誠心而理想化，並暗地中蔑視對方，而對自己的缺點視而不見。這兩群男人身穿黑西裝、黑領帶，手提黑色公事包，在菸味瀰漫的房間裡想像未來的樣貌。

「在ITCPN提出的環境主義，在智識和道德上，猛烈抨擊了對美國試圖推動的自由國際秩序。」（在此又引用了歷史學家永特的話，以下將繼續摘錄他的著作。）奧斯朋在UNSCCUR的演說小心翼翼。他在ITCPN也發表了演講（永特寫道，奧斯朋「根本是雙面間諜」），他在那裡使盡渾身解術。奧斯朋說，達爾文「證明了人是自然不可分割的一部分，而不是分離、獨立的個體」。人類並不特別！不過飛機、雷達和原子彈這些奇蹟「騙」我們相信，「我們是『宇宙的主人』」。奧斯朋說，人類的未來可能很光明，前提是人類不把自己視為「自外於自然法則」。要確保我們族類的未來，唯一之道是民主社會，而要確保地球本身的未來，則要瞭解我們在自然限制中的位置，並且將文明奠基於這樣的理解上。

講者描述的環境問題，將成為接下來數十年中聖戰的議題——漏油事件、掠奪式捕鯨、濫用殺草劑、破壞河川的水壩計畫、引入外來種、大象老虎和其他大型動物絕跡，以及不智的消費與唯物主義。有一打的文獻質疑不該施用DDT和其他殺蟲劑。這場會議彷彿打開一扇通往一九七〇、八〇、九〇年代的窗，串連了未來的頭條新聞。許多機構的代表從未見過彼此。佛格特和赫胥黎的願望成真，會議建立了理念相近者的網路：他們遇到關心白頭海鵰的團體、遇到關心保護海岸線的團體，也遇到關心空氣汙染的團體。大家的共通點不多，其中之一是他們都讀過《生存之路》。

大地之友（Friends of the Land）的歐利・芬克（Ollie E. Fink）就是其中的典型。這個組織成立於一九四〇年，設立於俄亥俄州，擁有一萬名成員，最初的重點放在美國中西部劣化的農業用地。不過他們悄悄發展得更廣了，而這運動反應在芬克的演說上——遠遠超越土壤保育，拓展到一般性的人類事務。芬克說，「保育是一種生活方式……但並不是美國傳統的方式」（按原文呈現省略符號）。相反地，美國和這世界需要「新文化」、新的思考方式，「一種生態良知」。不過勇敢也有極限。例如一名與會者問，「公開討論保護手段與經濟利益之間最不可避免的敵意問題，不是很有用嗎？」答案是，沒用，至少目前不行。

成功湖的第二場會議某種方面而言，和第一場一樣成果頗豐。然而佛格特無法利用這場會議的聲望，登上世界自然保育聯盟祕書長之位；這組織不接受惹惱了美國國務院的人，畢竟國務院是主要的金主。到了十月，泛美聯盟祕書長耶拉斯把佛格特召到辦公室，告訴他他耗盡了自己的善意。佛格特同意辭職。他讓耶拉斯陷入艱難的處境，但似乎完全沒對耶拉斯懷恨在心。佛格特發表了最後的演說，題名很叛逆——〈美國不是全世界〉（The United States Is Not the World）。他待在聯盟的最後一天是一九四九年十一月十五日。

佛格特就像被奧杜邦解雇那時一樣，激怒了有權有勢的人，他們把他趕了出去。當時他重塑了自己，前往鳥糞島；但這時他已經四十七歲了。他雖然名聲響亮，但那樣的名聲卻不會受到目標雇主青睞。他前途茫茫。不過急迫仍然存在。各個大陸上，工廠如雨後春筍般冒出，樹林倒下，開闊的土地被轉型成農田和郊區。佛格特站在海灘上，而人潮正在湧入。

「燃起燎—原—大—火！」

該怎麼拯救未來，休・摩爾（Hugh Moore）很清楚。摩爾身材結實，頭髮筆直，擁有白手起家的人那種異乎常人的能量。摩爾生於一八八七年，是一座堪薩斯農場最小的孩子。摩爾十二歲時父親過世。他離開堪薩斯，在紐約市當了記者，然後設法進了哈佛。摩爾大一的時候，姊夫勞倫斯・盧倫（Lawrence Luellen）進城拜訪。盧倫說，全國所有人都用公用的長柄杓喝水，長柄杓很少洗，從來不消毒。在結核病橫行的年代，美國人需要不會傳染疾病的飲水容器。盧倫腦力激盪一番，想到了——「紙杯！」聽到這個主意，摩爾附和道：「真是搖錢樹！」

摩爾用摺紙的方式自己摺了一些測試用的紙杯。測試的杯子看起來好極了，於是他從哈佛輟學。兩人樂觀地在華爾道夫阿斯托里亞酒店租了間房間，他們用飯店金色浮凸的信箋寫信給可能的投資者。摩爾描寫美國的長柄杓掛在公共飲水機上，彷彿許許多多的細菌定時炸彈，令一名企業資本家驚恐不已，貢獻了驚人的二十萬美元。公用水杯販售公司（Public Cup Vendor Company）就這樣成立於一九〇九年。盧倫很快就改行去做其他事了，而摩爾則發起運動，主張廢止常見的飲水杯。一州接著一州禁止使用。而摩爾因為紙杯而發了財——之後他稱之為迪克西杯（Dixie Cup）。

摩爾在第一次世界大戰服役；他經歷了恐怖的經驗，因此成為堅貞的和平主義者。一九三〇年代，國際壓力升高時，摩爾試圖召開國際會議，希望阻止另一場戰爭。他也發明了冰淇淋紙杯，之後則發明了紙盤。他做出種種努力，第二次世界大戰仍然爆發。摩爾後來成立了援助盟軍保衛美國委員會（the Committee to Defend America by Aiding the Allies）。而他之所以有這個餘裕，是因為人們每天會拋棄二千五百萬個紙杯。他的意識形態持續演變，有時甚至不那麼前後一致。強烈的和平主義變成強烈的反共產主義、強烈支持世界政府。

一九四八年，摩爾讀到了《生存之路》。這本書對他有如當頭棒喝。即使事後，摩爾也認為佛格特「真的喚醒我」看見真相——人口過剩是「暴政和共產主義」與「戰爭的根本原因」。佛格特說，勇敢的人必須尋找出路。摩爾決定成為那樣的人。他投入人生和財富，致力於人口控制。他提供資金給美國計畫生育協會（Planned Parenthood Foundation of America），並且在一九五三年成立了人口行動委員會（Population Action Committee），照他在會議中吶喊的，希望「想出一個計畫，燃起**燎—原—大—火！**」摩爾拿了一臺打字機，寫出慷慨激昂的宣傳小冊——〈人口炸彈〉（The Population Bomb）。小冊封面描繪著卡通版的地球，各大陸塞滿卡通人物，北極冒出一根點燃的引線。他發送了逾一百萬份給政客、記者、學校老師和商人。摩爾承諾，他「主要有興趣的不是生育控制的社會或人類層面。我們**有興趣的**是共產主義者利用饑餓的人，試圖征服地球」。這一切都發生在他踏進威廉．佛格特的人生之後。

一九四八年，摩爾一讀完《生存之路》，就寫信給佛格特。而佛格特離開泛美聯盟前往斯堪地那維亞旅行之後，也仍與摩爾保持聯絡。佛格特在奧杜邦學會和祕魯時，三度申請古根漢研究員，希望撰寫一本生態的科普書籍。佛格特三度被拒絕之後，在一九四三年申請了第四次，這時是承諾撰寫一本關於鳥糞鳥的書。這主意終於說服了古根漢基金會提供研究員的職位，但他從來沒拿到那筆錢，因為當時他還受雇於泛美聯盟。佛格特也得到傅爾布萊特（Fulbright）計畫的獎金。離開泛美聯盟之後，他接收雙方贊助，卻不是為了在祕魯研究鳥類。一九五〇年五月，佛格特和他妻子瑪喬麗（Marjorie Vogt）前往丹麥、挪威和瑞典。斯堪地那維亞的許多國家已經讓墮胎和生育控制合法化，並且積極讓「有缺陷」

的人結縈，正好佛格特想看看成果。

在斯堪地納半島那九個月的時間，佛格特訪問官員，搜集研究論文，拿著拐杖在林子裡遠足；晚上，佛格特精疲力竭地倒在沙發或床上，瑪喬麗則把丈夫的口頭記錄打字出來。這期間，他還受到摩爾來信叨擾。瑪喬麗有語言天賦，會說法文，旅途中學了一些瑞典文；她常常替佛格特翻譯。旅程第十週的時候，夫妻倆參加了一場鳥類研討會，瑪喬麗在鳥類方面十分流利，可以參與交流。佛格特的傅爾布萊特計畫和奧斯陸大學有關，奧斯陸大學給了他一間辦公室和一間舒服的公寓。然而佛格特極端擔心財務問題——這或許能解釋為什麼摩爾說服生育控制先驅瑪格麗特．桑格（Margaret Sanger）僱用佛格特擔任美國計畫生育協會的全國會長時，佛格特立刻就放棄了研究。

桑格將占據佛格特十年的生命。她在一八七九年生於一個艱苦的勞工階級家庭，家裡有十一個孩子，她排名第六（她母親另外還有七次流產）。桑格深信，母親多次懷孕（多少受到她天主教信仰影響），所以才無法長命。桑格年輕時是曼哈頓下東區的護士，見識了貧困女性生命的真相——缺乏避孕措施、危險的流產處置、缺乏產前照護、分娩過程危機重重。桑格成為生育控制運動人士（「生育控制」這詞正是她發明的），（違法）出版了生育控制推廣小冊，（違法）發表生育控制演說，最後，更在一九一六年開設了一間（違法的）生育控制診所，也是美國的第一間。桑格犯了法，被關進了監牢，但她繼續發行宣傳小冊、發表演說、開設診所。她的目標是讓女性能主宰自己的人生。桑格的反對者從羅馬天主教會到印度的共產黨。桑格出於算計和熱情，願意和任何願意提供幫助的人結盟，曾經支持過無政府主義者、社會主義者、勞權激進分子、種族清洗者、保守主義者和華爾街貴族。桑格曾多次支持現在顯得駭人的種族主義態度。歷史學家看法分歧，有人覺得她真的信奉這些理念，有人則認為她言不由衷，只為了更大的理想而討好有權勢的人。

一九三七年，她的運動讓避孕措施在聯邦層級合法化，但四十州對生育控制有著各式各樣的禁令，必須各個擊破。雖然政治上節節勝利，但桑格仍不滿足。現有的生育控制方式不便、昂貴，時常效率不彰。她想要便宜、方便、口服的避孕方式——她有時稱之為「避孕丸」。藥學家不願擔起這項任務，她的許多男性盟友覺得即使有這種藥丸存在，女人也沒能力服用。桑格越來越挫折，終於在一九四九年心臟病發，讓她臥床休養了六個月，這算是當時的標準治療。接著又發生三次心臟問題，最後心絞痛纏身。桑格的醫生兒子為了減輕她的痛苦，開了配西汀（Demerol）給

瑪喬麗・佛格特於一九五〇年的一趟賞鳥之旅。

她，這是一種鴉片類止痛藥，而桑格的餘生都對此成癮。桑格雖然健康不佳，卻仍決意在美國計畫生育聯盟（Planned Parenthood Federation of America，PPFA）的支持下發展發展一種避孕藥；這組織正源於她的生育控制診所。

《生存之路》令桑格刮目相看，並在她的演說中間接提及。這本書讓摩爾成為計畫生育協會的主要贊助者。桑格主要是由於摩爾的建議，而在一九五一年五月聘請佛格特擔任計畫生育聯盟的全國主席。這或許是比佛格特想像中更大的一步。佛格特一直是環境擁護者，認為可以控制汙染而保護環境。這下子，佛格特成了人口控制的擁護者，相信減少出生率，可以順便保護生態系。手段反倒變成了目標。

計畫生育聯盟在桑格的康復期間開倒車，變得混亂無章，成員公然反叛；佛格特像往常一樣充滿活力，似乎能夠撥亂反正。佛格特加入後那年，僱用了研究者和職員，旅行幾千里只為拜訪計畫生育協會的各間診所，以加強分部和各總部之間的協調，並且靠著摩爾的資助，將聯盟總部遷到比較適合的地方。他設下目標，預計在十年內讓該團體的活動加倍。計畫生育聯盟的官員和成員對他的表現很感興趣，計畫生育聯盟主席艾莉諾．皮爾斯布里（Eleanor Pillsbury）表示，「美國沒人比他更適任」。不過桑格和佛格特逐漸產生分歧。

桑格第一次心臟病發恢復期間，有一位舊識和她聯絡。凱瑟琳．麥考密克（Katharine McCormick）是富有的女性主義者，也是第一位從麻省理工學院得到科學學位的女性，之前將她慈善心力投注於治療丈夫的精神分裂，但徒勞無功。丈夫過世後，麥考密克聯絡了桑格，詢問她的數百萬元怎樣才能對生育控制發揮最大的效益。這機會激勵了桑格，她一九五二年夏天就待在麥考密克家，匯整科學文獻。這兩位女性把重點放在格里戈利．平克斯（Gregory Pincus）的研究。平克斯是位醫學研究者，離開了學術界，進行他自己的營利實驗室。平克斯受到西爾藥廠（G. D. Searle）贊助，花了五年發展合成皮質類固醇。但另一間藥廠公司卻搶先一步，於是西爾藥廠放棄了他。平克斯知道類固醇會抑制排卵，認為可以做成人類的避孕藥。一九五二年六月，這兩位女性坐著麥考密克司機駕駛的豪華轎車來到平克斯位在麻州伍斯特（Worcester）的簡樸單層實驗室。麥考密克欣喜若狂，當場開了一張一萬美元的支票給他。

佛格特不同意。他說平克斯是名譽掃地的研究者，在學術和產業都前途黯淡。不論他在那間私人的小實驗室裡做了什麼，都不是真正的科學；真正的研究需要多個醫學團隊在臨床狀況下進行。即使平克斯誤打誤撞做出一種避孕藥，佛格特或計畫生育聯盟都沒錢或設施進行恰當的測試。此外，佛格特不相信口服避孕藥能用夠便宜的方式生產，以用於貧窮國家。其他組織——包括新成立的人口理事會（Population Council）——都在贊助實驗室研究。佛格特提議計畫生育協會專注在教育和診所，提高公眾意識，不過他在一九五四年二月，也同意指派一名研究組長和平克斯合作。佛格特希望取悅桑格，因此選了退休的哈佛醫學院婦產科教授約翰．羅克（John Rock）。

結果並不成功。桑格告訴朋友，佛格特「瘋了」——羅克是虔誠的羅馬天主教徒。佛格特跟她說得沒錯，羅克自從一九三〇年代起，就是推崇生育控制，但桑格仍然半信半疑。麥考密克為了安撫，告訴桑格說羅克不再是天主教徒了（但這與事實不符）。然後麥考密克去紐約拜訪了佛格特。會面過程並不順利，因為佛格特將平克斯斥之為雜役，而將麥考密克本人描述成是只想玩玩的名媛。麥考密克知道她受的科學訓練比佛格特還要多，當她發現佛格特甚至無意去伍斯特拜訪平克斯，很是挫折。況且佛格特一九五三年得到巴德學院（Bard Colleage）的榮譽博士學位之後，一直要人稱他為「佛格特博士」。

最終，麥考密克踏著沉重的腳步離開會面。她給桑格的信中寫道，計畫生育聯盟裡沒人「真的想找出口服避孕藥。我總覺得迷惑不解——這真的很神祕」。

那年稍晚，麥考密克給了平克斯五萬美元建造一間動物實驗機構。佛格特抱怨花費高昂，於是麥考密克又造訪紐約一次。但這次令她氣憤的是，佛格特從來無意解釋他為什麼反對平克斯的研究[6]。他只是利用這機會來推銷——她願意資助紐約辦事處再次擴張嗎？他可能已經開始有防備心了。在冷戰主宰的年代，佛格特攻擊資本主義，因此遭社會遺棄。他協助建立的保育基金會（Conservation Foundation）剛剛把他逐出顧問會議，也從推薦閱讀中刪去了《生存之路》。不論佛格特的優越感所為何來，麥考密克的反應都是在平克斯與羅克於波多黎哥和夏威夷測試避孕藥時，把計畫生育聯盟擋在圈外。避孕研究在美國大部分地區違法，因此實驗是祕密進行。一九五五年，平克斯在日本的一場計畫生育協會會議中宣布他最初的成功。桑格雖然因為前往東京的旅途而疲憊，但榮光煥發。至於佛格特則根本沒到場。

計畫生育協會的職員對佛格特忠心耿耿，因此又撐了幾年。然而組織同時要求佛格特維持美國的附屬機構運作，又要建立全球的人口控制計畫，令佛格特接應不暇。崩潰點最後還是發生了：首先是休・摩爾對佛格特謹慎的態度失去了耐性，他便協助組織了世界人口緊急行動（World Population Emergency Campaign），並發起一個減少人口的速成計畫。他派出受訓的田野工作幹部，帶著受補貼的避孕藥和

6 如果佛格特解釋了，或許會有幫助。佛格特擔心得沒錯，計畫生育聯盟和平克斯沒有足夠的資源妥善測試藥丸，一開始，女性得到的劑量高得危險。此外，佛格特預料得沒錯，這種藥對貧窮地區的女性來說太昂貴了。

特別印製的手冊。為了打動桑格，這項活動把計畫生育聯盟的年度會議改成「全球向瑪格麗特・桑格致意」。朱利安・赫胥黎是慶典的主持人。午餐於華爾道夫阿斯托里亞酒店舉辦，同時標誌了計畫生育協會賦與個別婦女權力的任務和佛格特在組織的生涯終點。佛格特得到的說法是，他們需要新血。一九六一年九月，佛格特遭到開除。

或許還有些慰藉，因為兩年後，佛格特三度結婚。約翰娜・馮格金（Johanna von Goeckingk）比佛格特小六歲，出生於布魯克林。她很小就失去了德國裔父親，至於斯洛伐克裔母親則在麻州的霍利奧克（Holyoke）擔任裁縫。約翰娜是個好學生，進入哈佛大學的姊妹女校，拉德克利夫學院（Radcliffe College）就讀，擔任學生年鑑編輯與基督徒團契主席。畢業後，約翰娜搬到曼哈頓，成為超市經理。戰時，約翰娜找到了國務院的工作，戰後進入了新成立的聯合國工作。之後約翰娜跳槽到美國計畫生育協會，而她應該就是在那裡遇見了佛格特。情節不難想像（外遇、東窗事發、離婚），不過佛格特過世後由忠心的助理所找出的文件中，對於事情經過則三緘其口。只知道瑪喬麗搬到加州，而佛格特和約翰娜在一九五九年十二月二十六日結婚。當時她五十一歲，他五十七歲。

一切跡象都顯示他們的婚姻幸福；佛格特終於找到和他痴迷固執性情相配的人，他們甚至在鄉間有棟房子。佛格特的生命正進入一段艱難的時期，因此這樣很幸運。計畫生育協會將佛格特掃地出門之後，保育基金會給了他一個臨時的研究員工作。某些方面來說，這職位並不適合他——畢竟佛格特是天生的行動主義者，是打破現狀、敲響警鐘的人；但保育基金會卻只是學者的環境資訊交換中心。不過其他方面看來，新職位很完美——讓佛格特有機會重拾他對拉丁美洲的興趣。

離開計畫生育協會十一個月後，佛格特去了墨西哥和薩爾瓦多。他十六年沒去這兩個地方了。七週的旅程中，佛格特確實看到「保育進展微小但令人鼓舞的跡象」。不過大多什麼也沒改變——「在大部分的拉丁美洲地區，生態導致的災難（可能在政治爆發預兆）即將在沒幾年或幾十年之後發生。」

在保育基金會的支持下，佛格特三度造訪了中美洲，希望在那裡建立關切此事的科學家網路——一個小型西班牙語版的世界自然保育聯盟。創始會議是和巴拿馬一個美國贊助的機構合作，讓十八名中美洲、墨西哥官員與科學家齊聚一堂。佛格特是唯一的外人，不過他設法支配全場。他說，不斷成長的人口終將導致環境破壞。

情況雖然迫切，但佛格特開始受到小兒麻痺症所苦。他不再能像以前一樣輕鬆旅行了。保育基金會的主席山繆・奧德威（Samuel Ordway）發現佛格特的困難，因此在一九六四年給了他執行祕書的終生職，但條件是佛格特必須永遠切斷和計畫生育協會的關係，而且公開撰寫的任何文字都要經過奧德威首肯。奧德威不相信資本主義無法做到保育，為此他否決了佛格特的要求，反對在《讀者文摘》（*Reader's Digest*）上刊出佛格特的拉丁美洲報告。因此佛格特的文件中充滿這段時間裡未發表的手稿。

一九六五年，佛格特設法迴避約束，在《紐約時報雜誌》（*New York Times Magazine*）寫了一篇文章抨擊對外援助。不過這些文章得到的迴響不大。一年後，佛格特向美國參議員作證，反對對外援助法案。「世上許多地方缺乏有效的人口控制，最好別花錢做對外援助，因為那

約翰娜・馮格金，攝於一九二九年。

樣根本是讓人類棲地的破壞和悲慘加劇。」佛格特認為，有些參議員裝出有興趣，不過什麼也沒發生。他還在講臺上大呼小叫，但觀眾已經不在了。

他們為何不聽呢？生態清楚明瞭，背後意義無法避免。佛格特大惑不解。

佛格特最後一次公開亮相，是在參議院。他仍然操著平易近人的男中音，但歲月在其他地方留下了痕跡。他的頭髮曾經茂密，現在從灰轉白，有如稀疏的稻草；他脖子旁的領子鬆垮。他坐著比站著輕鬆。他就像不覺得會被認真看待的人一樣，帶著恨意。他從曼哈頓上西區的公寓辛苦來到保育基金會在城中的辦事處。他沒辦法每天上班。在家裡，他的妻子正在和癌症的病魔纏鬥。

約翰娜死於一九六七年一月，佛格特悲痛欲絕，而他的悲傷的心情狀態可能導致不久後中風發作。最終，輪椅取代了拐杖。佛格特和一般人一樣以六十五歲之齡退休，儘管他從來沒有這樣打算過。

佛格特不知道該拿他退休後的時間做什麼。他總是下筆

佛格特希望重新點燃火花，在被驅離計畫生育協會的當兒，寫下了《生存之路》的續集。《各位啊！生存的挑戰》（*People! Challenges to Survival*）得到廣大的迴響，但在市場上叫好不叫座。

如神，現在思緒緩慢，他顫抖的手戳著機械打字機，字母在紙張上印得太輕或穿透過去。他沒辦法去賞鳥，恐怕只能在春、秋季雁子沿著哈德遜河岸飛來飛去時，從他窗戶望向歪歪扭扭的人字形。佛格特告訴熟人，西方文明遭到經濟失智症（dementia economica）纏身——瘋狂代換「有限的符號（例如美元、披索、哥斯大黎加和薩爾瓦多幣、宏都拉斯幣和瓜地馬拉幣），取代了表土、肥力、土壤代謝作用、可用的水、蛋白、生態系裡複雜又互相依賴的這些現實——包括人類」。符號顯示人類表現得很好，但其實「環境劣化逐漸加速」。

過去的數年間，《紐約時報》幾乎每年都會刊登兩、三次佛格特的投書。但他們不再接受他投書了。一九六八年五月，佛格特投書《巴爾的摩太陽晚報》（*Baltimore Evening Sun*），嚴厲評批當時正在競選總統、同時也是羅馬天主教徒的羅伯特・甘迺迪。佛格特說，有十個孩子的男人有問題。一名《美聯社》（*Associate Press*）的記者想起佛格特的名字。打電話給他。佛格特沒放棄，也許是因為他很欣慰有人尋求他的意見。他說他不會投給甘迺迪。佛格特告訴記者，「這個國家最不需要的就是更多人口。在我看來第二不需要的，是立下那種壞榜樣的美國總統。」計畫生育協會很快就否認他的評語。一個月後，甘迺迪在洛杉磯遭人暗殺。又過了一個月，一九六八年七月十一日，佛格特在自己的公寓裡自殺，他留下一張紙條，但上面的內容從未公布。

佛格特沒有更年輕的繼承人；佛格特的母親還住在長島，因此他的遺產全數給了母親。訃文不多，內容簡短。沒有追思會。誰能發表悼文呢？佛格特想必懷疑過這種事會發生。也許他覺得，沒有尊嚴地死去是先知的命運。

轉變

佛格特最後的日子裡，覺得他的努力都徒勞無功。人類正在愚蠢地走向毀滅。他懇求改道，人類卻充耳不聞。然而事實完全不是這樣，至少不像他想像的那樣。佛格特死後不過幾年，他的理念就成了大部分受過教育的西方人習以為常的想法。不過，另一方面，佛格特的想法又千真萬確——他全面失敗了。他數十年都覺得一條死路是出口，耽誤了人類發展，也耽誤了他自己的生涯。

說佛格特失敗了，倒也不正確；一九六八年五月，佛格特抨擊羅伯特．甘迺迪後沒幾天，山岳協會就出版了史丹佛生物學家保羅．埃爾利希（Paul Ehrlich）的《人口炸彈》（*The Population Bomb*）。埃爾利希進入賓州大學時，和一些上流社會的人交了朋友，他們看他拒絕戴新鮮人的無邊小帽，很是佩服，那是當時一個貶低尊嚴的的傳統。大二時，埃爾利希不想加入一個兄弟會（這是另一個傳統），所以和他朋友一起租了一間房子。他們傳閱有興趣的書，包括《生存之路》。這本書幫忙把埃爾利希推向生態學和人口研究。埃爾利希在史丹佛任教的時候，談起他對人口和環境的想法，主要就是佛格特的理念。學生向父母提起埃爾利希，所以埃爾利希有機會被邀請去校友團體演說，進而向更大的團體演說。山岳協會的會長在收音機上聽到之後，請埃爾利希迅速寫本書，希望能——埃爾利希告訴我，這個希望「太過天真」——影響一九六八年的總統大選。埃爾利希以演講筆記為基礎，三星期就寫出一份草稿。出版社告訴他們，聯名作者不賣錢；書上只會有埃爾利希的名字。

《人口炸彈》出版於一九六八年五月，一開始吸引的關注不多。五個月間，沒有大報刊登書評。上市將近一年，《紐約時報》才為《人口炸彈》寫了一段短評。一九七〇年二月，出版二十月後，埃爾利希受邀到當時大受歡迎的深夜脫口秀——《今夜秀》（*The Tonight Show*）。受邀完全是僥倖；喜劇秀的主持人強尼·卡森（Johnny Carson）不愛找大學教授這樣的正經來賓，擔心他們自負、沉悶又難懂。結果埃爾利希和藹可親、機智又坦率。埃爾利希亮相之後，湧進幾千封信，令電視網驚訝不已。《人口炸彈》衝上了暢銷排行榜。四月，第一次地球日後的一星期，卡森邀埃爾利希重回節目。埃爾利希在超過一小時的節目中，向數千萬聽眾暢談人口和生態學。這是佛格特數十年來夢寐以求的時刻。

突然間，佛格特的理念變得稀鬆平常。埃爾利希指出，「再怎麼擴張地球承載力，都跟不上無節制的人口成長速度」。其他人（而且是許多人）也附和這個說法。一九六九年，生物物理學家約翰·普拉特（John Platt）警告，如果人類繼續超越自己的限制，「遠在這世紀末之前，我們就極有可能以各種不同方式，毀滅我們的社會、我們的世界，以及我們自己」。一九七〇年第一個地球日，八十二歲的休·摩爾發送了數十萬分宣導人口問題的傳單，以及談埃爾利希的免費錄音帶。摩爾為此推出一個新口號：「人類汙染」（People pollute）。這口號的意念很明確：「更多人＝更多汙染」。生態學家蓋瑞特·哈定（Garrett Hardin）提出第十一誡（Eleventh Commandment）作為總結：「汝不應超越地球承載力。」[7]

這些理念利用數位方式精雕細琢，寫成了《成長的極限》（*The Limits to Growth*, 1972）。這本書受到哈伯特啟發，由麻省理工學院的一個研究團隊寫成，他們用電腦模式，預測持續成長的人口和消耗將導致浩劫。或是用該團隊的粗體術語表示：「**世界系統的基本行為模式是人口和資本呈指數成長，之後**

7 編按：根據《舊約聖經》記載，猶太先知摩西（Moses）向猶太人頒布由上帝親自口述的猶太律法，因總共有十條戒律，是謂「十誡」。摩爾正是模仿摩西替上帝頒布戒律的口氣，提出「第十一誡」。

是崩潰。」團隊強調，人口成長「必須**立刻**停止」。《成長的極限》這本小冊的影響力大得驚人，最後翻譯成三十七種語言並賣出共一千二百萬份，在世界各地激發熱烈爭論。筆者懷疑自己的就學經驗很典型——《成長的極限》是我大學生態學、經濟學、政治學課程的指定讀物。

從國際計畫生育協會（International Planned Parenthood）、世界銀行人口理事會、聯合國人口基金（United Nations Fund for Population Activities）、休・摩爾支持的自願結紮協會（Association for Voluntary Sterilization）等組織承襲這波人口警告，建立了一個計畫，減少貧窮地區的生育率。這是朱利安・赫胥黎在楓丹白露想像的公私網路，攜手拯救世界免於人口過剩的威脅。

反人口運動照常是由自然科學家提出——主要是生物學家，但也有物理學家和工程師。反對者是社會科學家——人類學家、社會學家、經濟學家和人口學家。人類學家觀察到，一地區富有的人會試圖重新安排另一處窮人的生活，但對他們的文化一無所知。社會學家指出，每年在家庭計畫項目花上數十億元，理智上站不住腳——這樣的思維心照不宣地確信第三世界國家的伴侶蠢到不知道生一堆小孩是個壞主意，或者即使知道，也不曉得該如何避免。經濟學家抨擊這些計畫是未良好規畫的侵犯性干預，動機不合常理。人口學家指出，美國從馬爾薩斯時代擁有二十世紀以來最高的生育率，變成全球敬陪末座。這發生在避孕丸和有效的子宫避孕器之前、在安全的墮胎之前，也在一個生育控制違法的時代。

這個運動的結果很糟。墨西哥、玻利維亞、祕魯、印尼、孟加拉，特別是印度，有數百萬的婦女遭到結紮，而且常常出於脅迫，有時是非法的，經常在不安全的環境中。一九七〇和八〇年代，印度政府——當時由英迪拉・甘地（Indira Gandhi）和兒子桑賈伊（Sanjay）領導——擁抱了許多邦要求男性與女性結紮，才能得到水、電、配給卡、醫療照顧和加薪的政策。如果學生家長沒結紮，老師可以把學生趕出課堂。單單一九七五年，就有超過八百萬男女結紮——世界銀行主席羅伯特．麥納瑪拉（Robert Mcnamara）的評論是，「印度終於著手以有效的方式處理人口問題」。在此同時，那些計畫正在同樣熱烈地推行生育控制。埃及、突尼西亞、巴基斯坦、南韓和臺灣，處在容易導致濫用的體制下，醫療工作者的薪水取決於他們裝到婦女身上的子官避孕器多寡。在菲律賓，直升機在偏遠的村落上空盤旋，投下保險套和避孕丸。

中國彈道控制專家宋健受到《成長的極限》啟發，在一九七八年成立一個研究團隊，建立中國版本的限制模式。他團隊中沒有任何人有人口學的經歷，但團隊還是用了中國的國防電腦，粗糙推導出人口預測。圖表上的俯衝曲線顯示中國人口將在二〇八〇年達到四十億，這是不可思議的重擔。宋健的團隊向荷蘭電腦科學家取經，像瞄準飛彈一樣，計算出希望的人口軌跡。結果出來，像點陣式印表機吐出的紙張展開一樣無情——讓中國延遲災難的唯一辦法，是所有中國夫妻都只生一個孩子，而且要立刻實行。宋健對異議的社會科學家嗤之以鼻，視為狗吠火車，強力推行一胎化計畫，而政府在一九八〇年採用。發生了數千萬起（可能上億）威脅下的墮胎，其操作環境時常不佳，並導致感染、不孕，甚至死亡；此外，更有數百萬婦女被迫裝了子官避孕器，或是結紮。（反人口運動幾乎都中止了。）

這些暴行並不是佛格特的責任——佛格特在他們開始前就已過世，而且在世時也不怎麼有影響力。不過他的智性之罪卻罪孽深重。如果他最大的成功是讓人關心人口和環境劣化之間的關連，那麼最大的失敗就是相信二者的關連單純、明確而關鍵。埃爾利希在《人口炸彈》中，也把這關係說得簡單明瞭。他用著作的第一部分——〈問題〉（The Porblem）來解釋這個議題。描述人口成長、食物短缺和環境問題之後，這部分的總結是：「實際的一連串劣化很容易找到源頭。太多汽車、太多工廠、太多清潔劑、太多殺蟲劑、飛機雲不斷增長，汙水處理場不足，水太少、二氧化碳太多——這一切都可以輕易歸咎於**太多人了**」（此處按原文粗體），然後這一章就此結束。頁面的空白證明了埃爾利希的觀點——人口和環境劣化之間的關係再明顯不過，不值得過度說明。

有些部分**確實**明顯。完全沒有人的世界，顯然不用擔心人類的影響。同樣的，也很容易相信兩百億人口會對自然系統產生巨大的影響。不過人類存在以來都在零到兩百（或零到一百）之間，這部分的情況沒那麼明確。這是因為人無法替代——一種生活方式的一個人造成的影響，和另一種方生活方式的另一個人造成的影響完全不同。

埃爾利希告訴我，回首過去，他希望他「更強調消耗，而不是人口」——他在後來的文字中更正了這個問題。以《人口炸彈》的開場來看，第一句描述了埃爾利希和他家人搭程「老舊的計程車」，穿過印度德里「一個擁擠的貧民區」。

> 街上熱鬧滾滾。人們吃東西、洗東西、睡覺。人們拜訪、爭執、尖叫。人們伸手進計程車窗乞討。人們大小便。人們掛在公車上。人們趕著牲畜。到處都是人、人、人、人……〔自從〕那晚之後，我明白了人口過剩的「感覺」。

埃爾利希一家人是在在一九六六年搭乘計程車的。那年德里住了多少人？按聯合訴的數據，是兩百八十萬出頭。相較之下，巴黎一九六六年的人口是……大約八百萬。即使花不少時間，在圖書館裡恐怕也找不到尋找任何語帶警告、把香榭大道描述成「熱鬧滾滾」的文字。相反地，一九六六年的巴黎是優雅和精緻的象徵。印度有什麼不同？為什麼巴黎不算過度擁擠，德里就算？

看看聯合國的數據。一九七〇年，德里的人口是三百五十萬人。埃爾利希計程車之行沒過幾年，就增加了百分之二十五。五年後的一九七五年，德里有四百四十萬人口——又增加了百分之二十五。神奇的是，二〇〇五年，德里的人口數量是一九五〇年的十一倍。

這座城市成長驚人，原因是什麼？我問了一個德里智庫——科學與環境研究中心（Center for Science and Environment）的主任，蘇妮塔·納瑞恩（Sunita Narain）。納瑞恩立刻回答：「和生育無關。」她說，相反地，德里當時絕大多數新來的人，都是想找工作而從印度其他地區流入的人。德里有工作，因為印度政府想讓人民從小農場轉作工業；政府認為，那樣才能全國富強。許多新工廠位在德里或德里周圍，而人們為了改善生活而搬去那裡。外來人口比工作更多，使得德里擠得水洩不通，時常惱人，一如埃爾利希的敘述。不過那種擁擠後來讓他體會到「人口過剩的感覺」，卻和出生率、天然資源、人口稠密度關

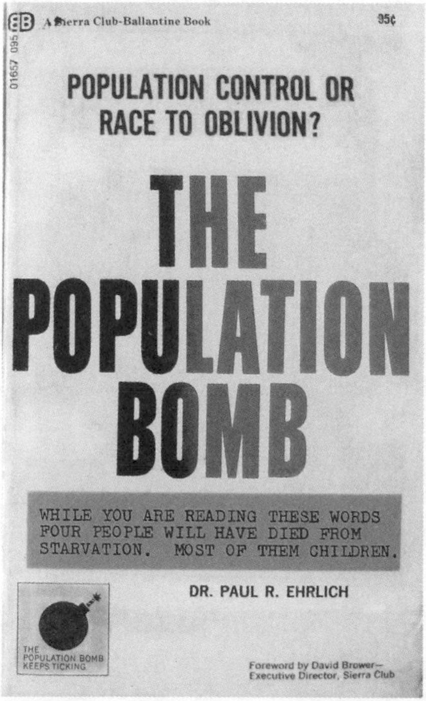

《人口炸彈》太急著送印，沒人注意到封面上的炸彈點燃了引線而不是計時器，可是附加的原文文字卻用大寫寫著：「人口炸彈不斷滴答響。」

係不大，而是和法律、體制與政府規畫有關。納瑞恩說：「如果想瞭解德里的成長，應該研究經濟和社會學，而不是生態和人口生物學。」[8]

很少地方比下哈德遜河谷更能闡釋人口和環境之間的複雜關係。佛格特正是在那裡染上小兒麻痺症、念大學、成為愛鳥的學者。西邊聳立著卡茨基爾山（Catskill Mountains），林木遍布，落日後染成藍色。八十七號州際公路化為山水之間的一條黑色緞帶。從前，我會開車來回那條路，漫長的路途中，森林夾道，遼闊、幽暗而空寂，我會想像自己看著一百五十年前的美國，那時還沒有像我這樣的數百萬人遍布各地。我心想，這麼接近曼哈頓的地方，有一片從未遭我們破壞的房地產，真是不可思議。

我錯了。如果我在十九世紀末的那數十年間，曾經旅行經過哈德遜河谷，我會穿過截然不同的一片地景。我的周圍會是石牆圍起的困苦農場和牧場。可能看似如詩如畫——當時的旅遊指南作者正是這麼想。不過我不會看到多少樹木，因為只要不是垂直的土地，樹木則幾乎都被砍伐或燒掉了。

森林被用各種不同的方式清除，改作農業，供應紐約大批的燒煤工（他們需要木材來做木炭）、鞣皮匠（從樹皮萃取單寧）和鹽工（用木材燃料把海水煮乾）。伐木工也扮演了某種角色——哈德遜河上最北的深水港阿爾巴尼（Albany）是全美、甚至全球最大的伐木重鎮。第一批歐洲人來到紐約的時候，高低起伏的高地幾乎都覆蓋著開闊的森林；十九世紀末，紐約州不到四分之一有樹木覆蓋，剩下來的幾乎都被挑過，或難以接近，或被農人留下來當私人的燃料來源。在我駕駛轎旅車沿著柏油路飆過的時代，那裡像天堂一樣，懷舊地如詩如畫，但現在的報紙社論警告，砍伐森林會使哈德遜河谷陷入生態災難。

從那之後，東岸的小型農業崩潰，使得數百萬英畝的土地回歸自然。一八七五年紐約州進行測量時，構成下哈德遜谷的六個郡——哥倫比亞（Columbia）、達契斯（Dutchess）、格林（Greene）、奧倫治（Orange）、普特南（Putnam）和厄斯特（Ulster）——共有五十七萬三千零三英畝的林地，大約覆蓋了總面積的百分之二十一。一百年後，森林覆蓋了將近一百八十萬英畝，是以前的三倍以上。

假使回到一八七五年，這六個郡的總人口是三十四萬五千六百七十九人。二〇一二年，美國普查的數字是一百零六萬人。換句話說，住在當地的人變成三倍，同一時間，當地的生態系起死回生，變得生龍活虎。紐約州發生的事並不是特例。整體而言，比起一九〇〇年全美的人口不到一億人時，現在美國的森林範圍更大、更健康。許多新英格蘭州的樹木和保羅·里維爾（Paul Revere）當年一樣多。也不只北美有這種成長——一九七〇到二〇一五年間，歐洲的森林資源增長了大約百分之四十，在這期間，歐洲人口從四億六千二百萬成長到七億四千三百萬。

休·摩爾曾說過「人類汙染」。但更多人≠更多汙染。生態評論家聲稱，哈德遜河谷能恢復，是因為農民拋棄那裡，去鏟除了北美大平原的原生草原，這麼說是有點道理。但他們無法解釋其他所有的好消息：海豹和海豚回到了泰晤士河；一九〇〇年幾乎絕種的白尾鹿在新英格蘭的花園肆虐；日本從前空氣汙染嚴重，現在已大幅改善；野生火雞的分布範圍也比當初歐洲殖民者看到的更廣了。如果這些事都是在人口爆炸的期間發生，那為什麼佛格特、奧斯朋、李奧帕德和他們之後許許多多的人，為什麼深信人口過剩會導致生態浩劫？

---

8 二十世紀後半的大部分時候，德里都是全球成長第二迅速的城市。成長最快的是東京。東京擠滿了人，但也乾淨、安全、繁榮——這多少得利於有效率的都市管理。日本歷史和文化的變遷和東京「人口過剩」關連，遠大於和日本嬰兒出生速度的關連。

多年前，我有機會問丹尼斯．米道斯（Dennis Meadows）這個問題。米道斯是寫出《成長的極限》那個團隊的共同組長，他說：「你可以看看伊利湖（Lake Erie）或底特律，發現那裡變好了，然而就直接跳到結論，說整體有進步。那這就好比看著一個人變有錢，然後說所有人都變富裕了一樣。」米道斯當時是新罕布夏大學的榮譽教授，和他的同事把《成長的極限》改版了幾次，每次更新都和最初的書中一樣悲觀，甚至更悲觀了。米道斯告訴我，「每當一個富有的國家關心環境問題後，通常接著都會發展出有效的辦法來應對。」米道斯指出，石油中的含鉛添加劑成為美國擔心的一個議題。因此華府迫使石油公司付錢，廢除含鉛汽油，並且要汽車公司出錢修改引擎，駕駛人多付點錢來加油。砸了錢處理這問題，而含鉛量就降低了。

我在一篇文章裡，為此盡責地引述米道斯的話。然而，文章發表一年後，我才想起這個論點可能等於在說，經濟發展其實會讓社會花錢脫離環境問題——這是布勞格的立場。我好奇地打電話給米道斯，米道斯好心地接了我的電話。難道巫師說得沒錯，富裕就是解答嗎？米道斯告訴我，不對。他舉了一個例子：日本山區茂密美麗的常綠森林。米道斯說，日本人從東南亞、澳洲、巴西和美國西部進口木材，來維護這些森林。紐約客讓農業遷移到美國中西部，日本則是用財富來轉移砍伐森林的生態負擔。我問他，日本難道不能乾脆禁止進口木材，用塑膠、泡棉和東京街頭可以看到的古怪高科技新材料建立家園嗎？畢竟我當時認為，雖然轉移的代價可能高昂，但日本應該夠有錢，難道他們不能也用錢解決這個問題嗎？米道斯說，不行。我問為什麼，他對我的愚蠢怒不可抑。「聽著，根本的事實再清楚不過了，」他說，「在一個有限的星球上，不能永遠成長——有各種限制存在。」不過經濟成長、環境破壞和星球限制之間的確切關係，在我眼中不再那麼清楚明瞭了。

比較一個德里的家庭（二〇一五年的平均每人所得：三千一百八十美元）和一個哥本哈根的家庭（二〇一五年的平均每人所得：四萬七千七百五十美元）好了。以他們的相對收入來看，可以假設哥本哈根的居民消費能力遠高於德里居民。但如果德里居民燒煤來煮食、取暖，他們對當地和地球環境的傷害，可能高於哥本哈根的居民，因為哥本哈根的人大部分能源來自丹麥眾多的風力發電廠（風力發電占丹麥將近一半的發電量）。二〇一六年秋天，德里的霧霾嚴重到德里各學校關閉了數天。汙染來自德里的燃煤，和附近旁遮普邦（Punjab）和哈里亞納邦（Haryana）的小農燃燒作物殘留物。而另一端的哥本哈根政府則宣布了一項計畫，預計在二〇二五年把該市的二氧化碳排放量降到零。

排放量有差異，未必表示德里家庭造成的環境破壞超過哥本哈本家庭。丹麥人大量吃肉、開汽車，二〇一四年，世界自然基金會聲稱丹麥的「碳足跡」名列世界第四。主要的原因是養殖了大量動物，以支持丹麥的豬肉產業。丹麥為了滿足食肉的習慣，每人利用的農地面積大於其他地區。

德里和哥本哈根哪個對生態比較友善呢？答案比較取決於重視的是空氣汙染還是土地利用，而不是經濟成長或消耗的絕對程度。我可以花一百萬美元在壯麗的紅木森林鋪路，這在國內生產毛額的統計上會是一百萬美元的經濟活動。但我也可以拿那筆錢替貧困學童買下歌劇前排的坐位，這在國內生產毛額上也會顯示為一百萬美元的經濟活動。兩種活動在統計上的貢獻一樣，但環境影響上卻截然不同。我大概需要買上許多張價值總共好幾百萬元的歌劇門票，環境的衝擊才會接近在森林裡鋪路——也就是說，我可以增加國內生產毛額，而且讓淨環境衝擊下降。「多少人？」是很重要的問題，但更重要的是，「這些人在做什麼？」

這一切並不是想否認環境問題。過度捕撈、森林砍伐、土壤劣化、地下水汙染、哺乳類和鳥類數量下滑，最令人警惕的是，氣候變遷的速度十分迅速——這一切都很重要。不過人口成長對這些問題的影響不是直接的，而這和經濟成長的關係模稜兩可。像佛格特那樣聚焦在這上面，視之為根本的原因，只會分散注意。這樣浪費了二十年，而且加倍不幸，因為對人口的爭執有時會掩蓋了佛格特中心思想中更重要的部分——和限制有關的部分。佛格特把社會科學家斥為傻瓜，但他應當聽取他們的話。可惜的是，連敵營的布勞格也不例外。

第九章 巫師

共同發現

這世界形形色色，不過從實驗室檯面看出去的風景都大同小異。科學家說著不同的語言、住在不同地方、信仰不同神祇，但任何時刻，當前的問題和技術都會受限，而且大家都能發現這個顯而易見的問題。因此，發現這回事是僧多粥少。社會學家羅伯特．莫頓（Robert King Merton）在一篇科學史學家耳聞能詳的文章中寫道：「一般來說，彼此獨立的共同發現，是科學發現最常見的模式。」莫頓主張，仔細觀察各別的案例，會發現「所有科學發現一般來說都是共同發現」。男男女女從默默無聞的實驗室裡冒出來，揮舞著勝利的旗幟，發現前後都有其他人揮舞著同樣的旗子。即使最有原創性的科學家，幾乎也有分身——只要狀況有些微不同，這些智性上幾乎像雙胞胎的人，可能得到同樣的成果。不論性格和環境有多大的差異，他們都沿著同一條路摸索。

也許有些例外——其中之一是廣義相對論，幾乎完全由愛因斯坦發展出來，不過有些作家會爭論，數學家赫爾曼・閔可夫斯基（Hermann Minkowski）要不是英年早逝，就會先發現相對論。更典型的是物理學家威廉・湯姆森（William Thomson）的經驗，他也就是後來的英國物理學家克耳文男爵（Lord Kelvin）——即使他是重要的科學家，但就如前文所說，他對煤礦供應的預測大錯特錯。當克耳文還是十八歲大學新鮮人時，以自己早熟的原創性為榮，為《劍橋數學雜誌》（*Cambridge Mathematical Journal*）寫了一篇論文——結果發現論文的結論呢——按克耳文之子和傳記作者所說——「被傑出的法國幾何學家米歇・沙勒（Michel Chasles）預料到了」。後來，克耳文失望地發現，那個數學概念也由偉大的德國數學家「高斯（Carl Friedrich Gauss）說明、證明過了」，之後又發現，「超過十年前，這些定理已經被（英國數學家喬治・）葛林（George Green）發現並完整發表」。

牛頓和萊布尼茲分別發展出微積分，然後為了誰先誰後暗中爭鬥；班傑明・富蘭克林佩服思想自由的哲學家克勞德・艾爾維修（Claude Hevétius）時常有完全相同的想法，「即使我們在世界的兩端出生、成長」；達爾文和華萊士一人在英國鄉間的莊園，另一人在瘧疾肆虐的馬來群島泥炭沼中，分別推想出天擇的理論；理查・費曼（Richard Feynman）、朱利安・施溫格（Julian Schwinger）、朝永振一郎，（很可能）還有恩斯特・史杜克爾堡（Ernst Stueckelberg）這些人完全不知道彼此的存在，都設法馴服了難以控制的量子電動力學——共同發現的清單又長又輝煌，其中也包括諾曼・布勞格和曼康布・斯瓦米納坦。

不完美的分身

曼康布・桑巴希萬・斯瓦米納坦（Mankombu Sambasivan Swaminathan）——布勞格稱他為「施瓦米」

（Swami）——成為布勞格的朋友與合夥人，但不難想像換作另一個時空，斯瓦米納坦會扮演同樣的角色。他讓印度認識綠色革命的「套裝」——結合農用化學藥品（肥料和殺蟲劑），小心管理給水（通常是靠灌溉），以及高產量、施用肥料與殺蟲劑都有效的種子。一九五〇年代，這套裝在墨西哥率先採用，將對亞洲產生劇烈的衝擊，尤其是南亞；重組的小麥會遇到類似的重組稻米，而數億的生命會受改變。佛格特和他信徒預測災難將臨，卻沒實現，不過只付出了社會動盪的代價。斯瓦米納坦本人仍然幾乎不受關注，尤其在西方，雖然他的成果讓更多人受到直接的衝擊。之後他有時批評他幫忙建立的綠色革命。他是巫師，最後（也許是幾乎）變成了先知。

斯瓦米納坦在一九二五年生於當時的馬德拉斯省（Madras Presidency），這是英屬印度的一個行政分區劃，其中包括現在大部分的印度東南區。斯瓦米納坦的姓——曼康布正是他家族世代而居的村莊。桑巴希萬是他父親的名字，而斯瓦米納坦則是他自己的名字。斯瓦米納坦在父親的診所周圍長大，學校放假時，則在祖父的稻田。斯瓦米納坦的家族擁有田地已經好幾代了——那裡是很久以前王公認可他們遠祖對印度聖典的知識，而賜給他的土地。

斯瓦米納坦的父親接受外科醫生的訓練，在距離曼康布六百四十公里的一座村莊開業，那裡也在馬德拉斯省，當地沒有合格的醫生。霍亂、瘟疫、瘧疾和其他傳染病肆虐。斯瓦米納坦的父親立志打擊絲蟲病，這種蚊子傳染的疾病會導至四肢古怪地腫脹（也稱為象皮病）。他動員學生，找出蚊子繁殖的地方，然後請他們父母埋滿死水池，移除垃圾塊，把排水管和下水道消毒。絲蟲病的病例不再出現——斯瓦米納坦後來說，這是同心協力的一課。

當時正值印度獨立運動。斯瓦米納坦的父母是熱衷的國家主義者，獨立運動領袖聖雄甘地和賈瓦哈拉爾·尼赫魯（Jawaharlal Nehru）幾次在印度各地旅行時，斯瓦米納坦的父母招待了他們。為了表現他們支持印度脫離英國統治的奮鬥，這家人穿著手織的衣物，抵制英國貨。斯瓦米納坦的父親恪守甘地的格言，醫治來診所的所有人，不論他們的社會地位，或付不付得出醫藥費。英國人沒因為他反殖民的意見而把他關起來——他是三百公里內唯一受過訓練的醫生。

斯瓦米納坦十一歲時，父親突然罹患胰臟炎。當地沒有其他醫生能醫治他。最近的醫院在馬德拉斯（Madras）；他在前往馬德拉斯的火車上過世。他因為醫治下層「賤民」而遭除籍，因此沒舉辦印度教葬禮。斯瓦米納坦和他手足被他們的叔伯收養。斯瓦米納坦十五歲時，從一間天主教中學畢業，打算追隨父親的腳步，成為外科醫生。

第二次世界大戰、孟加拉饑荒和一世紀裡最嚴重的一些災難打亂了斯瓦米納坦學醫的計畫。孟加拉位在英屬印度的東北部。饑荒始於一九四二年，日本占領緬甸（Burma，今日稱 Myanmar）。緬甸緊鄰印度東邊，是英國的另一個殖民地。從前緬甸會外銷稻米給孟加拉；受占領之後，外銷就停止了。當時孟加拉的稻田正巧受到真菌病害侵襲。對於殖民地政府而言，收成不足的時機不巧。孟加拉首府加爾各答（Kolkata，當時拼為 Calcutta）是英軍的補給中心。倫敦從印度其他地方輸入了一百萬名工人到加爾各答，製造制服、軍靴、容器、彈藥和其他軍需品。為了餵飽這批工人大軍，殖民政府從鄉下徵用了穀物。當權者沒人想聽到沒有足夠的穀物餵飽他們，即使饑荒愈演愈烈的當下，官僚階級中仍然有一波波的否認。數個月間，國務大臣里奧·艾默里（Leo Amery）一直堅持糧食危機是屯積造成的——印度農民據稱「傾向於扣住穀物，不流入市場」，以得到更好的價格。但最後艾默里改變作風，在一九四三年十一月懇請英國首相溫斯頓·邱吉爾送食物去孟加拉。邱吉爾無視艾默里的請求，揶揄道：「印度人像兔子一樣繁殖，花了我們一天一百萬的經費，請他們在戰爭中無所事事。」食物沒有運來。大約三百萬人活活餓死。

斯瓦米納坦在南印修習醫學院先修班，雖然兩千四百公里外的饑荒沒有直接影響到他，不過孟加拉人消瘦垂死的景像卻帶來強大的衝擊。斯瓦米納坦決定研究農業，而不是研究醫學這個比較響亮的學科。斯瓦米納坦的家人起先感到錯愕，但他堅守立場。斯瓦米納坦深信對抗英國法律的抗爭將會達到高峰，而饑荒顯示新印度對食物的需求超越醫療。印度有數千名醫科學生，卻只有一百六十名學生在攻讀農業的高等學位。斯瓦米納坦雖然先同意拿到動物學學位，但之後卻立刻上了一所農業大學。他以全班第一名的成績畢業，贏得了學校能給的幾乎所有獎項，然後申請了新德里印度農業研究所（Indian Agricultural Research Institute）的研究生研究項目。

斯瓦米納坦畢業的兩個月後，印度於一九四七年八月十五日獨立。在恐怖的動亂中，國家立刻分裂，兩大地區（分別是從前的東北印和西北印）脫離出去，組成了巴基斯坦。印度主要是印度教；巴基斯坦主要是穆斯林。陣陣的宗教暴力導致數十萬人死亡，大約一千五百萬人成了難民（一九七一年一場殘酷的戰爭後，巴基斯坦的東半部成為今天的孟加拉）。斯瓦米納坦當時二十歲，分裂的二個月後前往德里，看到戰後的景象，大為震驚——火車站裡是難民暴徒，街上屍體遍布。

印度農業研究所蔓延的翠綠校園成了避難所。一大棟圖書館有著鐘樓，周圍聚著亮眼的紅石建築，其中有著印度最先進的植物學實驗室。斯瓦米納坦的指導教授在那裡指導他研究茄科植物。茄科是植物分類中的一科，包括番茄、馬鈴薯、茄子、辣椒和甜椒。在此同時，斯瓦米納坦專心學習荷蘭文——這是取得教科文基金會獎學金，在瓦格寧根大學（Wageningen University）研究的必備條件。瓦格寧根大學是荷蘭的國立農業大學。斯瓦米納坦贏得了獎學金，一九四九年十二月乘船前往歐洲。

荷蘭正從戰爭中重建；一九四四至四五年的「饑餓之冬」（Hongerwinter）仍記憶猶新。大學實驗室沒有暖氣，有時甚至停電。他們要求斯瓦米納坦把研究對象從茄子（他在德里的研究重點）改成馬鈴薯，這是荷蘭人的主食。荷蘭的馬鈴薯田充滿寄生蟲——線蟲（Dutch staple）。瓦格寧根大學希望把馴化的馬鈴薯和抗線蟲的野生親戚配種。不過野生和馴化的馬鈴薯染色體數目不同，通常無法成功繁殖。斯瓦米納坦想出一個變通辦法。這發現十分重要，使斯瓦米納坦來到英國的劍橋大學，並在那裡取得博士學位。

那是在劍橋成為年輕遺傳學家的絕佳時機。斯瓦米納坦在一九五一年到達劍橋，不過幾個月前，劍橋一位物理學家轉行的分子生物學家法蘭西斯・克里克（Francis Crick）才開始和年長十一歲的美國博士後研究員詹姆斯・華生（James D. Watson）合作。他們很快就發表了DNA的結構。斯瓦米納坦的博士學位主題是茄科的遺傳，非常符合分子生物學這個突然出現的領域。斯瓦米納坦完成學位論文之後，劍橋提供他一個職位，但他接受了另一份工作——威斯康辛大學的博士後研究員。

斯瓦米納坦再一次如魚得水。他明快、親切、邏輯簡潔，可以同時應付多方不同的詢問，擅長把困難的問題拆分成可以處理的區塊，用科學調查之刃來處理。套一句科學家的話，斯瓦米納坦有種「Fingerspitzengefühl」（德文，字面意思是「指尖的知識」），也就是直覺的天賦，知道怎麼讓讓粗糙的實驗設備和難搞的植物聽話。他的實驗就是行得通。斯瓦米納坦的打字機發表的文章一篇篇登上各大期刊。威斯康辛大學相信他前途光明，向他提供教授職。但斯瓦米納坦拒絕了提議，在一九五四年回到印度，幫助他的新國家。

斯瓦米納坦也許不知道，他踏進了一片艱困的地域。獨立運動領袖賈瓦哈拉爾．尼赫魯了當上印度第一任總理，希望他的國家變得強盛、富足、民主、平等，不受外國宰制；原因不言而喻。尼赫魯在當時的風潮下，認為工業化（從能源角度來看，是硬路徑）才能達到這個目標。鋼鐵、化學、煤、電力、公路、機械工具——印度需要的是這些！要龐大、繁忙的工廠和發電廠！尼赫魯相信，要不是受到英國政權壓制，印度早就有這些東西了。

建立印度重工業的錢從哪裡來？向國外高額貸款這一途，完全不用考慮，因為印度沒有足以支付貸款的外匯。因此工業化的資金必須來自印度本身。當時，全印度的資本幾乎完全來自農業；印度人十個有九個都是小農。所以建立工業化經濟，表示剝奪鄉間小農的利益，用那些錢在都會區建立鋼鐵工廠、發電廠和公路。尼赫魯和甘地一樣，同情窮困農民的處境。

一九五〇年代中期，斯瓦米納坦在他的實驗室裡。

然而他對於發展的理念，不可避免地使他為了工業城市的利益，榨取務農的鄉間。

尼赫魯承諾，他的新國家會打造一個與眾不同的印度發展之道，但他就像杜魯門與華倫．韋弗一樣，虔誠信仰科學和技術。尼赫魯和物理學家霍米．巴巴（Homi Jehangir Bhabha）一起設計了一個巫師式的宣言，呼應了杜魯門第四點計畫的所有面向，也就是當初讓佛格特和赫胥黎不安的那些。尼赫魯的聲明開頭是：「現代一國強盛的關鍵，除了人民的精神之外，有賴有效地結合三個因素：技術、原料和資本，其中技術或許最為重要。」要能工業化，前提是「唯有靠著科學方式和做法、利用科學知識」——也就是創造出輸電網、廣播網和高速公路的物理、化學、工程。尼赫魯的宣言被稱為「科學政策決議」，得到印度議會首肯，進入了印度憲法，為印度的技術學校網打下了基礎。

不過尼赫魯的科學概念有個漏洞——他完全從實驗科學的角度來看，缺乏了應用科學的觀念；只有物理和分子生物學，沒有生態學、植物學或農學。尼赫魯知道印度農民貧窮的一個原因是效率低落——他們每畝地收獲的穀物，比世上其他地方少。

但尼赫魯不像布勞格，他和他的部長認為收成低落不是因為缺乏技術（合成肥料、灌溉水、高產量的種子），而是社會因素，像是管理效率不佳、土地分配不均、教育不足、種姓制度堅不可摧和金融投機（認為大地主屯積米麥，等價格更理想再賣出）。這並不誇張，因為印度鄉間每五個家庭就有一家完全沒有土地，大約兩家的土地不到一百公畝，不足以餵飽自己。而一小部分不在地的地主控制了大片的地域。尼赫魯因此相信，鄉間貧困的解決辦法，與其說需要新技術，不如說要新政策——把大地主的土地分給一般農民，讓農民擺脫種姓制度的重擔，然後聚集解放的小農，組成更有效率、有技術顧問的合作社。這系列的構想正好符合尼赫魯的工業政策——實行起來幾乎不花分毫，可以把錢省下來建工廠。

斯瓦米納坦和尼赫魯一樣希望印度變成現代、世俗化的國家，所有人（不論出身）都有機會富足。不過在此同時，斯瓦米納坦和他同時專注在農業研究，隱晦地認可投資農業部門的理念——反對尼赫魯土地和種姓改革的保守菁英，支持了這個理念。尼赫魯政府的回應是嚴格檢視撥給農業研究的每一盧布，看看那些錢是否該花在促進工業。矛盾的是，一九五六和五七年印度的穀類收成因為乾旱而減少時，研究經費受到更嚴格的審核，而印度開始透過一個特別計畫，向美國進口小麥，這計畫等同於補貼。雖然進口食物其實免費，卻痛苦地揭露了印度的弱點。尼赫魯相信，印度的自由最終來自工業力量，因此農業短缺的立即影響，卻是政府加倍努力建立工業。

斯瓦米納坦回印度後，接下東印度奧里薩邦（Odisha）克塔克（Cuttack）的中央稻米研究所（Central Rice Research Institute）的一個職位，這個機構是印度獨立前不久，由英國人建立，被視殖民政府無能處理孟加拉饑荒的某種暗中道歉。斯瓦米納坦在稻米研究所新建的實驗室裡，被要求研究讓黏度高、短粒的日本米（日本人吃的那種米），和蓬鬆、長粒的印度米（印度人偏好的那種）雜交。多少是因為日本密集的培育計畫，使得日本米的產量高於印度米——小穗迅速長滿短粒。目標是培育出新的米，產量像日本米、外觀與口感像印度米。因此，斯瓦米納坦開始系統性地思考產量高和產量低的品種之間麼差異。幾個月後，斯瓦米納坦在他的老本營——德里的印度農業研究所贏得了更好的職位。斯瓦米納坦在印度農業研究所繼續思考高產量的穀物，只是把注意力轉移到小麥。

印度種植小麥的歷史至少有四千年——考古學家在印度河谷石器時代的群落，發現小麥的痕跡。從那時起，印度農夫就在種植小麥，逐漸發展出適合印度氣候的品種，並且適合印度的烹調喜好——

琥珀色、穀粒堅硬的小麥，可以製成淺色、蓬鬆的烤餅、薄餅或甩餅。印度農民和墨西哥農民一樣，在田中種植許多不同品種的小麥，零星種植，以免稈銹病侵襲。斯瓦米納坦在印度農業研究所很快就發現這些品種會熱切地對肥料有反應，因此會倒伏——布勞格幾年前也遇過這問題。

斯瓦米納坦和布勞格一樣，決定解決辦法是培育出麥桿更短、更強健的小麥。他和布勞格一樣，在印度的植物收藏中尋找短麥桿的品種。雖然這些小麥比美國的大型倉庫裡的小多了，但斯瓦米納坦找到幾個短麥桿的品種，種到印度農業研究所的試驗場。斯瓦米納坦和布勞格一樣，發現這些短麥桿的品種會長出小型的小穗和小型的穀粒。斯瓦米納坦無法取得大量不同的品種，所以不大可能找到他想要的基因。因此斯瓦米納坦繼續讓小麥雜交，但他也決定自己做個新的基因。

一九五五年，斯瓦米納坦和他在印度農業研究所的合作者開始帶麥粒去塔塔研究中心（Tata Institute）的一小臺粒子加速器。塔塔研究中心是孟買的一個智庫。這臺加速器會釋放出一道中子，撞擊到目標，產生伽馬射線，也就是超高能的光子。研究者用伽馬射線照射小麥穀粒幾個小時，希望伽馬射線能穿透種子的DNA，引起有利的突變。從二十一世紀來看，就像用鏈鋸來動手術，程序粗糙得無藥可救。不過在二十世紀中，這是當時最先進的做法。處理過的植物大部分無法發芽，或很快就死亡——伽馬射線像拆房子的鐵球一樣摧毀了植物的DNA。少數表現出有趣的特徵，然而完全沒有短麥桿的，至少第一年沒有。第二年也沒有。第三年還是沒有。斯瓦米納坦無法得到足夠的經費支持他大量用放射線照射、培育種子，因此成功的機率特別低。斯瓦米納坦和墨西哥的布勞格一樣，是對著移動的靶子射飛鏢。然而，斯瓦米納坦與布勞格不同的是，他一次只能射幾支飛鏢。但斯瓦米納坦看不出還有什麼辦法。

斯瓦米納坦挫折不已，一九五八年拜訪日本小麥遺傳學家木原均時，展示了他在印度農業研究所的實驗樣區。木原均是奧運滑雪選手，也是遺傳學先驅，率先描述了小麥基因組的結構，同時確立了「基因組」（genome）這個詞彙的現代定義。木原均樣貌威嚴，退休只是他不再教書的藉口，他研究不停，讓他植物知識的百科全書更加完備。斯瓦米納坦訴說自己的困境時，木原均立刻告訴他，日本有一些小麥品種特別矮。由於日本還在辛苦地從戰爭中恢復，木原均告訴斯瓦米納坦，跟一位美國栽培者奧維爾・沃爾格取得矮種的樣本，比較方便。

斯瓦米納坦寫信給沃爾格，沃爾格的回應是他樂意寄一些樣本，不過他正在研究冬小麥，冬小麥在炎熱的印度長不好。沃爾格也告訴斯瓦米納坦，他把樣本寄給了墨西哥的一位人士。這人在鳥不生蛋的偏僻地方，用日本矮種小麥和當地的品種，進行誇張的大規模雜交，希望得到斯瓦米納坦想要的那種春小麥。這人正是諾曼・布勞格。於是斯瓦米納坦寄了封信到墨西哥市。

「挖著自己安全的小地鼠洞」

說古巴飛彈危機結束了印度饑荒，不大準確，不過真要說那兩件事毫無關係，就更不對了。一九六二年十月十六日，約翰・甘迺迪總統發現蘇聯在古巴設置了彈道飛彈，觸發的對恃讓華府與莫斯科瀕臨核戰邊緣。四年後，中國入侵了印度。尼赫魯在爭議區布署了印軍之後，中國出其不意地發動攻擊，但印軍寡不敵眾。

尼赫魯向甘迺迪請求立即的軍事支援——數百架戰機、轟炸機和雷達偵測機，以及運作這些飛機所需的數千空軍和後勤人員。尼赫魯告訴甘迺迪，「印度的存亡」受到威脅——不，應該說是「這整個次大陸上自由、獨立政府的存亡」。尼赫魯話中毫不掩飾絕望，使得外交部一開始拒絕把這封信交給白宮。沒想到甘迺迪沒回應。總統的「心思完全被古巴占據了」。美國駐印度大使約翰·肯尼斯·加爾布雷斯（John Kenneth Galbraith）這麼解釋。「一星期間，我手上有一場重大的戰爭，卻沒有」來自華盛頓的「半封電報、信件、電話或其他訊息給我指示」。尼赫魯要的飛機和軍隊沒出現；美國政府因為飛彈危機而呈現癱瘓狀態，甚至沒威脅要干預。尼赫魯無助地看著中國有條不紊地摧毀印度邊境的前哨基地。戰事開始的一個月後，北京鞏固邊疆，宣布有條件停火。中國從占領的一些區域撤離，但一大部分還在中國的手中。

對尼赫魯而言，潰敗令人驚駭。顧問看尼赫魯彎腰駝背、步履踉蹌，擔心他中風了。這場戰爭不只讓尼赫魯顏面盡失，也斷送了尼赫魯長久以來和中國結盟、抵擋美蘇這兩大冷戰強權的希望。損失可能造成嚴重的政治影響，因此官方的戰事報告保密了數十年。應德里要求，尼赫魯向甘迺迪求救的信直到二〇一〇年才公諸於世。尼赫魯失去其他人的政治支持，也對自己失去信心；他的健康一蹶不振。（尼赫魯本人也在戰爭結束後十八個月過世。）

還是有少數人受惠於印度戰敗，斯瓦米納坦正是其中一人。斯瓦米納坦最初在一九五八年寄給布勞格的信寄丟了；大概是因為墨西哥農業計畫當時正遭到中止。洛克菲勒基金會相信這計畫研發出短桿小麥，已達成目標，於是正在慢慢把責任轉交給墨西哥政府，他們之後將幫忙建立國際玉米小麥改良中心。布勞格被遣散了。他在聯合果品公司（United Fruit Company）找到一份工作，要在宏都拉斯培育抗病的香蕉。布勞格還來不及舉家南遷，聯合國糧農組織就請他加入一個研究團隊，視察北非、中東和南亞的小麥與大麥研究。團隊在一九六〇年二月出發。

結果令人錯愕。布勞格到處都發現資深科學家倦勤而沉淪，藉著自己的教育，為自己創造出舒服的閒差。同時他遇到精力充沛的年輕人想幫助自己的國家，卻缺乏他眼中的適當訓練。印度是最糟的之一，執著於地位的研究者把自己關在實驗室裡，研究次要的作物——「各自在自己的學科裡，挖著自己安全的小地鼠洞」。布勞格特別鄙視印度的小麥栽培者，他們的焦點是「穀物之美……而不是總產量」。而政府拒絕把農業列為優先，令他布勞格震驚。他遇到研究者包括了斯瓦米納坦——他們談了大概一個小時，但兩人似乎對彼此都沒留下深刻印象。一個教育程度不高的直率外國人，想告訴印度人該怎麼做，不難想像斯瓦米納坦不大理他；至於布勞格，可能覺得斯瓦米納坦正是他那些年在墨西哥對付的那種米蟲。

布勞格回到北美的時候，寫了一份報告詳述他的發現，建議洛克菲勒中心在墨西哥成立一個訓練計畫，培育後來所謂的「綠色革命法」。矮種小麥近期轟動的成功，確保布勞格的理念迅速受到追隨。阿富汗、埃及、利比亞、伊朗、伊拉克、巴基斯坦、敘利亞和土耳其的研究者飛往索諾拉。他們在一九六一年初抵達，由布勞格團隊訓練的墨西哥科學家訓練他們植物遺傳學、土壤科學、植物病理學和其他學科。布勞格受聘監督他們；而他也根本不是去中美洲研究香蕉的。

印度起先拒絕加入訓練計畫——外國「專家」沒什麼好貢獻的。不過糧食短缺越來越頻繁。隨著印度越來越依賴美國援助，一九六二年，印度規畫者不情願地同意在七個農業區測試綠色革命式的殺蟲劑、肥料，灌溉和技術建議。斯瓦米納坦現在看到布勞格矮品種的一些例子了；由於斯瓦米納坦堅持，這些品種也納入試驗中。初步結果成功，於是斯瓦米納坦開始正式邀請布勞格前往印度的冗長程序。

兩人在一九六三年三月見面。布勞格意識到墨西哥發展出的穀物可能不適合印度的環境，因此想造訪印度的小麥帶，看那裡的人如何耕作。斯瓦米納坦帶領布勞格和他的幾名墨西哥學生踏上為期五週的北印收成時節之旅，探訪農田、和農民談話、參觀農業研究設施。這趟旅程就像墨西哥農業計畫開始之前，洛克菲勒的科學家在墨西哥各地的旅程。這次兩人一見如故。布勞格發現他以前覺得在混日子的那個男人，「擁有我所見過最聰明靈活的頭腦」。斯瓦米納坦發覺，他以前認為是唐突傲慢的態度，其實是幾乎「孩子氣」的直率和單純。

布勞格就像他在墨西哥巴希奧（Bajío）時一樣，因為小農的生活而揪心。農民用鐮刀割稻、手動脫粒、用黃麻袋存放穀物，卻防阻不了疾病和昆蟲；婦女在泥土屋外用牛糞當燃料烤薄餅；兒童因為慢性營養不良、目光渙散、髮色枯黃。沒有學校、沒有電力、沒有肥料、沒有清水，也得不到貸款。土壤貧瘠——農民每畝土地的穀物收獲量時常不到半噸，即使在豐年，也幾乎不足以維生。（索諾拉和北印的緯度相當，氣候也類似，不過那裡的農民一畝可以收成三噸。）

布勞格心想，印度農民絕對無法自己克服這些阻礙。然而當地政客和科學家似乎毫不關心農民的悲苦。布勞格後來回憶，他一再聽人說貧窮是小農的宿命；他們很「傳統」，不想改變。布勞格很清楚自己多討厭親手採收玉米，因此很難相信印度小農不會改變他們的生活。

對布勞格來說，阻力似乎（至少一部分）是因為對官僚的恐懼，害怕面對高級官員。「布勞格聲明，綠色革命的『第一步』，是『大量引入』『昂貴的化學肥料』——氮肥！讓 rubisco 酵素發揮作用！然而印度卻拖拖拉拉。印度的肥料工廠不多，所以大部分的肥料必須進口，所以必須用外匯支付。依據印地安納大學歷史學家尼克．庫拉瑟（Nick Cullather）所說，尼赫魯的發展計畫把印度五分之四的外匯存底留作工業的重型機具。剩下的則是用於進口「必要的原物料」。肥料是農業的原料，優先順序比不過工業原料，例如黃麻（粗麻布或黃麻布中的植物纖維），因為粗麻布或黃麻布可以在印度製作、賣到國外，回收買黃麻用的外匯。而肥料則會造成外匯損失——產生的食物不會出口，而是用於餵飽印度人。因此進口的肥料少之又少，援助官員常說，印度沒有人口過剩——只是施肥不足。

在西方，生意人會把肥料短缺視為機會，興建自己的肥料工廠。但這種做法在印度沒幫助，一部分是因為印度的投資資金不足，另一方面則是因為肥料工廠要用到大量的電力才能運作，而電力本來就不足了，此外再加上官方不鼓勵那樣的工廠運作。尼赫魯政府裡，規畫者把每一間工廠標上一個等級。庫拉瑟寫道：「肥料工廠的號碼是二位數，遠落後於優先順序前面的煉鋼廠和水壩計畫。」沒人想告訴尼赫魯和他的部長，提高印度農民的需求，就會拿走重工業的錢。

旅程尾聲，布勞格和斯瓦米納坦來到印度農業研究所時，不可避免地發生了衝突。布勞格在一群半信半疑的研究者與管理階層面前，談到科學家和政府支持農民的必要——最重要的是幫助農民把氮加進田裡。然後斯瓦米納坦問了布勞格關鍵的那個問題：你認為你的小麥能為印度做到在墨西哥的事嗎？問題隱含的意義是：你夠確定這項技術的價值，值得我們為了進口而奮鬥嗎？布勞格遲疑了。他沒在印度測試過他的新品種，而且對於印度的環境所知不多。他屈辱地承認，我不知道。

隔天，布勞格飛往巴基斯坦。他訓練計畫最近畢業的兩名學生現在任職於巴基斯坦第三大城費薩拉巴德（Faisalabad）外的一間研究機構。布勞格先前把他小麥品種的樣本寄給他們測試。他希望低調地看看他從前學生的成果，或許能知道斯瓦米納坦一些問題的答案。結果布勞格發現，巴基斯坦的農業部長安排了一個特別的場合向他致意。一群要人、公務員和報社記者在機構大門口迎接布勞格和農業部長。

從布勞格的角度來看，這是場埋伏。研究機構主任和他的一些印度同行一樣，厭惡聽從外國專家的話。他帶著布勞格、農業部長和一群研究者與官員參觀機構，記者緊跟在後面。一行行的巴基斯坦原生小麥和墨西哥品種栽種在一起。巴基斯坦小麥長得又直又高；墨西哥小麥又矮又瘦。布勞格事後回憶，「雜草快要和小麥一樣高了。整個苗床實在慘不忍睹。」布勞格記得主任說，「其實墨西哥小麥不適合這裡。看看高種的巴基斯坦小麥長得多好。」接著主任告訴布勞格，他的成果在巴基斯坦毫無用處——對於拿著相機的記者和他上司來說，真是戲劇性的展示。布勞格「越來越氣憤」，說苗床沒有整好，植株施肥不足，而樣區沒有除草。主任則回他說，「我們在巴基斯坦都是這樣種小麥。」

一九六〇年代中期，布勞格和斯瓦米納坦在印度的一片田野中。

爭執持續到傍晚，布勞格堅持試驗不公平。他說，墨西哥靠著這樣的小麥，幾年內產量就成長為三倍。但主任指向田地中的證據——這些新品種在巴基斯坦行不通。布勞格從前的學生在旁觀，但一言不發。布勞格事後回憶：

我們隔天早上要搭十點整的飛機離開。我們走向旅館的時候，我從前那兩個學生上前來說，「明天你上飛機前，我們有東西要給你看。」我說，「好，什麼時候？」他們說，「黎明的時候。」（隔天一早，）有人敲響窗戶，我便走出去，當時天剛破曉。我們走去實驗站最偏遠的一角。那裡有四個漂亮的樣區，大概和這房間一樣寬，可能兩倍長，種著墨西哥市面上四個上好新品種的矮種小麥。他們說，「就在這。看它們適應得多好！」我說，「你們為什麼不這樣種苗床？」他們說，「他們不讓我們種。」

布勞格火冒三丈地前往墨西哥。他在飛機上寫了一份備忘錄給洛克菲勒中心的高層——他之後說，是憤怒、幾乎難以閱讀的冗長文字。不過他的要旨很明確：墨西哥的種子可以在南亞生長，只需要一個機會就好。否決這做法，便是直接傷害了貧窮的農民——根本等於奪走他們嘴裡的麵包。布勞格把拖拉歸咎於學術政治、官僚懶惰、充滿階級劃分的野心。他在某些情況下無疑是對的。但布勞格從沒想過任何阻力可能來自確實值得考量的事。

倉促的命令

一九六三年十一月，斯瓦米納坦收到布勞格的下一批小麥——四個上市的品種，各二百二十磅，此外還有另外六百個育種品系，雖然有前途，但市面上還買不到。印度農業研究所研究者把小麥分配到四個不同實驗站的五畝地樣區。結果驚人。印度農民通常每畝得到半噸，但四個墨西哥品種每畝得到一．五噸，有些樣區甚至幾乎收成兩噸。

研究者很興奮，向媒體透露了消息。一九六四年三月，印度各大報大肆報導了驚人的產量。《印度時報》（*The Times of India*）、《政治家報》（*The Statesman*）和《週日標準報》（*The Sunday Standard*）。斯瓦米納坦利用這樣的關注，要求政府買進表現最好的兩個墨西哥品種（索諾拉六十三號和索諾拉六十四號）各二十噸，在印度各地的一千畝示範樣區測試。按正常狀況，尼赫魯偏重工業的部長斥之為浪費外匯。但情勢變了。一九六四年五月，尼赫魯過世，他因為健康問題和戰爭，已經失去民眾的信賴。他的繼任者拉爾．巴哈杜爾．沙斯特里（Lal Bahadur Shastri）迅速讓印度的鋼鐵部長基達姆巴倫．蘇布拉馬尼亞姆（Chidambaram Subramaniam）負責農糧部。沙斯特里和蘇布拉馬尼亞姆都是受過英國人監禁的獨立運動分子；兩人都曾反對尼赫魯的工業優先政策，而且兩人都在印度農業研究所看過墨西哥小麥。現在他們終於有機會做點事了：他們批准了斯瓦米納坦的請求。

小麥送來時，斯瓦米納坦提議五倍的農業經費，在新政府內掀起長達數個月的激烈爭論。政府為政策而爭執時，斯瓦米納坦公布了布勞格穀物最新的試驗結果，結果再度大獲成功。這次斯瓦米納坦要求兩百噸的索諾拉六十四號，比先前多了五倍。財政官員迴避斯瓦米納坦，但斯瓦米納坦設法繞過他們。斯瓦米納坦的岳父——蘇布曼亞．布塔林加（Subrahmanya Bhoothalingam）是財政部的高級官員。布塔林加承諾經費不會消失在官僚體制中，也不會為了妥協而削減。一九六五年七月二日，洛克菲勒中心收到了請求。

斯瓦米納坦的請求很幸運通過了。但這時，沙斯特里政府卻身陷印度內外的衝突中。一方面，尼赫魯當了七年的總理，依據他的理念建立了整個政府。可是沙斯特里和他部長的理念卻大不相同，而設法實踐的過程中，卻引發和尼赫魯的官僚的鬥爭。另一方面，林登·詹森（Lyndon Johnson）對印度施壓，希望讓美國公司在印度設立肥料廠，威脅如果沙斯特里不配合，就收回食物援助。印度和巴基斯坦的關係每況愈下；兩國在邊界各處發生了小規模的戰鬥。東北的畢哈邦（Bihar）開始乾旱，令人擔心會有饑荒和食物短缺。

對布勞格來說，突然要求二百噸的索諾拉六十四號太驚人。更驚人的是巴基斯坦開出二百五十噸的第二張訂單——布勞格的告誡與斯瓦米納坦在印度的試驗，讓人改變了想法。墨西哥從來沒跨海出口任何小麥。此外，七月收到要求已經太晚了。小麥必須在十一月種下，所以種子必須在十月中送達，才來得及運送到種植區。穀粒體積大又沉重，必須船運到南亞，至少要花兩個月的時間。如果想趕上播種的期限，船就得在八月中離開墨西哥。因此布勞格只有一個月又多一點的時間，把東西裝上船。索諾拉的海港靠近瓜伊馬斯（Guaymas）這座城市，不過離布勞格的試驗地大約只有一百一十公里。迅速的走一趟就足以確認，短期內那裡沒船可以開往印度。而布勞格被迫替他的小麥訂購從洛杉磯出發的船票，「貨船要能讓小麥及時抵達巴基斯坦和印度，以便在十月中播種」。而預計發船的日期是一九六五年八月十二日。

布勞格的上司艾德溫·威爾豪森（Edwin J. Wellhausen）請了長期的返鄉假，所以他的索諾拉代理人伊納西歐·納瓦耶茲（Ignacio Narváez）會安排把稻穀送上船，布勞格則管理墨西哥市的洛克菲勒辦事處。令布勞格驚愕的是，納瓦耶茲居然把所有時間都花在和政府官員爭論文件的事。小麥的合約是巴基斯坦、印度政府和墨西哥國營的國立種子生產中心（Productore Nacional de Semilla，Pronase）之間簽定的。巴基斯坦同意加上小麥意外損壞的份量。英文中，這種預期外的意外稱為「不可抗力」（act of God）。然而布勞格的傳記作者諾爾．維特梅爾（Noel Vietmeyer）寫道，種子生產中心以宗教理由反對：「神不會有不良的作為。」公司堅持把那段文字改成「acta de naturalaza」，意思是「自然的作為」，而巴基斯坦同樣堅持依法律先例，必須寫成「自然的作為」。布勞格讓雙方各答了兩份合約，一份用英文寫著「上帝的作為」，另一份用西班牙文寫著「acta de naturalza」。七月底，印度政府提出要求，請布勞格把訂單改成一百噸索諾拉六十四號和一百噸另一個品種——萊爾瑪—洛霍六十四號（Lerma Rojo 64），這個品種抗銹的能力比較強。布勞格拒絕了——小麥已經裝成兩萬袋，和納瓦耶茲一起用卡車隆隆運向美國邊界。

然後一切都不對了。我以為我已經擺平了邊界，這三十五輛大型卡車——我們這個行動的經費不多——（可以通過，但卡車卻）在墨西哥邊界被扣留了兩天。我必須付錢請他們別把貨船開走。然後我們在美國那頭又被扣留了一天。完全是官僚主義。最後，我的墨西哥同事喊著說，「要送去洛杉磯港了。」但也沒前進多少。那天爆發了瓦茲（Watts）暴動。

暴民指控警方濫用暴力，在瓦茲非裔美人社區引發了暴動，把二．五公里的洛杉磯變了成戰場；建築燃燒、狙擊手射擊，還有數千的武裝警力。洛杉磯上空煙霧瀰漫，國民警衛隊拿著步槍、開著坦克，墨西哥卡車司機看了想調頭回家。加州政府在一百四十公里的地區實踐宵禁。告示上寫著，鬧事者會遭到槍殺。布勞格在電話上懇求航運商的所有人讓船和船員等他的卡車。他要納瓦耶茲命令司機開著卡車穿過起火燃燒的街道，前往碼頭。布勞格咒罵著打電話給洛杉磯警方，要求護送他的車隊穿過路障。

同時間，布勞格不斷接到種子生產中心憤怒的電話。印度小麥的支票兌現了，但巴基斯坦的支票卻遭到拒付，說「支票」上的資訊並不確實。這筆款項是九萬五千美元的匯票，大約等同今日的七十萬美元。然而天啊，匯票上竟拼錯了國立種子生產中心的全名——Productore Nacional de Semilla——所以墨西哥銀行不肯接受。種子生產中心堅持在得到新的匯票之前，稻穀不會裝上船。即使卡車隆隆駛向碼頭的當下，布勞格也在慌亂地打電話給當時巴基斯坦的首都拉瓦品第（Rawalpindi），當時已是八月十五日星期六，那個年代要在週末聯絡上政府官員，不比現在簡單。一陣慌張的海外電報終於讓一名巴基斯坦官員爭取更多時間。

碼頭邊，卡車司機被國民警衛隊包圍了。款項還沒付清，所以納瓦耶茲打電話給布勞格，問他該不該把小麥裝上船。這時布勞格已經新學了一個法律名詞：滯留費（demurage），這是貨船沒按預定時間裝載時，要付給船主的費用。小麥如果不上船，洛克菲勒就要付滯留費給航運商。但如果布勞格下令放行，巴基斯坦又沒交出新的支票，洛克菲勒就要負擔九萬五千美元。不可能把一袋袋小麥留在停車場——用於播種的小麥不同於製作麵粉用的小麥，必須保存在陰涼的溫度中，在田裡才能正常萌芽。布勞格既挫折又疲憊，朝納瓦耶茲大吼，事後回想起來因此羞愧。他罵道：「**把那些小麥弄上船！把小麥他媽的運走！**」

納瓦耶茲打電話確認小麥上船之後，布勞格就上床睡覺了。布勞格老是在講電話，已經七十二小時沒闔眼。當布勞格一醒來就馬上打開收音機；巴基斯坦和印度開戰了。他的巴基斯坦聯絡人住在拉哈爾（Lahore），距離印度邊界十六公里。布勞格震驚地打電報給他，但沒想到對方迅速就收到回應。

別擔心錢的事空格我們存起來了空格如果覺得你麻煩大了你該看看我的麻煩空格彈殼掉進我家後院

印巴是為喀什米爾（Kashmir）而戰；兩國都宣稱擁有那個以穆斯林為主的地區。一九四七到四八年的一場戰爭，最後在喀什米爾畫了一道停火線告終，但雙方都不認為那是正式的邊界。新的一輪戰事在當年八月初開打，大約三萬名巴基斯坦軍人穿著平民裝束，滲透了印度那一側的喀什米爾。印度發現了巴基斯坦的詭計，對巴基斯坦側的喀什米爾發動了自己的攻擊。沙斯特里總理不忘三年前大敗於中國，決意不退縮。九月六日，印軍入侵巴基斯坦本土，針對邊境城市拉哈爾，使得衝突惡化。巴基斯坦對印度城市阿姆利則（Amritsar）發動了報復性攻擊；這座城市位在印度側的邊境旁，離拉哈爾只有幾公里。地面有大型坦克交戰，空中也有數十架飛機交火，最終有超過六千名士兵死於那場戰事中。

布勞格常表明他不諳政治。但即使他也看得出來，原本計畫在印度的孟買卸下印度的小麥、在喀拉蚩（Karachi）卸下巴基斯坦的小麥，這下有麻煩了。印度會沒收巴基斯坦的小麥，充作戰爭物資。布勞格再度打電話給航運商的負責人；布勞格表示，船運公司必須把船改道開往新加坡。小麥在這個中立地帶卸貨到兩艘小船上，一艘開往印度，另一艘開往巴基斯坦。布勞格和船運公司交涉時，接到曼哈頓洛克菲勒公司行政主管憤怒的訊息。他們剛意識到布勞格可能為巴基斯坦政府欠下高額的債務。此外，種子公司種子生產中心也打了懇求的電話來。支票呢？布勞格當然無法處理，因此他逃離辦公室，去釣魚幾天。

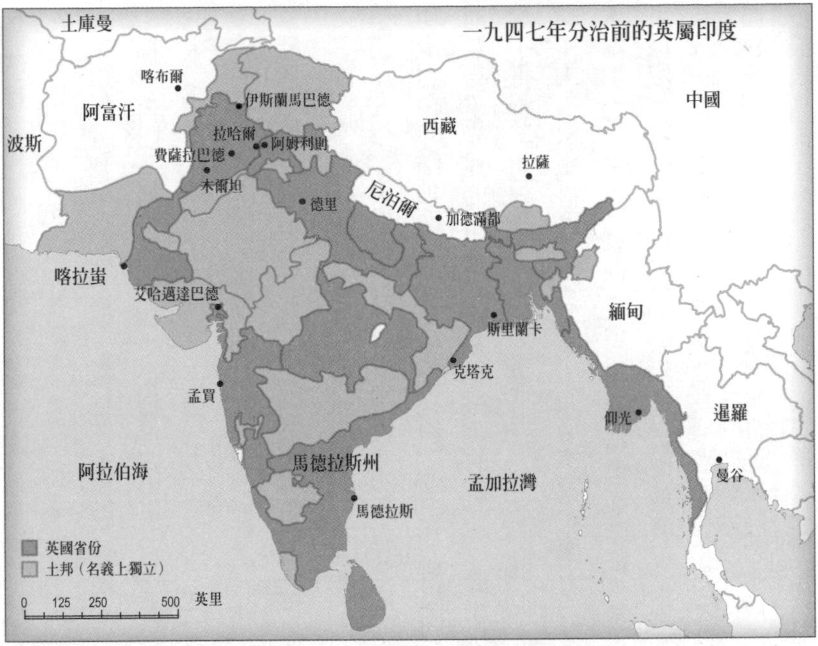
一九四七年分治前的英屬印度
土庫曼
喀布爾
阿富汗
伊斯蘭馬巴德
波斯
拉哈爾
阿姆利則
費薩拉巴德
木爾坦
西藏
中國
拉薩
尼泊爾
德里
加德滿都
喀拉蚩
艾哈邁達巴德
緬甸
斯里蘭卡
克塔克
孟買
仰光
暹羅
阿拉伯海
馬德拉斯州
孟加拉灣
曼谷
馬德拉斯
英國省份
土邦（名義上獨立）
0 125 250 500 英里

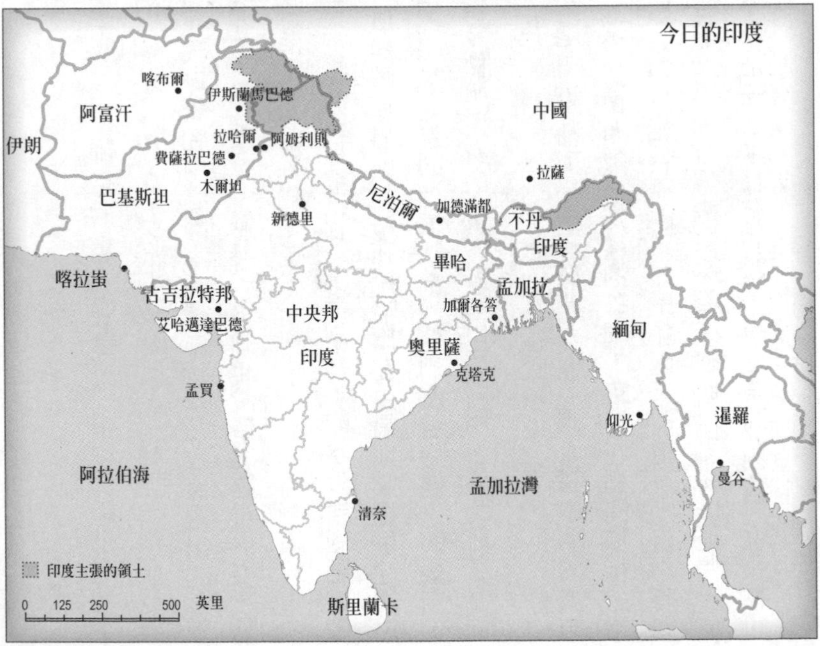
今日的印度
喀布爾
伊斯蘭馬巴德
阿富汗
中國
伊朗
拉哈爾
阿姆利則
費薩拉巴德
拉薩
木爾坦
巴基斯坦
尼泊爾
加德滿都
不丹
新德里
印度
畢哈
喀拉蚩
古吉拉特邦
孟加拉
中央邦
加爾各答
艾哈邁達巴德
緬甸
印度
奧里薩
克塔克
孟買
仰光
暹羅
阿拉伯海
孟加拉灣
曼谷
清奈
印度主張的領土
0 125 250 500 英里
斯里蘭卡

燻蒸法

雖然有戰事阻撓，種子還是在十月底送達了，還不算遲。神奇的是，巴基斯坦和印度都迅速種下了種子。巴基斯坦半數的小麥種進兩千五百座農田的一畝大樣區作為公開示範；其餘種進三十座政府的大農場，繁殖種子，供下一輪使用。至於印度則種在政府研究中心的示範樣區，以及政府選出的「進步」農場，據說較能接受創新的技術。種植的時間比理想時間遲了一個月，不過布勞格還算有信心，認為延遲不會阻礙進展。此外，巴基斯坦第二次填寫正確的匯票總算送達了。

種子到達的幾天後，納瓦耶茲飛往巴基斯坦，報告新品種種植順利，得到充足的水分與施肥。戰爭仍在進行，不過納瓦耶茲得到必要的政府首肯，可以穿越軍事區，待在拉哈爾在生長期間提供建議。初步巡視的兩星期後，納瓦耶茲和一位巴基斯坦同仁巡視了北邊的種植狀況。他們沒看到健康的幼苗，而是幾乎光禿的田中冒出零星稀疏的新芽。農民按指示做了所有的事，但是出了問題。納瓦耶茲立刻發了電報給布勞格，而布勞格飛去了巴基斯坦。

兩人決定再度巡視全國。布勞格視察南方的試驗地，納瓦耶茲則視察北方的，兩人在中間的城市木爾坦（Multan）碰面（當時巴基斯坦並未陷入教派戰爭；像布勞格這樣的外國人可以在鄉間旅行，不用採取複雜的預防措施）。布勞格驚愕地發現，納瓦耶茲初步報告無誤。種子在兩週前種下，這段時間足以讓種子發芽、從地面探出頭。然而至少半數的種子死了。布勞格像連環珠砲似地對農民提問，但農民一如納瓦耶茲報告所說，忠實地按照指示做。所以是種子本身有問題，而這些問題絕對也會在印度發生。

兩人在巴基斯坦中部的木爾坦會面。他們心情絕望，沒想到唯一一間有空房的旅館也糟得誇張——又冷又暗又髒，害蟲肆虐。他們來回傳著一瓶威士忌喝，在房裡談到清晨。巴基斯坦在這批種子上投資了一大部分的外匯存底，這下子情況不樂觀。他們努力把種子弄到南亞，卻是白費時間。布勞格讓所有人失望了——巴基斯坦和印度的官員不顧自己國內科學家的反對而甘願冒險相信他；墨西哥的農民信任他，低價提供了種子；曼哈頓的基金會行政主管雖然氣他不肯守規矩，卻仍然支持他的理念；印度和巴基斯坦的村民因為他而燃起希望。布勞格和納瓦耶茲無法理解出了什麼差錯。黎明前，兩人正好喝光了那瓶威士忌。

隔天早上，布勞格得寫一堆折磨人的電報，解釋發芽的問題。他說，當時唯一能做的，是種下加倍的量，瘋狂地施肥，祈禱還有救。印度和巴基斯坦之間的通聯因為戰爭而中斷，所以他必須拍一封緊急電報給墨西哥的威爾豪森，請他傳話給洛克菲勒中心的印度辦事處，由辦事處送短信給斯瓦米納坦。最後他的結論是，這趟航程比種子生產中心經驗的都要長，種子生產中心原本希望確保他們的小麥沒被老鼠吃掉或受到黴菌侵襲。但他們缺乏經驗，因此用溴化甲烷（methyl bromide）燻蒸了種子——做法太激烈，因此損傷了種子；然而一直要過了好幾個月後布勞格才瞭解這件事。在此同時，布勞格挫敗又沮喪，一九六五年的十二月都在焦慮往返兩國，往來拉瓦品第（Rawalpindi）和德里之間六百四十公里的路程，還加上這時必須繞行四千八百公里到杜拜——因為所有直飛的航班都取消了。重度施肥似乎有了成效，然而不保證能夠結實。

這時，詹森總統的對外援助計畫（其中最主要的是對印度的食物援助）在國會引起了反對。從詹森的角度看，印度沒表現出適當的感激，反而公然反對美國干預越南一事，這是對個人的侮辱。而且印度陷入和巴基斯坦（又是美國的一個盟友）的戰火。最糟的是，在總統眼裡，尼赫魯的工業優先於農業政策似乎仍然有不小的影響力。詹森發出最後通牒：如果沙斯特里政府沒把所有資源投入農業，他就切斷食物援助。為了管好德里，援助會按月發送。印度政府大為光火。尼赫魯、沙斯特里和其餘的國民大會黨領袖數十年來，努力不向外國卑躬屈膝。拿食物援助當作政府籌碼（用數百萬人的生命來賭），讓甘地傳統的繼承人覺得十分不道德。

印度和巴基斯坦緩緩停止戰鬥，一九六六年一月在塔什干（Tashkent）的一場會議上再度簽署停火協議。印度最後得到一千八百平方公里的巴基斯坦領土；巴基斯坦則贏得了五百七十平方公里的印度。雙方都聲稱自己勝利。沙斯特里在停火會議上代表印度。簽署協議隔天，沙斯特里突然過世，掀起了一代的陰謀論（大多聲稱美國中情局暗殺了他）。一個難纏的人物繼承了他的職位——尼赫魯之女，英迪拉·甘地（Indira Priyadarshini Gandhi）；她和聖雄甘地沒有親戚關係，只是碰巧夫家的姓有那種政治潛力而已。

甘地立刻陷入印度和美國之間緊繃的你來我往之中——印度決心維持自己爭取來的獨立，美國則試圖把印度捲入冷戰，把印度的工業優先政策視為人道災難。最後她屈服於詹森的要求，但因此積怨在心；她同意投入更多經費於農業，也讓蘇布拉馬尼亞姆留任農業部長，而且她也願意聽取他的建言。

墨西哥的種子雖然經過燻蒸，有些仍然在成長。雖然受到破壞，但倖存的表現仍然超過傳統農法栽種的傳統品種。納瓦耶茲在巴基斯坦把墨西哥小麥和當地小麥比鄰種在總統府的土地上。總統下午散步時，可以親眼看到二者的差異。英迪拉·甘地則和斯瓦米納坦一同巡視實驗農場。在斯瓦米納坦眼裡，她對農業顯然一無所知。斯瓦米納坦告訴我，她顯然學得很快，不怕下定決心。記者寫道，外國的種子會衝擊印度文化。大權在握的計畫委員會（Planning Commission）一名主要成員要求印度停止和墨西哥合作。

然而，英迪拉．甘地決定冒險。一九六六年夏天，三名印度官員前往墨西哥，買下一萬八千噸的萊爾瑪—洛霍六十四號——超過前一次收購量的四十倍。他們拒絕和國立種子生產中心簽定合約，而是和一個農民合作社合作。由於種子生產中心是唯一獲准出口穀物的機構，布勞格只好請墨西哥政府發予特殊許可證，掀起一場官僚的地盤之爭。到了十月，小麥從瓜伊馬斯（Guaymas）的索諾拉港運出去，裝滿了兩艘大船的貨艙。這次採購耗盡了印度大部分寶貴的外匯存底。然而英迪拉．甘地受制於壓力，必須加速小麥計畫，而且壓力不只來自在華府的焦慮總統，還加上印度東北那年夏天沒有季風雨的影響。而影響最大的是貧困而人口眾多的畢哈（Bihar）邦，那裡位在加爾各答西邊，因為一九四三年可怕的饑荒而烙印在印度人的記憶中。

一九六六年發生在畢哈邦的，究竟是真正的饑荒或只是暫時糧食缺乏，引起了一點學術爭議，爭議因為政治因素而愈演愈烈。那年七到十月，畢哈邦幾乎沒下半滴雨——只有八月的一個星期下了傾盆大雨，導致洪水成災。矛盾的是，那場雨沒幫上畢哈邦的農民，反而是沖走他們的田地和作物。

印度隔年二月預定進行地方與議會選舉。畢哈邦政府擔心選民認為他們讓情況失控，因此起先不肯承認情況有多慘烈。布勞格的一些旅程來到畢哈邦邊境。多年後，布勞格還記得在卡車在街上來回，載走每晚死去的人。流浪兒聚在他飯店入口乞討麵包，瘦巴巴的手扯著他的衣服。醫生報告營養不良與膳食不足的疾病案例增加的情況令人憂心。畢哈邦政府困於災難，一九六六年秋天終於向德里求救。然而英迪拉．甘地政府也沒理會警告，一部分是因為饑餓蔓延的情況再起，有失國家顏面，另一部分是因為畢哈邦被視為嚴重腐化（確有此事）——政客可能為了拿紓困金中飽私囊，而誇大了饑荒。更令人懷疑的是，畢哈邦的領導者在拉爾・沙斯特里過世後，不曾在黨中支持過英迪拉・甘地。

隨著苦難的跡象不斷增加，甘地也不得不改弦易轍。十一月時，甘地發表了廣為報導的演說，呼籲印度人動員起來，對抗這場悲劇。甘地說，「我們無數百萬的同胞因為降雨異常缺乏而沒東西可吃（……）數百萬個家庭饑餓苦惱。」但甘地仍然沒用「饑荒」這個充滿壓力的詞，她擔心一旦說出口，有可能會激起無法預料的反應。但詹森要求甘地說出口，因為美國國會才比較可能撥出外援經費給官方承認的饑荒。詹森表明，印度人正在挨

一九六六年裝載、打包一萬八千噸穀物，對墨西哥的分銷商來說，十分辛苦，因為他們從沒做過這樣的事。

餓。印度大使一心想著德里的政治局勢，拒絕附和詹森的聲明，反而惹惱了詹森。印度政府雖然不肯說出那個關鍵字，卻發出印度近代史上最高額的救濟金，跟國際貨幣基金組織借了高額借貸，進口兩千萬噸的穀物，大部分來自美國。這項行動成功預防了大規模的死亡，卻沒能預防疾病和慘況。儘管甘地付諸種種努力，不滿的選民仍然在投票時懲罰了她的國民大會黨（Congress party）。最終，反對黨在畢哈邦贏得選舉。支支吾吾多時之後，政府終於在一九六七年四月宣布畢哈邦有三分之二陷入饑荒或糧食不足，超過三千四百萬人受到影響。

選舉當時，布勞格和斯瓦米納坦正在印度北方旅行，視察試驗地。這次小麥在墨西哥經過適當處理，發芽狀況良好。懷著成功那種飄飄心情的兩人和農業部長蘇布拉馬尼亞姆見面。布勞格事後回憶，他說，「一場革命開始了。你必須採取行動。農民要求更多支持。」國家必須提供農民更多肥料、水和經濟的支持——這和詹森的要求不謀而合，但卻讓蘇布拉馬尼亞姆聽了大發雷霆。選舉結果讓甘地的國民大會黨在人民院（Lok Sabha，印度國會的下議院）失去許多席次。其中一席屬於蘇布拉馬尼亞姆，他太忙於安排食物援助，沒返鄉宣傳。布勞格和斯瓦米納坦忙於工作，沒意識到發生了什麼事。蘇布拉馬尼亞姆帶兩人去見副總理艾索克·梅塔（Ashok Mehta），他也是計畫委員會的主席，當時仍在任——也仍是建立更多肥料工廠的主要反對者。

但他和梅塔的會議衝突不斷，布勞格告訴梅塔，數萬農民見識過新品種小麥的能耐。布勞格說，他們想生產更多，而且會要求必要的肥料。副總理說，印度沒有資金興建一大堆肥料工廠。哈伯法要耗費大量能量，而印度沒有足夠的電。布勞格說，其實餵飽全體公民是政府的首要責任，而肥料能餵飽大家。如果沒錢，就讓外國政府建工廠。梅塔解釋道，尼赫魯的時代之後，政府政策一直拒絕允許外國多國公司控制經濟中那麼重要的部門。布勞格被激怒了，喊道，如果政府不設法為田地提供氮，農民就會暴動，就像選民用選票讓甘地和她的國民大會黨下臺一樣，最後找一個能回應他們需求的新政府。布勞格說他們才不在乎五年計畫裡有什麼。他們只想要填飽肚子。

之後，蘇布拉馬尼亞姆以甘地的財政部長身分回到政府。斯瓦米納坦告訴我，「他老是愛說布勞格一生中最美好的一刻，是他朝艾索克．梅塔大吼的時候。這或許沒錯。」蘇布拉馬尼亞姆直到人生盡頭，仍相信那場會議說服了梅塔讓印度政府全力支持農業。政府最終提供了肥料和水，於是產量激增——收成量比前一年高了百分之五十。印度從未產生過那麼多食物。隔年的產量更高了。又一年後，諾曼．布勞格贏得了諾貝爾和平獎。他用獎金買下他父母在愛荷華的房子——那是他擁有的第一個家。他把房子給了他姊妹。

aterloo Daily Courier

FIRST WITH THE NEWS

FRIDAY'S WEATHER

Partly Cloudy, Warmer

Complete weather forecast, page 2

WATERLOO, IOWA, THURSDAY, OCTOBER 22, 1970 FORTY-FOUR PAGES PRICE TEN CENTS

From Farm Boy to Renowned Scientist

Cresco Man Wins Nobel!

By PATTY JOHNSON
Courier Feature Editor

A farm near Cresco, Iowa, has produced corn and beans and, a man named Dr. Norman Ernest Borlaug who Wednesday, at 56, won the Nobel Peace Prize.

When she was notified Wednesday morning by the Waterloo Daily Courier, Borlaug's sister, Mrs. Virgil Behrens of 1509 W. 4th St., Cedar Falls, burst into tears.

Thrilled

"Oh, I am so thrilled," she said. "Oh, how wonderful!"

Mrs. Behrens, the former Palma Borlaug, is a teacher at Humbert School. E.W. (Ed) Borlaug of 3926 Richland Drive, a cousin of both Norman and Mrs. Behrens, was reached at Black's Crossroads Store, where he is assistant manager.

"Well," he said happily, "Norm has won so much world recognition in his field that I'm really not too surprised."

"Norm's field" is filled with wheat. He's considered the No. 1 wheat scientist in the world and, if Iowa has never fully realized it, the rest of the world has.

Borlaug is an agricultural expert who helped develop better-yielding grains through the so-called Green Revolution. The term refers to the use of improved wheat and rice strains, and more efficent use of fertilizer and irrigation, to produce larger crops.

"Somebody must have made a mistake," Borlaug said with a broad smile.

He was working in a wheat field at Azizapan, Mexico.

Turning to associates, he observed:

Superwheat

"Well, we better start producing some superwheat."

For nearly 25 years, the U.S. Department of Agriculture says, Borlaug has pioneered in breeding new varieties of disease-resistant wheat plants that develop less straw and more grain. Variations of his semidwarf Mexican wheat have been successful in Asia, South America, Africa and the Middle East.

Not everyone regards the Green Revolution as a complete success, however. Experts in Pakistan and India have said the new wheat requires more water, resulting in cultivation of fewer acres, and that people in some cases prefer the taste of

See BORLAUG
Continued on page 2 col. 1

By Staff Writer

MEXICO CITY — Dr. Norman E. Borlaug, 15th United States citizen to win the Nobel Peace Prize, didn't even know about it late Wednesday morning.

According to his harried office staff, Dr. Borlaug, a Cresco native, was "in a field 50 kilometers from Mexico City."

Norman Borlaug

Ed Borlaug Natvig

對布勞格而言，得到諾貝爾和平獎最有意義的，很可能是他在愛荷華州從前鄰居的反應。宣布得獎不久之後，克雷斯科城就替他大肆慶祝，為這位當地子弟立起一座雕像。

「失敗的革命」

一九七〇年九月，十九歲的大學生詹姆士．博伊斯（James Boyce）靠著獎學金前往印度。他先去了中央的省份——中央邦（Madhya Pradesh），和平部隊在那裡幫村莊測試高產量的小麥新家系。前面提過，邦政府要求「進步」的農民試用小麥，而「進步」的意思是他們應當不會留戀過去陳腐的做法。政府為了獎勵他們願意冒險，提供種子、肥料，更重要的是全新的灌溉井。

博伊斯現在是麻州大學政治經濟研究中心（Political Economy Research Institute）的經濟學家。不久前，博伊斯告訴我，「這些村莊裡，大約有二十四個村莊裡有『進步』的農民」；「而神奇的是，那二十四座村莊裡，應當『進步』的農民恰好是村裡最有錢、政治上人脈最多的人——最大尾的地主、政客之子，你想得到的都有，而且都是大家最**痛恨**的那群人。」這計畫本來的對象應該是小農，但這些人靠著名義上拆分莊園，把小塊土地的所有權登記在親戚名下（不論是死、是活或是杜撰的）以歸避財產上限——其中好幾人甚至是立法機關的成員。他們其實都不種田，當博伊斯想到這事時，哈哈大笑。「綠色革命輸入印度這地區的時候，就是**那樣子！**」測試計畫應當有和平部隊的志願者協助，但大部分人最後退出了，因為相對富裕的人因此可以更加安適。新品種在田裡的表現差異頗大——增加了貧富差異。

之後，博伊斯和他妻子——人口研究者貝西．哈特曼（Betsy Hartmann）——住在孟加拉西北的一座村莊，寫了一本書談這件事。世界銀行、瑞典和孟加拉政府出錢在那地區蓋了三千座灌溉井。那些井應該全數供小農的合作團體使用。結果，博伊斯與哈特曼在《沉默暴行》（*A Quiet Violence*, 1983）中寫道，每座灌溉井都給了當地的有錢人。灌溉井是新技術，採取深管井的方式，而博伊斯和哈特曼村裡最有錢的地主當然也得到了一座。由於孟加拉的農地通常切成小塊，即連大地主也得耕作許多零散的小區域。不論地主把深管井放在哪，都會灌溉到其他人的一些小土地。這些小土地只要接受灌溉，就能種植新品系的小麥和稻米，即使在乾旱的冬季也一樣。換句話說，這些小土地現在引人覬覦，不論靠的是詐騙、暴力或買通當地官員。村民擔心自己的土地遭殃，於是在深管井派上用場之前，就砸壞了深管井。

按博伊斯和哈特曼這樣的目擊者所說，這樣的故事在印度、巴基斯坦、孟加拉、菲律賓、泰國和馬來西亞各地時有所聞。拉丁美洲也有這種情形。產量增加，使得農地更寶貴、更值得奪取。富有的地主看到發展的機會，於是趕走佃農和租戶，自己種田，壟斷當地種子和肥料。收成提高，於是價錢下跌。大地主可以靠著產量彌補跌價；至於小地主就慘了。而這一切始於墨西哥：布勞格以增加產量之名，把計畫從巴希奧的窮人手中，轉移到索諾拉少數富有的地主那裡。這些自有耕地的農民辛勤工作，但他們得到了幾乎所有的穀物。另一大贏家是合作的中介——像阿徹丹尼爾斯米德蘭公司（Archer Daniels Midland）和嘉吉（Gargill）這樣的穀物加工公司，或是孟山都（Monsanto）和杜邦（DuPont）這樣的農化供應商。

我在一九八〇年代中期初次造訪孟買的時候，和我朋友花了幾天在城裡到處走。不難看到極度貧困的跡象。有一次，校園裡幾個孩子邀我們去參觀他們課堂。我們無事可做，就答應了。教室裡，學生睜大眼睛瞪著我們。感覺像展示課，而我們是展示品。那間學校是慈善學校，大部分的學生家裡都一貧如洗。他們穿的是慈善機構的破卡其褲和T恤。事後老師請我們喝茶。我問他，這些學生是哪來的，他淡然地回道，大部分是因為綠色革命而被趕出自己的村子；而城裡到處都是這樣的人。

社會代價高昂，環境代價也不遑多讓。綠色革命需要的密集施肥，是土地含氮以及水問題的主因。殺蟲劑嚴重破壞了農業生態系，有時汙染飲用水源。灌溉系統建造、管理不佳，抽乾含水層裡的水；而土壤淹水，更糟的是灌溉水蒸發之後，土壤充滿鹽分。最令人擔憂的大概是農業耗能的情況暴漲（主要是為了製造肥料）。工業化的布勞格農業嚴重助長了空氣汙染和氣候變遷。

布勞格贏得諾貝爾獎不久，就開始出現這類的批評。一九七二到七九年間，聯合國社會發展研究所（Research Institute for Social Development）發表了十五份綠色革命的分析報告。每一份的結果都極為負面。比普拉・達斯古斯塔（Biplab Dasgusta）是印度一位傑出的經濟學家與馬克思主義政治家，對達斯古斯塔來說，綠色革命的後果包括「增加無家可歸的家庭數量與比例」和「土地與資產集中於更少數人手中的情況加重」。位於挪威奧斯陸的國際和平研究所（International Peace Research Institute，簡稱PRIO）的佩爾・歐拉夫・雷恩通（Per Olav Reinton）指出，綠色革命「比大部分的援助計畫更明確展現了，立意良好這件事也能造成悲劇」。或許這論調最具影響力、最明確的研究是來自牛津經濟學家凱思・格里芬（Keith Griffin）的《農業改良的政治經濟學》（*The Political Economy of Agrarian Change*, 1974）。格里芬總結道：「綠色革命的故事是革命失敗的故事。」一九七〇到八九年間，出現了超過三百則針對綠色革命的學術研究。五分之四是負面的。

然而風向逐漸變成偏向謾罵。記者兼激進主義者蘇珊・喬治（Susan George）在一九七二年指出綠色革命「一無所成，只讓窮人更悲慘」。四年後，荷蘭經濟學家恩內斯特・費德（Ernest Feder）把綠色革命描述為「第三世界農民自償的計畫」。到了一九九一年，反全球化的激進分子范達娜・希瓦（Vandana Shiva）指控布勞格給這世界的遺贈毫無意義，只有「染上病害的土壤、害蟲肆虐的作物、淹水的沙漠和債臺高築的不滿農民」。布勞格死前兩年，也就是二〇〇九年，一位知名的左翼記者亞歷山大・考克布恩（Alexander Cockburn）指控布勞格造成大屠殺：「他的『綠色革命』小麥品系導致數以百萬計的農民死亡。」布勞格在會議上說話時，學生有時還會噓他。

攻擊很刻薄，但布勞格很少直接回應。布勞格私下告訴朋友，大部分的批評只是菁英主義。不知怎的，西方富裕的環境主義者認為如果貧困地區的人不改善他們的生活，這世界會比較好。布勞格對有機的各種東西沒什麼意見，不過在百億人的世界裡，把有機推崇為饑餓問題的解決辦法，是很不切實際的；而且阻止餵飽饑餓的人，並不道德。

在布勞格看來，最重要的是新農法與新作物達成了目標——增加產量。經濟學家預估，綠色革命作物讓全球的每年小麥平均產量提高了大約百分之一，稻米提高了百分之〇・八，而玉米則提高了百分之〇・七。這數字聽起來不多，不過造成的影響就像複利一樣，會逐漸增長。一九六〇到二〇〇〇年間，開發中國家的小麥收成量增加了兩倍，稻米增加了一倍，玉米則超過一倍。布勞格說，額外的食物使得人口能增加，但挨餓的人口比例下降。

布勞格承認有些環境問題確實存在。但卻是由於糟糕的政策和管理，而不是綠色革命科技本身。農民從沒用過肥料和殺蟲劑，因此需要在使用上加強訓練；還有，也必須教育農民校正劑量的事。布勞格一而再、再而三地強調這一點，有時細節令人麻木，但似乎永遠無法平息批評。

某種程度來說，我懷疑那些對布勞格的抨擊的確令他手足無措；儘管他親眼見過綠色革命的成果，而其他人也是。二〇〇八和〇九年，記者喬爾・伯恩（Joel Bourne）在北方的旁遮普邦各地遊歷，和新品種引入時期就開始活到今天的農民談話。伯恩告訴我，「他們一生中沒有過那樣的事。第一季種出的小麥，多到完全沒地方存放。他們早早關閉學校，在學校裡堆滿小麥。」二〇一六年，記者哈里希・達莫達蘭（Harish Damodaran）來到德里市郊的賈恩蒂（Jaunti）村落；一九六四年，斯瓦米納坦就是在那裡選出一般農民（土地很少的人）來試用新種子。他們說，他們的收成量翻了三倍。有個男人告訴達莫達蘭，「真是奇蹟。當時完全改變了我們的生命。」一九八〇年代中期，我為一篇報導走訪馬哈拉施特拉（Maharashtra）邦。一個又一個農民告訴我，新種子讓他們的收成變多。他們雖不是有錢人，但一個男人很得意地告訴我，他和他兄弟現在都有腳踏車了。在這些地方，不論是巧合或刻意為之，總之套裝

在布勞格眼中，許多綠色革命的批評無視於過去有多糟。他在一九六〇年代初期看到的印度，和一九四〇年代攝影師瑪格麗特・布克懷特（Margaret Bourke-White）鏡頭捕捉到的沒什麼不同——像北印度這片稈銹病肆虐的小麥田一樣，是貧困、旱災侵襲的農地。

分配得比較公平。

布勞格幾乎工作到二〇〇九年過世。一位古怪的日本富豪資助他替非洲開發高產量的品種；那裡幾乎還不曾接觸綠色革命。布勞格九十歲生日時，參加了美國國務院替他舉辦的慶生會。在那之前，他在烏干達對抗一個新品系的難纏稈銹病，才剛剛飛回來。

我在布勞格過世前幾年跟他說過最後一次話，那時我問他過去的批評。布勞格說，批評從不打算回答的問題是：如果人口成長相同、富裕程度相同，卻沒有綠色革命提升的產量，今日的世界會是什麼樣貌？他說，濫用肥料、土地積水、經營不善的灌溉計畫導致土地充滿有毒性的鹽類——這些問題確實存在。但是和一九六八年那樣的饑荒比起來，你不會寧可面對這些問題嗎？

布勞格問我，我有沒有去過大多人都餓肚子的地方。布勞格說：「不只是貧窮，而是真的一直挨餓。」我告訴他，我沒去過那樣的地方。「那就對了，」布勞格說：「我著手進行的時候，根本到處都是。」

工坊與世界

一九六四年二月，布勞格前往巴基斯坦，參與一個農業專家和政府官員的會議，解釋為什麼他相信巴基斯坦應該採用他高產量的小麥新品種。這趟旅程很艱難，他抵達會場時，已經兩天沒睡了。第一名講者是信德大學（University of Sindh）的副校長。他嘲笑布勞格宣布可望讓巴基斯坦的小麥產量加倍。他說，最荒謬的是，要用墨西哥小麥進行，但墨西哥品種太嬌貴，不適合巴基斯坦；太矮，而且需要太多水和肥料；但最重要的是，小麥的黏度不對、顏色根本不對。副校長喊道：「巴基斯坦絕對不吃紅色的小麥！」

布勞格的品種在研發時，是想著墨西哥麵包，堅硬的紅色麥子富含蛋白質和麩質，嚐起來有淡淡的苦味。（紅色小麥的「紅」指的是種仁周圍的紅色麥糠——麥麩（bran）——而不是種仁本身。）和酵母結合後，高麩質的麵粉會做出有「大氣孔」（open crumb）的麵包——不規則的大氣孔，類似酸麵團麵包裡的那種。相較之下，傳統南亞的薄餅（chapati）或甩餅（roti，一種未發酵的印度或巴基斯坦烤餅）是用柔軟的白小麥製成，麥糠琥珀色，麩質和蛋白質比較少，苦味較淡。在晚餐桌上的成品是鬆軟、幾乎帶著甜味的麵包，而且小氣孔——麵包裡的氣孔小而細緻。

薄餅就像棍子麵包之於法國，是南亞大部分地區的日常。薄餅幾乎成了印度認同的符號，在十九世紀成為對抗英國的象徵。對南亞人而言，薄餅「表示純粹、奢華，甚至現代」——這段話引用自印地安納那大學歷史學家尼克．庫拉瑟。由於大部分的印度和巴基斯坦家庭是在家用石磨自己磨麥，所以麥麩會和麵粉混在一起。如果是琥珀色的小麥，麥麩不會改變麵粉的顏色。但墨西哥小麥的深紅色麥麩會造成深色的麵粉，這在印度讓人想到塵土和貧窮。此外，麵包的質地和口感都不對。即使烘烤時的氣味也不對。

對於在愛荷華州出生成長西方人而言，堅持印度和巴基斯坦人要用這種古怪的墨西哥小麥來做薄餅，就像外國人要求法國人用黑麥來做長棍麵包。法國人會認為這要求冒犯了他們的文化。同樣地，副校長也認為南亞會（而且應該）排斥這種陌生的小麥。

布勞格把這種抱怨斥為吹毛求疵。我在布勞格的文字中，從沒看過任何跡像，顯示這種「枝微末節」應該受到超過「稍微認真的考量」。布勞格似乎把自己視為醫生，正在面對患者動脈出血——而這名患者卻因為不認同醫生的國籍或繃帶的顏色，而拒絕治療。醫生會無視抱怨，貼上繃帶。至於農民，布勞格不相信他們會因為穀物的顏色或氣味，而拒絕種下產量更高、抗病的穀物，畢竟就算是饑餓的人也不會拒絕吃成品。因此，在布勞格看來，墨西哥小麥品種在印度與巴基斯坦被大規模採用，也證實了這個理念正確。

我和斯瓦米納坦談過之後，才知道巴基斯坦會議的後續。墨西哥小麥最初測試之後，斯瓦米納坦和他的同事意識到，巴基斯坦副校長說得沒錯，那些小麥不大適合南印文化。一九六三年十一月，巴基斯坦會議前三個月，他們開始著手用孟買的粒子加速器產生放射線，照射索諾拉的小麥；他們沒告訴洛克菲勒的任何人。第一年，什麼事也沒發生，第二年，斯瓦米納坦走運了。我們現在知道，小麥麥麩的顏色主要是由四個基因控制，而這四個基因又會開、關一個基因——也就是基因R。巧合之下，伽馬射線穿透種子，破壞了這個機制的某個面向；下一個突變世代的麥麩顏色是琥珀色。神奇的是，產量似乎不受影響。

斯瓦米納坦是老練的政客，因此稱他的新品種為沙巴提—索諾拉（Sharbati Sonora）——沙巴提是中央邦一個著名的傳統小麥品種。斯瓦米納坦在一九六七年大張旗鼓地加以宣傳，強調沙巴提—索諾拉是印度科學家在印度原子研究機構裡，為印度家庭創造出的小麥品種。結果這個品種很容易受銹病危害。儘管如此，斯瓦米納坦還是從綠色革命中去掉陌生的紅色色調。斯瓦米納坦把沙巴提—索諾拉和其他當地品種雜交，之後發展出似乎完全印度化的抗銹病栽培種。正是這個品種的小麥讓印度農業轉型，而這品種與它在方法上的稻米親戚，和博伊斯與哈特曼見識的社會衝突密不可分。

早在一九六八年，斯瓦米納坦就警告小農偏好過度施用肥料、殺蟲劑和灌溉水。隨著綠色革命的生態缺點逐漸累積，斯瓦米納坦要求提高農民訓練。一九九六年，斯瓦米納坦要求新的轉型：把綠色革命改成「常綠革命」(evergreen evolution)，目標是結合高科技和「傳統生態上的審慎」。遺傳工程可以產生新品種，而且只需要比較少的水分、肥料，和可以耐鹽度高的土壤。農民會在田裡加裝電子監視器，監控作物生長，確保化學物質和水分控管得當。電腦會結合這些數值、天氣資料和作物模擬模式，替農民量身訂做，讓農民的產量最大化。

然而批評並沒有因此平息——反對者們對整件事的各個環節都起了疑心，他們不再相信實驗室裡那些穿白袍的人的發現可以造福一般人。像斯瓦米納坦這樣的人，可能把他的工作

一九〇二年，北印的婦女用石磨磨穀物。

視為為了共同利益而長期努力改善農業的航向校正，但批評者覺得換湯不換藥——是瘋狂地試圖彌補災難，加碼原本導致災難的做法。

農業只是大議題的一小部分。哲學家羅伯·克里斯（Robert Crease）說得好，科學研究現象（像原子、雲、生物體和星球）的方式，是把這些東西從我們所住的世界（有種種困惑和情感），轉移到一間特別的工坊，在那裡化減為抽象、可衡量的數量，且用可控制的方式來操縱。這工作方式極度有效，還曾經幫助我們發現電學定律、產生抗生素、建造原子彈、發明X光，更發展出技術讓我們得以從陽光和風收集能源，並加以儲存。但另一位哲學家艾德蒙·胡塞爾（Edmund Husserl）在一九三〇年代觀察到，這樣也有風險（他的作品直到幾十年後才譯成英文，書名令人生畏——《歐洲科學與先驗現象學的危機》〔*The Crisis of European Science and Transcendental Phenomenology*〕）。科學工坊的空氣太乾淨清爽，研究者藏在裡面得到的結果太令人滿意，使得他們忘了初衷。他們不想離開工坊，寧可活在那個抽象的世界中，宛如天使一樣與人生的混亂隔絕。或著可能更糟：因為工坊的發現似乎那麼鮮明而清晰，那麼像真理的明燈，讓他們忘了工坊是世間的一個特殊地方，開始覺得工坊在其他生命之上，應當成為生命的主宰。胡塞爾說，這就是危險的地方，因為工坊外的人會開始厭惡、不相信特權之牆內的人。

布勞格跟佛格特一樣，都陷入工坊和世界的衝突中。印度和墨西哥的農民對他們小麥的想法，是根據他們的經驗——是容易（或不容易）栽種、收成的作物；是一種穀物，可以製成特定品質的麵粉；是麵包的原料，而麵包每天吃，是他們生活的某種宣言；是一系列的氣味、味覺和顏色；是記憶和認同的倉庫。布勞格把這小麥帶到了科學的工坊。他在那裡其實把小麥削減為一系列的數字——苗高、抗銹病的程度、小穗數、開花日期等等。布勞格量測這些數據，希望讓另一個數據最大化，也就是可收成的小麥重量。這一切是非常普通的科學程序。而且「行得通」——布勞格創造出的小麥品種可以抵抗許多不同類型的銹病，而且穀粒的產量還多了兩、三倍。

然而布勞格忽略了麥麩的顏色、穀粒的質地、有幾種不同麵粉的喜悅，或者更重要的是農民和他們土地、和彼此之間的關係，以及社群或一國的權力結構；當然，也包括無所不在的貪婪。布勞格就像一個物理學家想出理想狀況、在無磨擦力的平面上，某些東西該如何運作，結果發現在有山有谷的真正世界裡不是那樣運作的，為此還大感驚訝。

科學家說，因為在工坊發現A為真，所以世界該按B去做。然而世界中的人注意到，當科學家進入工坊時，他們會摒除他們研究對象的各種特質，只留下少數可測量的量，然後人們提出異議——認為被科學家排除掉的應該是值得重視，甚至不可或缺的。他們認為，科學家如果無法理解按B做法出現的阻力，就是自視甚高的外人，和他們沒有共同的價值觀——而他們常常是對的。如果有人完全不懂你認為重要的事物，何必聽他的話呢？胡塞爾成書於一九三〇年代，相信緊接著發生排斥專家的情況，會導致擁抱不理性，最終造成納粹掌權，而若真是如此，那此書確實在駁斥基改生物、核能、地力衰竭和氣候變遷這些科學主張時，扮演了某種角色。

佛格特說的是，科學（至少是生態學）決定了如何觸及人類生命中最密切的層面；布勞格說的也差不多，兩人都是以未來之名而行事。而當今世界抵制時，他們感到困惑、受傷，而這經驗糾纏到他們晚年。他們依據他們理解的科學，設計了一條路——科學定律的邏輯後果。然而人們不在意，也不知感恩，而且還擺出一副可以自外於規則的模樣。

一個未來

第十章 培養皿的邊緣

特殊人士

一八六〇年六月三十日，第三十六任牛津主教山繆・韋伯佛斯（Samuel Wilberforce）參與了英國科學促進會（British Association for the Advancement of Science）在牛津大學舉辦的第三十屆年度大會。無數學生學到的是，韋伯佛斯在會議中抨擊革命、發起了臨時辯論，結果演變成思想史上的一個「引爆點」。我正是這樣的學生；我的生物學教授解釋道，那場辯論開啟了科學與宗教之間的戰爭——而宗教輸了。我的教科書支持教授的說法。書上寫道，研究者「細心且充滿科學的辯護」駁斥了韋伯佛斯反革命的抨擊。

但這些說法都不正確，因為其實那天，牛津其實沒有辯論，也沒有明確的贏家，更沒有擊敗這回事。沒那麼多人在關注；倫敦沒有一家報紙提到那場辯論。雖然確實重要，但那主要不是在科學理論和宗教信仰之間的爭論，而是對於人類在宇宙間地位的兩種不同觀點。而且這場辯論不是理性戰勝信仰的長久勝利，而是反倒開啟了一場既事關過去，也事關未來，所以至今方興未艾的衝突。若以大學教科書罕見的誇張語氣來看這場論戰，吹噓支持演化的論點顯然「乾乾淨淨地解決了主教」。那天，經驗知識反擊了宗教無知的大軍。

一八六〇年，科學對於一般人並不是那麼遙不可及；科學促進會會議的出席者包括許多中產階級的一般英國人、牛津學生和教師。群眾擠滿了牛津大學新博物館的一間大廳，連走道和門口都站滿了人。在擁擠酷熱的空間裡，出席者心中想的議題是查爾斯．達爾文的《物種起源》。《物種起源》剛於七個月前出版，掀起轟動，讓受教育的英國人分裂成贊同和反對演化的兩個陣營。

韋伯佛斯的朋友相信他是帶頭對抗達爾文的不二人選。這位神職人員時年五十四歲，野心勃勃，風趣且政治人脈廣闊，演說流暢而令人信服，詆毀者笑他「圓滑山姆」（Soapy Sam）。韋伯佛斯的盟友深信，他能言善道，必能公開譴責與重創達爾文主義。

主教或許知道，另一位聽眾準備做出反擊——他就是湯馬士．亨利．赫胥黎。赫胥黎幾乎比韋伯佛斯年輕二十歲，但已經因為熱烈地替他朋友達爾文辯護而出名，此外對比較解剖學的貢獻也十分卓著。赫胥黎自幼家貧，從來沒能取得大學文憑，但卻靠著野心、才智和不屈不撓的努力而升為正教授。赫胥黎性情易怒，防衛心強，好用詆毀人格的方式跟對方大吵一架。

在我大學課堂上重述的版本中，主教講了半個小時，他誇張的隆隆聲音充斥大廳，講述著他眼中達爾文的錯誤。大部分的聽眾為之欣喜；每句刻薄話都引起歡呼和贊同的笑聲。主教或許受到群眾刺激，在結語的末尾說出他在布道壇上絕對不會用的那種挖苦刺激。他轉身對著赫胥黎，圓滑地微笑，傲慢地問：「他聲稱他的猴子祖先，是祖父還是祖母」。

赫胥黎聽了這句妙語，高興得很（這是我教授說的）。他向旁邊的人說，「上帝把他交到我的手裡」——這句很應景的話正是出自《聖經》。然後赫胥黎站起來說，不，他不以自己身為猿猴的後代為恥，但有人「為了偏見和虛假而濫用文化與雄辯的恩賜」，他**絕對**會以自己「身為那些人的後代」為恥。我聽到這番話的時候，和其他同學一樣輕聲笑了。但我不懂為什麼這算科學的勝利。我明白，主教暗示赫胥黎的祖父或祖母曾經和動物發生過性關係，是他太過分了。赫胥黎利用主教失言來開場，用更直接的人身攻擊來反擊。但雙方都沒說任何和演化有關的重點。這怎麼會是理智思考的進步？

達爾文和韋伯佛斯的人生都有許多慘事：達爾文的兩個嬰兒和他疼愛的十歲女兒都因病而死，韋伯佛斯不只失去嬰兒和一個成年的兒子，妻子也在生下他們第六個孩子時過世。然而悲慟驅策著他們朝不同方向而去。達爾文接納了他女兒令人心痛的死亡，認為這是一個仁慈神祇統治的公平宇宙。即使女兒死前，達爾文也已經和他年少時的信仰漸行漸遠；葬禮那天，他的信仰一去不復返。《物種起源》書中，「上帝」一詞只偶然出現過一次。

至於主教，則想看破妻子過世而造成的「陣陣暴怒」，在上帝——「重創我靈魂者」——中看到療癒。韋伯佛斯最終相信，他失去妻子（我的人生完全暗去，那黑暗永遠無法驅散），其實是「呼籲投入不同的生活方式（……）更簡樸、更與世隔絕的自制之道」。韋伯佛斯祈禱她的死「抹滅我心中所有野心的渴望和世俗的目標，以及我對金錢、權力和地位的冀求」。悲痛淨化了他，他將為基督教精神而戰。

韋伯佛斯的話沒留下文字，但他剛寫完一萬八千字關於《物種起源》的評論，不久將刊登在一本知名的文學刊物上。歷史學家大多相信主教在牛津只是講出他評論中的批評而已。那樣的話，赫胥黎就面臨了一個挑戰，因為韋伯佛斯的評論完全不是無知之言。達爾文事後確實承認，韋伯佛斯的評論「異常巧妙，他精心挑出推測成分最高的部分，且有技巧地提出所有困難點」。韋伯佛斯擅長科學辯論，一點也不奇怪；主教曾以特優的成績取得了牛津的數學學位，而且和達爾文一樣，也是皇家學會（Royal Society）這個英國一流科學機構的會員。

主教的一個聰明之處，是他決定主要在科學的基礎上抨擊達爾文，而不是引用基督教的教義。韋伯佛斯從評論一開始，就針對《物種起源》最大的弱點：缺乏直接證據可以證明一個物種是從另一物種演化來的。主教的回應是，如果生命史充斥著這樣的「突變」，那麼應該充斥著介於其間的怪物，從舊種演化到一半，還沒到新種，或應該到處都是這些介於其間的生物化石。「然而達爾文先生和生物突變論者（transmutationists）期待地觀察，卻從不曾找到那樣的例子證實他們的理論。」如果演化是真的，那這些中間生物在哪裡？[1]

韋伯佛斯又花了一萬五千字批評演化「存在」的證明之後，轉向他主要的擔憂：「天擇」，也就是達爾文提出的演化「機制」。赫胥黎曾事後聲稱天擇的概念太簡單，因此當他首次聽的這概念後的反應是「我怎麼那麼蠢，從來沒想過！」達爾文主張，有些後代偶然和親代不同；這些隨機的差異（例如不知怎麼比較強健的肌肉）有些有益（有些則無益）；而擁有有益變化的個體，繁殖、把這些有益變化傳下去的機率比較高。達爾文主張，這麼一來，天擇就能確保偶爾出現的有益特徵在族群中傳遞開來。這

1 達爾文同意，當時的化石記錄太不完全，無法呈現出過渡狀態，而後續的發現將填補這個缺漏。幾乎所有科學家都相信達爾文是對的。從那時開始，古生物學家（專長是恐龍）就發現許多「遺漏的連結」物種。其中一例是二〇一四年發現的庫林達奔龍（Kulindadromeus zabaikalicus）。這種小型的雙足恐龍既有類似鳥類的羽毛，也有類似恐龍的鱗，說明了恐龍如何演化成鳥類。

過程確保所有物種隨著時間而持續演化。變化不斷累積，最後形成新的物種。

達爾文在《起源》的末尾段落中，用一個景像來總結他的思想——他時常經過一片山坡上凌亂的草葉。達爾文稱之為「雜亂山坡」，請讀者想像雜亂的山坡，其中充滿「種類眾多的大量植物，有鳥在灌木叢裡鳴唱，各種昆蟲到處飛舞，潮溼的泥土中有蠕蟲鑽過」。山坡的居民（地球上的生物）雖然「彼此之間差異頗大，但彼此依賴的關係極為複雜，而（他們）都是我們周圍運作法則的產物」。這裡重要的詞句是「都」和「產物」。生物或許在不經意的眼裡顯得不同，但從更深的層次來看，卻是一樣的——所有的生物都一樣。任何生物都是天擇的產物，而天擇會決定生物的未來。

所有的生物——所以人類也包括在內，不是嗎？這就是達爾文迴避的地方。《起源》全書都小心避免討論他的想法是否也適用於人類——也就是說，智人（Homo Sapiens）是否只是他一堆混亂中的另一種雜草。

達爾文的保留態度沒騙到主教。韋伯佛斯在他的評論中寫道，如果天擇決定了生命的走向，而人們是生命的一環，那麼達爾文明確暗示，「天擇的原則（適用）於**人類**自己」。（注意突然冒出的黑體字，因為主教對此極不贊同。）人類一定也是經過天擇，從先前沒那麼像人類的物種演化而來。而韋伯佛斯表示，這個概念和對於「人類道德與精神狀態」的真正理解是「絕對的矛盾」。

主教相信，人類是由上帝創造，賦予獨特的火花。但如果像達爾文暗示的，人類產生於無思想的自然力，那人類不可能有任何崇高的地位。智人不該和其他所有生物擁有共通的天性嗎？韋伯佛斯甚至開玩笑地寫道，我們人類難道只是一堆表現超乎預期的「香菇」？以定義來說，我們應該沒什麼特別的。

倫敦大學學院（University College London）的地理學家西蒙・路易斯（Simon Lewis）指出，達爾

文的論點（人類存在歸功於產生扁蟲和變形蟲的相同過程）是第二次生物學的哥白尼革命（Copernican Revolution）。最初的哥白尼革命通常認為始於十六世紀初，波蘭—德國博學家尼古拉·哥白尼（Nicolaus Copernicus）由阿拉伯和波斯幾何學家的數據和他自己觀測天空的結果，提出是地球繞著太陽，而不是太陽繞著地球運行的模型。由於地球會動，因此不像原本認為的，是宇宙的焦點。科學史學家迪克·特雷西（Dick Teresi）指出，哥白尼革命既不是革命（發生的期間很長），也不限於哥白尼，因為那也是哥白尼之外其他思想家的成果。話說回來，那大大衝擊了我們對自己和宇宙中地位的概念。我們的家園——地球——不再是存在的中心點。在許許多多的地方之中，它只是個沒特別突出的地方罷了。

第二次哥白尼革命和第一次不同，發生迅速，而且主要是一人思想的產物。不過第二次革命同樣把我們人類推出了聚光燈下。正如路易斯所說，「我們甚至不是地球上生命的中心」。達爾文暗示了人類之所以存在，歸功於產生其他所有生物的過程，所以智人和其他物種一樣，也是一個物種。這個新的哥白尼革命引起了韋伯佛斯的怒火。

對主教而言，人類和其他所有生物有個基本的界線。他當然會用基督教的用語來描述那個差異：人類有靈魂，動物沒有；上帝賦予人類改變和救贖的能力，動物則沒有。不過韋伯佛斯的看法可以從更廣義、更一般的觀點來看，而不依附於宗教——智人的心中有股創造和智能的火焰，因此燒去困住其他物種的藩籬。我們**不只是**另一個物種而已。

韋伯佛斯對赫胥黎說他祖先是猿猴的惡言，其實也不過是挖苦的嘲諷。主教有意無意問了赫胥黎：他是否準備證實，他和其他所有人一樣都是生物學的俘虜。赫胥黎因為輕蔑而盲目，似乎沒意識到他的對手提出了重要的問題（只是做法無禮）——幾年後，偉大的自然環境保護主義者喬治·柏金斯·馬胥（George Perkins Marsh）稱該問題為「偉大的問題」（the great question）：「究竟人類是**出於**自然或**凌駕於**自然之上」。赫胥黎沒意會到爭論下的基礎，所以甚至沒試圖回答。事後達爾文對聽到「牛津對『物種』掀起的可怕戰爭」不寒而慄，不過其實當時根本沒有爭論——至少沒有人認真仔細思考這兩個相異的思想。

赫胥黎和韋伯佛斯都覺得他們表現不錯。交鋒三天後，主教向一個朋友吹噓「我想我完全打敗他了」。韋伯佛斯的支持者在聽眾中「歡聲雷動」，他們確實是這麼想的。赫胥黎一樣欣喜，之後吹噓說，他「之後二十四小時成為牛津最受歡迎的男人」。往後的幾年間，赫胥黎和韋伯佛斯不斷遇見彼此，相遇的過程都很熱情，因為雙方都認為自己是贏家，而贏家需要寬宏大量。

數十年間，大家視赫胥黎勝利了。一九六〇年代，作家克里斯多福・希鈞斯（Christopher Hichens）在學校學到，「赫胥黎清理韋伯佛斯的時鐘，吃他的午餐，拿他來擦地，諸如此類的」。幾年後，我在我大學學到差不多的說法。韋伯佛斯和赫胥黎的爭論被呈現為一齣道德劇，結局是理性思想的明確勝利。一直到很久之後，我才漸漸意識到，或許從今日的角度來看，暗示我們這個物種並不特別，和我老師與教科書上呈現的大有不同。

在韋伯佛斯的年代，寄望未來於更美好的人會為赫胥黎歡呼，因為科學和技術似乎承諾更美好的生活。然而，科學和技術讓人類事業拿自己的生存來冒險，因此偏袒希望的人不再擁護赫胥黎的一些暗示。巫師與先知對未來有各自的藍圖，但雙方都認為對的是韋伯佛斯（而不是赫胥黎）——人類是特殊的生物，可以逃過其他成功物種不得不遵守自然的宿命。如果牛津的辯論真是道德劇，那麼缺陷和美德都溜下舞臺，換了面具。

上述美洲鶴版本的微小修正

琳恩．馬古利斯是赫胥黎的信徒。她告訴過我，人類就像高斯所說的原生動物，會把自己毀滅。她也表明她相信達爾文的觀點——生物法則適用於所有生物。我和馬古利斯談過之後，我有時會跟人說這些想法，但卻很少人接受，即使同意的人，也不會完全認可馬古利斯的看法。他們告訴我，人類是因為貪婪又愚蠢，才注定毀滅，而不是像馬古利斯所想的，自然的方式是過度擴張和衝突，和珊瑚礁與熱帶森林一樣，都是生命奧妙的一部分。不過我也從沒遇過任何人能提出可信的論點指示出她錯了。

馬古利斯過世一年後，我碰巧遇到丹尼爾．巴金（Daniel Botkin），這位生態學家最近從加州大學聖塔芭芭拉分校退休。巴金研究的領域很廣，不過或許最著名的是他的著作，《失調的和諧》（*Discordant Harmonies*, 1990）。這個經典研究駁斥了長久的信念——生態系除非受到人為干擾，否則會永遠平衡。巴金和馬古利斯很熟，也很尊敬她。巴金說：「但這事情錯的是她。」

巴金說，只要有機會，不是所有物種都會繁衍到讓自己絕種。少數的例外是美洲鶴（*Grus americana*）。美洲鶴在北美最長期的一個保育計畫保護之下，和灰鶴（*Grus grus*）是近親；遺傳學家相信，這兩種物種在一百萬到三百萬年前，由共同的祖先分支出來。兩種鶴雖然外表相近，表現卻不同。灰鶴雖然受到人類獵捕，卻還有數十萬隻。這種鳥類會盡可能拓展領域，有時占據農田，激怒農民。相較之下，美洲鶴則是害羞的沼澤動物，很少看到兩隻以上一同出現；據知這種鳥的數量從來不曾超過一千五百隻。巴金說：「爆炸性成長顯然不是牠們的演化策略。」

還有其他例子——雖然不多，但確實存在。巴金舉出另一例：提布隆仙燈（*Calochortus tiburonensis*）。

提布隆仙燈原產於加州北部，只生長在蛇紋石形成的土壤，這種相較之下罕見的岩石產生的土壤充滿鉻和鎳，對大部分植物有毒。蛇紋石的土壤通常分布於有明確界線的孤立土地上——可以說是天然的培養皿。這種仙燈繁殖的速度十分緩慢，從不超過環境限制。從不會撞上培養皿的邊緣。

我問巴金，有什麼物種改變演化策略的例子嗎？從迅速、高斯式的擴張，轉變成默默適應環境？從原生動物轉型成美洲鶴？這不是布勞格和佛格特以各自的方式倡導的嗎？——人類有某種特質（或許可以像韋伯佛斯那樣稱之為靈魂），讓人可以這樣改變嗎？

但巴金說：「這不正是問題所在嗎？」

豁免

丹尼爾．狄福（Daniel Defoe）著名小說裡的主人翁魯賓遜．克魯索（Robinson Crusoe）提出了這問題的一個可能答案。一六五九年，魯賓遜獨自在委內瑞拉外的一個無人島發生船難，驚人地示範了虛構人類的韌性與驅力。在他二十七年的流亡歲月中，他學會捕魚、獵兔子、馴養山羊、修剪柑橘樹，用船難搶救來的種子，建立大麥與稻米「種植園」（狄福不知道柑橘和山羊不是加勒比海的原生生物，因此他很可能根本沒去過那座島嶼）。救援者是一船的叛變者，他們打算放逐他們的船長到本來應該無人的島上。魯賓遜幫助船長奪回他的船，給了戰敗的叛變者一個選擇：永遠流放在那座島上，或是回英國受審。最終所有人都選了那座島。魯賓遜將島上的生產力完整地據為人類所用，就連亂糟糟的一群無能水手也能舒舒服服地在那裡活下去。

《魯賓遜漂流記》的前三章描述了主人翁如何淪落到他不幸的航程。魯賓遜是英國商人的小兒子，躁動不安，因此成為獨立的奴隸販子。他的船在前往非洲的一趟航程中，被一幫「土耳其海盜」俘虜，那艘船的船長是摩洛哥來的摩爾人（Moor）。魯賓遜身為「他名正言順的戰利品」，成了船長的家奴。當了兩年奴隸之後，魯賓遜偷了主人的漁船逃走。他歪歪倒倒地駕著小船沿西非海岸航行，沒水也沒食物，但隨後被一艘開往巴西的葡萄牙奴隸船所救。魯賓遜很有事業心，在那裡建了一小座菸草園。但他缺乏人力，便和其他一些種植園的主人決定搭船前往非洲買些奴隸來補足人力。船在回程失事。魯賓遜之外所有人員全數罹難，奴隸也沒生還。魯賓遜最後一個人流落那座島上。

令現代讀者震憾的是，狄福理所當然地預期讀者同情做奴隸買賣的人：即使魯賓遜自己曾經不幸淪為奴隸，但他對奴隸制度還是毫無異議。角色在這裡反應了作者的想法——狄福曾贊美奴隸制度是「我們貿易中最有利可圖、有用，而且最必要的一支」。他知行合一，擁有皇家非洲公司（Royal African Company）的股份——這間公司成立於一六六〇年，會買下非洲男女，把他們鏈著並運到美洲。而在該公司的所作所為於國會遭到抨擊時，他提議撰寫類似於社論的文章來辯護自己的公司。公司則因為他的公關服務，支付他大約等同五萬元美金的報酬。

狄福在他的時代是響噹噹的人物。距今三個世紀前，他正在寫《魯賓遜漂流記》時，從世界一頭到另一頭的社會都依賴奴工；最晚從古巴比倫的漢摩拉比法典以來就是如此。不同地方的風俗有差異，但是從茅利塔尼亞（Mauritania）到滿州，都准許並且實行奴隸制度。鄂圖曼帝國、印度蒙兀兒帝國和中國的明朝有數百萬不自由的工人。古雅典有三分之二的居民是奴隸；歷史學家詹姆士·史考特（James C. Scott）寫過，羅馬帝國「把地中海盆地大部分地區都變成一個龐大的奴隸賣場」。奴隸在早期的現代歐洲比較少見，但葡萄牙、西班牙、法國、英國和荷蘭在他們美洲的殖民地恆意地剝削大量的奴隸。單獨以十八世紀下半來看，就有將近四百萬人被鏈著離開非洲。當時美洲各地的殖民地，從巴西到巴貝多（Barbados）、南卡羅萊納到蘇利南（Suriname），奴隸都是經濟不可或缺的一環，人數甚至超越主人，有時達到十比一之多。

之後，到了十九世紀，奴隸制幾乎完全廢止。這不可思議的改變實在驚人。一八六〇年，奴隸是美國最有價值的經濟資產，總值超過三十億元，當時美國的國民生產毛額不到五十億元，這數字令人瞠目結舌（換作今日幣值，奴隸價值高達十兆美元）。南方商人不像北方企業家那樣投資工廠，而是把資金投在奴隸身上。從財務的觀點來看，這投資理所當然——投資奴隸的報酬超過他們能取得的任何其他商品。鏈著的男男女女提升了那地區的政治權力，也讓貧窮白人的整個階層有了社會地位。奴隸制度是社會秩序的基石。南卡羅萊納州參議員約翰·卡爾霍恩（John C. Calhoun）厲聲表明，奴隸制度「完全不邪惡，而是善良的——絕對善良。」（卡爾霍恩可不是名不見經傳的角色；他曾任美國戰爭部長與副總統，之後成為國務卿。）然而這習俗雖然有很大的經濟價值，但一部分的美國決意摧毀它，此舉重創美國經濟，同時死了五十萬人。

說來神奇，反對奴隸制和支持該制度的聲浪一樣無所不在。英國是全球奴隸貿易的領導者，在一八〇七年廢奴者不懈地宣傳之後，買賣人口被禁止了。一八三三年通過了兩條法律，一八三八年釋放了所有的英國奴隸。丹麥、瑞典和荷蘭、法國、西班牙與葡萄牙很快也宣布奴隸貿易違法，之後連蓄奴也違法了。世界各地的文化就像黎明星辰熄滅一般，一一退出從前無所不在的人口買賣。奴隸制仍然存在，國際勞工組織（International Labor Organization）估計將近二千五百萬人仍然在囚禁中被迫工作。

但沒有哪個社會的奴隸制像兩世紀前全球各地那樣，是法律保障的制度（社會架構的一部分）。

歷史學家提出許多理由解釋這種驚人的轉變，其中呼聲最高的是奴隸本身的強烈反抗。但另一個重要的原因是廢奴主義者說服世界各地的人，蓄奴是道德災難。人類社會數千年來不可或缺的一個習俗，被理念和大聲重複的行動呼籲給改變了。

過去幾世紀以來，這樣巨大的改變一再發生。還有一個可能更重大的例子——人類出現以來，幾乎所有已知的社會都以女性屈從男性為基礎。過去母系社會的故事很多，不過很少考古學證據能證據母系社會的確存在。長久來看，女性缺乏自由是人類事業的核心，就像重力是宇宙制序的重心。壓迫的程度隨著時代和地方而不同，但女人從來沒有平等的聲音。聯邦和邦聯為了奴隸問題而衝突，但他們對女人的地位看法一致：兩邊的女性都無法上學、擁有銀行帳戶，在許多地方也無法擁有非個人的財產。歐、亞、非洲的女性以不同方式受到同樣的限制。現在，女性在美國大學生之中占了多數，是美國勞動力的多數，也在美國選舉人中占了多數。歷史學家對此改變歸因出許多不同的要素，而這些要素雖在時間上發展迅速，但影響範圍卻令人困惑。不過一個關鍵要素是理念的力量——婦女參政權的聲音與行動；婦女參政權在數十年的嘲笑和騷擾中仍然抓著這點不放。近年，同性戀權益也有類似的情形——起先只有少數孤單的擁護者受到譴責和嘲弄；然後在社會與法律領域得到勝利；最後或許緩慢地朝平等而去。

暴力事件下降的例子一樣精采。數萬年前，農業啟蒙時期，社會為了農田而聚集勞工，為了控制過剩的收成，把他們組織成城邦和帝國。他們立刻表現出對戰爭的驚人渴望。他們熱愛暴力，即使貧窮日益嚴重、技術更為發達、文化發展與社會成就更高也一樣。古雅典在公元前四、五世紀時如日中天，而雅典總是在打仗：和斯巴達打——第一次與第二次伯羅奔尼撒戰爭（Peloponnesian Wars）、科林斯戰爭（Coringthian War）；和波斯打——波希戰爭（Greco-Persian Wars）、提洛同盟戰爭（Wars of the Delian League）；跟愛吉納（Aegina）打——愛吉納戰爭（Aeginetan War）；跟馬其頓打——奧林蘇斯戰爭（Olynthian War），跟薩摩斯打——薩摩斯戰爭（Samian War）；跟希俄斯（Chios）、羅時島（Rhodes）和科斯島（Cos）打——聯盟戰爭（Social War）等。希臘絕非例外；瞧瞧中國、撒哈拉以南的非洲或中美洲的糟糕歷史。看看現代歐洲早期，一場又一場的戰爭接續得太快，歷史學家乾脆籠統地通稱為百年戰爭，甚是更具破壞性的三十年戰爭。這些衝突之殘酷很難意會；引用以色列政治學家阿札爾．蓋特（Azar Gat）的一個例子，德國在三十年戰爭中失去了五分之一到三分之一的人口——「比德國在第一次和第二次世界大戰的傷亡人數**加起來**還要高」。數字令人警惕——雖然這中間屠殺的技術有進步，而且有超過十年的時間受到一群系統性殺害數百萬人的瘋子治理，但十七世紀德國死於暴力的人口比例，比二十世紀更高。

考古學家伊恩．莫里斯（Ian Morris）估計，紀元後的那一千年裡，十個人裡面有一人會死於暴力。在那之後，暴力事件就減少了——先是逐漸減少，然後突然下跌。第二次世界大戰後數十年中，暴力死亡的比例掉到有史以來的最低點。今日，人類被同物種成員殺害的機率，遠低於一百或一千年前——這樣神奇的轉變就發生在本書許多讀者的一生中，幾乎出乎意料。每天頭條新聞仍記錄了種種混亂、中東的恐怖和東北非可怕的衝突，暴力正在削弱的這種想法似乎很荒謬。但各別收集全球暴力數據的結果，都顯示至少目前我們似乎逐漸贏得了政治學家約書亞．戈爾茲坦（Joshua Goldstein）口中的「戰爭之戰」（the war on war）。（編按：戈爾茲坦更於二〇一一年出版同名書籍，《戰爭之戰》。）

這種好轉的可能原因有很多，不過戈爾茲坦身為這領域的翹楚，認為最重要的是出現了聯合國這樣的多國機構；這些機構歸功於上一世紀的和平主義者。這些組織當然沒阻止任何戰爭。但戈爾茲坦說，長久下來，他們幾乎無形地撲滅了過去可能導致的駭人暴行地衝突。

過去的成功並不能保證未來進展。過去十年間，暴力節節升高，很可能還會越來越糟。不難想像有些糟糕的政府或宗教動亂讓奴隸制度死灰復燃；許多暴動勢力刻意凌虐女性。近幾十年來，全球貧窮的狀況大減，但也可能反彈。手握核武的狂人仍然可能發動攻擊——這樣的可能性永遠存在。作家布魯斯．斯特林（Bruce Sterling）曾寫道，身為人類，沒有永遠的勝利。

看到以下的記錄，就連馬古利斯也可能猶豫。一八〇〇年的歐洲人絕對無法想像二〇〇〇年的歐洲不能合法蓄奴、女人有權投票，而同性伴侶可以結婚。沒人猜得到，一個數世紀來亂翻天的大陸，如今大部分地區都沒有武裝衝突，即使在經濟糟糕的時期亦然。甚至沒人猜得到，歐洲真的可以消滅饑荒。

不過以馬古利斯的思維來看，要防止智人以高斯的方式自我毀滅，需要更大的轉變，因為我們必須對抗自然本身。就生物學而言，成功的例子前所未見。若成功，這將會是反轉的哥白尼革命，顯示人類可以豁免於主宰其他所有生物的自然過程，但我們辦得到嗎？馬古利斯可能犯了錯嗎？我們真的有可能與眾不同嗎？

再來想想魯賓遜．克魯索。他是個奴隸販子——不過說到底，他也有獨特的火花。他的生存受到威脅時，他徹底改變了生活方式去面對。他獨自努力，讓島嶼改頭換面，豐富了那裡的地景。然後，他驚訝地發現，他「在這孤單的狀態下，可能比我在自由社會裡、甚至全世界的樂趣中更快樂」。

魯賓遜獨自住在生意盎然的一座大島上，高興取用多少資源都行——他可以說是幾乎沒通過高斯曲線的第一個反曲點。馬古利斯推測，如果他和叛變者留下來，他們終將遇到第二個反曲點，讓自己滅絕（我在這裡有個不切實際的假設——他們不會離開島嶼）。巫師與先知都認為馬古利斯錯了——魯賓遜和其他人應該擁有足夠的知識可以自救。他們可以用那些知識創造技術，超越自然限制（這是巫師的希望），或改變他們的生存策略，從拓展他們的存在，轉換成適應島嶼資源的恆定狀態（這是先知的希望）。

當然魯賓遜是虛構的角色——不過狄福的靈感來自亞歷山大・塞爾科克（Alexander Selkirk），他可是真實人物，而下一代的確也面臨了遠大於魯賓遜的挑戰。不過我們人類適應力強盛，在我們繞過第二次反曲點的注定曲線、讓自然替我們解決種種問題之前，做到魯賓遜做的事（改變生活，適應新挑戰），真的有那麼不可能嗎？我能想像馬古利斯的反應：你在想像我們人類是某種腦容量大、高度理性、能計算成本效益的電腦！但搞不好我們腳邊的細胞才是比較理想的類比！話說回來，馬古利斯一定第一個同意，解下女性與奴隸鐐銬，等於開始解放三分之二人類受壓抑的天賦。大幅減少暴力，預防浪費無數生命與驚人的大量資源。真的不能相信，我們能利用這些天賦和資源，在落入深淵之前退開嗎？

我們成功的記錄沒那麼長。不論如何，過去成功不能保證未來也成功。不過認為我們能做對其他那麼多事、卻做不對這件事，還是很糟。或是有想像力可以看到我們可能的結局，卻沒有文化資源去避免那樣的結局。或是能把人類送上月球，卻忽視地球。或空有潛力卻無法運用——最終和培養皿裡的原生動物沒什麼不同。若是那樣，則表示馬古利斯最輕蔑的想法終究正確。我們徒有速度與貪婪，空有可以改變的火花與靈光，最終卻不是什麼特別有趣的物種。

附錄一：為何要相信（上）

多年前，我坐在琳恩·馬古利斯的一堂入門課中，她在上課的某個時刻中提到演化是現代生物學的基石。一名學生舉手說，她不相信演化。馬古利斯回答：「我才不管**妳**相不相信。我只想要妳瞭解，為什麼**科學家**相信。」馬古利斯說，之後學生可以自己決定想不想相信。

不久之後，我和傑出的英國演化生物學家約翰·梅納史密斯（John Maynard Smith）談話。在我們的談話中，我重述了馬古利斯對她學生的警告，而梅納史密斯開懷大笑。隨後梅納史密斯解釋道，他覺得奇妙的是，馬古利斯卻是主流演化理論的重要批評者。根據他的說法，馬古利斯並不懷疑演化是由天擇造成的，但她的確認為，天擇只是一部分的真相——長遠來看，共生（symbiosis）和機率（chance）才是演化創新的更重要源頭。梅納史密斯認為馬古利斯錯了，「但我贊同她一件事。」我記得沒錯的話，梅納史密斯這麼說，「她是絕佳的懷疑論者。即使她錯了，她也錯得**很有收穫**。」

我在正文中，討論氣候變遷時，試圖依循馬古利斯的榜樣——列出為什麼絕大部分的科學家相信氣候變遷正在發生，而且是人類活動造成的。這種理念是一個半世紀調查大氣化學和物理的結果。但我也表明，這種理念本身並不會要我們做出特定的行為——畢竟很難確知我們對遙遠的後代有哪些責任。而人們必須決定自己該怎麼去思考。

現在我想再度學著馬古利斯的做法，支持懷疑論的重要性。我說的懷疑論，並不是出於個人好惡而聲稱科學是「騙局」。來自八十個國家、大約四千名科學家和無數的代表，參與了跨政府氣候變遷研究小組（IPCC）。當然，若真心認為數千名研究者和政府官員都涉及一項邪惡的計謀（而且他們和前任人員一樣都在IPCC的報告中三緘其口），未免愚蠢。尤其伊朗和沙烏地阿拉伯這樣的石油大國（兩者都參與IPCC報告），居然會參與一個讓世界擺脫石化燃料的欺詐事業，又更加說不通。

不過與此同時，「騙局」的說法反應了一些實際存在的狀況。不論多不精確或扭曲，都是在表達害怕二氧化碳濃度升高的一種方式，只不過這種恐懼也的確受到環境保護者系統化地誇大了。從這種觀點來看，行動主義者利用氣候變遷，來贏得他們無法用其他方式達成的社會變遷。二〇〇七年，一位行動主義記者娜歐蜜·克萊恩（Naomi Klein）出版了《震撼主義：災難經濟的興起》（*The Shock Doctrine: The Rise of Disaster Capitalism*），她在書中主張，右翼的菁英利用（或甚至操縱）經濟危機，並以此為藉口，迫使社會採取大公司偏好的政策（削減社會福利計畫、減稅、減少規範等等）。政治看起來像危機的解決辦法，但其實是為了讓提出這些政策的富人更富。有些全球暖化反對者是用同樣的方式看待氣候變遷——多半誇大其辭且用杜撰的「危機」，讓克萊恩這樣的左翼人士藉口迫使其他人做他們希望做的事（減少消費、推翻資本主義等）。如果行動主義者反駁說（而且他們反駁得沒錯）：絕大部分的學者都贊同他們——那表示研究者也是幫兇。

要避免這種情形，就要暫時把科學（二氧化碳濃度升高導致地球暖化）和提出的解決辦法（拋棄石化燃料）切割開來。

如果對於大氣二氧化碳的基本物理理解或證實得不正確，那應該會是科學史上的驚人事件。通常來說，只要是在學術研究的舞臺上，那麼整個學科至少就不會把基本的事情搞錯。幾世紀以來，物理學家確實誤以為外太空充斥一種神祕的實體——「乙太」（ether），但那個錯誤之所以能存活那麼久，主要是因為研究者無法測試乙太存不存在。十九世紀時發展出適當的測試法，於是這個看法很快就被推翻了。自從約翰．汀達爾開始，氣候變遷這課題就斷斷續續有人研究；一九六〇年開始則有了較系統化的研究，而到了九〇年起更受到十分透徹的研究。經過那麼久的努力，一般的共識（把大量二氧化碳排放到空氣中，會提高全球平均溫度）不大可能會是錯的[1]。

特別不可能錯的原因是，那樣的模型做過許多成功的量化預測。早期的一個例子是一九六七年真鍋淑郎和理查．韋瑟拉（Richard Tryon Wetherald）的預測。真鍋淑郎和韋瑟拉是華盛頓特區美國國家海洋暨大氣總署（National Oceanic and Atmospheric Administration）的兩名研究人員，他們預側溫度較低的時候，平流層的表現與預期相反——溫度升高，平流層的溫度會降低。由於平流層不易觀測，因此直到二〇一一年才確認。不過情況確實是如此。最初預測過了十二年，真鍋淑郎和另外兩名科學家預測了另一件事：陸地升溫得比海洋快，升溫最慢的是南極地區；而這項預測最後也被證實了。此外還有其他許多例子。

雖然這些預測正確，我們仍然不瞭解氣候變遷發生的速度，或氣候變遷的確切影響——我提到氣

1　然而有個可能的反例，也就是飲食中脂質造成肥胖的理論。這概念從一九七〇到二〇〇〇年的影響力極大，但從那之後便受到強烈的質疑。如果飲食脂肪的假設真的被證實為錯的，那將會是科學史的一個離群值——而且受大眾相信的時間也遠比二氧化碳理論更短。

候敏感度（climate sensitivity）的時候討論過這一點[2]——因此這裡就有了懷疑論的空間：畢竟大氣反應二氧化碳的速度，可能不像預言災難的人擔心的那麼快；或者我們目前仍然無法瞭解衝擊分布的情形。我撰寫這本書時，請十來位氣候科學家說出他們眼中最不確定的事——他們擔憂的事為什麼可能有錯。而以下是一些答案。

首先，直接的原因是今日沒有電腦能處理涵蓋地表和大氣的計算。因此，研究者都簡化了他們的模式，把大氣和地球表面視為一系列的立方體，各立方體的邊長可能是二十或三十公里（不同模式的尺寸略有差異）。立方體被視為均質的，但真實世界裡一個長數公里的立方體，其內部的空氣可能含有多種不同類型的雲；或甚至，一個立方體內的地面被假設為均質，然而可能一部分是湖泊，一部分卻是山。科學家為了處理這樣的變數，寫出方程式，希望貼近實際狀況。然而小錯免不了逐漸累積，所以為了處理小錯誤，模型必須「校正」。也就是人工調整參數（例如溫度隨著海拔改變，或是熱在海洋中移動的方式）。接著把調整後的模型再和二十世紀的天氣記錄比對，看看重現實際狀況的程度。遺憾的是，這些模型照理說應該也能「解釋」真實的天氣記錄，然而科學家以為靠著校正調整來掩飾模型預測不準確的問題，卻是個潛在風險，對此，科學家經常自欺欺人。因為去校正模型，就意味著用這些模型的其他科學家，不會知道特定的預測究竟是來自科學基礎（這是好的），或主要是由於校正的緣故（這樣不好）。不過這完全和靠不住無關——所有大型的物理模式都必須校正。不過能否正確校正，一直是個讓科學家頭大的問題。

所有的模型都拿雲沒辦法，尤其是海上的雲；而海洋覆蓋了大部分的地表，所以大部分的雲都是海上的雲。隨著海洋暖化，海上的空氣變得更潮溼，有利於雲朵形成。雲不斷改變、翻騰，用極為複雜的方式和不斷變化的風、大氣中的氣流產生交互作用。紊流、對流、氣流——都是惡名昭彰且棘手的物理問題。其實軍方建造那麼多昂貴的風洞，正是因為航空工程師一直想看一架飛機曝露在大氣紊流中時，會發生什麼事；而航空工程師用數學預測結果的成效卻常常不佳。這問題每況愈下——現在卻需要解釋整個全球系統的雲。低海拔的雲容易會反射陽光，讓周圍的空氣降溫。高海拔的雲容易會捕捉紅外光輻射，加熱周圍的空氣。而更多問題卻一一浮現：比較溫暖的海洋最後會使雲升到大氣的更高處嗎？是否會產生更多低海拔的雷雨？比較暖的星球上，空氣和水會把雲的形成推向比原來更北或更南的地方？哪種影響會占優勢？不少科學家認為，還有好一段時間，這些問題都會是不確定的根源。

描述氣候模型時，有個詞從來不曾出現——生物學。氣候模型是物理學家建構的，然而生物學教了我們一件事——生物大大塑造了這世界。想想甲烷水合物在北極扮演的角色：土地把有機分子釋放到入水中，就好比沖洗一臺滿是泥巴的挖溝機。汙水廠、重度施肥的農場、掉頭皮屑的泳者——都有貢獻。浮游生物和其他細小的海洋生物在大陸邊緣，在緩流最強的地方欣欣向榮。這些生物死亡時，遺骸緩緩飄向海床。微生物以遺骸為食。只要看過池塘裡氣泡浮向水面的情景，應該都很熟悉這個過程——微生物進食、生長時，會排出甲烷氣體（還記得嗎？甲烷造成氣候變遷的效用很強。）在這些海底冰冷深處的高壓下，水和甲烷會產生反應，水分子連結成晶格——專有名詞叫作「甲烷水合物」（methane hydrates）——會進一步困住甲烷。這樣大量的甲烷以甲烷水合物的形式儲存，研究者擔心一旦釋放到空氣中，可能使氣候產生災難性劇變。

---

2 編按：關於「氣候敏感度」，請參閱本書第七章。

二〇一七年，木洞海洋研究所（Woods Hole Oceanographic Institute）的科學家試圖測量從挪威北極海岸抽出的甲烷，發現那裡的海洋溫度比以前溫暖。研究者發現，讓甲烷浮出水面的暖化現象，也把養分從海床抽到海面，而養分則餵養了大量繁殖的浮游植物。科學家驚訝地發現，浮游植物靠著光合作用吸收大量的二氧化碳，甚至超過甲烷的效應。這是一個普遍問題的小例子——我們一直忽略生物造成的影響。

這問題不限於微生物，畢竟沒人有精確的數據可以說明世界各地的森林究竟吸收了多少二氧化碳。總而言之，二氧化碳濃度提高，通常會促進植物生長——這是負回饋，因為植物生長通常會降低二氧化碳濃度。不過增加植物覆蓋面積——專業說法是「葉面積指數」（leaf-area index）——也會讓一些光禿地區的顏色加深——這是正回饋，因為顏色深的區域通常反射到太空的陽光比較少。由此可看出種種效應既複雜又不一致。北方比較濃密的森林似乎會改變全球的氣流模式。南方較高的葉面積指數會影響地下水，而地下水位又會影響葉面積指數。二〇一七年，一個國際研究團隊在《自然氣候變遷》（*Nature Climate Change*）裡預測，過去三十年間，「地球綠化」已經「減輕」地表暖化大約八分之一。

再強調一次，這一切都不表示氣候變遷沒在發生，或氣候變遷的科學基礎不正確；而是對於蓋伊·卡倫德和他後繼者所闡明的基礎物理機制，我們到目前還是不瞭解該機制裡的一些關係，如何受到其他因素（例如雲和植物生長）調節，而減少（也很可能是強化）了影響。這些不確定因素使得氣候系統充滿「自然變化」——科學家目前還無法找出這些改變的原因。我在第七章曾描述過我朋友羅伯·迪康多的模式；該模式發表於二〇一六年，試圖解釋二氧化碳濃度上升如何使得南極迅速融化。南極西部大約是指伸向南太平洋的那部分南極洲，近年來，當地溫度開始攀升。我們很容易把溫度升高和羅伯的理論計算連想在一起，並產生一種看法——南極使我們的二氧化碳變多，而二氧化碳升高可能讓從邁阿密到孟買的沿海城市沉入海中。結果自然就成了世界各地的頭條。

然而過了一年之後，另外兩個研究團隊檢視了歷史數據，結論是南極西部溫度升高的情形，其實在自然變化的可接受範圍內（南極半島的溫度可能是例外，那塊陸岬延伸到接近南美洲南端的地方）。這兩個團隊並沒有反駁我朋友的成果，而是檢視不同的數據，得出不同的結論——南極正在暖化，不過以前也發生過類似的事。

涉入其中的人都相信，人類造成的暖化確實在發生——問題是多快速、多久，以及會造成什麼影響。羅伯說，速度和效應看起來像**這樣**，而其他兩個團隊則是說，我們認為看起來像**那樣**。

我認為，這就是懷疑論的重要價值所在。不論巫師或先知占上風，不論未來充斥的是數以千計的核電廠，或是數百萬的太陽能設施網，想減少氣候變遷的風險，不但代價高昂，而且政治上阻礙重重。如果對抗氣候變遷的代價，會被（例如）避免海平面迅進上升的益處抵消，那就很值得。但如果拼湊的妄想所費不貲，那麼就會得到負面效應——花費過猶不及。

人們有時希望這問題不存在，反而還說只要推翻沒意義或貪腐的政府計畫，那原本用來改善生計的措施就能輕易得到經費。然而，這些所謂的「濫用」，大部分反應了對於政府該做什麼的不同看法——一個人眼中的「浪費支出」，卻有可能是另一個人認為「政府不可或缺的功能」。對於某種傾向的人而言，為了降低二氧化碳濃度而花太多錢，可能導致國家無力抵抗惡意侵略，或無法改變實際的基礎建設。對於另一種傾向的人而言，風險打著對後代有利的名號，在教育、衛生、社會投資這些事情上欺騙今日的窮人。這樣的擔憂可以再講白一點：如果真像大部分經濟學家相信的，明日的人類會比今日的更富裕，那麼危險就在於，我們最後會把明日的富人看得比今日的窮人更重要。

有成效的懷疑論者，其重大價值（就像梅納史密斯主張的，即使證實有誤，還是值得贊揚的原因）便是會迫使鼓吹者透徹地思考這些議題。當然，有時候懷疑論者是對的，例如梅納史密斯不贊同懷疑天擇對演化的相對重要性。但他同樣不認同馬古利斯懷疑動、植物在演化樹上不重要——搞不好這次她的懷疑是對的。

附錄二：為何要相信？（下）

不相信人為造成氣候變遷的科學證據，以及不相信基因改良動、植物等食物安全的科學證據，這兩種情況之間的相似性雖然不精確，卻著實令人震驚。這兩種情況的懷疑論者都認為，科學證據大多不值得相信，因為科學家自己動機不純——他們也許是貪婪企業的走狗，或根本受到具反人類傾向的煽動者所利用。這兩種情況下，懷疑論者時常聲稱另一方不懷好意——掀起騙人的危機（越來越熱的世界、饑荒的危險等），這麼一來，就能提出自己偏好的觀點——像是反工業主義（anti-industrialism）、公司資本主義（corporate capitalism）等——是唯一的解決辦法。

還有其他諸如此類的：我在前一篇附錄中主張，理解一個問題並不自動地表示接受那問題的嚴重程度，或接受那問題某些解決辦法。在有意義的討論中，這會導致我們企圖去管理風險——也就是把問題看成和激進主義者原先想的那樣，有嚴重的風險；並投入太多時間、金錢和注意力來解決一個問題，到頭來才發現那問題沒原先想的那麼嚴重，而其他目標也沒達成。

下面列出九個科學團體（總共代表了數千名研究者）對於基因改造生物安全風險的聲明（如果想要閱讀完整的報告，這些在網路上都找得到）。整體來看，這些團體之於支持基因改造食物，就像跨政府氣候變遷研究小組（IPCC）之於氣候變遷——大量科學家出於良心，陳述他們領域的普遍共識。從下面的聲明看來——也就是以我們目前所知來看——沒什麼理由認為攝取基因改造生物GMO的相關食品會對人類健康造成任何危害。

這表示大家都應該接受GMO嗎？倒也未必。不過如果討論的內容從GMO的安全問題（幾乎是無稽之談）轉移到實際的爭論重點（工業化農業目前的版本，加上新技術，能不能永續地維持全球一百億人口等），或者，相關的危害（生態、經濟、心靈方面的危險）是否大到需要徹底改造。

根據二〇一六年的美國國家科學院：

> 基改食品的動物研究以及針對其化學組成的研究，兩者得到的差異皆顯示，人類食用基改食品造成的健康風險並未高過於食用非基改的相同食品〔……〕委員會無法找到可信的證據，證實食用基改食品會造成不良的健康影響。

（*Committee on Genetically Engineered Crops: Past Experience and Future Prospects. National Academies of Sciences, Engineering, and Medicine. 2016.* Genetically Engineered Crops: Experiences and Prospects. *Washington, DC: National Academies Press.*）

根據二〇一四年的世界衛生組織：

> 國際市場上目前可取得的基改食品已通過安全評估，不大可能危害人類健康。此外，對那些核准基改食品的國家，在大眾食用基改食品之後，並沒有出現對人類健康的影響。

（*Frequently Asked Questions on Genetically Modified Foods*, World Health Organization, May 2014 ["prepared by WHO in response to questions and concerns from WHO Member State Governments"].）

根據二〇一二年的美國科學促進會：

> 科學證據十分明確：現代生物科技的分子技術改良的作物很安全。

（聲明出自 *AAAS Board of Directors on Labeling of Genetically Modified Foods*, 20 Oct 2012.）

根據二〇一二年的美國醫學會：

> 生物工程食品被人類食用至今將近二十年，在這期間，在同儕審查的文獻中並未有對人類健康不良影響的報告及／或證據。然而，確實存在不良後果的微小可能性，主要是因為水平基因轉移、過敏及毒性〔……〕（不過）透過上市前安全評估與食品藥物管理局的要求（任何生物工程食品與傳統食品之間的實際差異，都應於標示中註明），方能有效確保生物工程食品的安全。

（*Report 2 of the Council on Science and Public Health [A-12]; Labeling of Bioengineered Foods [Resolution 508 and 509-A-11]*, 2012.）

根據二〇一〇年的歐盟：

逾一百三十個研究計畫、涵蓋超過二十五年的研究期間，以及超過五百個獨立研究團體參與，所共同得到的主要結論是，生物科技（尤其是GMO）的危險並不會高於——舉例來說——傳統的植物育種技術。

（*Directorate-General for Research and Innovation. European Commission.* A Decade of EU-Funded GMO Research [2001-2010]. *Brussels: European Union.*）

根據二〇〇九年的美國細胞生物學學會：

基改作物對大眾健康完全不會造成威脅，而且在許多狀況下還能增進大眾健康。

（*American Society for Cell Biology. 2009. ASCB Statement in Support of Research on Genetically Modified Organisms. Press released, 30 Jan.*）

根據二〇〇八年的倫敦聖喬治大學細胞與分子醫學系研究者（Researchers from the Department of Cellular and Molecular Medicine, St George's University of London）：

> 超過十五年來，世界各地已有超過一億人吃下基改作物製成的食品，並未有不良影響的報告（或和人類健康相關的法律案件），雖然許多食用者來自最好訴訟的國家——美國。然而沒有明確記錄的證據顯示，基改作物可能有毒〔……〕這些食物本身的外來DNA序列，對人類健康並無內因的風險。

（*S. Key, et al. 2008. "Genetically Modified Plants and Human Health."* Journal of the Royal Society of Medicine *101:290-98.*）

根據二〇〇六年的德國科學與人類學院聯盟（Union of German Academies of Sciences and Humanities）：

> 在歐盟與其他國家上市的GMO產品經過嚴格的檢測與控制，因此極不可能造成比傳統來源產品更大的健康威脅。

（*InterAcademy Panel Initiative on Genetically Modified Organisms. Union of the German Academies of Science and Humanities. 2006. "Are There Health Hazards for the Consumer from Eating Genetically Modified Food?" Statement, International Workshop, Berlin, 2006.*）

根據二〇〇二年的法國科學院（French Academy of Science）：

所有對GMO的（健康）批評，都能在純科學的範疇中駁斥大半。

（*R. Douce, ed. 2002.* Les Plantes Génétiquement Modifiées. *Paris: Tec & Doc Lavoisier [Rapports de l'Académie des Sciences sur la Science et la Technologie 13].*）

致謝

本書開始時，我提到我女兒；但為了公平與家庭和諧，我要說一下，我還有另外兩個孩子，而我同樣關心他們的未來。這本述及許多事物的大部頭之作，是為紐威（Newell）、艾蜜莉亞（Emilia）和斯凱樂（Schuyler）寫的。

過程中幫助我的人不記其數：梭德之子（Sons of Saude）的羅利·納特維格（Rollie Natvig）帶我瞭解斯堪地那維亞式的愛荷華。肯特·馬修森（Kent Mathewson）和我一起開車去皮托爾。海倫·伯格雷夫（Helen Burggraf）在倫敦招待我。喬許·吉（Josh Ge）帶我去內蒙古的碳捕集廠、上海與柳州的水利系統，以及寮國和泰國的橡膠園（述及的那一節可惜被我從草稿中刪除了）。香克馬拉·森（Shankmala Sen）幫我在邏輯上和語言上理解印度的煤田；而阿基爾·卡汗（Aqueel Khan）則替我安排和香克馬拉見面。蘭斯·瑟納（Lance Thurner）和麥特·瑞德里（Matt Ridley）分享了他們未發表的研究。瑞克·貝萊斯（Rick Bayless）讓我參觀他的花園。斯凱樂·曼（Schuyler Mann）替我檢查注釋和參考文獻。布魯斯·倫德比（Bruce Lundeby）幫我處理挪威的檔案。威瑟·海斯（Westher Hess）和諾姆·班森（Norm Benson）提供和威瑟父親華爾特·羅德米爾克（Walter Clay Lowdermilk）相關的照片——班森為迷人的羅德米爾克寫的傳記即將上市，已在我待讀清單上名列前茅。布勞格基金會（Borlaug Foundation）的馬克・強森（Mark Johnson）在一個冷冽的冬日早晨，帶我穿過布勞格的家舍。馬圖拉・斯瓦米納坦（Madhura Swaminathan）邀我去清奈跟她父親對談——感謝她和斯瓦米納坦研究基金會（M. S. Swaminathan Research Foundation）款待，願意讓我檢閱他們的文獻，以及一堆其他的事。我訪談斯瓦米納坦教授的文字版將於基金會網站上公開。

從北卡羅萊納州（李安妮，Anne H. Lee）、愛荷華州（珍・維爾達，Jan Wearda）、俄亥俄州（多蒂・諾茲，Dottie Nortz）到長島（奧特曼研究服務，Ottman Research Services），以及線上（辛西亞與葛蘭・克拉克，Cynthia and Glenn Clark）的各位譜系學家在幫忙查出真相。謹向合格譜系學家（Certified Genealogist）的羅傑・喬斯林（Roger Joslyn）脫帽致意，是他泰然自若地引導我穿過紐約市官僚的荒野。勒蘭・古德曼（Leland Goodman）是王牌中的王牌，負責插圖；尼克・史普林格（Nick Springer）再一次替我處理了地圖。認識他們兩位是我的榮幸。

我多次和凱文・凱利（Kevin Kelly）、尼爾・史蒂芬森（Neal Stephenson）、比爾・麥奇本、喬伊絲・卓別林、泰勒・考溫（Tyler Cowen）、賴瑞・史密斯（Larry Smith）、彼得・卡芮瓦（Peter Kareiva）、凱西・菲莉普斯（Cassie Phillips）、文・史蒂芬森（Wen Stephenson）、艾倫・魯佩爾・雪爾（Ellen Ruppel Shell）、鮑勃・波林（Bob Pollin）、戴瓦・梭貝爾（Dava Sobel）、迪克・特雷西、蓋瑞・陶布斯（Gary Taubes）、莉迪亞・朗（Lydia Long）、泰勒・普利斯特、丹尼爾・巴金（Daniel Botkin）與蕾伊・曼恩（Ray Mann）討論了《巫師與先知》的部分或全部內容，其中最重要的是蕾伊・曼恩，她是我思想與人生的伴侶。其中有些人和我意見相左，看法雖激烈衝突卻有助益；有些人看到自己的名字出現在這裡，也許很訝異。在這樣的一次談話中，史都華・布蘭德建議了第一版的書名；另一次談話中，庫倫・墨菲（Cullen Murphy）提議了最後一版；這是第二次他替我想書名了。

我越寫越感激第一批讀者——這些勇敢而仁慈的人願意閱讀部分或所有未完成的手稿。感謝戴倫・艾塞默魯（Daron Acemoglu）、喬爾・伯恩、詹姆士・博伊斯、史都華・布蘭德、安娜・凱塞多（Ana Caicedo）、鮑伯・克瑞斯（Bob Crease）、羅伯・迪康多、茹絲・德弗里斯（Ruth DeFries）、厄爾・埃里斯（Erle Ellis）、丹・法默（Dan Farmer）、貝琪・哈特曼、蘇珊娜・赫克特（Susanna Hecht）、傑佛瑞・凱格勒（Jeffrey Kegler）、瑪姬・柯思貝克（Maggie Koerth-Baker）、珍・朗黛爾、麥克・林區（Mike Lynch）、泰德・梅里洛（Ted Melillo）、納拉亞南・曼儂（Narayanan Menon）、奧利佛・摩頓、拉梅茲・納姆、蘇妮塔・納瑞恩、雷蒙・皮耶倫伯、麥可・波倫（Michael Pollan）、麥特・瑞德里、盧德米拉・泰勒（Ludmila Tyler）與卡爾・齊默（Carl Zimmer）。他們都找出了不妥、誤解、充滿邏輯謬誤和愚蠢醒目的錯誤。奧利佛・摩頓非常溫柔地寫道，我不小心把「十億」打成「百萬」，差了三次方之遙。我很感激他（和他們）的耐心。若還有愚蠢的錯誤，當然都是我的問題。

多虧了洛克菲勒基金會的檔案設施——米歇爾・貝克曼（Michele Beckerman）與李・希爾茲克（Lee Hiltzik）幫我在其中尋找影像和檔案，古根漢基金會——由衷感謝安德烈・伯納德（Andre Bernard）、丹佛公共圖書館——柯伊・佐蒙賈里格（Coi Drummon-Gehrig）找到裘安娜、瑪喬麗和威廉・佛格特的珍貴照片、普林斯敦大學、史密斯學院、國會圖書館、愛荷華大學、威斯康辛大學與明尼蘇達大學的檔案館功能（部分為線上內容），本書才得以成書。很感謝他們的幫助。

我有幸能與好編輯合作。首先，下列幾位委託撰寫的文章最後放入本書的草稿中：《大西洋》雜誌

（*The Atlantic*）的柯比・庫默爾（Corby Kummer）與史考特・史塔索（Scott Stossel）；《獵戶座》雜誌（*Orion*）的安德魯・布萊赫曼（Andrew Blechman）；《連線》雜誌（*Wired*）的蘇珊・瑪爾柯（Susan Murcko）；《國家地理雜誌》的芭芭拉・伯森（Barbara Paulsen）與傑米・許瑞福（Jamie Shreeve）；《浮華世界》的庫倫・墨菲；《太平洋標準》月刊（*Pacific Standard*）的瑪麗亞・斯特辛斯基（Maria Streshinsky）；《科學》期刊的提姆・阿彭策勒（Tim Appenzeller）、柯林・諾曼（Colin Norman）和伊莉莎白・庫洛塔（Elizabeth Culotta）；《紐約時報》的盧克・米謝爾（Luke Mitchell）。接著是我在克諾夫出版社（Knopf）的編輯與他的團隊——寬宏大量的瓊恩・席格（Jon Segal）、耐心的凱文・柏克（Kevin Bourke）和超棒的蘇珊娜・斯特吉斯（Susanna Sturgis）。這是我和瓊恩合作的第六本書，也是我和我經紀人瑞克・巴爾金（Rick Balkin）合作的第九本。說我無比珍惜他們的關照與友誼，也不足以表達我的感激。

謝謝安德魯・布萊赫曼，他在關鍵階段貢獻了他的編輯技術，幫我整理、徹底思考了這些材料。謝謝蘇珊娜・赫克特我討論了無數次，也給了無數的閱讀建議，並在日內瓦和洛杉磯和熱情招待。謝謝麥可・波倫讓我剽竊了他的組織方案——他又是從他妻子（Judith Belzer）那裡偷來的。謝謝琳恩・馬古利斯，因為單單幾次與她談話就足以憾動我的人生；真希望她還在世，能告訴我我對一切的看法大錯特錯！

我摸索完成這計畫的過程中，我最老的朋友馬克・普隆默（Mark Plummer）離開這個世界了。和馬克對話二十多載（他鞭辟入理的批評也聽了二十多載），讓這本書的每一句話都更加有意義。《巫師與先知》是我多年來第一本他沒讀的力作，每每想到此就令我哀傷，不知該如何表達。我真想念他打電話來，劈頭就說：「我覺得你這邊寫的意思是……」。

原書附件

的對象並非自古不變，而是持槍和鋼刃的當代人；當前他們之間的戰爭，不應用來當作過去的證據。為了迴避這個爭議，我把重點放在過去一萬年，也就是大家有共識並不和平的期間。最近支持上古戰爭的論點，包括Morris 2014: 52-63, 333-38（1 out of 10）; Diamond 2012: chap. 4, 2006: esp. 294-98; Pinker 2011; Tooby and Cosmides 2010; Gat 2006: Part 1; Fukuyama 1998: 24-27。以上的研究都根據更早的研究，其中包括Bowles 2009; Otterbein 2004; LeBlanc and Register 2003; 尤其是Keeley 1996。反對上古戰爭的論點，包括Thorpe 2005; Layton 2005; 以及Fry 2013之中的論文, 尤其Ferguson 2013a, b。人類學家的批評一般根據Wolf 1982中的概念。

460 二戰後的暴力死亡率：Themnér and Wallensteen 2013; Lacina et al. 2006。二者分別代表了烏普薩拉衝突數據計畫（Uppsala Conflict Data Program）與和平研究所奧斯陸戰鬥死亡數據集（Oslo Battle Deaths Dataset），這是量化全球戰爭死亡人數的主要成果。他們的方法自然受到抨擊（例如Gohdes and Price 2013），不過在我看來，反擊十分強勁（Lacina and Gleditsch 2012）。

461 維和行動成功：Goldstein 2011。

461 暴力略增：Institute for Economics and Peace 2017。

461 全球貧窮減少：依據世界銀行的一個經濟研究團隊，一九九〇年有十九億六千萬人處於赤貧的狀態（>每日一 ·九美元，二〇一一年購買力平價）；二〇一五年，這數字是預計中的七億兩百萬，減少了超過三分之二（Cruz et al. 2015）。「身為人類」：訪問, B. Sterling, Slashdot.org, 23 Dec 2013。

461 「全世界的樂趣」：Defoe 1719: 132。

附錄一　為何要相信？（上）

465 預測成功：Stouffer and Manabe 2017; Gillett et al. 2011; Stouffer et al. 1989; Manabe and Wetherald 1967。預測成功的討論，見Raymond Pierrehumbert's 2012 Tyndall lecture（available at www.youtube.com）。

466 校正：Voosen 2016; Curry and Webster 2011。

466 雲：作者訪問, Pierrehumbert; Ceppi et al. 2017; Voosen 2012。

467 甲烷水合物：Pohlman et al. 2017。

467 生物影響：作者訪問, Daniel Botkin; Ahlström et al. 2017（「大部分的地球系統模式〔ESM，Earth systems models〕對植物過程的刻畫不佳，例如（樹木）死亡和火災……ESM通常預測遠低於觀察值的熱帶森林範圍和亞馬遜的生物量」), Tröstl et al. 2016（揮發性）; Zeng et al. 2017（「緩和」）; Zhu et al. 2016（綠化）。

468 南極模型：Stenni et al forthcoming; Smith and Polvani 2016; DeConto and Pollard 2016。感謝麥特·瑞德里（Matt Ridley）讓我注意到這項研究。

Cohen（1985: 597-98）指出，那場辯論說服了鳥類學家亨利・貝克・崔斯坦（Henry Baker Tristam）轉換陣營，從第一位在文章中引用達爾文天擇的科學家，變成反對演化。

454 「諸如此類的」: Hitchens 2005。就連主教的傳記作者也同情地把他的表現描寫為「無能」（Meacham 1970: 215）。

455 《失調的和諧》: Botkin 1992（1990）。亦見Botkin 2012。

456 鶴的演化，範圍，族群：Meine and Archibald 1996: 159-62（灰鶴數量）, 175（美洲鶴數量）; Krajewski and King 1996: 26（演化）, Krajewski and Fetzner 1994（演化）; Doughty 1988:4（範圍）, 15-18（數量）。

456 提布隆仙燈：Botkin 2016: 171-72。

457 《魯賓遜漂流記》: Defoe 1719（"rover," 19; "Prize," 20）。

457 狄福與奴隸制：Richetti 2005:18（股份）; Keirn 1988（社論）; Defoe 1715（「我們貿易中」, 5）。狄福得到十二英鎊十先令六便士（依據Measuringworth.com，大約今日的五萬美元）。

458 Scott 2017:esp. 155-82（希臘,「奴隸賣場」, 156）; Mann 2011: chap. 8（早期的現代奴隸制）; United States Bureau of Census 1909: 139-40（美國奴隸人口）。中間段落的數據來自跨大西洋奴隸貿易資料庫（Trans-Atlantic Slave Trade Database，www.slavevoyages.org）。近年的全球歷史來自進行中的劍橋世界奴隸史（Cambridge World History of Slavery）計畫。

458 奴隸的價值：Williamson and Cain 2015; Ransom and Sutch 1990（價值, 39; 利潤率, 31）。國內生產毛額出自Gallman（1966: Table A-1），概略的中間值出自他一八四九至一八五八年和一八六九至一八七八年。安格斯・麥迪森（Angus Maddison）計畫更近期的估計，認為國內生產毛額相當一九九〇年的二十二億四千萬國際元（Geary-Khanis dollar）（Bolt and van Zanden 2013）。依據Balke and Gordon（1989: Table 10）往後外推，算出數字大約七十億美元。通貨膨漲價值參考www.measuringworth.com。「絕對善良」: John C. Calhoun, "Speech on Slavery," U.S. Senate, Congressional Globe, 24th Congress, 2nd Sess（Feb. 6, 1837）, 157-59。

459 廢除奴隸制：許多書都寫過這個故事。其中最推薦Drescher 2009 and Davis 2006; 兩千四百九十萬個奴隸：International Labor Organization 2017。

459 母系社會的不足：一般觀點概述，見Harari 2015: 152-59; Balter 2006: 36-40, 107-14, 320-24; Christian 2005: 256-57, 263-64。

459 過去的女性地位：這個複雜議題始於Smith 2008。美國女性，見Evans 1997（1989）。歐洲女性，見Anderson and Zinsser 2000（1988）。

460 戰爭與暴力的死亡人數下降：Morris 2014; Diamond 2012: chap. 4; Pinker 2011; Goldstein 2011; Gat 2006; Keeley 1996; Richardson 1960。

460 典型的希臘戰爭：Van Wees 2004。

460 德國傷亡人數：Gat 2013（「加起來還要高」, 152）。

460 早期社會的暴力程度：許多知名研究者（包括史迪芬・平克〔Steven Pinker〕、賈德・戴蒙〔Jared Diamond〕和伊恩・莫里斯），堅持組織犯罪可以追溯到農業發明之前，早至我們最古老祖先的覓食幫。這主張的證據來自古代聚落的考古報告，以及對今日殘存狩獵採集者的人類學研究，其中都充滿戰爭的痕跡。這兩種證據都受到批評。批評者指出，首先，考古學家至今只找到一個發生戰爭的遺址（北蘇丹的捷貝爾・撒哈巴〔Jebel Sahaba〕）早於一萬年前，表示戰爭的實際證據幾乎完全來自之後的農業社會。採集到農業的轉變大大改變了社會，因此不能假設戰爭的程度相同。至於人類學家雖然描述過一些暴力的現代採集者，但這些群體研究的時間，都是在他們開始和更大型、更技術性的社會互動很久之後。這裡的爭議是，人類學家

2:192-204〔「猴子」, 197〕）與達爾文之子法蘭西斯（Francis）（1893: 1: 251-53 ["falsehood," 252]）的敘述。

451 達爾文與韋伯佛斯的背景：達爾文的權威傳記是Browne 1995, 2002; 亦見Browne 2006, F. Darwin 1887。其實韋伯佛斯和比他家族與科學的關係，比達爾文一家更密切。不只韋伯佛斯主教，他的三個兄弟中，有二人得到數學的一級榮譽學位（Ashwell and Wilberforce 1880–82, 1: 32）。相較之下，達爾文求學期間覺得數學「令人憎惡」，逃避數學（F. Darwin 1887: 1: 46）。他們獲選為皇家學會會員，出現在發表於《倫敦皇家學會哲學彙刊》（*Philosophical Transactions of the Royal Society of London*）的會員名單中。

451 達爾文與韋伯佛斯對輸掉的反應：Hesketh 2009: 43-46. Darwin: Keynes 2002（2001）; Browne 1995: 498-504. Wilberforce: Ashwell and Wilberforce 1880–82: 1: 50, 177-92（引用自180-81）。

451 韋伯佛斯的論文：[Wilberforce] 1860。評論是匿名，不過達爾文、赫胥黎和其他許多人知道作者是誰。

451 「所有困難點」: Letter, C. Darwin to J. D. Hooker, 20 Jul 1860, CCD 8: 293。達爾文對批評的效力說法反覆（Letter, C. Darwin to C. Lyell, 11 Aug 1860, CCD 8: 319〔「主教收集了幾個例子，很有力地反駁我，都是我說得含糊的地方」〕; letter, C. Darwin to T. H. Huxley, 20 Jul 1860, CCD 8:294; letter, C. Darwin to A. Gray, 22 Jul 1860, CCD 8:298; letter, C. Darwin to C. Lyell, 30 Jul 1860, CCD 8: 306）。相較之下，赫胥黎總是對「愚蠢而無禮」的評論嗤之以鼻，說是「抱怨有餘，理性不足」（Huxley 1887: 183-84）。

452 化石證據不完全：[Wilberforce] 1860（「他們的理論」, 239）; Darwin 1859: chap. 9。

452 天擇：Huxley 1887（「從來沒想過！」, 197）; Darwin 1859: chap. 4（「同類」, 81,「生存」, 61）; Darwin and Wallace 1858。

452 「雜亂山坡」: Darwin 1872:429。達爾文的靈感來源可能是蘭花坡（Orchis Bank），他在早晨散步時經常經過那裡（Keynes 2002: 251）。第一版的《起源》（1859: 489）稱之為「糾纏的山坡」（強調是我加的）。

453 避而不談：達爾文倒是在倒數第二頁間接寫道，在「遙遠的未來……將明瞭人類的起源和歷史」（Darwin 1859:488）。達爾文避免討論人類，因為他認為「直接與基督教、神學爭論，對大眾幾乎不會有任何效果」（letter, C. Darwin to E. B. Aveling, 13 Oct 1880, in Feuer 1975:2）。達爾文補充，他希望避免讓他家人不快。

453 韋伯佛斯反對降低人類地位：[Wilberforce] 1860: 256-64（「人類道德與精神狀態」, 257;「香菇」, 231）」。亦見Cohen 1985:598, 607n22; Meacham 1970: 213-14。

453 非演化的哥白尼革命：Dick Teresi, pers. comm。依據特雷西所言，「地球很特別這事，長久以來一直遭到誤解」。在當時的基督教概念中，地球是個墮落之地。雖然是宇宙的中心，卻不值得敬佩。特雷西解釋道，「地球之所以特別，只是因為『那樣不是很特別嗎？』」西元前八世紀，北印度的思想家把太陽設為宇宙中心；五百年後，薩摩斯（Samos）島的希臘天文學家愛里斯塔克斯（Aristarchus）也以太陽為中心。到了西元一千年，馬亞人有了日心說（heliocentric）的系統。然而，哥白尼慎密的做法是一大進步。

453 第二次哥白尼革命：Lewis 2009。感謝奧利佛．摩頓讓我注意到這部分，而西蒙．路易斯大方讓我剽竊他的想法。

454 「自然之上」: Marsh 1864: 549（強調是後來加的）。

454 「在牛津」: Letter, Darwin to T. H. Huxley, 3 Jul 1860, CCD 8: 277。

454 辯論的反應：Jensen 1988: 171–73; Lucas 1979: 323–25; Altholz 1980: 315（「打敗他了」）; letter, J. R. Green to W. B. Dawkins, 3 Jul 1860, in Leslie 1901: 43-46（「歡聲雷動」）; letter, T. H. Huxley to F. Dyster, 9 Sept 1860. In Foskett 1953（「之後二十四小時」）。

2003。

439 成功的故事：作者探訪, Pune region; Bourne, pers. comm.; Bourne 2015: 78-81; Damodaran 2016。

440 巴基斯坦會議：VIET3: 90-91。

442 Sharbati Sonora：作者訪問, P. C. Kesavan, Swaminathan; Austin and Ram 1971; Varughese and Swaminathan 1967。其他類的適應細節，見M.S. Swaminathan, "Can We Face a Widespread Drought Again without Food Imports," Address to Indian Society of Agricultural Statistics, 1972。Typescript, M.S. Swaminathan Foundation archives。顏色變化和其他適應，因為斯瓦米納坦宣布突變穀粒和一般穀粒比起來，蛋白基和必需胺基酸——離胺酸的含量很高，因此比較營養。這主張似乎出自錯誤的實驗測試。總之，斯瓦米納坦過度熱切地報告了含量提高的情形（例如Swaminathan 1969: 73）。離胺酸的主張證明是假的之後，斯瓦米納坦因為散布假資訊而被告。布勞格堅決質疑罪名，後續調查找不到任何根據（Saha 2013: 309-10; Parthasarathi 2007: 235-40; Borlaug and Anderson 1975; Hanlon 1974）。小麥糠的顏色：Metzger and Silbaugh 1970。

443 常綠革命：Swaminathan 2010a, 2006（「審慎」, 2293）, 2000, 1996（請特別參閱232）; M. S. Swaminathan, "The Age of Algeny, Genetic Destruction of Yield Barriers and Agricultural Transformation," Address to 55th Indian Science Congress, 1968, typescript, M. S. Swaminathan Foundation archives（一九六八年的擔憂）。

444 工坊與世界：Crease forthcoming; Husserl 1970。

第十章　培養皿的邊緣

449 韋伯佛斯：傳記包括Meacham 1970; Wilberforce 1888; Ashwell and Wilberforce 1880–82。韋伯佛斯的名聲，見首相威廉・格萊斯頓（William Gladstone）的悼辭（Ashwell and Wilberforce 1880–82, 3: 450-51）。

449 「乾乾淨淨地解決了主教」: Case and Stiers 1971: 297; Case 1975: 90。

449 科學的勝利：例如見Hitchens 2005（「引爆點」）; Brooke 2001（「科學史上數一數二的偉大故事」, 127）; Glick 1988（「英國科學神話的關鍵篇章」, xvi）; Lucas 1979。Smith（2013）描述了那場辯論的常見描繪，「那一天……科學掙脫了宗教威權的桎梏」。高爾德（Gauld）找到了六十三處描述那場辯論的文字（1992a: 151）。高爾德表示，他們的「目的」是為了慶祝「達爾文主義對無知宗教偏見的勝利」（1992b: 406）。對那場辯論的這類描寫，至少可以追溯到White 1896（赫胥黎的妙語，「透過英國而回響」[1: 71]和「讓（韋伯佛斯）的名聲遺臭萬年」[2: 342]）。其他描述那場辯論的還有Hesketh 2009; Depew 2010: 338-43; Browne 2006: 95–97, 2002: 153-70; Brooke 2001; Thomson 2000; Jensen 1991: 68-86, 1988; Gilley 1981; Altholz 1980; Meacham 1970: 212-17; Wilberforce 1888: 247-48; Ashwell and Wilberforce 1880–82, 2: 450-51; Anonymous 1860a: 18-19, 1860b: 64-65; letter, J. D. Hooker to C. Darwin, 2 Jul 1860, CCD 8: 270; letter, C. Darwin to T. H. Huxley, 3 Jul 1860, CCD 8: 277; letter, J. R. Green to W. B. Dawkins, 3 Jul 1860, in Leslie ed. 1901: 43-46; letter, C. Darwin to T. H. Huxley, 5 Jul 1860, CCD 8: 280; letter, T. H. Huxley to F. Dyster, 9 Sept 1860, Foskett 1953。

449 沒有家報紙：Ellegard 1958:380; Jensen 1988: 170-71。

450 《起源》引發轟動：Browne 2002: chap. 3。

450 「交到我的手裡」: 撒母耳記上23: 7（「掃羅說，神將他交在我手裡了〔欽定版聖經〕」。注意赫胥黎說這句話的最早記錄，出自他兒子的傳記，出版於辯論的四十年後。一名目擊者寫道，赫胥黎「氣得臉色發白」（Tuckwell 1900: 52）。

451 赫胥黎與韋伯佛斯的故事：常見的版本根據赫胥黎之子李奧納德（Leonard）（1901:

416 早期的肥料和放射線實驗：作者訪問, Swaminathan, P. C. Kesavan; Chopra 2005; Pal et al. 1958; Swaminathan and Natarajan 1956。
416 斯瓦米納坦，木原均與沃爾格：作者訪問, Swaminathan; Swaminathan 2015: 2-3; 2010a:3; Crow 1994。
417 甘迺迪與中印戰爭：Reidel 2015: chap. 4（「給我指示」, 119;「這整個次大陸」, 138）。
417 尼赫魯的弱點：Cullather 2010: 196-97; Brown 1999: 160-64。
418 基金會結束墨西哥的計畫：Rockefeller Foundation 1916–, *Annual Report*, 1959:30。
418 布勞格，香蕉，糧農組織：VIET3: 19-25; Borlaug 1994: iv; Bickel 1974: 225-28。
418 布勞格的印度報告：RFOI 206; Cullather 2010: 192（所有引用）。訪問中，斯瓦米納坦說他當時對布勞格並沒有特別的印象。
418 訓練計畫：VIET3: 24-27, 35-37; Borlaug 1994: v-vi; Bickel 1974: 233-36。
419 七個農業區：Cullather 2010: 195。1959年，一群印度與美國學者在一篇很有影響力的福特基金會（Ford Foundation）報告中主張，饑荒會是印度發展的瓶頸。他們警告，長期來看，進口低價美國小麥會適得其反。這樣其實會為國產小麥設下價格上限，打擊國內生產（Government of India 1959）。
419 布勞格與斯瓦米納坦之行：作者訪問, Swaminathan（「孩子氣」）; Swaminathan 2010b: 4-5; VIET3: 67-76; Cullather 2010: 198-99; Bickel 1974: 244-46（「我所見過」）。
420 肥料的掙扎：Saha 2013; Cullather 2010: 198-201（「原料」,「水壩計畫」, 199）; N. E. Borlaug, "Indian Wheat Research Designed to Increase Wheat Production," typescript, CIMBPC, 11 Apr 1964（B5634-R）（「化學肥料」, 2）。提高肥料進口，會進而減少黃麻進口。而印度的財政部長在政府裡大權在握，按庫拉瑟的說法，他「像獒犬一樣守著黃麻分配」（200）。
421 巴基斯坦衝突：VIET3: 76-81（所有引用）。
423 一九六四至六五年的試驗：Swaminathan 1965; Swaminathan 2010b: 4-5, 1965; Perkins 1997: 236。
423 沙斯特里、蘇布拉馬尼亞姆和布塔林加：作者訪問, Swaminathan; Saha 2013, esp. 302-5; Bhoothalingam 1993: 108。
425 把穀物送去印度和巴基斯坦：LHNB（「瓦茲暴動」）; VIET3: 112-18; Bickel 1974: 272-79; Paarlberg 1970: 15。
428 印巴戰爭：VIET3: 119-20（「**我後院**」, 119）。
430 溴化甲烷的慘劇：VIET3: 130-31。
432 畢哈邦饑荒：Rubin 2009: 703-06; Dréze 1995: 48-63, appendixes; Dyson and Maharatna 1992; Brass 1986; Berg 1971; Ramalingaswami et al. 1971; Gandhi 1966（「數百萬個家庭」, 63）。
434 布勞格、蘇布拉馬尼亞姆，梅塔：作者訪問, Swaminathan; VIET 2: 167-169。
435 父母的房子：作者訪問, Mark Johnson（布勞格基金會）; Bickel 1974: 346-47。
435 博伊斯的故事：作者訪問, Boyce; Hartmann and Boyce 2013。
437 綠色革命受到的批評：Cockburn 2007（「數以百萬計」）; Freebairn 1995（五分之四）; Shiva 1991（「不滿的農民」, 12）; Pearse 1980; Griffin 1974（「失敗的革命」, xi）, 1972; Hewitt de Alcántara 1978; Dasgupta 1977（「集中於更少數人手」, 372）; Feder 1976（「第三世界農民」, 532）; Bickel 1974（噓聲, 350-51）; Reinton 1973（「造成悲劇」, 58）; Byres 1972; George 1986（1976）（「窮人更悲慘」, 17）; Cleaver 1972; Palmer 1972（綠色革命把「一部分的近東地區」變成「綠色災區」, 95）; Frankel 197。UNRISD 的書列於 unrisd.org。
438 布勞格的反應：作者訪問, Borlaug; VIET3: 107-08。
438 產量提高：United Nations Food and Agriculture Organization 2004; Evenson and Gollin

401 「太多人了」: Ehrlich 1968: 66-67。

402 埃爾希利在德里：Ehrlich 1968: 15-16(「人口過剩」), 84。佛格特在參議院作證時提出同樣的主張，並且以紐約當時的水汙染和洛杉磯當時的空氣汙染為例。「削減兩座城市的人口，大部分的問題就會消失」(United States Senate 1966: 720)。埃爾希利的德里經歷遭抨擊為種族歧視，這樣的指控令他痛苦(作者訪問)。

402 德里，巴黎，東京的人口成長：作者訪問, 納瑞恩; United Nations Department of Economic and Social Affairs 2006: Table A.11。

403 哈德遜河谷，歐洲森林：Forest Europe 2015(目前的歐洲森林); U.S. Census Bureau, Annual Estimates of the Resident Population: April 1, 2010 to July 1, 2012(見www.census.gov); Canham 1999(歷史上的紐約森林); Kauppi et al. 1992(一九七〇至一九九九年的歐洲森林); Considine and Frieswyk 1982: Table 87; Seaton 1877(人口)。

404 自然填補：鹿，火雞(Sterba 2012: 87-89, 104-05, 150-60); 泰晤士河(見倫敦動物學會〔Zoological Society of London〕年度調查, sites.zsl.org/inthe thames); 日本(United Nations World Health Organization 2016:Annexes 1, 2)。

405 德里／丹麥的比較：風力發電數據出自energinet.dk；德里農場大火來自worldview.earthdata.nasa.gov(1 Nov 2016, "fires and thermal anomalies" overlay); 德里的人均收入(兩百一十二、兩百一十九盧比)出自Economic Survey of Delhi 2014–15(delhi.gov.in); 哥本哈根的人均收入(三十二萬兩千丹麥克朗)出自國家網站(denmark.dk); 哥本哈根的氣候計畫出自哥本哈根市網站，www.kk.dk; WWF Living Planet Report 2014(wwf.panda.org)。

第九章　巫師

407 「一般來說都是共同發現」: Merton 1961: 477。

408 共同發現的例子：Skousen ed. 2007, 2: 173(「世界的兩端」); Browne 2002: 14-33(達爾文，華萊士); Crease and Mann 1996: 140-44(史杜克爾堡); Thompson 1910: 1:44-45(引用), 113。

408 斯瓦米納坦：傳記包括Dil 2004; Iyer 2002; Gopalkrishnan 2002; Erdélyi 2002。斯瓦米納坦的許多文字收錄於Rao 2015。

410 孟加拉饑荒：Ó Gráda 2015: 38-91(「流入市場」, 49;「為戰爭無所事事」, 92)。格拉達(Ó Gráda)改良了阿馬蒂亞・森(Amartya Sen)的權威分析，得到的結論是，收成不足「在承平時期應當能處理……饑荒是統治的殖民菁英在戰時調整優先順序的結果。」(91)。

410 一百六十名農學院學生：Saha 2012:xxii。

411 印度農業研究所校園：作者探訪, IARI。

413 尼赫魯與科學：科學：Singh 2014; Government of India 1958; 亦見Nehru 1994(1946), 尤其31-33。宣言納入印度憲法 Part IVA, 51A(h)。

414 尼赫魯的工業化計畫與農業：Cullather 2010: 135-52ff, 198-200; Varshney 1998: 25-47ff(土地所有權, 29); Perkins 1997: 161-75ff。

414 補貼計畫：計畫由一九五四年的《農業貿易發展與援助法案》(Agricultural Trade Development and Assistance Act，或公法四八〇條)受權，實則為妥協，讓美國農業州讓補貼的小麥、玉米、稻米維持高產量，將過剩的農作送往亞洲(作者訪問，詹姆士・博伊斯; Cullather 2010: 142-43)。

415 斯瓦米納坦在IARI：Swaminathan 2015: 1-2; 2010a: 2-3; Dil 2004: Appendix IX(論文列表)。

415 古代印度河谷的小麥：Fuller et al. 2007。

W. Vogt, "Report of the National Director," 6 Mar 1952, Box 23, FF6; Minutes, Annual Membership Meeting, 23 Oct 1951, Box 14, FF11（「更適任」）; Release, "World Population Authority Named Director of Planned Parenthood," 18 May 1951. Box 23, FF26; Minutes, Executive Committee Meeting, 15 May 1951, Box 23, FF5; letter, R. L. Dickinson to M. Sanger, 26 Nov 1948. Box 70, FF4, all at PPFA1; letter, L. Campbell to W. Vogt, 26 Feb 1949, Box 1, FF13, VDPL。桑格贊美的例子，見Sanger 1950, 1949。

393 麥考密克，佛格特與避孕藥：Baker 2011: 290-94; Chesler 1992: 407-12, 430-34; Lewis 1991: 107（巴德學院）; Reed 1983（1978）: 335-45; letter, M. Sanger to K. McCormick, 23 Feb 1954; letter, M. Sanger to M. Ingersoll, 18 Feb 1954（「瘋了」）; letter, K. McCormick to Sanger, 17 Feb 1954（「真的很神祕」）, 全部取自PPFA1。

393 未妥善測試藥丸（注釋）：Liao and Dollin 2012; Leridon 2006。

393 佛格特遭開除：McCormick 2005:198–202; letter, Vogt to Moe, 13 Jun 1961, GFA。

394 約翰娜："Miss von Goeckingk Wed," NYT, 27 Dec 1959; 1929 Radcliffe Prism; "Prayer Service to Open at Radcliffe," Boston Herald, 29 Sep 1929; Enumeration District 7-155, Holyoke, MA, 1930 U.S. Census, entry for Marie von Goeckingk; Enumeration District 573, Ward 22, Kings County, NY, 1910 U.S. Census, entry for Leopold von Goeckingk。佛格特與瑪喬麗的婚姻問題可能已有一陣子了；一九九五年，夫妻倆分別度假（letter, Vogt to Moe, 16? Sep 1955, GFA）。夏日別墅：letter, Vogt to Moe, 31 Jul 1962, GFA。

394 佛格特在保育基金會的工作：Lewis 1991: 109-16（「包括人類」, 113）; United States Senate 1966: 717-27（「人類棲地」, 725）; [Vogt et al.] 1965; Vogt 1965; letter, Vogt to G. Heiner, 23 Oct 1964, Box 1, FF31, VDPL; letter, S. Ordway to Vogt, 31 Jan 1964, Box 2, FF6, VDPL; Vogt 1963（「保育進展」,13;「拉丁美洲地區」, 16）。未發表的論文見於Box 4, FF14–17, VDPL。

395 抨擊對外援助：Vogt 1965; Vogt 1966。

397 佛格特的餘年，過世：Duffy 1989; "William Vogt, Former Director of Planned Parenthood, Is Dead," NYT, 12 Jul 1968; "Bobby's Brood Gives Wrong Image for Victory," Associated Press, 9 May 1968; letter, Vogt to B. Commoner, 18 May 1967, Box 1, FF17, VDPL（「逐漸加速」）; Obituary notice, Vogt—Johanna von Goeckingk, NYT, 29 Jan 1967。

397 人口炸彈：作者訪問, 埃爾希利; Sabin 2013: 10-49; Cushman 2013: 272（佛格特的影響）; Robertson 2012a: 126-51; Ehrlich 2008, 1968; Tierney 1990; Goodell 1975: 13–1; Webster 1969; Rosenfeld 1968。埃爾希利在《今夜秀》亮相的資訊來自維基百科與IMDb.com。常有人宣稱埃爾希利登場至少二十次，看來並不正確。

398 佛格特式的警告：Hardin 1976（「承載力」, 134）; Ehrlich and Holdren 1969: 1065（「人口成長」）; Platt 1969: 116（「這世紀末之前」）。

399 《成長的極限》: 作者訪問, D．米道斯; Meadows et al. 1972（「之後是崩潰」, 142;「立刻停止」, 153）;由該書贊助者羅馬俱樂部（Club of Rome，clubofrome.org）行銷、翻譯。

399 人口控制的公私網路：Connelly（2008）出色地描寫了運作中的這些機構。

399 人口控制受到的批評：Connelly 2008; Hartmann 1995。

400 失控的人口控制計畫：Jiang et al. 2016（墮胎）; Greenhalgh 2008, esp. chaps. 4, 6（一胎化政策）; Connelly 2008, esp. 289-326（「人口問題」, 323）; Song 1985（西方電腦模式的影響, 2-3）。額外的議題是，許多亞洲家庭想要男孩，但只能生一胎，因此一旦懷了女孩就會墮胎（不限一胎的情況下，他們也接受女孩）。中國「消失」的女孩估計高達一千萬（Ebenstein 2010: Table 2）。這些議題的許多討論都要感謝貝琪．哈特曼。

1981: 1-9；[Bernard?] 1948；Coolidge 1948；「那堆綠色東西」: Paterson 2014。

376 佛格特在楓丹白露：McCormick 2005: 179-83；Union Internationale pour la Protection de la Nature 1950（「人類生態學」，28；「首要受害者」，31）。

377 赫胥黎的宣言：Huxley 1946（「智識鷹架」，8；「演化進展」，12；「世界政治統一」）。赫胥黎從來沒直接提過生育控制或墮胎，不過明顯支持這兩種做法（45）。

378 赫胥黎一貫的信念：例如見J. Huxley, "What are People for? Population Versus People," address to Planned Parenthood, 19 Nov 1959, PPFA1, Box 14, FF13。

378 紐約論壇：New York Heral Tribune Forum 1948:11-46（奧斯朋與佛格特的時段）; Associated Press, "Unity-for-Peace Plea Is Renewed by Dewey," 21 Oct 1948；Passenger Lists of Vessels Arriving at New York, 1820-1897, Microfilm Publication M237, Roll 7666, p.75, U.S. Customs Service Records, RG 36, U.S. National Archives（ancestry.com）。

379 第四點計畫演說：內容來源：杜魯門圖書館（Truman Library，www.trumanlibrary.com）。

380 第四點計畫出其不意：Macekura 2015: 26-32；Jundt 2014b:（「也是戰略」，47）; Cleveland 2002: 117-18（「總統是什麼意思？」）; Perkins 1997: 144-51；U.S. Department of State 1976, 1: 757-88（未諮詢過國務卿艾奇遜〔Acheson〕，758n）; Vogt 1949: 17（「代價是什麼？」）; "Blueprints Drawn to Effect Point 4," NYT, 6 May 1949。

381 第四點計畫受到的批評：Robertson 2009: 41-42（柯奈莉亞・平肖）; Vogt 1949（其他引用）。

382 和泛美聯盟的衝突：Letter, Lleras to Vogt, 21 July 1949, Box 2, FF1, VDPL。

384 教科文組織：United Nations 1950（「生活方式」，7；「受到質疑」，8；「明智」，15）; Levorsen 1950（「全球年產量」，94）; Hamilton 1949；Teltsch 1949；McGrory 1948（克魯格讀過佛格特與奧斯朋）。我的討論依據Jundt 2014b: 48-52；其中一句改寫自永特的語句。

385 ITCPN：Jundt 2014b: 58-67（「試圖推動的」，44；「雙面間諜」，53）; Holdgate 2013: 41-43；Wöbse 2011: 341-47；Beeman 1995（大地之友）; Union Internationale pour la Protection de la Nature 1950（奧斯朋的引用，17-19；芬克的引用，215-16），1949: 68-69, 84-85（「公開討論保護手段與經濟利益」）; "Talks on Natural Slated," NYT, 21 Aug 1949; "Deer in North America Starve, Wildlife Parley Is Told," Evening Star（Washinton, D.C.）, 9 March 1949。

387 佛格特辭職：Anonymous 1949; "Conservationist to Speak," Evening Star（Washington, D.C.）, 23 Oct 1949; letter, Vogt to Lleras, 17 Oct 1949, Box 2, FF1, VDPL; letter, Vogt to H.A. Moe, 12 Mar 1950, GFA。

387 摩爾：Bashford 2014: 268-69（「征服地球」）; Critchfield 16-17, 30-33; Mosher 2008:36-40（「**燎一原一大一火！**」, 37）; Fowler 1972; "The History of Dixie and the Dixie Cup," James River promotional brochure（詹姆斯・瑞佛〔James River〕現在擁有迪克西杯公司）。

389 古根漢與傅爾布萊特：Letters, Moe to Vogt, 21 Dec 1950, 28 Mar 1950, GFA; Vogt, applications for 1938, 1939, 1940, and 1943 Guggenheim fellowships, GFA; ; Memorandum, Fulbright Awards for the Academic Years 1950–51: American Citizens, Fulbright Archives（libraries.uark.edu/SpecialCollections/FulbrightDirectories/）。

389 斯堪的那維亞的生育法案：Connelly 2008: 67, 103-4。

389 佛格特在斯堪的那維亞：Journal, Marjorie Vogt, Box 6, FF28, VDPL。

390 桑格：Good biographies include Baker 2011; Chesler 1992。亦見Reed 1983（1978）: Part 2。

391 佛格特在PPFA：Minutes, Annual Membership Meeting, 7 May 1952, Box 14, FF12;

366 所有人科學導向的生長：Macekura 2015: 17-30; Rist 2009（1997）: 69-79; Colins 2000: 1-32; Public Law 790304（「購買力」，Sec.2）。

366 赫胥黎的恐懼：Macekura 2015: 150-54; Bashford 2014: 273-78。

366 赫胥黎等人無法發揚他們的想法：Deese 2015: 155-56; Toye and Toye 2010: 326-28。

368 《哈潑》雜誌的文章：Vogt 1948a（「百年」，482；「二十五萬英畝」，484；「濫伐者」，486）。

369 《生存之路》造成的轟動：Sauvy 1972（「人口論」，968〔他一九四九年在同一期刊中評論了《生存之路》〕）; Memoradum, The Editorial Program, n.d.（1948）, unsorted papers, William Sloane papers, Princeton University Archives（「年度」）; leter, Vogt to G. Murphy, 29 Jun 1948, Box 2, FF4, VDPL（「不潔」）。

369 科學家對佛格特和奧斯朋的支持：Bashford 2014: 278-80; Robertson 2012: 59; Nichols 1948（「今日的問題」）; Hutchinson 1948:396（「十分真實」）。美國生態學會（Ecological Society of America）主席保羅．西爾斯（Paul Sears）稱《生存之路》為「描述人類尚未出現的物質困境，至今最可信的說法」（Sears 1948）。

370 美國科學促進會專題研討會：Jundt 2014a: 17-26; Bliven 1948（「驚恐的人」）; Department of State [1949]; [Associated Press?], "What Hope for Man?" Fitchburg（MA）Sentinal, 17 Sept 1948。大約同時，英國科學促進會，也就是影響第二大的科學機構，針對同一主題舉辦了一場一樣擔憂的會議，致辭的是聯合國糧農組織主席約翰．博伊德．奧爾（John Boyd Orr）（Connelly 2008: 131-33）。

370 美洲國家會議（Inter-American Conference）: United States Department of State[1949]（「我們的世紀」，1）。Cushman（2006:348）注意到其中沒有生育控制。

370 教科文基金會，選擇赫胥黎：Maurel 2010: 16-28；Toye and Toye 2010: 322-30。

371 教科文組織與「自然保護」：Holdgate 2013: 30；Mahrane et al 2012: 130-33；UNESCO 1949: 9-14；Coolidge 1948；Informal Summary of Minutes of Meeting Held at the Request of Dr. Julian Huxley in the Board Room of the National Academy of Sciences, Washington, D.C., at 10.00 a. m., December 23, 1947, Box 2, FF1, VDPL；Huxley 1946: 45。赫胥黎為教科文組織爭取這個議題，在聯合國糧農組織設法避開博伊德．奧爾，他希望由他的組織執行保育。

371 繆爾與平肖的爭議：Bergandi and Blandin 2012: 109-16；Miller 2001；Smith 1998；Shabecof 1993: 64-76；Fox 1981；Nash 1973（1967）: 123-40, 162-81（優勝美第成為第一個荒野公園，132）。

372 繆爾的引用：Gifford 1996: 301（「荒野」）; Muir 1901: 1（「生命的泉源」）。

372 平肖：Miller 2001（準備好之前就離開，88；「最長久」，155；設法安排會議，372-75, 411-42n）; Pinchot 1909: 72-73（其他引用）; 1905: 2（「明智的利用」）。

373 優勝美地和黃石公園剝奪之實：Powell 2016: 58-59, 76；Dowie 2009: 4-11；Nabokov and Leondorf 2002, esp. 53-56, 87-92, 179-92, 227-36。原生環境改變，見Mann 2005: Chaps. 8-9引用的文獻。

374 美國研討會的步驟：Jundt 2014b: 44-48；Mahrane et al. 2012: 4-7；Robertson 2009: 33-36；Linnér 2003: 32-35；Miller 2001: 359-64；McCormick 1991: 25-27；Nixon 1957: 2: 1153, 1154, 1163-66, 1170-72；United Nations 1950: vii（杜魯門的信）, 1947: 491-92, 1947: 469, 491-92（宣布舉辦研討會）。

374 赫胥黎的計畫：Holdgate 2013: 18-28（籌備會議），39（「等等」）; Wöbse 2011: 338-40；Informal Summary of Minutes of Meeting Held at the Request of Dr. Julian Huxley in the Board Room of the National Academy of Sciences, Washington, D.C., at 10.00 a.m., December 23, 1947, Box 2, FF1, VDPL。

376 成立世界自然保育聯盟：Holdgate 2013（1999）: 29-38；Wöbse 2011: 340-41；Mence

354 早期的氣候地球工程：Goodell 2011（2010）: 75-87（「適合需求」, 77）; Fleming 2010: 194-200, 212-40; Keith 2000: 250-51; Weart 1997; R. Revelle, "Atmospheric Carbon Dioxide," in United States President's Science Advisory Committee 1965: 111-33（Appendix Y4）; Teller 1960: 280-81。

355 對地球工程的不安：Keith 2013: esp. chap. 5; Crutzen 2006（「很難實現」, 217）; Wagner and Weitzman 2012（化療）; Kintisch 2010: 13（在適當的時間）。Morton（2015）特別擅長這個主題。

355 地球工程的副作用：Keith et al. 2016（粒子）; Morton 2015: esp. 107-23; McCusker et al. 2014（停止的風險）; Kravitz et al. 2014（降雨）; Curry et al. 2014（極端溫度）; Keith 2013: 68-72; Pielke 2011（2010）: 125-32; Robock et al. 2009; Robock 2008（簡短而全面的負面簡報）。

356 魯莽的地球工程：Wagner and Weitzman 2015: 38-39, 116-27; Keith 2013: 111-13, 152-56（「核武國家」, 115）; Victor 2008（「獨自執行」, 324）。富比士的十億富翁名單每年發布於 www.forbes.com。

357 種植桉樹或痲瘋樹：Heimann 2014; Becker et al. 2013; Ornstein et al. 2009。

358 政治上可行：Becker and Lawrence 2014（「當地族群」, 32）。

358 沙黑爾乾旱：Joint Institute for the Study of the Atmosphere and Ocean, 2005—"Sahel Precipitation Index（20–10N, 20W–10E）, 1900–November 2016." Available at jisao.washington.edu/data_sets/sahel/; Hulme 2001; Mellor and Gavian 1987: 235（十萬人死亡）。這是保守估計。Winslow et al.（2004: 5）估計第一波饑荒就早成二十萬人死亡。

358 布吉納法索：作者探訪、訪問, Chris Reij, Mathieu Ouédraogo, Aly Ouédraogo; Reij et al. 2005; Kabore and Reij 2004。

359 薩瓦多哥：作者探訪、訪問, Sawadogo, Ouédraogo, Reij; Fatondji et al. 2001.

360 痲瘋樹的計算：Becker et al. 2013（carbon estimates, 241）。人均排放來自世界銀行（data.worldbank.org）。

361 全球綠化：Zhu et al. 2016及其中的參考文獻。

361 沙黑爾森林復育：作者探訪, Niger, Burkina Faso, Mali; interviews, Reij, Ouédraogo, Larwanou, Edwige Botoni; Reij 2014; Mann 2008; Nicholson et al. 1998。東非的伊索比亞永久復育了數百平方哩的不毛之地（Reij, pers. comm.）。

361 稻米不育（注釋）：Jagadish et al. 2015。

361 碳吸收場永續：Bowring et al. 2014; Becker et al. 2014, 2013; Ornstein et al. 2009。

362 木炭與氣候變遷：Mao et al. 2012; Woolf et al. 2010（1/8）; Mann 2008, 2006:344–49; Lehmann 2007; Lehmann et al. 2006; Okimori et al. 2003。這一節中有幾句改寫自 Mann 2006。

362 太少或太多人：Based on Wagner and Weitzman 2015: chap. 5。

第八章　先知

365 華盛頓會議：Memorandum, Informal Summary of Minutes of Meeting Held at the Request of Dr. Julian Huxley in the Board Room of the National Academy of Sciences, Washinton, D.C., at 10.00 a.m., December 23, 1947, Box 2, FF1, VDPL。

365 赫胥黎與他的家人：Clark 1968。赫胥黎身為優生學者但（終究是）反種族歧視者，想要「確保精神有缺陷者不能生小孩」（1993 [1931]: 98），雖然他堅持種族是「偽科學，而不是科學名詞」——並不是生物學上的現實（1939 [1931]: 216）。教科文組織在赫胥黎的領導下，承諾打擊種族歧視，不過他進一步希望人類能省悟，需要除去人類中「不適合」的世系。

343　喬治亞州，南卡羅萊納核電廠：Plumer 2017。田納西州的瓦茨巴核電廠二號機（Watts Bar Unit 2）在二〇一六年啟用，只花了四十五億元。不過電廠大部分建造於一九七〇年代，已經封存，於二〇〇七年繼續建造。

343　高輻射核廢料：International Atomic Energy Agency 2008: Table 5。我用他們估計的每年一萬兩千噸，從二〇〇五年的這些數據外推。全球運作的反應爐數字在這些年間沒有大幅改變。核電廠數量見世界核能協會（World Nuclear Association，www.world-nuclear.org）。所有單位皆由公制轉為英制。

344　百萬分之一：目前最重要的高輻射核廢料是鍶（90Sr）和銫（137Cs），半衰期都大約三十年。依物理學家的經驗法則，每二十次半衰，大約減少一百萬倍的輻射。鍶和銫會在六百年後達到那個強度。感謝艾倫．舒瓦茲（Alan Schwartz）提醒我這個經驗法則。

344　雅各布森－德魯奇的替代方案：Jacobson et al. 2015a, b（計畫列表, 2114–15）; Jacobson and Delucchi 2011a, b, 2009。Clack et al. 2017匯整了相關批評。

346　斯米爾的批評：Smil, pers. comm.; Smil 2011a; Smil 2008: 380-88。

347　瑞典：Pierrehumbert 2016。

347　卡崔娜山：作者探訪、訪問（尤其Dane Summerville, Army Corps of Engineers〔美國陸軍工兵部隊〕）; Mann 2006.

349　濱海城市研究：Hallegatte et al. 2013（人口, supp. inf.）; Joshi et al. 2015（兩兆九千億美元）; Hinkel et al. 2014（百分之九 ·三國內生產毛額）; Jongman et al. 2012（十億人）。有許多其他研究，幾乎所有的結果都類似。

349　重大文化損失：Nordhaus 2013: 108-13; Coletta et al. 2007。

349　上海：作者探訪; Fuchs 2010: 3-4; Xu et al. 2009。

349　保護芝加哥：Adelmann 1998; Cain 1972。

350　保護威尼斯，人口：Ross 2015; Magistro 2015; 細節見www.mosevenezia.eu。

350　亞洲海岸淹水的風險：Fuchs 2010（第二份報告, 3）。

350　皮納土波火山：Morton 2015, chap. 3（「撒哈拉沙漠」, 85）; Hansen et al. 1992; Newhall and Punongbayan 1997. 這不是先前韓森和同事用來研究全球冷化的菲律賓火山爆發，而是另一起。

351　一八八〇年代起的暖化：GISS Surface Temperature Analysis, NASA Goddard Institute for Space Studies（data.giss.nasa.gov/gistemp/）; Clark 1982:467, updated at ESS-DIVE（lbl.gov）。

352　微滴大小：Morton, pers. comm.; Morton 2015:85（「撒哈拉沙漠」）; Keith 2013: 88-94。

353　地區航空：www.ryanair.com（真相與數字）; www.alaskaair.com（關於公司）; U.S. 76 FR 31451（特殊狀況：Boeing Model 747-8 Airplanes）。

353　地球工程的成本與做法：Keith 2013: 94-116（「海平面上升」, 100）; McClellan et al. 2012, 2011。

353　消除緊張：Caldeira and Wood 2008; Wigley 2006。

353　創出「地球工程」這個詞：Marchetti 1977。

353　技術修復：嚴格來說，地球工程並不是技術修復，因為沒修復氣候，只是掩蓋了症狀（Pielke 2011（2010）: 234-35）。我還是用這個名詞，因為那也被視為解決複雜問題的便宜技術辦法。

354　詐欺：Goodell 2011（2010）: 53-69; Fleming 2010, chap. 3（哈特菲爾德的引用, 90-91）。

354　迪倫佛斯：Fleming 2010:53–74; Hoffman 1896; letter, Dyrenforth to Sec. of Ag., 19 Feb 1892, in U.S. Senate, Executive Documents, 1st Sess., 52nd Cong., v.5, Doc. No. 45. See also Le Maout 1902。

Information Analysis Center〕的資料，得到類似的估算）。

336 中國與美國的煤炭與石油使用狀況：China Statistical Yearbook 2016, available at www.stats.gov.cn/tjsj/ndsj/2016/indexeh.htm; Energy Information Agency Annual Energy Outlook 2017, 見www.eia.gov/outlooks/aeo/。大約百分之三的中國煤炭消耗是家用層級。

336 車輛與家用：車輛：國際汽車製造商組織（International Organization of Motor Vehicle Manufacturers），見www.oica.net。大約五分之一位在美國。家用：作者訪問，人口資料局（Population Reference Bureau）。

336 燃煤電廠數量：Pers. comm., Paul Baruya, IEA Clean Coal Centre（現存電廠）; pers. comm, Antigoni Koufi, World Coal Association（計畫中電廠）; Global Coal Plant Tracker（endcoal.org/tracker/）。美國有四百九十一座大型燃煤電廠（Energy Information Agency, www.eia.gov），一百三十座鐵工廠（American Iron and Steel Institute, www.steel.org），107座水泥廠（the Portland Cement Association, www.cement.org）。

336 想法其實不算新：例如見Nordhaus 2013: 160; Keith 2013: 37。

337 黑碳：Bond et al. 2013; Streets et al. 2013; Menon et al. 2010。

337 碳捕集與封存：概述包括Liang et al. 2016; Shakerian et al. 2015; MacDowell et al. 2010。這一節參考Mann 2014。

338 寄生成本，效率：Cebrucean et al. 2014:21; Wald 2013; Cormos 2012: 444; IEA 2012: 9（煤炭的平均效能「低於百分之三十到四十五」）; Carter 2011: 5; MacDowell et al. 2010: 1647; Haszeldine 2009: 1648; Ansolabehere et al. 2007: ix（每年三百萬噸）。

339 沒電用的印度人：Mayer et al. 2015: 9（引用二〇〇九至二〇一〇年全國抽樣調查）; Kale 2014: 178（引用二〇一一年印度普調）。

339 印度煤炭死亡率：Brauer et al. 2016（一百三十萬）; Chowdhury and Dey 2016（大約五十到八十萬）。另一則研究主張，光是孟買和里德，每年死亡人數大約八萬人（Maji et al. 2017）。

339 核能支持者：Brand 2010（2009）: 85-89.。布蘭德列出一些先知也不情願地支持核能。

340 容量因數、每千瓦時的成本、死亡率：Hirschberg et al. 2016, Figs. 2, 10A; Brook and Bradshaw 2015: Table 1; Energy Information Administration 1990（Tables 6.7.A, B in 2016 ed.）; Energy Information Administration 1970（Table 8.4, 2016 ed.）。柏格（Burgherr）與希爾施貝爾格（Hirschberg）的死亡率分析（2014: Fig. 8A）顯示，新型的核電廠每百萬瓩年的死亡數少於其他任何能量來源；舊型核電廠排名第二，接著是風力發電（幾名風力發電員工從高塔上落下身亡）。福島電廠：United Nations Scientific Committee on the Effects of Atomic Radiation 2016。

341 土地利用：Brook and Bradshaw 2015: Table 1; Hernandez et al. 2014; McDonald et al. 2009（自然保育研究）。

341 法國核電廠：http:data.worldbank.org/indicator/EN.ATM.CO2E.PC（人均排放）; http:www.world-nuclear.org/information-library/country-profiles/countries-a-f/france.aspx（出口，電價）; http:www.world-nuclear.org/information-library/facts-and-figures/nuclear-generation-by-country.aspx#.UkrawYakrOM（核能所占電力）; Brand 2010:111。

341 巫師對可再生能源的批評：Frank 2014是很好的例子。

342 碳捕集與封存計畫：Global CCS Institute（www.globalccsinstitute.com）; Willberg 2017（加拿大薩斯喀徹溫省）; Joint Statement by G8 Energy Ministers, Aomori, Japan, 8 Jun 2008, http:www.g8.utoronto.ca/energy（引用）。幾個CCS的碳計畫失敗了，尤其是二〇一七年，一座密西西比州電廠在耗費七十五億元之後，放棄了CCS，改用天然氣發電。

342 削山採煤法：Epstein et al. 2011; Palmer et al. 2010。

342 煤礦火災：作者探訪，加里亞; Stracher et al. 2011–15。

的」氣候學家相信，影響是「朝著地表暖化而不是冷化的方向」（亦見Norwine:13, 25-27）。不過，有個國家科學院的專家委員會迴避表態（United States Committee for Global Atmospheric Research Program 1975: 186-90）。

325 史奈德重新計畫：Schneider 2009: 42-43; Kellogg and Schneider 1974（「估計」, 1167）。亦見Schneider 1975: 2060。

326 阿貢火山：Peterson et al. 2008:1328–29; Hansen et al. 1978。雖然當時有些人懷疑Hansen et al.的估算，但今日大多視他們大致正確（Self and Rampino 2012; Self et al. 1981）。

326 韓森作證與影響：Pielke 2011（2010）: 1-3; Hulme 2009b: 63-66; Weart 2008: 149-50; Fleming 1998: 134-35; Usher 1989; McKibben 1989; Hare 1988（「必須現在」, 282）; Shabecoff 1988; Weisskopf 1988; United States Senate 1987–88: 2: 39-80（韓森引用；依據當時錄影加上強調）。Goodall 2008: Fig. 1更新了科學網（Web of Science）氣候變遷文章的數目。沃斯的辦法：訪問，提姆・沃斯，PBS頭條（Wirth's schemes: Interview, Tim Wirth, PBS Frontline），見www.pbs.org/wgbh/pages/frontline/hotpolitics/interviews/。

328 合理頂點：環境領袖同意。"In recent years, the environmental movement has morphed steadily into the climate-change movement"（McKibben 2007: 42）。亦見Brand 2010（2009）: 1。

328 環境共識：Allitt 2014: 67-79; Sabin 2013: 44-52（「超越黨派」, 46）; Sills 1975（「激進左派」, 4）; Soden ed. 1999: Table 5.5（重大環境法案）。

329 新的環境威脅：Oreskes and Conway 2010: chaps. 4-5（臭氧，酸雨）; Robock and Toon 2010（核子冬天）; Environmental Protection Agency 2004（酸雨）; Morrisette 1989（臭氧）; Levenson 1989: 214-18（核子冬天）。

329 整件事變得更加怪異：Allitt 2014（最初的環境主張時常誇大, 49-61;「可以控制」, 12-13）; Simpson 2014（最初的成本估計時常誇大）。亦見Sabin 2013; Harrington et al. 2000; Mann and Plummer 1998。

330 NRC的估計：Wagner and Weitzman 2015: 50; Nierenberg et al. 2010: 320-25; Schmidt and Rahmsdorf 2005; Charney et al. 1979: 16。1979年的國防計畫JASON的第二份報告結論是，二氧化碳濃度倍增，ㄆ會使得氣溫提升攝氏二至三度（MacDonald et al. 1979）。

330 氣候敏感度：Freeman et al. 2015; Wagner and Weitzman 2015: 12-14, 35-36, 48-56, 176n, 179-81n; Roe and Baker 2007（顯示不確定性高，是「淨回饋極為正面的系統難以避免的後果」, 631）; Hulme 2009: 46-48。其實有些不確定性是由於我們無法預測人類行為——例如我們多快把二氧化碳釋放到空氣中、會造成多少森林砍伐。

331 邦伯斯和多曼尼契：United States Senate 1987–88: 37（邦伯斯）, 157-58（多曼尼契）。

331 河北：作者探訪、訪問。

332 中國的煤炭汙染：Vogmask.cn（口罩）; "Chinese City of Harbin Blanketed in Heavy Pollution," Agence France Presse, 21 Oct 2013; advertisement, Beijing Times, 24 Oct 2013（「採取行動！」）。

332 中國使用煤炭的狀況：IEA 2016; Best and Levina 2012:7; Wang and Watson 2010:3539。

333 中國煤炭的健康成本：Cohen et al. 2017; Chen et al. 2013（平均壽命）; Shang et al. 2013（Fig. 5b, 城市死亡率）; Anderson 1999: Table 22（癌症影響）。

333 印度汙染：Mann 2015; Lelieveld et al. 2015。

334 煤炭在美國造成的死亡：Caiazzo et al. 2013; Schneider and Banks 2010。

336 煤炭與石油的排放量：IEA 2015a: xv（Figs. 6, II-2）。亦見Nordhaus 2013: 158（以橡樹嶺國家實驗室〔Oak Ridge Laboratory〕二氧化碳資訊分析中心〔Carbon Dioxide

314 「大氣二氧化碳」：Revelle and Suess 1957: 26（強調是我加的）。
314 「不需要擔心，也不明顯」："A Warmer Earth Evident at Poles," NYT, 15 Feb 1959。亦見Fleming 1998:118-21; Weart 1997: 319-20。
314 迪康多和波拉德：DeConto and Pollard 2016。Previdi and Polvani（2016）之後得到相近的結論。
315 IPCC和南極冰層：Previdi and Polvani 2016（先前融化的跡象不多）; Church et al. 2013（IPCC）, esp. Fig. 13.27, Table 13.3。
316 氣候變遷這個道德難題：Jamieson 2014（「道德機制」, 156）; Gardiner 2011。
316 十七世紀曼哈頓：Jamieson 2014:173; Sanderson 2009。Hans Jonas（1984）主張，這些矛盾表示我們必須建構一個全新的道德觀。
317 魏茲曼：Weitzman 2007（「家長式」,「未來效用」, 707;「別人身上」, 712）。
317 貼現率：貼現率是由幾個參數組成而成：未來好處的重要性、對風險的態度、未來的不確定性，時及不同世代成員的潛在不平等。為了簡化起見，我把重點放在未來好處的重要性。
317 奇奇尼斯基：Chichilnisky 1996（「比公寓重要」, 235;「現在對未來」, 40）。
318 《人類之子》情節：Scheffler 2013, 2013: 38-42（「可能死亡」, 75-76;「利他主義的證據」, 79）。我的其中一句改寫了尼可．柯拉尼（Niko Kolodny）的前言。
320 「很難察覺」：Jamieson 2014: 111。
320 回饋：阿瑞尼斯意識到回饋循環，但直到一九五〇、六〇年代，才有學者開始有意義的檢驗回饋循環的影響，例如Möller 1963。
321 蝴蝶效應：Lorenz 1972。
322 勞倫茲的「電腦有問題」：Gleick 1988: 11-31; Lorenz 1963。亦見沃特的網頁〈渾沌與大氣〉（Chaos and the Atmosphere），www.aip.org。一九七〇年代，數學家注意到勞倫茲的發現，成為渾沌理論這個新領域的基礎。
322 科羅拉多州會議，不穩定的挑戰：Weart 2008（2003）: 8-11, 58-61（「定義上」, 10;「統計平均」, 59）; R. Revelle et al., "Atmospheric Carbon Dioxide," in United States President's Science Advisory Committee 1965: 111-33（Appendix Y4）。一九六三年三月，保育基金會舉辦了一場比較小的會義，〈大氣中二氧化碳濃度升高的可能結果〉（Implications of Rising Carbon Dioxide Content of the Atmosphere）。
323 氣候科學和其餘學術界的衝突：Allan et al. 2016; Jamieson 2014: 25-28; Guillemot 2014; Hulme 2011; P. N. Edwards 2011。
324 布萊森：Peterson et al. 2008: 1325-28; Weart 2008（2003）:63-79ff.; Wineke 2008; Hoopman 2007。
324 瑞索與史奈德：Rasool and Schneider 1971（「冰川期」, 138）; Cohn 1971（「五到十」）。亦見Schneider 2009: 17-21; 2001。
325 警告全球冷化：Mathews 1976（「氣候究竟怎麼了？」）; Ponte 1976; Will 1975（「本世紀末」）; Gwynne 1975（「越來越冷的世界」）; Ehrlich and Ehrlich 1974:28; Colligan 1973（「冰川期」）。亦見Boidt 1970。提要見Peterson et al. 2008; Bray 1991。葛溫（Gwynne）事後撤回了他的說法（Gwynne 2014）。《華盛頓郵報》引用瑞索的話兩週後，報導了第二次麻省理工專家委員會駁斥所有氣候的恐懼，包括暖化和冷化（Sterling 1971; Study of Critical Environmental Problems 1970）。布萊森在Ponte（1976）的序言寫道，「對於地球是否在冷化，並沒有共識」。亦見Morton 2015: 274-79。
325 中情局報告：Central Intelligence Agency 1974: 26-42。附錄二標示著「氣候理論」，但完全在寫布萊森的概念；其中援引了英國氣象學家H．H．蘭姆（H. H. Lamb）錯誤的主張——當時大部分的科學家贊同冷化。
325 冷化／暖化的論文：Peterson et al. 2008。依據Norwine（1977: 9），當時「大部分

304 霍格玻姆的二氧化碳研究：Crawford 1997: 7-8; Berner 1995; Arrhenius 1896: 269-73（「相當大」, 271）。

305 阿瑞尼斯一年的計算：Weart 2008: 5-6; Christianson 1999: 113-15; Crawford 1997（「一整年」, 8）; Arrhenius 1896（「冗長辛苦的計算」, 267）。美國科學家是山繆・蘭利（Samuel P. Langley），率先描述了二氧化碳的光譜線（Langley 1888）。阿瑞尼斯的妻子蘇菲・魯德貝克（Sophie Rudbeck）是神智學者（theosophist），反菸行動主義者（anti-smoking activist），也是語言改革者，只用某種特殊的音標字母寫作；她致力於自己的工作，拒絕當阿瑞尼斯的助手。阿瑞尼斯身為當代人，不大接納她的態度。

306 阿瑞尼斯的估計：Arrhenius 1896（亦發表過瑞典版本）。我稍稍簡化了阿瑞尼斯的估計。他的數字和現在的估計相距不遠，但多半是運氣使然。

306 「比現在」: Crawford 1997:11。

306 阿瑞尼斯理論受到的批評：Fleming 1998: 111-12; Mudge 1997: 14-15; F.W.V. and C.A. 1901; Ångström 1900（「阿瑞尼斯先生提出的」, 731（引用自彼得・瓦德〔Peter L. Ward〕的翻譯）。昂斯特洛姆受到查爾斯・葛里萊・艾博特（Charles Greeley Abbot）的支持。艾博特是史密松天文物理臺（Smithsonian Astrophysical Observatory）的館長，改良了昂斯特洛姆的測量（Abbot and Fowle 1908, esp. 172-73）。

307 冰川期理論（註）: Weart 2008: 10-18, 44-48, 72-75, 126-28; Fleming 2007: 68-69（「對氣候」）。辛普森的簡短傳記，見Gold 1965。一九四一年，知名氣候學家威廉・傑克森・翰福瑞斯（William Jackson Humphreys）一樣嗤之以鼻：「大氣中二氧化碳增加，絕不可能實際影響達到表面的日曬，或消失到太空的地面輻射量」（引用於Fleming 1998: 112）。

307 暖冬：Fleming 1998: 118-21。大眾媒體提過這個趨勢，但少有學術研究。相關的少數研究中，包括Kincer 1933。

307 卡倫達的生平：Hulme 2009b: 48-53; Fleming 2007, esp. 1-32; Callendar 1939: 16（「這樣的改變」）。

307 阿瑞尼斯的近似: Arrhenius 1896（「似乎是」、「造成全面性誤差」, 241;「可以假設」, 252;「沒有差別」, 256）.

308 二氧化碳與水汽的吸收：我為了可讀性，跳過一些細節，希望不會誤導讀者。例如，描繪上層大氣吸收輻射的影像，水汽光譜的空隙最淡。靠近表面，光譜帶會糊掉，直到一九五〇年代才瞭解這情形（Weart 1997:333–34）。我看過最理想的簡單解釋，是Richter 2014（2010）: chap. 2。

308 卡倫德的觀點，批評：Fleming 2007: chap. 5, 1998: 114-18; Weart 1997: 324-32; Callendar 1938（「致命的冰川」, 236; 引用批評, 237-40）。最後，卡倫德針對氣候變遷寫了三十八頁（Fleming 2007: 99-108）。

311 軍方推動大氣科學：Doel 2009: 151-58; Weart 2008: 54-56, 1997: 332-43; von Neumann 1955（「氣候戰」）; Kluckhohn 1947（「宰制全球」）。五角大廈對極地氣候變遷的特別興趣，見Sörlin 2016（2013）: 40-47; Doel 2009: 142-47。

312 雷維爾與蘇斯：Fleming 1998: 122-28; Weart 1997: 339-47; Revelle and Suess 1957（「前所未有」, 19）。當時，詹姆斯・阿諾德（James Arnold）與歐內斯特・安德森（Ernest Anderson）的團隊與哈蒙・克雷格（Harmon Craig）也進行了類似的研究，不過不論對錯，大部分歸功於雷維爾與蘇斯。

312 基林的生平：Bowen 2005: 110-24; Keeling 1998（「感到憂傷」, 27;「接觸夠多」, 29;「後院焚化煙霧」, 33）。

312 基林測量二氧化碳：Hulme 2009b: 54-56; Keeling 1998: 32-46, 1978, 1960; Weart 1997: 350-53。基林為了檢驗結果，在一樣偏遠的南極設置了另一座觀測站。

313 二氧化碳資料：R. F. Keeling et al., "Scripps CO2 Program"（見scrippsco2.ucsd.edu）。

290 印度太陽能發電的比例：Installed/Derated Capacity of Gujarat, Gujarat Energy Transmission Corporation（31 Jul 2015）, 見www.sldcguj.com（百分之五）; Bhat 2015（百分之十）; Power Grid Corporation of India 2013（百分之三十五）。

290 印度能源儲存：作者探訪、訪問, 吉古拉特; Choudhury 2013; Muirhead 2014。

290 德國能源儲存計畫：Department of Energy Global Energy Storage Database, 見www.energystorageexchange.org。

291 新月丘計畫：作者探訪、訪問；新月丘的產能和內華達州的能源資料，來自電力資料瀏覽器（Electricity Data Browser）與內華達州概述（Nevada State Profile），見www.eia.gov。盆地與山脈的評估，見www.basinandrangewatch.org。Beetles: "Endangered and Threatened Wildlife and Plants; 12-Month Finding on a Petition to List Six Sand Dune Beetles," 77 Federal Register 42238（18 Jul 2012）。西班牙是濃縮太陽能與儲存的先驅，不過這些計畫儲存的能量撐不了一整個晚上。

292 先知反對可再生能源：作者訪問，生物多樣性中心（Center for Biological Diversity）; Montgomery 2013, Woody 2012（莫哈維）; Clark 2013（英格蘭）; Griffin 2014（愛爾蘭）; Ouellet 2016（加拿大）; Hambler 2013（「氣候變遷」）; Nienaber 2015, Hollerson 2010（德國）。

第七章　風：氣候變遷

295 大氧化事件：作者談話，馬古利斯; Schirrmeister et al. 2016; Lyons et al. 2014; Bekker et al. 2004。有些人反對古馬利斯，認為大量死亡的證據薄弱（Lane 2002, chap. 2）; 馬古利斯的版本見Margulis and Sagan 1997（1986）: 99-113（「大屠殺」, 99）。嚴格來說，應該稱為「氧合事件」。藍綠藻起先在增加的氧氣中很脆弱，但迅速就演化出機制來應對。

297 傅立葉的生平：Christianson 1999: Chap. 1（box, 3）; Fleming 1998: 62-63（「和空間」, 63）. Herivel 1975; Grattan-Guinness 1972: esp. 1-25, 475-90。

298 傅立葉的氣候論文：Fourier 1824, 1827（「無數恆星」, 569;「兩極地區」, 570）。有用的分析包括Pierrehumbert 2004; Fleming 1998: 55-64。前一世紀，科學家曾提出熱是一種物質，有時稱為燃素或熱量。一八〇四年，倫福德伯爵班傑明・湯普森（Benjamin Thompson）證實這概念不正確。大約同時，威廉・赫歇爾（William Herschel）發現了陽光中不只有可見光。傅立葉便是以這些發現為基礎。

299 「溫室效應」（注釋）: Hay 2013: 264; van der Veen 2000; Mudge 1997; Von Czerny 1881: 76。法國物理學家克勞德・普耶（Claude Pouillet）在一八三八年把大氣比作溫室，但其實沒有用「溫室」這個詞，而是提到玻璃的「透熱屏」，誤認為這個類比出自於傅利葉（Pouillet 1838）。

299 汀達爾的生平：Hulme 2009a; Weart 2008（2003）: 3-5; Bowen 2005: 81-87; Fleming 1998: 65-74; Eve and Creassey 1945.

300 發現冰川期：Rudwick 2008: esp. chaps. 13, 34-36。

300 汀達爾的研究：Tyndall 1861（「百分之八十一」, 178;「吸收率提高到十五」, 276;「地質學家研究發現」, 276-77）。

301 水蒸氣的大影響：這一節多虧了雷蒙・皮耶倫伯（Raymond Pierrehumbert）和羅伯・迪康多（Robert DeConto）。亦見Pierrehumbert 2011。

303 富特（注釋）: Sorenson 2011; Reed 1992: 65-66; Foote 1856。

303 二氧化碳數據：Mudge 1997: Fig. 1; Crawford（1997: 9）列出一些重要的例子。

303 霍格玻姆和阿瑞尼斯的生涯：Christianson 1999: 105-09; Fleming 1998: 74-75; Crawford 1997; Hawkes 1940。

進一步發展。金箔的比較是用一九五〇年代郊區住家平均面積一千兩百平方呎和金價相比。

285 石油危機成了太陽能的催化劑：Johnson 2015: 179-80; Jones and Bouamane 2012: 16-18; Fialka 1974。

286 陽光、人類能源使用量：太陽入射與反射出自索倫森基金會（foundational Sørensen）（2011 [1979]: 174）；人類使用量出自IEA 2014b: 48。入射陽光和人類消耗的比例，出於IEA 2014b: 48的估計；有些研究者（例如Pittock 2009 [2005]: 177）說，太陽產生的能源約為人類能源產量的一萬倍。亦見Smil 2008, chap. 2。莫頓（Morton 2015: 62-71）有簡明而普及的討論。

286 反主流文化與太陽能：Johnson 2015: 185-90; Baldwin and Brand eds. 1978（「討人喜歡」, 5）; Lovins 1976; Commoner 1976（「不能擁有」, 153）; Grove 1974: 792-93（哈伯特支持太陽能）。一般人的「概念是太陽能利用自然導致民主，成為一九七〇年代能源政治的核心信條」（Johnson 2015:203）。類似的是，地球日的組織者丹尼斯．海斯（Denis Hayes）在《希望之光》（*Rays of Hope*）中稱聲，石油高峰會導致「後石油時代」或太陽能的自由（Hayes 1977）。教宗（1903: 139, 154）和赫胥黎（1993 [1939]: 148-65ff.）都預料過這些論點。

286 五角大廈、石油巨頭和太陽能光電：Johnson 2015: 156-74; Nahm 2014: 55-61; Lüdeke-Freund 2013（BP）; Jones and Bouamane 2012: 14-16, 21-38, 51-53（埃克森美孚〔Exxon and Mobil〕, 23-24）; Perlin 2002: 41-46（太空）, 61-69（百分之七十, 68）。石油巨頭干預之前，是非石油公司為太空和離岸平臺製造太陽能光電；石油公司成立了第一批製造陸上太陽能板的公司。太陽能光電背後的影響力不全和石油綁在一起；一九九究年，當時美國最大的太陽能公司——第一太陽能（First Solar）遭到沃爾頓家族的投資部門收購（沃爾瑪〔Wal-Mart〕即為該家族所有）。歐洲和日本的太陽能光電是大型電子公司（如西門子〔Siemens〕、夏普〔Sharp〕）的地盤。

286 坎貝爾和拉赫瑞爾：Campbell and Laherrère 1998（「二〇一〇年前」, 79;「其中百分之九十左右」, 81;「最需要的」, 83）。他們沒用「石油頂峰」這個詞，這詞到二〇〇二年才產生。

287 石油頂峰預測：Clayton 2015: 155（皮肯斯）; Bush, G. W. 2008. Statement, World Economic Forum, 18 May, available at georgewbush-whitehouse.archives.gov（「石油供應有限」); Simmons 2005: xvii（「不可逆地減少」); Kunstler 2005: 26（「難以想像的嚴酷」）。

287 大眾對石油頂峰的恐懼：Clayton 2015: 159（史上最高，百分之七十八）; Kemp 2013（百分之八十三）; Swartz 2008（「真正會毀滅地球的是」); Sesno 2006（四分之三）;「程度的指標」: DeLillo 1989:66。

288 莫迪的生平：Price 2015（「宗教自由」, 207）; J. Mann 2014。拒發簽證的決議在二〇一四年徹銷。

289 莫迪的太陽能計畫：作者探訪、訪問，古吉拉特; Mann 2015; Moon, B-K. 2015. "Remarks at 10 MW Canal Top Solar Power Plant," 11 Jan（見www.un.org/sg/en/content/sg/speeches）; Modi 2011（綠色自傳）。

289 太陽能光電的效率，煤炭：國家可再生能源實驗室在www.nrel.gov/ncpv/追蹤效率改善；煤炭部分，見IEA（Coal Industry Advisory Board）2010: 90（Table II.7）。Mann 2014（碳封存的花費）; Prieto and Hall 2013（太陽能效率低）。

289 太陽能發電廠與燃煤發電廠的代價：Bolinger and Seel 2015; Energy Information Agency 2013。EIA（2013: 6）估計，一單位粉煤燃煤電廠的資金成本是每瓦三．二五美元；勞倫斯柏克萊國家實驗室（Lawrence Berkeley Laboratory）的Bolinger and Seel（2015: 13）計畫效用規模的太陽能發電廠的價格中位數為每瓦三．一〇美元。這些為模糊而不斷變動的目標提供了簡要的瞭解。

278 石油禁運：概述包括 Clayton 2015: 106-16; Mitchell 2011, chap. 7; Yergin 2008（1991）: 570-614; Bryce 2008: 93-97; Adelman 1995: 99-117（尤其 Table 5.4）; Grove 1974（「石油時代」, 821）。一九六七年以阿戰爭期間，半打的阿拉伯國家發起石油禁運。當時美國大部分的石油仍然靠自己生產，所以禁運幾乎沒效果。

279 油價控制的影響：作者訪問，Michael Lynch; Lynch 2016:33–36; Hamilton 2013:13–15; Bryce 2008: 93-95; Adelman 1995: 110-17（「短缺完全是國內引發的現象，是油價控制和分配的結果」, 112）. Bryce（2008: 95）提到，美國石油公司屯積大量的原油，不想純化為石油，因為價格控制會使他們每一加侖都少賺錢。

279 《成長的極限》: Meadows et al. 1972; Schoijet（1999: 518-19）表示，其中一名共同作者威廉・貝倫斯（William Behrens）是以哈伯特的成果為起點。亦見 Inman 2016: 232-35; Sabin 2013: 86（「《成長的極限》」).

279 短缺的謠言：Salmon: "Salmon Shortage," The Times（San Mateo, CA）, 9 Nov 1973; Cheese: Associated Press 1974; Onions: Charlton 1973; Raisins: "New Breakfast Blow: Raisin Shortage Hits," Milwaukee Journal, 2 Feb 1977; Toilet paper: Lynch 2016: 33; Malcolm 1974. 作者妻子和岳父母當時住在日本，經歷過日本的短缺。

280 卡特的演說：J. Carter, Speech to nation, 18 April 1977, in Public Papers of the Presidents of the United States: Jimmy Carter, Book I, January 20 to June 24, 1977, 655-61. Washington: U.S. Government Printing Office。

280 哈伯特預測在一九九五年用罄：Grove 1974: 821。

280 卡特推行燃煤：Blum 1980（「卡特政府的政策是到一九九五年時，燃煤量提高三倍」, 4）; Carter 1977a, b。卡特稱能源危機「道德上等同戰爭」（moral equivalent of war）。批評者以縮寫稱他的計畫為 MEOW（發音同貓叫聲）。

280 歷史油價：http:inflationdata.com/Inflation/Inflation_Rate/Historical_Oil_Prices_Chart.asp。

281 克恩河油田輸出，儲量：儲量的數字來自 OGJ 和加州油氣地熱資源管理局（California Division of Oil, Gas, and Geothermal Resources）（Marilyn Tennyson, USGS, pers. comm.）。以下文獻也很有用：Tennyson et al. 2012; Takahashi and Gautier 2007（first drilling, 6-9）; Adelman 1991: 10-11; Roadifer 1986; "U.S. Fields with Reserves Exceeding 100 Million Bbl," OGJ, 27 Jan 1986。感謝《大西洋月刊》（*Atlantic Monthly*）的莎拉・雅格（Sarah Yager）幫我整理這些數字、聯絡坦尼森（Tennyson）博士。

281 一九九八年噴發與後續影響：Waldner 2006; Singer 1999。

282 「永遠不會」: Adelman 2004: 17。

283 維多利亞時代的網際網路：Standage 2013（1998）（「在資訊中」, xvii–xviii）。

283 史密斯與硒：Perlin 2013: 302-4; 2002: 15-16; Smith 1891: 310-11（「到了早上」）, 1873a, b。一個資料來源寫道，實際的發現者是名電報員，在發現之後告訴了史密斯（Anonymous 1883）。

283 亞當斯與硒：Adams and Day 1877; 1876（「靠光」, 115）。

283 弗里茨的硒板：Perlin 2013: 305-8（「當時的科學概念」, 307）; Fritts 1885, 1883。大約同個時候，幾位其他的發明家也得到「太陽能電池」的專利，不過似乎都不曾實際建造。

284 愛因斯坦的論文：Pais 1982（光電效應, 380-86）。那年稍晚，第十五篇論文介紹了著名的公式，$E = mc^2$。「光子」這個名詞創於一九二六年。

284 查賓的測試：Perlin 2002:26。

284 發明電晶體：Isaacson 2014: 136-52; Riordan and Hoddeson 1998; Hoddeson 1981。

285 富勒與皮爾森發明了矽板：Johnson 2015: 137-51; Perlin 2013: 310-25; 2002: 25-36（一百四十三萬美元, 35）。富勒與皮爾森依據前人羅素・奧爾（Russell Ohl）的成果

268 艾瑞克森的願景：Ericsson 1870（所有引用）。艾瑞克森承認，地球上不是所有地方的陽光都足以供他的引擎使用。不過適合地區包括的地帶「從西北非到蒙古，長一萬四千五百公里，寬將近一千六百公里」，以及美洲一道相當的陽光地帶，足以永遠改變人類的狀態。

269 羅文斯與軟路徑：Parisi 1977; Yulish 1977; Lovins 1976。羅文斯沒指出「軟路徑」的來源是什麼，不過可能是取自於羅伯特．克拉克（Robert Clarke，1972）。

270 溫瑟與瓦斯燈和可樂公司：Tomory 2012: 121-238（「全球歷史上」, 121; 三萬座燈, 234）; Mokyr ed. 2003 2: 393-94（巴爾的摩）。

271 帕沙迪那與開羅設施，麻州教科書：Johnson 2015: 41-57, 64-69; Perlin 2013: 109-17, 129-42; Kryza 2003, chaps. 1, 3-5, 8（引人入勝的敘述）; "Rev. Charles Henry Pope," Cambridge Tribune, 23 Feb 1918; "American Inventor Uses Egypt's Sun for Power," NYT, 2 Jul 1916; Pope 1903。

272 喜馬拉亞神父與太陽熔爐：Tinoco 2012; Pereira 2005; Rodrigues 1999; Graham 1904; "Father Himalaya and the Possibilities of His Prize-Winning Pyrheliophor," NYT, 12 Mar 1904; "Pyrheliophor, Wonder of St. Louis Fair," NYT, 6 Nov 1904（「不說謊就沒辦法」）。

273 哈伯特的生平：The principal sources are Inman（2016）and HOHI。

274 哈伯特與技術專家公司：Inman 2016: 35-121 passim; Yergin 2012（2011）: 236（偉大的工程師）; [Hubbert] 2008（1934）（最重要的文字）; Session 4, 17 Jan 1989, HOHI; Akin 1977 passim。技術專家研習課程是匿名之作，但Inman（2016: 344n）提出很可信的論點，認為作者是哈伯特。

274 技術專家研習課程：[Hubbert] 2008（1934）（「沒什麼不同」, 99;「一億三千五百萬人」, 158;「北美大陸」, 220）。

275 哈伯特由技術專家公司辭職：Inman 2016: 120-21（「技術專家公司會議」）。

276 哈伯特與史丹佛地質學家：Inman 2016: 114-18; Levorsen 1950（一兆五千億, 99）; Session 6, 23 Jan 1989, HOHI（「的石油」）; Hamilton 1949（「形而上學」）。史丹佛地質學家是A．I．萊沃森（見第八章）。哈伯特附上他曲線的草圖，預測高峰出現在五十至七十五年後（Levorsen 1950: 104）。

276 地質學狀況：Oreskes 2000。

276 「人的思想」: Pratt 1952: 2236。

276 哈伯特發表了正式的模型：Hubbert 1949（所有引用）。模型在Hubbert 1951中經過修改、擴張。

277 哈伯特和培養皿：哈伯特在Hubbert 1962: 125-26明確地做了這個比較。亦見Hubbert 1938。

277 哈伯特的類高斯曲線：Hubbert 1951（「物質和能量」, 271;「降到零」, 262）。哈伯的「曲線吻合」模式剖析於Lynch 2016: 75-82; Sorrell and Speirs 2010。

277 哈伯特轉移到殼牌：Session 4, 17 Jan 1989; Session 5, 20 Jan 1989, HOHI. Inman（2016: 73-98）詳述了他在哥倫比亞與殼牌之間的經歷。

277 殼牌不悅：Session 7, 27 Jan 1989, HOHI（「刪掉」）。

278 哈伯特預測高峰：Hubbert 1956。之後，哈伯特預測高峰「應該發生在一九六〇年代末（或）一九七〇年代初（Hubbert 1962:73）。亦見Priest 2014: 50-52。

278 一九七〇年的高峰：美國油田產量（U.S. Field Production of Oil，1859-present）, 美國能源資訊管理局（Energy Information Agency），見www.eia.gov。

278 哈伯特、麥凱維、尤戴爾：作者訪問, 普利斯特; Inman 2016: 183-86, 212-13, 267-70; Priest 2014（和麥凱維的爭執, 53-63;「麥凱維出局」, 66;「98年的歷史」, 67）; interview, David Room（Global Public Media）with Udall, 8 Feb 2006, transcript at www.mkinghubbert.com（「哈伯特代言人」）。

1955。

263 美國、俄國石油生產：Ferrier 2000（1982），1: 638。

263 一九二〇至二九年間的美國石油生產：“U.S. Field Production of Crude Oil,” Energy Information Agency; “U.S. Ending Stocks of Crude Oil,” Energy Information Agency（both at www.eia.gov）。

263 俄國與委內瑞拉：Maugeri 2006: 30-32。

263 報紙搜尋：檔案見www.newspapers.com。

263 報紙警告：“Nation Faces Oil Famine,” Los Angeles Times, 23 Sep 1923（「美國」）; “Oil Famine Within Two Years Is Scouted by Students of Industry,” Houston Post-Dispatch, 12 Dec 1924（「兩年」）; Stevenson 1925（「二十年」）; R. Dutcher, “Prices of Oil Are Kept Down Only by Vast Overproduction,” Times-Herald（Olean, NY）, 13 Feb 1928（「石油來源」）。

264 「反過來的大燈罩」：我找到最佳的太陽能史概論，是Perlin 2013; Madrigal 2011; Kryza 2003。此外有用的還有Johnson 2015（強調和我這裡針對的石油恐懼之間的關係）; Perlin 2002; Hempel 1983。

264 慕修的早年生涯：Pottier 2014; Quinnez 2007–2008; Bordot 1958; Mouchot 1869a: 193（「超乎我的預期」）。

264 法國的煤炭恐懼，慕修的解決辦法：Jarrige 2010: 86-88; Mouchot 1869a:214-15（「該怎麼辦？」）, 230-31（「工業用途」）。亦見Kryza 2003: 151-53。

265 早期的太陽能用途：Perlin 2013: 3-35, 57-78（中國古代, 3-8; 古希臘, 13-14; 維特魯威, 23; 龐貝, 32）; de Saussure 1786, 4: 36-48, 261-63（「透過玻璃」）。

265 燃燒鏡的早期應用：Perlin 2013: 36-55。一場疑為杜撰的事件中，希臘數學家阿基米德利用凹面鏡燒掉一隊來襲的羅馬軍艦（Kryza 2003: 37-48）。

266 慕修最初的研究：Pottier 2014; Simonin 1876:203; Ebelot 1869; Mouchot 1869a: 193; 1869b; 1864。慕修之前，一些義大利研究者也有類似的想法，但顯然沒實際做出任何太陽能引擎（Silvi 2010）。

266 巴黎和土爾的實驗：Pottier 2014; Perlin 2013: 88-91; Jarrige 2010: 88-89; Quinnez 2007–2008: 306-9; Simonin 1876: 204-9（「對著天空」, 204）; Bontemps 1876: 105-7; Mouchot 1875。那位記者名叫西蒙儂（Simonin），長期熱衷於太陽能（Jarrige 2010:87）。

266 和煤炭比起來：Anonymous 1870: 310-11（「煤炭」）。工程師是保羅・西奧多・馬里耶（Paul-Théodore Marlier，Mémoires et Compte Rendu des Travaux des Société des Ingénjeurs Civils de France 21（1873）: 54, 64）。如果要組成一小隊慕修的太陽能引擎用來推動工廠，將占地九千兩百九十平方公尺，這在都市裡是很大的面積（Perlin 2013:91）。

267 阿爾及利亞與博覽會：Pottier 2014; Perlin 2013: 92-95（「全球古今」）; Jarrige 2010: 89-91; Quinnez 2007–2008: 309-16。

267 慕修放棄：Jarrige 2010:92。他的助手亞伯・皮弗（Abel Pifre）接手做了幾年，最後造出一臺太陽能印刷機（Quinnez 2007–2008: 316-18; Collins 2002; Pifre 1880; Crova 1880）。

268 慕修的晚年（注釋）：Pottier 2014; Quinnez 2007–2008: 319-20; Bordot 1958; “Louis [sic] Mouchot in Poverty,” NYT, July 27, 1907。

268 英國的蒸汽引擎成長：Tunzelman 2003（1986）: 74-78。

268 艾瑞克森的太陽能計畫：Johnson 2015: 22-31; Perlin 2013: 99-108（「只是玩具」, 104）; Kryza 2003: 106-23; Collins 2002; Hempel 1983: 47-50; Church 1911（1890）, 2: 260-301（「太陽光」, 265;「又複雜」, 271）; Anonymous 1889（「持續進行」, 191）; Ericsson 1888（「更完善」）; “The Coal Problem and Solar Engines,” NYT, 10 Sept 1868。

1796, in Oberg 2002:211。

256 石化燃料的變革力量：Gallagher 2006: 192-95; Lebergott 1976: 100, 1993, Tables II.14 and II.15（美國自來水、中央暖氣）。Rybczynski（1986）討論了新的加熱技術如何促成對現代舒適的家的期待; "portable climate": Emerson 1860: 74-75（語句次序經過調換）。

256 平均美國汽車馬力：http:www.epa.gov/fueleconomy/fetrends/1975–2014/420r14023a.pdf（Table 3.3.1）。

257 「油渣」: Carll 1890:24。

257 分享能源生產：IEA 2015b: 6。

258 問題是過剩，不是稀少：這裡呼應的是Labban 2008: 2和Radkau 2008（2002）: 251的論點。拉德考（Radkau）著迷地討論道，前工業時代擔心所謂的「木材高峰」（201-14）。

259 卡內基的石油池：Nasaw 2006: 76-78; Carnegie 1920: 138-39（「將會消失」）。

259 標準的石油樂觀主義：Yergin 2008（1991）: 35-36; Chernow 2004（1998）: 283-84（「你瘋了嗎？」）。當時亞塞拜然還有逐漸成長的小型石油產業。

259 賓州的高峰：Harper and Cozart 1992: Fig. 4。

260 波蒙：Yergin 2008（1991）: 66-79; McLaurin 1902（1896）: 459-63。

260 危機感：例如見Shuman 1914; "Liquid Fuels," Chemical Trade Journal and Chemical Engineer, 8 Feb 1913（「絕對無法確定目前油田枯竭時，能開採新的油田」）; "Liquid Fuels for the Navy," Chemical Trade Journal and Chemical Engineer, 29 March 1913（「立刻找到更豐富〔石油〕供應的可能性不高」）; Thurston 1901（「不久的將來，最多幾代之後，必須依賴燃燒燃料之外的其他能源」, 283）。Clayton 2015: chap. 2和DeNovo 1955提出了其他例子。

260 州長會議上的羅斯福：McGee 1909: 3-12（「國家當前最嚴重的問題」, 3;「即將耗竭」, 6）; Clayton 2015:39; Bergandi and Blandin 2012: 113-15。這場會議是由林務員先驅吉福德．平肖籌備，有三十六名州長與會。

261 再三警告：Clayton 2015: 40-43; Olien and Olien 1993: 42-44; Day 1909b（引用, 460）。不幸的是，調查員更悲觀。一九一九年，首席地質學家大衛．懷特（David White）在暢銷的雜誌上警告，「產量的高峰很快就會過去——可能就在三年內」（White 1919: 385）。

261 英國煤炭的爭論：Jonsson 2014: 160-64, 2013, chap. 7; Madureira 2012: 399-404; "The Coal Question," Saturday Review 21（1866）: 709-10; McCulloch 1854（1837）: 596-600; Holland 1835: 454-63; Great Britain House of Lords 1830; Bakewell 1828（1813）: 178-81（二千年, 181）; Williams 1789: 158-79（「幸運的島嶼」, 172）。

261 傑文斯悖論：Madureira 2012:406–13; Heilbroner 1995（1953）: 172-76 passim; Black 1972-81, 1: 203（葛萊斯東）; Courtney 1897（米爾, 789）; Thomson 1881（「減少得不慢」, 434）; Jevons 1866（消耗增加的悖論, 122-37;「煤炭消耗量」, 242）。

261 英國的煤炭產量高峰，全國輸出提高：U.K. historical coal production: www.gov.uk/government/statistical-data-sets. World historical coal production: Smil 2008: 219-21。

262 邱吉爾擁護石油：Churchill 2005(1931): 73-76。之後，美國有類似的海軍燃油計畫，見DeNovo 1955。

262 政府買下英國石油公司：Jack 1968; Statement, W. Churchill, in Great Britain House of Commons 1913: 1465-89（「我們的需求」1475）。

262 英國涉入伊朗：Yergin 2008（1991）: 118-33; Zirinsky 1992。

262 爭相控制中東石油供應：Yergin 2008（1991）: 160-89是很好的概述。此外很有用的資料有Dahl 2001; Marzano 1996; Shwadran 1977: 2; Cohen 1976; Mejcher 1972; DeNovo

座城市）; Water Integrity Network 2016（過度抽取含水層, 39; 夸祖魯, 64; Lixil Group 2016（印度，見網路補遺「發現」）; Bundesverband der Energie- und Wasserwirtschaft 2015（法國）; Siegel 2012: 190-95（以色列／巴勒斯坦）。

242　威立雅在浦東和柳州：Mann 2007; see also Prud'homme 2012: 269-70。

243　「單純的經濟問題」: Boulding 1964。

247　洛布的生涯：Siegel 2015: 119-21; Cohen and Glater 2010; Hasson 2010。

249　成長，淡化的潛力：International Desalination Agency 2017:esp. 72-76; Goh et al. 2017; Delyannis and Belessiotis 2010; Delyannis 2005. 淡化廠數目來自國際淡化局（International Desalination Agency）網站（idadesal.org）。

249　杏仁和苜蓿：Holthaus 2015。

250　卡爾斯巴德，加州淡化廠，批評：作者探訪、訪問, San Diego Water County Authority; International Desalination gency 2017: 12-13, 42; Cooley and Ajami 2014; Cooley et al. 2006。

第六章　火：能源

251　皮托爾的誕生與興起：作者探訪，皮托爾; Knickerbocker and Harper 2009: 108-14（人口）; Burgchardt 1989: 78-82（人口）; Darrah 1972, chap. 3（酒吧與妓院, 34）; Cone and Johns 1870: 75-76; untitled description of Pithole, Boston Daily Advertiser, 24 Jul 1865; Viator 1865。達拉是皮托爾歷史權威。亦見Crocus 1867。感謝肯特・馬修森陪同我去皮托爾和德雷克井紀念館（Drake Well Museum）。

251　最早的油田在賓州：早期的油井時常挖在西班牙加利西亞（Galicia）和亞塞拜然（當時在俄控制下），但一時間的開採量並不多。賓州擁有最早的現代油井——靠著引擎探鑽（而不是用人力），用油管包住，以防泛濫。賓州的發現促成了今日石化燃料產業的誕生（Vassilou 2009: 195-96）。

252　油鄉或石油地：例如Cone and Johns 1870; "Fire in the Oil Regions," NYT, 15 Feb 1866。

252　消防挖泥船，妓女遊行：Burgchardt 1989: 80; "Crocus," 1867: 36-37。

253　皮托爾的衰落與崩毀：Darrah 1972: 133-37（油井不再產油）, 178-82, 205-31（兩百八十一人, 227; 四・三七美元, 231）; Philips 1886; Taylor 1884: 14-18 passim.; "Deserted Villages," Boston Daily Advertiser, 21 Oct 1878; Cone and Johns 1870: 82-84; "Story of a Once Famous City," Wisconsin State Register, 26 Jun 1869; "Petroleum Matters," Daily Cleveland Herald, 5 Sep 1865（第一座皮托爾油井的結局）。

254　能源需求預測：BP 2015（二〇三五年增加百分之三十七）; IEA 2014b（二〇四〇年增加百分之三十七）; World Energy Council 2013（二〇五〇年增加百分之六十一）; Larcher and Tarascon 2015（二〇五〇年增加百分之百）。

254　石炭紀的煤炭形成：Nelsen et al. 2016; : Martin 2013: 392-96; Floudas et al. 2012; DiMichele et al. 2007。

255　古代中國煤炭：Dodson et al. 2014。

255　石化燃料的早期歷史：Yergin 2008（1991）: 7-9; Williams 2006, chap. 7（森林砍伐）; Richards 2005（2003）: 194-95, 227-41; Freese 2004（2003）, chaps. 2-3。

255　早年英國煤炭：Freese 2004（2003）: 21-42（諾丁漢, 24）; Gimpel 1983（1976）: 80-84; Braudel 1981（1979）: 367-72。

255　十九世紀後生活水準提高：Clark 2007: 1-16（「祖先」,1〔強調是後來加的〕）是不錯的概述。克拉克表明了不是人人富裕；Malm（2016）的重點則是人命傷亡。

256　凡爾賽：Williams 2006:164。

256　傑佛遜：Hailman 2006: 219; Letter, Thomas Jefferson to Thomas Mann Randolph, 28 Nov

Table 1）。

223 以地下水灌溉：Siebert et al. 2010。

224 羅德米爾克來到應許之地：Mané 2011: 65; R. Miller 2003: 56-57; Lowdermilk and Chall 1969, 2: 314-16; Lowdermilk 1940: 83-91. Promised Land: Exodus 23: 31, Genesis 15: 18-21. 這一節的第一段是改寫馬內（Mané）的第一段。

226 羅德米爾克的生平：Helms 1984; Lowdermilk and Chall 1969（啟發, 1: 61-63; 逃離中國, 1: 100-108）; Lowdermilk 1944: 11-13（夢想造訪巴勒斯坦）。

227 美索不走米亞的衰落：Lowdermilk and Chall 1969, 2: 328-32（「含鹽分的廢墟」, 331）; Lowdermilk 1948（「光芒四射的黃金」）, 1940: 92-100（「髒亂的地方」, 96;「七千年文明」, 97）, 1939; Deuteronomy 4: 45-49（地點）, 8: 7-9（「山谷」）; Psalms 104: 16（「滿了汁漿」）; Song of Solomon 5: 15（「香柏樹」）。所有引用皆出自新欽定版聖經 。

227 羅德米爾克的理論：Rook 1996: 98-103（「阿拉的旨意」）; Lowdermilk 1944: 53-65, 135-39（「定居地區」, 136-37）; 1942: 9-10, 1939。

227 現代觀點：Wilkinson and Rayne 2010; Hughes 1983; Wertime 1983。

228 巴勒斯坦的吸收能力：Siegel 2015: 20-22; Alatout 2008b: 367-74; Anglo-American Committee of Inquiry 1946, 1: 185（移民數目）; United Kingdom 1939（「阿拉伯族群」）。

228 工程師與「植物人」：Lowdermilk and Chall 1969, 2: 207, 218-19。

229 羅德米爾克的願景：Rook 1996: 115-31, 139-42; Lowdermilk 1944（「驚奇」,「二十四世紀」, 14;「當今」, 19; 工業與電汽化, 68-75, 85-87;「繁榮聚落」,「大好機會」, 121;「來自歐洲」, 122;「一百萬」, 124; 約旦計畫, 121-28;「人工湖」, 139-40）.

230 羅德米爾克的影響：Siegel 2015: 35-41; Alatout 2008b: 379-82; Rook 1996: 142-52, 159-62; Lowdermilk and Chall 1969, 2: 543-44; Anglo-American Committee of Inquiry 1946, 1: 411-14（遭英國拒絕）。

230 國家水資源輸送計畫：作者探訪; Siegel 2015: 39-40（巴拿馬運河）; Cohen 2008; Alatout 2008a. 其他資訊來自以色列國營水公司Mekorot的網站（www.mekorot.co.il）。

232 對霍華德的影響：Marx 1909, esp. 3: 945（「分裂」）; Kropotkin 1901（1898）; Morris 1914（1881）; Liebig 1859: 176-79（「集中起來」）。霍華德可能讀過雨果的作品。

232 霍華德：Clark 2003; Beevers 1988; Evans 1997（1989）: 111-13（輸水道）; Howard 1898（「新文明」, 10; 水資源計畫, 153-67）; Howard 1902。

234 霍華德和特拉維夫：Katz 1994。

234 特拉維夫的廢水：作者訪問, Oded Fixler; Siegel 2015: 78-85; United Nations Economic and Social Commission for Western Asia and Bundesanstalt für Geowissenschaften und Rohstoffe 2013; Loftus 2011; Aharoni et al. 2010。

236 硬路徑與軟路徑：Brooks et al. 2010（「永續的未來」, 337）; Brooks et al. eds. 2009; Brooks and Holtz 2009; Brandes and Brooks 2007（「和態度」, 2）; Gleick 2003（「兩種路徑」, 1527）; 2002; 2000（「淡水溼流」, 128）; 1998; Brooks 1993。

237 以色列的軟路徑：作者訪問, Noam Weisbrod, Ittai Gavrieli, Yoseph Yechieli. Siegel 2015: 11-12, 46-50, chaps. 4-5（滴灌法、水資源再利用）。

239 紅海—死海運河：作者訪問, Oded Fixler, Nobil Zoubi, Munqeth Mehyar; Donnelly 2014. Government of Jordan 2014; World Bank 2013。

239 以色列軟—硬路徑的衝突：作者探訪, interviews, Siegel 2015: 116, Berck and Lipow 2012（1995）: 140。

240 都市成長，停水：United Nations Population Division, World Urbanization Prospects（https:esa.un.org/unpd/wup/）; United Nations Human Settlements Programme 2016: Table E.2.。

241 低落：Kunkel Water Efficiency Consulting 2017（賓州）; Milman and Glenza 2016（三十

210 一年生與多年生：González-Paleo et al. 2016; Smaje 2015; Crews and DeHaan 2015; Cox et al. 2006。多年生草本通常演化出更能對抗病蟲害的辦法（侵襲一年生的病原體很少侵襲它們多年生的親戚）。不過大多無法同步成熟，因此採收困難。

212 馴化麥草：Zhang et al. 2016, Fig. 1; Lubofsky 2016; Scheinost et al. 2001; Wagoner and Schaeffer 1990; Lowdermilk and Chall 1969: 232-33（引入美國）。

212 小麥與麥草的混種：作者訪問, Jones, Curwen-McAdams; Curwen-McAdams and Jones 2017; Curwen-McAdams et al. 2016（T. aaseae）; Hayes et al. 2012; Larkin and Newell 2014; Wagoner and Schaeffer 1990; Tsitsin and Lubimova 1959。

213 木薯：作者訪問, emails: Botoni, Larwanou, Wenceslau Teixiera, Susanna Hecht. Production data from FAOSTAT; USDA（二〇一六年作物生產概要）; Howeler ed. 2011。

213 樹木：See, e.g., Dey 1995（櫟實）; Garrett et al 1991（胡桃）; Robinson and Lakso 1991（蘋果）。由於樹木作物有許多有許多栽培種，使用許多不同的栽培法，所以產量的數字變化很大。美國農業部網站可以看到整體的溫帶地區樹木作物產量數據。

214 反對農業：作者談話, James Boyce, Vern Ruttan, Daron Acemoglu; Cullather 2010: 146-48; Boulding 1963, 1944。

214 農場就業：Dmitri et al. 2005: 2-5。

第五章　水：淡水

216 加州番茄：USDA Economic Research Service, 2010, U.S. Tomato Statistics（92010）, http:usda.mannlib.cornell.edu。亦見 www.ers.usda.gov的概述。

217 加州水利計畫：Reisner 1993（尤其9-10, 194-97, 334-78, 499-500）提供了權威性（但好辯）的歷史；亦見Prud'homme 2012: 240-51。

219 淡水：Gleick and Palaniappan 2010: 11155-56; Babkin 2003: 13-16; Shiklomanov 2000, 1993（水量, 13-14）。大約三分之二的地下水含鹽（Gleick 1996）。

219 人類占用水資源：McNeill 2001: 119-21; Shiklomanov 2000, Tables 2,4; Postel et al. 1996: Fig. 2。

220 巴西與印度：數據來源：AQUASTAT（www.fao.org/nr/water/aquastat/main/index.stm）。

220 洪水與蓄積：這裡差異主要引用自Malm（2016: 38-42）、Gleick and Palaniappan（2010）和Wrigley（2010: 235）。這一節感謝馬克・普隆默、吉姆・博伊斯（Jim Boyce）、戴倫・艾塞默魯和麥克・林區的幫助。至於鮭魚，也必須考慮其他因素，例如產卵前死在海中的鮭魚數目。不過原則不變：春天捕了一隻魚，並不會減少隔年的魚獲供應。

221 水資源無法永續：我的最後一句解釋了歐洲企業觀察（Corporate Europe Observatory）的奧利佛・浩德曼（Oliver Hoedeman）對我說的話。

221 奧加拉拉（Ogallala）：Peterson et al. 2016（flow, Fig. 6）; Reisner 1993: 435-55。

222 毀了含水層：Hertzman 2017: Table 1; Sebben et al. 2015（海水入侵）; Famiglietti 2014（概述）; European Environment Agency 2011: Chap. 8。

222 水資源短缺：Mekonnen and Hoekstra 2016.; Comprehensive Assessment of Water Management in Agriculture 2007（國際水資源管理研究中心〔IWMI〕的研究）; Shiklomanov and Balonishnikova 2003: 359; Shiklomanov 2000. 除了水資源管理研究中心，預估全球水需求最廣為引用的資料來源很可能是俄國國家水文局（Russian State Hydrological Unit）的希克洛馬諾夫。

223 用水量：數據來自AQUASTAT（http:www.fao.org/nr/water/aquastat/water_use/index.stm）。

223 灌溉損失：Lankford 2012。

223 高出最多百分之五十：Leflaive et al. 2012:216; Amarasinghe and Smakhtin 2014（尤其

194 一般光合作用：一般的光合作用稱為C3，以另一個三碳的分子為名。

197 C4計畫：作者訪問, Jane Langdale, Paul Quick, Peter Westhoff, Thomas Brutnell, John Sheehy, Julian Hibberd。概述的計畫包括 Wang et al. 2016; Furbank et al. 2015。

197 大膽的計畫：Surridge 2002:576。

199 轟擊基因和CRISPR基因編輯技術：Hall 2016; Specter 2015（CRISPR常見而理想的解釋）; Vain et al. 1995（轟擊穀物）; Klein et al. 1987（發明技術）。在CRISPR出現之前，稻米計畫用不同的方法，以農桿菌（Agrobacterium）感染植株。這種細菌會將質體中的基因插入植物細胞的DNA中（質體是細胞中含DNA而自由漂動的物質，像是葉綠體）。基因啟動，植物細胞就會替細菌產生養分。遺傳學家把基因加入質體中，用這個機制將新的遺傳訊息加入植物細胞。不過整體而言，這種方式似乎不像轟擊那麼常見。

200 可能性 Jez et al. 2016。

200 增進光合作用的其他方式（注釋）: Taylor and Long 2017; Pignon et al. 2017; Krondijk et al. 2016. 感謝茹絲・德弗里斯（Ruth DeFries）讓我注意到這項研究。

201 破壞與測試：Hall 1987; Maugh 1987a, b; "Genetic Tests to Proceed in Face of Protest," San Bernardino County Sun, 15 Apr 1987.

202 阿西洛馬會議與規範：Berg et al. 1975; Berg and Singer 1995; Frederickson 1991: 274-83, 293-98（「不應該」, 282）。

202 缺乏多樣性：Vettel 2006: 220-22（「政治動機」）; Frederickson 1991: 293-98（參與者名單）。《華盛頓郵報》的威脅之後，記者才開始參與。

202 無霜的爭議：作者出席瑞夫金講座; Bratspies 2007: 109-11; Thompson 1989（「大老」）; Hall 1987（「甚至人類」, 134）; Joyce 1985; Complaint, Foundation on Economic Trends v. Heckler, 14 Sep 1983, in Biotechnology Law Report 2:194–203 [1983]（「突變細菌」, ¶19）; Lindow et al. 1982. 自然中雖然有「無霜」的丁香假單胞菌存在，但會自動轉換成一般的形態。柏克萊研究者移除了促進冰核形成的部分基因，使這樣的改變無法逆轉。

203 科學研究，禁止GMO：見附錄B與布勞格創立的國際農業生物技術應用服務組織（International Service for the Acquisition of Agri-Biotech Applications, www.isaaa.org）線上資料庫。

204 大眾恐懼：Pew Research Center 2015, chap. 3; Gaskell et al. 2006; Blizzard 2003; Hall 1987（「對它的恐懼」）。

206 布勞格對GMO的主張：例如見 Borlaug 2004。

206 尼可斯的農場：作者訪問與探訪。尼可斯的農場得到永續認證，因為得到認證需要在某些芝加哥市場販售。

209 有機／慣行的產量比較：Hossard et al. 2016（「玉米測試低輸入〔與慣行〕和有機比起來，產量平均高出百分之二十四……小麥測試低輸入〔或慣行〕和有機比起來，平均高出百分之四十三」）; Kniss et al. 2016（正確的版本：「有機產量在各州、各種作物，平均都是慣行產量的百分之六十七」）; Ponisio et al. 2015（「有機產量……比慣行產量低了百分之十九・二〔誤差在百分之三・七之間〕」）; de Ponti et al. 2012（「各別作物的有機產量平均是慣行產量的百分之八十」）; Seufert et al. 2012（「整體來說，有機產量一般比慣行產量低」〔百分之五到三十四，取決於「系統與樣區特性」〕）; Badgley et al. 2007（「不同類食物的平均產量比〔有機：非有機〕……大略是小於一・〇〔百分之八・六〕，這是開發中國家的研究結果」）。見 Kirchmann et al. 2016; Kremen and Miles 2012; Connor 2008 中的批評。我的討論潦草寫在 Pollan 2007: 176-84的空白處。布萊希特的臺詞是：Erst kommt das Fressen, dann kommt die Moral。恩格斯在他《自然辯證法》（*Dialectics of Nature*）第九章著名地預測了這些爭論。

184 八萬三千種酵素：Placzek et al. 2016. BRENDA酵素見www.brenda-enzymes.org。
185 Rubisco沒效果：Walker et al. 2016; Zhu et al. 2010; Mann 1999（引用）。
186 Rubisco量：Raven 2013; Phillips and Milo 2009（11 lbs.）; Sage et al. 1987; Ellis 1979（量最多的蛋白）。近來認為，膠原的量更多。
186 光合作用的演化：Cole 2016; McFadden 2014。
187 馬古利斯和共生：作者的談話，馬古利斯；Weber 2011; Sagan 1967。Bhattacharya et al. 2004和Raven and Allen 2003 回顧了共生的各種行為。
187 基因轉移（包括注釋）: Raven and Allen 2003; Huang et al. 2003（菸草）; De Las Rivas et al. 2002; Martin et al. 2002（五分之一）, 1998; Sugiura 1995。Cyanobase資料庫（genome.microbedb.jp/cyanobase）中的參考基因組有三千七百二十五個基因。
187 Rubisco多樣性：Tabita et al. 2008。
188 國際稻米研究所經費：Bourne 2015: 62-64; Cullather 2010: 159-71; Chandler 1992: chap. 1（「支持」, 3）。
189 亞洲的政治希望：Cullather 2010: 146-58（「糧食的曼哈頓計畫」, 162）。一九六〇年的饑餓和收入數據無法確定。我參考的討論是Dyson 2005（esp. 55-56）; Ahluwalia et al. 1979。
190 IR-8：Bourne 2015: 66; Hettel 2008（「純屬幸運」）; Chandler 1992: 106-17; Jennings 1964。
190 吉貝素（注釋）: 感謝盧德米拉・泰勒（Ludmila Tyler）讓我注意到這一點。
191 IR-8的擴展與影響：Bourne 2015: 66-69; Cullather 2010: 167-79（「對饑餓」, 171;「毛語錄」,176）; Mukherji et al. 2009: Table 2（灌溉使用）; Hazell 2009: 7-14; Dawe 2008; Abdullah et al 2006: 35; Alexandratos 2003:22; Dalrymple 1986: 1068-72. Historic rice production and fertilizer use from FAOSTAT（faostat.fao.org）。
191 預測：Hunter et al. 2017（提升「百分之二十五到七十會高於目前產量，可能足以滿足二〇五〇年的作物需求」）; Fischer et al. 2014（「二〇一〇到五〇年，全球對主要糧食作物的需求將成長百分之六十」, 2）; Foley 2014（「到了二〇五〇年，人口成長與更豐富的飲食，需要將栽培的作物量加倍」）; Garnet 2013（「二〇五〇年，總體糧食生產可能需要增加百分之六十到百分之一百一」, 32）; Alexandratos and Bruinsma 2012（「二〇〇五／二〇〇七到二〇五〇年增加百分之六十」, 7）; Tilman et al. 2011（「2005到二〇五〇年，全球作物需求增加百分之百到一百一」, 20260）; Godfray et al. 2010（「近期研究顯示，到二〇五〇年，全球需要多百分之七十到百分之百的食物」, 813）; Royal Society 2009:1（「即使最樂觀的狀況，也需要糧食產量至少增加百分之五十」）, 6（肉類攝取量的影響）; World Bank 2008（「二〇〇〇到二〇三〇，穀物產量需要增加將近百分之五十，肉類產量則要增加百分之八十五」, 8）。關於富足程度，見Weinzettel et al. 2013。
192 肉類攝取量：作者訪問，email, Walter Falcon, Joel Bourne, Michael Pollan; Vranken et al. 2014; Rivers Cole and McCoskey 2013（隨著富足程度下降）; Smil 2013（百分之十到四十, 133）. Meat production from FAOSTAT（faostat.fao.org）。
193 廣為引用的研究：Ray et al. 2013, 2012。亦見Grassini et al. 2013; Jeon et al. 2011: 1; Dawe 2008; Hibberd et al. 2008: 228。
193 實際／可能產量：我簡化了Ittersum et al. 2013的構想。
193 浪費食物（注釋）: Bellemare et al. 2017; Gustavsson et al. 2013。
194 缺乏可耕種的土地，無法擴大灌溉：作者訪問, IFPRI, CIMMYT, IRRI; United Nations Food and Agricultural Organization 2013: 10; Murchie et al. 2009: 533; Mann 2007。
194 早期的大氣：Kasting 2014; Lyons et al. 2014。亦見Lane 2002, chap. 3.

176 麥卡里森論土壤：McCarrison 1944（1936）（「成分完整的食物」, 17;「滿足我們需求的食物」, 12）。

176 亞伯特・霍華德：Wrench 2009: 153-58; Pollan 2007: 145-51; Fromartz 2006: 6-12; Conford 2011: 95-98, 2001: 53-59（「土壤肥力」, 54-55）; L. E. Howard 1953: esp. chap. 1; A. Howard 1945: 15-22, 151. 霍華德在印度之前的工作重點是用來釀啤酒的啤酒花。當時研究者相信，啤酒花最好人工嫁接繁殖。霍華德用蜜蜂授粉，得到更好的結果。他說，這「等於需要別再違抗大自然。因此極為成功」（ibid., 16）。就連批評者也承認他的重要性，例如Hopkins 1948: 96, 181。

177 印多爾製程：Howard and Wad 1931: esp. chap. 4。

178 「是黃金」: Hugo 2000: 1086。

178 路易斯・霍華德（Louise Howard）: Oldfield 2004。

178 回歸定律或法則：Manlay et al. 2006:10; Howard 1945（「人類廢棄物」, 5;「自然界所有農耕」, 41）; Balfour 1943。

179 霍華德的主張：L. E. Howard 1953: 26（「殘酷」）; A. Howard 1940（「研究機構」, 160;「越來越少」, 189;「與人類」, 220）。路易斯・霍華德似乎是引用W・J・洛克（W. J. Locke）的《撒馬利亞之門》（At the Gate of Samaria），這是一八九四年的暢銷小說。

179 保守的貴族基督徒：Conford 2011: 327-34, 351-56; 2001: 146-63, 190-209, 217; Moore-Colyer 2002（研究一名有機領導人物，羅夫・加德納〔Rolf Gardiner〕）。康佛德列出早期有機運動的七十三名「領導人物」（2001: Appendix A）。其中二十七人極為虔誠或靈性，十八人不是世襲貴族就是富有的地主，十六人不是激烈的右翼人士，就是法西斯主義者。不過有些成員是社會主義者，有些是一般農民，不是所有人主要都受霍華德啟發。例如諾斯伯恩（Northbourne）主要是受到魯道夫・史坦納（Rudolf Steiner）啟發，而且（和霍華德一樣）並不是土壤協會的成員（Paull 2014）。這一節感謝菲利普・康佛德和奧利佛・摩頓幫忙。

179 巴爾福：Gill 2010（New Age Christianity, 171-82）; Conford 2001:88-89; Balfour 1943（「彼此」, 199）。

180 北美基督教的啟發：Lowe 2016. 一個差異是，北美基督教的擁護者通常重視的是保存田園生活方式，而不是農業本身。

180 羅德爾：R. O'Sullivan 2015: chap. 1（活更久, 95）; Cavett 2007（「我這輩子」）; Fromartz 2006: 18-21; Conford 2001: 100-103; Rodale 1952, 1948（罕薩人）。

180 羅德爾建立帝國：O'Sullivan 2015, esp. 18-20, 26-27, 58-59, 222-27（訂戶, 32, 88）; Northbourne 1940（「有機」, 59, 103）。

182 工業反撲：O'Sullivan 2015: 56-58（「馬蜂窩」, 18;「各種昆蟲」, 57）; Conford 2011: 289-95, 325-26; 2001: 38-43; Throckmorton 1951（「遭到誤導」, 21）; Bowman 1950（「否定的！」）。

182 有機觀點的批評與辯解：Pollan 2007: 146-49（我借用了他的描述方式，「鬆散且透氣性高的土塊」）; Hopkins 1948（「極端主義觀點」, 115）; Balfour 1943（「動物或植物身體中」, 18）; Howard 1940（「男女」, 31;「生命的開端」, 45;「森林腐植質」, 68;「李比希信徒」220）。

183 糧農組織的土壤劣化研究：United Nations Food and Agricultural Organization 2011a, Fig. 3.2（百分之二十五嚴重劣化，百分之八中度劣化）。

183 有機與化學的戰爭：O'Sullivan 2015（「有機栽培主義」, 56）; Picton 1949: 127（「戰陣中」）; Rodale 1947（「已經展開」）; Northbourne 1940（「化學」, 81, 99, 101;「很難」, 91;「又辛苦」,115）。

184 發現，rubisco的重要性：Morton 2009（2007）: 39-47（「攸關我們的一切」, x）; Benson 2002; Portis and Salvucci 2002; Wildman 2002。

160 最早的現代宣言：Cullather 2010:66（韋弗「闡釋了基金會在接下來三十年會運用的後馬爾薩斯相反論點」）。

160 韋弗的報告：Memorandum, W. Weaver, Population and Food, 8 Jul 1953（orig. 17 Jul 1949）, RG 3, Ser. 915, Box 3, FF23, RFA（所有引用）。韋弗用的是「大」卡——讓一公斤水升高一度的能量。此外還有「卡」，有時用於化物和物理。本書中採「大卡」。

161 八百億：韋弗認為低估了，因為沒納入非太陽能源和石化燃料。但太陽能遠遠超過這些能源，所以韋弗保留這些數據作自己分析之用。

162 英格豪斯與光合作用：Magiels 2010; Morton 2009（2007）: 319-43。

163 氮的故事：這個標題借自休・戈爾曼（Hugh S. Gorman）的傑作（2013）。

164 腐植質理論：Jungk 2009; Manlay et al. 2006: 4-6; Fussell 1972, chap. 5; Gyllenborg 1770（1761）, esp. 13-17, 21-28, 48-50; Aristotle 1910: 467b-468a。吉倫堡（Gyllenborg）是瓦勒里烏斯的學生；有些版本掛名的作者是吉倫堡。

165 攻擊腐植質理論，最低量定律：Jungk 2009; Sparks 2006: 307-10; Brock 2002: 32-35（論文假造）, 74（竊取他人成果）, 107-24（實驗造假）, 146-49（最低量定律）, 160-66; Van der Ploeg et al. 1999（史普倫格爾）; Liebig 1840: 64-85（農業的主要目標, 85）, 1855（23-25, 最低量定律）; Sprengel 1828（93, 最低量定律）。

165 氮含量：Galloway et al. 2003。

166 李比希與氮：Gorman 2013: 58-63; Brock 2002: 121-24, 148-79ff.; Smil 2001: 8-16。

166 生物機器：White 1995。

166 李比希的肥料慘淡收場（注釋）: Brock 2002: 120-28, 138-40. 李比希嘲笑氮肥最完整的版本是他的第三版（「多餘」, 213）。他在一八五九年投靠氮的陣營（Liebig 1859: 264-66）。

167 智利硝石：Pérez-Fodich et al. 2014; Gorman 2013: 66-69; Melillo 2012; Smil 2001: 43-48（半數用來製作炸藥, 47）。

167 庫魯克斯：Morton 2009（2007）: 178-82; Smil 2001: 58-60; Crookes et al. 1900（「全世界的」, 16;「在數年內」, 43;「大蕭條」, 194-95）。

170 哈伯和博施：Smil 2001: 61-107（「氫氣和」, 72;「液態氨」, 81）。哈伯率領的其實是第一間國家武器實驗室。在他熱切管理下，實驗室發展出一種氰化物氣體齊克隆 B（Zyklon B），後來用於希特勒的毒氣室（哈伯與妻子出生於猶太家庭，但後來改信新教）。

170 哈伯最佳條件：Naam 2013: 133（「可種植」）; Melillo 2012（1930年代）; Smil 2011b（「全世界人口」〔數字更新 Smil 2001:157〕）; Von Laue 1934（「用空氣」）。亦見 Morton 2015: 193-95。

172 氮的缺點：Bristow et al. 2017（孟加拉灣）; Morton 2015: 194-201（最大的問題, 197）; Canfield et al. 2010; Galloway et al. 2002; Smil 2001: 177-97. 亦見 Guo et al. 2010。

173 「文化運動」: Conford 2001: 20。

173 麥卡里森與罕薩人：Wrench 2009（1938）, esp. 28-46, 56-66（「癌症病例」, 33）; Vogt 2007:24-25; Fromartz 2006:12-16; Conford 2011:178, 2001:50-53; McCarrison 1921（「長得出奇」, 9）。

174 新的科學類別：我舉的這些例子來自於 Taubes 2007: 89-95. 研究是由阿爾伯特・史懷哲（Albert Schweitzer）、亞利斯・赫德利奇卡（Aleš Hrdlička）、A・J・歐倫史坦（A. J. Orenstein）和山繆・赫頓（Samuel Hutton）執行的。這種研究很難評估，因為對象通常不會留下精確的個人記錄，而且時常有親戚關係。其實很少有機會有控制組。

175 麥卡里森、維瓦納斯、蘇亞納拉亞那：Viswanath 1953; Viswanath and Suryanarayana 1927; McCarrison and Viswanath 1926. 個別的貢獻是我的解讀，不過維瓦納斯的文章裡難掩惱怒。這一節感謝艾倫・雪爾（Ellen Shell）幫忙。

148　全部只有兩個例外：VIET2: 189-90; Borlaug 1988:27; Rodríguez et al. 1957: 127; Borlaug et al. 1953, 1952; Rupert 1951: Table 9; Borlaug, N.E., et al. 1953. Stem and Leaf Rust Reaction of Wheats in the 1951 International Wheat Nursery when Grown at Mexe, Hidalgo, Mexico in the Summer of 1952. Typescript, CIMBPC（B5564-R）。

148　搶救玉米計畫：Emails to author, Lance Thurner; Matchett 2002; Myren 1969。

148　基金會擴張：W. Weaver, Memorandum, 11 Dec 1951, RG 3.1, Ser. 915, Box 3, FF20, RFA（哈拉爾支持）; W. Weaver, Memorandum, "Agriculture and the Rockefeller Foundation," 12 Jul 1951, idem; J. G. Harrar, Memorandum, "Agriculture and the Rockefeller Foundation," 1 Jun 1951, idem; Letter, W. Weaver to J. G. Harrar, 31 May 1951, idem; "Excerpt from Minutes of Meeting of the Advisory Committee on Agricultural Activities," 19 May 1951, idem。

148　布勞格的狀況，阿根延之行：VIET2: 174-76; Baranski 2015:58; Perkins 1997: 230; Borlaug 1988: 27; Borlaug et al. 1953: 10-11（四十九號小種）。四十九號小種的基因與一三九號小種相近；這兩菌株的名稱時常可以共用。

148　布勞格與貝爾斯：RFOI: 198-200; Bickel 1974: 197-99（「讓你碰上」）。

149　諾林十號：Lumpkin 2015; VIET2: 181-83, 195; Reitz and Salmon 1968。

149　前兩次諾林十號試驗：VIET2: 202-03, 208-09, 224-33; RFOI: 200; Borlaug 1988: 27-28. 諾林十號是冬小麥。早春小麥開花的時候，布勞格其餘的試驗品種正在結穗，沒有別的品種可以跟諾林十號雜交。布勞格在他的田裡四處尋找，發現一株植株的生物時鐘失調，也開花晚了——這是魯波特從哥倫比亞送來的品種。布勞格設法用這株小麥替日本品種授粉——結果看著這些小麥受到鏽病侵襲。布勞格沒考慮到品種的內在時程，據說浪費了沃爾格所有的遺傳物質。

索諾拉一四九號產量提升：Cerruti and Lorenzana（2009）、Salinas-Zavala et al.（2006）和Hewitt de Alcántara（1978）的資料收集自墨西哥國家統計與地理研究所（INEGI）、糧農組織統計資料庫（FAOSTAT）與國家水利委員會（Comisión Nacional del Agua）。

152　參觀日的混亂：VIET2: 234; RFOI 201-05, 214-16（「就這樣被拿走了」）; Bickel 1974: 236-38。

152　布勞格與磨坊：VIET3: 33-34; Borlaug 1988: 27-28（穀物問題）; Baum 1986: 7（釋出更好的品種）; Bickel 1974: 239。

153　套件：布勞格最早似乎是在一九六八年夏天提到「套件」（Borlaug 1968: 27）；一九六九年，已經成為國際玉米小麥改良中心的常用說法（Myren 1969: 439）。布勞格說，墨西哥套件中「百分之七十五到八十」適用於印度和巴基斯坦，之後也將這數字套用到其他國家（Borlaug 1968: 13; Borlaug 1970）。

154　「綠色革命」：Speech, W. S. Gaud, 8 March 1968, available at agbioworld.org。

154　慶祝勝利的演說：Borlaug 1968:Table 1（墨西哥）, Table 2（印度）, 33（「因應人類」）。

第四章　土：食物

159　韋弗、洛克菲勒和分子生物學：E. O'Sullivan 2015; Hutchins 2000; Kay 1993（韋弗創造這個, 4）; Rees 1987（諾貝爾獎, 504）; Priore 1979; "Warren Weaver, 84, Is Dead After Fall, NYT, 25 Nov 1978; Weaver 1970, 1951; Memorandum, Warren Weaver, Translation, 15 Jun 1949, Weaver papers, Ser. 12.1, Box 53, FF476, RFA; Shannon and Weaver 1949。

160　「（佛格特的）非難」：Memorandum, Chester Bernard to Warren Weaver, 31 Aug 1948, RG 3.2, Ser. 900, Box 57, FF310, RFA. The two men met that same day, presumably in part to discuss Road（Diary, Warren Weaver, 31 Aug 1948, RG 12, S-Z, Reel M, Wea 1, Frame 8, Box 502-03, RFA）。亦見Cullather 2010: 64-66。巴納德在七月一日成為董事長。

下的。除了兩個主要地點，布勞格也試著在墨西哥其他七個地點種下少量的小麥。

130 布勞格與巴希奧的貧窮：VIET2: 49-53（引用, 51）; Bickel 1974: 110-11（抗拒新觀念）, 143-44（金屬農具）; E. J. Wellhausen, oral-history interview with William C. Cobb, 28 Jun-19 Oct 1966, RG 13, Oral Histories, Box 25; Folders 1-2, RFA, 46-48。

132 二期作物失敗：VIET2: 54-57（「掉在地上」, 56）; N. Borlaug, 1981, "The Phenomenal Contribution of the Japanese Norin Dwarfing Genes Toward Increasing the Genetic Yield Potential of Wheat," address, 30th Anniversary of the Founding of the Japanese Society of Breeding, Tokyo. Typescript, CIMBPC, B0051-R, 14-15。

133 巴希奧不夠：作者訪問，布勞格 Borlau; VIET2: 38-39（「全體民眾」, 39〔強調是我自己的〕）, 65; Borlaug 2007: 288。

133 穿梭育種：Hesser 2010: 48-51; AOA; LHNB; Borlaug 2007: 288-89, 1950a（當時的想法）; Ortiz et al. 2007; Rajaram 1999; RFOI: 152-88 passim。名詞創於一九七〇年代（Centro Internacional de Mejoramiento de Maíz y Trigo 1992: 14）。

133 墨西哥小麥區：Borlaug, N., et al.（?）1955. FA003, Box 87, FF1755, Rockefeller Foundation Photograph Collection, RFA（地圖）; Borlaug and Rupert 1949; N. E. Borlaug, 1945, "El Mejoramiento del Trigo en México," typescript, CIMBPC, B5529-R。

134 索諾拉與初訪：Cerruti and Lorenzana 2009（Table 3, acreage; Map 2, description of area）; Borlaug 2007: 288-89; Cotter 2003: 125; Dabdoub 1980; Bickel 1974: 120-27。

134 培育的信條：Kingsbury 2011:294; Dubin and Brennan 2009:11; Borlaug 2007: 289; Perkins 1997: 226。

134 哈拉爾與布勞格的爭論：VIET2: 67-69; AOA; McKelvey 1987: 30-31。

139 在索諾拉的第一季：VIET2: 69-73; RFOI: 169-70（「一場災難」）; Hesser 2010: 46-48; Borlaug 2007:289-90; Borlaug 1950。

139 橫越美國到索諾拉：VIET2: 74-78; RFOI: 163-64。

141 和海耶斯（Hayes）的衝突：RFOI 188; AOA; VIET2: 102-03; Borlaug 2007: 289; Bickel 1974:180; Hayes and Garber 1921: 111, 113, 281-86ff.（例如，選作對照試驗的田地，在作物將生成的土壤與氣候狀況下，應該具有代表性, 51）。

142 布勞格辭職：VIET2: 104-09, 112-26; RFOI: 166-68（「離開」,「自己的組織！」,「像孩子！」）; AOA; Perkins 1997: 228; Bickel 1974: 180-84.

143 植物育種的狀態：Perkins 1998, chap. 3. 洛克菲勒大學一九四四年發表的實驗顯示，DNA是遺傳的機制，但直到華生和克里克揭示了DNA如何攜帶遺傳資訊，才廣受相信。

143 四倍的基因：Brenchley et al. 2012 估計小麥大約有九萬五千個基因。人類應該有二萬或更少的基因（Ezkurdia et al. 2014）。這兩個數字都有待商榷。布勞格在RFOI: 307-8描述了其中的困難。

144 眼珠顏色：White and Rabago-Smith 2011。

144 光周期突變：Baranski 2015; Guo et al. 2010（突變）; Kingsland 2009:299（發現，未受關注）; Borlaug 2007（「機緣巧合」, 289）; Beales et al. 2007; Cho et al. 1993.

145 開始成功：VIET2: 170-72; Borlaug 1968, Table 1。

145 倒伏：布勞格估計，「收成時，亞基河谷百分之八十五的小麥（會）平平倒在地上」（RFOI: 214）。

146 15B：VIET2:158-61; Dubin and Brennan 2009: 5; Stakman 1957: 264; Anonymous 1954: 1-3（「可能受害」, 2）。

147 一九五〇年的測試、研討會：Kolmer et al. 2011; Borlaug 1950b。

147 五百名研究者：Rockefeller Foundation, Annual Report, 1959: 30。

147 一九五一年的結果：Borlaug et al. 1952。

William C. Cobb, 28 Jun-19 Oct 1966, RG 13, Oral Histories, Box 25, Folders 1-2, RFA（混種玉米的政治作用）; Stakman, E. C. 1948. Report of Mexican Trip with Confidential Supplement Regarding Mexican Agricultural Program. RG 1.2, Series 323, Box 10, Folder 60, RFA（墨西哥官員使基金會挫折）。

121 布勞格和史泰克曼：VIET1: 216-33（眼睛受損, 218;「充滿火光」, 233）; Bickel 1974: 86-89（「年輕人」, 88）; Borlaug 1941。

122 布勞格的課程作業、論文：Borlaug 1945; Transcript File No. 103665（Dest. 239359）, University of Minnesota Registrar's office. 感謝巴柏・楊格斯（Barb Yungers）把布勞格的學術記錄傳給我。

124 杜邦的工作，到達德拉瓦州：VIET1: 235–36; Bickel 1974:89–91。

125 布勞格與滴滴涕（DDT）（注釋）: Russell, pers. comm.; Russell 2001: 86, 124-48; Kinkela 2011: chap. 1; Perkins 1978; Borlaug 1972; Borlaug. 1973? DDT and Common Sense. Typescript, TAMU/C 002/003[1]009; Knipling 1945。滴滴涕發明於一九三〇年代，藥品公司嘉基（Geigy）的一名研究者意外發現了滴滴涕的特性——研究者保羅・赫爾曼・穆勒（Paul Hermann Müller）在一九四八年獲頒諾貝爾獎。嘉基設法在美國推行滴滴涕，然而美國子公司在一九四一年初決定，滴滴涕無法和現行的殺蟲劑（例如除蟲菊）競爭。除蟲菊萃取自亞洲生長的菊花。日本侵略切斷了亞洲的除蟲菊供應時，美軍擔心因為蚊蟲傳染的疾病而失去戰力，於是指示農業部研究員尋找代替品。一九四二年十一月，嘉基提供了滴滴涕的樣品，政府測試後，得到理想的結果。除非嘉基放棄專利，否則杜邦拒絕生產滴滴涕；這間瑞士公司逼不得已，只好讓步；杜邦因此賺了大錢。

126 布勞格接下墨西哥的工作：VIET1: 251-55, 2: 23; Bickel 1974: 91-92, 96-100; RFOI 138-39; Harrar travel diary, 17 Feb 1942, RG 1.2, Ser.464, Box 1, FF3, RFA; Diary, F. B. Hanson, 7 Apr 1942, RG 1.1, Ser. 205, Box 12, FF179, RFA。

126 墨西哥農業計畫最初的職員：Rockefeller Foundation 1944: 170-71; Harrar diary, 25 Feb 1944, RG 12.2, Ser. 1.1, Box 18, FF 45, RFA（柯威爾）; Letter, C. Sauer to J. Willits, 23 Aug 1943, RG 1.1, Ser. 323, Box 1, FF 6, RFA（威爾豪森）。

126 最初的栽培：VIET2: 27-32（「我們認為」, 28）; N. Borlaug, 1981, "The Phenomenal Contribution of the Japanese Norin Dwarfing Genes Toward Increasing the Genetic Yield Potential of Wheat," address, 30th Anniversary of the Founding of the Japanese Society of Breeding, Tokyo. Typescript, CIMBPC, B0051-R, 15。

127 布勞格出海：RFOI: 138-140（「去杜邦」, 140）。

127 第二個孩子：VIET2: 32-34（「我可以」）, 72-73; Hesser 2010: 39-40; Bickel 1974: 111-14, 128-30, 157; RFOI: 141-42。

127 布勞格接手稈銹病計畫：Bickel 1974: 118-19; RFOI: 150。

128 巴希奧的小麥狀況：Instituto Nacional de Estadística y Geografía 2015: Cuadro 9.37; Bickel 1974: 121-22; Borlaug 1958: 278-81, 1950: 170-71; Rupert 1951; Borlaug et al. 1950; N. E. Borlaug, 1945, "Wheat Improvement in Mexico," typescript, CIMBPC, B5533-R. See also, Hewitt de Alcántara 1978: 37-40。

128 農地調查：N. E. Borlaug, 1945, "Annual Survey of Wheat Growing Areas of Mexico for Determination of Severity of Damages Caused by Diseases," typescript, CIMBPC, B5528-R; idem., 1945, "Outline of the Diseases of Wheat," typescript, CIMBPC, B5530-R. Borlaug summarizes conditions in Borlaug 1950a: 171-73。

129 三人種下八千六百個品種：VIET2: 48-56; Bickel 1974: 141-45（衣物）; Paarlberg 1970: 5-6; Borlaug 1950a: 177-87; RFOI: 155-57, 161-62（農學家的態度）。布勞格提出的種子來源和數目有點不同。我主要是依據Borlaug 1950a，因為這是最接近事件當時寫

38（玉米進口）；Wylie 1941, Table 1（美國的玉米）至於一九二〇的玉米數據，見二〇〇〇年版INEGI報告中的討論。亦見Myren 1969: 439-40。

118 布萊德菲爾，曼格斯多夫和史泰克曼的報告：Survey Commission. 1941. Agricultural Conditions and Problems in Mexico: Report of the Survey Commission of The Rockefeller Foundation. RG 1.1, Ser. 323, Box 1, Folder 2, RFA（「明智的建議」, 14）; idem. 1941. Summary of Recommendations. RG 1.2, Ser. 323, Box 10, Folder 63; idem. 1941. Rockefeller Foundation's Survey of Agriculture in Mexico. RG 1.1, Ser. 323, Box 11, Folder 70（「低得可憐」）。

118 土地改革的生態後果：González 2006; Dwyer 2002（美國憤怒）; Sonnenfeld 1992: esp. 31-32; Esteva 1983: 266; Yates 1981: 48（一百萬公頃）; Venezian and Gamble 1969: 54-62（兩千零二十萬公頃）。其餘急迫的環境惡化，許多村社無法得到信貸來購買肥料、灌溉設備或更好的農具，因為新成立的國家村社信貸銀行（National Bank of Ejidal Credit）投資不足（Olsson 2013: 332-33）。

119 哈拉爾：McKelvey 1987。

120 墨西哥農業計畫開始：Waterhouse 2013: 18-29, 98-109; Olsson 2013: 215-32; Harwood 2009: 392-93; Perkins 1997: 106-15; Fitzgerald 1986: 459-64; Baum 1986: 5-7; Hewitt de Alcántara 1978: 33-37; Anon., 1978, "Chronology of the Development of CIMMYT," uarc01014-box33-fdr34, NBUM; W. C. Cobb, 1956, "The Historical Backgrounds of the Mexican Agricultural Program," RG 1.2, Ser. 323, Box 9, Folder 62, RFA, esp. II-3-11; F. B. Hanson, diary, 4 March, 10-11 Jul, 10-12 Aug 1942, RG 12, F-L, Box 194, Reel M, Han 3, Frame 585, RFA（史泰克曼與哈拉爾指派）; letter, R. Fosdick to J. A. Ferrell, et. al., 31 Oct 1941, RG 1.1, Series 323, Box 11, Folder 72, RFA; Ferrell, J. A. 1941. Memorandum, Vice President Wallace, RBF and JAF, Regarding Mexico, Its Problems and Remedies, 3 Feb. RG 1.1, Ser. 323, Box 1, Folder 2, RFA; Letter, H. A. Wallace to R. E. Fosdick, 13 May 1941, RG 1.1, Ser. 323, Box 12, Folder 79, RFA. Wallace's intervention was decisive; 洛克菲勒總裁雷蒙．佛斯迪克（Raymond Fosdick）在職員會議中幾乎逐字引用他的觀點（minutes from staff conference, 18 Feb 1941, RG 1.2, Ser. 323, Box 10, Folder 63, RFA）。史泰克曼的戰爭緊急委員會（War Emergency Committee）的工作詳述於Box 13, Folders 1, 3-8, 11, 20-22, Stakman papers, University of Minnesota, Twin Cities。

120 美墨關係：Dwyer 2002; Schuler 1998: 155-98。

120 把重點放在玉米：Olsson 2013: 239-40, 255-73, 279-81; Harwood 2009: 391-92; Matchett 2006: 360-62; Secretaria de Agricultura 1946: 93; Survey Commission. 1941. Agricultural Conditions and Problems in Mexico: Report of the Survey Commission of The Rockefeller Foundation. RG 1.1, Ser. 323, Box 1, Folder 2, RFA（把重點放在玉米）; Summary of the Survey Commission's report, 4 Dec 1941, RG 1.1, Ser. 323, Box 11, Folder 70, RFA. 基金會的年度報告反映了減少對小麥的關注（和之後的論文相較，例如Rockefeller Foundation 1946: 160-62; 1945: 21-24, 167-69; 1944: 170-71）。

120 洛克菲勒計畫的多項目標：Lance Thurner, pers. comm.; Waterhouse2013: 98-99; Singh et al. 1994: 19-20（史泰克曼的重點是稈銹病）; E. J. Wellhausen oral history interview with William C. Cobb, 28 Jun-19 Oct 1966, RG 13, Oral Histories, Box 25, Folders 1-2, RFA; Advisory Committee for Agricultural Activities. 1951（21 Jun）. The World Food Problem, Agriculture, and the Rockefeller Foundation. Typescript, RG 3, Ser. 915, Box 3, Folder 23（「做得更多」）。

120 玉米計畫失敗：Olsson 2013: 299-310; Harwood 2009: 398-400; Matchett 2006（「參與的各方」, 365）; Fitzgerald 1986: 465-67; Aboites et al. 1999（墨西哥研究者的信念）; Cotter 1994（需要科學）; Myren 1969; E. J. Wellhausen, oral history interview with

Marriages, RG 80-5-0-317, MS-932（1903）, No. 20331; Enumeration District 90, Town of Romulus, Seneca, NY, 1900 U.S. Census, entry for Robert Gibson; Enumeration District 162, Romulus, Seneca, NY, 1880 U.S. Census, entry for Robert Gibson; Town of Romulus, Seneca, NY, 1870 U.S. Census, entry for Robert Gibson。

110 結婚，失業：VIET1: 200-02; Hesser 2010: 23-25; Bickel 1974: 82-83; Hennepin County（Minn.）, Marriage License and Certificate, Norman E. Borlaug to Margaret G. Gibson, No. 200-277, recorded 6 Nov 1937。

111 「史泰克曼博士」：RFOI: 131（為避免誤讀，最後一句重新整理）。112 史泰克曼：Borlaug interview with Matt Ridley, 27 Dec 04（修課）; Dworkin 2009: 19-22; Perkins 1997: 8991; Christensen 1992; Stakman oral history interview with Pauline Madow, 29 May-6 June 1970, RG 13, Oral Histories, Boxes 9-11, RFA; Stakman 1937: 117（「最重要的分支」）。

112 稈銹病的歷史：Kislev 1982; Carefoot and Sprott 1969（1967）: 41-47; Theophrastus 1916: 2: 201-3。銹病真菌有幾種，銹病可能侵襲燕麥、大麥和裸麥，但由於稈銹病和小麥的經濟重要性，因此我把重點放在這裡。

113 稈銹菌孢子：Anikster et al. 2005: 480（大小）; Carefoot and Sprott 1969（1967）: 39（「宇宙」）; Stakman 1957: 261（五十兆）。

113 稈銹菌的生活史：Leonard and Szabo 2005; Roelfs et al. 1992（jam, 92）; Petersen 1974。

114 一九一六年大流行：Campbell and Long 2001: 19; U.S. Senate 1922: 11-12。114 歐洲小檗根除行動：Dworkin 2009: 19-22; Dubin and Brennan 2009; Campbell and Long 2001（「德國那邊的」,「外來」, 26-27;「稈銹病剋星」, 29）; Leonard 2001; Perkins 1997: 89-92; Roelfs 1982; Large 1946（1940）: 366-70; E. C. Stakman, 1935 "A Review of the Aims, Accomplishments and Objectives of the Barberry Eradication Program," Cereal Rust Laboratory Records, typescript, uarc00037-box15-fdr31, University of Minnesota Archives; Stakman and Fletcher 1930（1927）; Stakman 1923（1919）（「壞蛋」,「一律消滅」, 3-4）; Beeson 1923（「威脅」, 2）; "News of the Nursery Trade," Florists' Review, 27 Jun 1918。

114 柴契爾: Kolmer et al. 2011; Hayes et al. 1936。

115 華萊士造訪墨西哥，主張協助：Olsson 2013:202–14; Cullather 2010:54–59; Culver and Hyde 2001, esp. 246-51; W. C. Cobb, 1956, "The Historical Backgrounds of the Mexican Agricultural Program," typescript, RG 1.2, Ser. 323, Box 9, Folder 62, RFA, esp. II-1-3, 11; Crabb 1947: chaps. 7, 10; Wallace 1941; Alexander 1940（飲食）。

116 基金會開始：Chernow 2004（1998）: 550-83; Farley 2004; Fosdick 1988。116 基金會的疑慮，華萊士施壓，通識教育委員會：Olsson 2013: 64-71, 182-200; Harwood 2009: 387-88; W. C. Cobb, 1956, "The Historical Backgrounds of the Mexican Agricultural Program," typescript, RG 1.2, Ser. 323, Box 9, Folder 62, RFA（「將會比」）; General Education Board 1916（1915）。基金會格外有疑慮，是因為通識教育委員會被抨擊是洛克菲勒的祕密計畫，而國會禁止其與政府合作。通識教育委員會成立於一九〇二年，比基金會更悠久。

117 糖與墨西哥玉米：Letter, Carl Sauer to Joseph Willits, 5（?）Feb 1941, RG 1.2, Ser. 323, Box 10, Folder 63, RFA（所有引用）。我用當代語彙來呈現他的論點。Mann 2004與其中的參考文獻更詳盡地描述了玉米的文化差異。

117 史泰克曼與墨西哥銹病：Dworkin 2009: 22-24（史泰克曼造訪墨西哥）; Stakman et al. 1940（墨西哥是銹病大陸寶庫）。

117 玉米，族群數據：Instituto Nacional de Estadística, Geografía e Informática 2015, Cuadro 9.27（玉米）; Mendoza García and Tapia Colocia 2010, Chart 1（群族）; Cotter 1994: 235-

State Data Center，iowadatacenter.org）。

104 布勞格的運動生涯：詳述於M. Todd, ed. 1932。The Spartan（Cresco, IA: Cresco High School）, 13, 34, 42, 44, 48; G. Baker, ed. 1931. The Spartan（Cresco, IA: Cresco High School）, 12（巴特馬受聘）, 79; W. Hoopman, ed. 1930. The Spartan（Cresco, IA: Cresco High School）, 49. See also Hesser 2010:8; VIET1: 35-37, 62（收音機）, 86-88; Anonymous 1984:16; Chapman 1981; RFOI:122; LHNB（「我的目標」，收音機）。

105 巴特馬：作者探訪, Cresco; Borlaug interview with Matt Ridley, 27 Dec 04; LHNB; RFOI:126; Anonymous 1984: 2, 15-23; Bickel 1974: 44-45（「不用比賽了」）。師範學院現在成為北愛荷華大學。

106 卓別林：G. Hess, ed., The Spartan（Cresco, IA: Cresco High School, 1933）, 10, 23; Baker, G., ed. 1931. idem, 80; K. Baker, ed., The Tack（Cresco, IA: Cresco High School, 1928）, 15, 38, 52-54, 58-60, 84-85, 89-90。卓別林將在通用磨坊（General Mills）擔任行銷；早餐穀片Cheerios之名便是出自卓別林。

106 布勞格離開：LHNB（「州立師範」）; Vietmeyer, N. 1983. Mr. Wheat. unpub. ms., arc01014-box01-fdr11, NBUM; Bickel 1974:49–50; RFOI:125（「下個星期五」）; "Many Students Leave Homes in Cresco for Colleges, Universities," Mason City Globe Gazette, 27 Sept 1933。

106 入學考試：University Calendar, Bulletin of the University of Minnesota 36: 3-4（10 Oct 1933）。考試日期是九月二十四日，所以暴動應該是發生在九月十六、十七日那個週末，芝加哥牛奶罷工期間。

107 中西部的酪農業動盪：White 2015, chap. 2; Block 2009, esp. 143-45; Lorence 1988（威斯康辛抗爭）; Skocpol and Finegold 1982（新政計畫）; Perkins 1965; Hoglund 1961（價格, 24-25）; Dileva 1954（愛荷華的角色）; Jesness et al. 1936（明尼亞波里斯的牛奶價格, Tables 4, 5, 10）; Murphy et al. 1935, esp. 12-15; Byers 1934. Also useful: Czaplicki 2007（超高溫消毒法興起）; United States Department of Agriculture 1933。

107 芝加哥牛奶罷工："Appeal to State Police for Guard in Milk Strike," Brainerd（MN）Daily Dispatch, 15 Sep 1933; "Violence Flares in Illinois Milk Strike," Edwardsville（IL）Intelligencer, 16 Sep 1933; United Press International, "Milk Strike Ends in Chicago Area," Moorhead（WI）Daily News, 19 Sep 1933。

107 明尼亞波里斯：VIET1: 125-34; AOA; Norman Borlaug, interview with Mary Gray Davidson, Common Ground（Program 9732）, 12 Aug 1997, commongroundradio.org（「就這樣爆發」）; LHNB; Bickel 1974: 55-58。

108 明尼蘇達最早的鬥毆：Borlaug interview with Matt Ridley, 27 Dec 04; VIET1: 123-25, 137-38; LHNB（「我只是喜歡戶外」）; RFOI: 128-29; Bickel 1974: 58-62。

109 尼明蘇達與威斯康辛計畫：Green 2006; Miller 2003; Miller and Lewis 1999; Chapman 1935: xiii, 10, 14, 69-73; University of Minnesota. 1934. Bulletin 46: 112-14（課程）; Leopold 1933; Leopold 1991（1941）: 181-92。吉福德・平肖一九〇〇年在耶魯大學設立了美國最早的森林學課程。康乃爾在一八九八年設置了一門課程，但在一九〇三年停開。

109 校外工作：VIET1: 138-46（「離開學校」, 145）; RFOI: 126-28; LHNB（「好一點」）。

110 瑪格麗特・吉布森與家庭：VIET1: 135-36, 144; L. D. Wilson, 2009, "Medford," Encyclopedia of Oklahoma History and Culture, available at www.okhistory.org; Bickel 1974: 53-54; "Four All-American Gridders Playing with Red Jackets," Post-Crescent（Appleton, Wisc.）, 24 Oct 1930; "George Gibson Is Elected Captain of Gopher Eleven," Brainerd（MN）Daily Dispatch, 8 Dec 1927; Enumeration District 68, Fayette Township, Seneca, NY, 1910 U.S. Census, entry for Thomas R. Gibson; Archives of Ontario, Registrations of

Genealogical chart, Borlaug Family Genealogical Material, uarc01014-box01-fdr02, NBUM; Bickel 1974: 34-36; RFOI:120; [H.M. Tjernagel]. 1930. Obituary of Ole Borlaug. The Assistant Pastor（Jerico and Saude Lutheran churches）, Feb; Flandreau 1900:135-92（達科塔之戰）; Sogn og Fjordane fylke, Leikanger, Ministerialbok nr. A 6（1810-1838）, Fødte og døpte 1821, p. 128, available at www.arkkiverket.no（歐勒出生）。感謝布魯斯・倫迪（Bruce Lundy）幫忙處理挪威檔案。

98 梭德：作者探訪、訪問經歷; Borlaug interview with Matt Ridley, 27 Dec 04; VIET1: 64-65; Hildahl 2001（禮拜）; Bickel 1974: 28-31; S. Swenumson, 1921, Childhood Memories as Written by Rev. Stener Swenumson. Borlaug Family Genealogical Material, uarc01014-box01-fdr02, NBUM; Fairbarn 1919, 1: 243-47, 322, 361, 403-04, 434, 437-38, 449-50; United States Bureau of Commerce 1912-14, 2: 588, 2: 620。感謝麥特・瑞德里提供他的訪問筆記。

98 布勞格的家庭：Hesser 2010: 7-11; A. S. Borlaug（2006?）, Memoir of Ole and Solveig Borlaug, unpub. ms.; Bickel 1974: 25（「諾小子」）; RFOI: 11923; LHNB; Enumeration District 134, New Oregon, Howard, Illinois, 1920 U.S. Census, entries for Nels and Thomas Borlaug, Annie Natvig; Anon. 1915a（新奧勒岡的地區圖）, 1915b（由提卡〔Utica〕的地區圖）; "A Double Wedding Yesterday," Cresco Plain Dealer, 15 Aug 1913; Enumeration District 128, New Oregon, Howard, Illinois, 1910 U.S. Census, entries for Nels, Thomas, John Borlaug, Annie Natvig。感謝羅利・納特維格寄了一份布勞格的結婚照、安娜・席維亞・布勞格（Anna Sylvia Borlaug）的備忘錄和訃告。
98 布勞格誕生：Record of Births, No. 3, Howard County, Iowa, filed 10 Apr 1915。感謝珍・維爾達替我取得這份記錄。
99 亨利家：作者探訪，梭德。感謝布勞格基金會的馬克・強森讓我參觀。四方屋的形式：Gowans 1986: 84-93。

99 梭德與世隔絕：VIET1: 26-28（「世界的一分子」）; Cresco Plain Dealer, 9 Jul 1915（奈爾斯訂閱週刊）。

99 梭德的學校：作者探訪，梭德; VIET1: 36-40（「玉米高高長！」, 37;「差點死去」, 40）; AOA; Bickel 1974: 21-25; RFOI 21-23; U.S. Department of Commerce 1921-23, 3: 324（種族數據）。布勞格基金會把學校（新奧勒岡鎮八號小學）從原址遷到布勞格家宅。

102 工作、鋤薊草、收成玉米：Borlaug interview with Matt Ridley, 27 Dec 04; VIET1: 59-60, 68-69, 74-75, 95（「恐懼」）。鋤加拿大薊是免不了的；愛荷華州在1868年宣布加拿大薊是有害的雜草，禁止種植。

102 維特梅爾傳略（注釋）：一些原始手稿可見於TAMU/C（e.g., N. Vietmeyer, 2002, "Hunger Fighter," typescript, Dallas Home Records, Box 6, FF1-3; N. Vietmeyer, 1998, "Hunger Fighter," Dallas Home Records, Box 10, FF2; [N. Vietmeyer?], 1996, Working Outline, Professional Memoirs, Norman E. Borlaug, typescript, Texas A&M Office Records [1], Box 10, FF33; Memorandum of Understanding, 12 Aug 1996, idem）。

103 布勞格與教育：作者訪問，Borlaug, 1998（汗水與靈感）; Hesser 2010:8; VIET1: 35-37; RHOI: 122。

103 席娜鼓吹讓他上高中：VIET1: 79-84; Northwestern University. 1949. Ninety-first Annual Commencement（program）, 56（Sina higher ed）; W. Libbey, ed., The Tack（Cresco, IA: Cresco High School, 1926）, 14（席娜畢業）。

103 福特森曳引機：VIET1: 94-98（「就能工作」,「奴役中解放」）; Wik 1973（1972）:82-102（「自由人」, 101）。

104 克雷斯科：作者探訪；作者持有的老照片。人口數據來自愛荷華州資料中心（Iowa

[1997]: 182–83）。埃爾希利、摩爾與佛格特：見第七章。「教育的美國人」: Chase 1977:381。

87 佛格特的雄辯：Vogt 1948b（「消失」, 17；「開槍」, 117；「一片荒蕪」, 114；「責任」, 133）。

88 《土地倫理》: Leopold 1949:201-26（「如果不能」, 224–25）。

89 環境決定了性格：認為環境導致性格，就是今日所謂的環境決定論。套一句十六世紀煉金術師理察．伊頓（Richard Eden）的說法，歐洲人一直相信「世上的所有居民生來俱有極高的複雜度和驚人的體力，所以都能適應他們被分配到的環境（Chaplin 1995: 66）。這些概念延續到二十世紀；地理學家愛倫．邱吉爾．珊波（Ellen Churchill Semple）廣為使用的教科書《地理環境的影響》（Influences of the Geographic Environment）告訴學生，炎熱氣候容易「鬆懈心理和道德的品質，促使沉溺，不只（使得）當地人不愛穩定的工作，也開始讓活力充沛的歐洲移民走上同樣隨便的墮落之路」（Semple 1911:627）。概述包括 Hulme 2011; Fleming 1998: 11-32; and Glacken 1976（1967）。

89 創造環境：Warde and Sörlin 2015: 39-43（「環境概念」, 39）; Robin et al. 2013: 157-59, 191-93; Robertson 2012b; Worster 1997（1994）:191-93（賦予意義的力量）, 350; Glacken 1976（1967）: esp. chap. 2（希波克拉底的引用, 87）; Vogt 1948b（「世界尺度」, x）。奧斯朋也談到全球，但把環境問題描繪得比較接近當地議題的集合。「改變世界」: Freire 2014: 88。

89 承載力：Robertson 2012b:339–46; Mallet 2012; Sayre 2008; Kingsland 1995（1985）, chaps. 3-4。概念源自 Chapman 1928。李奧帕德承載力的主要範例（對鹿隻的研究）受到強烈的批評（Caughley 1970）。

89 佛格特與承載力：Sayre 2008: 130-32（「新馬爾薩斯派的承載力似乎源於《生存之路》」, 130）; Vogt 1948: 16-45（引用, 16）; letter, W. Vogt to A. Leopold, 16 Apr 1947, ALP。相較之下，奧斯朋是貨真價實的馬爾薩斯主義者，他警告，過度繁殖會壓垮食物和水源供應。對於生態學家／行動主義者蓋瑞特．哈定（Garrett Hardin）來說，承載力是「所有針對人口與環境討論的重心」（1993: 204）。

90 馬爾薩斯缺乏農田產量的數據：Author's conversation, Chaplin。卓別林在 Chaplin 2006 與 Bashford and Chaplin 2015 中，談到其中的一些含意。

90 富蘭克林: Franklin 1755（「人類與植物相似」, 9）, 1725。

91 「最後的勝利者一定是自然」: Ehrlich 1969: 28。

91 奧登的教科書與承載力：Mallet 2012:631–33（「大學部學生」, 632-33）; Odum 1953（「即無法明顯增加」, 122）。

92 全球承載力：Rockström et al. 2009:32（所有引用）; Rockström 2009。Lynas 2011 是很受歡迎的優質論述。「遵守」: Bacon 1870（1620）: 8: 68。

92 「生態學和保育」: Vogt 1950。

93 李奧帕德過世，計畫僱用佛格特：Lin 2014:107-11; Meine 2010（1988）:479, 519–20; Letter, S. Leopold to B. Leopold, 24 Apr 1948, ALP。

93 《沙郡年紀》出版：Meine 2013, 2010（1988）:523-27。

第三章　巫師

95 布勞格在墨西哥的第一天：VIET2: 27, 56; Hesser 2010; Borlaug 1988（「嚴重的錯誤」, 24）; Bickel 1974: 118-19。

97 布勞格移民：作者探訪，梭德墓園；Hesser 2010: 4-5, 217-19（歐勒與索維格結婚）; VIET1:35, 70; Clodfelter 2006（1998）: 35-65（達科塔之戰）; N. B. Larkin, 1981,

VDPL; W. Vogt to J. Vogt, 27 Apr 1945, Ser. 1, Box 3, FF23, VDPL; W. Vogt to A. Leopold, 29 May, 5 Aug, 27 Sep 1946, ALP; A. Leopold to W. Vogt, 5 Jun 1946, ALP。

84 史龍：Letter, W. Vogt to A. Leopold, 5 Aug 1946, ALP(「大進步」); Hutchens 1946; "On Their Own," Newsweek, 15 Jul 1946; letter, Sloane to G. Loveland, 19 Feb 1948, Box 2, FF11, William Sloane Papers, Princeton University Archives; letter, Sloane to H. Taylor, n.d. [Jan 1948?]. Box 3, FF1, idem。

84 奧斯朋的生平：Cushman 2014:272–74(保育基金會); Robertson 2005:35–44; Regal 2002(奧斯朋先生); "Fairfield Osborn, 82, Dies," Berkshire(Mass.)Eagle, 17 Sep 1969(松雀鷹); "Conservation Unit Set Up to Warn U.S.," NYT, 6 Apr 1948。

85 奧斯朋寫書的靈感：Osborn 1948:vii(「和自然的衝突」); letter, F. Osborn to W. Albrecht, 15 Aug 1947, ALP(「自然過程」).

85 佛格特和奧斯朋互相推崇：Osborn 1948:204(「解決問題」); letters, W. Vogt to F. Osborn, 31 Mar 1948, Ser. 2, Box 3, FF16(「想到這點」); Osborn to Vogt, 3 Apr and 22 May 1948, Box 2, FF8; telegram, Osborn to Vogt, 12 Feb 1948, idem, all VDPL。奧斯林對拉丁美洲的描述(164-75)取自佛格特。

85 《生存之路》、《被掠奪的地球》造成的反應：Cushman 2014: 262-63; Robertson 2012a: 56-57, 2005: 22(「本世紀」、「迎向太陽」); Desrochers and Hoffbauer 2009: 52-55; McCormick 2005: 125-27; Linnér 2003: 36-38; "Ten Books in Prize Race," NYT, 8 March 1949; Lord 1948(「沒有這方面」); E.A.L. 1948(「懷抱希望」); North 1948(「的作品之一」); Memorandum, William Sloane Associates, 18 November 1948, Ser. 2, Box 2, FF17, VDPL(列出學校)。

86 彼得森祝賀：Letter, R. T. Peterson to Vogt, 30 July 1948, Box 2, FF12, VDPL; letter, G. Murphy to Vogt, n.d. [1948?], Box 2, FF4, VDPL(「新的聖經」); Leopold to Vogt, 25 Jan 1946, Box 2, FF1, VDPL(「非常傑出」);李奧帕德的推崇印在書衣上。

86 對佛格特、奧斯朋的批評：Flanner 1949:84(「犯罪率激增」); Hanson 1949(「現代問題」);"Eat Hearty," Time, 8 Nov 1948(「無法證明」)。蘇聯官方在多場研討會上公開譴責佛格特(例如見Boletín de Información de la Embajada de la U.R.S.S., Mexico City, 28 May 1949)。佛格特的支持者懷疑《時代雜誌》的文字是支持工業的美國農業部次長查爾斯·凱洛格(Charles Kellogg)所寫(letter, D. Wade to J. Hickey, 2 Dec 1948, ALP; letter, J. Hickey to W. Vogt, 23 Nov 1948, ALP)。

86 對全球狀況的憂心報告：I paraphrase Warde and Sörlin 2015:38. See also Mahrane et al. 2012:129-30。

87 佛格特和奧斯朋告知大眾人口與環境的關聯：這一點多虧Gregory Cushman(2006: 290),我會在此解釋他的意思。亦見Robertson 2005:23-26; Chase 1977:406。李奧帕德一篇未發表的文章《長期來看：一些生態與政治的筆記》(In the Long Run: Some Notes on Ecology and Politics, Leopold 1991 [1941])預見了《生存之路》大部分的論點。佛格特大概從來沒看過(Powell 2016: 172-74)。

87 《生存之路》的影響：葛瑞格里·庫希曼(Gregory Cushman)這麼寫過佛格特,「誣陷馬爾薩斯派人認為口過剩是環境問題這種事,沒有任何人的影響力比他更大了——而這想法成為現代環境思想的一大基礎」(2014: 190)。對馬修·康納利(Matthew Connelly, 2008:130)來說,佛格特「幫忙設定了屹立三十年的議程。」約翰·柏金斯(John H. Perkins, 1997: 136)說,《生存之路》很可能比《被掠奪的地球》更具影響力;Mahrane et al. 強調了佛格特的反資本主義(2012: 130n),把那視為一九六〇年代的先驅。湯馬斯·羅伯森(Thomas Robertson, 2005: 23)一樣推崇奧斯朋:「佛格特和奧斯朋和任何人(包括卡森)一樣,在保守轉型到環境保護主義時,扮演了重大的角色。」佛格特的書刺激了卡森從自然史轉到行動主義(Lear 2009

Spiro 2009; Fox 1981:345–51; Chase 1977; Grant 1916:12（「低等民族」）。麥迪遜．格蘭特寫了《有色人種》的序。我文中一句改寫自普迪（Purdy）的文句。遲至一九九四年，極富爭議的文學理論家愛德華．薩伊德（Edward Said）還嘲弄環境保護主義是「被慣壞的極端環保人士之嗜好」（Nixon 2011:332n）。有些例外，其中較重要的是莫瑞．布欽（Murray Bookchin）的《我們的合成環境》（Our Synthetic Environment, 1962）。亦見Dowie 2009。

82 佛格特輕蔑的態度：Vogt 1948（「繁殖」, 77；「交配」, 228；「族群」, 47；「鱈魚」, 227；「搞破壞」、「掠奪者」, 164；「寄生蟲」, 202；「自由市場」, 15；「血脈相通」, 130）。羅伯森（Robertson）把佛格特形容為「家長式作風，但並非種族主義者」。他觀察到，佛格特對拉丁美洲的科學專業不屑一顧，同時又堅持專業低落不是因為「智力或能力不足」（2012a: 54），而是因為殖民主義與菁英腐敗。羅伯森提到，佛格特在1952年寫道，對於貧窮國家，「應當限制工業發展」，作為生育控制的手段（ibid., 157），但這論點並非直接根據種族——雖然當事人絕大部分不是白人，所以沒什麼安慰作用。鮑爾（Powell）相信，佛格特和李奧帕德只是在「環境健康與白種美國人的種族活力之間」找到的關連比較弱而已（2016: 202）。

82 把人視為生物單位：[Vogt] 1946:48. Like Stoddard（1920〔「一樣會死」, 174〕），佛格特強調人類和其他物種平等，「研究變形蟲，就能預測像（著名經濟學家）雷克斯．竇克威（Rex Tugwell）或亞伯特．愛因斯坦那麼複雜個體的大部分行為」（Vogt 1948:17）。

82 瑪喬麗．華勒斯：Washington Births, 1891–1929. Washington State Department of Health Birth Index: Reel 6. Washington State Archives, Olympia, WA; Enumeration District 46, Sheet 5A, Entry for Marjorie E. Wallace, 1920 U.S. Census, Washington, King County, Union Precinct; Enumeration District 41–35, Sheet No. 3A, Entry for Marjorie Wallace, 1930 U.S. Census, California, San Mateo County, Precinct 14; "S.M. High to Graduate 63 in December," The Times（San Mateo）, 14 Nov 1932; University of California（Berkeley）, 1938, The Seventy-Fifth Commencement, Berkeley: University of California, 51; Office of the City Clerk, City of New York. Certificate of Marriage Registration No. 3559. George Devereux and Marjorie Elizabeth Wallace, 27 March 1939; idem., Certificate of Marriage Registration M0222434, 30 March 1939; Devereux 1941（論文）; Letter, W. Vogt to E. Vollman, 23 Dec 1946, Ser. 1, Box 2, FF21, VDPL（對佛格特研究的貢獻）。

83 戴維羅：Laplantine 2014; Murray 2009; Gaillard 2004（1997）:191。

83 佛格特離婚、再婚：Application for Marriage License, Washoe County, NV, No. 209221. William Vogt, 4 Apr; Second Dist. Court, Washoe County, NV, Decree of Divorce No. 99170, Marjorie Devereux vs. George Devereux, 4 Apr 1946, Washoe County（Nevada）; "Decrees Granted," Nevada State Journal, 2 Sep 1945; telegram, W. Vogt to J. A. Vogt, 25 May 1945, Ser. 1, Box 2, FF23, VDPL; letters, J. A. Vogt to W. Vogt, 28 Mar 1946, Ser. 1, Box 2, FF21, VDPL; W. Vogt to H.A. Moe, 12 Jul 1945, 1 Apr 1946, GFA; J. Vogt to H.A. Moe, 12 Sep 1945 GFA。離婚後，裘安娜在墨西哥市與巴黎待任外交官員，也是美國新聞署駐西班牙塞維亞（Seville）的公共事務官員。裘安娜退休於一九六〇年代，搬到鳳凰城，二〇〇三年以一百歲高齡過世（U.S. Dept. of State. 1949. Foreign Service List, Publication 3388. Posts of Assignment, 45; idem. 1951:20; idem. 1953:79; U.S. Social Security Death Index, Juana A. Vogt, 21 July 2003）。結婚前，佛格特似乎沒把瑪喬莉的事跟任何朋友說（例如參閱letter, A. Leopold to S. Leopold, 22 Aug 1945, ALP）。Ingram and Ballard 1935（雷諾這個離婚之都）。

83 「餐桌上」: Letter, W. Vogt to WP, 25 Aug 1947, Ser. 1, Box 3, FF24, VDPL。

83 佛格特的行動：Letters, W. Vogt to E. Vollman, 5 Aug, 23 Dec 1946, Ser. 1, Box 2, FF21,

Box 3, FF16, VDPL（參議員會面）。李奧帕德稱之為「目前土地生態學最好的解釋」（Letter, A. Leopold to W. Vogt, 21 May 1945, APL）。

74 原子彈的衝擊，戰爭：Hartmann 2017；Jundt 2014a: 13-17；Allitt 2014:25-23；Robertson 2012a: 36-38；Worster 1997（1994）: 343-47。

75 「知道真實狀況」: Leopold 1993（1953）: 165。

75 馬爾薩斯的生平：Bashford and Chaplin 2016, chap. 2；Mayhew 2014: 49-74；Heilbroner 1995（1953）: 75-85；James 2006（1979）: 5-69（權威的傳記）; Chase 1977, esp. 6-12, 74-84（極度負面的看法）; [Malthus] 1798。馬爾薩斯在世時出現過六個版本，最後四版本只是稍微修正了第二版。我採用了Mann 2011a: 179的一些句子。

76 富蘭克林：Franklin 1755。馬爾薩斯原本沒讀過富蘭克林的著作，數據引用字英國政治理論家理察．普萊瑟斯（Richard Prices）的引文；之後馬爾薩斯標明了正確的出處（Bashford and Chaplin 2016:43-47, 70-72, 118）。亦見Zirkle 1957。

76 馬爾薩斯的論點：[Malthus] 1798（農地增加，22；美國，20-21, 185-86；預防與積極抑制，61-72；「達到平衡」，139-40）。

77 痛苦是必然的結果：Malthus 1926:2:29（「自然定律」）; Malthus 1872: 412（「其他地方」）。這裡的引用來自馬爾薩斯過世後的第七版論文，不過第一版即有此概念（Malthus 1798: 15）。

77 馬爾薩斯的前人：一般最早的記錄是喬凡尼．波特羅（Giovanni Botero）（2017 [1589], esp. Book 7）。其他包括比豐（Buffon）、富蘭克林、格蘭特、赫爾德（Herder）和史邁利（Smellie）。洪連傑（Hong Lianje，音譯）對一七九三的馬爾薩斯有著現代的期待（Mann 2011a:177-80）。

77 時局黯淡時的論文：Mayhew 2014:63-65。

77 反馬爾薩斯的咒罵：Mayhew 2014: 86-88（騷塞）; Coburn and Christenson 1958-2002:3（「混蛋」），5: 1024（「反對這些說法！」）; Shelley 1920（1820）: 51（「暴君」）; Marx 1906-1909:1:556（「抄襲」）。

78 馬爾薩斯啟發了達爾文和華萊士：Osprovat 1995（1981）:60-86; Browne 1995:385–90, 542（「個體對抗個體」）; Bowler 1976。《物種起源》的第三章名為〈生存競爭〉（The Struggle for Existence）。

79 馬爾薩斯的影響，達爾文：Bashford and Chaplin 2016, chaps. 6, 7; Hartmann 2017, chap. 3; Bashford 2014, part 1; Mayhew 2014; Robertson 2012a; Connelly 2008（esp. chaps. 1-2）; Chase 1977。至於達爾文，提摩希．史奈德（Timothy Snyder）寫過，對他構想的解讀，「影響所有主要的政治形態」（Snyder 2015:2）。

79 斯托達德：Cox 2015: 36-38; Gossett 1997: 388-99; Stoddard 1920（「終將滅亡」, 303-4 [按原文斜體]）。現代讀者最可能接觸到《有色人種》一書，是在電影《大亨小傳》開場時，暴發戶湯姆．布坎南（Tom Buchanan）一場演說推崇的主題。

79 人口相關著作：Grant 1916; Marchant 1917; More 1917（1916）（主張不控制的繁衍是女權主義的主要阻礙）; East 1923; Ross 1927; Thompson 1929; Dennery 1931。雖然人口運動是國際運動，但英語系作者仍占大宗（Connelly 2008:10–11）。亦見Josey 1923。

80 羅斯遭史丹佛開除：Mohr 1970; "Warning Against Coolie 'Natives' and Japanese," San Francisco Call, 8 May 1900（「美國的土地」）。亦見Connelly 2008:42。

81 希特勒的生物學想法（注釋）: Snyder 2015, esp. 1-10（「視為生物學」, 2）; Weinberg 2006（1928）, esp. 7-36（「土地的生產力……仍然存在」, 21；「土地面積」, 17）。希特勒不會例出引用出處，但他在「第二本書」中明顯醒目地用到達爾文和馬爾薩斯的概念。

82 左派、右派、保守派：Purdy 2015; Allitt 2014:72（「虛晃一招」）; Nixon 2011:250–55;

Leopold 1949: 214-17；1939（引用, 728）；A. Leopold, 1941?, "Of Mice and Men: Some Notes on Ecology and Politics," ALP, Writings: Unpub. Mss, Ms. 110, 1186-92. 李奧帕德早期的克萊門斯主義：例如Leopold 1924, 1979（寫於1923）。

67 李奧帕德與佛格特：Cushman 2006:345-50；Meine 2010（1988）（同事不確定他的這種生態學，394-95；與佛格特討論，477-80；「多年」，495）；Letters, Leopold to J. Darling, 31 Oct 1944（「我的思想」）, ALP；Leopold to E.B. Fred, 27 Jan 1943, GFA。

69 佛格特的建議：Cushman 2014:195（「大自然」）；Vogt 1942b: 83-85, 88-89, 118-29（「飛出鳥巢」，84），1942c（「鳥類本身」，11）；Letter, W. Vogt to A. Leopold, 9 May 1941, ALP（「接受這個看法」）。

70 佛格特的決定：Cushman 2006:345（取得博士學位的早期想法）；見佛格特與李奧帕德一九三九至四二年間在ALP中的許多信件，其他工作的可能性，見Barrow 2009: 197-98。

70 佛格特決定去威斯康辛：Letters, W. Vogt to A. Leopold, 31 Dec 1941, 4 Feb 1942, 28 Apr 1942；A. Leopold to W. Vogt, 16 March 1942；Vogt, W. 1942。Application for University Fellowship, 30 Jan, ALP。

70 佛格特追捕納粹：Letters, W. Vogt to A. Leopold, 26 March 1942（「布建的納粹分子」）, 16 May 1942；A. Leopold to E. B. Fred, 22 May 1942；W. Vogt to A. Leopold, 8 Aug 1942, ALP；Recommendation, Major T.L. Crystal, n.d., 1943 Guggenheim application, GFA；"Bird Watchers Back," Dunkirk（NY）Evening Observer, 13 April 1942。

71 泛美聯盟僱用佛格特：Bowman et al. 2010: 241-62；Union International pour la Protection de la Nature 1949:62；"Erosion Is a World Problem," El Nacional (Caracas), 27 Sep 1947, FF8, Box 6, VDPL（「精確的」）；[Vogt] 1946:2。該協定是西半球自然保護暨野生生物保育公約（Convention on Nature Protection and Wildlife Preservation in the Western Hemisphere）（161 United Nations Treaty Series 193）。佛格特也有幾個月的時間擔任美洲事務協調部（Office of the Coordinator in Inter American Affirs）的科學教育處（Division of Science and Education）副處長。

71 佛格特看到森林砍伐，侵蝕：William 2006: 371-77；Leopold 1999:76（「土壤破壞，是人類最重大的經濟損失」）；Vogt 1945；Letter, W. Vogt to J. Vogt, 27 Apr 1945, VDPL；Zon and Sparhawk 1923:2:558-666。

72 佛格特在墨西哥：McCormick 2005: 102-12；[Vogt] 1946:3-6；vogt 1945a（「100年內」，358）；Vogt 1944（保育指南）；W. Vogt, 1945?, "Man and the Land in Latin America," unpub. ms. Ser. 2, Box 3, FF29, pp.5-6, VDPL。亦見W. Vogt, 1964, "A History of Land-Use in Mexico," Typescript, Ser. 3, Box 7, FF27, VDPL。

72 「近在眼前」：W. Vogt, 1944, Confidential Memorandum, Ser. 2, Box 4, FF29, VDPL。

72 佛格特在南美與中美：Vogt 1948a（「皮膚病」，「狀況同樣糟糕」，109）；[Vogt] 1946（「值得樂觀之處」，7；「用盡一切方法」，14）；Vogt 1946b（「日漸嚴重」，28）。

72 薩爾瓦多的危機：Vogt 1946c（「可供耕作的土地」，1；「立刻」，3）；Vogt 1945b: 110（火車比喻）。亦見Durham 1979, esp. chap.2。

73 墨西哥生育率，一九四〇年代：Mendoza García and Tapia Colocia 2010, Chart 2。

73 成長的社會目標：Collins 2000:1-32（「匱乏經濟學」，6；「更多生產」，22）；Vogt 1948b（「一定會平衡」，110-11）。柯林斯寫道，經濟顧問委員會（Council of Economic Advisers）的實質領導者李昂・蓋沙林（Leon Keyserling）相信，強調成長是羅斯福新政之後政策「唯一真正創新的因素」（21）。史密斯對成長的看法：例如Smith 1776: 1:85。亦見Robertson 2012a: 346-56；2005: 26-34。The Employment Act is Public Law 79-304（「購買力」，Sec. 2）。

74 〈和平桌上的饑餓〉：Vogt 1945b（所有引文）；letter, W. Vogt to F. Osborn 19 May 1945,

博士」)。他開心的是，咖啡是小蝸圓豆(carocolillo)，這是安地斯山的品種，每顆咖啡漿果裡不是兩粒種子(咖啡豆)，而是只有一粒皺得怪模怪樣的豆子，風味特別濃郁。鳥糞先生：Duffy 1989:1257。

59 佛格特著迷於豐富多樣的生物：VFN, e.g., 17 March 1939 [FF38]；13 Feb 1939, 6 Feb 1939(「充分理解和欣賞」)，4 Feb 1939, 31 Jan 1939(不在乎這裡的味道)[FF36]；Vogt 1942:310；BestR, chap. 4(「在島上」，5-6)。

59 研究問題：Rasty 1949:7(「一千一百萬隻鳥糞鳥」)；Vogt 1939；BestR，chap.4,7(「排泄物的增加幅度」)。

62 裘安娜畢業了，來到秘魯：Diary, J. A. Vogt, 3 Jul 1939(「剔牙」)，4 Jul 1939, 13 Jul 1939, Ser. 4, Box 8, FF12, VDPL；J. A. Vogt 1940(「美妙的幸運」，265；「family feuds」，267.,「那樣的地方」，273)；"Audience of 20,000 Attends Annual Outdoor Ceremony at Columbia University," NYT, 7 Jun 1939；Columbia University in the City of New York, Catalogue Number for the Sessions of 1939-1940(NY: Columbia University，1940)。

62 發現聖嬰現象，墨菲造訪：Fagan 2009:31-44；Cushman 2004, 2003；Hisard 1992；Hutchinson 1950:49-58；Vogt 1942a(「秘魯海岸」)；Murphy 1926(「鳥糞鳥」，32),1925a(「洋流」，433；Lavelle y Garía 1917。三篇原始文章是Eguiguren Escudero 1894；Carrillo 1893；Carranza 1892。數十年後，才意識到聖嬰現象是太平洋洋流的振盪系統。

63 佛格特的聖嬰現象：VFN, FF40, 43, 46, 49, 51；Vogt 1960:124-25(「中國和印度」)；1942a(攝氏二十五度, 509；「沒有跡象」，511；鳥類數量，510)；1942b(表面溫度，Fig. 10)；1942c: 9-10, 86-88(鳥往南、北去)；leter, W. Vogt to A. Leopold, 29 Jul 1939, ALP(「全都不見了」)；Murphy 1936 1:96(攝氏十五 ·五度左右)。亦見Cushman 2006: 240-55；Mc Cormick 2005: 71-79；Hutchinson 1950:54。當時，三座島嶼很可能還有一百億隻鳥(Jordán and Fuentes 1966: Fig. 1)。

63 鳥來來去去：VFN。

64 佛格特解釋鸕鶿遷移：Cushman 2014:195；Vogt 1942a(「完全毀滅」，521)；1942b:88-89；1942c:9-12；leter, W. Vogt to A. Leopold, 31 Dec 1941, ALP。墨菲得到類似的結論(Murphy 1925a:433)。後來，佛格特將浮游生物的分析交給瑪麗．希爾斯(Mary Sears)，希爾斯是衛斯里學院(Wellesley College)開創性的生物學家，在皮斯科(Pisco)工作(Vogt 1942c:4-5；leter, W. Vogt to A. Leopold, 15 Dec 1940, ALP)。

64 李奧帕德：Meine 2010(1988)仍然是權威性的傳記；Flader 1994也很有用。康乃爾大學其實比耶魯更早，在一八九八年就設立了森林學院，但後來關閉了。

65 克萊門斯：Botkin 2012: 134-37；Worster 1997(1994): 209-20；Clements 1916：esp. 104-7(高峰)；1905(超生物)。大約同時，另一位植物學家亨利．考爾斯(Henry C. Cowles)表達了類似的想法。關於對「自然平衡」的典型攻擊，見Botkin 1992(1990)。

66 生物潛能，環境阻力：Cushman 2014(2013): 194-97；Vogt 1942b: 25。佛格特的這個詞是取自昆蟲學家羅伊爾．查普曼(Royal Chapman，Chapman 1926: 143-62)。

66 克萊門斯、艾爾頓與老舊的秩序觀：Botkin 2016:35-55, 2012: 106-14；Simberloff 2014；Egerton 1973；Odum 1953；Elton 1930(「是很重要的」，17)；Clements and Shelford 1939。至於Botkin(2012: 135)和Worster(1994: 378-87)的註解，1980年代，超生物的概念延伸，聲稱生物圈功能是以某種實體運作，稱為蓋婭(Gaia)。艾爾頓的《動物生態學》(*Animal Ecology*，1927)提供了佛格特的一些基本理念，包括生態區位(ecological niche)，以及數量金字塔(見Vogt 1948b: 86-9)。亦見Worster 1997(1994):388-420。

67 李奧帕德在克萊門斯和艾爾頓之中求取平衡：Callicott 2002；Meine 2010(1988):410；

驗，也沒經費。秋天時，牡蠣灣再度握有那片土地了（“L.I. Bird Santuary's Needs,” BDE, 27 Oct 1935；“Bird Sanctuary Leased to U.S.,” BDE, 3 Jul 1935；“See Santuary Action Mistake,” BDE, 5 Jun 1935；“Deplores Fate of Bird Haven,” BDE, 31 May 1935；“Bird Reserve Dispute Looms,” BDE, 30 May 1935；“Bird Refuge is Facing Abandonment Saturday,” NYT, 21 May 1935；“Deplore Bird Santuary End,” BDE, 20 May 1935；Pilat 1935〔「佛格特做得很棒」〕)。

54 貝克成為美國國家奧杜邦學會的會長，僱用了佛格特：Carlson 2007:74-75., Graham and Buchheister 1990:117-19, 128-29, 140-41（買下《禽鳥學》期刊）；Anon. 1938. “Bird is ‘Boid’ in the South, but in a Genteel Way.” BDE, 8 Apr（裘安娜任教）。

54 像李奧帕德這樣的新投稿人：Leopold 1938。李奧帕德第一篇發表於《禽鳥學》的論文，成為李奧帕德名作《沙郡年紀》（Sand County Almanac，Leopold 1949）的主要章節。墨菲從一九三七到四〇年，每月撰寫專欄。

54 佛格特在奧杜邦團體的活動：Carlson 2007:75-77；Cushman 2006:238；Duffy 1989；Vogt et al. 1939；Moffett 1937。

54 美國的瘧疾問題：Webb 2009: 146-50（範圍，Map 5.3）., Cottam et al. 1938:93（五百萬人）。一部分是由於水壩增加（Patterson 2009: 127；Shah 2010: 185-89）。

55 蚊蟲防制：Patterson 2009: esp. chap. 6（effects of Depression, 120-29）全面概述；Cottam et al. 1938；[Vogt] 1935。Reiley 1936和Peterson 1936舉出過渡到聯邦經費的情形。亦見Webb 2009: 153-54。

55 長島：Butchard 1936（薩弗克〔Suffolk〕）；Froeb 1936:128（納索〔Nassau〕）；Cottam et al. 1938（人工湖，95）。

55 「在陸地上渴死」：Vogt 1937a（「火箭」，15；「丹毒」，7）。

56 生態系功能（Ecosystem services）：佛格特並且主張，效益誇大了。許多排水計畫是在沒有瘧疾的地方。即使實際有瘧疾的區域，通常也成效不彰，水溝沒有維護，很快就變成死水池。因此，雖然有溝渠，瘧疾率發病率仍然節節高升。雖然沒錯，但容易誤導；佛格特並不瞭解排水計畫需要幾年才能發揮完全的影響。

56 蚊蟲防治的辯論：Cottam et al. 1938:81（「錯用」）；94（「控制」，按原文強調）。Patterson（2009: 138-43）有詳實的描述。至於柯譚，見Bolen 1975。

56 奧杜邦和早期保育運動（注釋）：Holdgate 2013（1999）: 17-21, 2001；[Vogt] 1936（發起運動）。

57 《禽鳥學》變得令人憂慮：Cushman 2006:238-39；Peterson 1973:49（「破壞」）；Graham and Buchheister 1990: 143-44。佛格特的社論，例如[Vogt] 1935, 1937b（「晚餐桌」）。

57 佛格特會讓投稿人變得疏遠：例如見Letter, T. S. Roberts to W. Vogt, 30 Oct 1936, Bell Museum of Natural History Records, University of Minnesota Libraries, University Archives, uarc00876-box37-fdr322；W. Vogt to T. S. Roberts, 3 Nov 1936, ibid., uarc00876-box25-fdr234；letter, T.S. Roberts to W. Vogt, 11 Nov 1936, ibid., uarc00876-box37-fdr322。

57 佛格特失敗的政變：leter, Margaret Nice to Vogt, 9 Dec 1937, Ser. 1, Box 2, FF5 VDPL（「精疲力竭」）；Devlin and Naismith 1977:71-72；Fox 1981: 197-8；Peterson 1989: 1255；1973: 50（「簡直像海燕」）。Graham and Buchheister（1990:117-18, 142-44）提供了有些不同的說法。

58 佛格特在北欽察：作者採訪；VEN；BestR, chap. 4（「經常停擺」，沒帽子，2）；Cushman 2013: 191-95；Rasky 1949（「為了科學」，7）；J.A. Vogt 1941:23-24（缺乏器材）；Letter, W. Vogt to A. Leopold, 11 Feb 1940, ALP（器材）；Murphy 1925b: 103-4（鏟除屋頂的鳥糞）。

58 佛格特的享受：BestR, chap 5（咖啡，8；「扇貝採集地」，9）；J.A. Vogt 1940:268（「鳥

1929；"The Funnies," The Writer, Jan 1929；"Literary Market Tips," The Author & Journalist, Dec 1928。感謝威爾・莫瑞（Will Murray）與約翰・洛克（John Locke）提供資料。

49 瑪麗・阿爾勞姆（Mary Allraum），婚姻：Marriage License and Affidavi for License to Marry No. 16999, County of New York, 7 Jul 1928；Certificate and Record of Marriage No. 18002, State of New York, 7 Jul 1928；Florida Passenger Lists, 1898-1964, National Archives, Washington, DC, Roll Number 7, Immigration record, S.S. Gov. Cobb, 3 Oct 1923；"Women Students of the University of California Will Present Annual Partheneia Faculty Glade Masque and Pageant in April," San Francisco Chronicle, 26 Feb 1922（p.1）；"Campus Pageant of Youths Tempting," San Francisco Chronicle, 12 March 1922（p.1）；"L.A. Girl Picked for Stellar Role in Partheneia at U. of C.," Oakland Tribune, 20 March 1922；年輕的大二生名單，The Southern School（UCLA）yearbook 1921, 158；Index to Marriage Licenses and Certificates, Alameda County, Vol. 10, 1902-1904, California State Archives, Sacramento, CA, Dec 13, 1903（阿爾勞姆結婚）。

50 鳥類學接受業餘人士：Weidensaul 2007:127-85 passim; McCormick 2005:25；Barrow 1998: 178-79, 193-94；Ainley 1979；Vogt 1961（「怪人」）。

51 佛格特的責任：Anonymous, 1943?, Background Information About Dr. William Vogt [sic]. Series 2, Box 5, FF 19, VDPL；Biographical Note, Vogt Papers website, idem；McCormick 2005: 31n51；一些筆記，8（大學賞鳥）。

51 彼得森的生平：Carlson 2007；Graham and Buchheister 1990: 130-35；Devlin and Naismith 1977。

52 《鳥類圖鑑》出版：Carlson 2007:46-70；Weidensaul 2007:200-10（賣出冊數：209）；McCormick 2005:26-28；Peterson 1989；Vogt 1961（「不會暢銷」）。

52 裘安娜在百老匯初次登臺：Pollock 1929；"The Channel Road," Playbill, 21 Oct 1929。

52 百老匯沒落：一九二九到三〇那一季，百老匯的產量是兩百三十三齣；一九三〇到三一那一季掉到一百八十七齣；一九三八到三九，只上演了九十六齣（Matelski 1991:148）。

52 瓊斯海灘保護區：Vogt 1938a, b；1933。背景見Caro 1974:145-56, 182-225（創立長島公園），233, 310（保護區）。

52 佛格特計畫：Vogt 1938b；Cushman 2013:191（邁爾的建議）；McCormick 2005:31-32（邁爾的建議）；Anonymous. 1940:80（得獎）；W. Vogt, n.d., "A Preliminary List of the Birds of Jones Beach, Long Island, N.Y.," Ser. 2, Box 4, FF19, VDPL。

53 小海雀研究：Murphy and Vogt 1933（「集體歇斯底里」，348）。佛格特先前在《海雀》（48:593, 606）發表過兩篇未受同儕審查的簡短報告。

53 長島的鴨：不同當局提供的數目不同。例如見以下網站：長島海岸研究與教育學會（Coastal Research and Education Society of Long Island），十一種；紐約州環保署（New York Department of Envirnmental Conservation），十種；國家野生生物保育中心（the National Wildlife Reserve complex），十五種。

53 鴨類減少：Greenfield 1934（「少得相當不妙」）。

53 長島發展：C. W. Leavitt, Garden City（地圖）, 2 Apr 1914, Available at Garden City Historical Society；一些筆記，2（「羅伯・摩西斯」）。佛格特早在一九三一年就擔心沼澤減少（Vogt 1931）。

54 牡蠣灣關閉保護區，佛格特丟了工作：牡蠣灣既是橫跨長島中央南北端的小鎮名字，也是該鎮上位於北岸（North Shore）的高檔村落，很令人混淆；保護區的土地為小鎮（而不是村落）所有。新聞報導令小鎮尷尬不已，於是改弦易轍，把那片土地交給美國生物調查部（U.S. Biological Survey）。然而調查部沒有經營公園的經的手足："John H. L. Vogt"（訃告），Vista Press（San Diego, CA）, 25 Apr 1970; "Former Soloist with Orchestry Here Dies," Louisville Courier-Journal, 4 Apr 1952；Certificate of Death, Commonwealth of Kentucky, Registration District 755（傑佛遜郡〔Jefferson County〕），File 116527724。肯坦基州譜系研究感謝李安妮（Anne H. Lee）。

44 佛格特出生：Certificate and Record of Birth, William Walter Vogt, Mineola, N. Hempstead, Nassau, State of New York Bureau of Vital Statistics, No. 18569（Registered No. 4192）。出生時全名為弗雷德列克・威廉・佛格特（Fredrick William Vogt），在一九〇四年改名為威廉・瓦特・佛格特（William Walter Vogt）。

45 佛格特先生與申克的傳奇故事：Letter, Vogt to Robert Cushman Murphy, 6 Feb 1964, Ser. 1, Box 2, FF4, VDPL（世界博覽會場地）; "Garden City," HS, 10 Aug 1911（郵政局長，度假）; Action for Absolute Divorce, Affidavit of Clara Doughty, 2 May 1907, VvV; Parker 1906（道提家族）; "Wanderers Heard From," BDE, 9 Oct 1902；"Drugs Under the Hammer," BDE, 7 Jun 1901；"Wife and Babe Deserted by Vogt for Married Woman," Duluth Evening Herald, Jun 1902；"Vogt's Stock to Be Sold," BDE, 4 Jun 1902；"Sheriff in Possession of Vogh's [sic] Drug Store," BDE, 30 May 1902；Enumeration District 0713, North Hempstead, Nassau, NY, 1900 U.S. Census, entry for Geo. W. Schenck（申克家族）。出生沒多久父親就去世：一些筆記，1。

46 佛格特與申克各自離婚。Testimony of Mary J. Schenck, 21 March 1908,VvV；"Garden City," HS, 26 March 1908；"Schoolgirl Wife Sues" NYT，22 March 1908；"Decree for Mrs. Vogt," BDE, 22 March 1908。亦見：Legal notices, Frances Bell Vogt, Plantiff, against William Walter Vogt, defendant, Sea Cleaff（NY）News and Glen Cove News, 8 Jun 1907, 22 Jun 1907。離婚直到一九〇九年一月十五日才成定局（Order, VvV）。紐約離婚法：DiFonzo and Stern 2007, esp. 567-69；O'Neil 1969: 140-45。申克離婚："Schenck Wants Divorce," Philadelphia Inquirer，19, Jul 1908；"Co-respondent Sued Now," BDE, 20 May 1908；"Schenck Divorce Case Up," BDE, 19 Jul 1908；"East Williston," HS, 23 Jul 1908；"Final Decree Granted," BDE, 11 Dec 1908。

46 佛格特家族財務狀況：Rasky 1949: 6（芬妮）; Bureau of the Census, Official Register, Persons in the Civil, Military, and Naval Service of the United States, and List of Vessels. Vol. 2: The Postal Service（Washington, DC: Government Printing Office, 1909）, 323（克拉拉）。

46 「我一輩子」: BestR, chap. 1, 1-2。

46 布魯克林：一些筆記，2（「二毛七分」）; Brooklyn Assembly District 9, Kings County, N.Y., 1920 U.S. Census, Enumeration District 478, Page 9B, entry for Lewis Brown。

47 佛格特與書籍：一些筆記，2（「我那個世代」）; Nabokov 1991: 213（「酷愛看書」）; Burroughs 1903（焦慮的科學家）; Seton 1898.18（「在狼之間」）。

47 童軍：一些筆記，2-5（「從此以後」，2）; Wadland 1978: 419-45（西頓與童軍）。

48 佛格特與小兒麻痺：一些筆記，3（「第二天早上」）; "1 Death, 1 New Case in Epidemic Here," BDE, 26 Sept 1916；"94,000 Absences as Schools Open," NYT, 26 Sept 1916；"Lowest Friday Epidemic Record," BDE, Sep 1 1916。依據彼得森所說，佛格特的母親「早上瀏覽醫院的布告欄，發現她兒子夜裡因病過世」（1989: 1254）。

48 佛格特康復：一些筆記，4（「值得」），6（「非常糟」，勇敢）; BestR, chap. 1,3（「一生中」）; Peterson 1989:1254；McGrory 1948；leter, R.V. Mattingly to Secretary, Gueenheim Foundation, 3 Apr 1943, GFA（兩腿、脊椎、肺虛弱）。

48 佛格特的學院生涯：McCormick 2005:24；一些筆記，6（獎學金）; Letter, W. Vogt to A. Leopold, 29 Jul 1939, ALP；Anon., ed., 1921, The Manual Anvil, NY: Manual Training High School（高中文學社，151）。

49 佛格特的工作：一些筆記，8-10（「執行祕書」）; McCormick 2005: 25；Delacort

Estimates of World Population)，見於www.census.gov。

33 十萬五千年的高粱：Heun et al. 1997；Lev-Yadun et al. 2000；Tanno and Willcox 2006；Willcox 2007。亦見Scott 2017: Chap. 1；Mann 2011b；Burger et al. 2008。肥料部分請參閱本書〈第四章 土：食物〉。

35 人類消耗的地球生產量：Smil 2016:48(25%)，2013: 183-97；Vitousek et al. 1997(「陸地生產力」，495)；Vitousek et al. 1986(「百分之三十九到五十」, 372)。

35 人類世：Crutzen and Stoemer 2000. 亦見Biello 2016；Steffen et al. 2011；Crutzen 2002。

第二章 先知

40 有關鳥糞的背景：Cushman(2014, 2016)書裡的介紹對本章很有幫助。我同時也受益於泰德．梅里洛(Ted Melillo)、丹尼爾．巴金(Daniel Botkin)，以及蘇珊娜．赫克特(Susanna Hecht)。

40 鳥糞中的尿酸：Cushman 2014:23-27；Ńúnez and Petersen 2002:71-84, 170-72。最早記錄秘魯鳥糞層的是亞歷山大．馮．洪堡(Friedrich Wilhelm Heinrich Alexander von Humboldt)，他將樣本送去給巴黎的化學家(von Humboldt and Berghaus 1963:228-47；Fourcroy and Vauquelin 1806)。Wolf 2015是不錯的洪堡傳記。

40 古代的肥料：Pomeranz 2000:583-84(豆餅)；Wines 1986；Roberts and Barrett 1984(乾糞)；Braudel 1981(1979): 116-17，155-58(人的屎尿)。

40 秘魯化學家：Cochet 1841。安地斯山的人用鳥糞當肥料已有數百年的歷史，但他們的征服者直到歐洲科學家再度發現鳥糞的價值，才知道鳥糞的事。「guano」(鳥糞)這個字來自wanu，在當地語言是鳥類糞便的意思(Whitaker 1960；Murphy 1936:1:286-95)。

41 鳥糞產業，戰爭：Cushman 2014(2013): Cahp. 2；Melillo 2012；Mann 2011a:212-20；Inarejos Muñoz 2010(戰爭)；Vizcarra 2009:370(revising Hunt)；Hollett 2008；Miller 2007:147-55., Miller and Greenhill 2006；Hunt 1973:70(鳥糞帶來的收入)。

41 南美鸕鶿：: King 2013: chap. 10；Murphy 1954, 1936, 2:899-909(「變成鳥糞」，901)；1925:71-125(「某個地點」，木筏，74-75)；Hutchinson 1950:18(十六公斤)。佛格特的估計是每年每隻鳥十五 ·八公斤(Letter, W. Vogt to A. Leopold, 11 Jun 1941, ALP)。「喜好群居的程度超乎想像」出自King(200)引用的話。

41 成立公司：Cushman 2014: 148-52，168-90(seeking Murphy, 190)；Duffy 1994:70(永續管理計畫)；Coker 1908a, b, c(美國科學家)。

41 佛格特到來：Travel journal, Ser. 3, Box 5, FF36, VDPL。

43 佛格特田園間的童年：Vogt, W. W. 1943? Background Information about Dr. William Voght [sic]. Ser. 2, Box 5, FF21, VDPL；一些筆記，1-5(「熱狗店」，2)；BestR, chap. 1(「內布拉斯加州」，1)。感謝羅傑．喬斯林(Roger Joslyn)幫我找到結婚證書和佛格特家庭相關的其他許多東西。

44 佛格特的父親：Application for Headstone, Pension C2326861, 11March 1944(由海軍退伍)；Hempstead, Floral Park, Nassau, NY, 1940 U.S. Census, entry from Frances B. Brown(輟學)；「花園城」，Hs, 7 Nov 1901(婚禮出席者)；Certificate and Record of Marriage No. 21813, William Walter Vot and Frances Bell Coughty, Hempstead, Nassau, NY, 31 Oct 1901, Registered No. 4216; "Engagement Announced," BDE, Dec 1900；"Three Jolly Rovers," NYT, 5 Aug 1900(逮捕)；Magisterial District No. 1, Indian Hill Precince, Jefferson, KY, 1900 U.S. census, entry for William F. Vogt；Enumeration District 151, Louisville, Jefferson, KY, 1880 U.S. Census, entry for Fred. Wm. Voght [sic]. 佛格特先生

Dec 1943, Ser. 3, Box 6, FF26, VDPL。查賓戈是個小村裝，緊鄰特斯科科（Texcoco）這個市鎮。

21 「或更迫切」：Letter, L. S. Rowe to W. Weaver, 2 Aug 1946, Ser. 1, Box 1, FF38, VDPL；同一檔案夾中有未標注日期的草稿。

21 馬古利斯的生平：Sagan 2012。

22 微世界的尺度：Whitman et al. 1998是預測百分之九十的權威文獻，其根據的是Luckey 1972:1292; 1970: Tab. 1。後續修改，包括McMahon and Parnell 2014; Serna-Chavez et al. 2013; Van der Heijden et al. 2008。對談時，馬古利斯給了我十倍的數字，但我依據Sender et al. 2016更新了。

23 高斯：Gall 2011; Isreal and Gasca 2002: 211-15; Gall and Konashev 2001; Brazhnikova 1987; Vorontsov and Gall 1986; Kingsland 1986: 244-46; Gause 1930（第一篇論文）。

23 珀爾與他文章引起的爭議：de Gans 2002; Kingsland 1995（1985）: chaps. 3-4（十多篇論文，三本書，75-76）; Pearl and Reed 1920; Pearl 1925, 1927（「characteristic course」, 533）。Pierre-François Verhulst（1838）預測到珀爾的結果，而珀爾根據的是阿弗雷德・洛特卡（Alfred Lotka）（例如Lotka 1907, 1925 [esp. chap. 7]）。

24 《生存的競爭》：Gause 1934。

25 縮時攝影：作者探訪。亦見Mazur 2010（2009）:266。

25 天擇：請參閱本書〈附錄一：為何要相信（上）〉。馬古利斯的定義不大尋常，見Mazur 2010[2009]: 265-67［臘腸狗，人類繁衍的潛力］）; Margulis and Sagan 2003（2002）: 9-10。

26 斑馬貽貝：作者探訪，於哈德遜河谷; Strayer et al. 2014, 2011（「百分之一」，1066）; Carlsson et al. 2011。斑馬貽貝在一九八六至八七年入侵五大湖（Carlton 2008）; 族群數量先是暴增，然後暴跌（Karatayev et al. 2014）。

27 和其他遵循一樣的法則：Margulis and Dobb 1990: 49。

27 蝨子：Toups et al. 2011; Kittler et al. 2003; Travis 2003。雖然Toups et al.和Kittler et al.的成果被視為「多半一致」，不過Toups et al. 的時間稍早（30）。

29 逐漸成為人類：Pettit 2012:59-72（埋葬）；Henshilwood et al. 2011（赭土）；Henshilwood and d'Erroco 2011（鴕鳥蛋）；Bouzouggar et al. 2007（珠飾）；Yellen et al. 1996（魚叉）。

30 人類和細菌的一致性差異：1000 Genome Project Consortium 2015；Li et al. 2008. Li and Sadler 1993是權威的研究。大腸桿菌單一鹼基的多樣性，見Jaureguy et al. 1981；Caugant et al. 1981。

31 和哺乳動物與猿類比較：Prado-Martinez et al. 2013; Leffler et al. 2012（猞猁與狼獾）；Salisbury et al. 2003；Kaessman et al. 2001（靈長類）。感謝卡爾・齊默（Carl Zimmer）大方指正這一節先前版本中的錯誤，並建議參考文獻。

31 繁殖族群：Henn et al. 2012；Fagundes et al. 2007。

31 藍眼珠：Eiberg et al. 2008；Frost 2006。

32 紅火蟻：作者探訪，Wilson; Ascunce et al. 2001; Mlot et al. 2011; Yang et al. 2010; King and Tschinkel 2008; Wilson 1995（1994）:71。

32 超級蟻群：Goodisman et al. 2007；Holway et al. 2002: 195-97；Tsutsui and Suarez 2002；Suarez et al. 1999。超級蟻群在螞蟻的原生地並不常見。

32 阿根廷蟻的超級蟻群：Van Wilgenburg et al. 2010; Sunamura et al. 2009; Kabashima et al. 2007。亦見Moffett 2002; Padersen et al. 2006; Suarez at al. 1999。

32 人類的早期歷史：Richter et al. 2017（可能的早期人類出現）; Kuhlwilm et al. 2016（十萬年前西伯利亞的人類）; Liu et al. 2015（距今八萬到十二萬年前亞洲的人類）。

33 一萬年前的人口：Haub 1995（標準估計）。亦見「全球人口的歷史估計」（Historical

引用出處

（編按：引用出處所列之頁碼為原文頁碼）

前言

4　引進科學：Brand（2010: 16）優雅地證實了這一點。

4　饑荒減少，壽命延長：United Nations Food and Agricultural Organization 2009: 11（一九六九到七〇年，百分之二十四）; idem. 2017: 2-13（二〇一六年，百分之十一）。平均壽命資料來自世界銀行（http:data.worldbank.org/indicator/SP.DYN.LE00.IN）。亦見R.D. Edwards 2011；Riley 2005; World Health Organization 2014（www.who.int/gho/mortality_burden_disease/life-tables/en）。

4　全球成長將繼續：我看過的所有經濟學研究，預測的結果都是整體成長，不過許多擔心成長的分布。例如見Johansson et al. 2012（全球國內生產毛額「可能在接下來五十年間成長大約百分之三」, 8）。

7　「生態滅絕」（ecocide）這名詞源自亞瑟．加爾斯頓（Arthur W. Galston，出自Knoll and McFadden 1970: 47, 71-72）。

7　看法與信念的差異：Luten 1986（1980）: 323-24。感謝安東妮．溫克勒普林斯（Antoinette WinklerPrins）讓我注意到這篇文章。

9　「比較耐久」：Mumford 1964: 2。技術未來主義者費瑞敦．艾斯凡迪亞瑞（Fereidoun M. Esfandiary）稱雙方為「上翼人士」（up-winger）和「下翼人士」（down-winger）（Esfandiary 1973）。

10　環境保護主義，或環保主義（Environmentalism）：這名詞在二十世紀泰半是指一個流派的心理學──環境主義，強調的是個人環境，而不是基因遺傳（Worster 1997 [1994]: 350）。這名詞的現代用法──環境保護主義大約出現於一九六六年，認為要保護自然界。

10　「十億」：“Borlaug's Revolution,” Wall Street Journal, 17 July 2007。這說法似乎源於Easterbrook 1997。

11　四元素：雖然和柏拉圖有關，不過最早討論的是大約西元前四六〇年的哲學家恩培多克勒（Empedocles）。

11　預測災難：Devereux 2000: Table 1（死亡人數）; Meadows et al. 1972（「一百年」, 23）; Ehrlich 1969（殺蟲劑、平均壽命;「在一九八〇年時縮短到四十二歲」, 26），1968（「結束了」,「數億」, 1）。「完全崩潰」的說法出自CBS新聞在一九七〇年的一場訪問；感謝《回顧報導》（*Retro Report*）的琪拉．丹屯（Kyra Darnton）把訪問內容傳給我。四年後，埃爾利希保證「這世紀前，很可能在一九八〇年前，饑荒造成的死亡率會大幅上升」（Ehrlish and Ehrlish 1974:25）。

第一章　物種狀態

18　佛格特造訪：Vogt travel diary, 18 Apr 1946, Ser. 3, Box 6, FF27, VDPL。亦見idem., 22

Wrigley, E. A. 2010. *Energy and the English Industrial Revolution*. CUP.

Wylie, K. 1941. "Agricultural Relations with Mexico." *Foreign Agriculture* 6:365–73.*

Xu, Y.-S., et al. 2009. "Geo-hazards with Characteristics and Prevention Measures Along the Coastal Regions of China." *Natural Hazards* 49:479–500.

Yang, C.-C., et al. 2010. "Loss of Microbial (Pathogen) Infections Associated with Recent Invasions of the Red Imported Fire Ant *Solenopsis invicta*." *Biological Invasions* 12:3307–18.

Yates, P. L. 1981. Mexico's Agricultural Dilemma. Tucson: University of Arizona Press.

Yergin, D. 2012 (2011). *The Quest: Energy, Security, and the Remaking of the Modern World*. Rev. ed. New York: Penguin Books.

——. 2008 (1991). *The Prize: The Epic Quest for Oil, Money, and Power*. New York: Free Press.

Yong, E. 2016. *I Contain Multitudes: The Microbes Within Us and a Grander View of Life*. NY: Ecco.

Yulish, C. B., ed. 1977. *Soft vs. Hard Energy Paths: 10 Critical Essays on Amory Lovins' "Energy Strategy: The Road Not Taken?"* NY: Charles Yulish Associates.

Zeng, Z., et al. 2017. "Climate Mitigation from Vegetation Biophysical Feedbacks during the Past Three Decades." *Nature Climate Change* 10.1038/NCLIMATE3299.

Zhang, X., et al. 2016. "Establishment and Optimization of Genomic Selection to Accelerate the Domestication and Improvement of Intermediate Wheatgrass." *The Plant Genome* 9.*

Zhu, X.-G., et al. 2010 "Improving Photosynthetic Efficiency for Greater Yield." *Annual Review of Plant Biology* 61:235–61. Zhu, Z., et al. 2016. "Greening of the Earth and its Drivers." *Nature Climate Change* 6:791-95.

Zimmer, C. 2011. *A Planet of Viruses*. Chicago: University of Chicago Press.

Zirinsky, M. P. 1992. "Imperial Power and Dictatorship: Britain and the Rise of Reza Shah, 1921–1926." *International Journal of Middle East Studies* 24:639–63.

Zirkle, C. 1957. "Benjamin Franklin, Thomas Malthus and the United States Census." *Isis* 48:58–62.

Zon, R., and W. N. Sparhawk. 1923. *Forest Resources of the World*. 2 vols. NY: McGraw-Hill Book Company.

Journal of Human Genetics 56:5-7.
Whitman, W. B., et al. 1998. "Prokaryotes: The Unseen Majority." *PNAS* 95:6578–83.
Wigley, T. M. L. 2006. "A Combined Mitigation/Geoengineering Approach to Climate Stabilization." *Science* 314:452–54.
Wik, R. M. 1973 (1972). *Henry Ford and Grass-Roots America*. Ann Arbor: University of Michigan Press.
Wilberforce, R. 1888. *Life of Samuel Wilberforce*. London: Kegan Paul, Trench, & Co.*
[Wilberforce, S.] 1860. "Review of On the Origin of Species." *Quarterly Review* 108:225–64.
Wildman, S. G. 2002. "Along the Trail from Fraction I Protein to Rubisco (Ribulose Bisphosphate Carboxylase-oxygenase)." *Photosynthesis Research* 73:243–50.
Wilkinson, T. J., and L. Raynes. 2010. "Hydraulic landscapes and imperial power in the Near East." *Water History* 2:115–44.
Will, G. F. 1975. "A Change in the Weather." *WP*, 24 Jan.
Willberg, D. 2017. "CCS Facility at Boundary Dam Returning to Normal Operations." *Estevan Mercury*, 21 Jul.*
Willcox, G. 2007. "The Adoption of Farming and the Beginnings of the Neolithic in the Euphrates Valley: Cereal Exploitation Between the 12th and 8th Millennia cal BC." In *The Origins and Spreads of Domestic Plants in Southwest Asia and Europe*, ed. S. Colledge and J. Connolly. Walnut Creek, CA: Left Coast Press.
Williams, J. 1789. *The Natural History of the Mineral Kingdom*. 2 vols. Edinburgh: Thomas Ruddiman.*
Williams, M. 2006. *Deforesting the Earth: From Prehistory to Global Crisis, an Abridgment.* Chicago: University of Chicago Press.
Williamson, S. H., and L. P. 2015. "Measuring Slavery in 2011 Dollars." MeasuringWorth.com.*
Wilson, E. O. 1995 (1994). *Naturalist*. New York: Warner Books. Wineke, W. R. 2008. "Global Cooling Advocate Reid Bryson, 88." Wisconsin State Journal, 13 June.
Wines, R. A. 1986. *Fertilizer in America: From Waste Recycling to Resource Exploitation*. Philadelphia: Temple University Press.
Winslow, M., et al. 2004. *Desertification, Drought, Poverty, and Agriculture: Research Lessons and Opportunities.* Rome: ICARDA, ICRISAT, and the UNCCD Global Mechanism.
Wöbse, 2011. " 'The World After All Was One': The International Environmental Network of UNESCO and IUPN, 1945–1950." *Contemporary European History* 20:331–48.
Wolf, A. 2015. *The Invention of Nature: Alexander von Humboldt's New World.* NY: Alfred A. Knopf.
Wolf, A. T. 1972. *Hydropolitics Along the Jordan River: Scarce Water and Its Impact on the Arab-Israeli Conflict*. NY: United Nations University Press.
Wolf, E. R. 1982. *Europe and the People Without History*. UCP. Woody, T. 2012. "Sierra Club, NRDC Sue Feds to Stop Big California Solar Power Project." *Forbes*, 27 March.
Woolf, D., et al. 2010. "Sustainable Biochar to Mitigate Global Climate Change." *Nature Communications* 1:1–9.*
World Bank. 2008. *World Development Report 2008: Agriculture for Development*. Washington, DC: World Bank.
World Energy Council. 2013. *World Energy Scenarios: Composing Energy Futures to 2050*. London: World Energy Council.*
Worster, D. 1997 (1994). *Nature's Economy: A History of Ecological Ideas*. 2nd ed. CUP.
Wrench, G. 2009 (1938). *The Wheel of Health: A Study of the Hunza People and the Keys to Health*. Australia: Review Press.

Future." *Annual Review of Plant Biology* 67:107–29.
Wallace, H. A. 1941. "Wallace in Mexico." *Wallace's Farmer and Iowa Homestead*, 22 Feb.
Wang, P., et al. 2016. "Finding the Genes to Build C4 Rice." *Current Opinion in Plant Biology* 31:44–50.
Wang, T., and J. Watson. 2010. "Scenario Analysis of China's Emission Pathways in the 21st Century for Low-Carbon Transition." *Energy Policy* 38:3537–46.
Warde, P. 2007. *Energy Consumption in England and Wales, 1560– 2000*. Rome: Consiglio Nazionale delle Ricerche.*
Warde, P., and S. Sörlin. 2015. "Expertise for the Future: The Emergence of Environmental Prediction, c. 1920–1970." In *The Struggle for the Long-Term in Transnational Science and Politics: Forging the Future*, ed. J. Andersson and E. Rindzevicˇiu¯te˙, 38–62. NY: Routledge.
Water Integrity Network. 2016. *Water Integrity Global Outlook*. Berlin: Water Integrity Network.*
Waterhouse, A. C. 2013. *Food and Prosperity: Balancing Technology and Community in Agriculture*. NY: Rockefeller Foundation.*
Weart, S. R. 2008 (2003). *The Discovery of Global Warming*. Rev. and expanded ed. HUP.*
——. 1997. "Global Warming, Cold War, and the Evolution of Research Plans." *Historical Studies in the Physical and Biological Sciences* 27:319–56.
Weaver, W. 1970. *Scene of Change: A Lifetime in American Science*. NY: Charles Scribner's Sons.
——. 1951. "Alice's Adventures in Wonderland, Its Origin, Its Author." *Princeton University Library Chronicle* 13:1–17.
Webb, J. L. A., Jr. 2009. *Humanity's Burden: A Global History of Malaria*. CUP.
Weber, B. 2011. "Lynn Margulis, Evolution Theorist, Dies at 73." *NYT*, 24 Nov.
Webster, B. 1969. "End Papers." *NYT*, 8 Feb.
Weidensault, S. 2007. *Of a Feather: A Brief History of American Birding*. NY: Harcourt.
Weimerskirch, H., et al. 2012. "Foraging in Guanay Cormorant and Peruvian Booby, the Major Guano-Producing Seabirds in the Humboldt Current System." *Marine Ecology Progress Series* 458:231–45.*
Weinberg, G. L., ed. 2006 (1928). *Hitler's Second Book: The Unpublished Sequel to Mein Kampf*, trans. K. Smith. NY: Enigma Books.
Weinzettel, J. et al. 2013. "Affluence Drives the Global Displacement of Land Use." *GEC* 23:433–38.
Weisskopf, M. 1988. "Scientist Says Greenhouse Effect Is Setting In." *WP*, 24 June.
Weitzman, M. L. 2007. "A Review of the Stern Review on the Economics of Climate Change." *Journal of Economic Literature* 45:703–24.
Wertime, T. A. 1983. "The Furnace versus the Goat: The Pyrotechnologic Industries and Mediterranean Deforestation in Antiquity." *Journal of Field Archaeology* 10:445–52.
Whitaker, A. P. 1960. "Alexander von Humboldt and Spanish America." *Proceedings of the American Philosophical Society* 104:317–22.
White, A. D. 1897. *A History of the Warfare of Science with Theology in Christendom*. 2 vols. New York: D. Appleton.
White, A. F. 2015. *Plowed Under: Food Policy Protests and Performance in New Deal America*. Bloomington: Indiana University Press.
White, D. 1919. "The Unmined Supply of Petroleum in the United States." *Automotive Industries* 40:361, 376, 385.
White, R. 1995. *The Organic Machine: The Remaking of the Columbia River*. NY: Hill and Wang.
White, D., and M. Rabago-Smith. 2011. "Genotype-phenotype Associations and Human Eye Color."

——. 1942a. "An Ecological Depression on the Peruvian Coast." In *Proceedings of the Eighth American Scientific Congress*, May 10–18, 1940, ed. Anon. 3:507–27. Washington, DC: Department of State.

——. 1942b. "Informe Sobre las Aves Guaneras." *BCAG* 18:3–132.

——. 1942c. "Influencia de la Corriente de Humboldt en la Formación de Depósitos Guaníferos." *Simiente* 12:3–14.

——. 1940. "Una Depresión Ecológica en la Costa Peruana." *BCAG* 16:307–29.

——. 1939. "Enumeración Preliminar de Algunos Problemas Relacionados con la Producción del Guano en el Perú." *BCAG* 15:285–301.

——. 1938a. "Birding Down Long Island." *Bird-Lore* 40:331–40.

——. 1938b. "Preliminary Notes on the Behavior and the Ecology of the Eastern Willet." *Proceedings of the Linnaean Society of New York* 49:8–42.

——. 1937a. *Thirst on the Land: A Plea for Water Conservation for the Benefit of Man and Wildlife*. Circular 32. New York: National Association of Audubon Societies.

[——]. 1937b. Editorial. *Bird-Lore* 39:296.

[——]. 1935. Editorial. *Bird-Lore* 37:127.

——. 1931. "The Birds of a Cat-Tail Swamp." *Bulletin to the Schools: University of the State of New York* 17:162.

[Vogt, W., et al.] 1965. *Human Conservation in Central America*. Washington, DC: Conservation Foundation.

Vogt, W., et al. 1939. "Report of the Committee on Bird Protection, 1938." *The Auk* 56:212–19.

Von Czerny, F. 1881. *Die Veränderlichkeit des Klimas und ihre Ursachen*. Vienna: A. Hartleben's Verlag.*

Von Humboldt, A., and H. Berghaus. 1863. *Briefwechsel Alexander von Humboldt's mit Heinrich Berghaus aus den Jahren 1825 bis 1858*. Leipzig: Hermann Costenoble.*

Von Laue, M. 1934. "Fritz Haber Gestorben." *Naturwissenschaften* 22:97.

Von Neumann, J. 1955. "Can We Survive Technology?" *Fortune*, June.

Voosen, P. 2016. "Climate Scientists Open Up their Black Boxes to Scrutiny." *Science* 354:401-02.

——. 2012. "Ocean Clouds Obscure Warming's Fate, Create 'Fundamental Problem' for Models." *E&E News*, 26 Nov.*

Vorontsov, N. N., and J. M. Gall. 1986. "Georgyi Frantsevich Gause 1910–1986." *Nature* 323:113.

Vranken, L., et al. 2014. "Curbing Global Meat Consumption: Emerging Evidence of a Second Nutrition Transition." *Environmental Science & Policy* 39:95-106.

Wadland, J. H. 1978. *Ernest Thompson Seton: Man in Nature and the Progressive Era, 1880–1915*. NY: Arno Press.

Wagner, G., and M. L. Weitzman. 2015. *Climate Shock: The Economic Consequences of a Hotter Planet*. Princeton, NJ: Princeton University Press.

——. 2012. "Playing God." *Foreign Policy*, 24 Oct.*

Wagner, G., and R. J. Zeckhauser. 2017. "Confronting Deep and Persistent Climate Uncertainty." Harvard Kennedy School Faculty Research Working Paper Series RWP16-025.*

Wagoner, P., and J. R. Schaeffer. 1990. "Perennial Grain Development: Past Efforts and Potential for the Future." *Critical Reviews in Plant Sciences* 9:381–408.

Wald, M. 2013. "Former Energy Secretary Chu Joins Board of Canadian Start-Up." *NYT*, 17 Dec.

Waldner, E. 2006. "Exploration Boom After 1998 Blowout Sputtering Along." *Bakersfield Californian*, 10 Feb.

Walker, B. J., et al. 2016. "The Costs of Photorespiration to Food Production Now and in the

Vettel, E. J. 2006. *Biotech: The Countercultural Origins of an Industry*. Philadelphia: University of Pennsylvania Press.

Viator [pseud.]. 1865. "Our Special Correspondence." *Wisconsin State Register*, 2 Dec.

Victor, D. G. 2008. "On the Regulation of Geoengineering." *Oxford Review of Economic Policy* 24:322–36.

Vietmeyer, N. 2009–10. *Borlaug*. 3 vols. Lorton, VA: Bracing Books.

Viswanath, B. 1953. "Organic Versus Inorganic Manures in Land Improvement and Crop Production." *Proceedings of the National Institute of Sciences of India* 19:23–25.

Viswanath, B., and M. Suryanarayana. 1927. "The Effect of Manuring a Crop on the Vegetative and Reproductive Capacity of the Seed." *Memoirs of the Department of Agriculture in India (Chemical Series)* 9:85–124.

Vitousek, P. M., et al. 1997. "Human Domination of Earth's Ecosystems." *Science* 277:494–99.

Vitousek, P. M., et al. 1986. "Human Appropriation of the Products of Photosynthesis." *BioScience* 36:368–73.

Vizcarra, C. 2009. "Guano, Credible Commitments, and Sovereign Debt Repayment in 19th-Century Peru." *Journal of Economic History* 69:358–87.

Vogt, J. A. 1941. "To Sea Lions!" *AM* 167:18–25.

——. 1940. "The White Island." *AM* 166:265–73.

Vogt, G. 2007. "The Origins of Organic Farming." In Organic Farming: An International History, ed. W. Lockeretz. Cambridge, MA: CABI Publishing.

Vogt, W. 1966. "Statement of William Vogt," in United States Senate. *Hearings Before the Subcommittee on Foreign Aid Expenditures of the Committee on Government Operations On S. 1676* (Eighty-Ninth Congress, Second Session). Washington, D.C.: Government Publishing Office, 3:718-50.

——. 1965. "We Help Build the Population Bomb." *NYT*, 4 April.

——. 1963. *Comments on a Brief Reconnaissance of Resource Use, Progress, and Conservation Needs in Some Latin American Countries*. NY: Conservation Foundation.

——. 1961. "From Bird-Watching, a Feeling for Nature." *NYT*, 11 Jun.

——. 1960. *People! Challenge to Survival*. NY: William Sloan Associates.

——. 1950. "Getting Sex Appeal into Editorials on Conservation." *The Masthead* 2:42.

——. 1949. "Let's Examine Our Santa Claus Complex." *Saturday Evening Post* 222:17–19, 76–78.

——. 1948a. "A Continent Slides to Ruin." *Harper's Magazine* 196:481–88.

——. 1948b. *The Road to Survival*. NY: William Sloan Associates.

[——]. 1946a. *Report on Activities of Conservation Section, Division of Agricultural Cooperation, Pan American Union (1943–1946)*. Washington, DC: Pan American Union.

——. 1946b. *The Population of Venez uela and Its Natural Resources*. Washington, DC: Pan American Union.

——. 1946c. *The Population of El Salvador and Its Natural Resources*. Washington, DC: Pan American Union.

——. 1945a. "Unsolved Problems Concerning Wildlife in Mexican National Parks." In *Transactions of the 10th North American Wildlife Conference*, ed. E. M. Quee, 355–58. Washington, DC: American Wildlife Institute.

——. 1945b. "Hunger at the Peace Table." *Saturday Evening Post* 217:17, 109–10.

——. 1944. *El Hombre y la Tierra*. Biblioteca Enciclopedia Popular No. 32. México, D.F.: Secretaria de Educación Pública.

——. 1943. "Road to Beauty." *Bulletin of the Pan-American Union* 77:661–71.

——. 2004. *The State of Food and Agriculture, 2003–2004*. Rome: FAO.
United Nations. Scientific Committee on the Effects of Atomic Radiation. 2016. *Developments Since the 2013 UNSCEAR Report on the Levels and Effects of Radiation Exposure due to the Nuclear Accident following the Great East-Japan Earthquake and Tsunami*. NY: United Nations.*
United Nations. World Health Organization. 2016. *Ambient Air Pollution: A Global Assessment of Exposure and the Burden of Disease*. Geneva: WHO.*
United States Bureau of the Census. 1909. *A Century of Population Growth from the First Census of the United States to the Twelfth, 1790-1900*. Washington, DC: Government Printing Office.*
United States Committee for Global Atmospheric Research Program. 1975. *Understanding Climatic Change*. Washington, DC: National Academy of Sciences.
United States Department of Agriculture, Bureau of Agricultural Economics. 1933. "Farmers' Strikes and Riots in the United States, 1932–33." Unpub. ms.
United States Department of State. 1976. *Foreign Relations of the United States, 1949*. 9 vols. Washington, DC: Government Printing Office.*
——. [1949.] *Proceedings of the Inter-American Conference on Conservation of Renewable Natural Resources*. [Washington, D.C.]: Department of State.
United States President's Science Advisory Committee. 1965. *Restoring the Quality of Our Environment*. Washington, DC: Government Printing Office.
United States Senate. 1987–88. *The Greenhouse Effect and Climate Change. Hearings Before the Committee on Energy and Natural Resources*. 100th Cong., 1st Sess. 2 vols. Washington, DC: Government Printing Office.
——. 1966. *Population Crisis. Hearings Before the Subcommittee on Foreign Aid Expenditures of the Committee on Government Operations*. 89th Cong., 2nd Sess. Washington, DC: Government Printing Office.
——. 1922. *Agricultural Appropriations Bill, 1923. Hearings Before the Subcommittee of the Committee on Appropriations*. 67th Cong., 2nd Sess. Washington, DC: Government Printing Office.
Usher, P. 1989. "World Conference on the Changing Atmosphere: Implications for Security (Review)." *Environment* 31:25–28.
Vain, P., et al. 1995. "Foreign Gene Delivery into Monocotyledonous Species." *Biotechnology Advances* 13:653-71.
Van der Heijden, M. G. A., et al. 2008. "The Unseen Majority: Soil Microbes as Drivers of Plant Diversity and Productivity in Terrestrial Ecosystems." *Ecology Letters* 11:296–310.
Van der Ploeg, R. R., et al. 1999. "On the Origin of the Theory of Mineral Nutrition of Plants and the Law of the Minimum." *Soil Science Society of America Journal* 63:1055–62.
Van der Veen, C. J. 2000. "Fourier and the 'Greenhouse Effect.' " *Polar Geography* 24:132-52.
Van Wees, H. 2004. *Greek Warfare: Myths and Realities*. London: Gerald Duckworth & Co.
Van Wilgenburg, E., et al. 2010. "The Global Expansion of a Single Ant Colony." *Evolutionary Applications* 3:136–43.
Varshney, A. 1998. *Democracy, Development, and the Countryside: Urban-Rural Struggles in India*. CUP.
Varughese, G., and M. S. Swaminathan. 1967. "Sharbati Sonora: A Symbol of the Age of Algeny." *Indian Farmer* 17:8–9.
Vassilou, M. S. 2009. *Historical Dictionary of the Petroleum Industry*. Lanham, MD: Scarecrow Press.
Venezian, E. L., and W. K. Gamble. 1969. *The Agricultural Development of Mexico: Its Structure and Growth Since 1950*. NY: Praeger Publishers.
Verhulst, P.-F. 1838. "Notice sur la Loi que la Population suit dans son Accroissement." *Correspondance Mathématique et Physique* 10:113–21.

PNAS 108: 20260–64.

Tinoco, A. 2012. "Portugal na Exposição Universal de 1904—O Padre Himalaia e o Pirelióforo." *Cadernos de Sociomuseologia* 42:113–27.

Tomory, L. 2012. *Progressive Enlightenment: The Origins of the Gaslight Industry, 1780–1820.* Cambridge, MA: MIT Press.

Tooby, J., and L. Cosmides. 2010. "Groups in Mind: The Coalitional Roots of War and Morality." In *Human Morality and Sociality: Evolutionary & Comparative Perspectives*, ed. H. Høgh-Olesen, 91–234. NY: Palgrave Macmillan.

Toups, M.A., et al. 2011. "Origin of Clothing Lice Indicates Early Clothing Use by Anatomically Modern Humans in Africa." *Molecular Biology and Evolution* 28:29–32.

Travis, J. 2003. "Lice Hint at a Recent Origin of Clothing." *Science News*, 23 Aug.*

Tröstl, J., et al. 2016. "The Role of Low-Volatility Organic Compounds in Initial Particle Growth in the Atmosphere." *Nature* 533:527–31.

Tunzelman, N. v. 2003 (1986). "Coal and Steam Power." In *Atlas of Industrializing Britain, 1780–1914*, ed. J. Langton and R. J. Morris. NY: Methuen & Co.

Tsutsui, N. D., and A. V. Suarez. 2003. "The Colony Structure and Population Biology of Invasive Ants." *Conservation Biology* 17:48–58.

Tsitsin, N. V., and V. F. Lubimova. 1959. "New Species and Forms of Cereals Derived from Hybridization Between Wheat and Couch Grass." *American Naturalist* 93:181–91.

Tuckwell, W. 1900. *Reminiscences of Oxford.* NY: Cassell and Company.*

Tyndall, J. 1861. "On the Absorption and Radiation of Heat by Gas and Vapours, and on the Physical Connexion of Radiation, Absorption, and Conduction." *LPMJS* 22:169–94, 273–85.

Union Internationale pour la Protection de la Nature. 1950. *International Technical Conference on the Protection of Nature*. Paris: UNESCO.*

United Kingdom. British Command Papers. 1939. *British White Paper: Statement of Policy, 17 May*. London: Her Majesty's Stationer's Office.*

UNESCO [United Nations Educational, Scientific and Cultural Organization]. 1949. *Documents Préparatoires à la Conférence Technique Internationale pour la Protection de la Nature*. Paris: UNESCO. (partly *)

United Nations. Economic and Social Commission for Western Asia and Bundesanstalt für Geowissenschaften und Rohstoffe. 2013. *Inventory of Shared Water Resources in Western Asia.* Beirut: UN-ESCWA and BGR.

United Nations. 1950. *Proceedings of the United Nations Scientific Conference on the Conservation and Utilization of Natural Resources, 17 Aug–6 Sep 1949*. 8 vols. Lake Success, NY: U.N. Dept. of Economic Affairs.

——. 1947. *Yearbook of the United Nations, 1946–47*. Lake Success, NY: U.N. Dept. of Public Information.

United Nations Department of Economic and Social Affairs. 2006. *World Urbanization Prospects: The 2005 Revision*. ESA/P/WP/200. New York: United Nations.*

United Nations. Food and Agriculture Organization. 2017. *The State of Food Insecurity and Nutrition in the World 2017*. Rome: FAO.*

——. 2013. *FAO Statistical Yearbook 2013*. Rome: FAO.*

——. 2011a. *The State of the World's Land and Water Resources for Food and Agriculture (SOLAW)*. London: FAO/Earthscan.*

——. 2011b. *Global Food Losses and Food Waste—Extent, Causes, and Prevention*. Rome: FAO.*

——. 2009. *The State of Food Insecurity in the World*. Rome: *FAO.**

——. 2010b. Introduction. In *Science and Sustainable Food Security: Selected Papers of M. S. Swaminathan*, ed. M. S. Swaminathan, 1–26. Hackensack, NJ: World Scientific.
——. 2006. "An Evergreen Revolution." *Crop Science* 46:2293– 2303.
——. 2000. "An Evergreen Revolution." *The Biologist* 47:85–89.
——. 1996. *Sustainable Agriculture: Towards an Evergreen Revolution. Delhi: Konark.*
——. 1969. "Scientific Implications of HYV Programme." *Economic and Political Weekly* 4:69–75.
——. 1965. "The Impact of Dwarfing Genes on Wheat Production." *Journal of the IARI Post-Graduate School* 2:57–62.
Swaminathan, M. S., and A. T. Natarajan. 1956. "Effects of Fast Neutron Radiation on Einkorn, Emmer and Bread Wheats." *Wheat Information Service* 4:5–6.
Swartz, M. 2008. "The Gospel According to Matthew." *Texas Monthly*, Feb.*
Tabita, F. R., et al. 2008. "Phylogenetic and Evolutionary Relationships of RubisCO and the RubisCO-like Proteins and the Functional Lessons Provided by Diverse Molecular Forms." *PTRSB* 363:2629-40.
Takahashi, K. I., and D. L. Gautier. 2007. "A Brief History of Oil and Gas Exploration in the Southern San Joaquin Valley of California." In *Petroleum Systems and Geological Assessment of Oil and Gas in the San Joaquin Basin Province: California*, ed. A. H. Scheirer. Professional Paper 1713. Washington, DC: U.S. Geological Survey.*
Tanno, K., and G. Willcox. 2006. "How Fast Was Wild Wheat Domesticated?" *Science* 311:1886.
Taubes, G. 2007. *Good Calories, Bad Calories: Challenging the Conventional Wisdom on Diet, Weight Control, and Disease*. NY: Knopf.
Taylor, F. H. 1884. *The Derrick's Hand-Book of Petroleum*. Oil City, PA: Derrick Publishing Co.
Taylor, S. H., and S. P. Long. 2017. "Slow Induction of Photosynthesis on Shade to Sun Transitions May Cost at Least 21% in Productivity." *PTRSB* 372:20160543.
Teller, E. 1960. "We're Going to Work Miracles." *Popular Mechanics*, March.
Teltsch, K. 1949. "Population Gains Held to Be a Danger." *NYT*, 18 Aug.
Tennyson, M. E., et al. 2012. *Assessment of Remaining Recoverable Oil in Selected Major Oil Fields of the San Joaquin Basin, California*. Washington, DC: U.S. Geological Survey.*
Themnér, L., and P. Wallensteen. 2013. "Armed Conflicts, 1946- 2012." *Journal of Peace Research* 50:509-21.
Theophrastus. 1916 (3rd cent. B.C.). *Enquiry into Plants and Minor Works on Odours and Weather Signs*, trans. A. Hort. 2 vols. NY: G. P. Putnam's Sons.*
Thomas, L. 2002. *Coal Geology*. NY: John Wiley & Sons.
Thompson, D. 1989. "The Most Hated Man in Science." *Time*, 4 Dec.
Thompson, S. P. 1910. *The Life of William Thomson, Baron Kelvin of Largs*. 2 vols. London: Macmillan and Company.*
Thompson, W. S. 1929. *Danger Spots in World Population*. NY: Alfred A. Knopf.
Thomson, K. 2000. "Huxley, Wilberforce and the Oxford Museum." *American Scientist* 88:210–13.
Thomson, W. (Lord Kelvin). 1881. "On the Sources of Energy in Nature Available to Man for the Production of Mechanical Effects." *Nature* 14:433–36
Thorpe, I. J. N. 2005. "The Ancient Origins of Warfare and Violence." In Pearson and Thorpe eds. 2005:1–18.
Throckmorton, R. I. 1951. "The Organic Farming Myth." *Country Gentleman* 121:21, 103–5.
Thurston, R. H. 1901. "Utilising the Sun's Energy." *Cassier's Magazine* 20:283–88.*
Tierney, J. 1990. "Betting the Planet." *NYT*, 2 Dec.
Tilman, D., et al. 2011. "Global Food Demand and the Sustainable Intensification of Agriculture."

——. 1923 (1919). *Destroy the Common Barberry*. Farmer's Bulletin 1058. Washington, DC: U.S. Department of Agriculture.

Stakman, E. C., et al. 1940. "Observations on Stem Rust Epidemiology in Mexico." *American Journal of Botany* 27:90– 99.

Stakman, E. C., and D. G. Fletcher. 1930 (1927). *The Common Barberry and Black Stem Rust*. Farmer's Bulletin 1544. Washington, DC: U.S. Department of Agriculture.

Standage, T. 2013 (1998). *The Victorian Internet: The Remarkable Story of the Telegraph and the Nineteenth Century's On-line Pioneers*. NY: Bloomsbury USA.

Steffen, W., et al. 2015. "Planetary Boundaries: Guiding Human Development on a Changing Planet." *Science* 347:1259855.

Steffen, W., et al. 2011. "The Anthropocene: Conceptual and Historical Perspectives." *PTRSA* 369:842–67.

Stenni, B., et al. Forthcoming. "Antarctic Climate Variability at Regional and Continental Scales over the Last 2,000 Years." *Climate of the Past*.*

Sterba, J. 2012. *Nature Wars: The Incredible Story of How Wildlife Comebacks Turned Backyards into Battlegrounds*. NY: Crown.

Sterling, C. 1972. "Club of Rome Tackles the Planet's 'Problematique.' " *WP*, 2 March.

——. 1971. "Doomsday Prophecies About Climate Are Eased Some." *WP*, 21 July.

Stern, R. 2013. *Oil Scarcity Ideology in U.S. National Security Policy, 1909–1980*. Stanford, CA: Freeman Spogli Institute for International Studies.*

Stevenson, F. B. 1925. "The Top of the News." *BDE*, April 9. Stoddard, L. 1920. *The Rising Tide of Color Against White World-*

Supremacy. NY: Charles Scribner's Sons.*

Stouffer, R. J., and S. Manabe. 2017. "Assessing Temperature Pattern Projections Made in 1989." *Nature Climate Change* 7:163–65.

Stouffer, R. J., et al. 1989. "Interhemispheric Asymmetry in Climate Response to a Gradual Increase of Atmospheric CO2." *Nature* 342:660–62.

Stracher, G., et al. 2011–15. *Coal and Peat Fires: A Global Perspective*. 4 vols. Waltham, MA: Elsevier.

Strayer, D.L., et al. 2014. "Decadal-Scale Change in a Large-River Ecosystem." *BioScience* 64:496-510.

——. 2011. "Long-term Changes in a Population of an Invasive Bivalve and its Effects." *Oecologia* 165:1063–72.

Streets, D. G., et al. 2013. "Radiative Forcing Due to Major Aerosol Emitting Sectors in China and India." *Geophysical Research Letters* 40:4409–14.

Study of Critical Environmental Problems. 1970. *Man's Impact on the Global Environment: Assessment and Recommendations for Action*. MIT.

Suarez, A. V., et al. 1999. "Behavioral and Genetic Differentiation Between Native and Introduced Populations of the Argentine Ant." *Biological Invasions* 1:43–53.

Sugiura, M. 1995. "The Chloroplast Genome." *Essays in Biochemistry* 30:49–57.

Sunamura, E., et al. 2009. "Intercontinental Union of Argentine Ants: Behavioral Relationships Among Introduced Populations in Europe, North America, and Asia." *Insectes Sociaux* 56:143–47.

Surridge, C. 2002. "The Rice Squad." *Nature* 416:676-78. Swaminathan, M. S. 2015. *Combating Hunger and Achieving Food Security*. CUP

——. 2010a. *From Green to Evergreen Revolution: Indian Agriculture: Performance and Challenges*. New Delhi: Academic Foundation.

——. 2008. *Energy in Nature and Society: General Energetics of Complex Systems*. MIT.

——. 2001. *Enriching the Earth: Fritz Haber, Carl Bosch, and the Transformation of World Food Production*. MIT.

Smith, A. 1776. *An Inquiry into the Nature and Causes of the Wealth of Nations*. 2 vols. London: W. Strahan and T. Cadell.*

Smith, B. G., ed. 2008. *The Oxford Encyclopedia of Women in World History*. 4 vols. OUP.

Smith, J. 2013. "The Huxley-Wilberforce 'Debate' on Evolution, 30 June 1860." In *BRANCH: Britain, Representation, and Nineteenth-Century History*, ed. D. F. Falluga. Extension of *Romanticism and Victorianism on the Net*. Web.*

Smith, K. L., and L. M. Polvani. 2017. "Spatial Patterns of Recent Antarctic Surface Temperature Trends and the Importance of Natural Variability: Lessons from Multiple Reconstructions and the CMIP5 Models." *Climate Dynamics* 48:2653-70.

Smith, M. B. 1998. "The Value of a Tree: Public Debates of John Muir and Gifford Pinchot." *The Historian* 60:757–78.

Smith, W. 1891. *The Rise and Extension of Submarine Telegraphy*. London: J. S. Virtue & Co.*

——. 1873a. "Effect of Light on Selenium During the Passage of an Electric Current." *Nature* 7:303.

——. 1873b. "The Action of Light on Selenium." *Journal of the Society of Telegraph Engineers* 2:31–33.

Snyder, T. 2015. *Black Earth: The Holocaust as History and Warning*. NY: Tim Duggan Books.

Soares, P., et al. 2012. "The Expansion of mtDNA Haplogroup L3 Within and Out of Africa." *Molecular Biology and Evolution* 29:915–27.

Soden, D. L., ed. 1999. *The Environmental Presidency*. New York: SUNY Press.

Song, J. 1985. "Systems Science and China's Economic Reforms." In *Control Science and Technology for Development*, ed. J. Yang, 1–8. NY: Pergamon Press.

Sonnenfeld, D. A. 1992. "Mexico's 'Green Revolution,' 1940–1980: Towards an Environmental History." *Environmental History Review* 16:28–52.

Sørensen, B. 2011 (1979). *Renewable Energy: Physics, Engineering, Environmental Impacts, Economics and Planning*. 4th ed. Burlington, MA: Academic Press.

Sorenson, R. P. 2011. "Eunice Foote's Pioneering Research on CO2 and Climate Warming." *Search and Discovery* 70092.*

Sörlin, S. 2016 (2013). "Ice Diplomacy and Climate Change: Hans Ahlmann and the Quest for a Nordic Region Beyond Borders." In *Science, Geopolitics and Culture in the Polar Region: Norden Beyond Borders*, ed. S. Sörlin. NY: Routledge.

Sorrell, S., and J. Speirs. 2010. "Hubbert's Legacy: A Review of Curve-Fitting Methods to Estimate Ultimately Recoverable Resources." *Natural Resources Research* 19:209–30.

Sparks, D. L. 2006. "Historical Aspects of Soil Chemistry." In *Footprints in the Soil: People and Ideas in Soil History*, ed. B. P. Warkentin, 307–38. NY: Elsevier Science.

Specter, M. 2015. "The Gene Hackers." *The New Yorker*, 16 Nov.

Spiro, J. P. 2009. *Defending the Master Race: Conservation, Eugenics, and the Legacy of Madison Grant*. Burlington: University of Vermont Press.

Sprengel, C. 1828. "Von den Substanzen der Ackerkrume und des Untergrundes, insbesondere, wie solche durch die chemische Analyse." *Journal für Technische und Ökonomische Chemie* 2:423–74, 3:42–99, 313–52, and 397–421.

Stakman, E. C. 1957. "Problems in Preventing Plant Disease Epidemics." *American Journal of Botany* 44:259–67.

——. 1937. "The Promise of Modern Botany for Man's Welfare Through Plant Protection." *The Scientific Monthly* 44:117–30.

Shiklomanov, I. A. 2000. "Appraisal and Assessment of World Water Resources." *Water International* 25:11–32.

——. 1993. "World Freshwater Resources." In *Water in Crisis: A Guide to the World's Freshwater Resources*, ed. P. H. Gleick, 13–24. OUP.

Shiklomanov, I. A., and J. A. Balonishnikova. 2003. "World Water Use and G. Water Availability: Trends, Scenarios, Consequences." In *Water Resources Systems: Hydrological Risk, Management, and Development (Proceedings of Symposium at IUGG2003, Sapporo)*, ed. G. Blöschl et al., 358– 64. IAHS Publication 281. Wallingford, UK: International Association of Hydrological Sciences.

Shiva, V. 1991. *The Violence of the Green Revolution: Third World Agriculture, Ecology,. And Politics*. London: Zed Books.

Shuman, F. 1914. "Feasibility of Utilizing Power from the Sun." *Scientific American* 110:179.

Shwadran, B. 1977. *Middle East Oil: Issues and Problems*. Cambridge, MA: Schenkman Publishing Co.

Siebert, S., et al. 2010. "Groundwater Use for Irrigation—A Global Inventory." *Hydrological and Earth Systems Science* 14:1863– 80.

Siegel, S. M. 2015. *Let There be Water: Israel's Solution for a Water-Starved World*. NY: St. Martin's Press.

Sills, D. L. 1975. "The Environmental Movement and Its Critics." *Human Ecology* 3:1-41.

Silvi, C. 2010. "Storia del Vapore e dell'Elettricitá dal Calore del Sole con Specchi Piani o quasi Piani." *Energia, Ambiente e Innovazione* 56:34–47.

Simberloff, D. 2014. "The 'Balance of Nature'—Evolution of a Panchreston." *PLoS Biology* 12: e1001963.*

Simmons, M. 2006 (2005). *Twilight in the Desert: The Coming Saudi Oil Shock and the World Economy*. NY: John Wiley.

Simonin, L. 1876. "L'Emploi Industriel de la Chaleur Solaire." *Revue des Deux Mondes* 15:200–13.*

Simpson, R. D. 2014. "Do Regulators Overestimate the Costs of Regulation?" *Journal of Benefit-Cost Analysis* 5:315–32.

Singer, N. 1999. "Sandia Geothermal Technology Plays Key Role in Killing Out-of-Control Natural Gas Well." *Sandia Lab News*, 19 Nov.*

Singh, B. P. 2014. "Science Communication in India: Policy Framework." *Journal of Scientific Temper* 2:141-51.

Singh, R. P., et al. 1994. "Rust Diseases of Wheat." In *Guide to the CIMMYT Wheat Crop Protection Subprogram* (Wheat Special Report 24), ed. E. E. Saari and G. P. Hettel, 19–33. Mexico, D.F.: CIMMYT.

Skocpol, T., and K. Finegold. 1982. "State Capacity and Economic Intervention in the Early New Deal." *Political Science Quarterly* 97:255–78.

Skousen, M., ed. 2007. *The Completed Autobiography of Benjamin Franklin*. 2 vols. Washington, DC: Regnery Publishing.

Smaje, C. 2015. "The Strong Perennial Vision: A Critical Review." *Agroecology and Sustainable Food Systems* 39: 471-99.

Smil, V. 2016. "Harvesting the Biosphere." *The World Financial Review*, Jan.-Feb.

——. 2013a. *Harvesting the Biosphere: What We Have Taken from Nature*. MIT.

——. 2013b. *Should We Eat Meat? Evolution and Consequences of Modern Carnivory*. Ames, IA: Wiley-Blackwell.

——. 2011a. "Global Energy: The Latest Infatuations." *American Scientist* 99:212–19.

——. 2011b. "Nitrogen Cycle and World Food Production." *World Agriculture* 2:9-13.

org, 29 Jan.*

Schneider, C., and J. Banks. 2010. *The Toll From Coal: An Updated Assessment of Death and Disease from America's Dirtiest Energy Source*. Boston: Clean Air Task Force.*

Schneider, S. H. 2009. *Science as a Contact Sport: Inside the Battle to Save Earth's Climate*. Washington, DC: National Geographic Society.

——. 1975. "On the Carbon Dioxide–Climate Confusion." *Journal of the Atmospheric Sciences* 32:2060–66.

Schoijet, M. 1999. "Limits to Growth and the Rise of Catastrophism." *Environmental History* 4:515–30.

Schuler, F. E. 1998. *Mexico Between Hitler and Roosevelt: Mexican Foreign Relations in the Age of Lázaro Cárdenas, 1934–1940*. Albuquerque: University of New Mexico Press.

Scott, J. C. 2017. *Against the Grain: Plants, Animals, Microbes, Captives, Barbarians, and a New Story of Civilization*. YUP.

Sears, P. B. 1948. "We Survive or Perish as Part of the Earth." *New York Herald Tribune*, 28 March.

Seaton, C. W. 1877. *Census of the State of New York for 1875*. Albany: Weed, Parsons and Company.*

Sebben, M. L., et al. 2015. "Seawater Intrusion in Fractured Coastal Aquifers: A Preliminary Numerical Investigation Using a Fractured Henry Problem." *Advances in Water Resources* 85:93–108.

Secretaria de Agricultura (México). 1946. *Informe de Labores de la Secretaria de Agricultura del 10 de Septiembre de 1945 al 31 de Agosto de 1946*. México, D.F.: Editorial Cultura.

Self, S., et al. 1981. "The Possible Effects of Large 19th and 20th Century Volcanic Eruptions on Zonal and Hemispheric Surface Temperatures." *Journal of Vulcanology and Geothermal Research* 11:41–60.

Self, S., and M. R. Rampino. 2012. "The 1963–1964 Eruption of Agung Volcano (Bali, Indonesia)." *Bulletin of Vulcanology* 74:1521–36.

Semple, E. C. 1911. *Influences of Geographic Environment, on the Basis of Ratzel's System of Anthropo-Geography*. NY: Henry Holt and Company.*

Sender, R., et al. 2016. "Are We Really Vastly Outnumbered? Revisiting the Ratio of Bacteria to Host Cells in Humans." *Cell* 164:337–40.

Serna-Chavez, H. M., et al. 2013. "Global Drivers and Patterns of Microbial Abundance in Soil." *Global Ecology and Biography* 22:1162–72.

Sesno, F. 2006. "Poll: Most Americans Fear Vulnerability of Oil Supply." CNN, 5 July.*

Seton, E. T. 1898. *Wild Animals I Have Known*. NY: Charles Scribner's Sons.

Seufert, V., et al. 2012. "Comparing the Yields of Organic and Conventional Agriculture." *Nature* 485:229–32.

Shabecoff, P. 1993. *A Fierce Green Fire: The American Environmental Movement*. NY: Hill and Wang.

——. 1988. "Global Warming Has Begun, Expert Tells Senate." *NYT*, 24 June.

Shah, S. 2010. *The Fever: How Malaria Has Ruled Humankind for 500,000 Years*. NY: Farrar, Straus and Giroux.

Shakerian, F. et al. 2015. "A Comparative Review Between Amines and Ammonia as Sorptive Media for Post-Combustion CO2 Capture." *Applied Energy* 148:10–22.

Shang, Y., et al. 2013. "Systematic Review of Chinese Studies of Short-Term Exposure to Air Pollution and Daily Mortality." *Environment International* 54:100–11.

Shannon, C. E., and W. Weaver. 1949. *The Mathematical Theory of Communication*. Chicago: University of Illinois Press.

Shelley, P. B. 1920 (1820). *A Philosophical View of Reform*. OUP.

66:177–82.*

Rook, R. E. 1996. "Blueprints and Prophets: Americans and Water Resource Planning for the Jordan River Valley, 1860–1970." Ph.D. dissertation, Kansas State University.

Rosenfeld, S. S. 1968. "The Food Squeeze." *WP*, 19 Sept.

Ross, E. A. 1927. *Standing Room Only?* NY: The Century Co. Ross, W. 2015. "The Death of Venice." *The Independent*, 14 May.*

Royal Society (U.K.). 2009. *Reaping the Benefits: Science and the Sustainable Intensification of Global Agriculture*. London: Royal Society.*

Rubin, O. 2009. "The Merits of Democracy in Famine Protection— Fact or Fallacy?" *European Journal of Development Research* 21:699–717.

Rudwick, M. J. S. 2008. *Worlds Before Adam: The Reconstruction of Geohistory in the Age of Reform*. Chicago: University of Chicago Press.

Rupert, J. A. 1951. *Resistencia al Chahuixtle como Factor en el Mejoramiento del Trigo en México*. Folleto Technico 7. México, D.F.: Oficina de Estudios Speciales.*

Russell, E. 2001. *War and Nature: Fighting Humans and Insects with Chemicals from World War I to "Silent Spring."* CUP.

Rybczynski, W. 1986. *Home: A Short History of an Idea*. NY: Viking.

Sabin, P. 2013. *The Bet: Paul Ehrlich, Julian Simon, and Our Gamble over Earth's Future*. YUP.

Sagan, L. 1967. "On the Origin of Mitosing Cells." *Journal of Theoretical Biology* 14:225–74.

Sagan, D., ed. 2012. *Lynn Margulis: The Life and Legacy of a Scientific Rebel*. White River Junction, VT: Chelsea Green.

Sage, R. F., et al. 1987. "The Nitrogen Use Efficiency of C3 and C4 Plants. III: Leaf Nitrogen Effects on the Activity of Carboxylating Enzymes in Chenopodium album (L.) and Amaranthus retroflexus (L.)." *Plant Physiology* 85:355–59.

Saha, M. 2012. "State Policy, Agricultural Research And Transformation Of Indian Agriculture With Reference To Basic Food-Crops, 1947-75." Ph.D. dissertation, Iowa State University.*

Salinas-Zavala, C. A., et al. 2006. "Historic Development of Winter- Wheat Yields in Five Irrigation Districts in the Sonora Desert, Mexico." *Interciencia* 31:254–61.*

Salisbury, B. A., et al. 2003. "SNP and Haplotype Variation in the Human Genome." *Mutation Research* 526:53–61.

Sanderson, E. W. 2009. *Mannahatta: A Natural History of New York City*. NY: Abrams.

Sanger, M. 1950. "Lasker Award Address." *The Malthusian*, 25 Oct.

——. 1949. "A Question of Privilege." *Women United*, Oct.

Saussure, H.-B. 1786. *Voyages dans les Alpes*. 4 vols. Geneva: Barde, Manget and Comp.*

——. 1784. "Lettre de M. Saussure aux Auteurs de Journal." *Journal de Paris* 108:475–79 (Supp., 17 April.).

Sauvy, A. 1972. "La Population du Monde et les Ressources de la Planète: Un Projet de Recherches." *Population* 27:967–77.*

Sayre, N. F. 2008. "The Genesis, History, and Limits of Carrying Capacity." *Annals of the Association of American Geographers* 98:120–34.

Scheffler, S. 2013. *Death and the Afterlife*. OUP.

Scheinost, P. L., et al. "Perennial Wheat: The Development of a Sustainable Cropping System for the U.S., Pacific Northwest." *American Journal of Alternative Agriculture* 16:147-51.

Schirrmeister, B. E., et al. 2016. "Cyanobacterial Evolution During the Precambrian." *International Journal of Astrobiology* 15(3):187–204.

Schmidt, G., and S. Rahmsdorf. 2005. "11° C Warming, Climate Crisis in 10 Years?" *Realclimate.*

Information Age. NY: W. W. Norton.
Rist, G. 2009 (1997). *The History of Development: From Western Origins to Global Faith*. 3rd ed. New Delhi: Academic Foundation.
Rivers Cole, J., and S. McCoskey. 2013. "Does Global Meat Consumption Follow an Environmental Kuznets Curve?" *Sustainability* 9:26-36.
Roadifer, R. E. 1986. "Size Distributions of the World's Largest Known Oil, Tar Accumulations." *OGJ*, 24 Feb.
Roberts, D. G., and D. Barrett. 1984. "Nightsoil Disposal Practices of the 19th Century and the Origin of Artifacts in Plowzone Proveniences." *Historical Archaeology* 18:108–15.
Robertson, T. R. 2012a. *The Malthusian Moment: Global Population Growth and the Birth of American Environmentalism*. NY: Routledge.
——. 2012b. "Total War and the Total Environment: Fairfield Osborn, William Vogt, and the Birth of Global Ecology." *Environmental History* 17:336–64.
——. 2009. "Conservation After World War II: The Truman Administration, Foreign Aid, and the 'Greatest Good.' " In *The Environmental Legacy of Harry S. Truman*, ed. K. B. Brooks, 32–47. Kirksville, MO: Truman State University Press.
——. 2005. "The Population Bomb: Population Growth, Globalization, and American Environmentalism, 1945–1980." Ph.D. dissertation, University of Wisconsin.
Robin, L., et al. 2013. *The Future of Nature: Documents of Global Change*. New Haven, CT: Yale University Press.
Robinson, T. L., and Lakso, A. N. 1991. "Bases of yield and production efficiency in apple orchard systems." *Journal of the American Society for Horticultural Science* 116:188-94.
Robock, A. 2008. "Twenty Reasons Why Geoengineering Might Be a Bad Idea." *Bulletin of the Atomic Scientists* 64:14–18, 59.
Robock, A., et al. 2009. "Benefits, Risks, and Costs of Stratospheric Geoengineering." *Geophysical Research Letters* 36:L19703.*
Robock, A., and O. B. Toon. 2010. "Local Nuclear War, Global Suffering." *Scientific American* 302:74–81.
Rockefeller Foundation. 1916–. *Annual Reports*. NY: Rockefeller Foundation.
Rockström, J. 2009. "A Safe Operating Space for Humanity." *Nature* 461:472–75.
Rockström, J., et al. 2009. "Planetary Boundaries: Exploring the Safe Operating Space for Humanity." *Ecology and Society* 14:32.
Rodale, J. I. 1952. "Looking Back, Part IV." *The Beginning of Our Experimental Farm* 20: 11–12, 37–38.
——. 1948. *The Healthy Hunzas*. Emmaus, PA: Rodale Press.
——. 1947. "With the Editor: The Principle of Eminent Domain." *Organic Gardening* 1:16–18.
Rodrigues, J. 1999. *A Conspiração Solar do Padre Himalaya: Esboço Biográfico dum Português da Ecologia*. Porto: Árvore.
Rodríguez, J., et al. 1957. "The Rust Problems of the Important Wheat Producing Areas of Mexico." In *Report of the Third International Wheat Rust Conference*, ed. Oficina de Estudios Especiales, 126–28. Saltsville, MD: Plant Industry Station.*
Roe, G. H., and M. B. Baker. 2007. "Why Is Climate Sensitivity So Unpredictable?" *Science* 318:629–32.
Roelfs, A. P., et al. 1992. *Rust Diseases of Wheat: Concepts and Methods of Disease Management*. Mexico, D.F.: CIMMYT.*
——. 1982. "Effects of Barberry Eradication on Stem Rust in the United States." *Plant Diseases*

Rasky, F. 1949. "Vogt and Osborn: Our Fighting Conservationists." *Tomorrow* 9:5–10.
Rasool, S. I., and S. H. Schneider. 1971. "Atmospheric Carbon Dioxide and Aerosols: Effects of Large Increases on Global Climate." *Science* 173:138–41.
Raven, J. A. 2013. "Rubisco: Still the Most Abundant Protein of Earth?" *New Phytologist* 198:1–3.
Raven, J. A., and J. F. Allen. 2003. "Genomics and Chloroplast Evolution: What Did Cyanobacteria Do for Plants?: *Genome Biology* 4:209.
Ray, D. K., et al. 2013. "Yield Trends Are Insufficient to Double Global Crop Production by 2050." *PLoS One* 8: e66428.
——. 2012. "Recent Patterns of Crop Yield Growth and Stagnation." *Nature Communications* 3:1293.*
Reed, E. W. 1992. *American Women in Science before the Civil War*. Minneapolis: University of Minnesota Press.
Reed, J. 1983 (1978). *The Birth Control Movement and American Society: From Private Vice to Public Virtue*. Princeton, NJ: Princeton University Press.
Rees, M. 1987. "Warren Weaver." *Biographical Memoirs of the National Academy of Sciences* 57:493–530.*
Regal, B. 2002. *Henry Fairfield Osborn: Race and the Search for the Origins of Man*. Burlington, Vt.: Ashgate Publishing.
Reidel, B. 2015. *JFK's Forgotten Crisis: Tibet, the CIA, and Sino-Indian War*. Washington, DC: Brookings Institution Press.
Reij, C. 2014. "Re-Greening the Sahel: Linking Adaptation to Climate Change, Poverty Reduction, and Sustainable Development in Drylands." In *The Social Lives of Forests: Past, Present, and Future of Woodland Resurgence*, ed. S. Hecht et al., 303–11. Chicago: University of Chicago Press.
Reij, C., et al. 2005. "Changing Land Management Practices and Vegetation on the Central Plateau of Burkina Faso (1968– 2002)." *Journal of Arid Environments* 63:648–55.
Reiley, F. A. 1936. "The CCC in Mosquito Work in Southern New Jersey." *Proceedings of the New Jersey Mosquito Extermination Association 1936*, 129–34.
Reinton, O. 1973. "The Green Revolution Experience." *Instant Research on Peace and Violence* 3:58–73.
Reisner, M. 1993 (1986). Cadillac Desert: The American West and its Disappearing Water. Rev. ed. N.Y.: Penguin.
Reitz, L. P., and S. C. Salmon. 1968. "Origin, History, and Use of Norin 10 Wheat." *Crop Science* 8:686–89.
Revelle, R., and H. E. Suess. 1957. "Carbon Dioxide Exchange Between Atmosphere and Ocean and the Question of an Increase of Atmospheric CO2 During the Past Decades." *Tellus* 9:18–27.
Richards, J. F. 2005 (2003). *The Unending Frontier: An Environmental History of the Modern World*. Berkeley: UCP.
Richardson, L. F. 1960. *Statistics of Deadly Quarrels. Pacific Grove*, CA: Boxwood Press.
Richetti, J. J. 2005. *The Life of Daniel Defoe: A Critical Biography*. Malden, MA: Blackwell Publishing.
Richter, D., et al. 2017. "The Age of the Hominin Fossils from Jebel Irhoud, Morocco, and the Origins of the Middle Stone Age." *Nature* 546:293-96.
Richter, B. 2014 (2010). *Beyond Smoke and Mirrors: Climate Change and Energy in the 21st Century*. 2nd ed. CUP.
Riley, J. C. 2005. "Estimates of Regional and Global Life Expectancy, 1800–2001." *Population and Development Review* 31:537–43.
Riordan, M., and L. Hoddeson. 1998. *Crystal Fire: The Invention of the Transistor and the Birth of the*

Pollan, M. 2007 (2006). *The Omnivore's Dilemma: A Natural History of Four Meals*. NY: Penguin.

Pollock, A. 1929. "Alexander Woollcott's Play, 'The Channel Road,' Opens at the Plymouth Theater Without Disturbance." *BDE*, 18 Oct.

Pomeranz, K. 2000. *The Great Divergence: China, Europe, and the Making of the Modern World Economy. Princeton*, NJ: Princeton University Press.

Ponisio, L. C., et al. 2015. "Diversification Practices Reduce Organic to Conventional Yield Gap." *Proceedings of the Royal Society B* 282:20141396.*

Ponte, L. 1976. *The Cooling*. Engelwood Cliffs, NJ: Prentice-Hall. Pope, C. H. 1903. *Solar Heat: Its Practical Applications*. Boston: C. H. Pope.*

Portis, A. R., and M. E. Salvucci. 2002. "The Discovery of Rubisco Activase–Yet Another Story of Serendipity." *Photosynthesis Research* 73:257–64.

Postel, S. L., et al. 1996. "Human Appropriation of Renewable Fresh Water." *Science* 271:785–88.

Pottier, G. F. 2014. "Augustin Mouchot, Pionnier de l'Énergie Solaire à Tours en 1864." Unpublished ms. Tours: Archives Départementales d'Indre-et-Loire. *

Pouillet, C. 1838. *Mémoire sur la Chaleur Solaire: Sur les Pouvoirs Rayonnants et Absorbants de l'Air Atmosphérique et sur la Température de l'Espace*. Paris: Bachelier.*

Powell, M. A. 2016. *Vanishing America: Species Extinction, Racial Peril, and the Origins of Conservation*. HUP.

Power Grid Corporation of India. 2013. *Desert Power India—2050*. Gurgaon, India: Power Grid Corporation of India.*

Prado-Martinez, J., et al. 2013. "Great Ape Genetic Diversity and Population History." *Nature* 499:471–75.

Pratt, W. E. 1952. "Toward a Philosophy of Oil-Finding." *AAPG Bulletin* 36:2231–36.

Priest, T. 2014. "Hubbert's Peak: The Great Debate over the End of Oil." *Historical Studies of the Physical Sciences* 44:37–79.

Prieto, P. A., and C. A. Hall. S. 2013. *Spain's Photovoltaic Revolution: The Energy Return on Investment*. NY: Springer.

Priore, E. R. 1979. "Warren Weaver." *Physics Today* 72:72.

Prud'homme, A. 2012. *The Ripple Effect: The Fate of Freshwater in the Twenty-First Century*. New York: Simon and Schuster.

Purdy, J. 2015. "Environmentalism's Racist History." *New Yorker*, Aug. 13.

Quinnez, B. 2007–2008. "Augustin-Bernard Mouchot (1825–1912): Un Missionnaire de l'Énergie Solaire." *Mémoires de l'Académie des Sciences, Arts et Belles-lettres de Dijon* 142:297–321.

Radkau, J. 2008 (2002). *Nature and Power: A Global History of the Environment, trans. T. Dunlap*. CUP.

Rajaram, S. 1999. "Wheat Germplasm Improvement: Historical Perspectives, Philosophy, Objectives, and Missions." In *Wheat Breeding at CIMMYT: Commemorating 50 Years of Research in Mexico for Global Wheat Improvement* (Wheat Special Report 29), ed. S. Rajaram and G. P. Hettel, 1–10. México, D.F.: CIMMYT.

Ramalingaswami, V., et al. "Studies of the Bihar Famine of 1966-67." In Blix, G., et al., eds. *Famine: A Symposium Dealing with Nutrition and Relief Pperations in Times of Disaster*. Uppsala: Almqvist & Wiksells.

Ransom, R., and S. Sutch. 1990. "Who Pays for Slavery?," in America, R. F., ed. *The Wealth of Races: The Present Value of Benefits from Past Injustices*. Westport, CT: Greenwood Press, 31–54.

Rao, N. 2015. M. S. *Swaminathan in Conversation with Nitya Rao*. New Delhi: Academic Foundation.

Fall of 1933." *Agricultural History* 39:220–29.
Perlin, J. 2013. *Let It Shine: The 6,000-Year Story of Solar Energy*. Novato, CA: New World Library.
——. 2002 (1999). From Space to Earth: The Story of Solar Electricity. HUP.
Petersen, R. H. 1974. "The Rust Fungus Life Cycle." *Botanical Review* 40:453–513.
Peterson, C. 1989. "Experts, OMB Spar on Global Warming; "Greenhouse Effect" May Be Accelerating, Scientists Tell Hearing." *WP*, 9 May.
Peterson, J. P. 1936. "The CCC in Mosquito Work in North Jersey." In *New Jersey Mosquito Extermination Association 1936*:134– 37.
Peterson, T. C., et al. 2008. "The Myth of the 1970s Global Cooling Scientific Consensus." *Bulletin of the American Meteorological Society* 89:1325-37.
Peterson, R. T. 1989. "William Vogt: A Man Ahead of His Time." *American Birds* 43:1254–55.
——. 1973. "The Evolution of a Magazine." *Audubon*, January.
Peterson, S. M., et al. 2016. *Groundwater-Flow Model of the Northern High Plains Aquifer in Colorado, Kansas, Nebraska, South Dakota, and Wyoming. U.S. Geological Survey Scientific Investigations Report 2016-5153*. Washington, DC: USGS.*
Pettit, P. 2013. *The Paleolithic Origins of Human Burial*. NY: Routledge.
Pew Research Center. 2015. *Public and Scientists' Views on Science and Society*, 29 Jan.*
Philips, M. 1886. "The Petroleum Pet." *Rocky Mountain News*, 14 March.
Phillips, R., and R. Milo. 2009. "A Feeling for the Numbers in Biology." *PNAS* 106:21465–71.*
Picton, L. 1949. *Nutrition and the Soil: Thoughts on Feeding*. NY: Devin-Adair.
Pielke, R., Jr. 2011 (2010). *The Climate Fix: What Scientists and Politicians Won't Tell You About Global Warming*. NY: Basic Books.
Pierrehumbert, R. T. 2016. "How to Decarbonize? Look to Sweden." *Bulletin of the Atomic Scientists* 72:105–11.
——. 2011. "Infrared Radiation and Planetary Temperature." *Physics Today* 64:33–38.
——. 2004. "Warming the World." *Nature* 432:677.
Pifre, A. 1880. "Nouveaux Résultats d'Utilisation de la Chaleur Solaire Obtenue à Paris." *Comptes Rendus des Travaux de l'Académie des Sciences* 91:388–89.*
Pignon, C. P., et al. 2017. "Loss of Photosynthetic Efficiency in the Shade: An Achilles Heel for the Dense Modern Stands of Our Most Productive C4 Crops?" *Journal of Experimental Biology* 68:335–45.
Pilat, O. R. 1935. "Where Millions Play." *BDE*, 31 May.*
Pinchot, G. 1909. "Conservation." In *Addresses and Proceedings of the First National Conservation Congress, Held at Seattle, Washington, August 26–28*, ed. B. N. Baker, et al., 70–78. Washington, DC: Executive Committee of the National Conservation Congress.*
——. 1905. *A Primer of Forestry, Part 2*. Practical Forestry 24. Washington, DC: U.S. Department of Agriculture.
Pinker, S. 2011. *The Better Angels of Our Nature: Why Violence Has Declined*. NY: Allan Lane.
Pittock, A. B. 2009 (2005). *Climate Change: The Science, Impacts and Solutions*. 2nd ed. NY: Routledge.
Placzek, S. et al. 2016. "BRENDA in 2017: New Perspectives and New Tools in BRENDA." *Nucleic Acids Research* 45:D380-88.
Platt, J. 1969. "What We Must Do." *Science* 166:116.
Plumer, B. 2017. "U.S. Nuclear Comeback Stalls as Two Reactors are Abandoned." *NYT*, 31 Jul.
Pohlman, J. W., et al. 2017. "Enhanced CO2 Uptake at a Shallow Arctic Ocean Seep Field Overwhelms the Positive Warming Potential of Emitted Methane." *PNAS* 114:5355-60.

Osborn, F. 1948. *Our Plundered Planet*. Boston: Little, Brown.
Osprovat, D. 1995 (1981). *The Development of Darwin's Theory: Natural History, Natural Theology, and Natural Selection, 1838–1859*. CUP.
O'Sullivan, E. 2015. "Warren Weaver's *Alice in Many Tongues*: A Critical Appraisal." In *Alice in a World of Wonderlands: The Translations of Lewis Carroll's Masterpiece*, ed. J. A. Lindseth and A. Tannenbaum, 3 vols, 1:29–41. New Castle, DE: Oak Knoll.
O'Sullivan, R. 2015. *American Organic: A Cultural History of Farming, Gardening, Shopping, and Eating*. Lawrence: University Press of Kansas.
Otterbein, K. F. 2004. *How War Began*. College Station: Texas A&M University Press.
Ouellet, V. 2016. "$80M Temple Project in Rural Ontario Threatened by Wind Turbines." *CBC News*, 27 June.*
Paarlberg, D. 1970. *Norman Borlaug—Hunger Fighter*. Washington, DC: Government Printing Office.
Pais, A. 1982. *"Subtle Is the Lord...": The Science and the Life of Albert Einstein*. OUP.
Pal, B. P., et al. 1958. "Frequency and Types of Mutations Induced in Bread Wheat by Some Physical and Chemical Mutagens." *Wheat Information Service* 7:14–15.
Palmer, I. 1972. *Food and the New Agricultural Technology*. Geneva: UN Research Institute for Social Development.
Palmer, M. A., et al. 2010. "Mountaintop Mining Consequences." *Science* 327:148-49.
Parisi, A. J. 1977. " 'Soft' Energy, Hard Choices." *NYT*, 16 Oct.
Parker, H. A. 1906. "The Reverend Francis Doughty." *Transactions* of the Colonial Society of Massachusetts 10:261–75.
Parthasarathi, A. 2007. Technology at the Core: Science and *Technology with Indira Gandhi*. Delhi: Pearson Longman.
Paterson, O. 2014. "I'm Proud of Standing Up to the Green Lobby." *The Telegraph*, 20 July 2014.*
Patterson, G. 2009. *The Mosquito Crusades: A History of the American Anti-Mosquito Movement from the Reed Commission to the First Earth Day*. New Brunswick, NJ: Rutgers University Press.
Paull, J. 2014. "Lord Northbourne, the Man Who Invented Organic Farming, a Biography." *Journal of Organic Systems* 9:31–53.
Pearl, R. 1927. "The Growth of Populations." *Quarterly Review of Biology* 2:532–48.
——. 1925. *The Biology of Population Growth*. NY: Alfred A. Knopf.
Pearl, R., and L. J. Reed. 1920. "On the Rate of Growth of the Population of the United States Since 1790 and its Mathematical Representation." *PNAS* 6:275-88.
Pearse, A. 1980. *Seeds of Plenty, Seeds of Want: Social and Economic Implications of the Green Revolution*. Oxford: Clarendon Press.
Pedersen, J. S., et al. 2006. "Native Supercolonies of Unrelated Individuals in the Invasive Argentine Ant." *Evolution* 60:782– 91.
Peixoto, J. P., and A. H. Oort. 1992. *The Physics of Climate*. NY: Springer-Verlag.
Pereira, M. C. 2005. "A Highly Innovative, High Temperature, High Concentration, Solar Optical System at the Turn of the Nineteenth Century: The Pyrheliophoro." In *Proceedings of EuroSun2004, the 14th International Sunforum*, ed. A. Goetzburger et al., 3 vols., 3:661–72. Freiburg, Germany: PSE GmbH.*
Pérez-Fodich, A., et al. 2014. "Climate Change and Tectonic Uplift Triggered the Formation of the Atacama Desert's Giant Nitrate Deposits." *Geology* 42:251–54.
Perkins, J. H. 1997. *Geopolitics and the Green Revolution: Wheat, Genes, and the Cold War*. OUP.
Perkins, V. L. 1965. "The AAA and the Politics of Agriculture: Agricultural Policy Formulation in the

Newhall, C. G., and S. Punongbayan, eds. 1997. *Fire and Mud. Eruptions and Lahars of Mount Pinatubo, Philippines.* Seattle: University of Washington Press.

New York Herald Tribune Forum. 1948. *Our Imperiled Resources: Report of the 17th Annual New York Herald Tribune Forum.* NY: Herald Tribune.

Nichols, H. B. 1948. "Greed held Check to Stretching Natural Resources." *Christian Science Monitor*, 15 Sep.

Nicholson, S. E., et al. 1998. "Desertification, Drought, and Surface Vegetation: An Example from the West African Sahel." *Bulletin of the American Meteorological Society* 79:815–29.

Nienaber, M. 2015. "Power Line Standoff Holds Back Germany's Green Energy Drive." Reuters, 3 June.*

Nierenberg, N., et al. 2010. "Early Climate Change Consensus at the National Academy: The Origins and Making of Changing Climate." *Historical Studies in the Natural Sciences* 40:318-49.

Nixon, E. B., ed. 1957. *Franklin D. Roosevelt and Conservation, 1911–1945.* 2 vols. Washington, DC: General Services Administration, National Archives and Records Service.*

Nixon, R. 2011. *Slow Violence and the Environmentalism of the Poor.* HUP.

Nordhaus, W. D. 2013. *The Climate Casino: Risk, Uncertainty, and Economics for a Warming World.* YUP.

North, S. 1948. "Three Billion Coolies in A.D. 2000." *WP*, 8 Aug. Northbourne, Lord. 1940. *Look to the Land.* London: Dent. Norwine, J. 1977. "A Question of Climate." *Environment* 19:6–27.

Ñúnez, E., and G. Petersen. 2002. *Alexander von Humboldt en el Perú: Diario de Viaje y Otros Escritos.* Lima: Banco Central de Reserva del Perú, Fondo Editorial.

Oberg, B. B., ed. 2002. *The Papers of Thomas Jefferson.* Vol. 29, *1 March 1796 – 31 December 1797.* Princeton, NJ: Princeton University Press.*

Odum, E. P. 1953. *Fundamentals of Ecology.* Philadelphia: W. B. Saunders.

Ó Gráda, C. 2015. Eating People Is Wrong, and Other Essays on Famine, Its Past and Its Future. Princeton, NJ: Princeton University Press.

Okimori, Y., et al. 2003. "Potential of CO2 Emission Reductions by Carbonizing Biomass Waste from Industrial Tree Plantation in South Sumatra, Indonesia." *Mitigation and Adaptation Strategies for Global Climate Change* 8:261–80.

Oldfield, S. 2004. "Howard, Louise Ernestine, Lady Howard (1880– 1969)." In *Oxford Dictionary of National Biography.* OUP.

Olien, D. D., and R. M. Olien. 1993. "Running Out of Oil: Discourse and Public Policy, 1909–29." *Business and Economic History* 22:36–66.

Olsson, T. C. 2013. "Agrarian Crossings: The American South, Mexico, and the Twentieth-Century Remaking of the Rural World." Ph.D. dissertation, University of Georgia.

O'Neill, W. L. 1969. *Everyone Was Brave: The Rise and Fall of Feminism in America.* Chicago: Quadrangle Books.

Oreskes, N. 2000. "Why Predict? Historical Perspectives on Prediction in Earth Science." In *Prediction: Science, Decision Making, and the Future of Nature*, ed. D. Sarewitz, et al. Washington, DC: Island Press, 23–40.

——and E. Conway. 2010. *Merchants of Doubt: How a Handful of Scientists Obscured the Truth on Issues from Tobacco Smoke to Global Warming.* NY: Bloomsbury.

Ornstein, L., et al. 2009. "Irrigated Afforestation of the Sahara and Australian Outback to End Global Warming." *Climatic Change* 97:409–37.

Ortiz, R., et al. 2007. "High Yield Potential, Shuttle Breeding, Genetic Diversity, and a New International Wheat Improvement Strategy." *Euphytica* 157:365–84.

Solaire." *Comptes Rendus Hebdomadaires des Séances de l'Académie des Sciences* 81:571–74.*
——. 1869a. *La Chaleur Sociale et les Applications Industrielles*. Paris: Gauthier-Villars.*
——. 1869b. "La Chaudière Solaire." *Annales de la Société d'Agriculture, Sciences, Arts et Belles-lettres d'Indre-et-Loire* 48:114–115.
——. 1864. "Sur les Effets Mécaniques de l'Air Confine Échauffé par les Rayons du Soleil." *Comptes Rendus Hebdomadaires des Séances de l'Académie des Sciences* 39:527.
Modi, N. 2011. *Convenient Action: Gujarat's Response to Challenges of Climate Change*. Delhi: Macmillan.
Mudge, F. B. 1997. "The Development of the 'Greenhouse' Theory of Global Climate Change from Victorian Times." *Weather* 52:13– 17.
Mumford, L. 1964. "Authoritarian and Democratic Technics." *Technology and Culture* 5:1–8.
Muir, L. M., ed. 1938. *John of the Mountains: The Unpublished Journals of John Muir*. Boston: Houghton Mifflin.
Muir, J. 1901. *Our Natural Parks*. Boston: Houghton Mifflin.* Muirhead, J. 2014. "Concentrating Solar Power in India: An Outlook to 2024." *Business Standard*, 15 Sept.*
Mukherji, A., et al. 2009. *Revitalizing Asia's Irrigation to Sustainably Meet Tomorrow's Food Needs*. Colombo: IWMI.
Murchie, E. H., et al. 2009. "Agriculture and the New Challenges for Photosynthesis Research." *New Phytologist* 181:532–52.
Murphy, P. G., et al. 1935. *The Drought of 1934: A Report of the Federal Government's Assistance to Agriculture. Typescript. Washington*, DC: Drought Coordinating Committee.
Murphy, R. C. 1954. "Informe Sobre el Viaje de Estudios Realizado por el Dr. R. Cushman Murphy en el Año 1920." *Boletín de la Compañia Administradora del Guano* 30:16–20.*
——. 1936. *Oceanic Birds of South America: A Study of Species of the Related Coasts and Seas*. 2 vols. NY: Macmillan.*
——. 1926. "Oceanic and Climatic Phenomena along the West Coast of South America During 1925." *Geographical Review* 16:26–54.
——. 1925a. "Equatorial Vignettes." *Natural History* 25:431–49.
——. 1925b. *Bird Islands of Peru: The Record of a Sojourn on the West Coast.* NY: G. P. Putnam's Sons.
Murphy, R. C., and W. Vogt. 1933. "The Dovekie Influx of 1932." *The Auk* 50:325–49.
Murray, S. O. 2009. "The Pre-Freudian Georges Devereux, the Post- Freudian Alfred Kroeber, and Mohave Sexuality." *Histories of Anthropology Annual* 5:12–27.
Myren, D. T. 1969. "The Rockefeller Foundation Program in Corn and Wheat in Mexico." In *Subsistence Agriculture and Economic Development*, ed. C. R. Wharton, 438–52. Chicago: Aldine Publishing Co.
Naam, R. 2013. *The Infinite Resource: The Power of Ideas on a Finite Planet.* NY: UPNE.
Nabokov, P., and L. Loendorf. 2002. *American Indians and Yellowstone National Park: A Documentary Overview*. Yellowstone National Park, WY: U.S. National Park Service.*
Nabokov, V. 1991 (1952). *The Gift*, trans. M. Scammell. NY: Vintage Books.
Nahm, J. S. 2014. "Varieties of Innovation: The Creation of Wind and Solar Industries in China, Germany, and the United States." Ph.D. dissertation, MIT.*
Nasaw, D. 2006. *Andrew Carnegie*. NY: Penguin Press.
Nash, R. 1973 (1967). *Wilderness and the American Mind.* YUP.
Nehru, J. 1994 (1946). *The Discovery of India*. OUP.
Nelsen, M. P., et al. 2016. "Delayed Fungal Evolution Did Not Cause the Paleozoic Peak in Coal Production." *PNAS* 113:2442–47.

Mercader, J. 2009. "Mozambican Grass Seed Consumption During the Middle Stone Age." *Science* 326:1680–3.

Metzger, R. L., and B. A. Silbaugh. 1970. "Location of Genes for Seed Coat Color in Hexaploid Wheat, Triticumaestivum L." *Crop Science* 10:495–96.

Miller, C. 2003. "Rough Terrain: Forest Management and Its Discontents, 1891–2001." *Food, Agriculture and Environment* 1:135–38.

——. 2001. *Gifford Pinchot and the Making of Modern Environmentalism*. Washington, DC: Island Press.

Miller, C., and J. G. Lewis. 1999. "A Contested Past: Forestry Education in the United States, 1898–1998." *Journal of Forestry* 97:38–43.

Miller, R. 2003. "Bible and Soil: Walter Clay Lowdermilk, the Jordan Valley Project and the Palestine Debate." *Middle Eastern Studies* 39:55–81.

Miller, R., and R. Greenhill. 2006. "The Fertilizer Commodity Chains: Guano and Nitrate, 1840–1930." In *From Silver to Cocaine: Latin American Commodity Chains and the Building of the World Economy, 1500–2000*, ed. S. Topik, et al. Durham, NC: Duke University Press.

Miller, S. W. 2007. An Environmental History of Latin America. CUP.

Milman, O., and J. Glenza. 2016. "At Least 33 US Cities Used Water Testing 'Cheats' over Lead Concerns." *The Guardian*, 2 Jun.*

Mitchell, T. 2011. Carbon Democracy: Political Power in the Age of Oil. NY: Verso.

Mlot, N. J., et al. 2011. "Fire Ants Self-Assemble into Waterproof Rafts to Survive Floods." *PNAS* 108:7669–73.*

Moffett, A. 1937. "Audubon's 'Birds of America': His Monumental Work Becomes Available to the General Public." *NYT*, Dec. 5.

Moffett, M. W. 2012. "Supercolonies of Billions in an Invasive Ant: What Is a Society?" *Behavioral Ecology* 23:925–33.

Mohr, J. C. 1970. "Academic Turmoil and Public Opinion: The Ross Case at Stanford." *Pacific Historical Review* 39:39–61.

Mokyr, J., ed. 2003. The Oxford Encyclopedia of Economic History. 4 vols. OUP.

Möller, F. 1963. "On the Influence of Changes in the CO2 Concentration in Air on the Radiation Balance of the Earth's Surface and on the Climate." *Journal of Geophysical Research* 68: 3877–86.

Montgomery, J. 2013. "K Road Gives Up on Calico Solar Project." *Renewable Energy World*, 1 July.*

Moore-Colyear, R. J. 2002. "Rolf Gardiner, English Patriot and the Council for the Church and Countryside." *The Agricultural History Review* 49:187-209.

More, A. 1917 (1916). *Uncontrolled Breeding, or Fecundity Versus Civilization*. NY: Critic and Guide Co.

Morris, I. 2014. *War! What Is It Good For? Conflict and the Progress of Civilization from Primates to Robots*. NY: Farrar, Straus, and Giroux.

Morris, W. 1914 (1881). "Art and the Beauty of the Earth." In *The Collected Works of William Morris*, ed. M. Morris, 22:155–74. CUP.

Morrisette, P. M. 1988. "The Evolution of Policy Responses to Stratospheric Ozone Depletion." *Natural Resources Journal* 29:793-820.

Morton, O. 2015. *The Planet Remade: How Geoengineering Could Change the World*. Princeton, NJ: Princeton University Press.

——. 2009 (2007). *Eating the Sun: How Plants Power the Planet*. NY: Harper Perennial.

Mosher, S. 2008. *Population Control: Real Costs, Illusory Benefits*. NY: Transaction Publishers.

Mouchot, A. 1875. "Résultats Obtenus dans les Essais d'Applications Industrielles de la Chaleur

dissertation, University of Oklahoma.
McCulloch, J. R. 1854 (1837). *A Descriptive and Statistical Account of the British Empire: Exhibiting Its Extent, Physical Capacities, Population, Industry, and Civil and Religious Institutions*. 4th ed. 2 vols. London: Longman, Brown, Green, and Longmans.*
McCusker, K. E., et al. 2014. "Rapid and Extensive Warming Following Cessation of Solar Radiation Management." *Environmental Research Letters* 9: 024005.*
McDonald, R. I., et al. 2009. "Energy Sprawl or Energy Efficiency: Climate Policy Impacts on Natural Habitat for the United States of America." *PLoS ONE* 4:e6802.*
McFadden, G. I. 2014. "Origin and Evolution of Plastids and Photosynthesis in Eukaryotes." *Cold Spring Harbor Perspectives in Biology* 6:a016105.*
McGee, W. J., ed. 1909. *Proceedings of a Conference of Governors in the White House, Washington, DC, May 13–15, 1908*. Washington, DC: Government Printing Office.*
McGrory, M. 1948. "Apostle of Conserving World's Resource Says Education Is 1 of 3 Main Factors." *Washington Star*, 22 Aug.
McKelvey, J. J. 1987. "J. George Harrar, 1906–1982." *Biographical Memoirs of the National Academy of Sciences* 57:27–56.*
McKibben, B. 2007. "Green from the Ground Up." *Sierra* 92:42–46, 73–75.
——. 1989. *The End of Nature*. New York: Anchor Books.
McLaurin, J. J. 1902 (1896). *Sketches in Crude-Oil: Some Accidents and Incidents of the Petroleum Development in All Parts of the Globe*. 3rd ed. Franklin, PA: J. J. McLaurin.*
McMahon, S., and J. Parnell. 2014. "Weighing the Deep Continental Biosphere." *FEMS Microbiology* 87:113–20.
McNeill, J. R. 2001. *Something New Under the Sun: An Environmental History of the Twentieth Century World*. NY: W. W. Norton.
Meacham, S. 1970. *Lord Bishop: The Life of Samuel Wilberforce, 1805–1873*. HUP.
Meadows, D. H., et al. 1972. *The Limits to Growth*. NY: Universe Books.
Meine, C. D. 2013. "Notes on the Texts and Illustrations." In *Aldo Leopold: A Sand County Almanac and Other Writings on Ecology and Conservation*, by A. Leopold, 859–72. NY: Library of America.
——. 2010 (1988). *Aldo Leopold: His Life and Work*. 2nd ed. Wisconsin: University of Wisconsin Press.
Meine, C. D., and G. W. Archibald., eds. 1996. *The Cranes: Status Survey and Conservation Action Plan*. Gland, Switzerland: IUCN.
Mejcher, H. 1972. "Oil and British Policy Towards Mesopotamia, 1914–1918." *Middle Eastern Studies* 8:377–91.
Mekonnen, M. M. and A. Y. Hoekstra. 2016. "Four Billion People Facing Severe Water Scarcity." *Science Advances* 2(2): e1500323.
Melillo, E. M. 2012. "The First Green Revolution: Debt Peonage and the Making of the Nitrogen Fertilizer Trade, 1840–1930." *American Historical Review* 117:1028–60.
Mellor, J. W., and S. Gavian. 1987. "Famine: Causes, Prevention, and Relief." *Science* 235:539–45.
Mence, T., ed. 1981. *IUCN: How It Began, How It Is Growing Up*. Mimeograph. International Union for Conservation of Nature and Natural Resources.*
Mendoza García, M. E., and G. Tapia Colocia. 2010. "La Situación Demográfica de México, 1910–2010." In *Consejo Nacional de Población. La Situación Demográfica de México 2010*. México, D.F.: CONAPO.*
Menon, S., et al. 2010. "Black Carbon Aerosols and the Third Polar Ice Cap." *Atmospheric Chemistry and Physics* 10:4559–71.

Mann, J. 2014. "Why Narendra Modi Was Banned from the U.S." *Wall Street Journal*, 2 May.
Mao, J.-D., et al. 2012. "Abundant and Stable Char Residues in Soils: Implications for Soil Fertility and Carbon Sequestration." *Environmental Science and Technology* 46:9571–76.
Marchant, J. 1917. *Birth-Rate and Empire*. London: Williams and Norgate.
Marchetti, C. 1977. "On Geoengineering and the CO2 Problem." *Climatic Change* 1:59-68.
Margulis, L., and E. Dobb. 1990. "Untimely Requiem." *The Sciences* 30:44–49.
Margulis, L., and D. Sagan. 2003 (2002). *Acquiring Genomes: A Theory of the Origins of Species*. NY: Basic Books.
——.1997 (1986). *Microcosmos: Four Billion Years of Evolution from Our Microbial Ancestors*. UCP.
Marsh, G. P. 1864. *Man and Nature; or, Physical Geography as Modified by Human Action*. NY: Charles Scribner.*
Martin, R. 2013. *Earth's Evolving Systems: The History of Planet Earth*. Burlington, MA: Jones and Bartlett Learning.
Martin, W., et al. 2002. "Evolutionary Analysis of Arabidopsis, Cyanobacterial, and Chloroplast Genomes Reveals Plastid Phylogeny and Thousands of Cyanobacterial Genes in the Nucleus." *PNAS* 99:12246–51.*
Martin, W., et al. 1998. "Gene Transfer to the Nucleus and the Evolution of Chloroplasts." *Nature* 393:162–65.
Marx, K. 1906–1909 (1867–94). *Capital: A Critique of Political Economy*, trans. S. Moore and E. Aveling. 3 vols. Chicago: Charles H. Kerr & Co.
Marzano, A. 1996. "La Politica Inglese in Mesopotamia e il Ruolo del Petrolio (1900–1920)." *Il Politico* 61:629–650.
Matchett, K. 2006. "At Odds over Inbreeding: An Abandoned Attempt at Mexico/United States Collaboration to 'Improve' Mexican Corn, 1940–1950." *Journal of the History of Biology* 39:345–72.
Matelski, M. J. 1991. *Variety Sourcebook II: Film-Theater-Music*. Stoneham, MA: Focal Press.
Mathews, S. W. 1976. "What's Happening to Our Climate?" *National Geographic* 150:576–615.
Maugeri, L. 2006. *The Age of Oil: The Mythology, History, and Future of the World's Most Controversial Resource*. NY: Praeger Publishers.
Maugh, T. H., II. 1987a. "Frost Failed to Damage Sprayed Test Crop, Company Says." *Los Angeles Times*, 9 June.
——. 1987b. "Plants Used in UC's Genetic Test Uprooted." *Los Angeles Times*, 27 May.
Maurel, C. 2010. *Histoire de l'UNESCO: Les Trente Premières Années, 1945–1974*. Paris: l'Harmattan.
Mayer, K., et al. 2015. *Elite Capture: Subsidizing Electricity Use by Indian Households*. Washington, DC: International Bank for Reconstruction and Development/The World Bank.
Mayhew, R. J. 2014. *Malthus: The Life and Legacies of an Untimely Prophet*. HUP.
Mazur, S., ed. 2010 (2009). *The Altenberg 16: An Exposé of the Evolution Industry*. Berkeley, CA: North Atlantic Books.
McCarrison, R. 1944 (1936). *Nutrition and National Health*. London: Faber and Faber.
——. 1921. *Studies in Deficiency Disease*. London: Frowde, Hodder & Stoughton.*
McCarrison, R., and B. Viswanath. 1926. "The Effect of Manurial Conditions on the Nutritive and Vitamin Values of Millet and Wheat." *Indian Journal of Medical Research* 14:351–78.
McClellan, J., et al. 2012. "Cost Analysis of Stratospheric Albedo Modification Delivery Systems." *Environmental Research Letters* 7:034019.*
McClellan, J., et al. 2011. *Geoengineering Cost Analysis*. Cambridge, MA: Aurora Flight Sciences.*
McCormick, M. A. 2005. "Of Birds, Guano, and Man: William Vogt's Road to Survival." Ph.D.

Madureira, N. L. 2012. "The Anxiety of Abundance: William Stanley Jevons and Coal Scarcity in the Nineteenth Century." *Environment and History* 18: 395–421.
Magiels, G. 2010. *From Sunlight to Insight: Jan IngenHousz, the Discovery of Photosynthesis, and Science in the Light of Ecology*. Brussels: VUBPress.
Magistro, L. 2015. *Amministrazione Straordinaria: Obiettivi e Primi Resultati*. Venice: Consorzio Venezia Nuova.*
Mahrane, Y., et al. 2012. "De la Nature à la Biosphère: l'Invention Politique de l'Environnement Global, 1945–1972." *Vingtième Siècle* 113:127–41.*
Maji, K. J., et al. 2017. "Disability-adjusted Life Years and Economic Cost Assessment of the Health Effects Related to PM2.5 and PM10 Pollution in Mumbai and Delhi, in India from 1991 to 2015." *Environmental Science and Pollution Research* 24:4709–30.
Malcolm, A. H. 1974. "The 'Shortage' of Bathroom Tissue: A Classic Study in Rumor." *NYT*, 3 Feb.
Mallet, J. 2012. "The Struggle for Existence: How the Notion of Carrying Capacity, K, Obscures the Links Between Demography, Darwinian Evolution, and Speciation." *Evolutionary Ecology Research* 14:627–65.
Malm, A. 2016. Fossil Capital: The Rise of Steam Power and the Roots of Global Warming. Brooklyn: Verso.
Malthus, T. R. 1872. An Essay on the Principle of Population; or, A View of its Past and Present Effects on Human Happiness. 7th ed. London: Reeves and Turner.*
——. 1826. An Essay on the Principle of Population; or, A View of Its Past and Present Effects on Human Happiness. 6th ed. London: John Murray.
[——]. 1798. An Essay on the Principle of Population, as It Affects the Future Improvement of Society. London: J. Johnson.*
Manabe, S., and S. T. Wetherald. 1975. "The Effects of Doubling the CO2 Concentration on the climate of a General Circulation Model." *Journal of the Atmospheric Sciences* 32:3-15.
——. 1967. "Thermal Equilibrium of the Atmosphere with a Given Distribution of Relative Humidity." *Journal of the Atmospheric Sciences* 24:241-59.
Mané, A. 2011. "Americans in Haifa: The Lowdermilks and the American-Israeli Relationship." *Journal of Israeli History* 30:65–82.
Manlay, R. J., et al. 2006. "Historical Evolution of Soil Organic Matter Concepts and Their Relationships with the Fertility and Sustainability of Cropping Systems." *Agriculture, Ecosystems and Environment* 119:217–33.
Mann, C. C. 2015. "Solar or Coal? The Energy India Picks May Decide Earth's Fate." *Wired*, Nov.*
——. 2014. "Coal: It's Dirty, It's Dangerous, and It's the Future of Clean Energy." *Wired*, April.*
——. 2013. "What If We Never Run Out of Oil?": *AM* 311:48–61.* ——. 2011a. *1493: Uncovering the New World Columbus Created*. NY: Alfred A. Knopf.
——. 2011b. "The Birth of Religion." *National Geographic* 219:34– 59.*
——. 2008. "Our Good Earth." *National Geographic* 214:80–106.*
——. 2007. "The Rise of Big Water." *Vanity Fair*, May.*
——. 2006. "The Long, Strange Resurrection of New Orleans." *Fortune*, 21 Aug.*
——. 2005. *1491: New Revelations of the Americas Before Columbus*. NY: Alfred A. Knopf.
——. 2004. Diversity on the Farm: How Traditional Crops Around the World Help to Feed Us All. NY: Ford Foundation/Political Economy Research Institute.*
——. 1999. "Genetic Engineers Aim to Soup Up Crop Photosynthesis." Science 283:314-16.
Mann, C. C., and M. L. Plummer. 1998. *Noah's Choice: The Future of Endangered Species*. NY: Alfred A. Knopf.

Lorenz, E. N. 1972. "Predictability: Does the Flap of a Butterfly's Wings in Brazil Set Off a Tornado in Texas?" Paper presented to American Association for the Advancement of Science, Washington, DC, 29 Dec.*

——. 1963. "Deterministic Nonperiodic Flow." *Journal of Atmospheric Sciences* 20:130–41.

Lotka, A., 1925. *Elements of Physical Biology*. Baltimore: Williams and Wilkins.

——. 1907. "Relation Between Birth Rates and Death Rates." *Science* 26:21–22.

Lovins, A. 1976. "Energy Strategy: The Road Not Taken?" *Foreign Affairs* 55:65–96.

Lowdermilk, W. C. 1948. Conquest of the Land Through Seven Thousand Years. Washington, DC: Soil Conservation Service.*

——. 1944. *Palestine: Land of Promise*. London: Victor Gollancz.

——. 1942. "Conquest of the Land through Seven Thousand Years." Mimeograph. Washington, DC: Soil Conservation Service.*

——. 1940. "Tracing Land Use Across Ancient Boundaries." Mimeograph. Washington, DC: Soil Conservation Service.*

——. 1939. "Reflections in a Graveyard of Civilizations." *Christian Rural Fellowship Bulletin* 45.

Lowdermilk, W. C., and M. Chall. 1969. Soil, Forest, and Water Conservation and Reclamation in China, Israel, Africa, and the United States. 2 vols. Typescript. Berkeley: University of California Regional Oral History Office.*

Lowe, K. M. 2016. *Baptized with the Soil: Christian Agrarians and the Crusade for Rural America*. OUP.

Lubofsky, E. 2016. "The Promise of Perennials." *CSA News*, Nov. Lucas, J. R. 1979. "Wilberforce and Huxley: A Legendary Encounter." *Historical Journal* 22:313–30.

Luckey, T. D. 1972. "Introduction to Intestinal Microecology." *American Journal of Clinical Nutrition* 25:1292–94.

——. 1970. "Gnotobiology Is Ecology." *American Journal of Clinical Nutrition* 23:1533–40.

Lüdeke-Freund, F. 2013. "BP's Solar Business Model: A Case Study on BP's Solar Business Case and Its Drivers." *International Journal of Business Environment* 6:300-28.

Lumpkin, T. A. 2015. "How a Gene from Japan Revolutionized the World of Wheat: CIMMYT's Quest for Combining Genes to Mitigate Threats to Global Food Security." In *Advances in Wheat Genetics: From Genome to Field; Proceedings of the 12th International Wheat Genetics Symposium*, ed. Y. Ogihara, et al., 13–20. NY: Springer Open.

Luten, D. B. 1986 (1980). Ecological Optimism in the Social Sciences. In *Progress Against Growth: Daniel B. Luten on the American Landscape*, ed. T. R. Vale, 314–35. New York: Guilford Press.

Lynas, M. 2011. *The God Species: Saving the Planet in the Age of Humans*. Washington, DC: National Geographic Society.

Lynch, M. C. 2016. *The "Peak Oil" Scare and the Coming Oil Flood*. Santa Barbara, CA: Praeger.

Lyons, T. W., et al. 2014. "The Rise of Oxygen in Earth's Early Ocean and Atmosphere." *Nature* 506:307–14.

MacDonald, G. F., et al. 1979. *The Long Term Impact of Atmospheric Carbon Dioxide on Climate*. JASON Technical Report JSR-78-07. Alexandria, VA: SRI International.*

MacDowell, N., et al. 2010. "An Overview of CO2 Capture Technologies." *Energy and Environmental Science* 3:1645–69.

Macekura, S. J. 2015. *Of Limits and Growth: The Rise of Global Sustainable Developmentin the Twentieth Century*. CUP.

Madrigal, A. 2011. *Powering the Dream: The History and Promise of Green Technology*. NY: Da Capo Press.

L. Leopold, 158–65. OUP.
——. 1991 (1941). "Ecology and Politics." In *The River of the Mother of God: and Other Essays by Aldo Leopold*, ed. S. L. Flader and J. B. Callicott, 281–86. Madison: University of Wisconsin Press.
——. 1979 (1923). "Some Fundamentals of Conservation in the Southwest." *Environmental Ethics* 1:131–41.
——. 1949. A Sand County Almanac and Sketches Here and There. OUP.
——. 1938. "Conservation Esthetic." *Bird-Lore* 40:101–9.
——. 1933. *Game Management*. NY: Charles Scribner's Sons.
——. 1924. "Grass, Brush, Timber, and Fire in Southern Arizona." *Journal of Forestry* 22:1–10.
Leridon, H. 2006. "Demographic Effects of the Introduction of Steroid Contraception in Developing Countries." *Human Reproduction Update* 12:603-16.
Leslie, S., ed. 1901. *Letters of John Richard Green*. London: Macmillan.*
Levenson, T. 1989. *Ice Time: Climate, Science, and Life on Earth*. NY: Harper & Row.
Levorsen, A. I. 1950. "Estimates of Undiscovered Petroleum Reserves." In *United Nations 1950*, Vol. 1:94–110.
Lev-Yadun, S., et al. 2000. "The Cradle of Agriculture." *Science* 288:1602–3.
Lewis, C. H. 1991. "Progress and Apocalypse: Science and the End of the Modern World." Ph.D. dissertation, University of Minnesota.
Lewis, S. 2009. "A Force of Nature: Our Influential Anthropocene Period." *The Guardian*, 23 July.*
Li, J. Z., et al. 2008. "Worldwide Human Relationships Inferred from Genome-Wide Patterns of Variation." *Science* 319:1100– 44.
Li, W.-H., and L. A. Sadler. 1991. "Low Nucleotide Diversity in Man." *Genetics* 129:513–23.
Liang, Z., et al. 2016. "Review on Current Advances, Future Challenges and Consideration Issues for Post-Combustion CO2 Capture Using Amine-Based Absorbents." *Chinese Journal of Chemical Engineering* 24:278–88.
Liao, P. V., and J. Dollin. 2012. "Half a Century of the Oral Contraceptive Pill: Historical Review and View to the Future." *Canadian Family Physician* 58:e757–e760.*
Liebig, J. v. 1859. *Letters on Modern Agriculture*, ed. and trans. J. Blyth. NY: John Wiley.*
——. 1855. Die Grundsätze der agricultur-chemie mit Rücksicht auf die in Englend angestellten Untersuchchungen. Braunschweig: Friedrich Vieweg and Sohn.*
——. 1840. Die Organische Chemie in ihrer Anwendung auf Agricultur und Physiologie. Braunschweig: Friedrich Vieweg und Sohn.*
Lin, Q. F. 2014. "Aldo Leopold's Unrealized Proposals to Rethink Economics." *Ecological Economics* 108:104–14.
Lindow, S. E., et al. 1982. "Bacterial Ice Nucleation: A Factor in Frost Injury to Plants." *Plant Physiology* 70:1084–89.
Linnér, B.-O. 2003. The Return of Malthus: Environmentalism and Post-war Population-Resource Crises. Isle of Harris, UK: White Horse Press.
Liu, W., et al. 2015. "The Earliest Unequivocally Modern Humans in Southern China." *Nature* 526:696–700.
Lixil Group. 2016. The True Cost of Poor Sanitation. Tokyo: Lixil Group.*
Loftus, A. C. 2011. *Tel Aviv, Israel. Treating Wastewater for Reuse Using Natural Systems*. SWITCH Training Kit Case Study. Freiburg: ICLEI European Secretariat GmbH.*
Lord, R. 1948. "The Ground from Under Your Feet." *Saturday Review*, 7 Aug.
Lorence, J. T. 1988. "Gerald T. Boileau and the Politics of Sectionalism: Dairy Interests and the New Deal, 1933–1938." *Wisconsin Magazine of History* 71:276–95.

Lacina, B., et al. 2006. "The Declining Risk of Death in Battle." *International Studies Quarterly* 50:673–80.

Lane, C. S., et al. 2013. "Ash from the Toba Supereruption in Lake Malawi Shows No Volcanic Winter in East Africa at 75 ka." *PNAS* 110:8025–29.

Lane, N. 2002. *Oxygen: The Molecule that Made the World.* OUP. Langley, S. P. 1888. "The Invisible Solar and Lunar Spectrum." *LPMJS* 26:505–20.

Lankford, B. 2012. "Fictions, Fractions, Factorials and Fractures: On the Framing of Irrigation Efficiency." *Agricultural Water Management* 108:27-38.

Laplantine, R. 2014. "Thinking Between Shores: Georges Devereux." *Books and Ideas*, 27 Oct.*

Larcher, D., and J.-M. Tarascon. 2015. "Towards Greener and More Sustainable Batteries for Electrical Energy Storage." *Nature Chemistry* 7:19–29.

Large, E. C. 1946 (1940). *Advance of the Fungi.* London: Jonathan Cape.

Larkin, P. J., and M. T. Newell. "Perennial Wheat Breeding: Current Germplasm and a Way Forward for Breeding and Global Cooperation." In Batello, C., et al., eds. *Perennial Crops for Food Security.* Rome: FAO, 39-53.

Lavalle y Garcia, J. A. d. 1917. "Informe Preliminar Sobre la Causa de la Mortalidad Anormal de las Aves Ocurrida en el Mes de Marzo del Presente Año." *Memoria del Directorio de la Compañía Administradora del Guano* 8:61–88.

Layton, R. 2005. "Sociobiology, Cultural Anthropology, and the Causes of Warfare." In *Warfare, Violence, and Slavery in Prehistory: Proceedings of a Prehistoric Society Conference at Sheffield University*, ed. M. P. Pearson and I. J. N. Thorpe, 41– 48. Oxford: Archaeopress.

Lear, L. 2009 (1997). *Rachel Carson: Witness for Nature.* NY: Mariner Books.

LeBlanc, S. A., and K. E. Register. 2003. *Constant Battles: The Myth of the Peaceful, Noble Savage.* NY: St. Martin's Press.

Lebergott, S. 1993. *Pursuing Happiness: American Consumers in the Twentieth Century.* Princeton, NJ: Princeton University Press.

——. 1976. *The American Economy: Income Wealth and Want.* Princeton, NJ: Princeton University Press.

Leffler, E. M., et al. 2012. "Revisiting an Old Riddle: What Determines Genetic Diversity Levels within Species?" *PLoS Biology* 10:e1001388.

Leflaive, X., et al. 2012. "Water." In: Organisation for Economic Cooperation and Development. OECD Environmental Outlook to 2050. Paris: OECD, 207-.*

Lehmann, J. 2007. "A Handful of Carbon." *Nature* 447:143–44.

Lehmann, J., et al. 2006. "Bio-char Sequestration in Terrestrial Ecosystems—an Overview." *Mitigation and Adaptation Strategies for Global Change* 11:403–27.

Lelieveld, J., et al. 2015. "The Contribution of Outdoor Air Pollution Sources to Premature Mortality on a Global Scale." *Nature* 525:367–71.

Le Maout, C. 1902. Lettres au Ministre de l'Agriculture sur le Tir du Canon et ses Conséquences au Point de Vue Agricole. Le Havre: Imprimerie François le Roi.

Leonard, K. J. 2001. "Stem Rust—Future Enemy?" In *Stem Rust of Wheat: From Ancient Enemy to Modern Foe*, ed. P. D. Peterson, 119–46. St. Paul, MN: APS Press.

Leonard, K. J., and L. J. Szabo. 2005. "Stem Rust of Small Grains and Grasses Caused by *Puccinia graminis.*" *Molecular Plant Pathology* 6:99–111.

Leopold, A. 1999. *The Essential Aldo Leopold: Quotations and Commentaries* (eds. C. D. Meine and R. L. Knight). Madison: University of Wisconsin Press.

——. 1993 (1953). *The Round River: A Parable. In Round River: From the Journals of Aldo Leopold*, ed.

Pesticide That Changed the World. Chapel Hill: University of North Carolina Press.

Kintisch, E. 2010. *Hack the Planet: Science's Best Hope—or Worst Nightmare—for Averting Climate Catastrophe*. Hoboken, NJ: John Wiley and Sons.

Kirchmann, H., et al. 2016. "Flaws and Criteria for Design and Evaluation of Comparative Organic and Conventional Cropping Systems." *Field Crops Research* 186:99–106.

Kislev, M. E. 1982. "Stem Rust of Wheat 3300 Years Old Found in Israel." *Science* 216:993–94.

Kittler, R., et al. 2003. "Molecular Evoution of *Pediculus humanus* and the Origin of Clothing." *Current Biology* 14:1414–17 (erratum, 14:2309).

Klein, T. M., et al. "High-Velocity Microprojectiles for Delivering Nucleic Acids into Living Cells." *Nature* 327:70-73.

Kluckhohn, F. L. 1947. "$28,000,000 Urged to Support M.I.T." *NYT*, 15 June.

Knickerbocker, Jerry, and J. A. Harper. 2009. "Anatomy of a Ghost Town—Pithole." In *History and Geology of the Oil Regions of Northwestern Pennsylvania*, ed. J. A. Harper, 108–19. 74th Annual Field Conference of Pennsylvania Geologists. Middletown, PA: Field Conference of Pennsylvania Geologists.*

Knipling, E. F. 1945. "The Development and Use of DDT for the Control of Mosquitoes." *Journal of the National Malaria Society* 4:77-92.

Kniss, A. R., et al. 2016. "Commercial Crop Yields Reveal Strengths and Weaknesses for Organic Agriculture in the United States." *PLoS ONE* 11:e0161673.*

Knoll, E., and J. N. McFadden., eds. 1970. *War Crimes and the American Conscience*. NY: Holt, Rinehart and Winston.

Kolmer, J. A., et al. 2011. "Expression of a Thatcher Wheat Adult Plant Stem Rust Resistance QTL on Chromosome Arm 2BL Is Enhanced by Lr34." *Crop Science* 51:526–33.

Krajewski, C., and D. G. King. 1996. "Molecular Divergence and Phylogeny: Rates and Patterns of Cytochrome b Evolution in Cranes." *Molecular Biology and Evolution* 13:21–30.*

Krajewski, C., and J. W. Fetzner. 1994. "Phylogeny of Cranes (Gruiformes: Gruidae) Based on Cytochrome-BDNA Sequences." *The Auk* 111:351–65.

Kravitz, B., et al. 2014. "A Multi-Model Assessment of Regional Climate Disparities Caused by Solar Geoengineering." *Environmental Research Letters* 9:074013.*

Kremen, C., and A. Miles. 2012. "Ecosystem Services in Biologically Diversified Versus Conventional Farming Systems: Benefits, Externalities, and Trade-Offs." *Ecology and Society* 17:40.*

Kromdijk, J., et al. 2016. "Improving Photosynthesis and Crop Productivity by Accelerating Recovery from Photoprotection." *Science* 354:657–61.

Kropotkin, P. 1901 (1898). *Fields, Factories and Workshops; or, Industry Combined with Agriculture and Brain Work with Manual Work*. NY: G. P. Putnam's Sons.

Kryza, F. T. 2003. *The Power of Light: The Epic Story of Man's Quest to Harness the Sun*. NY: McGraw-Hill.

Kuhlwilm, M., et al. 2016. "Ancient Gene Flow from Early Modern Humans into Eastern Neanderthals." *Nature* 530:429–433.

Kunkel Water Efficiency Consulting. 2017. "Report on the Evaluation of Water Audit Data for Pennsylvania Water Utilities." Memorandum, 15 Feb.*

Kunstler, J. H. 2005. *The Long Emergency: Surviving the Converging Catastrophes of the Twenty-First Century*. NY: Grove Press.

Labban, M. 2008. *Space, Oil, and Capital*. London: Routledge.

Lacina, B., and N. P. Gleditsch. 2013. "The Waning of War Is Real: A Response to Gohdes and Price." *Journal of Conflict Resolution* 57:1109–27.

in Humans." *Nature Genetics* 27:155-56.

Kale, S. 2014. *Electrifying India: Regional Political Economies of Development.* Palo Alto, CA: Stanford University Press.

Karatayev, A. Y., et al. 2014. "Twenty-Five Years of Changes in *Dreissena* spp. Populations in Lake Erie." *Journal of Great Lakes Research* 40:550–59.

Kasting, J. F. 2014. "Atmospheric Composition of Hadean–Early Archean Earth: The Importance of CO." In *Earth's Early Atmosphere and Surface Environment*, ed. G. H. Shaw, 19–28. Geological Society of America Special Paper 504.

Katz, Y. 1994. "The Extension of Ebenezer Howard's Ideas on Urbanization Outside the British Isles: The Example of Palestine." *GeoJournal* 34:467–73.

Kauppi, P. E., et al. 1992. "Biomass and Carbon Budget of European Forests, 1971 to 1990." *Science* 256:70-74.

Kay, L. E. 1993. *The Molecular Vision of Life: Caltech, the Rockefeller Foundation, and the Rise of the New Biology*. OUP.

Kean, S. 2012. *The Violinist's Thumb: And Other Lost Tales of Love, War, and Genius, as Written by Our Genetic Code*. Boston: Little, Brown.

Keeley, L. H. 1996. *War Before Civilization: The Myth of the Peaceful Savage*. OUP.

Keeling, C. D. 1998. "Rewards and Penalties of Monitoring the Earth." *Annual Review of Energy and the Environment* 23:25– 82.

——. 1978. "The Influence of Mauna Loa Observatory on the Development of Atmospheric CO2 Research." In *Mauna Loa Observatory: A 20th Anniversary Report*, ed. J. Miller, 36–54. Washington, DC: National Oceanic and Atmospheric Administration.

——. 1960. "The Concentration and Isotopic Abundances of Carbon Dioxide in the Atmosphere." *Tellus* 12:200–3.

Keirn, T. 1988. "Daniel Defoe and the Royal African Company." *Historical Research* 61:243–47.

Keith, D. W. 2013. *A Case for Climate Engineering*. Boston: Boston Review Press.

——. 2000. "Geoengineering the Climate: History and Prospect." *Annual Review of Energy and the Environment* 25:245–84.

——et al. 2016. "Stratospheric Solar Geoengineering without Ozone Loss." *PNAS* 113:14910-14.

Kemp, J. 2013. "Peak Oil, Not Climate Change Worries Most Britons." Reuters, 18 July.*

Keynes, R. 2002 (2001). Darwin, His Daughter, and Human Evolution. NY: Riverhead Books.

Kincer, J. B. 1933. "Is Our Climate Changing? A Study of Long-Time Temperature Trends." *Monthly Weather Review* 61:251–59.

King, J. R., and W. R. Tschinkel. 2008. "Experimental Evidence That Human Impacts Drive Fire Ant Invasions and Ecological Change." *PNAS* 105:20339–43.

King, R. J. 2013. *The Devil's Cormorant: A Natural History*. Lebanon, N.H.: University Press of New England.

Kingsbury, N. 2011 (2009). *Hybrid: The History and Science of Plant Breeding*. Chicago: University of Chicago Press.

Kingsland, S. E. 2009. "Frits Went's Atomic Age Greenhouse: The Changing Labscape on the Lab-Field Border." *Journal of the History of Biology* 42:289–324.

——. 1995 (1985). *Modeling Nature: Episodes in the History of Population Ecology*. 2nd ed. Chicago: University of Chicago Press.

——. 1986. "Mathematical Figments, Biological Facts: Population Ecology in the Thirties." *Journal of the History of Biology* 19:235–56.

Kinkela, D. 2011. *DDT and the American Century: Global Health, Environmental Politics, and the*

——. 1988. "Return to the Wilberforce-Huxley Debate." *British Journal for the History of Science* 21:161–79.

Jeon, J.-S., et al. 2011. "Genetic and Molecular Insights into the Enhancement of Rice Yield Potential." *Journal of Plant Biology* 54:1-9.

Jesness, O. B., et al. 1936. *The Twin City Milk Market*. Bulletin 331. Minneapolis: University of Minnesota Agricultural Experiment Station.

Jevons, W. S. 1866. *The Coal Question; An Inquiry Concerning the Progress of the Nation, and the Probable Exhaustion of Our Coal-Mines*. 2nd ed. London: Macmillan and Co.*

Jez, J. M., et al. 2016. "The Next Green Movement: Plant Biology for the Environment and Sustainability." *Science* 353:1241-44.

Ji, Q., and S. Ji. 1996. "On the Discovery of the Earliest Fossil Bird in China (Sinosauropteryx gen. nov.) and the Origin of Birds." *Chinese Geology* 233:30–33.*

Jiang, Q., et al. 2016. "Rational Persuasion, Coercion or Manipulation? The Role of Abortion in China's Family Policies." *Annales Scientia Politica* 5:5–16.

Johansson, Å., et al. 2012. *Looking to 2060: Long-Term Global Growth Prospects*. OECD Economic Policy Papers 3. Paris: Organisation for Economic Co-operation and Development.*

Johnson, C. E. 2015. " 'Turn on the Sunshine': A History of the Solar Future." Ph.D. dissertation, University of Washington.

Jonas, H. 1984. *The Imperative of Responsibility*. Chicago: University of Chicago Press.

Jones, G., and L. Bouamane. 2012. " 'Power from Sunshine': A Business History of Solar Energy." Harvard Business School Working Paper 12-105.*

Jongman, B., et al. 2012. "Global Exposure to River and Coastal Flooding: Long Term Trends and Changes." *GEC* 22:823–35.

Jonsson, F. A. 2014. "The Origins of Cornucopianism: A Preliminary Genealogy." *Critical Historical Studies* 1:151–68.

——. 2013. Enlightenment's Frontier: The Scottish Highlands and the Origins of Environmentalism. YUP.

Josey, C. C. 1923. *Race and National Solidarity*. NY: Charles Scribner's Sons.

Joshi, S. R., et al. 2015. "Physical and Economic Consequences of Sea-Level Rise: A Coupled GIS and CGE Analysis Under Uncertainties." *Environmental and Resource Economics* 65(4):813–39.

Joyce, C. 1985. "Strawberry Field Will Test Man-Made Bacterium." *New Scientist*, 14 Nov.

Jundt, T. 2014a. *Greening the Red, White, and Blue: The Bomb, Big Business, and Consumer Resistance in Postwar America*. OUP.

——. 2014b. "Dueling Visions for the Postwar World: The UN and UNESCO Conferences on Resources and Nature, and the Origins of Environmentalism." *Journal of American History* 101:44–70.

Jungk, A. 2009. "Carl Sprengel—the Founder of Agricultural Chemistry: A Re-appraisal Commemorating the 150th Anniversary of His Death." *Journal of Plant Nutrition and Soil Science* 172:633–36.

Kabashima, J. N., et al. 2007. "Aggressive Interactions Between *Solenopsis invicta* and *Linepithema humile* (Hymenoptera: Formicidae) Under Laboratory Conditions." *Journal of Economic Entomology* 100:148–54.

Kabore, D., and C. Reij. 2004. *The Emergence and Spreading of an Improved Traditional Soil and Water Conservation Practice in Burkina Faso*. Washington, DC: International Food Policy Research Institute.

Kaessman, H., et al. 2001. "Great Ape DNA Sequences Reveal a Reduced Diversity and an Expansion

International Atomic Energy Agency. 2008. Estimation of Global Inventories of Radioactive Waste and Other Radioactive Materials. IAEA-TECDOC-1591. Vienna: IAEA.*

International Desalination Agency. 2017. *IDA Desalination Yearbook 2016–2017.* Topsfield, MA: IDA.

International Energy Agency (IEA). 2016. *World Energy Outlook 2016.* Paris:IEA.

——. 2015a. CO2 Emissions from Fuel Combustion. Paris: IEA.* ——. 2015b. Key World Energy Statistics 2015. Paris: IEA.*

——. 2014a. Energy Technology Perspectives 2014: Harnessing Electricity's Potential. Paris: IEA.*

——. 2014b. World Energy Outlook 2014. Paris: IEA.*

——. 2012. *Technology Roadmap: High-Efficiency, Low-Emissions Coal-Fired Power Generation.* Paris: IEA.

International Energy Agency Coal Industry Advisory Board. 2010. *Power Generation from Coal: Measuring and Reporting Efficiency Performance and CO2 Emissions.* Paris: IEA.*

International Labor Organization. 2017. *Global Estimates of Modern Slavery: Forced Labor and Forced Marriage.* Geneva: ILO.*

Isaacson, W. 2014. *The Innovators: How a Group of Hackers, Geniuses, and Geeks Created the Digital Revolution.* NY: Simon and Schuster.

Israel, G., and A. M. Gasca. 2002. *The Biology of Numbers: The Correspondence of Vito Volterra on Mathematical Biology.* Basel: Birkhäuser.

Ittersum, M. K. v., et al. 2013. "Yield Gap Analysis with Local to Global Relevance—A Review." *Field Crops Research* 143:4–17.*

Iyer, R. D. 2002. *Scientist and Humanist: M. S. Swaminathan.* Mumbai: Bharatiya Vidya Bhavan.

Jack, M. 1968. "The Purchase of the British Government's Shares in the British Petroleum Company, 1912–1914." *Past & Present* 39:139–68.

Jacobson, M. Z., et al. 2015a. "Low-Cost Solution to the Grid Reliability Problem with 100% Penetration of Intermittent Wind, Water, and Solar for All Purposes." *PNAS* 112:15060–65.

Jacobson, M. Z., et al. 2015b. "100% Clean and Renewable Wind, Water, and Sunlight (WWS) All-Sector Energy Roadmaps for the 50 United States." *Energy and Environmental Science* 8:2093–117.

Jacobson, M. Z., and M. A. Delucchi. 2011a. "Providing All Global Energy with Wind, Water, and Solar Power, Part I: Technologies, Energy Resources, Quantities and Areas of Infrastructure, and Materials." *Energy Policy* 39: 1154–69.

——. 2011b. "Providing All Global Energy with Wind, Water, and Solar Power, Part II: Reliability, System and Transmission Costs, and Policies." *Energy Policy* 39: 1170–90.

——. 2009. "A Path to Sustainable Energy by 2030." *Scientific American* 301:58–65.

Jagadish, S. V. K, et al. 2015. "Rice Responses to Rising Temperatures—Challenges, Perspectives, and Future Directions." *Plant, Cell, and Environment* 38:1686-98.

James, P. 2006 (1979). *Population Malthus: His Life and Times.* Oxford: Routledge.

Jamieson, D. 2014. *Reason in a Dark Time: Why the Struggle Against Climate Change Failed—and What It Means for Our Future.* OUP.

Jarrige, F. 2010. " 'Mettre le Soleil en Bouteille': Les Appareils de Mouchot et l'Imaginaire Solaire au Début de la Troisième République." *Romantisme* 150:85–96.

Jaureguy, F., et al. 2008. "Phylogenetic and Genomic Diversity of Human Bacteremic *Escherichia coli* Strains." *BMC Genetics* 9:560.*

Jennings, P. R. 1964. "Plant Type as a Rice Breeding Objective." *Crop Science* 4:13–15.

Jensen, J. V. 1991. *Thomas Henry Huxley: Communicating for Science.* Cranbury, NJ: Associated University Presses.

——. 1949. "Energy from Fossil Fuels." *Science* 109:103–9.
——. 1938. "Determining the Most Probable." *Technocracy* 12:4–10.
Hugo, V. 2000 (1862). *Les Misérables*, trans. C. E. Wilbour. NY: Random House.*
Hulme, M. 2011. "Reducing the Future to Climate: A Story of Climate Determinism and Reductionism." *Osiris* 26:245–66.
——. 2009a. "On the Origin of 'the Greenhouse Effect': John Tyndall's 1859 Interrogation of Nature." *Weather* 64:121–23.
——. 2009b. *Why We Disagree About Climate Change: Understanding Controversy, Inaction, and Opportunity*. CUP.
——. 2001. "Climatic Perspectives on Sahelian Desiccation: 1973– 1998." *GEC* 11:21–23.
Hunt, S. J. 1973. "Growth and Guano in 19th-Century Peru." Research Program in Economic Development, Woodrow Wilson School, Princeton University, Discussion Paper No. 34.*
Hunter, M. C., et al. 2017. "Agriculture in 2050: Recalibrating Targets for Sustainable Intensification." *BioScience* bix010. doi: 10.1093/biosci/bix010.
Hunter, R. 2009. "Positionality, Perception, and Possibility in Mexico's Valle del Mezquital." *Journal of Latin American Geography* 8:49–69.
Hutchens, J. K. 1946. "People Who Read and Write." *NYT*, 17 March.
Hutchins, J. 2000. "Warren Weaver and the Launching of MT: Brief Biographical Note." In *Early Years in Machine Translation: Memoirs and Biographies of Pioneers*, ed. J. Hutchins, 17–20. Amsterdam: John Benjamins.
Hutchinson, G. E. 1950. *The Biogeochemistry of Vertebrate Excretion*. NY: American Museum of Natural History (Bulletin 96).
——. 1948. "On Living in the Biosphere." *Scientific Monthly* 67:393–97.
Huxley, A. 1993 (1939). After Many a Summer Dies the Swan. Chicago: Ivan R. Dee.
Huxley, J. 1946. *UNESCO: Its Purpose and Its Philosophy*. London: Preparatory Commission of the United Nations Educational, Scientific, and Cultural Organisation.*
——. 1937 (1926). Essays in Popular Science. London: Penguin Books.
——. 1933 (1931). What Dare I Think? The Challenge of Modern Science to Human Action and Belief. London: Chatto and Windus.
Huxley, J., and A. C. Haddon. 1939 (1931). *We Europeans: A Survey of "Racial" Problems*. Harmondsworth, Middlesex: Penguin Books.
Huxley, L. 1901. Life and Letters of Thomas Henry Huxley. 2 vols. New York: D. Appleton.*
Huxley, T. H. 1887. "On the Reception of the 'Origin of Species.' " In *The Life and Letters of Charles Darwin, Including an Autobiographical Chapter*, ed. F. Darwin, 2:179–204. London: John Murray.*
Inarejos Muñoz, J. A. 2010. "De la Guerra del Guano a la Guerra del Godo. Condicionantes, Objetivos y Discurso Nacionalista del Conflicto de España con Perú y Chile (1862–1867)." *Revista de Historia Social y de las Mentalidades* 14:137–70.
Ingram, F. W., and G. A. Ballard. 1935. "The Business of Migratory Divorce in Nevada." *Law and Contemporary Problems* 2:302– 8.
Inman, M. 2016. The Oracle of Oil: A Maverick Geologist's Quest for a Sustainable Future. NY: W. W. Norton.
Institute for Economics and Peace. 2017. *Global Peace Index 2017*. IEP Report 48. Sydney: Institute for Economics and Peace.*
Instituto Nacional de Estadística y Geografía (México). 2015. *Estadísticas Históricas de México 2014*. México, D.F.: INEGI.*

Hinkel, J., et al. 2014. "Coastal Flood Damage and Adaptation Costs Under 21st Century Sea-Level Rise." *PNAS* 111:3292–97.

Hisard, P. 1992. "Centenaire de l'Observation du Courant Côtier El Niño, Carranza, 1892: Contributions de Krusenstern et de Humboldt à l'Observation du Phénomène 'ENSO.' " In *Paleo- ENSO Records International Symposium: Extended Abstracts*, ed. L. Ortlieb and J. Macharé, 133–41. Lima: ORSTOM/CONCYTEC.

Hitchens, C. 2005. "Equal Time." *Slate*, Aug 23.*

Hoddeson, L. 1981. "The Discovery of the Point-Contact Transistor." *Historical Studies in the Physical Sciences* 12:41–76.

Hoffman, E. 1896. *La Vie et les Travaux de Charles le Maout (1805–1887)*. Le Havre: Imprimerie François le Roi.

Hoglund, A. W. 1961. "Wisconsin Dairy Farmers on Strike." *Agricultural History* 35:24–34.

Holdgate, M. 2013 (1999). *The Green Web: A Union for World Conservation*. NY: Earthscan.

——. 2001. "A History of Conservation." In *Our Fragile World: Challenges and Opportunities for Sustainable Development*, ed. M. K. Tolba, 1:341–53. Oxford: EOLSS Publishers.

Holland, J. 1835. *The History and Description of Fossil Fuel, the Colleries, and Coal Trade of Great Britain*. London: Whitaker and Co.*

Hollerson, W. 2010. "Popular Protests Put Brakes on Renewable Energy." *Der Spiegel*, 21 Jan.*

Hollett, D. 2008. *More Precious than Gold: The Story of the Peruvian Guano Trade*. Teaneck, NJ: Fairleigh Dickinson University Press.

Holthaus, E. 2015. "Stop Vilifying Almonds." *Slate*, 17 April.*

Holway, D. A., et al. 2002. "The Causes and Consequences of Ant Invasions." *Annual Review of Ecology and Systematics* 33:181–233.

Hoopman, D. 2007. "The Faithful Heretic: A Wisconsin Icon Pursues Tough Questions." *Wisconsin Energy Cooperative News*, May.*

Hopkins, D. P. 1948. Chemicals, Humus, and the Soil. London: Faber and Faber.

Hossard, L., et al. 2016. "A Meta-Analysis of Maize and Wheat Yields in Low-Input vs. Conventional and Organic Systems." *Agronomy Journal* 108:1155–67.

Howard, A. 1945. Farming and Gardening for Health or Disease. London: Faber and Faber.

——. 1940. *An Agricultural Testament*. OUP.

Howard, A., and Y. D. Wad. 1931. *The Waste Products of Agriculture: Their Utilization as Humus*. OUP.

Howard, E. 1902. *Garden Cities of To-Morrow*. London: Swan Sonnenschein.*

——. 1898. *To-Morrow: A Peaceful Path to Real Reform*. London: Swan Sonnenschein.*

Howard, L. E. 1953. *Sir Albert Howard in India*. London: Faber and Faber.*

Howeler, R. H., ed. 2011. *The Cassava Handbook*. Cali, Colombia: CIAT.

Huang, C. Y., et al. 2003. "Direct Measurement of the Transfer Rate of Chloroplast DNA into the Nucleus." *Nature* 422:72–76.

[Hubbert, M. K.] 2008 (1934). *Technocracy Study Course*. 5th ed. NY: Technocracy, Inc.*

——. 1962. *Energy Resources*. Washington, DC: National Academy of Sciences–National Research Council (Publication 1000-D).

——. 1956. *Nuclear Energy and the Fossil Fuels*. Houston: Shell Development Company Publication No. 95.

——. 1951. "Energy from Fossil Fuels." In *Smithsonian Institution. Annual Report of the Board of Regents of the Smithsonian Institution (1950)*, 255–72. Washington, DC: Government Printing Office.*

——. and J. Boyce. 2013 (1983). A Quiet Violence: View from a Bangladesh Village. NY: CreateSpace.

Harwood, J. 2009. "Peasant Friendly Plant Breeding and the Early Years of the Green Revolution in Mexico." *Agricultural History* 83:384–410.

Hasson, D. 2010. "In Memory of Sidney Loeb." *Desalination* 261:203-04.

Haszeldine, R. S. 2009. "Carbon Capture and Storage: How Green Can Black Be?" *Science* 325:1647–52.

Haub, C. 1995. "How Many People Have Ever Lived on Earth?" *Population Today*, Feb.

Hawkes, L. 1940. "Prof. A. G. Högbom." Nature 145:769.

Hay, W. H. 2013. *Experimenting on a Small Planet: A Scholarly Entertainment*. NY: Springer.

Hayes, D. 1977. *Rays of Hope: The Transition to a Post-Petroleum World*. NY: W. W. Norton.

Hayes, H. K., et al. 1936. *Thatcher Wheat*. St. Paul: University of Minnesota Agricultural Experiment Station Bulletin 325.*

Hayes, H. K., and R. J. Garber. 1921. *Breeding Crop Plants*. NY: McGraw-Hill.

Hayes, R. C., et al. 2012. "Perennial Cereal Crops: An Initial Evaluation of Wheat Derivatives." *Field Crops Research* 133:68–89.

Hazell, P. B. R. 2009. *The Asian Green Revolution*. Washington, D.C.:International Food Policy Research Institute.

Heilbroner, R. L. 1995 (1953). *The Worldly Philosophers*. 7th ed. NY: Touchstone.

Helms, J. D. 1984. "Walter Lowdermilk's Journey: Forester to Land Conservationist." *Environmental Review* 8:132–45.

Hempel, L. C. 1983. "The Politics of Sunshine: An Inquiry into the Origin, Growth, and Ideological Character of the Solar Energy Movement in America." Ph.D. dissertation, Claremont Graduate School.

Henshilwood, C. S., et al. 2011. "A 100,000-Year-Old Ochre- Processing Workshop at Biombos Cave, South Africa." *Science* 334:219–22.

Henshilwood, C. S., and F. d'Errico. 2011. "Middle Stone Age Engravings and Their Significance to the Debate on the Emergence of Symbolic Material Culture." In Henshilwood, C. S., and F. d'Errico, eds. *Homo Symbolicus: The Dawn of Language, Imagination, and Spirituality*, 75–96. Amsterdam: John Benjamins.

Herivel, J. 1975. *Joseph Fourier: The Man and the Physicist*. Oxford: Clarendon Press.

Hernandez, R. R., et al. 2014. "Environmental Impacts of Utility- Scale Solar Energy." *Renewable and Sustainable Energy Reviews* 29:766–79

Hertzman, H. 2017. *Atrazine in European Groundwater: The Distribution of Atrazine and its Relation to the Geological Setting*. M.S. Thesis, Umeå University (Sweden).*

Hesketh, I. 2009. *Of Apes and Ancestors: Evolution, Christianity, and the Oxford Debate*. Toronto: University of Toronto Press.

Hesser, L. 2010. *The Man Who Fed the World*. NY: Park East Press.

*Hettel, G. 2008. "Luck Is the Residue of Design." Rice Today, Jan.**

Heun, M., et al. 1997. "Site of Einkorn Wheat Domestication Identified by DNA Fingerprinting." *Science* 278:1312–14.

Hewitt de Alcántara, C. 1978. *La Modernización de la Agricultura Mexicana, 1940–1970*. México, D.F.: Siglo XXI.

Hibberd, J., et al. 2008. "Using C4 Photosynthesis to Increase the Yield of Rice—Rationale and Feasibility." *Current Opinion in Plant Biology* 11:228–31.

Hildahl, K. 2001. *Saude: A Brief History of a Village in Northeast Iowa*. Privately printed.*

Commons.
Green, C. C. 2006. "Forestry Education in the United States." *Issues in Science and Technology Librarianship* 46 (supp.).*
Greenfield, G. 1934 "News of Activities with Rod and Gun." *NYT*, 24 Oct.
Greenhalgh, S. 2008. *Just One Child: Science and Policy in Deng's China*. UCP.
Griffin, D. 2014. "Thousands Protest Against Pylons and Wind Turbines." *Irish Times*, 15 April.*
Griffin, K. 1974. *The Political Economy of Agrarian Change: An Essay on the Green. Revolution*. HUP.
Grove, N. 1974. "Oil, the Dwindling Treasure." *National Geographic* 145:792–825.
Guillemot, H. 2014. "Les Désaccords sur le Changement Climatique en France: Au-delà d'un Climat Bipolaire." *Natures Sciences Sociétés* 22–340–50.
Guo, Z., et al. 2010. "Discovery, Evaluation and Distribution of Haplotypes of the Wheat Ppd-D1 Gene." *New Phytologist* 185:841–51.
Gwynne, P. 1975. "The Cooling World." *Newsweek*, 28 April.
——. 2014. "My 1975 'Cooling World' Story Doesn't Make Today's Climate Scientists Wrong." *Insidescience.org*, 21 May.*
Gyllenborg, G. A. (J. G. Wallerius). 1770 (1761). *The Natural and Chemical Elements of Agriculture*, trans. J. Mills. London: John Bell.
Hailman, J. 2006. *Thomas Jefferson and Wine*. Oxford: University Press of Mississippi.
Hall, S. S. 2016. "Editing the Mushroom." *Scientific American* 314:56–63.
——. 1987. "One Potato Patch That Is Making Genetic History." *Smithsonian* 18:125–36.
Hallegatte, S., et al. 2013. "Future Flood Losses in Major Coastal Cities." *Nature Climate Change* 3:802–6.
Hambler, C. 2013. "Wind Farms vs. Wildlife." *The Spectator*, 5 Jan.*
Hamilton, J. D. 2013. "Historical Oil Shocks." In *Routledge Handbook of Major Events in Economic History*, ed. R. E. Parker and R. Whaples, 239–65. NY: Routledge.
Hamilton, T. J. 1949. "Estimate of 500-Year Oil Supply Draws Criticism in U.N. Parley." *NYT*, 23 Aug.
Hanlon, J. 1974. "Top Food Scientist Published False Data." *New Scientist* 64:436–37.
Hansen, J. E., et al. 1992. "Potential Climate Impact of Mount Pinatubo Eruption." *Geophysical Research Letters* 19: 215-18
Hansen, J. E., et al. 1978. "Mount Agung Eruption Provides Test of a Global Climatic Perturbation." *Science* 199:1065–67.
Hanson, E. P. 1949. "Mankind Need Not Starve." *The Nation* 169:464–67.
Harari, Y. N. 2015. *Sapiens: A Brief History of Humankind*. NY: HarperCollins.
Hardin, G. 1976. "Carrying Capacity as an Ethical Concept." *Soundings* 59:120–37.
Hare, F. K. 1988. "World Conference on the Changing Atmosphere: Implications for Security, held at the Toronto Convention Centre, Toronto, Ontario, Canada, During 27–30 June 1988." *Environmental Conservation* 15:282–83.
Harper, J. A., and C. L. Cozart. 1990. *Oil and Gas Developments in Pennsylvania in 1990 with Ten-Year Review and Forecast*. Harrisburg: Pennsylvania Geological Survey.*
Harrington, W., et al. 2000. "On the Accuracy of Regulatory Cost Estimates." *Journal of Policy Analysis and Management* 19:297–322.
Hartmann, B. 2017. *The America Syndrome: Apocalypse*, War, and *Our Call to Greatness*. NY: Seven Stories Press.
——. 1995 (1987). Reproductive Rights and Wrongs: The Global Politics of Population Control. Rev. ed. Boston: South End Press.

327:812–18.

Goh, P. S., et al. 2017. "The Water-Energy Nexus: Solutions towards Energy-Efficient Desalination." *Energy Technology* 5:1136–55.

Gohdes, A., and M. Price. 2013. "First Things First: Assessing Data Quality Before Model Quality." *Journal of Conflict Resolution* 57:1090–1108.

Gold, E. 1965. "George Clarke Simpson, 1878–1965." Biographical Memoirs of Fellows of the Royal Society 11:156–75.

Goldsmith, E., et al. 1972. "A Blueprint for Survival." *The Ecologist* 2:1–43.*

Goldstein, J. S. 2011. Winning the War on War: The Decline of Armed Conflict Worldwide. NY: Dutton.

Gómez-Baggethun, E., et al. 2009. "The History of Ecosystem Services in Economic Theory and Practice: From Early Notions to Markets and Payment Schemes." *Ecological Economics* 69:1209–18.

González, B. P. 2006. "La Revolución Verde en México." *Agrária* (São Paulo) 4:40–68.

González-Paleo, L., et al. 2016. "Back to Perennials: Does Selection Enhance Tradeoffs Between Yield and Longevity?" *Industrial Crops and Products* 91:272–78.

Goodall, A. H. 2008. "Why Have the Leading Journals in Management (and Other Social Sciences) Failed to Respond to Climate Change?" *Journal of Management Inquiry* 20:1–14.

Goodell, A. R. S. 1975. "The Visible Scientists." Ph.D. dissertation, Stanford University.

Goodell, J. 2011 (2010). *How to Cool the Planet: Geoengineering and the Audacious Quest to Fix Earth's Climate*. NY: Mariner Books.

Goodisman, M. A. D., et al. 2007. "Genetic and Morphological Variation over Space and Time in the Invasive Fire Ant *Solenopsis invicta*." *Biological Invasions* 9:571–84.

Gopalkrishnan, G. 2002. *M. S. Swaminathan: One Man's Quest for a Hunger-Free World*. Chennai, India: Sri Venkatesa Printing House.

Gossett, R. F. 1997. Race: The History of an Idea in America. OUP.

Gorman, H. S. 2013. *The Story of N: A Social History of the Nitrogen Cycle and the Challenge of Sustainability*. New Brunswick, NJ: Rutgers University Press.

Government of India. Ministry of Food and Agriculture. 1959. *Report on India's Food Crisis and Steps to Meet It*. Delhi: Government of India.

Government of India. Ministry of Science and Technology. 1958. Scientific Policy Resolution official memorandum (4 March).*

Gowans, A. 1986. *The Comfortable House: North American Suburban Architecture, 1890–1930*. MIT.

Graham, F., Jr., and C. W. Buchheister. 1990. *The Audubon Ark: A History of the Audubon Society*. NY: Alfred A. Knopf.

Graham, J. A. 1904. "Sun Motor Solves Mystery of Electricity's Source." *Chicago Daily Tribune*, 6 Nov.

Grant, M. 1916. *The Passing of the Great Race, or, The Racial Basis of European History*. NY: Charles Scribner's Sons.

Grassini P., et al. 2013. "Distinguishing Between Yield Advances and Yield Plateaus in Historical Crop Production Trends." *Nature Communications* 4:2918.

Grattan-Guinness, I. 1972. *Joseph Fourier, 1768–1830: A Survey of His Life and Work*. MIT.

Great Britain House of Commons. 1913. *The Parliamentary Debates*. Vol. 6, 7–25 July. 5th ser., v.55. London: Her Majesty's Stationery Office.*

Great Britain House of Lords. 1830. *Report from the Select Committee of the House of Lords Appointed to Take into Consideration the State of the Coal Trade in the United Kingdom*. London: House of

Galloway, J. N., et al. 2003. "The Nitrogen Cascade." *Bioscience* 53:341–56.
Gandhi, I. 1975. "The Challenge of Drought." In Indira Gandhi Abhinandan Samiti, ed. *The Spirit of India*. New Delhi: Asia Publishing House, 4 vols., 1:67-69.
Gardiner, S. M. 2011. *A Perfect Moral Storm: The Ethical Tragedy of Climate Change*. OUP.
Garnet, T. 2013. "Food Sustainability: Problems, Perspectives, and Solutions." *Proceedings of the Nutrition Society* 72:29–39.
Garrett, H. E., et al. 1991. "Black Walnut (*Juglans nigra* L.) Agroforestry—Its Design and Potential as a Land-use Alternative." *The Forestry Chronicle* 67:213-18.
Gaskell, G., et al. 2006. Europeans and Biotechnology in 2005: Patterns and Trends. Special Eurobarometer 244b.*
Gat, A. 2013. "Is War Declining—and Why?" *Journal of Peace Research* 50:149–57.
——. 2006. *War in Human Civilization*. OUP.
Gauld, C. 1992a. "The Historical Anecdote as a 'Caricature': A Case Study." *Research in Science Education* 22:149–56.
——. 1992b. "Wilberforce, Huxley, and the Use of History in Teaching About Evolution." *American Biology Teacher* 54:406– 10.
Gause, G. F. 1934. *The Struggle for Existence*. Baltimore: Williams & Wilkins.*
——. 1930. "Studies on the Ecology of the Orthoptera." *Ecology* 11:307–25.
General Education Board. 1916 (1915). *The General Education Board: An Account of Its Activities, 1902–1914*. 3rd ed. NY: General Education Board.*
George, S. 1986 (1976). *How the Other Half Dies: The Real Reasons for World Hunger*. NY: Penguin.
Gifford, T., ed. 1996. *John Muir: His Life and Letters and Other Writings*. Seattle: The Mountaineers.
Gill, E. 2010. "Lady Eve Balfour and the British Organic Food and Farming Movement." Ph.D. dissertation, Aberystwyth University.*
Gilley, S. 1981. "The Huxley-Wilberforce Debate: A Reconsideration." In *Religion and Humanism*, ed. K. Robbins, 325–40. Oxford: Basil Blackwell/Ecclesiastical History Society.
Gimpel, J. 1983 (1976). The Medieval Machine: The Industrial Revolution of the Middle Ages. NY: Penguin.
Glacken, C. J. 1976 (1967). *Traces on the Rhodian Shore: Nature and Culture in Western Thought* from *Ancient Times to the End of the Eighteenth Century*. UCP.
Gleick, J. 1988 (1987). *Chaos: Making a New Science*. NY: Penguin Books.
Gleick, P. H. 2003. "Global Freshwater Resources: Soft-Path Solutions for the 21st Century." *Science* 302:1524–28.
——. 2002. "Soft Water Paths." *Nature* 418:373.
——. 2000. "The Changing Water Paradigm: A Look at Twenty- First Century Water Resources Development." *Water International* 25:127–38.
——. 1998. The World's Water 1998–1999: The Biennial Report on Freshwater Resources. Washington, DC: Island Press.
——. 1996. "Water Resources." In *Encyclopedia of Climate and Weather*, ed. S. H. Schneider, 2:817–23. OUP.
Gleick, P. H., and M. Palaniappan. 2010. "Peak Water Limits to Freshwater Withdrawal and Use." *PNAS* 107:11155–62.
Glick, T. F., ed. 1988. *The Comparative Reception of Darwinism*. Chicago: University of Chicago Press.
Godefroit, P., et al. 2014. "A Jurassic Ornithischian Dinosaur from Siberia with Both Feathers and Scales." *Science* 345:451–55.
Godfray, H. C. J., et al. 2010. "Food Security: The Challenge of Feeding 9 Billion People." *Science*

DC: Brookings Institution.*

Franklin, B. 1755. *Observations Concerning the Increase of Mankind, Peopling of Countries, &c.* Boston: S. Kneeland.*

Frederickson, D. S. 1991. "Asilomar and Recombinant DNA: The End of the Beginning." In Biomedical Politics, ed. K. E. Hanna, 258– 307. Washington, DC: National Academies Press.

Freebairn, D. K. 1995. "Did the Green Revolution Concentrate Incomes? A Quantitative Study of Research Reports." *World Development* 23:265-79.

Freeman, M. C., et al. 2015. "Climate Sensitivity Uncertainty: When Is Good News Bad?" *PTRS* 373(2055).

Freese, B. 2004 (2003). *Coal: A Human History*. NY: Penguin Books.

Freire, P. 2014 (1968). *Pedagogy of the Oppressed, trans. M. B. Ramos*. NY: Bloomsbury.

Fritts, C. E. 1883. "On a New Form of Selenium Cell, and Some Electrical Discoveries Made by Its Use." *American Journal of Science* 126:465–72.*

——. 1885. "On the Fritts Selenium Cells and Batteries." Proceedings of the American Association for the Advancement of Science 33:97–108.*

Froeb, A. C. 1936. "Accomplishments in Mosquito Control in Suffolk County, Long Island." In *Proceedings of the New Jersey Mosquito Extermination Association 1936*:128–29.

Fromartz, S. 2006. *Organic, Inc.: Natural Foods and How They Grew*. NY: Harvest Books.

Frost, P. 2006. "European Hair and Eye Color: A Case of Frequency- Dependent Sexual Selection?" *Evolution and Human Behavior* 27:85–103.

Fry, D. P., ed. 2013. *War, Peace, and Human Nature: The Convergence of Evolutionary and Cultural Views*. OUP.

Fuchs, R. J. 2010. *Cities at Risk: Asia's Coastal Cities in an Age of Climate Change*. Honolulu: East-West Center.*

Fukuyama, F. 1998. "Women and the Evolution of World Politics." *Foreign Affairs* 77:24–40.

Fuller, D. Q., et al. 2007. "Dating the Neolithic of South India: New Radiometric Evidence for Key Economic, Social, and Ritual Transformations." *Antiquity* 81: 755–78.

Furbank, R. T., et al. 2015. "Improving Photosynthesis and Yield Potential in Cereal Crops by Targeted Genetic Manipulation: Prospects, Progress, and Challenges." *Field Crops Research* 182:19–29.

Fussell, G. E. 1972. *The Classical Tradition in West European Farming*. Cranbury, NJ: Fairleigh Dickinson Press.

F.W.V. and C.A. 1901. "Knut Angstrom on Atmospheric Absorption." *Monthly Weather Review* 29:268.

Gaillard, G. 2004 (1997). *The Routledge Dictionary of Anthropologists*, trans. P. J. Bowman. NY: Routledge.

Gall, Y. M. (Я. М. Галл). 2011. Г.Ф. Гаузе (1910–1986): Творческий Образ. Экология И Теория Эволюции [G. F. Gause [1910– 1986]: Creative Image. Ecology and Evolutionary Theory]. Биосфера [Biosphere] 3:423–44.

Gall, Y. M., and M. B. Konashev. 2001. "The Discovery of Gramicidin S: The Intellectual Transformation of G. F. Gause from Biologist to Researcher of Antibiotics and on Its Meaning for the Fate of Russian Genetics." *History and Philosophy of the Life Sciences* 23:137–50.

Gallagher, W. 2006. *House Thinking: A Room-by-Room Look at How We Live*. NY: HarperCollins.

Gallman, R. E. 1966. "Gross National Product in the United States, 1834–1909." In *Output, Employment, and Productivity in the United States After 1800*, ed. D. S. Brady, 3–90. Washington, DC: National Bureau of Economic Research.*

Foundation. OUP.
Fatondji, D., et al. 2001. "Zai: A Traditional Technique for Land Rehabilitation in Niger." *ZEF News*: 1–2.
Feder, E. 1976. "McNamara's Little Green Revolution: World Bank Scheme for Self-Liquidation of Third World Peasantry." *Economic and Political Weekly* 11:532–41.
Ferguson, R. B. 2013a. "Pinker's List: Exaggerating Prehistoric War Mortality." In Fry, ed. 2013:112–31.
——. 2013b. "The Prehistory of War and Peace in Europe and the Near East." In Fry, ed. 2013:191–240.
——. 1995. *Yanomami Warfare: A Political History*. Santa Fe, NM: School of American Research Press.
Ferling, J. 2013. *Jefferson and Hamilton: The Rivalry That Forged a Nation*. NY: Bloomsbury.
Ferrier, R. W. 2000 (1982). *The History of the British Petroleum Company*. Vol. 1. CUP.
Feuer, L. S. 1975. "Is the 'Darwin–Marx Correspondence' Authentic?" *Annals of Science* 32: 1–12.
Fialka, J. 1974. "Solar Energy's Big Push into the Marketplace." *Washington Star*, 17 July.
Fischer, T., et al. 2014. *Crop Yields and Global Food Security: Will Yield Increase Continue to Feed the World?* Canberra: Australian Centre for International Agricultural Research.
Fitzgerald, D. 1986. "Exporting American Agriculture: The Rockefeller Foundation in Mexico, 1943–53." *Social Studies of Science* 16:457–83.
Flader, S. L. 1994. *Thinking like a Mountain: Aldo Leopold and the Evolution of an Ecological Attitude Toward Deer, Wolves, and Forests*. Madison: University of Wisconsin Press.
Flandreau, C. E. 1900. *The History of Minnesota and Tales of the Frontier*. St. Paul, MN: E. W. Porter.*
Flanner, J. 1949. "Letter from Paris." *The New Yorker*, 7 May.
Fleming, J. R. 2010. *Fixing the Sky: The Checkered History of* Weather and Climate Control. CUP.
——. 2007. *The Callendar Effect: The Life and Work of Guy Stewart Callendar (1898–1964)*. Boston: American Meteorological Society.
——. 1998. *Historical Perspectives on Climate Change*. OUP.
Floudas, D., et al. 2012. "The Paleozoic Origin of Enzymatic Lignin Decomposition Reconstructed from 31 Fungal Genomes." *Science* 336:1715–19.
Foley, J. 2014. "A Five-Step Plan to Feed the World." *National Geographic* 225:4–21.
Foote, E. 1856. "Circumstances Affecting the Heat of the Sun's Rays." *American Journal of Science and Arts* 22:382-83.
Forest Europe. 2015. *State of Europe's Forests 2015*. Madrid: Ministerial Conference on the Protection of Forests in Europe.*
Fosdick, R. B. 1988. The Story of the Rockefeller Foundation. NY: Transaction Publishers.
Foskett, D. J. 1953. "Wilberforce and Huxley on Evolution." *Nature* 172:920.
Fourcroy, A. F., and L. N. Vauquelin. 1806. "Mémoire sur le Guano, ou sur l'Engrais Naturel des Îlots de la Mer du Sud, près des Côtes du Pérou." *Memoires de l'Institut des Sciences, Lettres et Arts: Sciences Mathématiques et Physiques* 6:369–81.*
Fourier, J. 1824. "Remarques Générales sur les Températures du Globe Terrestre et des Espaces Planétaires." *Annales de Chemie et de Physique* 27:136–67.*
——. 1827. "Mémoire sur les Températures du Globe Terrestre et des Espaces Planétaires." *Mémoires de l'Académie Royale des Sciences* 7:569–604.*
Fowler, G. 1972. "Hugh Moore, Industrialist, Dies." *NYT*, 26 Nov. Fox, S. 1981. *The American Conservation Movement: John Muir and His Legacy*. Madison: University of Wisconsin Press.
Frank, C. R., Jr. 2014. *The Net Benefits of Low and No-Carbon Electricity Technologies*. Washington,

Ehrlich, P. R., and J. P. Holdren. 1969. "Population and Panaceas: A Technological Perspective." *BioScience* 19:1065–71.

Eiberg, H., et al. 2008. "Blue Eye Color in Humans May Be Caused by a Perfectly Associated Founder Mutation in a Regulatory Element Located Within the HERC2 Gene Inhibiting OCA2 Expression." *Human Genetics* 123:177–87.

Ellegard, A. 1958. "Public Opinion and the Press: Reactions to Darwinism." *Journal of the History of Ideas* 19:379–87.

Ellman, M. 1981. "Natural Gas, Restructuring and Re-industrialisation: The Dutch Experience of Industrial Policy." In *Oil or Industry? Energy, Industrialisation and Economic Policy in Canada, Mexico, the Netherlands, Norway and the United Kingdom*, ed. T. Barker and V. Brailovsky, 149–66. London: Academic Press.

Ellis, R. J. 1979. "Most Abundant Protein in the World." *Trends in Biochemical Sciences* 4:241–44.

Elton, C. S. 1930. *Animal Ecology and Evolution*. Oxford: Clarendon Press.

Emerson, R. W. 1860. *The Conduct of Life*. Boston: Ticknor and Fields.*

Energy Information Administration (U.S.). 2016. *Annual Energy Outlook*. Washington, DC: Department of Energy.*

——. 2013. *Updated Capital Cost Estimates for Utility Scale Electricity Generating Plants*. Washington, DC: Department of Energy.*

——. 1990–. *Electric Power Monthly*. Washington, DC: Department of Energy.*

——. 1970–. *Electric Power Annual 2014*. Washington, DC: Department of Energy.*

Epstein, P. R., et al. "Full Cost Accounting for the Life Cycle of Coal." *Annals of the New York Academy of Sciences* 1219:73–98.

Erdélyi, A. 2002. *The Man Who Harvests Sunshine: The Modern Gandhi; M. S. Swaminathan*. Budapest: Tertia Kiadó.

Ericsson, J. 1888. "The Sun Motor." *Scientific American Supplement* 26:10592.*

——. 1870. "Ericsson's Solar Engine." *Engineering* (London), 14 Oct.*

Errington, P. 1938. "No Quarter." *Bird-Lore* 40:5-6.

Esfandiary, F. M. 1973. *Up-Wingers: A Futurist Manifesto*. NY: John Day Co.

Esteva, G. 1983. *The Struggle for Rural Mexico*. South Hadley, MA: Bergin & Garvey.

European Environment Agency. 2011. *Europe's Environment: An Assessment of Assessments*. Luxembourg: Publications Office of the European Union.*

Evans, H. B. 1997. *Water Distribution in Ancient Rome: The Evidence of Frontinus*. Ann Arbor: University of Michigan Press.

Evans, S. M. 1997 (1989). *Born for Liberty: A History of Women in America*. 2nd ed. NY: Free Press.

Eve, A. S., and C. H. Creasey. 1945. *Life and Work of John Tyndall*. London: Macmillan & Co.

Evenson, R. E., and D. Gollin. 2003. "Assessing the Impact of the Green Revolution, 1960 to 2000." *Science* 300:758–62.

Ezkurdia, I., et al. 2014. "Multiple Evidence Strands Suggest That There May Be as Few as 19,000 Human Protein-Coding Genes." *Human Molecular Genetics* 23:5866–78.

Fagan, B. 2009 (1999). *Floods, Famines, and Emperors: El Niño and the Fate of Civilizations*. 2nd ed. NY: Basic Books.

Fagundes, N. J. R., et al. 2007. "Statistical Evaluation of Alternative Models of Human Evolution." *PNAS* 104:17614–19.

Fairbarn, R. H. 1919. *History of Chickasaw and Howard Counties*, Iowa. 2 vols. Chicago: S. J. Clarke.

Famiglietti, J. S. 2014. "The Global Groundwater Crisis." *Nature Climate Change* 4:945–48.

Farley, J. 2004. *To Cast Out Disease: A History of the International Health Division of the Rockefeller*

Doel, R. E. 2009. "Quelle Place pour les Sciences de l'Environnement Physique dans l'Histoire Environnementale?" *Revue d'Histoire Moderne et Contemporaine* 56(4): 137–64.*

Donnelly, K. 2014. "The Red Sea–Dead Sea Project Update." In Gleick, P. H., et al. *The World's Water, Volume 8*. Washington: Island Press, 153-58.

Doughty, R. W. 1988. *Return of the Whooping Crane.* Austin: University of Texas Press.

Dowie, M. 2009. *Conservation Refugees: The Hundred-Year Conflict Between Global Conservation and Native Peoples*. MIT.

Drescher, S. 2009. *Abolition: A History of Slavery and Antislavery.* CUP.

Dréze, J. 1991. "Famine Prevention in India." In Sen, A., and J. Drèze, eds. *The Political Economy of Hunger*, vol. 2. Oxford: Clarendon Press, 13-124.

Dubin, H. J., and J. P. Brennan. 2009. *Combating Stem and Leaf Rust of Wheat: Historical Perspective, Impacts, and Lessons Learned*. IFPRI Discussion Paper 910. Washington, DC: International Food Policy Research Institute.

Duffy, D. C. 1994. "The Guano Islands of Peru: The Once and Future Management of a Renewable Resource." *BirdLife Conservation Series* 1:68–76.

——. 1989. "William Vogt: A Pilgrim on the Road to Survival." *American Birds* 43:1256–57.

Durham, W. H. 1979. *Scarcity and Survival in Central America: Ecological Origins of the Soccer War.* Stanford, CA: Stanford University Press.

Dworkin, S. 2009. *The Viking in the Wheat Field: A Scientist's Struggle to Preserve the World's Harvest*. NY: Walker Publishing Company.

Dwyer, J. J. 2002. "Diplomatic Weapons of the Weak: Mexican Policymaking during the U.S.-Mexican Agrarian Dispute, 1934–41." *Diplomatic History* 26:375–95.

Dyson, T. 2005 (1996). *Population and Food: Global Trends and Future Prospects*. NY: Routledge.

Dyson, T., and A. Maharatna. 1992. "Bihar Famine, 1966-67 and Maharashtra Drought, 1970-73: The Demographic Consequences." *Economic and Political Weekly* 27:1325-32.

E.A.L. 1948. "Is Starvation Ahead?" *Boston Globe*, 5 Aug.East, E. M. 1923. *Mankind at the Crossroads*. NY: Charles Scribner's Sons.*

Easterbrook, G. 1997. "Forgotten Benefactor of Humanity." *AM* 279:75–82.

Ebelot, A. 1869. "La Chaleur Sociale et les Applications Industrielles." *Revue des Deux Mondes* 83:1019–21.

Ebenstein, A. 2010. "The 'Missing Girls' of China and the Unintended Consequences of the One Child Policy." *Journal of Human Resources* 45:87–115.

Edwards, P. N. 2011. "History of Climate Modeling." *WIREs Climate Change* 2:128–39.

Edwards, R. D. 2011. "Trends in World Inequality in Life Span Since 1970." *Population and Development Review* 37:499–528.

Egerton, F. E. 1973. "Changing Concepts of the Balance of Nature." *Quarterly Review of Biology* 48:322–50.

Eguiguren Escudero, V. 1894. "Las Lluvias en Piura." *Boletín de la Sociedad Geográfica de Lima* 4:241–58.

Ehrlich, P. R. 2008. "Population, Environment, War, and Racism: Adventures of a Public Scholar." *Antipode* 40:383-88.

——. 1969. "Eco-Catastrophe!" *Ramparts*, September.*

——. 1968. *The Population Bomb*. NY: Ballantine Books.

Ehrlich, P. R., and A. H. Ehrlich. 1981. *Extinction: The Causes and Consequences of the Disappearance of Species*. NY: Random House.

——. 1974. *The End of Affluence: A Blueprint for Your Future*. NY: Ballantine Books.

Rise." *Nature* 531:591–97.
Deese, R. S. 2015. *We Are Amphibians: Julian and Aldous Huxley on the Future of Our Species*. UCB.
Defoe, D. 1719. *The Life and Strange Surprizing Adventures of Robinson Crusoe, of York, Mariner.* London: W. Taylor.*
——. 1711. *An Essay upon the Trade to Africa.* [London].*
De Gans, H. 2002. "Law or Speculation? A Debate on the Method of Forecasting Population Size in the 1920s." *Population* 57:83– 108.
Delacorte, G. T. 1929. "Dell Publications." *Writer's Digest*, Jan.
De Las Rivas, J., et al. 2002. "Comparative Analysis of Chloroplast Genomes: Functional Annotation, Genome-Based Phylogeny, and Deduced Evolutionary Patterns." *Genome Research* 12:567–83.*
DeLillo, D. 1989 (1982). *The Names*. NY: Vintage Books.
Delyannis, E. 2005. "Historic Background of Desalination and Renewable Energies." *Solar Energy* 75:357–66.
Delyannis, E., and V. Belessiotis. 2010. "Desalination: The Recent Development Path." *Desalination* 264:206–13.
Dennery, É. 1931 (1930). *Asia's Teeming Millions, and Its Problems for the West*, trans. J. Peile. London: Jonathan Cape.
DeNovo, J. A. 1955. "Petroleum and the United States Navy before World War I." *Mississippi Valley Historical Review* 41:641–56.
Depew, D. J. 2010. "Darwinian Controversies: An Historiographical Recounting." *Science and Education* 19:323–66.
de Ponti, T., et al. 2012. "The Crop Yield Gap Between Organic and Conventional Agriculture." *Agricultural Systems* 108:1–9.
Desrochers, P., and C. Hoffbauer. 2009. "The Post War Intellectual Roots of the Population Bomb: Fairfield Osborn's 'Our Plundered Planet' and William Vogt's 'Road to Survival' in Retrospect." *The Electronic Journal of Sustainable Development* 1:37-61.*
Devereux, M. W. 1941. "Reasons for the Replacement of Children in Foster Home Care Placed by the Boston Children's Aid Association in 1938, 1939, and 1940." M.A. thesis, Boston University School of Social Work.*
Devereux, S. 2000. *Famine in the Twentieth Century*. Institute of Development Studies Working Paper 105. Brighton, UK: University of Sussex.*
Devlin, J. C., and G. Naismith. 1977. *The World of Roger Tory Peterson*. NY: New York Times Books.
Dey, D. 1995. *Acorn Production in Red Oak*. Sault Ste. Marie: Ontario Forest Research Institute.*
Diamond, J. 2012. *The World Until Yesterday: What Can We Learn from Traditional Societies?* New York: Viking.
——. 2006. *Collapse: How Societies Choose to Fail or Succeed*. NY: Viking.
DiFonzo, J. H., and R. C. Stern. 2007. "Addicted to Fault: Why Divorce Reform Has Lagged in New York." *Pace Law Review* 27:559–603.*
Dil, A.. 2004. "Life and Work of M. S. Swaminathan: An Introductory Essay." In *Life and Work of M. S. Swaminathan: Toward a Hunger-Free World*, ed. A. Dil, 29–64. Madras: EastWest Books.
Dileva, F. D. 1954. "Iowa Farm Price Revolt." *Annals of Iowa* 32:171–202.
DiMichele, W. A., et al. 2007. "Ecological Gradients within a Pennsylvanian Mire Forest." *Geology* 35:415–18.
Dmitri, C., et al. 2005. *The 20th Century Transformation of U.S. Agriculture and Farm Policy*. Washington, D.C.: USDA (Economic Information Bulletin 3).
Dodson, J., et al. 2014. "Use of Coal in the Bronze Age in China." *The Holocene* 24:525–30.

Research Note 15/03. Washington, DC: World Bank.*
Cullather, N. 2010. *The Hungry World: America's Cold War Battle Against Famine in Asia*. HUP.
Culver, J. C., and J. Hyde. 2001. *American Dreamer: A Life of Henry A. Wallace.* NY: W. W. Norton.
Curry, C. L., et al. 2014. "A Multimodel Examination of Climate Extremes in an Idealized Geoengineering Experiment." *Journal of Geophysical Research: Atmospheres* 119:3900–23.*
Curry, J. A., and P. J. Webster. 2011. "Climate Science and the Uncertainty Monster." *Bulletin of the American Meteorological Society* 92:1667-82.
Curwen-McAdams, C., and S. S. Jones. 2017. "Breeding Perennial Grain Crops Based on Wheat." *Crop Science* 57:1172-88.
Curwen-McAdams, C., et al. 2016. "Toward a Taxonomic Definition of Perennial Wheat: A New Species x*Tritipyrum aaseae* described." *Genetic Resources and Crop Evolution* 1-9.*
Cushman, G. T. 2014 (2013). *Guano and the Opening of the Pacific World: A Global Ecological History.* CUP.
——. 2006. "The Lords of Guano: Science and the Management of Peru's Marine Environment, 1800–1973." Ph.D. dissertation, University of Texas at Austin.
——. 2004. "Enclave Vision: Foreign Networks in Peru and the Internationalization of El Niño Research During the 1920s." *Proceedings of the International Commission on the History of Meteorology* 1:65–74.
——. 2003. "Who Discovered the El Niño–Southern Oscillation?" Paper given at Presidential Symposium on the History of the Atmospheric Sciences, 83rd Annual Meeting of the American Meteorological Society, Long Beach, CA.*
Czaplicki, A. 2007. " 'Pure Milk Is Better Than Purified Milk': Pasteurization and Milk Purity in Chicago, 1908–1916." *Social Science History* 31:411-33.
Dabdoub, C. 1980. *Breve Historia del Valle del Yaqui.* México, D.F.: Editores Asociados Mexicanos.
Dahl, E. J. 2001. "Naval Innovation: From Coal to Oil." *Joint Force Quarterly* 27:50–56.*
Dalrymple, D. G. 1986 (1969). *Development and Spread of High- Yielding Wheat Varieties in Developing Countries.* 7th ed. Washington, DC: Bureau for Science and Technology.
Damodoran, H. 2016. "After the Revolution." *Indian Express*, 6 Dec.
Darrah, W. C. 1972. *Pithole, the Vanished City: A Story of the Early Days of the Petroleum Industry.* Gettysburg, PA: William Culp Darrah.
Darwin, C. 1872. *On the Origin of Species.* 6th ed. London: John Murray.*
——. 1859. *On the Origin of Species.* 1st ed. London: John Murray.*
Darwin, C., and A. Wallace. 1858. "On the Tendency of Species to Form Varieties." *Journal of the Proceedings of the Linnean Society of London (Zoology)* 3:45–50.*
Darwin, F., ed. 1887. *The Life and Letters of Charles Darwin, Including an Autobiographical Chapter.* 3 vols. London: John Murray.
Dasgupta, B. 1977. *Agrarian Change and the New Technology in India.* Geneva: U.N. Research Institute for Social Development.
Davis, D. B. 2006. *Inhuman Bondage: The Rise and Fall of Slavery in the New World.* OUP.
Dawe, D. 2000. "The Contribution of Rice Research to Poverty Alleviation." In Sheehy, J.E., et al., eds. *Redesigning Rice Photosynthesis to Increase Yield.* Amsterdam: Elsevier, 3-12.
Dawkins, R. 2004. *The Ancestor's Tale: A Pilgrimage to the Dawn of Life.* Boston: Houghton Mifflin.
Day, D. T. 1909. "Petroleum Resources of the United States." In United States National Conservation Commission. *Report of the National Conservation Commission, with Accompanying Papers*, 3:446–64. Washington, DC: Government Printing Office (60th Cong., 2nd Sess., Doc. 676).*
DeConto, R. M., and D. Pollard. 2016. "Contribution of Antarctica to Past and Future Sea-Level

Connelly, M. 2008. *Fatal Misconception: The Struggle to Control World Population.* HUP.
Connor, D. J. 2008. "Organic Agriculture Cannot Feed the World." *Field Crops Research* 106:187–90.
Considine, T. J., Jr., and T. S. Frieswyk. 1982. *Forest Statistics for New York—1980.* Broomall, PA: U.S. Department of Agriculture (Resources Bulletin of the Northeast NE-71).
Cooley, H., and N. Ajami. 2014. "Key Issues for Seawater Desalination in California: Cost and Financing." In Gleick, P.H., et al. *The World's Water: Volume 8*, 93–121. Washington, DC: Island Press.
Cooley, H., et al. 2006. *Desalination, with a Grain of Salt: A California Perspective.* Oakland, CA: Pacific Institute.
Coolidge, H. J., Jr. 1948. "Conférence pour l'Établissement de l'Union Internationale pour la Protection de la Nature." Typescript, NS/UIPN/9, UNESCO Archives.*
Cormos, C.-C. 2012. "Integrated Assessment of IGCC Power Generation Technology with Carbon Capture and Storage (CCS)." *Energy* 42:434–45.
Cottam, C., et al. 1938. "What's Wrong with Mosquito Control?" *Transactions of the Third North American Wildlife Conference*, 81–107. 14–17 Feb. Washington, DC: American Wildlife Institute.
Cotter, J. 2003. *Troubled Harvest: Agronomy and Revolution in Mexico, 1880–2002.* Westport, CT: Praeger Publishers.
——. 1994. "The Origins of the Green Revolution in Mexico: Continuity or Change?" In *Latin America in the 1940s: War and Postwar Transitions*, ed. D. Rock, 224–47. UCP.*
Courtney, L. H. 1897. "Jevons's Coal Question: Thirty Years After." *Journal of the Royal Statistical Society* 60:789–810.
Cox, M. 2015. *The Politics and Art of John L. Stoddard: Reframing Authority, Otherness and Authenticity.* NY: Lexington Books.
Cox, T. S., et al. 2006. "Prospects for Developing Perennial Grain Crops." *BioScience* 56:649-59.
Crabb, A. R. 1947. *The Hybrid-Corn Makers: Prophets of Plenty.* New Brunswick, NJ: Rutgers University Press.
Crawford, E. 1997. "Arrhenius' 1896 Model of the Greenhouse Effect in Context." *Ambio* 26:6–11.
Crease, R., and C. C. Mann. 1996 (1986). *The Second Creation: Makers of the Revolution in Twentieth-Century Physics.* New Brunswick, NJ: Rutgers University Press.
Crews, T. E., and L. R. DeHaan. 2015. "The Strong Perennial Vision: A Response." *Agroecology and Sustainable Food Systems* 39:500-15.
Crisp, A., et al. 2015. "Expression of Multiple Horizontally Acquired Genes Is a Hallmark of Both Vertebrate and Invertebrate Genomes." *Genome Biology* 16:50.*
Crocus [C. C. Leonard]. 1867. *The History of Pithole.* Pithole City, PA: Morton, Longwell & Co.
Crookes, W., et al. 1900. *The Wheat Problem: Based on Remarks Made in the Presidential Address to the British Association at Bristol in 1898.* NY: G. P. Putnam's Sons.*
Crova, M. A. 1884. "Rapport sur les Expériences Faites a Montpellier pendant l'Année 1881 par la Commission des Apparelis Solaires." *Académie Des Sciences et Lettres de Montepellier (Sciences)* 10:289–329.
Crow, J. F. 1994. "Hitoshi Kihara, Japan's Pioneer Geneticist." *Genetics* 137:891–94.
Crutzen, P. J. 2006. "Albedo Enhancement by Stratospheric Sulfur Injections: A Contribution to Resolve a Policy Dilemma?" *Climatic Change* 77:211–19.
——. 2002. "Geology of Mankind." *Nature* 415:23.
Crutzen, P. J., and E. F. Stoermer. 2000. "The 'Anthropocene.'" *Global Change News Letter (IGBP)* 41:17–18.
Cruz, M., et al. 2015. *Ending Extreme Poverty and Sharing Prosperity: Progress and Policies.* Policy

62:177–88.

Clements, F. E. 1916. *Plant Succession: An Analysis of the Development of Vegetation*. Washington, DC: Carnegie Institution.*

——. 1905. *Research Methods in Ecology*. Lincoln, NE: Jacob North and Co.*

Clements, F. E., and V. E. Shelford. 1939. *Bio-Ecology*. NY: John Wiley.

Cleveland, H. 2002. *Nobody in Charge: Essays on the Future of Leadership*. San Francisco: Jossey-Bass.

Clodfelter, M. 2006 (1998). *The Dakota War: The United States Army Versus the Sioux, 1862–1865*. Jefferson, NC: McFarland and Co.

Coburn, K., and Christenson, M., eds. 1958–2002. *The Notebooks of Samuel Taylor Coleridge*. 5 vols. Princeton, NJ: Princeton University Press.

Cochet, A. 1841. *Disertación Sobre el Orijen del Huano de Iquique, su Defectibilidad Influencia que Tiene en la Formación del Nitrate de Soda de Tarapac*. Lima: J. M. Monterola.

Cockburn, A. 2007. "Al Gore's Peace Price." Counterpunch.org, 13 Oct.*

Cohen, A. J., et al. 2017. "Estimates and 25-year Trends of the Global Burden of Disease Attributable to Ambient Air Pollution: An Analysis of Data from the Global Burden of Diseases Study 2015." *Lancet* 389: 1907-18.

Cohen, I. B. 1985. "Three Notes on the Reception of Darwin's Ideas on Natural Selection." In *The Darwinian Heritage*, ed. D. Kohn, 589–607. Princeton, NJ: Princeton University Press.

Cohen, N. 2008. "Israel's National Water Carrier." *Present Environment and Sustainable Development* 2:15–27.

Cohen, S. A. 1976. "The Genesis of the British Campaign in Mesopotamia, 1914." *Middle Eastern Studies* 12:119–32.

Cohen, Y., and J. Glater. 2010. "A Tribute to Sidney Loeb: The Pioneer of Reverse Osmosis Desalination Research." *Desalination and Water Treatment* 15:222-27.

Cohn, V. 1971. "U.S. Scientist Sees New Ice Age Coming." *WP*, 9 July.

Coker, R. E. 1908a. "The Fisheries and the Guano Industry of Peru." *Bulletin of the Bureau of Fisheries* 28:333–65.*

——. 1908b. "Condición en que se Encuentra la Pesca Marina desde Paita hasta Bahía de la Independencia." *Boletín del Ministerio de Fomento* (Lima) 6(2):89–117; 6(3):54–95; 6(4):62–99; and 6(5):53–114.

——. 1908c. "La Industria del Guano." *Boletín del Ministerio de Fomento* (Lima) 6(4):25–34.

Cole, L. W. 2016. "The Evolution of Per-Cell Organelle Number." *Frontiers in Cell and Developmental Biology* 4:85.*

Coletta, A., et al. 2007. *Case Studies on Climate Change and World Heritage*. Paris: UNESCO.*

Colligan, D. 1973. "Brace Yourself for Another Ice Age." *Science Digest* 57:57– 61.

Collins, P. 2002. "The Beautiful Possibility." *Cabinet*, Spring.*

Collins, R. M. 2000. *More: The Politics of Economic Growth in Postwar America*. OUP.

Commoner, B. 1976. *The Poverty of Power: Energy and the Economic Crisis*. NY: Alfred A. Knopf.

Comprehensive Assessment of Water Management in Agriculture. 2007. *Water for Food, Water for Life: A Comprehensive Assessment of Water Management in Agriculture*. Colombo: International Water Management Institute.*

Cone, A., and W. B. Johns. 1870. *Petrolia: A Brief History of the Pennsylvania Petroleum Region*. NY: D. Appleton and Company.*

Conford, P. 2011. *The Development of the Organic Network: Linking People and Themes, 1945–95*. Edinburgh: Floris Books.

——. 2001. *The Origins of the Organic Movement*. Edinburgh: Floris Books.

Foresters.
Chapman, M. 1981. *A History of Wrestling in Iowa: From Gotch to Gable*. Ames: University of Iowa Press.
Chapman, R. N. 1928. "The Quantitative Analysis of Environmental Factors." *Ecology* 9:111–22.
——. 1926. *Animal Ecology, with Especial Reference to Insects*. Minneapolis: Burgess-Roseberry.*
Charlton, L. 1973. "Onion Shortage Stirs Consumers." *NYT*, 17 April.
Charney, J. G., et al. 1979. *Carbon Dioxide and Climate: A Scientific Assessment*. Woods Hole, MA: Ad Hoc Study Group on Carbon Dioxide and Climate.*
Chase, A. 1977. *The Legacy of Malthus: The Social Costs of Scientific Racism*. NY: Alfred A. Knopf.
Chen, Y., et al. 2013. "Evidence on the Impact of Sustained Exposure to Air Pollution on Life Expectancy from China's Huai River Policy." *PNAS* 110:12936–41.
Chernow, R. 2004 (1998). *Titan: The Life of John D. Rockefeller*, Sr. NY: Vintage.
Chesler, E. 1992. *Woman of Valor: Margaret Sanger and the Birth Control Movement in America*. NY: Simon and Schuster.
Chichilnisky, G. 1996. "An Axiomatic Approach to Sustainable Development." *Social Choice and Welfare* 13:231–57.
Cho, C. H., et al. 1993. "Origin, Dissemination, and Utilization of Wheat Semi-Dwarf Genes in Korea." In *Proceedings of the 8th International Wheat Genetic Symposium*, ed. T. E. Miller and R. M. D. Koebner, 223–31. Bath, UK: Bath Press.
Chopra, V. L. 2005. "Mutagenesis: Investigating the Process and Processing the Outcome for Crop Improvement." *Current Science* 89:353–59.
Choudhury, N. 2013. "India Unveils Plans for Massive Concentrated Solar Power." *Climate Home*, 18 July.*
Chowdhury, S., and S. Dey. 2016. "Cause-specific Premature Death from Ambient PM2.5 Exposure in India: Estimate Adjusted for Baseline Mortality." *Environment International* 91:283–90.
Christensen, C. M. 1992. "Elvin Charles Stakman, 1885–1979." Biographical Memoirs of the National Academy of Sciences 61:331–49.
Christian, D. 2005. *Maps of Time: An Introduction to Big History*. UCP.
Christianson, G. E. 1999. *Greenhouse: The 200-Year Story of Global Warming*. NY: Walker.
Church, J. A., et al. 2013. "Sea Level Change." In *Climate Change: The Physical Science Basis*, ed. T. F. Stocker et al., 1137–1216. Working Group I Contribution to the Fifth Assessment Report of the Intergovernmental Panel on Climate Change. CUP.
Church, W. C. 1911 (1890). *The Life of John Ericsson*. 2 vols. NY: Charles Scribner's Sons.
Churchill, W. S. 2005 (1931). *The World Crisis*. NY: The Free Press.
Clack, C. T. M., et al. 2017. "Evaluation of a Proposal for Reliable Low-Cost Grid Power with 100% Wind, Water, and Solar." *PNAS* 114: 6722–27.
Clark, G. 2007. *A Farewell to Alms: A Brief Economic History of the World*. Princeton, NJ: Princeton University Press.
Clark, P. 2013. "UK Solar Power Rush Sparks Local Protest." *Financial Times*, 25 Aug.*
Clark, R. W. 1968. *The Huxleys*. NY: McGraw-Hill.
Clark, W. 2003. "Ebenezer Howard and the Marriage of Town and Country." Organization and Environment 16:87–97.
Clark, W. C., ed. 1982. *Carbon Dioxide Review*. OUP.
Clarke, R. 1972. "Soft Technology: Blueprint for a Research Community." *Undercurrents*, May.
Clayton, B. C. 2015. *Market Madness: A Century of Oil Panics, Crises, and Crashes*. OUP.
Cleaver, H. 1972. "The Contradictions of the Green Revolution." *American Economic Review*

History. London: Angus and Robertson.
Carll, J. F. 1890. *Seventh Report on the Oil and Gas Fields of Western Pennsylvania*. Harrisburg, PA: Board of Commissioners for the Geological Survey.*
Carlsson, N. O. L., et al. 2011. "Biotic Resistance on the Increase: Native Predators Structure Invasive Zebra Mussel Populations." *Freshwater Biology* 56:1630–37.
Carlson, D. 2007. *Roger Tory Peterson: A Biography*. Austin: University of Texas Press.
Carlton, J. T. 2008. "The Zebra Mussel *Dreissena polymorpha* Found in North America in 1986 and 1987." *Journal of Great Lakes Research* 34:770–73.
Carnegie, A. 1920. *Autobiography of Andrew Carnegie*. London: Constable & Co.*
Caro, R. 1975 (1974). *The Power Broker: Robert Moses and the Fall of New York*. NY: Vintage.
Carranza, L. 1892. "Contra-Corriente Maritime, Observada en Paita y Pacasmayo." *Boletín de la Sociedad Geográfica de Lima* 1:344–45.
Carrillo, C. N. 1893. "Hidrografía Oceánica: Las Corrientes Oceánicas y Estudios de la Corriente Peruana o de Humbolt." *Boletín de la Sociedad Geográfica de Lima* 2:72–110.
Carter, J. 1977a. "The Energy Problem (Address to the Nation, 18 April)." In *United States. Public Papers of the Presidents of the United States: Jimmy Carter, 1977–1981*. 4 vols. Washington, DC: Government Printing Office. 1:656–72.*
——. 1977b. "National Energy Program: Fact Sheet on the President's Program (20 April)." In *United States. Public Papers of the Presidents of the United States: Jimmy Carter, 1977–1981*. 4 vols. Washington, DC: Government Printing Office. 1:672–90.*
Carter, L. D. 2011. *Enhanced Oil Recovery and CCS*. Washington, DC: United States Carbon Sequestration Council.*
Case, J. F. 1975. *Biology*. 2nd ed. NY: Macmillan.
Case, J. F., and V. E. Stiers. 1971. *Biology: Observation and Concept*. NY: Macmillan.
Caugant, D. A., et al. 1981. "Genetic Diversity and Temporal Variation in the *E. coli* Population of a Human Host." *Genetics* 98:467–90.
Caughley, G. 1970. "Eruption of Ungulate Populations, with Emphasis on Himalayan Thar in New Zealand." *Ecology* 51:53.
Cavett, D. 2007. "When That Guy Died on My Show." *NYT*, 3 May.* Cebrucean, D., et al. 2014. "CO2 Capture and Storage from Fossil Fuel Power Plants." *Energy Procedia* 63:18–26.
Central Intelligence Agency (Office of Political Research). 1974. "Potential Implications of Trends in World Population, Food Production, and Climate." Typescript, Washington, DC.*
Centro Internacional de Mejoramiento de Maíz y Trigo. 1992. *Enduring Designs for Change: An Account of CIMMYT's Research, Its Impact, and Its Future Directions*. México, D.F.: CIMMYT.
Ceppi, P., et al. 2017. "Cloud Feedback Mechanisms and their Representation in Global Climate Models." *WIREs Climate Change* 8:4.*
Cerruti, M., and G. Lorenzana. 2009. "Irrigación, Expansión de la Frontera Agrícola y Empresariado en el Yaqui." *América Latina en la Historia Económica* 31:7–36.
Chandler, R. F., Jr. 1992. *An Adventure in Applied Science: A History of the International Rice Research Institute*. Manila: IRRI.
Chaplin, J. E. 2006. *Benjamin Franklin's Political Arithmetic: A Materialist View of Humanity.* Washington, DC: Smithsonian Institution.*
——. 1995. "Climate and Southern Pessimism: The Natural History of an Idea, 1500–1800." In *The South as an American Problem*, ed. L. J. Griffin and D. H. Doyle, 57–101. Athens: University of Georgia Press.
Chapman, H. H. 1935. *Professional Forestry Schools Report*. Washington, D.C.: Society of American

Brooks, D. B., and S. Holtz. 2009. "Water Soft Path Analysis: From Principles to Practice." *Water International* 34:158–69.
Brooks, D. B., et al. 2010. "A Book Conversation Between the Editors and a Reviewer: 'The Soft Path Approach.'" *Water International* 35:336–45.
Brooks, D. B., et al., eds. 2009. *Making the Most of the Water We Have: The Soft Path Approach to Water Management*. London: Earthscan.
Brown, J. M. 1999. *Nehru*. NY: Routledge.
Browne, J. 2006. *Darwin's* Origin of Species. London: Atlantic Books.
——. 2002. *Charles Darwin: The Power of Place*. NY: Alfred A. Knopf.
——. 1995. *Charles Darwin: Voyaging*. NY: Alfred A. Knopf.
Bryce, R. 2008. *Gusher of Lies: The Dangerous Delusions of "Energy Independence."* NY: Public Affairs.
Bundesverband der Energie- und Wasserwirtschaft. 2015. *VEWA Survey: Comparison of European Water and Wastewater Prices*. Bonn: WVGW.*
Burgchardt, C. 1989. "The Saga of Pithole City." In *History of the Petroleum Industry Symposium*, ed. S. T. Pees, et al. Tulsa, OK: American Association of Petroleum Geologists, 78–83.
Burger, J. C., et al. 2008. "Molecular Insights into the Evolution of Crop Plants." *American Journal of Botany* 95:113–122.
Burgherr, P., and B. Hirschberg. 2014. "Comparative Risk Assessment of Severe Accidents in the Energy Sector." *Energy Policy* 74:S45-S56.
Burkhardt, F., et al., eds. 1985–. *The Correspondence of Charles Darwin*. Multiple vols. CUP.*
Burroughs, J. 1903. "Real and Sham Natural History." *AM* 91:298– 309.
Butchard, E. 1936. "Mosquito Control in Nassau County." In *New Jersey Mosquito Extermination Association 1936*:194–96.
Byers, M. R. 1934. "The Distressful Dairyman." *North American Review* 237:215–33.
Byres, T. 1972. "The Dialectics of India's Green Revolution." *South Asian Review* 5:99-116.
Caiazzo, F., et al. 2013. "Air Pollution and Early Deaths in the United States. Part I: Quantifying the Impact of Major Sectors in 2005." *Atmospheric Environment* 79:198–208.
Cain, L. P. 1972. "Raising and Watering a City: Ellis Sylvester Chesbrough and Chicago's First Sanitation System." *Technology and Culture* 13:353-72.
Caldeira, K., and L. Wood. 2008. "Global and Arctic Climate Engineering: Numerical Model Studies." *PTRSA* 366:4039-56.
Callendar, G. S. 1939. "The Composition of the Atmosphere Through the Ages." *Meteorological Magazine* 74:33–39.
——. 1938. "The Artificial Production of Carbon Dioxide and Its Influence on Temperature." *QJRMS* 64:223–40.
Callicott, J. B. 2002. "From the Balance of Nature to the Flux of Nature: The Land Ethic in a Time of Change." In *Aldo Leopold and the Ecological Conscience*, ed. R. L. Knight and S. Riedel, 90–105. OUP.
Campbell, C. L., and D. L. Long. 2001. "The Campaign to Eradicate the Common Barberry in the United States." In *Stem Rust of Wheat: From Ancient Enemy to Modern Foe*, ed. P. D. Peterson, 16–50. St. Paul, MN: APS Press.
Canfield, D. E., et al. 2010. "The Evolution and Future of Earth's Nitrogen Cycle." *Science* 230:192–96.
Canham, H. O., and K. S. King. 1999. *Just the Facts: An Overview of New York's Wood-Based Economy and Forest Resource*. Albany: Empire State Forest Products Association.
Carefoot, G. L., and E. R. Sprott. 1969 (1967). *Famine on the Wind: Plant Diseases and Human*

C. Smith and E. M. Castle, 82–92. Ames: Iowa State University Press.
——. 1963. "Agricultural Organizations and Policies: A Personal Evaluation." In Iowa State University Center for Agricultural and Economic Development, ed. *Farm Goals in Conflict: Farm Family Income, Freedom and Security.* Ames: Iowa State University Press, 156–66.
——. 1944. "Desirable Changes in the National Economy After the War." *Journal of Farm Economics* 26:95–100.
Bouzouggar, A., et al. 2007. "82,000-Year-Old Shell Beads from North Africa and Implications for the Origins of Modern Human Behavior." *PNAS* 104:9964–69.
Bowen, M. 2005. *Thin Ice: Unlocking the Secrets of Climate in the World's Highest Mountains*. NY: Henry Holt.
Bowler, P. 1976. "Malthus, Darwin, and the Concept of Struggle." *Journal of the History of Ideas* 37:631–50.
Bowles, S. 2009. "Did Warfare Among Ancestral Hunter-Gatherers Affect the Evolution of Human Social Behaviors?" *Science* 324:1293–98.
Bowman, G. A. 1950. "Tests Show Chemical Fertilizer Unharmful." *San Bernardino Sun*, 17 Sept.
Bowman, M., et al. 2010. *Lyster's International Wildlife Law*. 2nd ed. CUP.
Bowring, S. P. K., et al. 2014. "Applying the Concept of 'Energy Return on Investment' to Desert Greening of the Sahara/Sahel Using a Global Climate Model." *Earth Systems Dynamics* 5:43– 53.
Boyd Orr, J. 1948. *Soil Fertility: The Wasting Basis of Human Society*. London: Pilot Press.
BP (British Petroleum). 2015. *BP Energy Outlook 2035*. London: BP.*
Brand, S. 2010 (2009). *Whole Earth Discipline: An Ecopragmatist Manifesto*. NY: Penguin Books.
Brandes, O. M., and D. B. Brooks. 2007. *The Soft Path for Water in a Nutshell*. Ottawa: Friends of the Earth.*
Brass, P. R. 1986. "The Political Uses of Crisis: The Bihar Famine of 1966-1967." *Journal of Asian Studies* 45:245-67.
Bratspies, R. 2007. "Some Thoughts on the American Approach to Regulating Genetically Modified Organisms." *Kansas Journal of Law and Public Policy* 16:101–31.
Braudel, F. 1981 (1979). *The Structures of Everyday Life: The Limits of the Possible*. Trans. S. Reynolds. Vol. 1 of *Civilization and Capitalism, 15th–18th Century*. NY: Harper & Row.
Brauer, M., et al. 2016. "Ambient Air Pollution Exposure Estimation for the Global Burden of Disease 2013." *Environmental Science and Technology* 50:79–88.
Bray, A. J. 1991. "The Ice Age Cometh." *Policy Review* 58:82–84. Brazhnikova, M. G. 1987. "Obituáry: Gyorgyi Frantsevich Gause." *Journal of Antibiotics* 60:1079–80.
Brenchley, R., et al. 2012. "Analysis of the Bread Wheat Genome Using Whole-Genome Shotgun Sequencing." *Nature* 491:705– 10.
Bristow, L. A., et al. 2017. "N2 Production Rates Limited by Nitrite Availability in the Bay of Bengal Oxygen Minimum Zone." *Nature Geoscience* 10:24–29.
Brock, W. H. 2002. *Justus von Liebig: The Chemical Gatekeeper*. CUP.
Brook, B. W., and , C. J. A. Bradshaw. 2015. "Key Role for Nuclear Energy in Global Biodiversity Conservation." *Conservation Biology* 29:707–12.
Brooke, J. H. 2001. "The Wilberforce-Huxley Debate: Why Did It Happen?" *Science and Christian Belief* 13:127–41.*
Brooks, D. B. 1993. "Adjusting the Flow: Two Comments on the Middle East Water Crisis." *Water International* 18:35–39.
Brooks, D. B., and O. M. Brandes. 2011. "Why a Soft Water Path, Why Now and What Then?" *International Journal of Water Resources Management* 27:315–44.

Borlaug, N. E. 2007. "Sixty-Two Years of Fighting Hunger: Personal Recollections." *Euphytica* 157:287–97.
——. 1997. "Feeding a World of 10 Billion People: The Miracle Ahead." *Biotechnology and Biotechnological Equipment* 11:3– 13.
——. 1994. "Preface." In Rajaram, S., and G. P. Hettel, eds. *Wheat Breeding at CIMMYT: Commemorating 50 Years of Research in Mexico for Global Wheat Improvement*. México, D.F.: CIMMYT.
——. 1988. "Challenges for Global Food and Fiber Production." *Kungliga Skogs-och Lantbruksakademiens Tidskrift* (Supplement) 21:15–55.
——. 1972. "Statement on Agricultural Chemicals." *Clinical* Toxicology 5:295–97.
——. 1968. "Wheat Breeding and Its Impact on World Food Supply." *Proceedings of the Third International Wheat Genetics Symposium*. Canberra: Australian Academy of Science, 1–36.*
——. 1958. "The Impact of Agricultural Research on Mexican Wheat Production." *Transactions of the New York Academy of Sciences* 20:278–95.*
——. 1957. "The Development and Use of Composite Varieties Based on the Mechanical Mixing of Phenotypically Similar Lines Developed Through Backcrossing." In *Report of the Third International Wheat Rust Conference*, ed. Oficina de Estudios Especiales. Saltsville, MD: Plant Industry Station, 12–18.*
——. 1950a. *Métodos Empleados y Resultados Obtenidos en el Mejoramiento del Trigo en México*. Misc. Bull. 3. México, D.F.: Oficina de Estudios Especiales.
——. 1950b. "Summary of Sources of Stem Rust Resistance Found in Rockefeller Foundation Wheat Breeding Program in Mexico." In *Report of the Wheat Stem Rust Conference at University Farm, St. Paul, Minnesota*, eds. E. C. Stakman, et al. St. Paul: University of Minnesota Agricultural Experiment Station.*
——. 1945 (1942). *Variation and Variability of* Fusarium lini. Technical Bulletin 168. Minneapolis: University of Minnesota Agricultural Experiment Station.
——. 1941. "Red Stain of Box Elder Trees." M.S. thesis, University of Minnesota.
Borlaug, N. E., and R. G. Anderson. 1975. "Defence of Swaminathan." *New Scientist* 65:280–81.
Borlaug, N. E., and J. A. Rupert. 1949. "The Development of New Wheat Varieties for Mexico." In *Forty-First Annual Meeting of the American Society of Agronomy and the Soil Science Society of America*. Abstracts. Mimeograph. Milwaukee, WI: ASA/SSA.*
Borlaug, N. E., et al. 1953. "The Rapid Increase and Distribution of Stem Rust Race 49 Further Complicates the Program of Developing Stem Rust Resistant Wheats for Mexico." In *Second International Wheat Stem Rust Conference*, ed. Anon., 10–11. Beltsville, MD: Plant Industry Station.*
Borlaug, N. E., et al. 1952. "Mexican Varieties of Wheat Resistant to Race 15B of Stem Rust." *Plant Disease Reporter* 36:147–50.
Borlaug, N. E., et al. 1950. *El Trigo como Cultivo de Verano en los Valles Altos de Mexico*. Folleto de Divulgacion 10. Mexico, D.F.: Oficina de Estudios Speciales.
Botero, F. 2017 (1589). *The Reason of State*, trans. Robert Bireley. CUP.
Botkin, D. 2016. *Twenty-Five Myths That Are Destroying the Environment: What Many Environmentalists Believe and Why They Are Wrong*. NY: Taylor Trade.
——. 2012. *The Moon in the Nautilus Shell: Discordant Harmonies Reconsidered*. OUP.
——. 1992 (1990). *Discordant Harmonies: A New Ecology for the Twenty-First Century*. OUP.
Boulding, K. E. 1964. "The Economist and the Engineer: Economic Dynamics and Public Policy in Water Resource Development." In *Economics and Public Policy in Water Resource Development*, ed. S.

Berck, P., and J. Lipow. 2012 (1995). "Water and an Israel- Palestinian Peace Settlement." In *Practical Peacemaking in the Middle East*, 2 vols., ed. S. L. Spiegel, 2:139–58. NY: Routledge.

Berg, A. 1971. "Famine Contained: Notes and Lessons from the Bihar Experience." In Blix, G., et al., eds. *Famine: A Symposium Dealing with Nutrition and Relief Operations in Times of Disaster*. Uppsala: Almqvist & Wiksells.

Berg, P., and M. Singer. 1995. "The Recombinant DNA Controversy: Twenty Years Later." *PNAS* 92:9011–13.

Berg, P., et al. 1975. "Summary Statement of the Asilomar Conference on Recombinant DNA Molecules." *PNAS* 72:1981–84.

Bergandi, D., and P. Blandin. 2012. "De la Protection de la Nature au Développement Durable: Genèse d'un Oxymore Éthique et Politique." *Revue d'Histoire des Sciences* 65:103–42.

[Bernard, C.?] 1948. *International Union for the Protection of Nature*. Brussels: M. Hayez.

Berner, R. A. 1995. "A. G. Högbom and the Development of the Concept of the Geochemical Carbon Cycle." *American Journal of Science* 295:491–95.

Best, D., and E. Levina. 2012. *Facing China's Coal Future: Prospects and Challenges for Carbon Capture and Storage*. Paris: IEA.*

Bhat, S. 2015. "India's Solar Power Punt." *Forbes India*, 23 April.*

Bhattacharya, D., et al. 2004. "Photosynthetic Eukaryotes Unite: Endosymbiosis Connects the Dots." *BioEssays* 26:50–60.

Bhoothalingam, S. 1993. *Reflections on an Era: Memoirs of a Civil Servant*. Delhi: Affiliated East-West Press.

Bickel, L. 1974. *Facing Starvation: Norman Borlaug and the Fight Against Hunger*. NY: Reader's Digest Press.

Biello, D. 2016. *The Unnatural World: The Race to Remake Civilization in Earth's Newest Age*. NY: Scribner.

Black, R. D. C., ed. 1972–81. *Papers and Correspondence of William Stanley Jevons*. 7 vols. London: Macmillan.

Bliven, B. 1948. "Forty Thousand Frightened People." *The New Republic*, 4 Oct.

Blizzard, R. 2003. "Genetically Altered Foods: Hazard or Harmless?" Gallup.com, 12 Aug.*

Block, D. R. 2009. "Public Health, Cooperatives, Local Regulation, and the Development of Modern Milk Policy: The Chicago Milkshed, 1900–1940." *Journal of Historical Geography* 35:128–53.

Blum, B. 1980. "Coal and Ecology." *EPA Journal*, September.

Boidt, D. R. 1970. "Colder Winters Held Dawn of New Ice Age." *WP*, 11 Jan.

Bolen, E. G. 1975. "In Memoriam: Clarence Cottam." *The Auk* 92:118–25.

Bolinger, M., and J. Seel. 2015. *Utility-Scale Solar 2014: An Empirical Analysis of Project Cost, Performance, and Pricing Trends in the United States*. Berkeley, CA: Lawrence Berkeley Laboratory.*

Bolt, J., and J. L. van Zanden. 2013. *The First Update of the Maddison Project; Re-estimating Growth Before 1820*. Maddison Project Working Paper 4. Database at http://www.ggdc.net/maddison/maddison- project/data/mpd_2013–01.xlsx.*

Bond, T. C., et al. 2013. "Bounding the Role of Black Carbon in the Climate System: A Scientific Assessment." *Journal of Geophysical Research: Atmospheres* 118:5380–552.

Bontemps, C. 1876. "La Diffusion de la Force: La Machine Solaire de M. Mouchot." *La Nature* 4:102–107.*

Bordot, L. 1958. "La Vie et l'Oeuvre d'Augustin Mouchot." In *XXVIIIe Congrés de l'Association Bourguignonne des Sociétés Savantes*, ed. Anon. Châtillon-sur-Seine, France: Société Historique et Archéologique de Châtillon.

Babkin, V. I. 2003. "The Earth and Its Physical Features." In *World Water Resources at the Beginning of the Twenty-First Century*, ed. I. A. Shliklomanov and J. C. Rodda, 1–18. CUP.
Bacon, F. 1870 (1620). *Novum Organum*. In *The Works of Francis Bacon*, 15 vols., ed. and trans. J. Spedding et al. New York: Hurd and Houghton, 1869–72.
Badgley, C., et al. 2007. "Organic Agriculture and the Global Food Supply." *Renewable Agriculture and Food Systems* 22:86–108.
Bakewell, R. 1828 (1813). *An Introduction to Geology*, 3rd ed. London: Longman, Rees, Orme, Brown, and Green.*
Baker, J. H. 2011. *Margaret Sanger: A Life of Passion*. NY: Hill and Wang.
Baldwin, J., and S. Brand, eds. 1978. *Soft-Tech*. NY: Penguin.
Balfour, E. B. 1943. *The Living Soil: Evidence of the Importance to Human Health of Soil Vitality, with Special Reference to Post- War Planning*. London: Faber and Faber.
Balke, N. S., and R. J. Gordon. 1989. "The Estimation of Prewar Gross National Product: Methodology and New Evidence." *Journal of Political Economy* 97:38–92.*
Balter, M. 2010. "Of Two Minds About Toba's Impact." *Science* 327:1187–88.
——. 2006. *The Goddess and the Bull: Çatalhöyük—an Archaeological Journey to the Dawn of Civilization*. Walnut Creek, CA: Left Coast Press.
Baranski, M. 2015. "The Wide Adaptation of Green Revolution Wheat." Ph.D. dissertation, Arizona State University.
Barrow, M. V., Jr. 2009. *Nature's Ghosts: Confronting Extinction from the Age of Jefferson to the Age of Ecology*. Chicago: University of Chicago Press.
——. 1998. *A Passion for the Birds: American Ornithology After Audubon*. Princeton, NJ: Princeton University Press.
Bashford, A. 2014. *Global Population: History, Geopolitics, and Life on Earth*. CUP.
Bashford, A., and Chaplin, J. 2016. *The New Worlds of Thomas Robert Malthus*. Princeton, NJ: Princeton University Press.
Baum, W. C. 1986. *Partners Against Hunger: The Consultative Group on International Agricultural Research*. Washington, DC: World Bank.
Beales, J., et al. 2007. "A Pseudoresponse Regulator Is Misexpressed in the Photoperiod Insensitive Ppd-D1a Mutant of Wheat (*Triticum aestivum* L.)." *Theoretical and Applied Genetics* 115:721–33.
Beaton, K. 1955. "Dr. Gesner's Kerosene: The Start of American Oil Refining." *Business History Review* 29:28–53.
Becker, K., and P. Lawrence. 2014. "Carbon Farming: The Best and Safest Way Forward?" *Carbon Management* 5:31–33.
Becker, K., et al. 2013. "Carbon Farming in Hot, Dry Coastal Areas: An Option for Climate Change Mitigation." *Earth System Dynamics* 4:237–51.
Beeman, R. 1995. "Friends of the Land and the Rise of Environmentalism, 1940-1954." *Journal of Agricultural and Environmental Ethics* 8:1-16.
Beeson, K. E. 1923. *Common Barberry and Black Stem Rust in Indiana*. Extension Bulletin 110. Lafayette, IN: Purdue University.*
Beevers, R. 1988. *The Garden City Utopia: A Critical Biography of Ebenezer Howard*. London: Macmillan.
Bekker, A., et al. 2004. "Dating the Rise of Atmospheric Oxygen." *Nature* 427:117–20.
Bellemare, M. F., et al. 2017. "On the Measurement of Food Waste." *American Journal of Agricultural Economics* aax034.*
Bennett, H. H. 1936. "Wild Life and Erosion Control." *Bird-Lore* 38:115-21.

ESA Working Paper No. 12-03. Rome: United Nations Food and Agricultural Organization.*

Allan, R., et al. 2016. "Toward Integrated Historical Climate Research: The Example of Atmospheric Circulation Reconstructions over the Earth." *WIREs Climate Change* 7:164–74.

Allitt, P. A. 2014. *Climate of Crisis: America in the Age of Environmentalism*. NY: Penguin Press.

Altholz, J. L. 1980. "The Huxley-Wilberforce Debate Revisited." *Journal of the History of Medicine and Allied Sciences* 35: 313– 16.

Amarasinghe, U. A., and V. Smakhtin. 2014. *Global Water Demand Projections: Past, Present, and Future*. IWMI Research Report 156. Colombo: International Water Management Institute.*

Anderson, B. S., and J. P. Zinsser. 2000 (1988). *A History of Their Own: Women in Europe from Prehistory to the Present*. 2 vols., 2nd ed. OUP.

Anderson, R. N. 1999. U.S. *Decennial Life Tables for 1989–91: United States Life Tables Eliminating Certain Causes of Death*, vol 1, no. 4. Hyattsville, MD: National Center for Health Statistics.*

Anglo-American Committee of Inquiry. 1946. *A Survey of Palestine*. 3 vols. Jerusalem: Government Printer.*

Ångström, K. 1900. "Ueber die Bedeutung des Wasserdampfes und der Kohlensäure bei der Absorption der Erdatmosphäre." *Annalen der Physik* 308:720–32.*

Anikster, Y., et al. 2005. "Spore Dimensions of *Puccinia* Species of Cereal Hosts as Determined by Image Analysis." *Mycologia* 97:474–84.

Anonymous. 1984. The History of Wrestling in Cresco. Cresco, IA: Cresco High School.

——. 1954. *Race 15B: Stem Rust of Wheat*. Washington, DC: Agricultural Research Service, U.S. Department of Agriculture (ARS 22-10).*

——. 1949. "Vogt's Stand Costs Job." *Science News Letter* 56:424.

——. 1940. "Report of the Secretary of the Linnaean Society of New York for the Year 1938–1939." *Proceedings of the Linnaean Society of New York* 50/51:79–82.

——. 1915a. *Atlas of Howard County, Iowa*. Chicago: W. H. Lee.

——. 1915b. *Standard Historical Atlas of Chickasaw County, Iowa*. Chicago: Anderson Publishing Co.

——. 1889. "John Ericsson" (obituary). *Science* 13:189–91.*

——. 1883. "Photometry—No. IV." *Engineering* (London) 35:125.*

——. 1870. "Utilisation Industrielle de la Chaleur Solaire." *Le Génie Industriel* 39:309–12.*

——. 1860a. "Science: British Association." *Athenaeum Journal*, 7 July, pp. 18–32.*

——. 1860b. "Science: British Association." *Athenaeum Journal*, 14 July, pp. 59–69.*

Ansolabehere, S., et al. 2007. *The Future of Coal: Options for a Carbon-Constrained World*. MIT Interdisciplinary Study Report. MIT.*

Aristotle. 1910 (ca. 350 BC). *De Iuventute et Senectute, de Vita et Morte, de Respiratione*, trans. J. I. Beare and G. R. T. Ross. In The Works of Aristotle, vol. 3, ed. W. D. Ross. Oxford: Clarendon Press.

Arrhenius, S. 1896. "On the Influence of Carbonic Acid in the Air upon the Temperature of the Ground." *LPMJS* 51:237–76.

Ascunce, M. S., et al. 2011. "Global Invasion History of the Fire Ant *Solenopsis Invicta*." *Science* 331:1066–68.

Ashwell, A. R., and R. Wilberforce. 1880–82. *Life of the Right Reverend Samuel Wilberforce, D.D.* 3 vols. London: John Murray.*

Associated Press. 1974. "Milk Producers Think Cheese Shortage Coming." *Terre Haute (IN) Tribune*, 5 Jan.

Austin, A., and A. Ram. 1971. *Studies on Chapati-Making Quality of Wheat* (ICAR Technical Bulletin 31). New Delhi: Indian Council of Agricultural Research.

VFN = Field notes, William Vogt, Ser. 3, Box 7, VDPL
VIET = Vietmeyer, N. 2009–10. *Borlaug*. 3 vols. Lorton, VA: Bracing Books.
VvV = *Frances Bell Vogt vs. William Walter Vogt*, Nassau County, L.I., Index no. 3959, Microfilm roll 117, civil cases 3937–3975
WP = *Washington Post*

此外，對於一些出版社的全名，我以簡寫標示：
CUP = NY: Cambridge University Press
HUP = Cambridge, MA: Harvard University Press
MIT = Cambridge, MA: MIT Press
OUP = NY: Oxford University Press
UCP = Berkeley, CA: University of California Press
YUP = New Haven, CT: Yale University Press

1000 Genomes Project Consortium. 2015. "A Global Reference for Human Genetic Variation." *Nature* 526:68–74.

Abbot, C. G., and F. E. Fowle. 1908. "Income and Outgo of Heat from the Earth, and the Dependence of Its Temperature Thereon." *Annals of the Astrophysical Observatory of the Smithsonian Institution* 2:159–76.*

Abdullah, A. B., et al. 2006. "Estimate of Rice Consumption in Asian Countries and the World Towards 2050." In Pandey, S., et al., eds. *Proceedings for Workshop and Conference on Rice in the World at Stake*. Los Banos, Philippines: IRRI, 2:28-43.

Aboites, G., et al. 1999. "El Negocio de la Producción de Semillas Mejoradas y su Rol en el Proceso de Privatización de la Agricultura Mexicana." *Espiral* 5:151–85.

Adams, W. G., and R. E. Day. 1877. "The Action of Light on Selenium." *PTRS* 167:313–49.

——. 1876. "The Action of Light on Selenium." *Proceedings of the Royal Society of London* 25:113–17.

Adelman, M. A. 1995. *Genie Out of the Bottle: World Oil Since 1970*. MIT.

——. 1991. "Oil Fallacies." *Foreign Policy* 82:3–16.

Adelmann, G. W. 1998. "Reworking the Landscape, Chicago Style." *Hastings Center Report* 28:S6-S11.

Aharoni, A., et al. 2010. "SWITCH Project Tel-Aviv Demo City, Mekorot's Case: Hybrid Natural and Membranal Processes to Upgrade Effluent Quality." *Reviews in Environmental Science and Biotechnology* 9:193–98.

Ahlström, A., et al. 2017. "Hydrologic Resilience and Amazon Productivity." *Nature Communications* 8:387.*

Ahluwalia, M. S., et al. 1979. "Growth and Poverty in Developing Countries." *Journal of Development Economics* 6:299-341.

Ainley, M. G. 1979. "The Contribution of the Amateur to North American Ornithology: A Historical Perspective." *The Living Bird* 18:161–77.

Alatout, S. 2008a. "Bringing Abundance into Environmental Politics: Constructing a Zionist Network of Water Abundance, Immigration, and Colonization." *Social Studies of Science* 39:363–94.

——. 2008b. " 'States' of Scarcity: Water, Space, and Identity Politics in Israel, 1948–59." *Environment and Planning D: Society and Space* 26:959–82.

Alexander, J. 1940. "Henry A. Wallace: Cornfield Prophet." *Life*, 2 Sep.

Alexandratos, N., and J. Bruinsma. 2012. World Agriculture Towards 2030/2050: The 2012 Revision.

書目

縮寫（用於書目與注釋）

打＊者為寫作本書時，可免費線上閱覽的資料。

ALP = Aldo Leopold Papers, University of Wisconsin*
AM = Atlantic Monthly
AOA = Norman Borlaug oral history interview, 12 May 2008, American Academy of Achievement, Washington, DC*
BCAG = Boletín de la Compañia Administradora del Guano
BDE = Brooklyn Daily Eagle*
BestR = Vogt, W. 1961–62(?). Best Remembered (unpub. ms.) Ser. 2, Box 4, FF2, VDPL
CCD = Correspondence of Charles Darwin*
CIMBPC = Norman Borlaug Publications Collection, International Center for Wheat and Maize Improvement, Texcoco, México (portions*)
GEC = *Global Environmental Change*
GFA = Vogt files, Guggenheim Foundation Archives, New York, NY
HS = *Hempstead (N.Y.) Sentinel**
HOHI = M. King Hubbert oral history interview by Ronald Doel, 4 Jan–6 Feb 1989, Niels Bohr Library and Archives, American Institute of Physics*
IEA = International Energy Agency
LHNB = Norman Borlaug oral history interview by Paul Underwood, 2007(?), livinghistoryfarm.org
LPMJS = London, Edinburgh, and Dublin Philosophical Magazine and Journal of Science
NBUM = Norman E. Borlaug papers, University Archives, University of Minnesota, Twin Cities*
NYT = New York Times
OGJ = Oil & Gas Journal
PNAS = Proceedings of the National Academy of Sciences (many articles*)
PPFA1/2 = Planned Parenthood Federation of America Records, 1918–1974/1928–2009, Sophia Smith Collection, Smith College, Northampton, MA
PTRS = Philosophical Transactions of the Royal Society (sometimes A or B)
QJRMS = Quarterly Journal of the Royal Meteorological Society
RFA = Rockefeller Foundation Archives, Tarrytown, NY
RFOI = Norman Borlaug oral history interview by William C. Cobb, 12 June 1967, RG 13, Oral Histories, Box 15, Folder 7, RFA (also at TAMU/C*)
Some Notes = Vogt, W. W. 1950s(?). Some Notes on WV for Mr. Best to Use as He Chooses, Series 2, Box 5, FF21, VDPL
TAMU/C = Norman Borlaug papers, Texas A&M, CIMMYT records*
VDPL = William Vogt Papers, Denver Public Library Conservation Archives

300: London Stereoscopic Company/Getty Images
308: G.S. Callendar papers, University of East Anglia
313: Courtesy Scripps CO2 Program
326: AP Photo/Dennis Cook
348: Paolo Pellegrin/Magnum
351: Getty Images/Arlen Naeg/AFP
367: Nationaal Archief (Netherlands), Fotocollectie Anefo
369: © Philippe Halsman/Magnum Photos
383: (top) Courtesy Garden City Library; (bottom) Collection of the New-York Historical Society (George P. Hall & Son Collection)
394: Schlesinger Library, Radcliffe Institute, Harvard University
396: Lowell Georgia/Denver Post/Getty Images
412, 421: Courtesy of the M.S. Swaminathan Foundation
439: Margaret Bourke-White/LIFE Picture Collection/Getty Images

圖片來源

6: Courtesy Guggenheim Foundation (photographer unknown)
7: *Des Moines Register*/PARS International
22: Nancy R. Schiff/Getty Images
25: Redrawn from Gause 1934
42, 60 (all), 389: Vogt papers, VDPL (CONS 76, Box 1, FF1)
49, 50,78, 101 (all), 169, 185, 190, 196 (all), 233, 252, 253, 265, 267, 269, 288, 292, 298, 305, 309, 343, 401, 434,442: Author's collection (CO2 illustration based on Peixoto and Oort 1992)
61, 238, 248, 427: Maps © 2017 Nick Springer Cartographics
65: Courtesy Aldo Leopold Foundation
68 (all): © Dinh Q Lê
80: *Lyceum* magazine, courtesy University of Iowa Libraries, Iowa City, Iowa
81: INTERFOTO/Alamy Stock Photo (DB14AC)
100: (top) Courtesy Rollie Natvig (Sons of Saude); (bottom left) Courtesy Norman Borlaug Heritage Foundation; (bottom right) Courtesy Judy Reed
104-5: Library of Congress LC-USZ62–73084/73085/73086 (Photographs by Frederick J. Bandholtz, ca. 1908)
110, 115: Courtesy of University of Minnesota Archives, University of Minnesota-Twin Cities
124: Courtesy Leon Hesser
135, 151, 432: Courtesy of the Rockefeller Archive Center (artists unknown)
140, 195, 302: Illustrations © Leland Goodman, www.lelandgoodman.com
161: Courtesy Alfred P. Sloan Foundation
166: Wikimedia Commons
171: Atelier Balassa (Ullstein Bild)/Getty
174: Wellcome Library, London
179: (left) Courtesy Soil Association; (center) © National Portrait Gallery, London (NPG x95254), Photograph by Elliott & Fry, 1943; (right) © National Portrait Gallery, London (NPG x186886), Photograph by Walter Stoneman, 1950
181: Courtesy Rodale, Inc.
211, 359, 360: © Jim Richardson
219: Courtesy Craig Strapple
225: Courtesy Westher Hess
231: Duby Tal/Albatross/Alamy Stock Photo (C46PH7)
246: Gregory Bull/AP Photo
260: Courtesy Texas Energy Museum, Beaumont, Texas
271: Rodrigues 1999
274, 277: Courtesy Marion King Hubbert Papers, American Heritage Center, University of Wyoming

Beyond
25

巫師與先知：兩種環保科學觀如何拯救我們免於生態浩劫？

The Wizard and the Prophet: Two Remarkable Scientists and Their Dueling Visions to Shape Tomorrow's World

作者	查爾斯・曼恩（Charles C. Mann）
譯者	甘錫安、周沛郁
執行長	陳蕙慧
總編輯	張惠菁
責任編輯	謝嘉豪
行銷總監	陳雅雯
行銷企劃	尹子麟、余一霞、張宜倩
封面設計	廖韡設計工作室
內頁排版	宸遠彩藝有限公司

社長	郭重興
發行人兼出版總監	曾大福
出版	衛城出版／遠足文化事業股份有限公司
發行	遠足文化事業股份有限公司
地址	23141 新北市新店區民權路 108-2 號 9 樓
電話	02-22181417
傳真	02-22180727
法律顧問	華洋法律事務所 蘇文生律師
印刷	呈靖彩藝有限公司
初版一刷	2021 年 8 月
定價	760 元

國家圖書館出版品預行編目(CIP)資料

巫師與先知：兩種環保科學觀如何拯救我們免於生態浩劫?/查爾斯.曼恩(Charles C. Mann)作；甘錫安, 周沛郁譯. -- 初版. -- 新北市：衛城出版：遠足文化事業股份有限公司發行, 2021.08
面；公分. --（Beyond 25）

譯自：The wizard and the prophet : two remarkable scientists and their dueling visions to shape tomorrow's world.

ISBN 978-986-06734-1-8（平裝）

1. 環境科學 2.環境保護 3.傳記

445.9 110011320

ACRO POLIS
衛城出版
Email acropolismde@gmail.com
Facebook www.facebook.com/acrolispublish

● 親愛的讀者你好，非常感謝你購買衛城出版品。
我們非常需要你的意見，請於回函中告訴我們你對此書的意見，
我們會針對你的意見加強改進。

若不方便郵寄回函，歡迎傳真回函給我們。傳真電話 —— 02-2218-0727

或上網搜尋「衛城出版FACEBOOK」
http://www.facebook.com/acropolispublish

● 讀者資料

你的性別是 □ 男性 □ 女性 □ 其他

你的職業是 ______________________ 你的最高學歷是 ______________________

年齡 □ 20 歲以下 □ 21-30 歲 □ 31-40 歲 □ 41-50 歲 □ 51-60 歲 □ 61 歲以上

若你願意留下 e-mail，我們將優先寄送 ______________________ 衛城出版相關活動訊息與優惠活動

● 購書資料

● 請問你是從哪裡得知本書出版訊息？（可複選）
□ 實體書店 □ 網路書店 □ 報紙 □ 電視 □ 網路 □ 廣播 □ 雜誌 □ 朋友介紹
□ 參加講座活動 □ 其他 __________

● 是在哪裡購買的呢？（單選）
□ 實體連鎖書店 □ 網路書店 □ 獨立書店 □ 傳統書店 □ 團購 □ 其他 __________

● 讓你燃起購買慾的主要原因是？（可複選）
□ 對此類主題感興趣 □ 參加講座後，覺得好像不賴
□ 覺得書籍設計好美，看起來好有質感！ □ 價格優惠吸引我
□ 議題好熱，好像很多人都在看，我也想知道裡面在寫什麼 □ 其實我沒有買書啦！這是送（借）的
□ 其他 __________

● 如果你覺得這本書還不錯，那它的優點是？（可複選）
□ 內容主題具參考價值 □ 文筆流暢 □ 書籍整體設計優美 □ 價格實在 □ 其他 __________

● 如果你覺得這本書讓你好失望，請務必告訴我們它的缺點（可複選）
□ 內容與想像中不符 □ 文筆不流暢 □ 印刷品質差 □ 版面設計影響閱讀 □ 價格偏高 □ 其他 ________

● 大都經由哪些管道得到書籍出版訊息？（可複選）
□ 實體書店 □ 網路書店 □ 報紙 □ 電視 □ 網路 □ 廣播 □ 親友介紹 □ 圖書館 □ 其他 ______

● 習慣購書的地方是？（可複選）
□ 實體連鎖書店 □ 網路書店 □ 獨立書店 □ 傳統書店 □ 學校團購 □ 其他 __________

● 如果你發現書中錯字或是內文有任何需要改進之處，請不吝給我們指教，我們將於再版時更正錯誤

請沿虛線剪下

廣　告　回　信
臺灣北區郵政管理局登記證
第　1　4　4　3　7　號

請直接投郵•郵資由本公司支付

23141
新北市新店區民權路108-2號9樓

衛城出版 收

● 請沿虛線對折裝訂後寄回, 謝謝!

ACRO POLIS 衛城出版

Beyond

25

ACRO
POLIS
衛城
出版

ACRO
POLIS
衛城
出版